Grundlagen der Werkstofftechnik

Von Manfred Riehle
und Elke Simmchen

2., aktualisierte Auflage

Mit 239 Abbildungen und 32 Tabellen

Deutscher Verlag für Grundstoffindustrie Stuttgart

Prof. Dr.-Ing. habil. Manfred Riehle
Priv.-Doz. Dr.-Ing. habil. Elke Simmchen
Institut für Werkstoffwissenschaft
Technische Universität Dresden
Helmholtzstraße 7, 01062 Dresden

Zeichnungen
Dr.-Ing. Birgit Vetter, Dresden
Dr.-Ing. Stefan Nelle, Dresden

Die Deutsche Bibliothek – CIP-Einheitsaufnahme

Riehle, Manfred:
Grundlagen der Werkstofftechnik : mit 32 Tabellen /
von Manfred Riehle und Elke Simmchen.
Zeichn.: Birgit Vetter ; Stefan Nelle ; 2., aktualisierte Aufl.
– Stuttgart : Dt. Verl. für Grundstoffindustrie, 2000
ISBN 3-342-00690-0

Printed in Germany
Umschlaggestaltung: Martina Berge, Erbach-Ernsbach
Satz: MS Word 6.0
Schrift: 9/10 p Times New Roman
Druck: Zechner® Datenservice und Druck, Speyer

5 4 3 2 1

Vorwort

Die richtige Auswahl und Verarbeitung von Werkstoffen ist nicht mehr allein mit Erfahrungen und Faktenwissen zu bewältigen. Die Vielzahl der Werkstoffe mit ihren differenzierter werdenden Eigenschaften und Behandlungsmethoden sowie den enger werdenden Anwendungsgrenzen verlangen Einblicke in das Wesen der Werkstoffe. Das Wissen um die Zusammenhänge zwischen Struktur, Gefüge und Eigenschaften sowie die Kenntnis des Werkstoffverhaltens unter Beanspruchungsbedingungen sind deshalb für den Konstrukteur, Werkstoffverarbeiter und Anwender von ausschlaggebender Bedeutung für den beanspruchungsgerechten und wirtschaftlichen Werkstoffeinsatz.

Das vorliegende Buch baut auf diesem Grundsatz auf. Mit der einleitenden Darstellung der historischen Entwicklung der Werkstoffe und dem Aufzeigen von Anforderungen, die an die Werkstoffe gestellt werden, wird dem Leser ein Einstieg in die Werkstofftechnik gegeben und zugleich das Interesse in das tiefere Eindringen in dieses Fachgebiet geweckt.

Das für die Werkstoffverarbeitung und Werkstoffanwendung notwendige Wissen über den Aufbau der Werkstoffe, wobei die Strukturen metallischer und hochpolymerer Werkstoffe vergleichend betrachtet werden, sowie die Legierungsbildung und Zustandsdiagramme bildet die Basis für das Verständnis der Werkstoffeigenschaften. Diese und das Werkstoffverhalten unter bestimmten Bedingungen werden im Zusammenhang mit den im praktischen Einsatz auftretenden Beanspruchungen unter Einbeziehung der entsprechenden Prüfmethoden eingehend behandelt.

Da die Wärmebehandlung wegen der Wandelbarkeit der Eigenschaften für die Eisenwerkstoffe aber auch für einige Nichteisenwerkstoffe von besonderer Bedeutung ist, werden die Vorgänge beim Erwärmen und Abkühlen einer eingehenden Betrachtung unterzogen und die wichtigen technischen Wärmebehandlungverfahren vorgestellt.

Durch die praktischen Beispiele wird die technische Umsetzung unter Ausnutzung der dargestellten Gesetzmäßigkeiten und Beziehungen vermittelt.

Das Buch soll sowohl Studenten des Maschinenbaus, der Verfahrenstechnik und verwandten Richtungen an Hochschulen und Fachhochschulen Grundlagenwissen vermitteln als auch dem in der Industrie tätigen Ingenieur eine Hilfe sein.

Die Autoren bedanken sich bei allen, die mit Anregungen und Diskussionen oder durch zur Verfügungstellen von Bildmaterial zum Entstehen dieses Buches beigetragen haben. Unser besonderer Dank gilt Frau Dr.-Ing. *B. Vetter* und Herrn Dr.-Ing. *S. Nelle* für das Zeichnen der zahlreichen Bilder, Frau Dipl.-Ing. *A. Töpperwien* und Frau *U. Scheiber* für die sorgfältige Durchsicht des Textes sowie Frau Dr.-Ing. *Ch. Blank* und Frau Dipl.-Ing. (FH) *O. Trommer* für metallographische bzw. rasterelektronenmikroskopische Aufnahmen.

Weiterhin danken wir all denen, die durch Ratschläge und kritische Hinweise Anregungen gegeben haben, die in dieser 2. Auflage, soweit es der vorgegebene Rahmen ermöglichte, berücksichtigt wurden. Dem Deutschen Verlag für Grundstoffindustrie Stuttgart sind wir für die verständnisvolle Zusammenarbeit und tatkräftige Förderung dieser Neuauflage sehr zu Dank verpflichtet.

Dresden, August 2000

Manfred Riehle, Elke Simmchen

Inhalt

1 Einführung

1.1 Historische Entwicklung der Werkstoffe

Steine

Die Verwendung von Werkstoffen hat die Entwicklung der Menschheit so wesentlich bestimmt, daß es üblich ist, geschichtliche Epochen nach den hauptsächlich benutzten Werkstoffen zu benennen. Die älteste Periode, die **Altsteinzeit**, begann vor etwa 100 000 Jahren. Mit ihr nahm auch die Menschheitsgeschichte ihren Anfang, indem nicht mehr nur zufällig gefundene Steine geeigneter Gestalt für Gerätschaften, Waffen oder Werkzeuge Verwendung fanden, sondern die gewünschte Form der Arbeitsmittel durch Bearbeitung hergestellt wurde. Dies geschah anfangs durch Behauen. In der **Jungsteinzeit**, etwa 6 000 bis 4 000 v. d. Z., wurde diese einfache Fertigung durch kompliziertere Technologien, wie Schleifen, Sägen oder Bohren ergänzt.

Metalle

Der Übergang zum **Metallzeitalter** vollzog sich mit der Bearbeitung gelegentlicher Funde von gediegen vorkommenden Metallen, wie Gold, Silber und Kupfer oder von Meteoreisen, bereits zu Beginn der Jungsteinzeit. Die geringe Menge und unterschiedliche geographische Verteilung solcher Vorkommen ließ aber eine umfassende Verwendung nicht zu. Erst mit der etwa um 4 000 v. d. Z. aufkommenden **Erschmelzung von Metallen aus Erzen**, zuerst aus leicht verhüttbaren Kupfererzen, später auch aus Blei- und Zinnerzen, wurden sie zum entwicklungsbestimmenden Werkstoff. Die Herstellung von Legierungen des Kupfers mit Zinn (Zinnbronze) und später auch anderen, nicht immer als selbständige Elemente erkannten Zusätzen (z. B. Blei, Antimon, Arsen und Nickel) läßt sich etwa bis zum Jahre 3 000 v. d. Z. zurückverfolgen. Erste Zentren der Metallverhüttung waren Kleinasien, Ägypten und China, in Mitteleuropa setzte sie einige Jahrhunderte später ein. Auf die Verwendung der gegenüber Kupfer härteren Legierungen begründet sich der Name **Bronzezeit**.

Die **Eisengewinnung aus Erzen** setzte in Kleinasien wahrscheinlich lange vor dem Beginn jener Periode ein, die wir als **Eisenzeit** (etwa ab 800 v. d. Z.) bezeichnen und in der wir heute noch leben. Aber erst als der steigende Metallbedarf durch die Bronze nicht mehr gedeckt werden konnte, wurde das Eisen zum hauptsächlichen Werkstoff. Seine Einführung war also nicht dem Streben nach einem besseren Werkstoff zuzuschreiben. Die Vorzüge, die es gegenüber der Bronze hat, vor allem die Wandelbarkeit seiner Eigenschaften, wurden erst später erkannt und nutzbar gemacht.

Außer den bereits genannten Elementen waren seit der Antike noch das Quecksilber und seit dem Mittelalter das Zink bekannt. Die überwiegende Zahl der heute in Werkstoffen verwendeten Metalle wurde in der 2. Hälfte des 18. und der 1. Hälfte des 19. Jahrhunderts entdeckt. Ihre Nutzbarmachung für technische Zwecke erfolgte zum Teil wesentlich später, bei Titan z. B. erst um 1940.

Nichtmetalle

Neben der Entwicklung der metallischen vollzog sich die Herausbildung der für unser Leben nicht weniger wichtigen **nichtmetallischen Werkstoffe**, und zwar zunächst vom unbearbeiteten über den bearbeiteten Stein zum „künstlichen Stein“, d. h. zur Keramik, die bereits in der Jungsteinzeit bekannt war. Später folgten dann weitere „Kunststoffe“, wie Glas, Porzellan und hochpolymere Werkstoffe, letztere zunächst aus natürlichen Rohstoffen (vulkanisierter Kautschuk, etwa Mitte des 19. Jahrhunderts), aus veredelten Naturstoffen (Celluloid, etwa um 1900) und seit etwa 1930 aus vollsynthetischen Ausgangsstoffen (**Duromere**, **Plastomere**).

1.2 Werkstoffbegriff

Was sind Werkstoffe?

Der kurze historische Abriß über die Entwicklung der Werkstoffe zeigt, daß es sich dabei immer um Erzeugnisse handelt, die mit der Absicht hergestellt wurden, sie einer **technischen Verwendung** zuzuführen. Diese Verwendung kann darin bestehen, daß sie als Arbeitsmittel unmittelbar zur Ausführung von Arbeitsprozessen dienen, das trifft z. B. für die aus behauenem Stein gefertigte Axt oder Jagdwaffe (Speerspitze) genauso zu wie für den aus Schnellarbeitstahl gefertigten Bohrer oder das Projektil einer Jagdwaffe aus einer Bleilegierung, oder daß sie mittels **technischer Verfahren** zu einem konstruktiv vorgedachten Gegenstand, z. B. einer Verpackung, einem Fahrzeugreifen, einem Haushaltgerät, einem Schmuckstück oder einer Chemieanlage weiter verarbeitet werden. Im umfassenden Sinne gehören dazu auch die Stoffe, die als tragende, umhüllende, bedeckende, wärmedämmende usw. Elemente zur Herstellung von Gebäuden, Brücken, Straßen usw. dienen. Aus praktikablen Gründen werden sie (Steine, Grobkeramik, Sanitärkeramik, Schnittholz, Zement bzw. Beton u. a.) mit Ausnahme der metallischen Werkstoffe meist als Baustoffe bezeichnet.

Werkstoffherstellung

Die historische Entwicklung der **Werkstoffherstellung** ist in der ersten Stufe durch die Bearbeitung natürlich vorkommender Stoffe, wie Gesteine, Holz und gediegener Metalle gekennzeichnet. In der anschließenden Periode werden die Werkstoffe auch durch Umwandlung aus natürlich vorkommenden Stoffen erzeugt, zunächst aufgrund zufälliger Beobachtungen, später auch durch systematisches Probieren unter Ausnutzung vorhandener Erfahrungen. In einem dritten Abschnitt schließlich werden zunehmend naturwissenschaftliche Erkenntnisse bei der Werkstoffproduktion wirksam. Das zeigt sich besonders deutlich auf solchen Gebieten wie den Reaktorwerkstoffen oder den Werkstoffen der Elektronik.

1.3 Herausbildung von Werkstoffwissenschaft und -technik

Entsprechend den Fortschritten in der Werkstoffproduktion hat sich auch die Entwicklung des Fachgebietes vollzogen. So waren Metallerzeugung und -verarbeitung (z. B. Schmieden, Härten) bis weit in die Neuzeit hinein „Künste“, die sich über Generationen vererbten und ihren jeweiligen Beherrschern zu hohem Ansehen verhalfen. Am bekanntesten ist die Gestalt Wieland des Schmiedes, dessen Schicksal und dessen Können in zahlreiche Heldensagen eingegangen sind.

Mit dem Übergang von der handwerklichen zur industriellen Produktion, der damit verbundenen Erweiterung der Menge und Zahl der Erzeugnisse sowie mit der größeren, durch die fortschreitende Prüftechnik auch genauer erfaßbaren Vielfalt der Eigenschaften, machte es sich zunehmend notwendig, empirisch ermittelte Fakten zu sammeln, zu ordnen und, soweit es möglich war, mit Erkenntnissen der **Naturwissenschaften** in Verbindung zu bringen. Es bildete sich ein selbständiges Wissensgebiet heraus, für das anfangs häufig, dem Gegenstand der Disziplin entsprechend, die Bezeichnung **„Metallographie“** gebraucht wurde. Heute ist dieser Begriff speziellen Untersuchungsmethoden vorbehalten. Mit der stetig zunehmenden Einbeziehung der nichtmetallischen Werkstoffe trat an seine Stelle die Bezeichnung **„Werkstoffkunde“**.

In den letzten Jahrzehnten hat die **Werkstoffforschung**, nicht zuletzt aus wirtschaftlichen Gründen, einen großen Aufschwung erfahren. Unter weitgehender Einbeziehung der **Festkörperphysik und -chemie** gelang es, viele ehemals empirisch erfaßte und zusammenhanglos scheinende Einzelbeobachtungen zu systematisierbaren Komplexen zu vereinigen, zwischen diesen verbindende Zusammenhänge aufzuzeigen, die Mannigfaltigkeit der Werkstoffe und ihrer Eigenschaften auf das Zusammenwirken relativ weniger Eigenheiten, wie des **Gefügeaufbaus,** der **Realstruktur** und die zwischen den Bausteinen auftretenden **Wechselwirkungen**, zurückzuführen sowie das **Verhalten der Werkstoffe** aus einheitlicher Sicht, wenn auch noch lückenhaft, befriedigend zu erklären.

Werkstoffwissenschaft

Damit waren die Voraussetzungen für die Herausbildung einer eigenständigen Wissenschaftsdisziplin, der **Werkstoffwissenschaft**, erfüllt. Sie ist, wie alle technischen Wissenschaften, eine integrative Disziplin, die Erkenntnisse der unterschiedlichsten Bereiche adaptiert, weiterentwickelt und so zu eigener Gesetzeserkenntnis gelangt sowie neues Wissen hervorbringt. Die wissenschaftliche Entwicklung schafft den Wissensvorlauf, der notwendig ist, damit durch die Werkstofftechnik **Konstruktions- und Funktionswerkstoffe** sowie **Technologien ihrer Herstellung, Ver- und Bearbeitung** gezielt und bedürfnisgerecht verbessert oder neue geschaffen werden können. Werkstoffwissenschaft und -technik sind deshalb untrennbar miteinander verbunden.

Aufgrund des tieferen Eindringens in die Zusammenhänge zwischen den elementaren Grundlagen und den makroskopischen Eigenschaften der Werkstoffe ist es im zunehmenden Maße möglich, die bei der Werkstoffentwicklung und -behandlung einzuschlagenden Wege auf bestimmte Vorgehensweisen einzuengen. Trotzdem wird die empirische Forschung auch weiterhin einen wichtigen Platz in der Werkstoffwissenschaft und -technik einnehmen. Der Werkstoff ist so komplexer Natur und mit so zahlreichen „Schmutzeffekten“ behaftet, daß es nur mit großen Aufwand gelingt, mittels natur- und werkstoffwissenschaftlichen Grundlagenwissens den Einfluß festkörperphysikalischer und -chemischer Vorgänge und Zustände auf die makroskopischen Werkstoffeigenschaften qualitativ und nur in wenigen Fällen quantitativ vorhersagen zu können.

1.4 Werkstoffverbrauch und Werkstoffvorräte

Verbrauch

Der Verbrauch von Werkstoffen hat in diesem Jahrhundert sehr stark zugenommen. So belief sich z. B. die Weltproduktion von Stahl im Jahre 1900 auf etwa $40 \cdot 10^6$ t, sie stieg bis zum Jahr 1990 auf etwa $770 \cdot 10^6$ t an. An Aluminium wurden 1900 etwa 7 750 t, 1935 etwa 250 000 t und 1990 etwa $18 \cdot 10^6$ t verbraucht. Ähnlich große Zuwachsraten wurden bei den organisch-hochpolymeren Werkstoffen, den „Kunststoffen“ (1990 etwa $98 \cdot 10^6$ t) erreicht, während sich z. B. der Verbrauch von Kupfer und Zink zwischen 1935 und 1980 nur etwa vervierfachte.

Die Ausweitung der **Werkstofferzeugung** kann nicht unbegrenzt erfolgen. Etwa um 1970 aufgestellte Prognosen, die auf einer exponentiell wachsenden Verbrauchsrate aufbauten und für das Jahr 2000 beispielsweise einen Weltbedarf von $2\,535 \cdot 10^6$ t der wichtigsten Gebrauchsmetalle Eisen, Kupfer, Aluminium und Zink vorhersagten, erwiesen sich bereits 10 Jahre später als zu optimistisch. 1980 stand dem prognostizierten Verbrauch von etwa $950 \cdot 10^6$ t eine tatsächliche Erzeugung von nur etwa $750 \cdot 10^6$ t an den genannten Metallen gegenüber. Eine noch größere Fehleinschätzung lag bei den „Kunststoffen“ vor, statt der erwarteten $105 \cdot 10^6$ t wurden nur $40 \cdot 10^6$ t produziert. Die rückläufige Tendenz des Verbrauchszuwachses hat verschiedene Ursachen. Die Herstellung von Werkstoffen erfordert einen hohen **Aufwand an Rohstoffen und Energie**. Da deren Gewinnung aus vorhandenen Quellen aufwendiger wird, sich oft umfangreiche Aufbereitungen der Rohprodukte notwendig machen und die Transportwege zu den Verbrauchern häufig länger werden, steigen die Preise für Rohstoffe auf dem Weltmarkt stärker an als die für die Halbfabrikate und Fertigprodukte. Zwar scheinen die Vorräte an wichtigen Gebrauchsmetallen und an Kohlenstoff in der Erdkruste nahezu unerschöpflich (Tabelle 1.1), jedoch sind diese Elemente nur an wenigen Stellen so konzentriert (Lagerstätten von Erzen, Kohle, Erdöl, Erdgas), daß ihre Gewinnung mit den heutigen Methoden wirtschaftlich durchführbar ist. Rechnet man mit einer Masse der Erdrinde bis 1000 m Tiefe von $500 \cdot 10^{15}$ t, so ergibt sich theoretisch z.B. ein Kohlenstoffgehalt von mehr als $0{,}1 \cdot 10^{15}$ t. 1980 wurden als wirtschaftlich und technisch nutzbare Vorräte an Erdöl, Erdgas und Kohle aber nur etwa $0{,}9 \cdot 10^{12}$ t Steinkohleeinheiten, als geologisch wahrscheinliche Vorräte etwa $12{,}6 \cdot 10^{12}$ t angegeben. Bei gleichbleibender Nutzung wären diese Vorkommen in 100 bzw. 1400 Jahren erschöpft.

Verfügbarkeit

Die Verfügbarkeit der um 1980 für nutzbar angenommenen Vorkommen an **Metallerzen** erstreckte sich z. B. bei Eisen auf 395 Jahre, bei Aluminium auf 285, bei Kupfer auf 72, bei Zink auf 34, bei Blei auf 53, bei Nickel auf 167 und bei Zinn auf 45 Jahre. Nach einer 1936 veröffentlichten Schätzung [1.1] müßten aber die Vorkommen an Kupfer, Zinn, Zink und Blei bereits restlos verbraucht sein. Die Verfügbarkeit dieser Elemente wurde damals auf 40, 30, 15 und 8 Jahre beschränkt. Die scheinbar sehr knapp bemessenen Vorräte an einigen Metallen sind also nicht besorgniserregend, sollten aber Veranlassung für ihre sparsame Verwendung und für eine technisch und ökonomisch vorteilhafte **Werkstoffsubstitution** sein, wie z. B. den Einsatz von Al- anstelle von Cu-Leitern in der Elektrotechnik. Ein weiteres Beispiel ist die Verwendung von kunststoffbeschichtetem bzw. aluminiumbedampftem anstelle von verzinntem Blech (Weißblech) für Verpackungen. Für die organisch-hochpolymeren Werkstoffe läßt deren hauptsächliche Rohstoffbasis, das Erdöl, ohnehin keine auf lange Sicht unbeschränkte Verwendung zu. Sie sollten deswegen, ebenso wie die selteneren Metalle in Zukunft nur dort eingesetzt werden, wo es von den Anforderungen her unumgänglich ist.

Tabelle 1.1 Vorkommens- und Anwendungshäufigkeit von Elementen

Element	Rangfolge in der Vorkommenshäufigkeit	Gehalt in der Erdkruste in %	Reihenfolge der Anwendungshäufigkeit
Si	2	27,7	2
Al	3	8,1	4
Fe	4	5,0	1
C	17	0,03	3
Zn	24	0,0065	6
Cu	27	0,0045	5
Pb	34	0,0015	7
weitere technisch genutzte Elemente mit geringerer Anwendung:			
Mg	8	2,1	
Ti	9	0,45	
Mn	12	0,10	
Cr	19	0,02	
Ni	23	0,008	
Sn	43	0,0003	
W	53	0,0001	
Mo	54	0,0001	
Ag	67	0,00001	
Pt	72	0,0000005	
Au	72	0,0000005	

Die intensive geologische Erforschung der Erdoberfläche führt ständig zur Entdeckung neuer Vorkommen. So wurde in dem Jahrzehnt von 1966 bis 1975 fast 20 mal mehr Bauxit, dem derzeitig hauptsächlichen Rohstoff für die **Aluminiumerzeugung**, neu entdeckt als verbraucht. Bei **Zink, Blei** und **Kupfer** war es

Tabelle 1.2 Durchschnittswerte des Energieverbrauchs zur Herstellung von Konstruktionswerkstoffen und auf die Festigkeit bezogener Energieverbrauch, normiert auf den Stahl S235 (St37) nach *W. Lange*

Werkstoff	Energieverbrauch		Festigkeit	Energieverbrauch / (Festigkeit / Dichte)
	GJ/m³	GJ/t	N/mm²	
Walzstahl	23	176	380	1
Elektrostahl (100 % Schrott)	5,9	46		
Primär-Aluminium	264	710	300	5,12
Sekundär-Aluminium	9,2	25		
Primär-Kupfer	67	593		
Sekundär-Kupfer	7,9	71		
Blei	35	389		
Zink	36	259		
Magnesium-Legierungen	414	728	250	8,55
Titan-Legierungen	556	2470	950	5,61
Polyvinylchlorid	109	151	50	6,91
Polyethylen	90	84		
Polypropylen	71	63		
Polyamid 6,6	109	141	80	3,82
Technisches Glas	36	67		
Schnittholz	1,7	1,1	20	0,12
Stahlbeton	8,4	20	38	1,15

etwa das 3 bis 5fache. Eine weitere Reserve sind große Vorkommen an armen Erzen, die durch verbesserte Herstellungstechnologien künftig abbauwürdig werden können. Schließlich sind noch die im Meer gelösten oder auf dem Meeresboden und darunter lagernden riesigen Ressourcen zu nennen, deren Gewinnung erst am Anfang steht (z. B. Erdöl, Magnesium) oder gegenwärtig wegen zu hoher Kosten noch nicht lohnend (z. B. im Meerwasser gelöstes Gold) oder aus technischen Gründen noch nicht wirtschaftlich realisierbar ist. Letzteres betrifft z. B. die Förderung der **Manganknollen**, auf dem Boden der Ozeane liegender Erzklumpen mit unterschiedlichem Durchmesser (im Pazifik durchschnittlich 30 mm), die hauptsächlich aus Mangan, Eisen, Nickel, Kupfer, Kobalt sowie Blei bestehen und deren Metallgehalt auf viele $100 \cdot 10^9$ t geschätzt wird.

Recycling

Eine weitere wertvolle Rohstoffquelle sind die bei der Verarbeitung der Werkstoffe anfallenden Abfälle und die nicht mehr gebrauchsfähigen Produkte. Ihre Erfassung und Wiederverwendung, **„Recycling"**, ist in den einzelnen Ländern unterschiedlich. Weltweit wurden 1990 z. B. $425 \cdot 10^6$ t **Eisen- und Stahlschrott** als Rohstoff für die Eisen- und Stahlherstellung wiederverwendet. In der BRD lag die Rückgewinnungsrate bei 32 %. Ein Anstieg auf etwa 70 % wird erwartet.

Die Rückgewinnung von Plastomeren (Thermoplasten) befindet sich erst in den Anfängen. Die Erfassung und Wiederverwendung der **Sekundärrohstoffe** bedeutet nicht nur eine Entlastung der Rohstoffversorgung, sondern gleichzeitig eine Einsparung von Energie. So werden z. B. beim Einsatz von Stahlschrott für die Stahlherstellung 60 % weniger **Primärenergie** verbraucht als bei der Verhüttung von Erz. Für das Umschmelzen von Aluminiumschrott werden sogar nur 3 bis 5 % des Erstaufwandes an Energie benötigt.

Mit der Rückgewinnung der Grundmetalle (Fe, Al) werden die darin enthaltenen Legierungselemente ebenfalls wieder nutzbar. Voraussetzung dafür ist die getrennte Erfassung der unterschiedlich legierten Materialien, auch um das unbeabsichtigte Auflegieren der aus Schrott hergestellten Werkstoffe zu vermeiden. Die sortenreine Trennung des Schrottes ist neben der Aufbereitung eine wichtige Aufgabe beim Werkstoffrecycling. Außerdem sollte bereits beim Konstruieren die Zerlegbarkeit des Werkstücks zur Rückgewinnung der Werkstoffe berücksichtigt werden (**recyclinggerechtes Konstruieren**), denn in dem Maße, wie die Masse der in Gebrauch befindlichen Werkstoffe zunimmt, wird auch der Rücklauf an verbrauchten Materialien größer.

1.5 Werkstoffe und Energie

Die Aufwendungen an Energie zur Werkstoffherstellung sind beträchtlich. Solange die weltweite Energieverknappung anhält und nicht neuartige und billige Energiequellen erschlossen werden, bleibt der **Energieverbrauch** mitbestimmend für die Verbrauchsstruktur und den **Preis der Werkstoffe**. Das trifft insbesondere für die am häufigsten vorkommenden Metalle Aluminium, Eisen, Magnesium und Titan zu.

Wenn es seit der Einführung der großtechnischen Aluminiumherstellung durch Schmelzflußelektrolyse um das Jahr 1900 auch gelungen ist, den Elektroenergieverbrauch auf etwa ein Drittel zu senken, so ist doch der durchschnittliche Energieaufwand gegenüber Stahl bedeutend höher (Tabelle 1.2). Noch ungünstiger sind die Verhältnisse bei Magnesium und Titanlegierungen. Auch wenn man den unterschiedlichen Dichten und Festigkeiten Rechnung trägt, d. h. den Energieverbrauch auf die Werkstoffmengen bezieht, die eine gleiche Belastung aufnehmen können, sind, falls andere Eigenschaften unberücksichtigt bleiben, die Nichteisenmetalle dem Stahl unterlegen. Eine vollständige Energiebilanz darf außerdem den während der Nutzung des Enderzeugnisses oder den bei dessen Weiterverwendung gegebenenfalls zu erzielenden Energiegewinn nicht außer acht lassen. Unter letzterem ist z. B. der niedrigere Energieverbrauch bei der Verwertung von Aluminiumschrott zu verstehen. Für die **Energiegewinne**, die während der **Erzeugnisnutzung** eintreten können, sollen 3 Beispiele genannt werden:

- Berechnungen haben ergeben, daß durch den Einsatz von 150 kg Aluminium in amerikanischen PKW (anstelle von etwa 300 kg Stahl oder Gußeisen) während der Lebensdauer eines Wagens 2 600 Liter Benzin eingespart werden können.
- Durch weitgehende Verwendung von Aluminium kann die Masse eines S-Bahn-Triebwagens um 4,6 t reduziert werden. Dadurch sinkt der Verbrauch an Elektroenergie für den Antrieb in einem solchen Ausmaß, daß der Mehrenergieverbrauch für die Herstellung des Aluminiums während der Betriebsdauer von 1,8 Jahren eingespart wird.
- Im Bauwesen können nach japanischen Untersuchungen die Wärmeverluste über den Ersatz der weniger dichten Holzfenster durch Aluminiumfenster so gesenkt werden, daß der für die Metallausführung höhere Energieaufwand nach 6 Jahren zurückgewonnen wird, wobei gleichzeitig wesentliche Einsparungen bei der Instandhaltung und möglicherweise eine längere Lebensdauer erreicht werden.

Überlegungen dieser Art, die sehr komplexer Natur sind und über das Arbeitsgebiet der Fachspezialisten hinausgehen, stehen erst am Anfang. Sie künftig stärker in die Probleme des Werkstoffeinsatzes einzubeziehen, könnte einen bedeutenden Beitrag zur Erhöhung der Materialökonomie erbringen.

1.6 Einteilung der Werkstoffe

Die Palette der verfügbaren Werkstoffe nimmt ständig zu. Daraus erwächst die Notwendigkeit zu einer ordnenden und systematisierenden Betrachtungsweise. Nach Abbildung 1.1 wird zunächst danach unterschieden, ob die Werkstoffe nur durch mechanische Bearbeitung, z. B. durch Sägen, Spalten, Polieren oder Bohren (natürliche Werkstoffe) oder über stoffverändernde chemische und physikalische Prozesse (künstliche Werkstoffe oder „Kunststoffe" im wahren Sinne des Wortes) hergestellt werden. Die erste Gruppe kann weiter in **organische** (z. B. Holz, Naturfasern) und **anorganische** (z. B. Edelstein, Glimmer) **Werkstoffe** unterteilt werden.

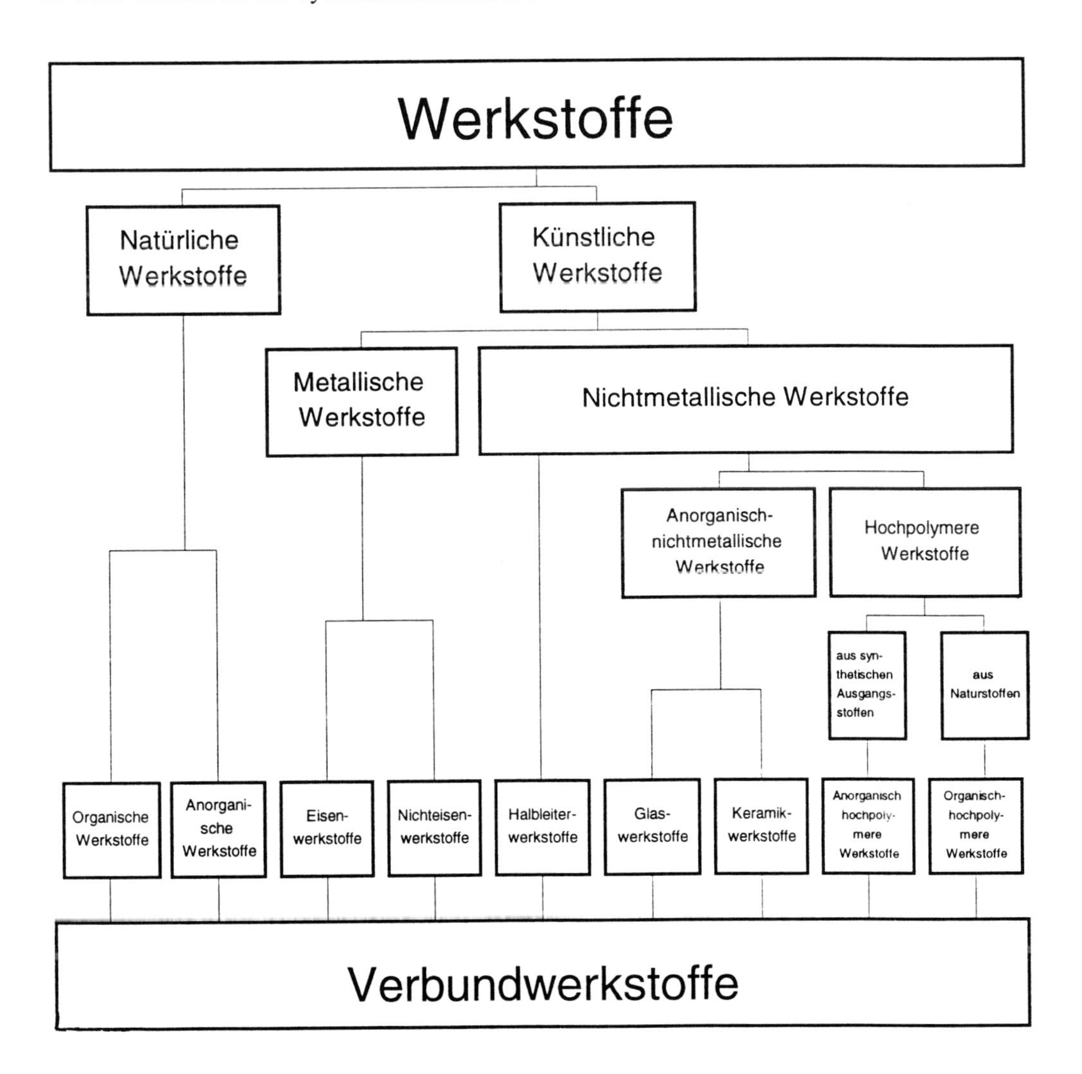

Abb. 1.1 Einteilung der Werkstoffe

Bei den künstlichen Werkstoffen ist die Trennung in **Metalle** und **Nichtmetalle** üblich.

Metalle

Für die Einordnung eines Werkstoffs in diese Gruppe gelten vor allem folgende Kriterien:

- die durch den Aufbau der Elektronenhülle des Atoms bedingte gute Leitfähigkeit für Wärme und Elektrizität
- der negative Temperaturbeiwert der Leitfähigkeit
- das Reflexionsvermögen (metallischer Glanz)
- der im Normalfall kristalline Aufbau.

Einige Elemente, z. B. Antimon und Wismut, bei denen diese Kennzeichen nur noch bedingt erfüllt sind, werden auch als Halbmetalle bezeichnet.

Die weitere Unterteilung der Metalle in **Eisen- und Nichteisenwerkstoffe** wird der technisch-wirtschaftlichen Bedeutung der Eisenwerkstoffe gerecht. Diese lassen sich noch vielfältig untersetzen, z. B. in **Stahl** und **Gußeisen**, was aber, sofern es dienlich ist, späteren Kapiteln vorbehalten bleibt. Das gilt auch für die Nichteisenmetalle. Wenn man davon ausgeht, daß etwa 70 chemische Elemente metallischen Charakter aufweisen und von diesen etwa 20 bis 25 als Werkstoffe Bedeutung haben, umfaßt diese Gruppe den größten Teil der Elemente des Periodensystems. Üblich sind deshalb weitere Unterteilungen nach unterschiedlichen Gesichtspunkten, z. B. in **Leichtmetalle** (Al, Mg, Ti, Be), **hochschmelzende Metalle** (W, Mo, Ta u.a.), **Edelmetalle** (Au, Ag, Pt u.a.), **Buntmetalle** (Cu-Basis) und **Weißmetalle** (Sn- und Pb-Basis).

Nichtmetalle

Unter den **nichtmetallischen Werkstoffen** stehen die **Halbleiter** den Metallen am nächsten. Ein wesentliches Merkmal, das sie von den Metallen unterscheidet, ist der Anstieg der elektrischen Leitfähigkeit mit wachsender Temperatur (positiver Temperaturbeiwert). Zu den Halbleitern zählen Elemente, wie Si und Ge oder Verbindungen, wie GaAs und InSb, die in der Elektrotechnik, Elektronik und Mikroelektronik große Bedeutung erlangt haben. Auch Graphit gehört dazu.

Bei den **anorganisch-nichtmetallischen Werkstoffen** haben die silicattechnischen die größte Rohstoffbasis. Reichlich ein Viertel der äußeren Erdkruste besteht aus Silicium. Ihre Hauptvertreter sind **Gläser, Beton** (auf der Grundlage hydratisierbarer Silicate) und **Silicatkeramik** (Porzellan, Steingut), deren chemische Beständigkeit auch über ihre Verwendung im Bauwesen hinaus bedeutungsvoll ist. Die Silicatkeramik ist außerdem ein vielfach genutzter Isolierstoff in der Elektrotechnik.

Die Trennung von Glas und Keramik ist traditionell entstanden und in der Praxis tief verwurzelt. Ihre Merkmale, regellose Atomanordnungen für Gläser und kristalline Strukturen für Keramik, liegen jedoch häufig nebeneinander vor, z. B. im Porzellan. Nicht immer ist die Einordnung des Zements bzw. Betons in die keramischen Werkstoffe üblich. Die Aufnahme weiterer Untergruppen würde jedoch das gewählte Einteilungsprinzip sprengen.

Die silicattechnischen Werkstoffe sind Sauerstoffverbindungen. Weitere Beispiele für Oxidkeramiken sind Schneidkeramik (Aluminiumoxid), Ferrite für Magnete (Metalloxide) und Kernbrennstoffe (Urandioxid).

Zu den keramischen Werkstoffen zählen auch zahlreiche **Carbide, Boride** und **Nitride,** die vielfach als **Hartstoffe** bezeichnet werden, sowie **Silicide** und **Sulfide**. Neben der Verwendung als Werkzeugwerkstoff zeichnen sich Einsatzmöglichkeiten von Hartstoffen als **Hochtemperaturwerkstoffe**, z. B. Si_3N_4 für Gasturbinenschaufeln, ab.

Schließlich sind noch die einatomaren keramischen Stoffe zu erwähnen, vor allem C, Si, B und Ge, die zum Teil wegen ihrer besonderen physikalischen Eigenschaften bereits bei den Halbleitern eingeordnet wurden, die aber darüber hinaus als Schneidwerkstoffe (künstliche Diamanten), Verstärkungsmaterial für Verbundwerkstoffe (Bor- und Kohlenstoffasern), Hochtemperaturwerkstoffe (Pyrokohlenstoff und Pyrographit), Werkstoffe im chemischen Apparatebau (Graphit, Kohleglas), Kernreaktorwerkstoffe (Graphit) sowie Kontaktwerkstoffe (Kohlebürsten) eine wichtige Rolle spielen.

Die **hochpolymeren Werkstoffe** bestehen aus **Makromolekülen**, das sind Verbände aus einer Vielzahl von Monomeren, d. h. Grundelementen, die sich zu Großmolekülen verbinden lassen. Ihre Länge beträgt ein Vielfaches ihrer Dicke, sie umfaßt weit mehr als 100 monomere Einheiten. Makromoleküle sind in der organischen Natur weit verbreitet. Im Falle des **Kautschuks** werden sie durch Vulkanisierung unmittelbar zu hochpolymeren Werkstoffen (Gummi) verarbeitet, andere natürliche Makromoleküle (Cellulose, Casein) erfahren bei der Aufbereitung chemische Veränderungen (abgewandelte Naturstoffe). Der weitaus größte Teil der Ausgangsstoffe für die hochpolymeren Werkstoffe wird jedoch synthetisch durch **Polymerisation, Polykondensation** oder **Polyaddition** erzeugt. Handelt es sich dabei um organische Verbindungen (das sind die Verbindungen des Kohlenstoffs mit Ausnahme der Oxide, Carbonate und Carbide), so bezeichnet man die daraus hergestellten Werkstoffe als „organisch-hochpolymer" oder kurz „hochpolymer". **Hochpolymere**, bei denen nicht organische Verbindungen, sondern Si-O-Ketten das Grundgerüst bilden, könnten folgerichtig „anorganisch-hochpolymer" benannt werden. In der Praxis hat sich für diese Werkstoffe die Bezeichnung Silicone eingeführt.

Die vorstehenden Ausführungen machen deutlich, daß der Begriff „Kunststoffe" für die hochpolymeren Werkstoffe falsch ist, weil er nur einen Teil der „künstlich" hergestellten Werkstoffe umfaßt und darüber hinaus, wenn man ihn auf die Ausgangsstoffe bezieht, auch Naturstoffe einschließt. Ebenso irreführend ist der aus dem Englischen abgeleitete Begriff „Plaste", da diese Werkstoffe nicht mehr als andere auch (z. B. Metalle) bei der Verarbeitung plastisch verformbar sind und diese Eigenschaft dabei zum Teil sogar völlig verloren geht. In diesem Buch werden deshalb vorrangig die vorstehend begründeten Bezeichnungen Silicone und Hochpolymere sowie in weiterer Aufschlüsselung der letztgenannten Werkstoffe die Begriffe **Duromere** (anstelle Duroplaste) für ausgehärtete, **Plastomere** (anstelle Thermoplaste) für wiederholt warmumformbare sowie **Elastomere** für gummiartige Hochpolymere benutzt, auch wenn sich diese noch nicht allgemein durchgesetzt haben.

Verbundwerkstoffe

Verbundwerkstoffe sind Kombinationen von mindestens zwei Werkstoffen aus gleichen oder verschiedenen Gruppen. Es sollen Eigenschaften erreicht werden, die mit einem Werkstoff allein nicht oder nur unter wesentlich höherem Aufwand erzielt werden können. Beispiele dafür sind die Kombinationen der Zugfestigkeit des Stahls mit der Druckfestigkeit des Betons im Stahlbeton oder die Verwendung beschichteter (z. B. verzinkter) unlegierter Stähle anstelle hochlegierter Stähle bei korrosiver Beanspruchung. Prinzipiell lassen sich die Verbunde in verschiedenen Dimensionen ausführen, und zwar als Dispersionen (z. B. Carbide in einem Bindemetall = Hartmetalle), Faserverbunde (z. B. glasfaserverstärkte Hochpolymere) und Flächenverbunde (z. B. Stahl mit einer aufgespritzten verschleißmindernden Oberflächenschicht). Faser- und Flächenverbunde können zu einer Richtungsabhängigkeit der mechanischen und physikalischen Eigenschaften (Anisotropie) führen. Eine eindeutige Bestimmung dessen, was als Verbundwerkstoff zu bezeichnen ist, gibt es nicht. So zählt man Duromere mit Füllstoffen meist nicht dazu, ebensowenig ist es üblich, Werkzeugstähle mit hohem Carbidanteil als Verbundwerkstoffe zu bezeichnen. Eutektisch erstarrte Legierungen schließlich rechnet man nur dann dazu, wenn die Erstarrung der 2. Phase in bestimmter Form und Richtung erfolgt.

Literatur- und Quellenhinweise

[1.1] *Noddack* und *Noddack*: Die Verteilung der nutzbaren Metalle in der Erdrinde. Z. angew. Chemie 1936, S. 1-6, zitiert in [1.2]

[1.2] *Gürtler, W.*: Einführung in die Metallkunde, I. Folge. Leipzig: Johann Ambrosius Barth Verl. 1943

[1.3] *Aichinger, H.M., G.W. Hoffmann und K. Pittel*: Die Weltenergiesituation und ihre Auswirkungen auf die Eisen- und Stahlindustrie. Stahl und Eisen 101 (1981) 13-14 S. 945-957

[1.4] *Altenpohl, D.*: Die Metallindustrie und ihr verändertes Umfeld. Aluminium 55 (1979) 9 S.627-630

[1.5] *Dickmann, H.*: Aus der Geschichte der deutschen Eisen- und Stahlerzeugung 2. Aufl.; Düsseldorf: Verl. Stahleisen mbH 1959

[1.6] *Ilschner, B.*: Werkstoffwissenschaften. 2. Aufl.; Berlin Heidelberg New York: Springer-Verl. 1990

[1.7] *Faure, H.A.*: Entwicklung, Stand der Technik und Zukunftsaspekte der Stahlerzeugung. Stahl und Eisen 113 (1993) 6 S. 39-46

[1.8] *Schulz, E.:* Die Zukunft des Stahls im Spannungsfeld zwischen Ökonomie und Ökologie. Stahl und Eisen 113 (1993) 2 S. 25-33

[1.9] *Lange, W.:* Rohstoffprobleme Strategie und Planung (I). Spektrum (1978) 9 S. 9-11

[1.10] *Schatt, W.:* Wesen und Bestimmung der Werkstoffwissenschaft. Neue Hütte 23 (1978) 10 S. 360-362

[1.11] *Tafel, V.*: Lehrbuch der Metallhüttenkunde, Bd. I bis III. 2. Auflage Leipzig: S. Hirzel Verlagsbuchhandlung 1951 bis 1954

2 Anforderungen an die Werkstoffe

2.1 Aufgaben

Die Funktionen, die von den Werkstoffen einer Konstruktion oder eines Werkzeuges erfüllt werden müssen, sind sehr vielseitig. Tabelle 2.1 enthält eine Zusammenstellung wichtiger Aufgaben und einige zugeordnete Beispiele.
In den meisten Fällen müssen mehrere Aufgaben gleichzeitig erfüllt werden. So haben z. B. Umhüllungen oftmals auch dekorative Funktionen, sie müssen Kräfte übertragen sowie vor Korrosion schützen. Ventile in Verbrennungsmotoren sind zyklischen Belastungen bei erhöhten Temperaturen, Einwirkungen korrodierender Gase sowie reibenden Beanspruchungen ausgesetzt, außerdem sollen sie die Wärme gut ableiten.

Es gehört deshalb zu den wesentlichsten Voraussetzungen für die **Werkstoffauswahl**, daß der Werkstoffanwender den **Komplex der Betriebsbeanspruchungen** nach Art, Intensität und Dauer genau erfaßt.

Tabelle 2.1 Aufgaben von Werkstoffen

Aufgaben	Beispiele
Aufnahme und Übertragung von Kräften	Stahlbetoneinlagen, Seile, Zahnräder, Gelenkprothesen, Fahrzeugreifen
Transport oder Aufnahme von festen, flüssigen oder gasförmigen Medien	Rohre, Förderbänder, Treibstofftanks, Bierfässer, Container
Umhüllen von Konstruktionen oder Baugruppen	Getriebegehäuse, Fahrzeugkarosserien, Gehäuse von Haushaltgeräten
Herstellen lösbarer oder unlösbarer Verbindungen	Schrauben, Nägel, Bindedraht, Niete, Schweißzusatzwerkstoffe, Lote
Ausführung von Verbindungsarbeiten	Schraubendreher, Nähnadeln, Hämmer
Urformen von Werkstücken	Druckgußwerkzeuge, Preßwerkzeuge für Pulver, Kalanderwalzen
Umformen von Halbzeugen	Walzen, Ziehsteine, Tiefziehwerkzeuge
Aufbereitung von Stoffen	Extruderschnecken, Backenbrecher, Siebe
Zerteilen von Werkstoffen	Messer, Scheren, Sägen
Spanen und Abtragen von Stoffen	Schleifscheiben, Fräser, Baggerzähne
Bestimmung und Gewährleistung von Abmessungen und Betriebsdaten	Meßzeuge, Maßverkörperungen, Schmelzsicherungen
Speicherung und Umformung von Energie	Akkumulatoren, Heizleiter, Thermoelemente, Federn
Leitung von Wärme	Spanungswerkzeuge, Bremstrommeln, Lager
Wärme- und Schalldämmung	Dämmstoffe in Kühlaggregaten, Matten in Fahrzeugen
Aufbau wechselnder oder gleichbleibender magnetischer Felder	Hubmagnete, Kompaßnadeln
Leitung, Brechung oder Reflexion von Licht	Lichtleiter, Linsen, Spiegel
Absorption, Bremsung und Reflexion von Neutronen	Absorber-, Moderator- und Reflektorwerkstoffe in Kernreaktoren
Realisierung ästhetischer Vorstellungen	Kunstschmiedearbeiten, Kunstguß

2.2 Eigenschaften

Aus den Anforderungen, denen die Werkstoffe gerecht werden müssen, ist ersichtlich, daß sie in nahezu allen Fällen ihrer Anwendung eine Festigkeit, d. h. einen Widerstand gegen von außen wirkende oder auch nur durch die Eigenmasse verursachte Kräfte und Momente haben müssen. Eine Ausnahme stellt das Quecksilber dar, wenn es als Arbeitsmittel zur Leitung von elektrischem Strom (Kontakte) verwendet wird. In diesem Falle, um funktionsfähige technische Gebilde erzeugen zu können, ist eine Umhüllung erforderlich. Neben der Festigkeit müssen weitere Eigenschaften vorhanden sein. Sie werden häufig in solche der Anwendung und Verarbeitung getrennt.

Die für den Anwender wichtigen Gebrauchseigenschaften lassen sich z. B. in mechanische, physikalische und chemische unterteilen (Tabelle 2.2).

Tabelle 2.2 Wichtige Gebrauchseigenschaften von Werkstoffen
a) Mechanische Eigenschaften

Eigenschaft	Bedeutsam für folgende Anwendungen (Beispiele)
Festigkeit *	fast alle Anwendungen
Zähigkeit/Sprödigkeit **	Schweißkonstruktionen, Einwirkung tiefer Temperaturen oder schlagartiger Belastungen
Elastizitätsmodul	Federn, Membranen
Härte	Werkzeuge, Wälzlager
Verschleißverhalten	Spanungs-, Umform- und Meßwerkzeuge, Gleitpaarungen, Autoreifen
Reibwert	Bremsen, Lager, Zahnräder
Schneidhaltigkeit	Messer, Spanungswerkzeuge, Sensen

* Festigkeit ist die Spannung, der ein Werkstoff bis zum Eintritt eines vorgegebenen Ereignisses, z. B. einer bleibenden Formänderung (Formänderungsfestigkeit) oder des Bruchs (Bruchfestigkeit) widersteht. Die Festigkeit eines Werkstoffes wird weiterhin durch die Art der Beanspruchung, z. B. Biegebruchfestigkeit (kurz Biegefestigkeit) oder Dauerschwingfestigkeit (kurz Dauerfestigkeit), die Dauer der Beanspruchung, z. B. Zeitstandfestigkeit, sowie die Temperatur der Beanspruchung, z B. Warmfestigkeit, bestimmt.
** Zähigkeit und Sprödigkeit (s. Abschnitt 5.1.2) charakterisieren das Bruchverhalten der Werkstoffe

b) Physikalische Eigenschaften

Eigenschaft	Bedeutsam für folgende Anwendungen (Beispiele)
Elektrische Eigenschaften *	Werkstoffe der Elektrotechnik/Elektronik, wie Leiterwerkstoffe, Halbleiter, Isolatoren
Magnetische Eigenschaften **	Werkstoffe der Elektrotechnik, wie Transformatoren- und Dynamobleche, Dauermagnete
Wärmeleitfähigkeit	Wärmetauscher, Wärmedämmstoffe, Baustoffe
Thermischer Ausdehnungskoeffizient	Einschmelzlegierungen, Bimetalle, Verbundwerkstoffe
Spezifische Wärmekapazität	Schmelzen, Schweißen, Wärmebehandeln
Dichte	Fahrzeuge, Flugzeuge, Leichtbaukonstruktionen
Reflexion, Transmission und Absorption von Strahlen	Optische Bauelemente, Kernreaktorwerkstoffe, Strahlenschutz

* Sammelbegriff für Kenngrößen wie elektrische Leitfähigkeit, Dielektrizitätskonstante und Thermokraft
** Sammelbegriff für Kenngrößen wie Permeabilität, Remanenz und Koerzitivfeldstärke

c) Chemische Eigenschaften

Eigenschaft	Bedeutsam für folgende Anwendungen (Beispiele)
Korrosionsverhalten	Umhüllungen, Rohrleitungen, besonders in der chemischen und Nahrungsmittelindustrie sowie in der Kerntechnik
Zunderverhalten	Rohrleitungen in Energieerzeugungsanlagen, Heizleiter, Anlagen zur Wärmebehandlung
Verhalten gegenüber Druckwasserstoff	Reaktoren und Rohrleitungen in der chemischen Industrie
Brennbarkeit	Hochpolymere Isolations- und Konstruktionswerkstoffe

Wesentliche Verarbeitungseigenschaften enthält die Tabelle 2.3.

Die Ermittlung der Werkstoffeigenschaften ist das Arbeitsgebiet der Werkstoffprüfung, zu deren Aufgaben auch das Feststellen von Werkstoffehlern, die Aufklärung von Schadensfällen u. a. gehören. Die Werkstoffeigenschaften werden durch Kenngrößen beschrieben. Sind diese vom Prüfverfahren, von der Geometrie des Prüfkörpers und der Höhe der Beanspruchungen unabhängig, bezeichnet man sie häufig als Stoffkonstanten, z. B. die Wärmeleitfähigkeit oder den Ausdehnungskoeffizienten. Andere Kenngrößen, wie die Zugfestigkeit oder die Zähigkeit, hängen in gewissen Grenzen von den Prüfbedingungen ab. Schließlich gibt es Kenngrößen, die nur unter den gewählten speziellen Prüfbedingungen zutreffend und hauptsächlich zum Vergleich von Werkstoffen oder zur Überwachung der Gleichmäßigkeit geeignet sind. Dazu gehören die Erichsentiefung und die Härtbarkeit.

Werkstoffkenngrößen sind somit Werkstoffeigenschaften, die durch Prüfvorschriften definiert sind. Das unter bestimmten Bedingungen an einem Werkstück oder einer Probe gemessene Ergebnis ist der **Werkstoffkennwert** der in der Regel aus Zahlenwert und Einheit besteht, z. B. Streckgrenze $R_e = 350$ N/mm^2.

Tabelle 2.3 Wichtige Verarbeitungseigenschaften von Werkstoffen

Eigenschaft	Notwendig zur Herstellung folgender Erzeugnisse (Beispiele)	Arbeitsverfahren (Beispiele)
Gießbarkeit	Gußstücke (Formteile) aller Art	Sandguß, Druckguß, Spritzguß
Warmumformbarkeit	Profile, Grobbleche, Schmiede- und Formteile	Warmwalzen, Schmieden, Streckformen
Kaltumformbarkeit	Kaltband, gezogener Draht, Werkzeuge und Konstruktionsteile	Kaltwalzen, Ziehen und Tiefziehen, Kalteinsenken und Kaltfließpressen
Schweißbarkeit	Schweißkonstruktionen, Rohre, Verpackungen aus Hochpolymeren	Gasschweißen, Elektroschweißen, Abschmelzschweißen
Spanbarkeit	Maschinenelemente, Werkzeuge, Gewindestücke aus Gußeisen	Drehen, Fräsen, Bohren, Sägen
Wärmebehandelbarkeit	Werkzeuge, Maschinenelemente, Messerwaren	Härten, Aushärten, Nitrieren

3 Bezeichnung der Werkstoffe

3.1 Allgemeines zur Normung der Werkstoffe

Das Streben nach höheren Leistungen und geringeren Massen von Fertigungserzeugnissen bringt es mit sich, daß an die Eigenschaften der Werkstoffe ständig höhere und differenziertere Anforderungen gestellt werden. Es ist die Aufgabe der Werkstoffnormung, diese Anforderungen zu erfassen, den möglichen, dem jeweiligen Stand der Technik entsprechenden Erfüllungsgrad abzuwägen und diesen für Hersteller und Verbraucher verbindlich zu fixieren. Letzteres geschieht durch **Werkstoffnormen für Technische Lieferbedingungen**. Weitere wichtige Informationen enthalten **Abmessungsnormen**, in denen insbesondere die zu gewährleistenden Abmessungen und deren zulässige Abweichungen sowie weitere bei der Herstellung von Halbzeugen beeinflußbare Größen, wie Geradheit oder Ebenheit, festgelegt sind. Die Normen stellen somit eine Grundlage für die Werkstoffauswahl wie auch durch die Verwendung normierter Werkstoffbezeichnungen für eine zweifelsfreie Kommunikation zwischen Werkstoffhersteller, -verarbeiter, Konstrukteur und Technologen dar.

Werkstoffbezeichnungen

Die Werkstoffbezeichnungen sollen möglichst kurz, eindeutig, gut sprechbar und gut verständlich, für längere Zeit und möglichst auch international verwendbar sowie für die Datenverarbeitung benutzbar sein. Diesen Forderungen in ihrer Gesamtheit wird noch keine der bisher eingeführten Systematiken gerecht. Neben der vor allem für die Verbraucher anschaulichen Benennung mit Buchstaben und Ziffern gibt es die für die Hersteller vorteilhaften Ziffernfolgen. Ungeeignet sind die von Herstellerfirmen für bestimmte Produkte erfundenen Handelsnamen, wie V2A-Stahl (rost-, säure- und zunderbeständige Stähle), Widia (Sinterhartmetalle) oder Duralumin (aushärtbare Al-Cu-Mg-Legierung), die heute infolge Variierungen der ursprünglichen Zusammensetzungen ganze Werkstoffgruppen mit differenzierten Eigenschaften umfassen. Trotz der seit längerem verbindlichen genormten Werkstoffbezeichnungen werden sie aber besonders von Nicht-Werkstoffachleuten noch häufig benutzt, und die Herstellerfirmen legen Wert auf ihre eigenen Handelsnamen. Eine ähnliche Entwicklung zeichnet sich bei den hochpolymeren Werkstoffen ab, wo es außerdem für das gleiche Produkt mitunter mehrere Handelsnamen gibt.

Die Normung erfordert große Sorgfalt, weil sie die Belange aller Partner - Hersteller, Verarbeiter und Verbraucher - optimal berücksichtigen muß. Aus diesem Grunde und, um auf die Benennung der Werkstoffe zurückzukommen, weil einmal festgelegte Bezeichnungen meist in zahlreichen anderen Normen verankert sind und sich in der Praxis eingebürgert haben, können Veränderungen, die der wissenschaftlich-technische Fortschritt erfordert, mitunter nur sehr zögernd berücksichtigt werden.

Eine weitere Ursache für notwendig werdende Änderungen von Normen ist die ständig umfangreicher werdende internationale Zusammenarbeit. Sie wird durch die Vereinheitlichung wesentlich gefördert. Deshalb werden internationale Vorschriften ausgearbeitet, die z. B. als Europäische Norm bei der nationalen Normung einzuführen oder zu berücksichtigen sind. Gegenwärtig findet ein Umbruch von nationaler Normung auf Europäische Normung statt, so daß bereits eine große Zahl von Werkstoffnormen von den bisherigen **DIN-Normen** in **DIN EN-Normen** umgewandelt worden ist. Das betrifft auch die Normen für die Werkstoffbezeichnungen, wodurch sich zum Teil erhebliche Veränderungen gegenüber den früheren Bezeichnungen ergeben. Da die Umstellungsphase noch nicht abgeschlossen ist, findet man gegenwärtig bei den Stählen und bei Gußeisen alte Bezeichnungen nach DIN und bereits neue nach DIN EN vor, je nachdem, ob für die Technischen Lieferbedingungen der einzelnen

Werkstoffe bzw. Werkstoffgruppen schon Europäische Normen verbindlich geworden sind. Aus diesem Grunde ist es erforderlich, sowohl die bisher genormten als auch die neuen Werkstoffbezeichnungen zu betrachten.

3.2 Metallische Werkstoffe

3.2.1 Bezeichnungssysteme für Stähle

Die Bezeichnungssysteme für Stähle sind in Europa einheitlich genormt (DIN EN 10 027) und unterteilt in Kurznamen und Werkstoffnummern. Sie werden nachstehend ausführlicher besprochen. Nicht behandelt werden die Bezeichnungen für Vormaterialien (Roheisen, Ferrolegierungen, Blöcke usw.).

3.2.1.1 Kurznamen

Für die Kurznamen werden Ziffern und Buchstaben so gewählt, daß für den Werkstoffhersteller und -anwender wichtige Informationen, d. h. bestimmte Eigenschaften oder die chemische Zusammensetzung, erkennbar werden. Grundsätzlich gilt, daß die Kurznamen nur so viele Angaben enthalten, wie zur Charakterisierung des Werkstoffes und zur Unterscheidung von anderen Werkstoffen unbedingt notwendig sind. Weitergehende Informationen sind den jeweiligen Werkstoffnormen zu entnehmen. Die Kurznamen lassen sich in 2 Hauptgruppen einteilen:

- **Gruppe 1**

Die Kurznamen geben Hinweise auf die **Verwendung** und die **mechanischen** oder **physikalischen Eigenschaften** der Eisenwerkstoffe. Diese Benennung ist für Werkstoffe üblich, die aufgrund gewährleisteter mechanisch-technologischer (Festigkeit, Verformbarkeit) oder physikalischer Eigenschaften (Koerzitivfeldstärke, Ummagnetisierungsverluste) eingesetzt und beim Verbraucher nicht oder nur zur Rückgängigmachung verarbeitungsbedingter Eigenschaftsänderungen (z. B. nach dem Schweißen oder Kaltumformen) wärmebehandelt werden.

- **Gruppe 2**

Die Kurznamen geben Hinweise auf die **chemische Zusammensetzung**. Nach der chemischen Zusammensetzung werden solche Eisenwerkstoffe benannt, bei denen der Gehalt an Legierungselementen Rückschlüsse auf bestimmte Eigenschaften, wie Korrosions- und Zunderbeständigkeit, Warmfestigkeit oder Zerspanbarkeit zuläßt oder die beim Verbraucher zur Einstellung gewünschter Eigenschaften wärmebehandelt werden.

Die Kurznamen der Gruppe 2 werden weiterhin in vier Untergruppen unterteilt, die sich hinsichtlich des Gehaltes an Legierungselementen unterscheiden. Es erfolgt eine Einteilung in:

- **unlegierte Stähle** mit einem mittleren Mn-Gehalt ≤ 1 %
- **legierte Stähle** mit einem mittleren Gehalt der einzelnen Legierungselemente unter 5 % bzw. **unlegierte Stähle** mit einem mittleren Mn-Gehalt > 1 %.
- **hochlegierte** Stähle
- **Schnellarbeitsstähle**.

Alle vier Untergruppen enthalten chemische Elemente, die entweder absichtlich zugegeben werden (für metallurgische Reaktionen oder zur Einstellung bestimmter Eigenschaften) oder, aus den Einsatzstoffen stammend, aus technischen oder wirtschaftlichen Gründen nur unvollständig oder gar nicht aus der Schmelze entfernt werden können. Deshalb gibt es außer für Kohlenstoff Grenzgehalte, bei deren Überschreiten die Werkstoffe als legiert bezeichnet werden. Eisenwerkstoffe, die nur Kohlenstoff enthalten, gleich welcher Höhe, gelten immer als unlegiert. Die Tabelle 3.1 enthält die Grenzgehalte an Elementen in unlegierten Stählen nach der Europäischen Norm EN 10 020.

Die Grenze zwischen niedriglegierten und hochlegierten Eisenwerkstoffen liegt bei einem Gehalt von ≥ 5 % für mindestens ein Legierungselement.

Tabelle 3.1 Grenze zwischen unlegierten und legierten Stählen (Schmelzenanalyse) nach DIN EN 10 020

Festgelegtes Element		Grenzwert in M-%
Al	Aluminium	0,30
B	Bor	0,0008
Bi	Bismut	0,10
Co	Cobalt	0,30
Cr	Chrom	0,30
Cu	Kupfer	0,40
La	Lanthanide	0,10
Mn	Mangan	1,65
Mo	Molybdän	0,08
Nb	Niob	0,06
Ni	Nickel	0,30
Pb	Blei	0,40
Se	Selen	0,10
Si	Silicium	0,60
Te	Tellur	0,10
Ti	Titan	0,05
V	Vanadium	0,10
W	Wolfram	0,30
Zr	Zirconium	0,05
Sonstige (mit Ausnahme von C, P, S, N)		0,10

Aufbau der Kurznamen - Gruppe 1

Die Kurznamen nach DIN EN 10 027-1 setzen sich aus Haupt- und Zusatzsymbolen zusammen. Die **Hauptsymbole** bestehen aus dem Kennbuchstaben für die **Stahlgruppe** (Tabelle 3.2), wobei ein vorangestelltes G Stahlguß bedeutet, und der Kennzahl für die **Mindeststreckgrenze in N/mm²** für die kleinste Erzeugnisdicke. Bei den Stahlgruppen Y und R werden die Mindestzugfestigkeit und bei M die höchstzulässigen Magnetisierungsverluste angegeben. Es folgen als Zusatzsymbole (unterteilt in Gruppe 1 und 2) die Kennzeichen für die Gütegruppe (Schweißeignung und Kerbschlagarbeit nach Tabelle 3.3) und, wenn erforderlich, Kennzeichen für die Desoxidationsart. Hinzugefügt werden können Kennbuchstaben für die Eignung für besondere Verwendungszwecke (Zusatzsymbole Gruppe 2), z. B. bedeuten:

C	mit besonderer Eignung zur Kaltumformung
D	für Schmelztauchüberzüge
E	für Emaillierung
W	wetterfest

Als Zusatzsymbol der Gruppe 2 können auch chemische Symbole für vorgeschriebene zusätzliche Elemente, z. B. Cu, und der mit dem Faktor 10 multiplizierte Gehalt angegeben werden.

Außerdem besteht die Möglichkeit, für Stahlerzeugnisse noch Zusatzsymbole für den Behandlungszustand, Arten des Überzuges oder für besondere Anforderungen durch ein Pluszeichen von den vorhergehenden getrennt, z. B. **+C** für den Behandlungszustand „kaltverfestigt“, **+Z** für „feuerverzinkt“, anzuhängen.

Tabelle 3.2 Kennbuchstaben für Stahlgruppen (Gruppe 1) nach DIN EN 10 027-1

Kennbuchstabe	Stahlgruppe
S	Stähle für den allgemeinen Stahlbau
E	Maschinenbaustähle
P	Stähle für den Druckbehälterbau
L	Stähle für den Rohrleitungsbau
B	Betonstähle
Y	Spannstähle
R	Stähle für oder in Form von Schienen
H	Kaltgewalzte Flacherzeugnisse
D	Flacherzeugnisse aus weichen Stählen zum Kaltumformen
T	Feinst- und Weißblech und -band
M	Elektroblech

Tabelle 3.3 Zusatzsymbole der Gruppe 1 nach DIN V 17 006 Teil 100

Kerbschlagarbeit			Prüftemp.
27 J	40 J	60 J	°C
JR	KR	LR	+ 20
JO	KO	LO	0
J2	K2	L2	- 20
J3	K3	L3	- 30
J4	K4	L4	- 40
J5	K5	L5	- 50
J6	K6	L6	- 60

M = Thermomechanisch behandelt
N = Normalgeglüht oder normalisierend gewalzt
Q = Vergütet
G = Andere Merkmale, wenn erforderlich mit 1 oder 2 Ziffern

(Symbole M, N und Q gelten für Feinkornstähle)

Die Bedeutung hier nicht genannter Zusatzsymbole ist der DIN V 17 006 Teil 100 bzw. dem DIN-Normenheft 3 [3.1] zu entnehmen.

Beispiel:

Stahl nach DIN EN 10 025

S355JOC+N

S = Stahl für allgemeinen Stahlbau
355 = Mindeststreckgrenze = 355 N/mm^2
JO = Kerbschlagarbeit 27 J bei 0 °C
C = mit besonderer Kaltumformbarkeit
+N = normalgeglüht bzw. normalisierend gewalzt

Die vollständige Bezeichnung eines Stahles der Hauptgruppe 1 setzt sich zusammen aus:

- der Art des Werkstoffs → **Stahl**
- der Nummer der Europäischen Norm
- dem Kurznamen

Beispiel:

Stahl EN 10 025 - S355JOC + N

Bisher genormte Kurznamen

Die Kurznamen von Stählen der Gruppe 1 bestanden bisher aus den Kennbuchstaben **St** bzw. bei Stahlguß **GS** gefolgt von der **Mindestzugfestigkeit in kp/mm^2**, von Stählen, die nach der Streckgrenze bezeichnet wurden, aus den Kennbuchstaben **StE** und der **Mindeststreckgrenze in N/mm^2**. Zur weiteren Unterscheidung zwischen den verschiedenen Stählen konnten zusätzlich noch Buchstaben und Ziffern für bestimmte Merkmale vorangestellt oder angefügt sein. Soweit noch keine DIN EN-Normen für die Stähle der Gruppe 1 gültig geworden sind, werden diese Kurznamen auch weiterhin beibehalten. Die bisher verwendeten Kennbuchstaben und Zusatzsymbole sind dem DIN-Normenheft 3 [3.1] zu entnehmen.

Beispiel:

Stahl nach DIN 17 178

WStE 285

W = warmfester Stahl
St = Stahl, nicht für Wärmebehandlung vorgesehen
E = Streckgrenze
285 = Mindeststreckgrenze = 285 N/mm^2

Kurznamen ohne feste Systematik

Kurznamen von Bändern und Blechen aus weichen unlegierten Stählen wurden bisher aus den Buchstaben **St** und Zahlen von **0 bis 30** gebildet, denen Buchstaben und Zahlen zur Kennzeichnung der Oberfläche oder des Behandlungszustandes folgten. Bei Warmband, das für unmittelbare Weiterverarbeitung vorgesehen ist, wird an **St** der Buchstabe **W** angehängt.

Kurznamen der unlegierten Stähle für den Druckbehälterbau wurden aus dem Buchstaben H und den römischen Zahlen I bis IV für die Festigkeit gebildet. Für Übertragerbleche bestanden die Kurznamen bisher nur aus den Güteklassen A bis F mit fortlaufender Nummer,

z. B. A 3. Feinstblech und Weißblech wurden bisher mit T und einer Zahl für den angestrebten Härtebereich bezeichnet z. B. T 52.

Aufbau der Kurznamen - Gruppe 2 (nach der chemischen Zusammensetzung)

Die Kurznamen nach DIN EN 10 027-1 bestehen aus **Haupt- und Zusatzsymbolen**, wobei für die 4 Stahlgruppen unterschiedliche Regeln für die Bildung gelten. Für die Schreibweise der Kurznamen gilt allgemein, daß die Kennbuchstaben und Kennzahlen ohne Leerzeichen fortlaufend aneinander gereiht werden, nur die Kennzahlen für die Legierungsgehalte werden durch Bindestrich getrennt Die Kurznamen nach DIN EN 10 027-1 entsprechen weitgehend den bisher gebräuchlichen Kurznamen, Änderungen gibt es insbesondere bei den Zusatzsymbolen.

- **unlegierte Stähle**

Die Hauptsymbole sind **C - für Kohlenstoff** - und eine **Zahl**, die dem Hundertfachen des mittleren Kohlenstoffgehaltes entspricht. Zusatzsymbole geben Hinweise auf den Verwendungszweck oder den Schwefelgehalt (Gruppe 1, siehe Tabelle 3.4) sowie zusätzliche Elemente, z. B. Cu, und falls erforderlich eine einstellige Zahl, die den mit 10 multiplizierten Mittelwert des Gehaltes angibt (Gruppe 2).

Tabelle 3.4 Zusatzsymbole der Gruppe 1 nach DIN V 17 006 Teil 100

Symbol	Bedeutung
E	vorgeschriebener max. S-Gehalt
R	vorgeschriebener Bereich des S-Gehaltes
D	zum Drahtziehen
C	besondere Kaltumformbarkeit
S	für Federn
U	für Werkzeuge
W	für Schweißdraht
G	andere Merkmale

Beispiel:

unlegierter Stahl nach DIN EN 10 016-2

C70D

C70 = 0,70 % Kohlenstoff
D = zum Drahtziehen

- **legierte Stähle (Gehalte der einzelnen Elemente unter 5 %)**

Die Kurznamen werden durch folgende Haupt- und Zusatzsymbole gebildet: eine Zahl, die dem Hundertfachen des mittleren Kohlenstoffgehaltes entspricht, gefolgt von den Symbolen für die den Stahl charakterisierenden **Legierungselemente** und **Zahlen**, getrennt durch Bindestrich, die dem mittleren Gehalt der Elemente, multipliziert mit folgenden **Faktoren** (Tabelle 3.5), entsprechen.

Tabelle 3.5 Faktoren für Legierungselemente

Element	Faktor
Cr, Co, Mn, Ni, Si, W	4
Al, Be, Cu, Mo, Nb, Pb, Ta, Ti, V, Zr	10
Ca, N, P, S	100
B	1000

Beispiel:

legierter Stahl nach DIN EN 10 083

50CrMo4

50 = 0,5 % C
Cr = Chrom
Mo = Molybdän
4 = 1 % Cr

- **hochlegierte Stähle (außer Schnellarbeitsstähle)**

Die Hauptsymbole bestehen aus einem **X** und einer Zahl, die dem Hundertfachen des mittleren Kohlenstoffgehaltes entspricht, gefolgt von den Symbolen für die den Stahl charakterisierenden **Legierungselemente** und **Zahlen**, getrennt durch Bindestrich, die den mittleren, auf ganze Zahlen gerundeten Gehalt der Elemente angeben.

Beispiel:

hochlegierter Stahl nach DIN EN 10 088

X5CrNi18-10

X = hochlegierter Stahl
5 = 0,05 % C
Cr = Chrom
Ni = Nickel
18 = 18 % Cr
10 = 10 % Ni

- **Schnellarbeitsstähle**

Als Hauptsymbole werden **HS** (derzeitig noch S) gefolgt von Zahlen, die durch Bindestrich getrennt, den prozentualen Gehalt der Legierungselemente in der Reihenfolge **Wolfram - Molybdän - Vanadium - Cobalt** angeben, verwendet.

Beispiel:

Schnellarbeitsstahl nach DIN EN XXXX*

HS2-10-1-8

HS = Schnellarbeitsstahl
2 = 2 % Wolfram
10 = 10 % Molybdän
1 = 1 % Vanadium
8 = 8 % Cobalt

*z. Z. noch keine DIN EN
derzeitig gültig: DIN 17 350 mit der Stahlbezeichnung S 2-10-1-8

Für Stahlerzeugnisse können, getrennt durch ein Pluszeichen, noch Symbole für den Behandlungszustand oder für besondere Anforderungen hinzugefügt werden.

Beispiel:

+LC
LC = Geglüht zur Erzielung kugeliger Carbide

3.2.1.2 Werkstoffnummern

Für die Bezeichnung mit Werkstoffnummern wurde für Stahl die DIN EN 10 027-2 eingeführt. Für alle Stähle, die in europäischen Normen enthalten sind, wird eine Werkstoffnummer nach diesem System festgelegt. Die Werkstoffnummern gelten zusätzlich zu den bereits erläuterten Kurznamen nach DIN EN 10 027-1. Die Werkstoffnummern bestehen aus bis zu 7 Ziffern und sind nach folgendem Schema aufgebaut:

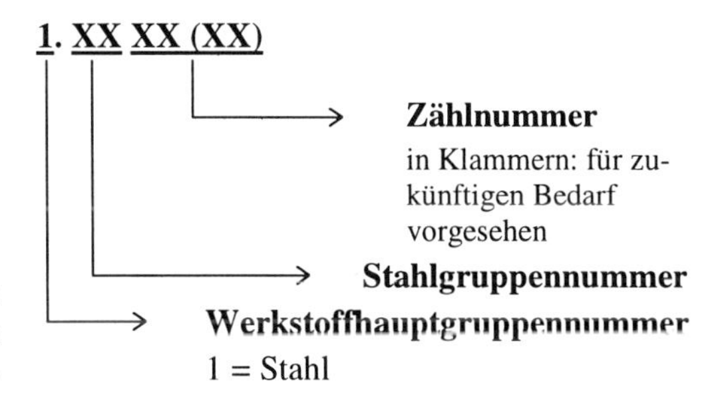

Es entfallen die früher in DIN 17 007 für Stahl enthaltenen Anhängezahlen für das Stahlgewinnungsverfahren und den Behandlungszustand. In DIN EN 10 027-2 wurde eine Einteilung der Stähle in Stahlgruppen entsprechend DIN EN 10 020 und nach kennzeichnenden Merkmalen (z. B. Zugfestigkeit R_m, C-Gehalt, Legierungselemente) vorgenommen. Die Stahlgruppennummern bedeuten dabei:

Unlegierte Stähle

00 und 90	Grundstähle*
01 - 07 und 91 - 97	Qualitätsstähle
10 - 19	Edelstähle

*in DIN EN 10 020 wurden jetzt die Grundstähle mit den unlegierten Qualitätsstählen zusammengelegt

Legierte Stähle

08 und 09; 98 und 99	Qualitätsstähle
20 - 29	Werkzeugstähle
30 - 39	verschiedene Stähle
40 - 49	chemisch beständige Stähle
50 - 89	Bau-, Maschinenbau- und Behälterstähle

Die sich an die Stahlgruppennummer anschließenden Zählnummern unterliegen keiner Systematik.

Beispiel:

1.2080

1. = Stahl
20 = Stahlgruppennummer: Werkzeugstähle
80 = Zählnummer für X 210Cr12 nach DIN 17 350

3.2.2 Bezeichnungssysteme für Gußeisen

Für Gußeisen wurde nach DIN EN 1560 ein Europäisches Bezeichnungssystem für Kurzzeichen und Werkstoffnummern eingeführt, das sich von dem bisherigen System wesentlich unterscheidet. Deshalb soll zunächst das neue System und anschließend das bisherige, das nur noch z. T. für Gußeisen nach noch bestehenden DIN-Normen gültig ist, betrachtet werden.

3.2.2.1 Kurzzeichen

Nach DIN EN 1560

Die Kurzzeichen für die einzelnen Gußeisenwerkstoffe setzen sich aus bis zu 6 Positionen zusammen, wobei einige (Mikro- oder Makrostruktur, zusätzliche Anforderungen) nur erforderlichenfalls angegeben werden. Obligatorisch sind die in der Tabelle 3.6 aufgeführten Zeichen in der gegebenen Reihenfolge. Zwischenräume zwischen den Positionen sind nicht zulässig Die Vorsilbe EN- darf nur für genormte Werkstoffe verwendet und kann weggelassen werden, wenn die Europäische Norm in Verbindung mit dem Werkstoffkurzzeichen genannt wird.

Tabelle 3.6 Bezeichnung von Gußeisenwerkstoffen durch Kurzzeichen nach DIN EN 1560

Merkmal		Zeichen
Vorsilbe		EN-
Metallart	Gußeisen	GJ
Graphitstruktur	lamellar	L
	kugelig	S
	Temperkohle	M
	vermikular	V
	graphitfrei (Hartguß) ledeburitisch	N
	Sonderstruktur	Y
mechanische Eigenschaften*	Zugfestigkeit Mindestwert in N/mm^2	z. B. 350
	Dehnung Mindestwert in %	z. B. -19
	Probenstückherstellung:	
	getrennt gegossen	S
	angegossen	U
	einem Gußstück entnommen	C
	Brinellhärte	z. B. HB155
	Schlagzähigkeit:	
	Prüftemperatur:	
	Raumtemperatur	-RT
	Tieftemperatur	-LT
chemische Zusammensetzung*	Symbol	X
	Kohlenstoffgehalt in % x 100 (wenn signifikant)	z. B. 300
	chemisches Symbol der Legierungselemente	z. B. Cr
	Gehalt der Legierungselemente in %	z. B. 9-5-2

*angegeben werden entweder die mechanischen Eigenschaften oder die chemische Zusammensetzung

Beispiele:

Gußeisen mit Kugelgraphit nach DIN EN 1563

EN-GJS-350-22U

EN- = Europäische Norm (Vorsilbe)
GJ = Gußeisen
SL = Graphitstruktur: kugelig
350 = Mindestzugfestigkeit 350 N/mm^2
-22 = Dehnung 22 %
U = angegossenes Probestück

Gußeisen mit Lamellengraphit nach DIN EN 1561

EN-GJL-HB215

EN- = Europäische Norm (Vorsilbe)
GJ = Gußeisen
L = Graphitstruktur: lamellar
215 = Brinellhärte: 215 HB

Für legiertes Gußeisen werden nach den Buchstaben EN-GJ das Zeichen für die Graphitstruktur, das Symbol X für die Bezeichnung nach der chemischen Zusammensetzung, wenn erforderlich die Kennzahl für Kohlenstoff, und anschließend die Legierungselemente mit den nachfolgenden durch Bindestrich getrennten Legierungsgehalten angegeben.

Beispiel:

legiertes Gußeisen nach EN XXXX *

EN-GJN-X300CrNiSi9-5-2

EN- = Vorsilbe
GJ = Gußeisen
N = graphitfrei, ledeburitisch (Hartguß)
X = Symbol: chemische Zusammensetzung
300 = 3 % Kohlenstoff
Cr = Chrom
Ni = Nickel
Si = Silicium
9 = 9 %Cr
5 = 5 % Ni
2 = 2 % Si

*z. Z. noch keine EN; derzeitig gültig: DIN 1695 mit der Bezeichnung für verschleißbeständiges legiertes Gußeisen G-X 300 CrMo 15 3

Bisher genormte Kurzzeichen

Die Kurzzeichen bestehen aus **Kennbuchstaben** (Tabelle 3.7) und einer Zahl für die **Mindestzugfestigkeit** in **kp/mm^2** oder für die **Härte.** Frühere Bezeichnungen für Gußeisen mit Lamellengraphit waren z. B. GG-15 oder für Gußeisen mit Kugelgraphit GGG-40.

Tabelle 3.7 Kennbuchstaben für Gußeisen

Gußwerkstoff	Zeichen
Gußeisen mit Lamellengraphit	GG
Gußeisen mit Kugelgraphit	GGG
Austenitisches Gußeisen mit Lamellengraphit	GGL
Stahlguß	GS
nicht entkohlend geglühter (schwarzer) Temperguß	GTS
entkohlend geglühter (weißer) Temperguß	GTW

Für hochlegierte Gußeisensorten werden die Hauptlegierungselemente und die Legierungsgehalte dem Kennbuchstaben nachgestellt.

Beispiel:

Austenitisches Gußeisen mit Kugelgraphit nach DIN 1694*

GGG-NiCr 20 3

GGG = Gußeisen mit Kugelgraphit
Ni = Nickel
Cr = Chrom
20 = 20 % Ni
3 = 3 % Cr

*z. Z. noch keine EN

3.2.2.2 Werkstoffnummern

Nach DIN EN 1560

Die Werkstoffnummern nach DIN EN 1560 setzen sich aus Buchstaben und Ziffern mit insgesamt 9 Positionen zusammen. Die Werkstoffnummer beginnt mit der Vorsilbe EN- und

J für Gußeisen. Es folgt der Kennbuchstabe für die Graphitstruktur (s. Tabelle 3.6).

Tabelle 3.8 Hauptmerkmale für Gußeisen

Hauptmerkmal	Zahl
Reserve	0
Zugfestigkeit	1
Härte	2
chemische Zusammensetzung	3
Reserve	4 bis 8
nicht genormter Werkstoff	9

Die erste Ziffer gibt das Hauptmerkmal (Tabelle 3.8), die beiden folgenden den jeweiligen Werkstoff (00 bis 99 in der entsprechenden Werkstoffnorm festgelegt) und die letzte Ziffer die für den Werkstoff festgelegten Anforderungen (Tabelle 3.9) an.

Tabelle 3.9 Anforderungen

Anforderungen	Zahl
keine besonderen Anforderungen	0
getrennt gegossenes Probestück	1
angegossenes Probestück	2
einem Gußstück entnommenes Probestück	3
Schlagzähigkeit bei Raumtemperatur	4
Schlagzähigkeit bei tiefer Temperatur	5
festgelegte Schweißeignung	6
Rohgußstück	7
wärmebehandeltes Gußstück	8
in der Bestellung spezifizierte zusätzliche Anforderungen oder Kombination von einzelnen Anforderungen	9

Beispiel:

EN-JS1081

EN- = Vorsilbe
J = Gußeisen
S = Graphitstruktur: kugelig
1 = Hauptmerkmal: Zugfestigkeit
08 = jeweiliger Werkstoff
1 = getrennt gegossenes Probestück

Bisher genormte Werkstoffnummern

Die bisherigen Werkstoffnummern für Gußeisen nach der zurückgezogenen DIN 17 007-3 haben die Hauptgruppennummer 0. Sie sind ähnlich aufgebaut wie die Werkstoffnummern für Stahl.

In den Sortennummern bedeuten die ersten beiden Stellen die Sortenklassen (60 - 99 für Gußeisen), die beiden folgenden Stellen sind reine Zählnummern.

Beispiel:

0.6015

0. = Hauptgruppe (Roheisen, Vorlegierungen, Gußeisen)
60 = Sortenklasse für Gußeisen mit Lamellengraphit, unlegiert
15 = Zählnummer, festgelegt für GG-15

3.2.3 Nichteisenmetalle

Die Bezeichnung der Nichteisenwerkstoffe war lange Zeit uneinheitlich. Neben Kurzbezeichnungen, die denen der Stähle ähnlich waren, bildeten historisch überlieferte Legierungsnamen, wie Messing, Bronze, Neusilber, Rotguß oder Weißmetall und sogar Handelsnamen, wie Hydronalium, die Grundlage der Benennung. Die zwischenzeitlich eingeführten weitgehend einheitlichen Bezeichnungen der NE-Werkstoffe mit Kurzzeichen und Werkstoffnummern bestehen, wie bei den Stählen, aus Angaben zur Lieferform, zu den Abmessungen und zum Werkstoff. Die bisher gültige Norm DIN 1700 wurden zurückgezogen. Im Zuge der Einführung von EN-Normen zeichnet sich ab, daß, insbesondere bei der Bezeichnung mit Werkstoffnummern, unterschiedliche Systeme für die NE-Metalle verwendet werden.

3.2.3.1 Kurzzeichen

Das Kurzzeichen für ein NE-Metall setzt sich aus Kennzeichen, die Hinweise auf die

Herstellung, Verwendung, Zusammensetzung und besondere Eigenschaften geben, in folgender Reihenfolge zusammen:

- Kennbuchstaben für die Herstellung und Verwendung:

  G = Guß (allgemein)
  GD = Druckguß
  GK = Kokillenguß
  GZ = Schleuderguß („Zentrifugalguß")
  V = Vor- und Verschnittlegierung
  GI = Gleitmetall (Lagermetall)
  L = Lot

- Kennzeichen für die Zusammensetzung **Chemische Symbole** des Grundstoffs (Hauptbestandteil) und der Legierungszusätze sowie **Kennzahl der Gehalte**

- Kurzzeichen für besondere Eigenschaften

Unlegierte Metalle

Die reinen Metalle werden durch das chemische Symbol und den Gehalt (geforderter mindester Reinheitsgrad) bezeichnet. Nach dem Reinheitsgrad kann eine Unterteilung in Hütten- (Kennbuchstabe H), Rein- (kein Kennbuchstabe) und Reinstmetall (R) erfolgen. Diese Kennbuchstaben werden vorangestellt (Ni, Mg).

Beispiel: **H-Ni99,96**

Bei Kupfer werden dem chemischen Symbol, getrennt durch einen Bindestrich, Buchstaben (A bis F) für den Reinheitsgrad vorangestellt (F reiner als A). Weitere Buchstaben bezeichnen z. B. Elektrolytkupfer (E) und Kathodenkupfer (KE). Sauerstofffreies Kupfer wird durch Voranstellen von:

OF = desoxidationsmittelfrei
SE = mit Phosphor desoxidiert
SW = niederer Restphosphorgehalt
SF = hoher Restphosphorgehalt

gekennzeichnet.

Für **unlegiertes Titan** werden Kurzzeichen verwendet, die nicht den Reinheitsgrad, sondern wertneutrale Zählnummern enthalten: Ti1, Ti2, Ti3 und Ti4 (DIN 17850).

Unlegiertes Aluminium wird nach DIN EN 573 (Halbzeug) und DIN EN 1780 (Gußstücke) bezeichnet. Es ist die Abkürzung EN AW- bzw. EN AC- voranzustellen. Dabei steht A für Aluminium, W für Halbzeug und C für Gußstücke. Unlegierte Aluminiumwerkstoffe werden durch Al und darauf folgend den Reinheitsgrad gekennzeichnet, wobei beide durch ein Leerzeichen zu trennen sind.

Beispiele:

EN AW-Al 99,99

= Knetwerkstoff
  Aluminiumgehalt mindestens 99,99 % Al

EN-AC-Al 99,8

= Gußstück
  Aluminiumgehalt mindestens 99,8 % Al

NE-Metallegierungen

Die Kurzzeichen der NE-Metallegierungen enthalten die **chemischen Symbole** des Basismetalls und der charakteristischen Elemente, nach der Größe der Legierungsgehalte geordnet, und die **Gehalte** dieser Elemente in **ganzen Prozenten**. Letztere stehen hinter dem jeweiligen Symbol. Nur wenn es zur Unterscheidung ähnlich zusammengesetzter Legierungen erforderlich ist, werden Dezimalbrüche eingesetzt. Multiplikationsfaktoren wie bei Stahl werden nicht angewendet. Die Gehalte für Legierungszusätze werden weggelassen, wenn die Angabe der chemischen Symbole die Legierung genügend kennzeichnet. Zur Unterscheidung von anderen Werkstoffen können zusätzlich weitere Legierungselemente aufgeführt sein. An die Kennzeichnung für die Zusammensetzung können noch Kurzzeichen für die Angabe des Behandlungszustandes oder der **Mindestwert** der **Zugfestigkeit** in **kp/mm²** mit dem vorangestellten Buchstaben **F** angefügt werden.

Beispiele:

Kupfer-Zink-Legierung nach DIN 17 660

CuZn38Pb1,5 F34

Cu = Kupfer
Zn = Zink
38 = 38 % Zn
Pb = Blei
1,5 = 1,5 % Pb
F34 = Mindestzugfestigkeit 334 N/mm^2

Aluminiumlegierungen

Aluminiumlegierungen werden durch die Zeichen EN AW-Al bzw. EN AC-Al gefolgt von dem Symbol für das Hauptlegierungselement oder denen der Hauptlegierungselemente gekennzeichnet. Nach dem Symbol wird der jeweilige Mittelwert des Massegehaltes in % angegeben. Bei mehreren Legierungselementen erfolgt die Anordnung in fallender Reihenfolge des Nenngehaltes.

Beispiele:

Aluminiumlegierung nach DIN EN 573

EN AW-Al Mg1Si0,8CuMn

EN = europäischer Werkstoff
AW = Aluminium-Knetlegierung (Halbzeug)
Al = Aluminium(legierung)
Mg1 = Magnesium mit 0,8 bis 1,2 %
Si0,8 = Silicium mit 0,6 bis 1,5 %
Cu = Kupfer
Mn = Mangan

Aluminiumlegierung nach DIN EN 1706

EN AC-Al Si5Cu3

EN = europäischer Werkstoff
AC = Aluminiumgußstück
Al = Aluminium(legierung)
Si5 = Silicium mit 4,5 bis 6 %
Cu3 = Kupfer mit 2,6 bis 3,6 %

Vorzugsweise sollte der Kurzname in eckige Klammern gesetzt und der aus Ziffern bestehenden Bezeichnung nachgestellt werden:

EN AW-7075 [AlZn5,5MgCu]

3.2.3.2 Werkstoffnummern

Die Werkstoffnummern für NE-Metalle sind siebenstellig, wobei die erste Zahl, die **Hauptgruppen-Nummer** ist. Eine 2 steht für Schwermetalle (außer Eisen) und eine 3 für Leichtmetalle. Die **Sortennummer** (2. bis 5. Stelle) kennzeichnet die Grundmetalle (Tabelle 3.10). Die Anhängezahlen (6. und 7. Stelle) sind einheitlich für alle NE-Metalle (außer Al und Cu) und geben den Werkstoffzustand an.

Tabelle 3.10 Einteilung der Hauptgruppen 2 und 3 nach DIN 17 007-4

Werkstoffnummern-bereiche	NE-Grundmetalle
2.0000 bis 2.1799	Cu*
2.1800 bis 2.1999	Reserve
2.2000 bis 2.2499	Zn, Cd
2.2500 bis 2.999	Reserve
2.3000 bis 2.3499	Pb
2.3500 bis 2.3999	Sn
2.4000 bis 2.4999	Ni, Co
2.5000 bis 2.5999	Edelmetalle
2.6000 bis 2.6999	Hochschmelzende Metalle
2.7000 bis 2.9999	Reserve
3.0000 bis 3.4999	Al*
3.5000 bis 3.5999	Mg
3.6000 bis 3.6999	Reserve
3.7000 bis 3.7999	Ti
3.8000 bis 3.9999	Reserve

*nicht mehr gültig

Beispiel:

3.7165

3 = Leichtmetall
7 = Titanlegierung
175 = TiAl6V4 nach DIN 17 851

Aluminiumwerkstoffe und Kupferwerkstoffe

Für Aluminium- (DIN EN 573) und Kupferwerkstoffe (DIN EN 1412) sind davon abweichend andere Werkstoffnummern eingeführt worden. Bei Aluminium werden die Buchstaben EN und nach einem Leerzeichen A für Aluminium und ein Bindestrich, bei Kupfer nur der Buchstabe C für Kupfer vorangestellt. Für Halbzeug folgt der Buchstabe W, für Gußwerkstoffe C, für Masseln B und für Vorlegierungen M. Bei den Kupferwerkstoffen werden 3 Ziffern, die keine bestimmte Bedeutung haben und ein Buchstabe für die Werkstoffgruppe angefügt (Tabelle 3.11). Im Falle von Aluminium sind es 4 Ziffern.

Die erste Ziffer kennzeichnet die Legierungsgruppe.
Es bedeuten:

1XXX	Serie 1000	Al mind. 99 %
		Hauptlegierungselement
2XXX	Serie 2000	Kupfer
3XXX	Serie 3000	Mangan
4XXX	Serie 4000	Silicium
5XXX	Serei 5000	Magnesium
6XXX	Serie 6000	Magnesium u. Silicium
7XXX	Serie 7000	Zink
8XXX	Serie 8000	sonstige Elemente
9XXX	Serie 9000	nicht verwendet

Bei der Serie 1XXX kennzeichnen die beiden letzten Ziffer den Mindestanteil an Aluminium in %. Wird dieser bis auf 0,01 % angegeben, entsprechen die beiden letzten Ziffern den Dezimalen nach dem Komma. Mit der zweiten Ziffer werden die Verunreinigungsgrenzen ausgedrückt. In den Serien 2XXX bis 8XXX dienen die beiden letzten Ziffern der Bezeichnung verschiedener Aluminiumlegierungen in der Serie; die Ziffern haben keine bestimmte Bedeutung. Steht als zweite Ziffer eine Null, so handelt es sich um die Originallegierung. Legierungsabwandlungen werden fortlaufend die Ziffern 1 bis 9 zugeordnet. Zusätzlich zur Ziffernbezeichnung kann durch einen angehängten Buchstaben die nationale Legierungsvariante gekennzeichnet werden.

Beispiel:

Aluminiumlegierung nach DIN EN 573

EN AW-2024

EN	=	europäischer Werkstoff
AW	=	Aluminium-Knetlegierung (Halbzeug)
2	=	Hauptlegierungelement Kupfer
0	=	Originallegierung
24	=	EN AW-Al Cu4Mg1

Tabelle 3.11 Bezeichnung von Kupferwerkstoffen; Bedeutung der Positionen 3 bis 6

Werkstoffgruppe	Positionen 3, 4, 5*	Position 6
Cu	000 bis 999	A oder B
Niedriglegierte Kupfer-Legierungen	000 bis 999	C oder D
Kupfersonderlegierungen	000 bis 999	E oder F
Kupfer-Aluminium-Legierungen	000 bis 999	G
Kupfer-Nickel-Legierungen	000 bis 999	H
Kupfer-Nickel-Zink-Legierungen	000 bis 999	J
Kupfer-Zinn-Legierungen	000 bis 999	K
Kupfer-Zink-Legierungen, Zweistofflegierung	000 bis 999	L oder M
Kupfer-Zink-Blei-Legierungen	000 bis 999	N oderP
Kupfer-Zink-Legierungen, Mehrstofflegierung	000 bis 999	R oder S

*Genormter Kupferwerkstoff: Bereich 000 bis 799
Nicht genormter Kupferwerkstoff: Bereich 800 bis 999

Beipiel:

CC383H

C	=	Kupferwerkstoff
C	=	Gußlegierung
383	=	festgelegt für eine Legierung*
H	=	Kupfer-Nickel-Legierung

*z. Z noch keine DIN EN für Kupferlegierung

3.3 Nichtmetallische Werkstoffe

3.3.1 Organisch-hochpolymere Werkstoffe

Organisch-hochpolymere Werksstoffe bestehen aus **Makromolekülen** mit einer relativen Atommasse > 10 000. Diese werden entweder unmittelbar aus Naturprodukten gewonnen (z. B. Casein und Zellulose) oder aus Monomeren hergestellt. Darunter versteht man Moleküle, die im Inneren oder an den Enden reaktionsfähige Atome oder Atomgruppen (funktionelle Gruppen) oder die Doppelbindungen (Moleküle mit Doppelbindungen, z. B. Kohlenwasserstoffe, werden wegen ihrer Reaktionsfreudigkeit auch als „ungesättigt" bezeichnet) enthalten und sich deshalb durch **Polyreaktion** (Polymerisation, Polykondensation, Polyaddition) zu Großmolekülen verbinden lassen. Sind diese Makromoleküle fadenförmig linear oder verzweigt ausgebildet, lassen sich die daraus hergestellten Werkstoffe bei Erwärmung plastisch verformen (**Plastomere**). Eine weitmaschige Vernetzung der Makromoleküle führt zu gummielastischem Verhalten (**Elastomere**) und eine räumlich enge Vernetzung zum Verlust der plastischen Verformbarkeit (**Duromere**). Die Benennung der organisch-hochpolymeren Werkstoffe soll den Verarbeiter und Anwender über bestimmte **Verarbeitungs- und Gebrauchseigenschaften**, die mit der chemischen Zusammensetzung und dem Aufbau des Makromoleküls sowie durch Zusatz-, Füll- und Verstärkungsmaterialien veränderlich sind, informieren. Dabei stehen je nach Erzeugnis sehr unterschiedliche Gesichtspunkte im Vordergrund, weswegen eine einheitliche Kennzeichnung nicht sinnvoll ist. Lediglich für die Bezeichnung der chemischen Zusammensetzung haben sich auch international weitgehend einheitliche Kurzzeichen durchgesetzt, während die weitergehende Kennzeichnung typischer Merkmale für Duro-, Plasto- und Elastomere international unterschiedlich gehandhabt und vielfach noch nach Ermessen des Herstellers vorgenommen wird.

Kurzzeichen

Die Bezeichnung hochpolymerer Werkstoffe wird in der DIN EN ISO 1043 durch **Kurzzeichen** und **Kennbuchstaben** für besondere **Eigenschaften** festgelegt. Eine Auswahl gebräuchlicher Werkstoffe und ihre Kurzzeichen enthält die Tabelle 3.12. Es ist zu beachten, daß z. T. verschiedene Buchstaben sehr unterschiedliche Bedeutung haben können, z. B. steht C u. a. für Cellulose, Carbonat, Cresol, Chlor, chloriert. Es wird empfohlen, bei erstmaliger Verwendung von Kurzzeichen in Texten die vollständig ausgeschriebene Benennung in Klammern nachzustellen.

Tabelle 3.12 Kurzzeichen für Hochpolymere, Copolymere und polymere Naturstoffe

Kurzzeichen	Bedeutung
ABAK	Acrylnitril-Butadien-Acrylat
ABS	Acrylnitril-Butadien-Styrol
CA	Celluloseacetat
CF	Cresol-Formaldehyd
CN	Cellulosenitrat
CSF	Casein-Formaldehyd
EC	Ethylcellulose
EP	Epoxid
E/P	Ethylen-Propylen
MC	Methylcellulose
MF	Melamin-Formaldehyd
PA	Polyamid
PAN	Polyacrylnitril
PC	Polycarbonat
PF	Phenol-Formaldehyd
PI	Polyimid
PMMA	Polymethylmethacrylat
PP	Polypropylen
PS	Polystyrol
PSU	Polysulfon
PTFE	Polytetrafluorethylen
PUR	Polyurethan
PVAC	Polyvinylacetat
PVC	Polyvinylchlorid
SB	Styrol-Butadien
SI	Silicon
UF	Urea-Formaldehyd
UP	Ungesättigter Polyester

Bestehen die Makromoleküle des hochpolymeren Werkstoffs aus nur einer Sorte von Monomeren (Hochpolymere), so wird das Kurzzeichen aus den **Anfangsbuchstaben** der **Wortteile** des **Werkstoffnamens** (auf der Basis der englischen Schreibweise) gebildet, z. B. PC für Polycarbonte.

Hochpolymere Werkstoffe, deren Großmoleküle aus zwei oder mehr verschiedenen Monomeren aufgebaut sind, werden **Copolymere** genannt. In der Bezeichnung fällt dann die Vorsilbe „Poly" weg, und das Kurzzeichen wird aus den **Kurzbezeichnungen** der **monomeren Komponenten** in der Reihenfolge abnehmender Massenanteile, getrennt durch einen Schrägstrich, gebildet. (Der Schrägstrich kann entfallen, wenn allgemein ein Kurzzeichen ohne Schrägstrich verwendet wird.) Die Werkstoffbezeichnungen nach Tabelle 3.12 gelten jeweils nur für Werkstoffgruppen, deren Eigenschaften in vielfältiger Weise variiert werden können. Deshalb sind weitere Angaben zur Kennzeichnung notwendig, die aber nicht einheitlich aufgebaut sind (Tabelle 3.13).

Tabelle 3.13 Kennbuchstaben für besondere Eigenschaften nach DIN EN ISO 1043

Zeichen	besondere Eigenschaft
C	chloriert
D	Dichte
E	verschäumt, verschäumbar
F	flexibel, flüssig
H	hoch
I	schlagzäh
L	linear, niedrig
M	mittel, molekular
N	normal, Novolak
P	weichmacherhaltig
R	erhöht, Resol
U	ultra, weichmacherfrei
V	sehr
W	Gewicht
X	vernetzt, vernetzbar

Beispiele:

PVC-PI

PVC = Basispolymer Polyvinylchlorid
P = weichmacherhaltig
I = schlagzäh

lineares Polyethylen niedriger Dichte:

PE-LLD

PE = Basispolymer Polyethylen
L = linear
L = niedrig
D = Dichte

Die DIN ISO 1629 enthält die Kurzzeichen für **Kautschuke** und **Latices**. Danach werden die Kautschuke in Gruppen eingeteilt, die mit Buchstaben bezeichnet werden, z. B. **M** für Kautschuke mit einer gesättigten Kette vom Polymethylen-Typ und **R** Kautschuke mit einer ungesättigten Kohlenstoffkette, z. B. Naturkautschuk.

Die **Formmassen** werden für die Duroplaste in Formmassetypen (Gruppen I - V in DIN 7708) untergliedert. Thermoplastische Formmassen werden nach wenigen Eigenschaften eingeteilt und bezeichnet (DIN EN ISO 1622-1). In DIN ISO 1043 Teil 2 sind die Kurzzeihen für **Füllstoffe** und **Verstärkungsstoffe** aufgeführt.

Für **Schichtpreßstofferzeugnisse** werden in DIN 7735 folgende Bezeichnungen festgelegt:

Hp Hartpapier
Hg Hartgewebe
Hm Hartmatte

3.3.2 Silicattechnische Werkstoffe

Die Bezeichnung der keramischen Werkstoffe und der Gläser wird erzeugnisgebunden nach unterschiedlichen Gesichtspunkten vorgenommen.

In DIN ISO 513 sind die Kurzzeichen für die Keramikarten festgelegt:

Oxidkeramik (vorwiegend Al_2O_3)	**CA**
Mischkeramik	**CM**
Nitridkeramik (vorwiegend Si_3Ni_4)	**CN**
Schneidkeramik (beschichtet)	**CC**
Polykristalliner Diamant	**DP**
Kubisch-kristallincs Bornitrid	**BN**

In die Bezeichnung der Schneidstoffe werden außerdem die HauptzerspanungsgruppenP, M und K, mit der weiteren Untergliederung in Anwendungsgruppen einbezogen. Die Schneidstoffe sind anzuwenden für:

langspanende Eisenmetalle	**P**
lang- oder kurzspanende Eisenmetalle sowie Nichteisenmetalle	**M**
kurzspanende Eisenmetalle sowie Nichteisenmetalle und nichtmetallische Werkstoffe	**K**

In Verbindung mit nachgestellten Kennzahlen sind die Anwendungen und Arbeitsbedingungen festgelegt, z. B. K10.

Feinkeramische Erzeugnisse, wie Hochspannungsisolatoren, Bauteile für die chemische und Textilindustrie sowie den Maschinenbau wurden bisher durch die Buchstaben **KER** und eine 3stellige Zahl gekennzeichnet. Für Isolierstoffe erfolgt eine Einteilung in:

keramische	**C**
Glas	**G**
glaskeramische	**GC**,

die wiederum in Gruppen unterteilt werden.

Für die vielfältigen Werkstoffgruppen der Hochleistungskeramik wird eine Klassifizierung und Kennzeichnung zukünftig neu festgelegt (DINV ENV 12 212).

Literatur- und Quellenhinweise

[3.1] DIN-Normenheft 3 Werkstoff-Kurznamen und Werkstoff-Nummern für Eisenwerkstoffe. 8. Aufl. Berlin, Wien, Zürich: Beuth Verl. GmbH, Düsseldorf: Verl. Stahleisen 1994

[3.2] DIN-Normenheft 4 Werkstoff-Kurzzeichen und Werkstoff-Nummern für Nichteisenmetalle. 3. Aufl. Berlin, Köln: Beuth Verl. GmbH 1992

[3.3] DIN 7708 Kunststoff-Formmassen, Teil 1 Kunststofferzeugnisse, Begriffe 1980

[3.4] DIN 7735 VDE-Bestimmung für Schichtpreßstofferzeugnisse, Teil 2 1975

[3.5] DINV 17 006 Teil 100 Bezeichnungssysteme für Stähle, Zusatzsymbole 1999

[3.6] DIN 17 007 Werkstoffnummern, Blatt 4 Einteilung der Hauptgruppen 2 und 3 1963

[3.7] DIN EN 573 Aluminium und Aluminiumlegierungen, Chemische Zusammensetzung und Form von Halbzeug; Teil 1-2 1994

[3.8] DIN EN 1412 Kupfer und Kupferlegierungen: Europ. Werkstoffnummernsystem 1995

[3.9] DIN EN 1560 Gießereiwesen; Bezeichnungssystem für Gußeisen: Werkstoffkurzzeichen und Werkstoffnummern 1997

[3.10] DIN EN 1780 Aluminium und Aluminiumlegierungen, Bezeichnung von unlegiertem und legiertem Aluminium in Masseln, Vorlegierungen und Gußstücken; Teil 1-3 1997

[3.11] DIN EN 10 020 Begriffsbestimmung für die Einteilung der Stähle 2000

[3.12] DIN EN 10 027 Bezeichnungssysteme für Stähle, Teil 1 Kurznamen, Hauptsymbole 1992; Teil 2 Nummernsystem 1992

[3.13] DINV ENV 12 212 Hochleistungskeramik, Einheitliches Verfahren zur Klassifizierung 1996

[3.14] DIN EN ISO 1043 Kunststoffe: Kennbuchstaben und Kurzzeichen, Teil 1 Basis-Polymere und ihre besonderen Eigenschaften 2000

[3.15] DIN EN ISO 1622 Kunststoffe: Polystyrol (PS)-Formmassen, Teil 1 Bezeichnungssystem und Basis für Spezifikationen 1999

[3.16] DIN ISO 513 Anwendung der harten Schneidstoffe zur Zerspanung, Bezeichnung der Zerspanungs-Hauptgruppen und der Anwendungsgruppen 1992

[3.17] DIN ISO 1043 Kunststoffe: Teil 2 Kurzzeichen, Füllstoffe und Verstärkungsstoffe 1991

[3.19] DIN ISO 1629 Kautschuk und Latices, Einteilung Kurzzeichen 1992

4 Grundlagen der Werkstoffverarbeitung und -anwendung

Die Anwendbarkeit eines Werkstoffes für ein vorgegebenes Erzeugnis, z.B. ein Werkzeug oder ein Konstruktionselement, setzt unter Berücksichtigung ökonomischer Aspekte bestimmte Verarbeitungs- und Gebrauchseigenschaften voraus (siehe Abschnitt 2). Über diese liegen für konventionelle Werkstoffe und Verarbeitungsverfahren sowie immer wiederkehrende Vorgänge und Beanspruchungen umfangreiche Kenntnisse und Erfahrungen vor, die in ihren Grundzügen auch in Normen und Datenspeichern ihren Niederschlag gefunden haben.

Die Nutzung solcher Vorschriften bei der Verarbeitung, z.B. beim Umformen oder Schweißen, und bei der Anwendung ist gerechtfertigt, wenn Werkstoffe, Verfahrensparameter und Beanspruchungen unverändert oder mit überschaubaren Abweichungen beibehalten werden. Neu- oder weiterentwickelte Werkstoffe und Verfahren, höhere Anforderungen oder veränderte Einsatzbedingungen sowie das Streben nach höherer Ausnutzung der dem Werkstoff immanenten Eigenschaften im Interesse der Steigerung der Material- und Energieökonomie stellen Fertigungstechniker und Konstrukteure jedoch immer wieder vor die Aufgabe, Entscheidungen im Sinne technisch und wirtschaftlich optimaler Lösungen der **Werkstoff- und Verfahrensauswahl** zu treffen, die tiefere Kenntnisse der **werkstoffspezifischen Möglichkeiten** und ihrer Grenzen erfordern. Dazu sind Einblicke in das **Wesen der Vorgänge**, die unter den während der Verarbeitung oder des Gebrauchs auftretenden Beanspruchungen im Werkstoff ablaufen, sowie über die Möglichkeiten, diese zu beeinflussen - was gleichbedeutend mit Eigenschaftsänderungen ist -, notwendig.

Grundlagen und Zusammenhänge

Zu deren Verständnis werden in diesem Kapitel grundlegende Zusammenhänge, soweit sie von übergreifender Bedeutung für das Gesamtgebiet der Werkstofftechnik sind, umrissen. Vor allem betrifft das den **Aufbau**, insbesondere die **Struktur** und das **Gefüge der Werkstoffe**, deren Einfluß besonders deutlich wird, wenn man die mechanischen, physikalischen und chemischen Eigenschaften von metallischen, keramischen sowie hochpolymeren Werkstoffen vergleicht.

Des weiteren trifft das für die **Zustandsdiagramme** zu, die Grundlage sowohl für technologische Prozesse, wie das Schweißen und die Wärmebehandlung, als auch für die Herausarbeitung von **Gefüge-Eigenschafts-Beziehungen** sind. Schließlich erfolgt eine zusammengefaßte Darstellung der **Diffusion**, deren Ablauf für viele technische Erscheinungen bestimmend ist. Das betrifft Vorgänge bei der Verarbeitung, wie das Aufkohlen von Stählen beim Einsatzhärten (siehe Abschnitt 8.), und im Gebrauch, wie die Korrosion oder die zeitabhängigen Eigenschaftsänderungen bei erhöhten Temperaturen. Auf weitere Grundlagen, die nicht von umfassender Bedeutung für das Gesamtgebiet sind, wird in Verbindung mit den jeweiligen Anwendungen eingegangen.

4.1 Aufbau der Werkstoffe

Der Werkstoffaufbau wird insbesondere durch die Struktur und das Gefüge gekennzeichnet. Unter **Struktur** versteht man dabei die geometrische Anordnung der Bausteine (Atome, Ionen, Moleküle) in einem Volumenelement und unter **Gefüge** die räumliche Anordnung der Bestandteile (z.B. kristalline Bereiche, Füllstoffe) eines Werkstoffes. Jeder dieser **Gefügebestandteile** weist in sich eine annähernd **homogene Struktur** und meist auch eine annähernd gleiche chemische Zusammensetzung auf, untereinander können sie sich in ihrer Struktur, Größe, Form, Verteilung und chemischen Zusammensetzung sehr unterscheiden. Die Gefügebestandteile sind durch Gefügegrenzen (Korngrenzen oder Phasengrenzen) voneinander getrennt.

4.1.1 Aufbau des freien Atoms

Die Werkstoffe sind wie alle festen Stoffe aus gleichen oder verschiedenartigen Atomen aufgebaut, zwischen denen **Anziehungs-** und **Abstoßungskräfte** (Wechselwirkungskräfte) wirksam sind.

Erstere gewährleisten den Zusammenhalt des Atomverbandes, letztere verhindern das Ineinanderdringen der einzelnen Atome. Der Schnittpunkt r_0 der resultierenden Wechselwirkungskräfte mit der Abszisse (Abb. 4.1) gibt den Gleichgewichtsabstand der Atome an.

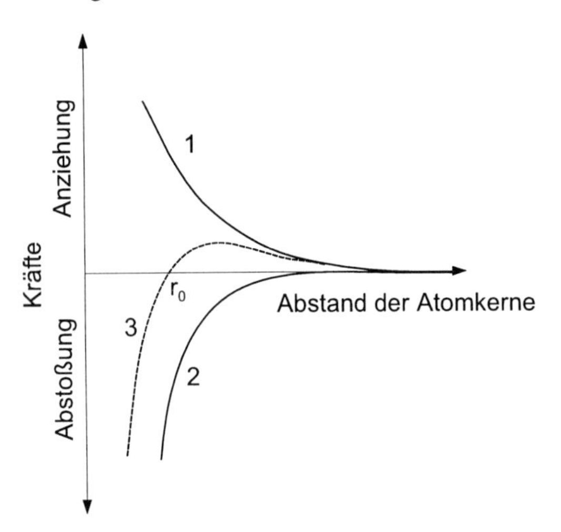

Abb. 4.1 Wechselwirkungskräfte zwischen zwei Atomen
1 - anziehende Kraft, **2** - abstoßende Kraft;
3 - resultierende Kraft

Der Kurvenverlauf macht deutlich, daß die Abstoßung bei Annäherung der Atome unter r_0 stark zunimmt und daß die Anziehung mit größer werdendem r nach Durchlaufen eines flachen Maximums rasch kleiner wird. Daraus ergibt sich, daß sich die Festkörper (und die Flüssigkeiten, die auch eine große Atomdichte aufweisen) einer Verdichtung widersetzen, daß es aber möglich ist, die Atome durch Zuführung von Energie zu trennen. Thermische Energie (Wärme) versetzt die Atome in Schwingungen, die am Schmelz- oder Sublimationspunkt so groß werden, daß der Zusammenhalt des Atomverbandes verloren geht. Hohe mechanische Energie führt beim Bruch ebenfalls zur Überwindung der Bindungs- bzw. der Anziehungskräfte.

Mittels der Wechselwirkungskräfte kann die Bindung der Atome in Festkörpern nur formal wiedergegeben werden, die Art der bindenden Kräfte wird dabei nicht angesprochen. Um diese beschreiben zu können, muß kurz auf den Aufbau des Atoms, insbesondere der Hülle, eingegangen werden. Diese ist für die Bindung der Atome im Festkörper wie auch für die meisten seiner Eigenschaften bestimmend. Der Atomkern, der nur etwa 10^{-10} % des Atomvolumens, aber nahezu die gesamte Atommasse ausmacht, wirkt hauptsächlich auf die Dichte und auf die kernphysikalischen Eigenschaften, wie Spaltbarkeit oder Neutronenabsorption.

Jedes Atom besteht aus dem positiv geladenen Kern und der ihn umgebenden negativ geladenen Hülle. Im freien Zustand sind die Zahlen der positiven und negativen Ladungen gleich groß. Nach der Anzahl Z der positiven Ladungen im Kern, der **Positronen**, sind die Elemente im periodischen System geordnet. Man bezeichnet Z als die **Ordnungszahl** eines Elementes. Die **Elektronen** als Träger der negativen Ladungen weisen nur ganz bestimmte Energiewerte auf, die von der Quantenmechanik durch die Hauptquantenzahl n (n = 1 bis 7), die Neben- oder Orbitalquantenzahl l (l = 0 bis 3), die Magnetquantenzahl m_l (m_l = + 1 bis - 1) und die Spinquantenzahl m_s (m_s = + 1/2 oder - 1/2) beschrieben werden.

Die **Hauptquantenzahl** kennzeichnet das Hauptenergieniveau, während die **Nebenquantenzahl** Unterniveaus innerhalb der Hauptniveaus angibt. Zur Kennzeichnung dieser Unterniveaus verwendet man anstelle der Nebenquantenzahlen häufig auch, in jedem Niveau neu beginnend, die Buchstaben s, p, d und f. So bezeichnet man ein Elektron mit dem Hauptniveau $n = 4$ und dem Nebenniveau $l = 3$ auch als ein 4f-Elektron. Die Hauptquantenzahl entspricht der Zahl der möglichen Unterniveaus, jedoch treten nicht mehr als 4 auf. Die **Magnetquantenzahl m_l** charakterisiert das magnetische Verhalten und die **Spinquantenzahl m_s** den Drehsinn des Elektrons. Die Zahl der Elektronen, die sich maximal auf einem Hauptenergieniveau befinden können, beträgt $z_e = 2\ n^2$, die Zahl der Elektronen auf einem Unterniveau l maximal $z_e = 2\ (2\ l + 1)$. Das heißt, daß z. B. das 4f-Niveau ($l = 3$) mit 14 Elektronen besetzt sein kann. Diese sind sieben unterschiedlichen Magnetquantenzahlen m_l = -3, -2........2, 3 zuzuordnen. Die jeweils 2 Elektronen mit gleicher Magnetquantenzahl haben entgegengesetzten Drehsinn (m_s = + 1/2 und - 1/2). Das bedeutet, daß sich alle Elektronen eines Atoms in mindestens einer Quantenzahl unterscheiden (**Pauli-Prinzip**).

Für das Verständnis der Bindungen, die Atome in Festkörpern eingehen, und der sich daraus ableitenden Eigenschaften, wie Festigkeit, Schmelztemperatur, chemische Reaktionsfähigkeit oder elektrische Leitfähigkeit, sind noch folgende Feststellungen wichtig:

- Die Elektronen bewegen sich nicht auf bestimmten Bahnen oder Schalen (Bohrsches Atommodell), sondern innerhalb von nach Form und Abmessung festgelegten Räumen (**Orbitalen**).

- Je größer die Nummer des Hauptquantenniveaus ist, auf dem sich ein Elektron bewegt, um so größer ist sein Abstand vom Atomkern.

- Die **Energie der Elektronen** ist in den kernnahen Niveaus am niedrigsten. Deshalb werden weiter vom Kern entfernte Niveaus erst besetzt, wenn die energieärmeren mit der maximal möglichen Elektronenzahl besetzt sind. Bei Elementen mit höheren Ordnungszahlen Z werden energetisch günstigere Unterniveaus eines höheren Hauptniveaus besetzt, bevor das vorhergehende Hauptniveau (oder mehrere) vollständig gefüllt ist. Als Beispiel sei die Elektronenverteilung des Eisens (^{26}Fe, Z = 26) mit nicht aufgefülltem 3d-Niveau angeführt:

$$^{26}\mathrm{Fe}:\ 1s^2\ 2s^2\ 2p^6\ 3s^2\ 3p^6\ 3d^6\ 4s^2$$

  Die hochgesetzte Zahl hinter dem jeweiligen Nebenniveau gibt die Zahl der vorhandenen Elektronen an.

- Durch Zuführung von Energie ist es möglich, Elektronen niedriger Niveaus auf höhere Niveaus anzuheben. Die freigewordenen Plätze werden von Elektronen aus höheren Niveaus unter Energieabgabe (Röntgenstrahlung, Lichtstrahlung) eingenommen.

- Die äußeren Elektronen können durch Energiezuführung abgespalten werden, wodurch die Gleichheit von Kernladungszahl und Elektronenzahl aufgehoben wird, d. h. aus dem Atom wird ein Ion.

Ein besonders stabiler Zustand der Elektronenanordnung (**Elektronenkonfiguration**) liegt vor, wenn die Elektronenhülle mit 2s Elektronen (^{2}He: $1s^2$) oder 2s- plus 6p-Elektronen (andere Edelgase, z. B. ^{18}Ar: $1s^2\ 2s^2\ 2p^6\ 3s^2\ 3p^6$) abgeschlossen ist (**Edelgaskonfiguration**). Edelgase sind deshalb im allgemeinen nicht fähig, Verbindungen untereinander oder mit anderen Atomen einzugehen. Sie treten als Einzelatome auf. Erst seit 1962 ist es gelungen, einige Edelgasverbindungen herzustellen [4.1].

Abschließend soll noch einmal hervorgehoben werden, daß die bisherigen Betrachtungen zum Atomaufbau sich auf das freie Atom, das nicht mit anderen in Wechselwirkung steht, bezogen. Werden gleichartige oder verschiedenartige Atome einander angenähert, treten Veränderungen der Elektronenhülle ein, deren Auswirkungen im folgenden kurz beschrieben werden.

4.1.2 Bindungen in Festkörpern

Die Bindung gleich- oder verschiedenartiger Atome und Moleküle zu festen Körpern ist mit einer Absenkung der Energie des Systems verbunden. Sie kommt durch Wechselwirkungen der äußeren Elektronen der Atomhüllen (Hauptvalenzbindungen) oder durch Wechselwirkungen elektrisch polarisierter Moleküle (Neben- oder Restvalenzbindungen, sekundäre Bindungen, Van-der-Waals-Bindungen) zustande.

Bei den **Hauptvalenzbindungen** unterscheidet man zwischen **Ionen- oder heteropolarer Bindung**, **Atom- oder kovalenter Bindung** (früher häufig auch als homöopolare Bindung bezeichnet) sowie **metallischer Bindung**. Aus der Sicht der Quantenmechanik handelt es sich dabei um Grenzfälle eines einheitlichen Bindungsmechanismus, was sich auch in der Tatsache bestätigt, daß die genannten Bindungsarten vielfach mit unterschiedlichen Anteilen nebeneinander vorliegen. Man spricht dann von Mischbindungen. **Nebenvalenzbindungen** (als Sammelname für verschiedene Bindungsarten) sind schwächer als die Hauptvalenzbindungen.

4.1.2.1 Ionen- oder heteropolare Bindung

Das Wesen dieser Bindung besteht darin, daß stets zwei ungleiche Atome miteinander reagieren und einerseits durch Abgabe und andererseits durch Aufnahme eines Elektrons oder mehrerer Elektronen (entsprechend ihrer Wertigkeit, in der Regel bis 3) die Elektronenkonfiguration von Edelgasen annehmen. Diese sind, wie bereits erwähnt, sehr stabil. Durch die Abgabe bzw. Aufnahme von Elektronen stimmen deren Zahlen nicht mehr mit den Kernladungszahlen überein, so daß die Atome nicht mehr neutral sind, sondern nach außen elektrische Ladungen aufweisen. Sie werden **Ionen** genannt, und zwar im Falle der Elektronenabgabe **Kation** (positiv geladen) und im Falle der Elektronenaufnahme **Anion** (negativ geladen). Zwischen diesen wirkt eine elektrostatische Anziehung (Coulombsche Anziehung), die als Ionenbindung bezeichnet wird. Diese ist ungerichtet, d. h., daß von einem Kation oder Anion aus in allen Richtungen entgegengesetzt geladene Ionen angezogen werden. Es kommt deshalb im Festkörper zu einer räumlichen Anordnung der Ionen, deren Geometrie nicht durch die Bindungskräfte bestimmt wird. Je nachdem, wie groß die Zahl der nächsten Nachbarn ist, wirken die Ladungen der Ionen anteilmäßig auf diese.

Prinzipiell entstehen bei der Ionenbindung dreidimensionale Anordnungen (**Raumgitter**), in denen Ionen verschiedener Ladungen benachbart sind, d. h. die Anionen umgeben sich mit Kationen und umgekehrt. Nach außen hin ist die Summe der Ladungen gleich Null.

Wenn die Ionenstrukturen stöchiometrisch, d. h. in einem der Wertigkeit (Valenz) entsprechenden ganzzahligen Verhältnis sind, ist die Leitfähigkeit für die Elektrizität und Wärme, die nur durch Ionenbewegung erfolgen kann, sehr gering. Solche Stoffe sind **Isolatoren**. Liegen Störungen der Stöchiometrie vor, was bei Ionen, die in mehreren Wertigkeiten vorkommen, z. B. Fe^{2+} und Fe^{3+} häufig ist, so tritt eine Ionenfehlordnung und wegen der Elektroneutralität auch eine Elektronenfehlordnung auf, was aufgrund der wesentlich größeren Beweglichkeit der Elektronen gegenüber den Ionen zu einer überwiegenden Elektronenleitung und zu **Halbleitereigenschaften** führt. Ionenkristalle sind nur sehr wenig oder überhaupt nicht plastisch verformbar.

Als Beispiel für eine Ionenbindung sei NaCl genannt. Das Natriumatom nimmt durch Abgabe eines Elektrons die Elektronenkonfiguration des Neons

$$^{11}\mathrm{Na:}\ 1s^2\ 2s^2\ 2p^6$$

und das Chloratom durch Aufnahme eines Elektrons die des Argons an:

$$^{17}\mathrm{Cl:}\ 1s^2\ 2s^2\ 2p^6\ 3s^2\ 3p^6$$

4.1.2.2 Atom- oder kovalente Bindung (homöopolare Bindung)

Der Aufbau einer **Edelgaskonfiguration** ist nicht nur über die Ionenbildung der Atome (Ionenbindung), sondern auch dadurch möglich, daß sich die äußeren Niveaus der Elektronenhüllen durchdringen und einen Zustand herstellen, in dem zur gleichen Zeit ein oder mehrere Elektronen eine gleiche Aufenthaltswahrscheinlichkeit bei mehreren Atomen aufweisen. Anders ausgedrückt heißt das, daß zwei oder mehrere Atome eine ihren Wertigkeiten entsprechende Anzahl von Elektronen gemeinsam haben. So kann z. B. die Bildung eines Cl_2-Moleküls vereinfacht wie folgt dargestellt werden:

```
  OO  OO
O    O    O
 Cl    Cl
O    O    O
  OO  OO
```

Cl stellt den Atomkern, die offenen Kreise stellen die äußeren Elektronen (**Valenzelektronen**), in diesem Falle des 3p-Niveaus dar. In ähnlicher Weise erfolgt die Bildung von O_2-, N_2- und anderen Molekülen durch Überlappung der äußeren Orbitale. Diese haben danach keine unabgesättigten Bindungskräfte mehr. Die Moleküle sind deshalb bis zu sehr tiefen Temperaturen gasförmig. Das trifft beispielsweise auch auf das CH_4- Molekül zu. Ein isoliertes C-Atom hat aber nur 2 ungepaarte Außenelektronen, kann also nur 2 Bindungen eingehen. Damit der Kohlenstoff vierbindig wird, was fast immer der Fall ist, muß kurz vor dem Entstehen der Bindung ein Elektron des 2s-Niveaus auf das 2p-Niveau gehoben werden. Nach diesem **Elektronenübergang** stehen 4 ungepaarte Elektronen zur Verfügung. Die Elektronenkonfiguration des Kohlenstoffs ist dann: ^6C: $1s^2$ $2s^1$ $2p^3$. Man spricht von sp^3-Hybridisierung. Die dazu erforderliche Energie muß kleiner sein als die bei der Bildung der Verbindung frei werdende Energie. Ersetzt man die 4 H-Atome des CH_4 durch 4 C-Atome, so wird von letzteren jeweils nur 1 sp^3-Orbital abgesättigt und an die freibleibenden drei sp^3-Orbitale können sich weitere 3 C-Atome anlagern. So entsteht ein Riesenmolekül. Da die Orbitale des Kohlenstoffs bestimmte Richtungen einnehmen, sind auch die Atome im „C-Molekül" gerichtet angeordnet, d. h. daß die gerichtete Atombindung auch die räumliche Anordnung der Atome im Raumgitter bestimmt.

Die Stärke der kovalenten Bindung wird am **Diamant** (kovalent gebundene Kohlenstoffatome in tetraedrischer Anordnung) deutlich. Er ist der härteste bekannte Stoff, und sein Schmelzpunkt ist sehr hoch (in der Literatur werden Temperaturen über 5000 K angegeben).

4.1.2.3 Metallische Bindung

Bei der metallischen Bindung geben die Atome ähnlich wie bei der Ionenbindung ihre Valenzelektronen ab. Diese werden aber nicht von den benachbarten Atomen aufgenommen, sondern bilden ein den Raum zwischen den ionisierten Metallatomen ausfüllendes „**Elektronengas**". Sie gehören damit nicht mehr einzelnen Atomen bzw. Ionen an, sondern dem gesamten Verband und wirken in ihrer Gesamtheit anziehend auf die **Metallionen**. Ihre Energieniveaus spalten sich dabei in Subniveaus auf, was im Atomverband zur Ausbildung von **Energiebändern** führt, wodurch auch in diesem Falle das Pauli-Prinzip erfüllt ist. Diese freien Elektronen sind die Ursache für charakteristische **Metalleigenschaften**, wie **gute Leitfähigkeit für Wärme** und **Elektrizität, metallischen Glanz** und **Reflexionsvermögen**. Die metallische Bindung ist ungerichtet. Deshalb ist die Anordnung der Ionen im Raumgitter meist sehr dicht, worauf die **gute plastische Verformbarkeit** der Mehrzahl der Metalle zurückzuführen ist.

Die meisten Elemente des Periodensystems sind im reinen Zustand **Metalle**. Mischungen von mehreren Metallen und von Metallen mit Nichtmetallen nennt man **Legierungen**, sofern die metallische Bindung überwiegend erhalten bleibt, z. B. bei Eisen-Kohlenstoff-Gemischen. In Eisen-Sauerstoff-Verbindungen dagegen liegt überwiegend Ionenbindung mit Anteilen von Atombindung vor, sie zählen nicht zu den Legierungen.

Die metallische Bindung ist schwächer als die Atom- und Ionenbindung. Deshalb sollen z. B. Hochtemperaturwerkstoffe die letztgenannten Bindungen aufweisen.

4.1.2.4 Nebenvalenzbindungen

Den Nebenvalenzbindungen, auch **zwischenmolekulare Bindungen, Restvalenzbindungen, Van-der-Waals-Bindungen** oder **sekundäre Bindungen** genannt, ist gemeinsam, daß sie zwischen **polarisierten Molekülen** auftreten. Sie bewirken, daß auch Edelgase (außer Helium) und kovalent gebundene Gasmoleküle bei tiefen Temperaturen unter Normaldruck in den festen Zustand übergehen. Außerdem verursachen sie die Verbindung der **Makromoleküle hochpolymerer Werkstoffe**.

Die festeste Nebenvalenzbindung ist die **Wasserstoffbrückenbindung**. Sie kommt dadurch zustande, daß der Kern eines Wasserstoffatoms, das an ein elektronegatives Atom wie O, C oder N kovalent gebunden ist, nicht vollständig von der Elektronenhülle abgeschirmt wird. Er wird deshalb von einem zweiten elektronegativen Atom des gleichen (intramolekulare H-Brücke) oder eines anderen Moleküls (intermolekulare H-Brücke) angezogen.

Eine weitere Nebenvalenzbindung entsteht durch **Dispersionskräfte**. Sie werden durch ungleiche Ladungsverteilung infolge der sich ständig verändernden Lage der Elektronen in der Atomhülle hervorgebracht.

Schließlich sind die **Orientierungskräfte** zu nennen, die zwischen permanenten Dipolen (aufgrund von gegenläufigen Schwingungen des Atomkerns und der Hülle; Dipol-Dipol-Kräfte) oder zwischen einem permanenten Dipol und einem von diesem in einem neutralen Atom oder in einem Ion induzierten Dipol auftreten. Alle Nebenvalenzbindungen sind damit elektrostatischer Natur.

4.1.3 Entstehung der festen Körper

Im flüssigen Zustand ist die Beweglichkeit der Bestandteile eines Stoffes (Atome, Ionen, Moleküle) so groß, daß diese annähernd regellos verteilt sind und ständig ihre Plätze ändern. Nur kurzzeitig können zwischen ihnen Bindungen existieren, die um ein beliebiges Teilchen herum vorübergehende Ordnungszustände verursachen. Sie werden als **Nahordnung** bezeichnet und unterliegen einem ständigem Wechsel.

Wird die Schmelze abgekühlt, so nimmt die freie Beweglichkeit der Teilchen ab und hört unterhalb einer bestimmten Temperatur ganz auf. Der Stoff ist dann in den **festen Zustand** übergegangen. Die Struktur dieses Festkörpers kann **amorph** (unterhalb der Einfriertemperatur T_F) oder **kristallin** (unterhalb der Kristallisationstemperatur T_K) sein. Diese Strukturen sind denkbare Grenzfälle, die in Wirklichkeit nur annähernd erreicht werden können. Sind von beiden Zuständen größere Anteile nebeneinander vorhanden, spricht man von einer **teilkristallinen** Struktur.

Im **amorphen Zustand** liegen wie bei Flüssigkeiten nur **Nahordnungsbereiche** vor, die sich aber zeitlich nicht ändern. In größeren Entfernungen ist keine geordnete Verteilung zu einem beliebigen Teilchen mehr vorhanden. Der **kristalline Zustand** ist dagegen durch eine **dreidimensional-periodische Anordnung** der Bausteine über Entfernungen, die größer sind als die Reichweite der Wechselwirkungskräfte der einzelnen Bausteine, gekennzeichnet. Es liegt eine **Fernordnung** vor.

Im Festkörper ist der kristalline Zustand energieärmer und damit stabiler als der amorphe. Ob aber eine Schmelze beim Übergang in den festen Zustand kristallisiert oder im amorphen Zustand verharrt, hängt von verschiedenen Faktoren, besonders von der Abkühlgeschwindigkeit, der Größe und Gestalt der Bausteine und den Bindungsverhältnissen ab.

Bei der **Kristallisation** sind die Teilvorgänge **Keimbildung** und **Keimwachstum** zu unterscheiden. Mit zunehmender Unterkühlung einer Schmelze unter die Kristallisationstemperatur T_K (= **Schmelztemperatur T_S**) nimmt die Wahrscheinlichkeit zu, daß die bereits im flüssigen Zustand vorhandenen, sich ständig neu bildenden und wieder zerfallenden kristallähnlichen Bezirke nicht mehr aufgelöst werden, sondern eine wachstumsfähige Größe annehmen (Keimbildung). An diese **Kristallisationskeime** ordnen sich weitere Bausteine unter Energiegewinn so an, daß über größere Bereiche regelmäßige Strukturen ausgebildet werden (**Keim-** oder **Kristallwachstum**). Da in der Regel viele Kristallisationskeime gleichzeitig wirksam sind, ist das Wachstum von Kristallen aus kugelähnlichen Atomen, Ionen oder Molekülen dann beendet, wenn sie sich gegenseitig berühren. Sie haben deshalb im Normalfall keine regelmäßigen Begrenzungen, sondern entsprechend den Wachstumsbedingungen unterschiedliche Formen und werden **Kristallite** oder **Körner** genannt. Ihre Begrenzungsflächen, in denen keine regelmäßige Anordnung der Bausteine vorliegt, heißen **Korngrenzen** oder **Phasengrenzen** (s. Abschn. 4.1.6).

Bei den Makromolekülen der hochpolymeren Werkstoffe, die schon im flüssigen Zustand stabil sind und die zudem unterschiedliche Gestalten aufweisen, verläuft die Keimbildung über eine **Faltung der Molekülketten**. Das Keimwachstum erfolgt auch hier über eine Vergrößerung dieser Bereiche, wobei verschiedene Wachstumsformen bekannt sind. Die dünnen amorphen Schichten aus ungerichteten Molekülen oder Molekülteilen zwischen den Kristallen können bei annähernd vollständig kristallisierenden Hochpolymeren als Korngrenzen angesehen werden. Im allgemeinen liegt aber der kristalline Anteil in hochpolymeren Werkstoffen, sofern diese nicht völlig amorph sind, nur etwa bei 50 % des Volumens (**teilkristalliner Zustand**). Damit eine Kristallisation zustande kommt, ist es also notwendig, daß die Bausteine ausreichend beweglich sind und daß die Kristallisationstemperatur T_K unterschritten ist, weil die Schmelze erst durch Unterkühlung thermodynamisch instabil wird. Die Unterkühlung hat aber eine Zunahme der Viskosität und ein Nachlassen der **Brownschen Bewegung**, d. h. der nach Geschwindigkeit und Richtung ständig sich ändernden Bewegung der Bausteine einer Flüssigkeit zur Folge. Hört die Brownsche Bewegung ganz auf, sind die Voraussetzungen für Keimbildung und Keimwachstum nicht mehr gegeben, und die unterkühlte Schmelze ist in den **Glaszustand** übergegangen. Die Temperatur des Eintritts in den Glaszustand wird als **Einfriertemperatur T_F** bezeichnet. Der Ordnungszustand der Bausteine ist in der unterkühlten Schmelze und im Glas nur geringfügig größer als in der Schmelze, strukturell unterscheiden sich diese Zustände nicht, sie sind **amorph**.

Die Einstellung des Glaszustandes erfordert bei Stoffen, die metallisch oder überwiegend heteropolar gebunden sind, sehr schnelles Abkühlen, bei Metallen z. B. mit > 5000 K/s, auf tiefe Temperaturen. Dagegen läßt sich die Kristallisation in Stoffen mit großem kovalenten Bindungsanteil und sehr asymmetrischen Molekülen, wozu die silicatischen Gläser und die hochpolymeren Werkstoffe zählen, bereits durch relativ langsames Abkühlen unterdrücken. Die Kristallisation kann auch aus energetischen Gründen, die im Aufbau der Strukturelemente ihre Ursache haben, so gehemmt sein, daß sie überhaupt nicht auftritt.

Da amorphe feste Stoffe, wie bereits erwähnt, thermodynamisch instabil sind, haben Gläser das Bestreben, im Temperaturbereich zwischen T_F und T_S in den kristallinen Zustand überzugehen, d. h. zu entglasen. Bei Quarzglas ist das etwa zwischen 1200 und 1700 °C möglich, aber meist wegen der damit verbundenen Eigenschaftsänderungen unerwünscht. Technisch genutzt wird die Entglasung bei der Herstellung der **Glaskeramik** (Vitrokerame), bei der nach der für Gläser bestimmter Zusammensetzung üblichen Herstellung und Verarbeitung durch ein Glühen zunächst Kristallisationskeime geschaffen werden, die nach weiterer Temperaturerhöhung so lange wachsen, bis eine vollständige Kristallisation eingetreten ist. **Metallische Gläser** entglasen bereits bei niedrigen Temperaturen. Am beständigsten sind Legierungen, die zu etwa 80 % aus Übergangsmetallen, wie Fe und Ni, und zu etwa 20 % aus Metalloiden, wie P, B, Si oder C bestehen. Sie haben gute weichmagnetische Eigenschaften. Die Entglasungstemperatur liegt oberhalb 400 bis 450 °C.

Die räumliche Anordnung der Atome, Ionen oder Moleküle des festen Körpers wird durch die Art der Bindung und die Gestalt der Bausteine maßgeblich beeinflußt. Bei Metallen liegt aufgrund der vom Elektronengas auf die Metallrümpfe ausgehenden ungerichteten metallischen Bindung das Bestreben vor, eine möglichst **dichte Atomanordnung** (große Packungsdichte) einzustellen. Die Ionenbindung ist ebenfalls ungerichtet. Die Ionenpaare (z. B. NaCl) verlieren beim Übergang in den kristallinen Zustand (Ionenkristalle) ihren individuellen Charakter, und die elektrostatischen Kräfte der Ionen werden nach allen Seiten hin wirksam. Trotzdem ist die mögliche Packungsdichte kleiner als bei den Metallen, weil sich ein Ion nur mit soviel entgegengesetzt geladenen Ionen umgeben kann, wie zur Einstellung der Ladungsneutralität erforderlich sind. In Kristallen, die aus kovalent gebundenen Atomen bestehen (Atomgitter oder kovalente Gitter), wird die Zahl und die Richtung der nächsten Nachbarn durch Anzahl und Richtung der bindungsfähigen Orbitale bestimmt. Es liegt eine gerichtete Bindung vor. Im Falle des Diamant z. B. ist jedes C-Atom mit vier anderen benachbart, die sich in Form eines Tetraeders (Abb. 4.2) anordnen.

Werden die Kristalle aus kovalent gebundenen Molekülen gebildet, deren Bindungskräfte bereits im gasförmigen und flüssigen Zustand abgesättigt sind, treten zwischen diesen beim Übergang in den festen Zustand (**Molekülkristalle**) nur noch die wesentlich schwächeren Nebenvalenzbindungen auf. Deshalb ist relativ wenig Energie notwendig, um diese Moleküle wieder aus ihrer geordneten Lage zu entfernen. Kovalent gebundene Moleküle sind bei Raumtemperatur häufig noch gasförmig (z. B. H_2, CH_4), und dort, wo die am stärksten wirkende Wasserstoffbrückenbindung zum Tragen kommt (vor allem bei den Makromolekülen hochpolymerer Werkstoffe), sind Festigkeit und Schmelzpunkt relativ niedrig.

Amorphe Festkörper (Gläser) haben die gleichen Bausteine und auch die gleichen Bindungen wie die kristallin aufgebauten. Sie unterscheiden sich von diesen nur durch eine so große Zahl von Baufehlern, daß außer in kleinsten Bereichen keine Regelmäßigkeiten vorliegen. Amorphe Metalle weisen eine über mehrere Abstände hinweg regellose Anordnung der Atome in großer Packungsdichte auf, amorphe silicatische Festkörper bestehen aus einem regellosen Netzwerk der Bausteine, z. B. der SiO_4^{4-}-Tetraeder des Kieselglases (Abb. 4.3).

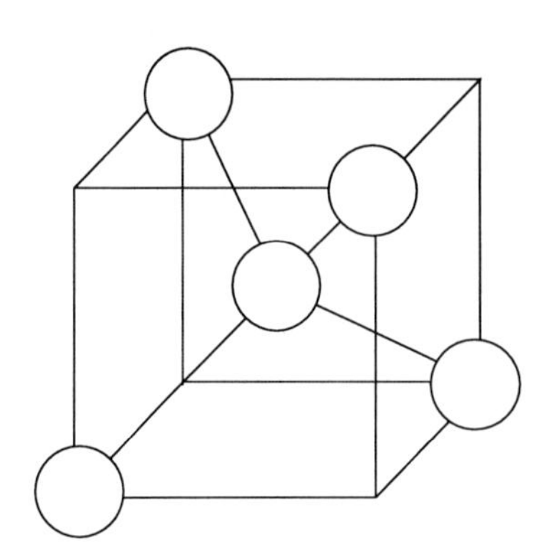

Abb. 4.2 Tetraedrische Anordnung der C-Atome im Diamantgitter

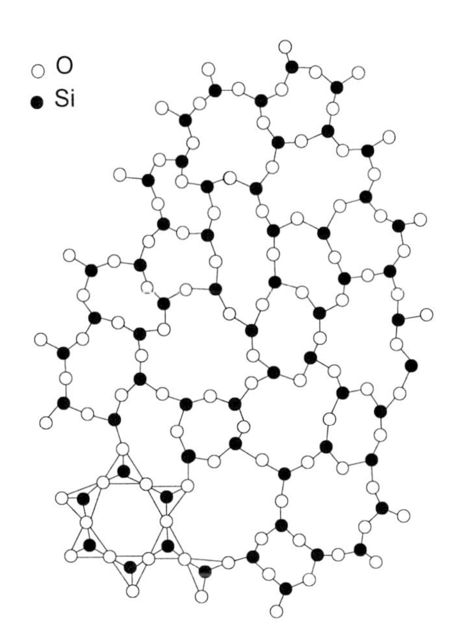

Abb. 4.3 Unregelmäßiges verzerrtes Netzwerk von SiO_4^{4-}-Tetraedern in Kieselglas
Die Si-Kationen und die nicht eingezeichneten vierten O-Anionen liegen über der Zeichenebene nach *W.H. Zachariasen* und *B.E. Warren*

Die Struktur der amorphen Hochpolymere ist durch eine knäuelartige Durchdringung oder durch eine Vernetzung der fadenförmigen oder verzweigten Makromoleküle gekennzeichnet (Abb. 4.4).

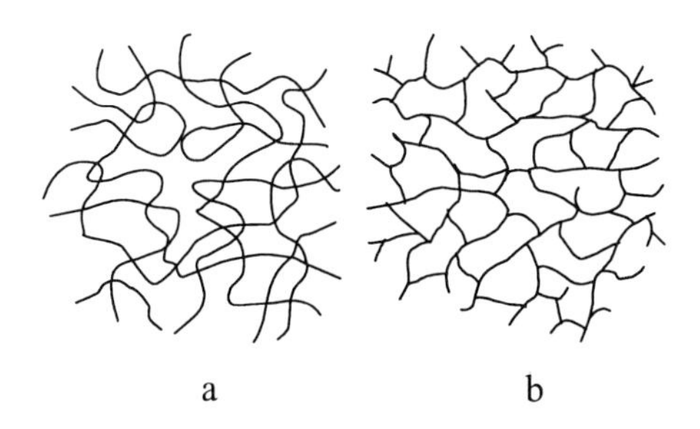

Abb. 4.4 Strukturen amorpher Hochpolymerer (aus [4.2])
a Filzstruktur unvernetzter Hochpolymerer
b Struktur vernetzter Hochpolymerer

Diese werden im erstgenannten Fall (unvernetzte Hochpolymere) durch schwache Bindungskräfte zusammengehalten, bei der Vernetzung werden dagegen starke Bindungen wirksam.

4.1.4 Strukturen kristalliner Metalle und Legierungen

Es wurde bereits erwähnt, daß der kristalline Zustand des Festkörpers durch eine dreidimensional periodische Anordnung seiner Bausteine gekennzeichnet ist. Der Nachweis der regelmäßigen Atomanordnung in den Kristallen wurde erstmalig 1912 durch *v. Laue*, *Friedrich* und *Knipping* mit Hilfe von Röntgenstrahlen erbracht. Diese werden neben anderen ionisierenden Strahlen auch heute noch in großem Umfang für Feinstrukturuntersuchungen, die in diesem Buch nicht behandelt werden, verwendet (siehe z.B. [4.14] und [4.15]).

Die Anordnung der Atome in Kristallen kann durch **Raumgitter** anschaulich dargestellt werden. Die folgenden Betrachtungen beschränken sich auf die bei Metallen häufigsten Raumgitter (**Elementstrukturen**). Die Raumgitter der Ionenkristalle (**Ionenstrukturen**) sind ähnlich aufgebaut, ebenso die der Legierungen (**Legierungsstrukturen**), so daß eine ausführliche Besprechung nicht erforderlich ist und auf einige Besonderheiten später hingewiesen werden soll.

Die kleinste Einheit, die alle Gesetzmäßigkeiten der Atomanordnung in einem Kristall beinhaltet, wird **Elementarzelle** (EZ) genannt. Zu ihrer Beschreibung legt man in das Raumgitter ein Koordinatensystem. Sein Ursprung liegt in einem Gitterpunkt (Atommittelpunkt), und seine Achsen sind auf benachbarte Gitterpunkte gerichtet. Um unterschiedliche Möglichkeiten, die sich daraus für die Festlegung der Elementarzelle ergeben, auszuschließen, gilt die Festlegung, daß die Elementarzelle möglichst klein sein soll, daß sich ihre Achsen möglichst unter 90° oder 120° schneiden sollen und daß die Achsen, die Winkel zwischen diesen sowie die

Abstände, in denen die Elementarzelle die Achsen schneidet (**Gitterkonstante** oder Gitterparameter), einheitlich bezeichnet werden (Abb. 4.5).

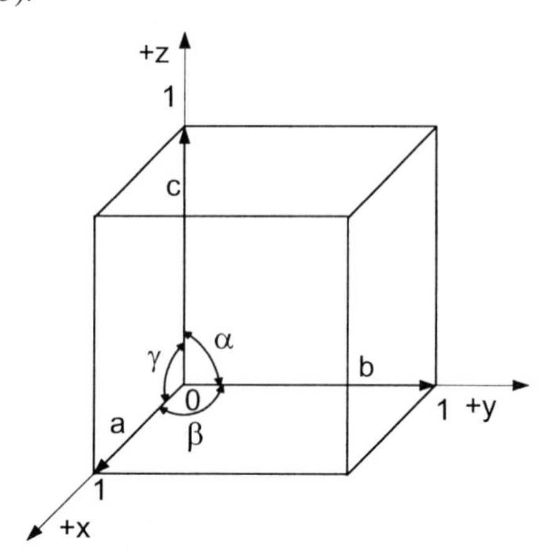

Abb. 4.5 Festlegung der Elementarzelle durch die Gitterkonstanten a, b, c und die Achsenwinkel

Es hat sich jedoch gezeigt, daß primitive Elementarzellen, bei denen jedes Atom auf einer Achse liegt, nicht immer am übersichtlichsten sind. Deshalb werden vielfach Gitter höherer Symmetrie verwendet, die man sich aus mehreren primitiven Elementarzellen zusammengesetzt denken kann. Beispiele dafür sind das **kubisch-raumzentrierte** und das **kubisch-flächenzentrierte Gitter** (s. Abb. 4.7 und 4.8). Für die bildliche Darstellung ist es meist üblich, die Atome nur durch ihre Mittelpunkte zu kennzeichnen. Dadurch ist eine größere Übersicht gegeben. Es ist jedoch darauf hinzuweisen, daß sich die Atome, faßt man sie als Kugeln auf, immer in bestimmten Richtungen berühren. Die Darstellung der Atome in ihrer wirklichen Größe führt besonders bei räumlichen Gebilden leicht zur Unübersichtlichkeit und wird deshalb seltener angewendet.

Millersche Indizes

Da man sich ein Raumgitter als eine Aneinanderreihung einer sehr großen Anzahl von Elementarzellen nach allen Seiten hin denken kann, ergibt sich, daß sich die Atomanordnung jeder beliebigen mit Atomen besetzten Ebene (**Netzebene**), die nicht mit einer Fläche der Elementarzelle identisch zu sein braucht, in regelmäßigen Abständen wiederholt. Die Lage dieser Netzebenen im Koordinatensystem wird mit Hilfe von Millerschen Indizes beschrieben. Zu ihrer Festlegung werden die Achsenabschnitte $m \cdot a$, $n \cdot b$ und $p \cdot c$, in denen die Netzebene die Achsen x, y und z schneidet, bestimmt. Danach bildet man die Kehrwerte der Faktoren m, n und p und multipliziert diese mit dem kleinsten gemeinsamen Vielfachen, so daß ganze Zahlen entstehen. Diese sind die **Millerschen Indizes** der Fläche **h**, **k** und **l**. Sie werden in runde Klammern gesetzt: **(h k l)**.

Beispiele:

In Abbildung 4.6 schneidet die schräg schraffierte Fläche das Koordinatensystem in den Punkten 3a, 4b und 2c. Die Kehrwerte der Faktoren $\frac{1}{3}$, $\frac{1}{4}$, $\frac{1}{2}$ ergeben, mit dem Faktor 12 multipliziert, die nicht mehr teilbaren Indizes (436). Diese Fläche wird durch die Koordinaten nicht begrenzt, sondern setzt sich nach allen Seiten bis zur Grenze des Kristalls mit gleicher Atombesetzung fort. Von der senkrechten schraffierten Fläche, die die Elementarzelle begrenzt, wird die x- und die z-Achse im Abstand ∞, die y-Achse im Abstand 1b geschnitten. Ihre Indizes ergeben sich aus $\frac{1}{\infty}$, $\frac{1}{1}$, $\frac{1}{\infty}$ zu (010). Liegt ein Schnittpunkt der Ebene auf dem negativen Abschnitt einer Achse des Koordinatensystems, so wird über den Index ein Minuszeichen gesetzt. So hat die um 2b nach links verschobene Ebene (010) die Indizes $(0\,\bar{1}\,0)$. Flächen, die durch den Nullpunkt gehen, können nicht indiziert werden. Netzebenen, deren Indizes sich nur durch das Vorzeichen, wie (010) und $(0\,\bar{1}\,0)$, oder durch die Reihenfolge, wie (010), (100) und (001), unterscheiden haben die gleiche Atombesetzung und sind gleichwertig. Sollen alle gleichwertigen Netzebenen gekennzeichnet werden, setzt man die Indizes in geschweifte Klammern: {100}.

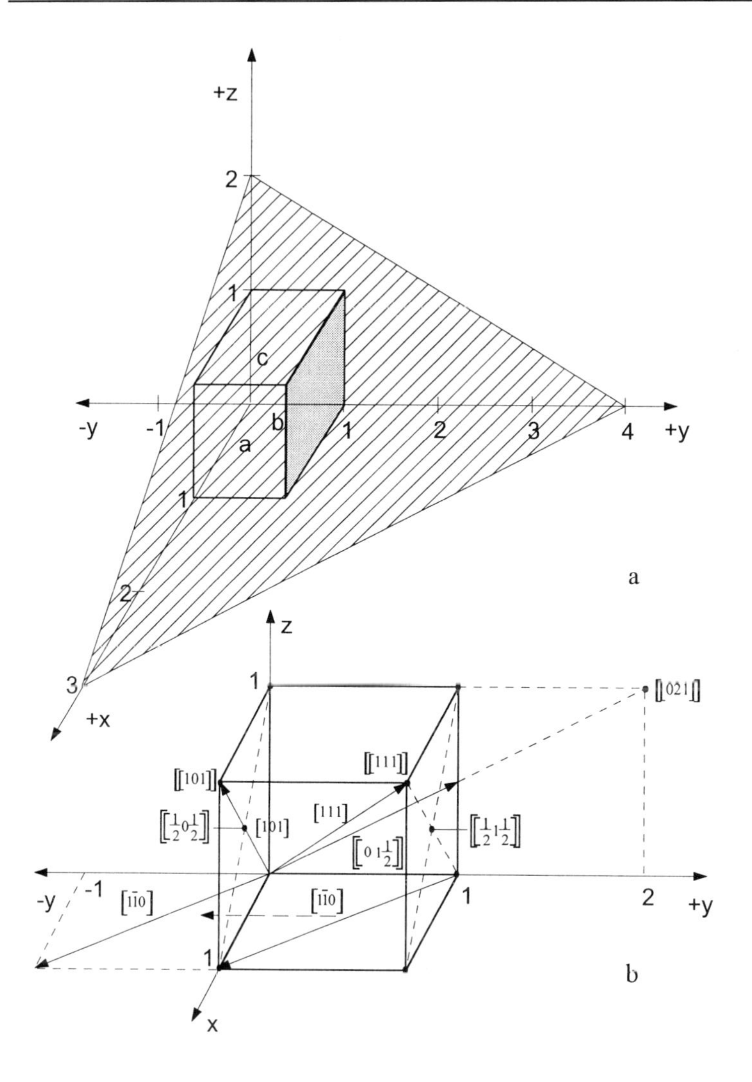

Abb. 4.6 Beispiele für die Bestimmung der Millerschen Indizes
a Indizierung von Flächen
b Indizierung von Punkten und Richtungen

Die Lage von Punkten bzw. Atomen wird durch Angabe der Koordinaten (in Einheiten der Gitterparameter) ihres Ortes gekennzeichnet. Befinden sich Atome im Flächenmittelpunkt einer kubischen Elementarzelle (Abb. 4.6), so haben sie z. B. die Bezeichnung $[[\frac{1}{2}1\frac{1}{2}]]$ oder $[[\frac{1}{2}0\frac{1}{2}]]$, das Atom im Koordinatenursprung [[000]].

Für die Gesamtheit der Flächenmittelpunkte, die gleichwertig sind, schreibt man $\langle\frac{1}{2}\frac{1}{2}0\rangle$ oder $\frac{1}{2}\langle 110\rangle$. Zur Kennzeichnung von **Richtungen** **[u v w]**, die nur indiziert werden können, wenn sie vom Koordinatenursprung ausgehen, reicht es aus, die Koordinaten des Durchstoßpunktes durch die Elementarzelle anzugeben, z. B. $[01\frac{1}{2}] = [021]$. Gleichwertige Richtungen werden ebenfalls durch $\langle uvw\rangle$ charakterisiert z. B gilt für alle Flächendiagonalen $\langle 110\rangle$.

In analoger Weise wird auch die Indizierung in anderen Kristallsystemen vorgenommen. In hexagonalen Kristallgittern werden 4 Achsen zugrunde gelegt, so daß die Millerschen Indizes in diesem Falle viergliedrig sind (hkli).

Tabelle 4.1 Kristallstrukturen von Gebrauchsmetallen

Metall	Modifikation		Kristallsystem
Ag			kfz
Al			kfz
Au			kfz
Be			hdP
Cd			hdP
Co	α-Co	bis 420 °C	hdP
	β-Co	420 bis 1492 °C	kfz
Cr			krz
Cu			kfz
Fe	α-Fe	bis 910 °C	krz
	γ-Fe	910 bis 1390 °C	kfz
	δ-Fe	1390 bis 1536 °C	krz
Mg			hdP
Mo			krz
Ni			kfz
Pb			kfz
Pt			kfz
Sn	α-Sn	bis 13 °C	Diamantgitter
	β-Sn	13 bis 232 °C	tetragonal
Ti	α-Ti	bis 880 °C	hdP
	β-Ti	880 bis 1820 °C	krz
W			krz
Zn			hdP

Die weitaus meisten Metalle kristallisieren im krz- (kubisch-raumzentriert), kfz- (kubisch-flächenzentriert) oder hdP-(hexagonal dichteste Packung) Gitter (Tabelle 4.1). Von den als Werkstoff gebräuchlichen Metallen weist lediglich das Zinn eine davon abweichende Kristallstruktur auf, es kristallisiert tetragonal. Verschiedene Metalle sind **polymorph**, d. h. sie treten in Abhängigkeit von der Temperatur in mehreren Gitterstrukturen (**allotrope Modifikationen**) auf, z. B. Eisen, Kobalt, Titan und Zinn. Von dem letztgenannten existiert unterhalb 13,2 °C im Gleichgewicht eine nichtmetallische Modifikation.

krz-Gitter

Im **kubisch-raumzentrierten Gitter** (Abb. 4.7) ist jedes raumzentrierte Atom von 8 Eckatomen als nächsten Nachbarn in gleicher Entfernung umgeben. Man nennt diese Zahl die **Koordinationszahl** (KZ). Da man sich die Elementarzelle im Kristallverband nach allen Seiten hin über weite Bereiche fortgesetzt denken muß, gehören die 8 Eckatome des krz-Gitters jeweils 8 Elementarzellen gleichzeitig an, während das Zentralatom nur einer Elementarzelle zuzuordnen ist. Demzufolge enthält die krz-Elementarzelle $8 \cdot \frac{1}{8} + 1 = 2$ Atome.

Bei der dichtestmöglichen Anordnung gleichgroßer kugelförmiger Atome ergibt sich die Koordinationszahl 12. Das bedeutet, daß im krz-Gitter mit der KZ 8 zwischen den Atomen Lücken vorhanden sind, z. B. in Richtung der Würfelkanten, und daß es demzufolge keine Netzebene gibt, in der sich alle Atome lückenlos aneinanderlagern. Dividiert man das Volumen der zu einer Elementarzelle gehörenden Atome (im krz-Gitter = 2) durch das Volumen der Elementarzelle, so erhält man die **Packungsdichte** (PD), die ein Maß für die Raumerfüllung ist. Sie beträgt im krz-Gitter 0,68 und ist kleiner als im kfz- und hdP-Gitter.

kfz-Gitter

Im **kubisch-flächenzentrierten Gitter** (Abb. 4.8) berühren sich die Atome in den Flächendiagonalen $\langle 110 \rangle$. Für die $\{111\}$-Flächen ergibt sich demzufolge eine dichteste Kugelpackung. Die Koordinationszahl ist 12 und die Packungsdichte 0,74. Zu einer kfz-Elementarzelle gehören $8 \cdot \frac{1}{8} + 6 \cdot \frac{1}{2} = 4$ Atome.

hdP-Gitter

Die Grundfläche des hdP-Gitters (Abb. 4.9) ist ein regelmäßiges Sechseck, in dem die Atome

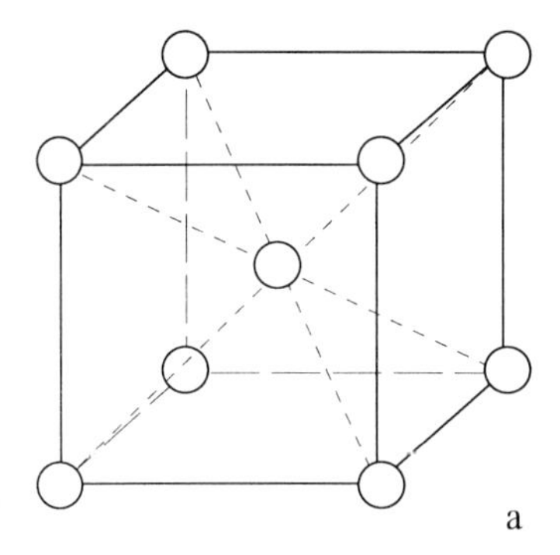

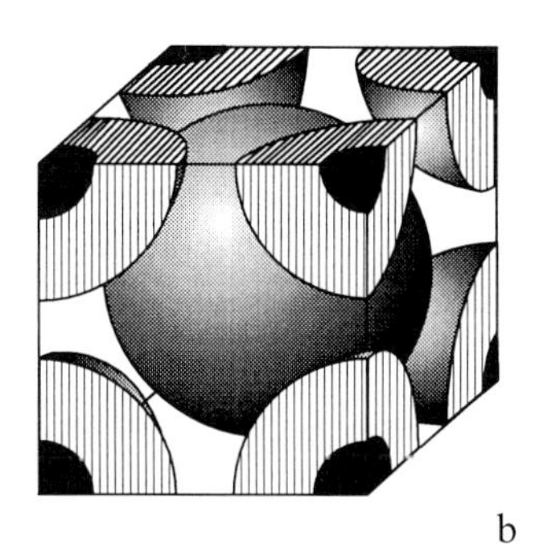

Abb. 4.7 Elementarzelle des kubisch-raumzentrierten Gitters (aus [4.2]) **a** Lage der Atommittelpunkte **b** Veranschaulichung der Raumerfüllung

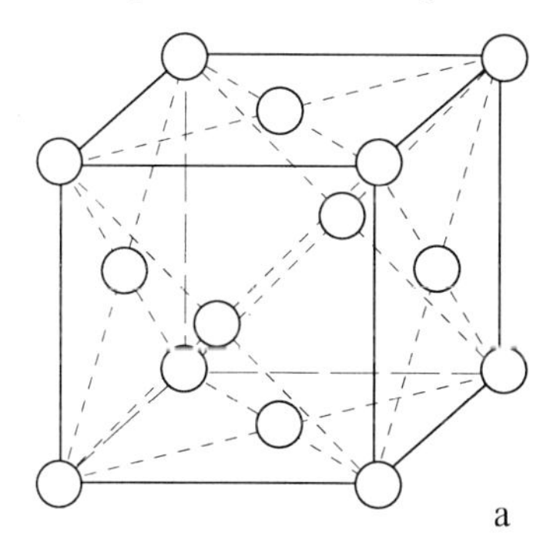

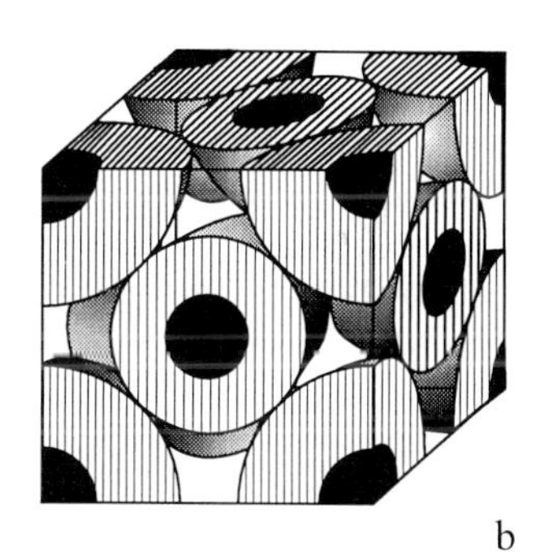

Abb. 4.8 Elementarzelle des kubisch-flächenzentrierten Gitters (aus [4.2]) **a** Lage der Atommittelpunkte **b** Veranschaulichung der Raumerfüllung

eine dichteste Anordnung einnehmen. Die daruber befindliche Atomlage ist in den Vertiefungen zwischen den Atomen der Basisfläche angeordnet, und die dritte Schicht befindet sich über der ersten. Es liegt eine Schichtenfolge ABABA.... vor.

Die Koordinationszahl (12) und die Packungsdichte (0,74) sind die gleichen wie beim kfz-Gitter. Die 12 Eckatome der Basisflächen gehören jeweils 6, die Zentralatome der Basisflächen jeweils 2 Elementarzellen und die 3 mittleren Atome nur der einen Elementarzelle an, die somit insgesamt $12 \cdot \frac{1}{6} + 2 \cdot \frac{1}{2} + 3 = 6$ Atome umfaßt.

Der Unterschied zwischen dem kfz- und dem hdP-Gitter besteht lediglich in der **Schichtenfolge**. Baut man das kfz-Gitter als hexagonale

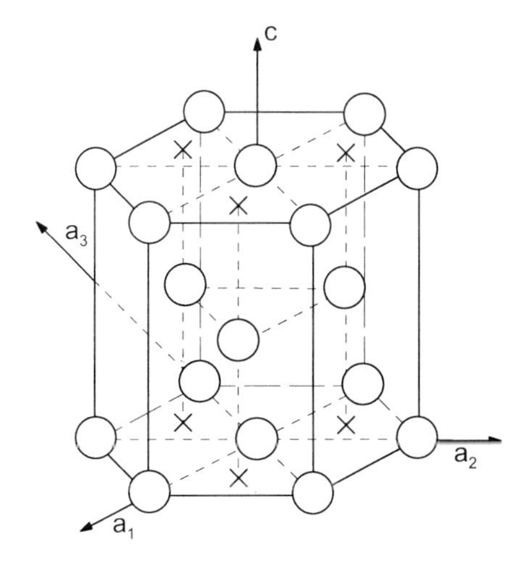

Abb. 4.9 Elementarzelle des hexagonal dichtest gepackten Gitters

Zelle über einer (111)-Fläche auf, so erhält man eine Schichtanordnung ABCABC....... . Der Aufbau nach diesem Prinzip würde aber im Vergleich zum kfz-Gitter zu einer wesentlich größeren Elementarzelle führen, womit die eingangs genannte Forderung, daß die Elementarzelle möglichst klein sein soll, verletzt würde.

Die bisherigen Betrachtungen gingen von der Voraussetzung aus, daß die Raumgitter aus gleichartigen Atomen aufgebaut sind. Alle technischen Werkstoffe enthalten jedoch ungewollt (als Verunreinigungen) oder gewollt (als Legierungselemente) **Fremdatome**, die in das Gitter des Wirtselementes eingebaut werden oder ein eigenes Gitter aufbauen. Im letztgenannten Fall liegen in einem Werkstoff mehrere Kristallarten nebeneinander vor (**Kristallgemisch, heterogenes Gefüge**), worauf im Abschnitt 4.1.7 näher eingegangen wird. Im folgenden werden zunächst nur die Strukturveränderungen von Kristallen beim Eintritt von Fremdatomen behandelt. Die Kristalle bleiben dabei auch bei mikroskopischer Betrachtung homogen.

Einlagerungsmischkristalle

Für die Art des Einbaus der Fremdatome in das Wirtsgitter spielt die **Größe beider Atomarten** eine Rolle. Wenn das Verhältnis der Atomradien des Fremdatoms zum Wirtsatom nicht größer als 0,59 ist, können die Fremdatome in die aufgrund der Kugelgestalt immer vorhandenen Gitterlücken eintreten. Das trifft für den Einbau von H, C, N und O in Übergangsmetalle, z.B. Fe, zu. Man spricht in diesem Falle von **Einlagerungsmischkristallen** (Abb. 4.10).

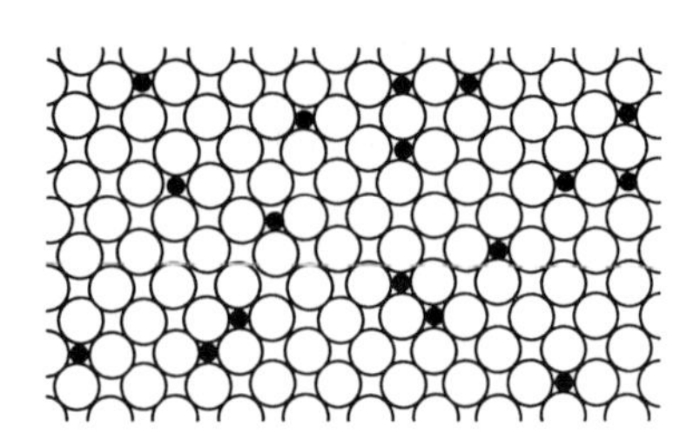

Abb. 4.10 Einlagerungsmischkristall (aus [4.2])

Die zeitweilige Vergrößerung der Zwischengitterplätze auf Grund der Atomschwingungen läßt es möglich erscheinen, daß auch Boratome, deren Radienverhältnis zu den Eisenatomen etwa 0,75 beträgt, auf solchen Plätzen eingelagert werden. Die Aufnahmefähigkeit (Löslichkeit) eines Gitters für **Einlagerungsatome** (**Zwischengitteratome**, **interstitielle Atome**) ist begrenzt und nimmt mit fallender Temperatur ab.

Austauschmischkristalle

Eine andere, weitaus häufiger auftretende Art der Mischkristallbildung besteht darin, daß die Legierungsatome auf Gitterplätzen des Wirtsgitters eingebaut werden (**Austausch- oder Substitutionsmischkristalle**, Abb. 4.11).

Die Verteilung ist nicht völlig regellos, Anhäufungen gleichartiger Atome werden **Cluster** genannt. Die **Mischbarkeit** in Austauschmischkristallen kann begrenzt oder unbegrenzt sein. **Lückenlose** (unbegrenzte) **Substitution** setzt

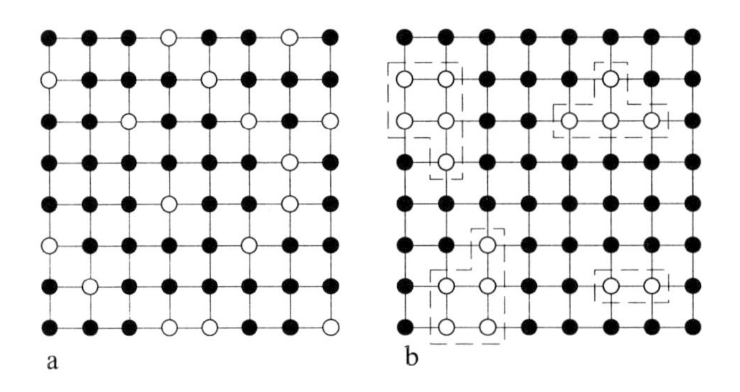

Abb. 4.11 Austauschmischkristall (aus [4.3])
a Regellose Atomverteilung
b Clusterbildung

voraus, daß die beteiligten Elemente **isotyp** sind, d. h. im gleichen Gittertyp kristallisieren, daß ihre chemische Affinität zueinander gering ist und daß sich ihre Atomradien nicht mehr als 15 % unterscheiden (**Regel von Hume-Rothery**). Bei einigen Legierungen, für die diese Regel erfüllt ist, tritt trotzdem nur eine begrenzte Mischbarkeit auf.

Überstruktur

Liegen die einen Austauschmischkristall bildenden Elemente in einem bestimmten Verhältnis zueinander vor (z. B. Atomverhältnis 1 : 1 oder 3 : 1), so kann es vorkommen, daß während eines langsamen Abkühlens oder eines Glühens in einem bestimmten Temperaturbereich die zunächst annähernd statistisch verteilten Atome **regelmäßige Anordnungen** einnehmen (Abb. 4.12), die als **Überstruktur** bezeichnet werden.

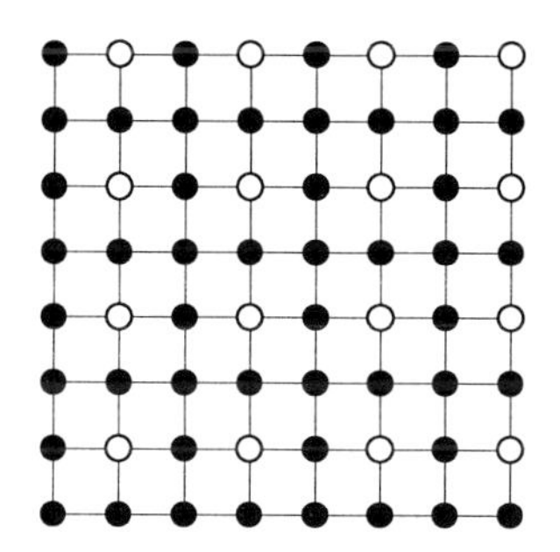

Abb. 4.12 Überstruktur (aus [4.3])

Diese geordneten Mischkristalle unterscheiden sich von ungeordneten gleicher Zusammensetzung durch wesentlich veränderte physikalische und mechanische Eigenschaften. Durch Glühen oberhalb ihrer Bildungstemperatur oder durch plastische Verformung wird die Überstruktur wieder zerstört.

Intermetallische Phasen

Eine regelmäßige Anordnung der Atome liegt auch bei den **intermetallischen Phasen** vor, zu denen man auch Legierungen zwischen einem Metall und einem Nichtmetall, z.B. die technisch sehr wichtige Phase Fe_3C rechnet. Wesentliche Merkmale für intermetallische Phasen (und darin unterscheiden sie sich von den Überstrukturen) bestehen darin, daß sie innerhalb ihres Existenzbereiches stabil sind, durch thermische oder mechanische Einwirkung nicht zerstört werden und daß sie eine andere Kristallstruktur als die ihrer Bestandteile haben. Ihr Raumgitter besteht aus zwei sich gegenseitig durchdringenden Untergittern, die von den beteiligten Atomen unterschiedlicher Größe besetzt sind, so daß hier Koordinationszahlen > 12 auftreten können.

Die Elementarzelle der intermetallischen Phasen kann einfach sein, z. B. zwei ineinandergesetzte kfz-Gitter (Einlagerungsstruktur) bei TiC, TiN und anderen Hartstoffen (Abb. 4.13).

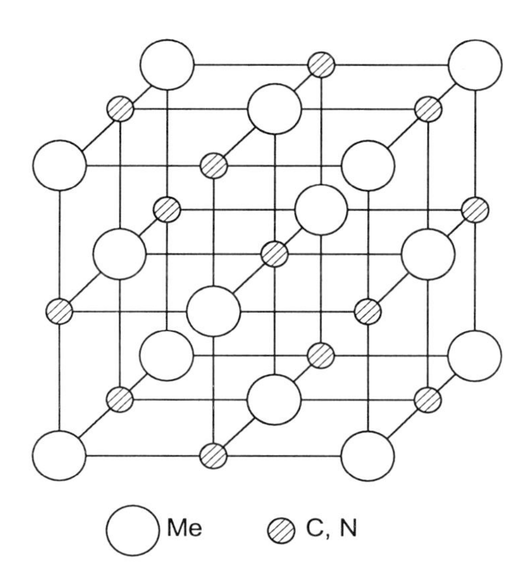

Abb. 4.13 Elementarzelle einer Einlagerungsstruktur vom NaCl Typ (aus [4.2])

Die Benennung der intermetallischen Phasen erfolgt entsprechend ihrer Zusammensetzung, die aber von der Wertigkeit der beteiligten Elemente unabhängig ist, es sind also keine chemischen Verbindungen. In vielen Fällen kann ein Teil der Gitterplätze eines Untergitters unbesetzt bleiben, die intermetallische Phase hat dann einen **Homogenitätsbereich**. Das trifft z. B. für das ε-Eisennitrid zu, für das vielfach die Formel Fe_2N_{1-x} (mit $x = 0$ bis etwa 0,5) angegeben wird.

Isotype intermetallische Phasen können lückenlose Mischkristallreihen bilden, z. B. entstehen zwischen TiC und TiN Carbonitride Ti(C,N). Beschränkte Löslichkeit tritt ebenfalls vielfach auf, so kann im Fe_3C bis zu 80 % des Kohlenstoffs durch Bor ($Fe_3C_{0,2}B_{0,8}$) oder in Fe_2B ein Teil des Eisens durch Chrom ($(Fe,Cr)_2B$) oder andere Legierungselemente ersetzt werden.

Die Zahl der intermetallischen Phasen ist sehr groß. Sie weisen in der Regel eine **große Härte und Sprödigkeit** auf. Größte technische Bedeutung hat ihre Verwendung als Hartstoffe sowie in der Oberflächenbeschichtungstechnik.

Die im vorstehenden genannten Möglichkeiten der **Legierungsbildung** sind nicht, wie bereits erkennbar war, auf 2 Atomarten beschränkt. So kann Eisen in legierten Stählen durch mehrere Elemente substituiert werden und gleichzeitig interstitiell gelösten Kohlenstoff und Stickstoff enthalten.

4.1.5 Strukturen hochpolymerer Werkstoffe

Die Bausteine der hochpolymeren Werkstoffe sind Makromoleküle, die aus 10^3 bis 10^5 Monomeren zusammengesetzt sein können (s. Abschn. 3.3.1). Ihre Länge, die bis zu etwa 0,01 mm betragen kann, ist sehr viel größer als ihr Durchmesser. Die Struktur der hochpolymeren Werkstoffe läßt sich deshalb nicht in der relativ einfachen Weise beschreiben, wie das bei den als kugelförmig angenommenen Bausteinen der Metalle und Legierungen möglich war. Für die Eigenschaften der hochpolymeren Werkstoffe sind vor allem die chemische Zusammensetzung, die Länge der Kettenmoleküle, ihre Infrastruktur und ihre gegenseitige Verknüpfung maßgebend.

Die **Strukturformel** kennzeichnet die chemische Zusammensetzung der Monomeren, aus denen das Makromolekül aufgebaut ist. Sie lautet z. B. für das Polyethylen (PE):

$$\left[\begin{array}{cccc} & H & & H & \\ & | & & | & \\ - & C & - & C & - \\ & | & & | & \\ & H & & H & \end{array}\right]_n$$

und zeigt an, daß dieses durch Aufspalten der Doppelbindungen des Ethylens (Ethens) entstanden ist:

$$\begin{array}{ccccc} H & & & & H \\ & \diagdown & & \diagup & \\ & C & = & C & \\ & \diagup & & \diagdown & \\ H & & & & H \end{array}.$$

n ist die Zahl der Monomeren im Makromolekül (**Polymersationsgrad**). Sie kann aus dem Verhältnis der relativen Molekülmassen (früher als Molekulargewichte bezeichnet) bestimmt werden:

$$n = \frac{M_P}{M_M} .$$

M_P = relative Molekülmasse des Polymers
M_M = relative Molekülmasse des Monomers

Da die Makromoleküle nie einheitlich lang sind, stellt n den mittleren Wert aus einer Größenverteilung dar.

Das Polyethylen besteht aus einer Kette von C-Atomen, an die nur H-Atome als Seitengruppen angelagert sind. Das Molekül ist deshalb symmetrisch aufgebaut. Wenn eines der H-Atome durch ein anderes Atom oder eine Atomgruppe (**Radikal**) ersetzt (substituiert) wird, entsteht ein unsymmetrisches Molekül. Ein solches liegt z. B. im Falle des Polyvinylchlorids (PVC) vor:

$$\left[\begin{array}{cccc} & H & & H & \\ & | & & | & \\ - & C & - & C & - \\ & | & & | & \\ & H & & Cl & \end{array}\right]_n .$$

Der Substituent kann im Makromolekül einseitig (**isotaktisch**) oder wechselseitig (regellos = **ataktisch** oder alternierend = **syndiotaktisch**) angeordnet sein. Man bezeichnet dieses Merkmal als **Konfiguration**.

Konstitution und Konformation

Die **Konstitution der Makromoleküle** besagt, aus welchen Struktureinheiten sie aufgebaut und wie diese aneinandergelagert sind. So werden Makromoleküle aus nur einem Monomertyp als **Homopolymere** und solche aus mehreren Sorten von Monomeren als **Copolymere** bezeichnet. Lagert sich das zweite Monomer (oder gegebenenfalls weitere Monomere) nur als Seitenketten an die Hauptkette an, spricht man von **Pfropf-Copolymeren**. Liegen schließlich unterschiedliche Makromoleküle in hochpolymeren Werkstoffen als Gemisch nebeneinander vor, nennt man diese **Polyblends**.

Ein weiteres Merkmal des Molekülaufbaues ist seine **Konformation**, die die räumliche Anordnung der Atomgruppen, welche um die Einfachbindungen in der Kette drehbar sind, charakterisiert. Innerhalb des Makromoleküls liegen nur starke kovalente Bindungen vor. Da diese, wie bereits in Abschnitt 4.1.2.2 beschrieben, unter bestimmten Valenzwinkeln wirken, verlaufen die Molekülketten nicht geradlinig, sondern in kristallinen oder verstreckten Hochpolymeren zickzackförmig und in amorphen Hochpolymeren wegen der freien Drehbarkeit in der Kette unregelmäßig verknäult (Abb. 4.14). Fadenförmige (**lineare**) **Makromoleküle** entstehen, wenn alle nicht in Richtung der Kohlenstoffkette liegenden kovalenten Bindungen durch Substituenten, z. B. bei Polyethylen mit -H, abgesättigt sind. Durch den Einbau anderer Monomere oder seitliche Anlagerungen des gleichen Monomers werden **verzweigte Makromoleküle** gebildet (Abb. 4.15). Die Verzweigung kann durch die Reaktionsbedingungen (Druck, Temperatur, Zusatz von Katalysatoren) beeinflußt werden. Zum Beispiel entstehen bei Polyethylen durch Hochdruckpolymerisation verzweigte und durch Niederdruckpolymerisation lineare Makromoleküle.

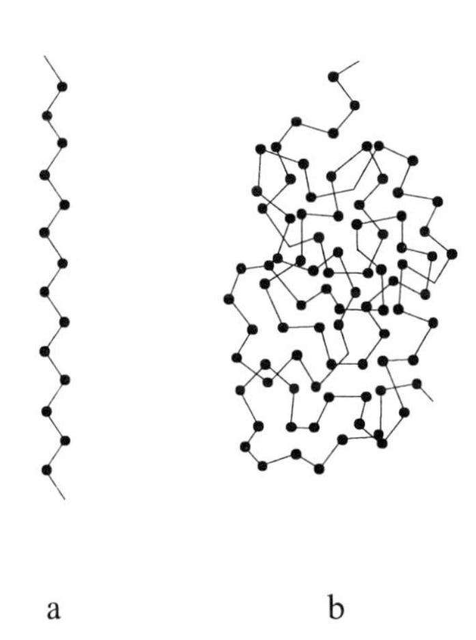

Abb. 4.14 Konformation von Hochpolymeren (aus [4.2])
a gestreckt
b geknäult

a
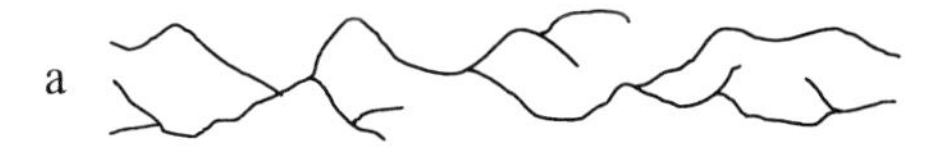

b
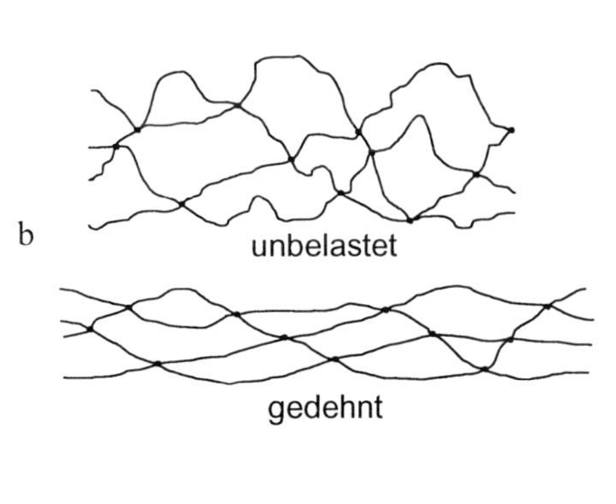

c

Abb. 4.15 Konstitution von Hochpolymeren
a verzweigtes Makromolekül
b weitmaschig verknüpfte Makromoleküle
c eng vernetzte Makromoleküle

Die Makromoleküle sind bei den Plastomeren nur durch schwache Nebenvalenzbindungen miteinander verbunden, bei den Elastomeren und Duromeren werden die meist verzweigten Molekülketten darüber hinaus durch starke Bindungen zu einem **Netzwerk** verknüpft.

Duromere sind räumlich enger vernetzt als Elastomere, deren Makromoleküle zwischen den Vernetzungsstellen noch stark geknäult sind. Die Vernetzung kann auf unterschiedliche Weise herbeigeführt werden, entweder durch den Einbau von Atomen oder Molekülen zwischen den Molekülketten (ein bekanntes Beispiel dafür ist die Vulkanisation von Gummi, dessen Moleküle durch Schwefel vernetzt werden), oder durch Aktivierung mittels Erwärmen, Bestrahlen oder Zugabe von Katalysatoren.

Wie bereits früher erwähnt, werden kristalline Bereiche bei Hochpolymeren dadurch gebildet, daß verschiedene Makromoleküle streckenweise parallel verlaufen oder daß sich Moleküle durch **Faltung** parallel anordnen, wobei, wenn die Faltung von einem Zentrum ausgehend nach allen Seiten hin fortschreitet, kugelähnliche Gebilde, **Sphärolithe** genannt, entstehen (Abb. 4.16).

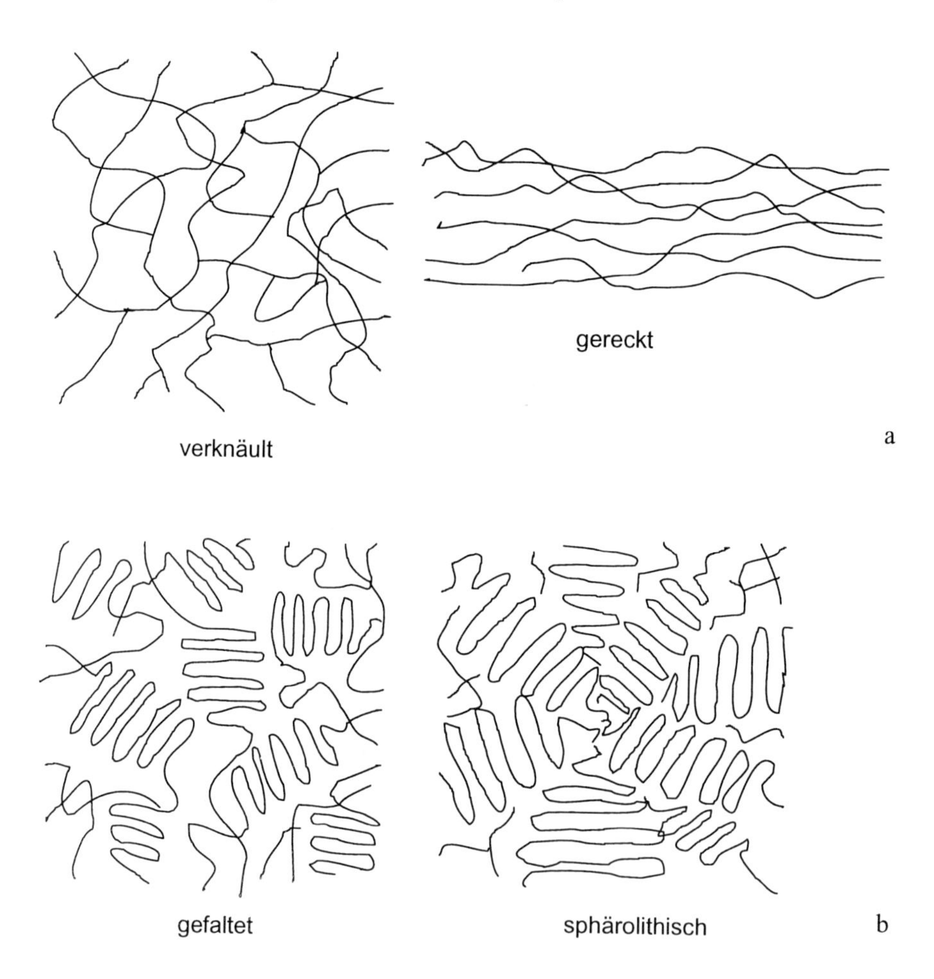

Abb 4.16 Struktur von Hochpolymeren
a amorph **b** teilkristallin

Für die amorphen Bereiche ist die Knäuelform der Molekülketten (Wattebauschstruktur) kennzeichnend (s. auch Abb. 4.4a), die aber bei elastischer Verformung oder Streckung zeitweilig oder ständig kristalline Merkmale annehmen kann. Die Neigung zur Kristallisation wird vom Aufbau der Makromoleküle und deren Beweglichkeit beeinflußt. Eine enge Vernetzung schließt die Kristallisation praktisch aus. **Duromere** sind deshalb immer amorph.

Auch **Elastomere**, die weitmaschig verknüpft sind, weisen nur selten kristalline Anteile auf. **Plastomere** sind amorph oder teilkristallin. Die Neigung zur Kristallisation nimmt besonders mit zunehmender Verzweigung des Makromoleküls ab. Durch langsame Abkühlung der Schmelze und durch mechanische Verstreckung bei der Verarbeitung wird die Kristallisation gefördert.

4.1.6 Realstruktur kristalliner Festkörper

Im Idealzustand sind kristalline Körper durch eine dreidimensionale, sich **regelmäßig wiederholende Anordnung** ihrer Bausteine gekennzeichnet (**Idealstruktur**). In den vorhergehenden Abschnitten über die Entstehung fester Körper und ihre Strukturen war bereits erkennbar, daß diese Regelmäßigkeit in vielfältiger Weise gewollt oder ungewollt gestört sein kann, z.B. durch die bei der Erstarrung infolge des Zusammenwachsens verschiedener Kristalle entstehenden **Korngrenzen** oder durch **regellos angeordnete Atome** der Legierungselemente und Verunreinigungen. Bei den hochpolymeren Werkstoffen ist aufgrund der von der Länge und der Infrastruktur her uneinheitlichen Makromoleküle eine ideale Kristallstruktur ohnehin nicht zu erwarten. Wenn man weiterhin bedenkt, daß beispielsweise in einem Volumen von 1 cm^3 fast 10^{23} Eisenatome enthalten sind, kann man sich leicht vorstellen, daß in der für die Bildung der Kristalle zur Verfügung stehenden Zeit nicht alle Atome, die sich zudem noch in ständiger Bewegung befinden, die ihnen im Idealfall zuzuordnenden Plätze einnehmen können. **Gitterbaufehler** sind folglich auf den Kristallisationsverlauf oder die Anwesenheit von Fremdatomen zurückzuführen. Sie können auch durch mechanische oder thermische Einwirkung sowie durch Bestrahlung erzeugt werden oder **thermodynamisch bedingt** und damit unvermeidbar sein. Die in kristallinen Festkörpern tatsächlich vorliegende Anordnung seiner Bausteine nennt man **Realstruktur**.

Gitterbaufehler

Die Gitterbaufehler haben weitreichende Auswirkungen auf die Eigenschaften der kristallinen Werkstoffe, vor allem auf die **Festigkeit** und die **plastische Verformbarkeit**, auch bei hohen Temperaturen, auf **magnetische** und **elektrische Eigenschaften** sowie auf das **Korrosionsverhalten**. Sie lassen sich nach ihrer räumlichen Erstreckung einteilen in:

- nulldimensionale (punktförmige)
- eindimensionale (linienförmige)
- zweidimensionale (flächenhafte)
- dreidimensionale (räumliche)

Fehler.

Die folgenden Betrachtungen sollen vor allem den **Einfluß** der Gitterbaufehler auf die **mechanischen Eigenschaften** deutlich machen, weswegen in erster Linie von den Kristallen mit metallischer Bindung ausgegangen wird. Da sich die Gitterbaufehler und ihre Auswirkungen in den verschiedenen Raumgittern prinzipiell gleichen, werden den zeichnerischen Darstellungen Atomanordnungen zugrunde gelegt, die die Wesensmerkmale am besten erkennen lassen.

Punktförmige Fehler

Punktförmige Fehler sind **Leerstellen, Zwischengitteratome** sowie auf Gitterplätzen oder Zwischengitterplätzen angelagerte **Fremdatome** (Abb. 4.17). In allen Fällen kommt es dabei zu Verzerrungen der Netzebenen (**Gitterverzerrungen**).

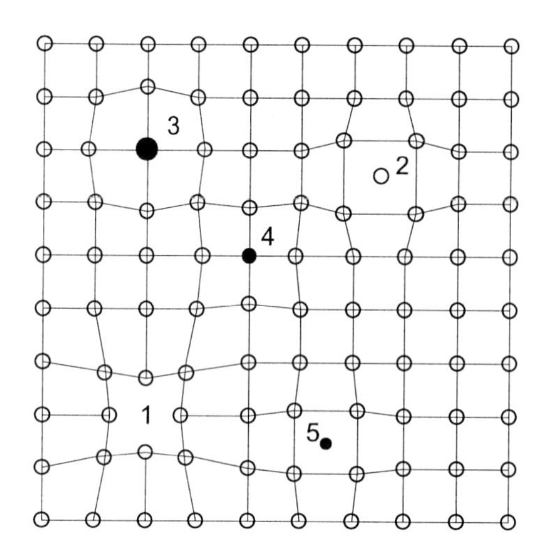

Abb. 4.17 Nulldimensionale Gitterbaufehler
1 Leerstelle
2 Zwischengitteratom
3 größeres Austausch-(Substitutions-)Atom
4 kleineres Austausch-(Substitutions-)Atom
5 Einlagerungs-(interstitielles)Atom

Die **Leerstellen** befinden sich in einem **thermodynamischen Gleichgewicht**, ihre Zahl läßt sich berechnen:

$$\frac{n}{N} = \exp\left(-\frac{\Delta U}{RT}\right) .$$

n = Zahl der Leerstellen
N = Zahl der Gitterplätze
ΔU = Bildungsenergie einer Leerstelle
R = Gaskonstante
T = Temperatur in K

Dicht unterhalb des Schmelzpunktes ist n/N etwa 10^{-4}. Durch schnelles Abkühlen von hohen Temperaturen kann ein **Leerstellenüberschuß** eingestellt werden. Auch unter der Einwirkung energiereicher Strahlen, z. B. in Kernreaktoren, können Leerstellen erzeugt werden. Die verdrängten Atome lagern sich dann vorwiegend auf Zwischengitterplätzen an. Leerstellen fördern den Ablauf aller Vorgänge, die mit dem Platzwechsel von Atomen verbunden sind (thermisch aktivierte Prozesse, z. B. Diffusion, Rekristallisation). Unter bestimmten Bedingungen können sich Leerstellen zu mikroskopisch sichtbaren Poren anreichern (s. Abschn. 4.3).

Fremdatome besetzen, wenn sie gegenüber dem Wirtsatom einen kleinen Durchmesser haben, Zwischengitterplätze (**interstitielle** oder **Einlagerungsatome**). Anderenfalls werden sie auf Gitterplätzen des Wirtsmetalls untergebracht (**Substitutions-** oder **Austauschatome**, s. Abschn. 4.1.4). Im ersteren Fall ist die Aufnahmefähigkeit immer begrenzt, bei Substitution kann unter bestimmten Bedingungen auch unbegrenzte Mischbarkeit auftreten.

In stöchiometrisch zusammengesetzten **Ionenkristallen** müssen zur Aufrechterhaltung der Elektroneutralität Punktfehler immer paarweise auftreten (z. B. Kationenleerstelle plus Kation auf Zwischengitterplatz), in nichtstöchiometrisch zusammengesetzten Kristallen werden die Ionenfehlordnungen durch Elektronenfehlordnungen kompensiert.

Linienförmige Fehler

Linienförmige Fehler werden **Versetzungen** genannt. Sie haben vor allem für Metalle große praktische Bedeutung, da sie die plastische Verformbarkeit ermöglichen (Abschn. 5.1.2.2). In der zur Erhöhung der Anschaulichkeit vereinfachten Darstellung der Abbildung 4.18 (Die Atome sind nicht eingezeichnet. Sie sind an den Schnittpunkten der Gitterlinien angeordnet.) wird angenommen, daß durch die Einwirkung einer Spannung die oberen zwei Atomlagen an der rechten vorderen Ecke des Kristalls gegenüber den darunter befindlichen Lagen um einen Atomabstand nach hinten versetzt wurden. Der Bereich, in dem diese Verschiebung stattgefunden hat, wird durch die **Versetzungslinie L** begrenzt. Sie läuft bogenförmig durch das gezeichnete Kristallgitter, liegt in der Netzebene der Verschiebung (wir werden diese später als Gleitebene bezeichnen) und verbindet die Gitterpunkte, in denen die Gleichgewichtslage der Atome am stärksten gestört ist. Um die Versetzungslinie herum nehmen die Atome normale Gitterplätze ein, die aber noch in großem

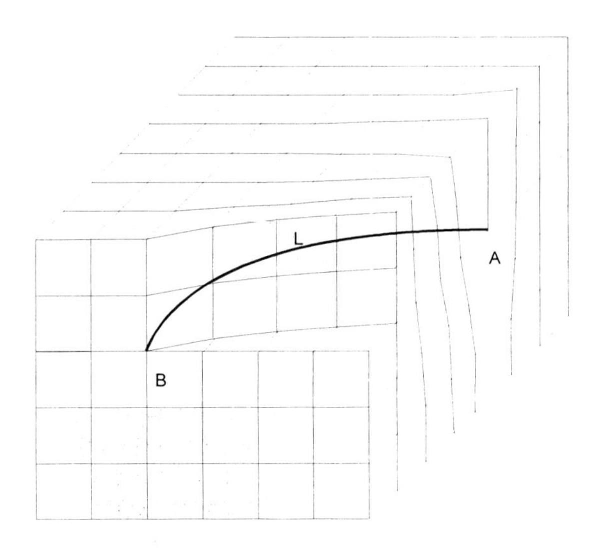

Abb. 4.18 Kristallgitter mit Versetzungslinie (L), die an der Oberfläche mit einer Stufenversetzung (A) und einer Schraubenversetzung (B) endet

Abstand Verzerrungen aufweisen (in der schematischen Darstellung der Abbildung 4.18 ist diese Verzerrung nicht in ihrem wahren Ausmaß wiedergegeben). Die Atomanordnung, die beim Austritt der Versetzungslinie aus dem Kristall im Punkte A vorliegt, wird **Stufenversetzung**, die im Punkte B **Schraubenversetzung** genannt (Die Gitterebenen senkrecht zur Versetzungslinie sind in Wirklichkeit als kontinuierliche Schraubenfläche ausgebildet, s. auch Abb. 4.19b). Die Stufenversetzung kann als Begrenzung einer zusätzlichen Gitterebene oder auch (auf der anderen Seite der Versetzungslinie) einer fehlenden Gitterebene (z.B. infolge flächenhafter Ansammlung von Leerstellen) angesehen werden.

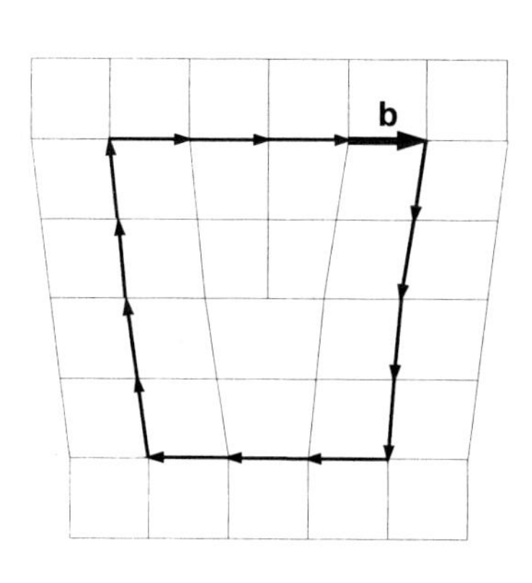

a

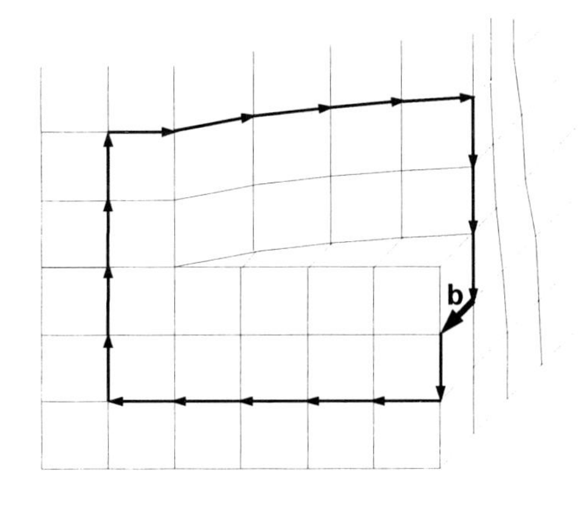

b

Abb. 4.19 Stufenversetzung (**a**) und Schraubenversetzung (**b**) mit Burgers-Vektor b

Burgers-Vektor

Zur Charakterisierung der Versetzungen nach **Richtung** und **Größe** dient der **Burgers-Vektor b**. Er entspricht der Wegdifferenz, die man beim Umlauf um eine Versetzung und um einen ungestörten Gitterbereich (rechtsdrehend und senkrecht zur Versetzungslinie) in Schritten gleicher Länge erhält. Wie die Abbildung 4.19 zeigt, steht der Burgers-Vektor einer Stufenversetzung senkrecht auf der aus der Zeichenebene heraustretenden Versetzungslinie, im Falle der Schraubenversetzung verläuft er parallel dazu. Versetzungen, deren Burgers-Vektoren gleichzeitig Ortsvektoren des Kristallgitters sind, heißen **vollständige Versetzungen**, anderenfalls werden sie unvollständige oder **Teilversetzungen** genannt.

Versetzungslinien können niemals im Inneren des ungestörten Gitters enden, sondern nur an inneren Störstellen oder, wie in Abbildung 4.18, an Grenzflächen. In allen anderen Fällen bilden sie in sich **geschlossene Ringe**. Wie aus Abbildung 4.20 hervorgeht, sind Stufen- und Schraubenversetzungen nur Grenzfälle an den Stellen des Versetzungsringes, wo der Burgers-Vektor senkrecht oder parallel zur Versetzungslinie verläuft. Dazwischen liegen **gemischte Versetzungen** vor, die als schnell wechselnde Folge von Stufen- und Schraubenversetzungen gedeutet werden können.

Die **Energie einer Versetzung** ist größer als die einer Leerstelle, deshalb können sich Versetzungen nicht in einem thermodynamischen Gleichgewicht befinden. Zu ihrer Bildung wird Energie verbraucht, die z. B. über die Einwirkung von Spannungen bei der Kristallisation oder Umformung in das Kristallgitter eingebracht werden muß. Trotzdem ist die Entstehung von Versetzungen in metallischen Werkstoffen nicht vermeidbar. Ihre Häufigkeit, die **Versetzungsdichte** ρ, wird entweder in

$$\frac{\text{cm Versetzungslinie}}{\text{cm}^3} \quad \text{oder cm}^{-2}$$

angegeben.

Für unverformte, geglühte Metalle wird meist ein Wert von $\rho = 10^7$ bis 10^8 cm/cm^3 genannt, d.h., daß die Versetzungslinien in einem Würfel von 1 cm Kantenlänge eine Gesamtlänge von 100 bis 1000 km haben. Diese Länge erscheint zwar unvorstellbar groß, bedeutet aber, daß bei regelmäßiger Anordnung der Versetzungen zwischen zwei Versetzungslinien etwa 5000 bis 10000 „ungestörte“ Atome liegen oder, anders ausgedrückt, daß ein Atom in einer Versetzungslinie von 10^7 bis 10^8 „ungestörten“ Atomen umgeben ist.

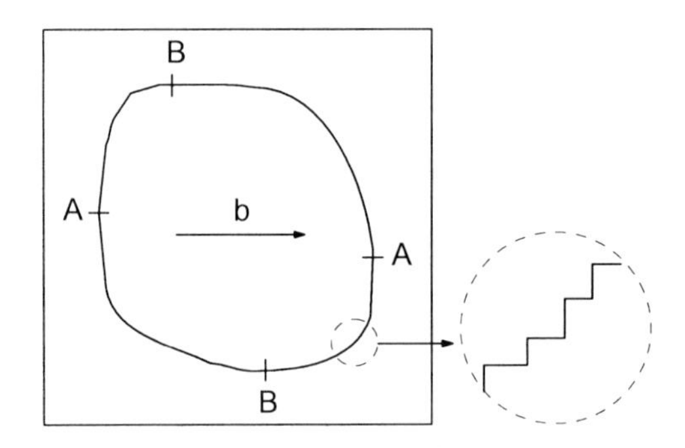

Abb. 4.20 Gitterebene mit Versetzungsring und Richtung des Burgers-Vektors b
Bei A liegen Stufen-, bei B Schraubenversetzungen, dazwischen gemischte Versetzungen vor.

Flächenhafte Fehler

Metallische Werkstoffe sind in der Regel polykristallin, sie bestehen aus einer Vielzahl unregelmäßig begrenzter Kristallite oder Körner (Wortverbindungen werden meist mit Korn gebildet, z. B. Korngröße). Die Grenzflächen zwischen Kristalliten einer Phase werden **Großwinkelkorngrenzen**, oft auch nur **Korngrenzen**, die zwischen Kristalliten verschiedener Phasen werden **Phasengrenzen** genannt. Unter Phasen versteht man dabei die in sich homogenen Bestandteile eines Systems (s. Abschn. 4.2).

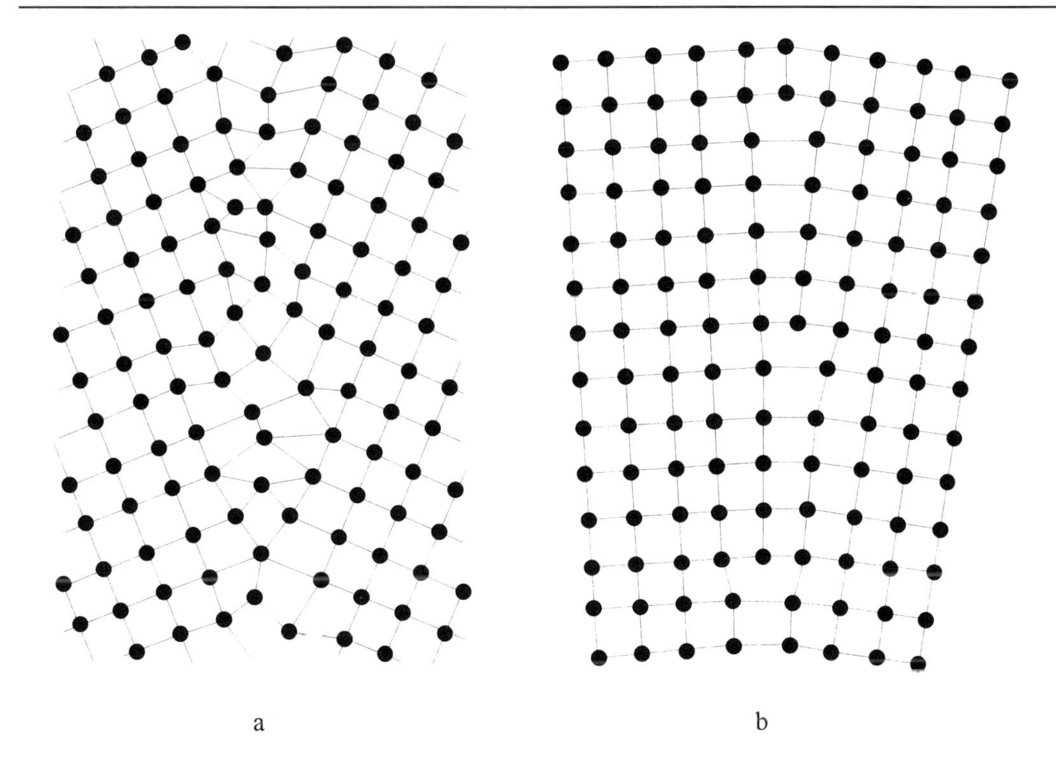

Abb. 4.21 Großwinkelkorngrenze (**a**) und Kleinwinkelkorngrenze (**b**)

Großwinkelkorngrenzen erstrecken sich über etwa 2 bis 4 Atomlagen, in denen sich der Übergang von den Orientierungen des einen zum anderen Kristalliten vollzieht (Abb. 4.21a). Die Netzebenen werden dabei verzerrt, und es treten größere Zwischenräume zwischen den Atomen auf, die als „Senken" andere Gitterfehler, wie Leerstellen oder Fremdatome, aufnehmen können. Andererseits werden die Korngrenzen auch als „Quellen" für Versetzungen wirksam.

Zwischen Kristallgitterbereichen, die nur um wenige Bogenminuten gegeneinander verkantet sind, spannen sich **Kleinwinkelkorngrenzen** auf, die als flächenhafte Anordnung von Stufenversetzungen beschrieben werden können (Abb. 4.21b). Die dadurch bedingte Unterteilung der Kristallite in relativ ungestörte Teilbereiche bezeichnete man früher häufig als Mosaikblockstruktur, die Kleinwinkelkorngrenzen auch als **Subkorngrenzen**.

Die Ausbildung der Phasengrenzen hängt davon ab, wie groß die Unterschiede des Gitteraufbaus und der räumlichen Lage der aneinandergrenzenden Phasen sind.
Sind diese Unterschiede gering, kommt es nur zu Verzerrungen der Netzebenen (Abb. 4.22a), die **Phasengrenze** ist **kohärent**. Dieser Fall ist zu erwarten, wenn die eingelagerte Phase durch Entmischung, d.h. durch Ansammlung von ursprünglich regellos verteilten Substitutionsatomen entstanden ist. Ähnliches gilt für **teilkohärente Phasen** (Abb. 4.22b), bei denen aber aufgrund größerer Unterschiede der Gitterparameter eine Anpassung über den regelmäßigen Einbau von Versetzungen erfolgen muß. Sind die Voraussetzungen dafür nicht gegeben, entstehen **inkohärente Phasengrenzen**, die in ihrem Aufbau einer Großwinkelkorngrenze entsprechen (Abb. 4.22c, die an der Phasengrenze eingetretene Verzerrung der Netzebenen ist der Übersichtlichkeit halber nicht dargestellt).

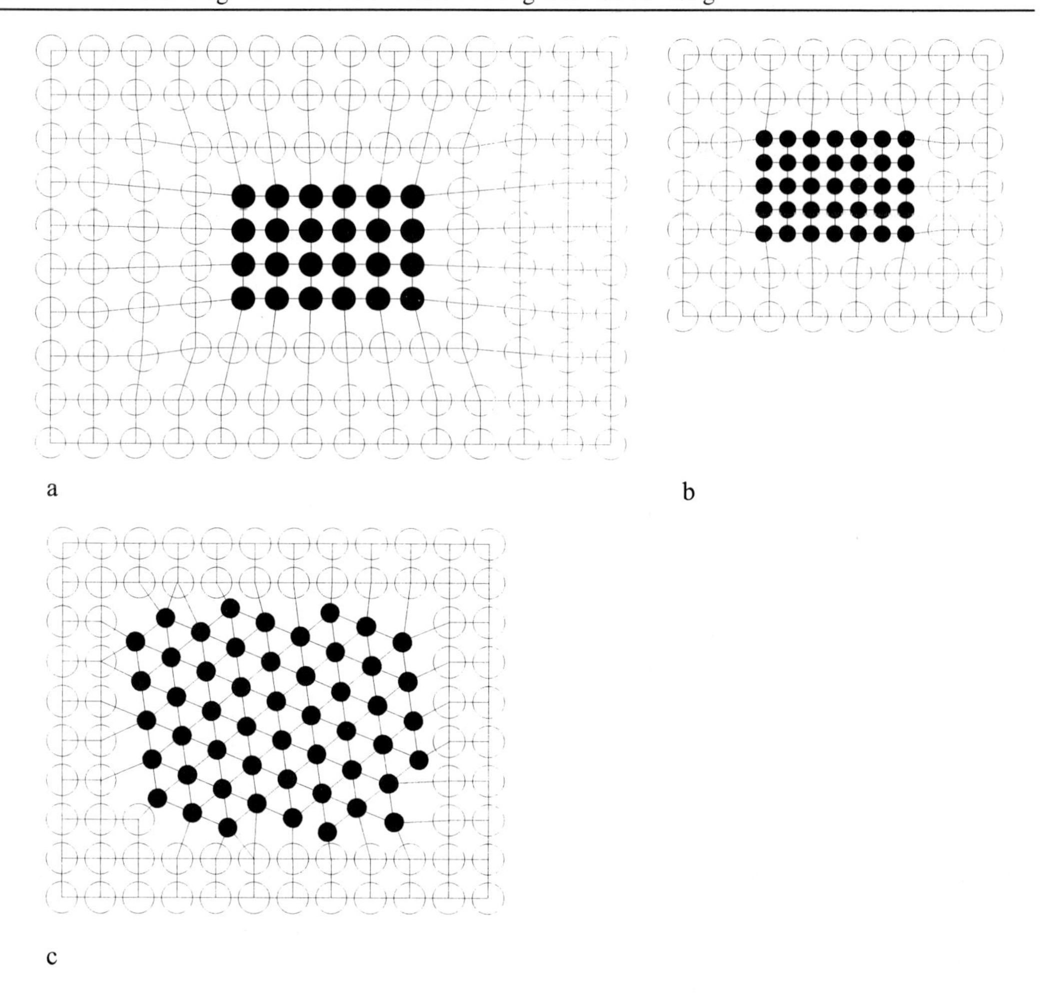

Abb. 4.22 Kohärente (**a**), teilkohärente (**b**) und inkohärente (**c**) Phasengrenzen

Weitere flächig ausgebildete Gitterbaufehler sind:

- **Zwillingsgrenzen**: an diesen meist geradlinig verlaufenden Großwinkelkorngrenzen treffen zwei Kristallitbereiche unter bestimmten Winkeln so aufeinander, daß sie **spiegelbildlich** zur Zwillingsgrenze angeordnet sind. Die Atome in dieser Grenze liegen auf ungestörten Gitterplätzen beider aneinander grenzender Bereiche.

- **Stapelfehler**: wie bereits im Abschnitt 4.1.4 erwähnt, kann das hexagonal dichtest gepackte Gitter durch eine Stapelfolge -ABAB-, das kubisch-flächenzentrierte durch die Folge -ABCABC- beschrieben werden. Störungen in der Stapelfolge nennt man Stapelfehler. Im kfz-Gitter kann z.B. eine Folge - BCABABC- vorliegen, d.h., daß in der Mitte eine Ebene C fehlt und die an den Fehler (Stapelfehler) angrenzenden 4 Ebenen einem hdP-Gitter entsprechen.

- **Antiphasengrenzen** treten in Legierungen mit **Überstruktur** auf und sind den Stapelfehlern ähnlich. Es handelt sich um Störungen der regelmäßigen Atomanordnung. In Gitterrichtung liegt z.B. eine Abfolge -ABABAABAB- vor.

Räumliche Fehler

Da ihre Begrenzungen Phasengrenzen und damit den zweidimensionalen Gitterfehlern zuzuordnen sind, werden sie meist nicht als besondere Gruppe ausgewiesen. Im engeren Sinne kann man Ansammlungen von Punktfehlern dazu rechnen, wobei aber eine scharfe Abgrenzung, von welcher Größe an diese als neue Phase zu behandeln sind, nicht möglich ist.

4.1.7 Gefüge

Zwischen dem Gefüge eines Werkstoffs und seiner chemischen Zusammensetzung, seinem Behandlungszustand sowie seinen Eigenschaften bestehen vielfältige Zusammenhänge. Gefügeuntersuchungen sind deshalb für Werkstoffwissenschaft und -technik eine sehr wichtige Methode, um Informationen, z. B. über die Vorgeschichte eines Materials, seine Eignung für bestimmte Verarbeitungsverfahren, die Ergebnisse einer durchgeführten Behandlung oder in bestimmten Fällen auch über seine chemische Zusammensetzung zu erhalten. Das Arbeitsfeld der **Gefügeuntersuchungen** erstreckt sich vom **makroskopischen Aufbau**, z. B. eines Gußblockes, bis hin zur **Realstruktur**, z. B. dem Nachweis von Versetzungen. Diesem breiten Spektrum entsprechend sind die zur Anwendung kommenden Verfahren der Gefügeuntersuchung sehr unterschiedlich. Es ist nicht Aufgabe dieses Buches, eine Anleitung zur Durchführung solcher Untersuchungen zu geben, dafür gibt es eingeführte Standardwerke, z. B. [4.3], [4.4]. Die Verfahren sollen im folgenden nur soweit behandelt werden, wie zum Verständnis von Gefügebildern notwendig ist.

Makro- und Mikrogefüge

Zunächst ist nach den Abmessungen der interessierenden Bestandteile und den sich daraus ergebenden unterschiedlichen Vorgehensweisen zwischen **Makro-** und **Mikrogefüge** zu unterscheiden. Das Makrogefüge umfaßt alle bereits mit bloßem Auge oder einer Lupe erkennbaren Einzelheiten. Das sind z. B. **Poren** in Gußstücken, **Seigerungen** (Entmischungen von Verunreinigungen und Legierungselementen) in Gußstücken oder umgeformtem Material sowie chemisch oder strukturell veränderte Oberflächenschichten (z. B. aufgekohlte oder gehärtete **Randschichten**). In einigen Fällen kann die Untersuchung an einer **Bruchfläche** vorgenommen werden (z. B. das Ausmessen der Einsatzhärtungstiefe), meist ist es aber erforderlich, die zu untersuchende Fläche zu schleifen. Daran kann sich ein Entwickeln des Gefüges in Lösungen (**Ätzen**, z. B. zum Nachweis von Grobkörnigkeit in Reinstaluminium) oder Sichtbarmachung von Inhomogenitäten mittels **Abdrucktechnik** (z. B. Baumannabdruck zum Nachweis von Schwefelseigerungen in Stählen) anschließen.

Unter **Mikrogefüge** versteht man die Bestandteile des Werkstoffs, die in einem **Licht-** oder **Elektronenmikroskop** erkennbar werden. Die zu untersuchenden Proben erfordern eine sorgfältige Vorbereitung. Bereits bei der Festlegung der zu untersuchenden Fläche sind die Einflüsse, die die Vorgeschichte des Werkstoffs auf das Gefüge haben kann, zu beachten. So liegen z. B. bei kaltgewalzten Halbzeugen in der Verformungsrichtung und quer dazu unterschiedliche Korngrößen und -formen vor, oder bei geglühten Stählen können Randentkohlungen vorhanden sein.

Schliffherstellung

Das **Heraustrennen der Proben** aus größeren Materialstücken soll so erfolgen, daß **keine Gefügeänderungen** durch Wärmeeinwirkung oder Kaltverformung eintreten. Anderenfalls müssen die beeinflußten Schichten abgearbeitet werden. Die Probengröße hängt von dem vorgesehenen Untersuchungsverfahren oder der Größe der zu untersuchenden Teile ab. Kleine Proben werden vor der weiteren Bearbeitung aus Gründen der Handhabbarkeit und um eine Abrundung der Kanten zu vermeiden in Metallklammern eingespannt oder vorzugsweise in

Epoxid- oder Polyesterharz eingebettet. Danach erfolgt das **metallographische Schleifen** auf Schleifpapieren mit schrittweise feiner werdendem Schleifmittel (Korund, Siliciumcarbid) und anschließend das **Polieren** in einer wäßrigen Suspension von Tonerde, bis eine spiegelnde, kratzerfreie Oberfläche entstanden ist. Neben dieser konventionellen Vorgehensweise zur Herstellung eines **„Schliffes“**, die vorwiegend maschinell erfolgt, gibt es eine Reihe spezieller Methoden. So werden sehr harte Stoffe oft mit Diamantpulver enthaltenden Mitteln geschliffen und poliert, und bei weichen Werkstoffen kann die Schlifffläche anstelle des Schleifens durch **Abschneiden** dünner Scheiben mit einem **Mikrotom** eingeebnet werden. Schließlich ist anstelle des mechanischen auch ein **elektrolytisches Polieren** oder eine Kombination von elektrochemischem und mechanischem Polieren (**Elektrowischpolieren**) möglich.

Wichtig ist, daß insbesondere beim mechanischen Schleifen und Polieren die Schlifffläche nicht durch zu starkes Andrücken erwärmt und verformt wird, weil dadurch eine **Bearbeitungsschicht** (**Beilbyschicht**) entsteht, die nicht mit dem tatsächlichen Gefüge übereinstimmt. Sie kann z. B. durch chemisches oder elektrochemisches Abtragen, gegebenenfalls im Wechsel mit weiterem Polieren, entfernt werden.

Gefügeentwicklung

In einigen Fällen sind bereits an der geschliffenen und polierten Oberfläche die Gefügeeinzelheiten, die untersucht werden sollen, unter dem Mikroskop so gut erkennbar, daß eine weitere Entwicklung des Gefüges entfallen kann oder sogar die Erkennbarkeit beeinträchtigt. Das ist z. B. bei der Beurteilung von Schlackeneinschlüssen in Stählen und bei der Bewertung der Porigkeit von Sinterwerkstoffen oder der Graphiteinschlüsse in Grauguß der Fall. Auch harte Phasen, die weniger abgetragen sind als weichere Bestandteile, heben sich aufgrund des entstandenen **Reliefs** gut ab (Abb. 4.23a). In den meisten Fällen ist es jedoch notwendig, die Gefügebestandteile durch ein Ätzen in Lösungen sichtbar zu machen. Am gebräuchlichsten ist das einfache **Tauchätzen**, bei dem die Schlifffläche unter ständiger Bewegung in ein das Ätzmittel enthaltendes Gefäß getaucht wird. Als Ätzmittel werden vor allem **Lösungen von Säuren in Wasser und/oder Alkohol**, in bestimmten Fällen auch laugen- und salzhaltige Mischungen verwendet (Zusammensetzungen und Anwendungen zahlreicher Ätzmittel werden in der Fachliteratur, z. B. [4.4] ausführlich beschrieben). Für das Sichtbarmachen des Gefüges gibt es noch eine Anzahl weiterer Methoden, die meist für spezielle Untersuchungen eingesetzt werden. Dazu gehören das **potentiostatische Ätzen**, bei dem eine definierte Spannung an die Probe angelegt wird, das **Ionenätzen**, bei dem die Oberfläche durch Inertgasionen abgestäubt wird, das **thermische Ätzen**, das je nach Durchführung durch eine **Reliefbildung** bei höheren Temperaturen oder durch die Bildung verschiedenfarbiger **Anlaufschichten** gekennzeichnet ist, sowie das **Aufdampfen dünner Schichten**, die aufgrund von Interferenzerscheinungen den Kontrast erhöhen.

Wenn die Kristallite durch das Ätzmittel unterschiedlich aufgerauht werden, erscheinen sie bei mikroskopischer Betrachtung als Flächen mit unterschiedlicher Helligkeit, und man spricht von **Kornflächenätzung** (Abb. 4.24a). Ätzmittel, die bevorzugt die Korngrenzen angreifen oder die Kristallite terrassenförmig, ohne aufzurauhen abtragen, machen durch Furchenbildung oder Schattenwirkung die Korngrenzen (**Korngrenzenätzung**) sichtbar (Abb. 4.24b). Die Ätzmittel haben spezifische Wirkungen auf die im Werkstoff vorliegenden Phasen. Als Beispiel ist in der Abbildung 4.23b und c an identischen Bildausschnitten gezeigt, daß 3%ige alkoholische Salpetersäure nur den Kernwerkstoff, nicht aber die Oberflächenschicht angreift, während nach dem Ätzen in P.P.P. drei verschiedene Phasen in der Randschicht deutlich hervortreten, der Kern aber hell bleibt. Mit Hilfe spezieller Ätzmethoden ist es auch möglich, die Durchstoßpunkte von Versetzungen durch die Schlifffläche sichtbar zu machen.

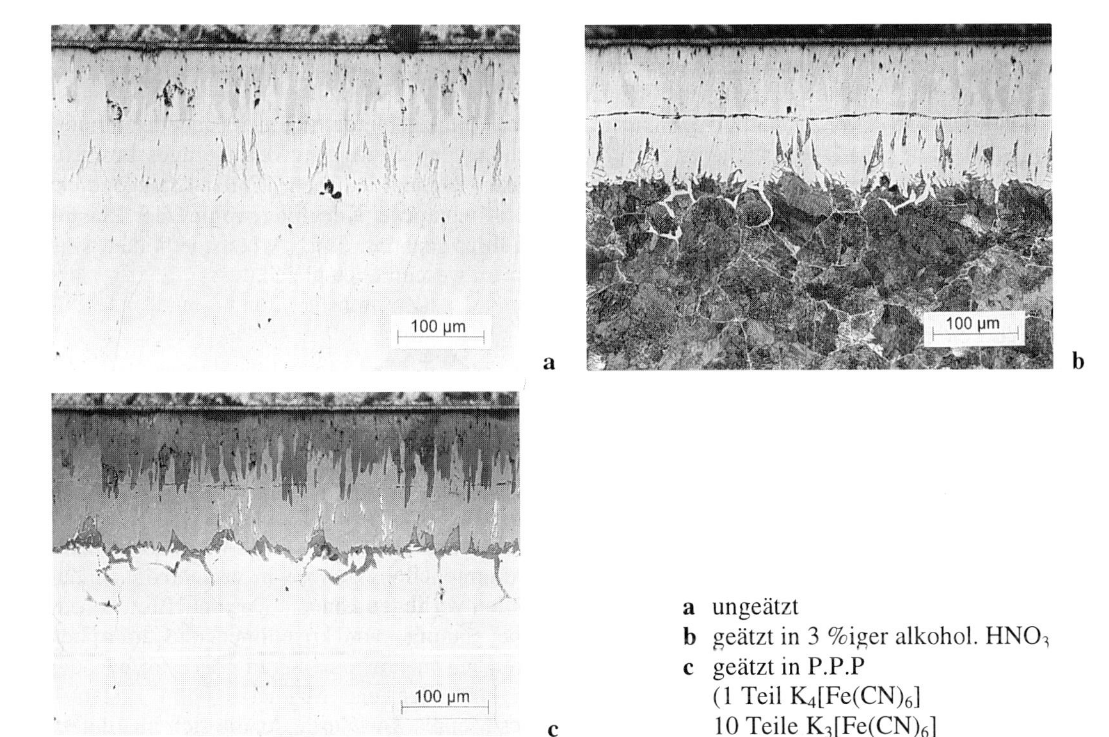

a ungeätzt
b geätzt in 3 %iger alkohol. HNO_3
c geätzt in P.P.P
(1 Teil $K_4[Fe(CN)_6]$
10 Teile $K_3[Fe(CN)_6]$
30 Teile KOH, 100 Teile H_2O)

Abb. 4.23 Gefüge einer Boridschicht auf Stahl nach *B. Schwabe*

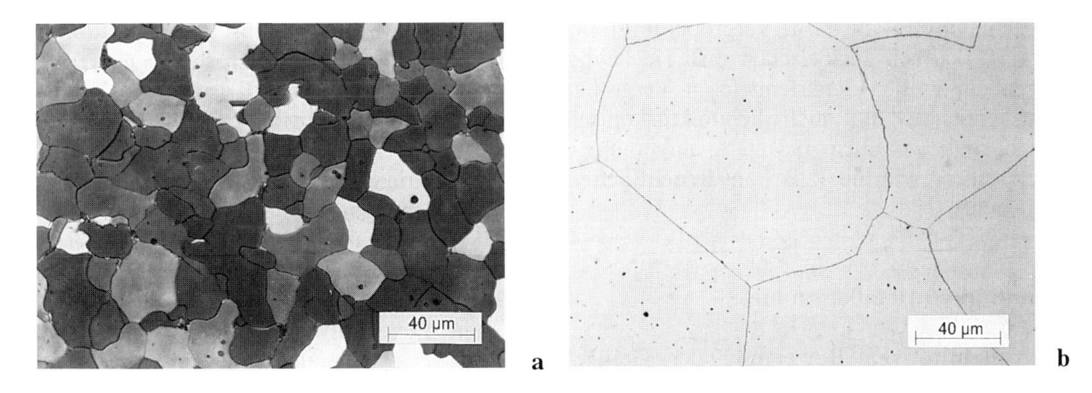

Abb. 4.24 Kornflächenätzung (**a**) und Korngrenzenätzung (**b**)

Mikroskopie

Zur Untersuchung des Makrogefüges werden Vergrößerungen bis etwa 25fach angewendet, zur Untersuchung des Mikrogefüges sind stärkere Vergrößerungen erforderlich. Man bedient sich dazu, wie bereits erwähnt, des Licht- oder des Elektronenmikroskopes. Da die geätzten Proben lichtundurchlässig sind, arbeiten Metallmikroskope mit **Auflicht**, d. h., daß die Beleuchtung der Schlifffläche (senkrecht oder schräg) aus der Richtung erfolgt, in der sich das

Objektiv befindet (meist wird das Licht durch das Objektiv hindurch auf den Schliff gelenkt). Lichtmikroskope erreichen bei etwa 1500facher Vergrößerung die Grenze ihres **Auflösungsvermögens**, d.h., daß bei stärkerer Vergrößerung keine weiteren Einzelheiten mehr erkennbar werden. Eine wesentlich größere Auflösung ist mit den Elektronenmikroskopen zu erreichen, die gegenüber den Lichtmikroskopen außerdem den Vorteil einer viel größeren Schärfentiefe haben. Man unterscheidet zwischen **Transmissionselektronenmikroskopie (TEM)** und **Rasterelektronenmikroskopie (REM)**. Eine direkte Beobachtung der Oberfläche kompakter Proben ist mittels der nach dem Durchstrahlungsprinzip arbeitenden TEM jedoch nicht möglich. Deshalb müssen aus den zu untersuchenden Objekten durch chemisches oder elektrochemisches Abtragen dünnste, durchstrahlbare Folien oder von der zu untersuchenden Oberfläche formgetreue Abdrücke hergestellt werden. Im Rasterelektronenmikroskop wird dagegen die Probenoberfläche mit Auflicht direkt abgebildet. Dazu wird ein sehr fein gebündelter Elektronenstrahl rasterförmig über die Probe geführt. Die entstehenden Signale werden auf einem Bildschirm als Gefügebild sichtbar gemacht. Obwohl die REM Vergrößerungen bis etwa 50 000fach zuläßt, nutzt man sie häufig wegen der großen Schärfentiefe in Vergrößerungsbereichen, die auch lichtmikroskopisch üblich sind, vor allem bei stark aufgerauhten Oberflächen, wie sie z.B. an **Bruchflächen** vorliegen.

Quantitative Metallographie

Zur **quantitativen Bewertung** der Gefügeausbildung gibt es verschiedene Verfahren, die zum Teil vollautomatisiert sind. Im einfachsten Falle, z.B. zur Klassifizierung der Korngröße oder der nichtmetallischen Einschlüsse, wird das Gefüge der Probe mit Richtreihen verglichen. Aufwendiger sind die Verfahren der **Punkt-, Linien-** oder **Flächenanalyse**, die aber detailliertere quantitative Aussagen, z.B. über die mittlere Korngröße, die Volumenverhältnisse in mehrphasigen Gefügen und spezifischen Korngrenzenflächen zulassen.

Die Arbeitsgebiete, die sich mit der Untersuchung und Bewertung des Gefüges beschäftigen, werden je nach Untersuchungsobjekt **Metallographie**, **Keramographie** oder **Plastographie** genannt. Ihre Arbeitsmethoden sind aber im wesentlichen gleich.

4.2 Zustandsdiagramme

Gleichgewicht und Ungleichgewicht

In vorangegangenen Abschnitten wurde bereits darauf hingewiesen, daß die Werkstoffe unter bestimmten Bedingungen in verschiedenen Zuständen vorliegen können. Das betrifft z.B. das Nebeneinander von kristallinen und amorphen Bereichen in hochpolymeren Werkstoffen oder von Kristallen und Schmelze beim Erstarren eines Metalls. Die Zustände, die sich im Gleichgewicht befinden, sind stabil und verändern sich unter gleichbleibenden Bedingungen auch über lange Zeiten hinweg nicht. Sind die **Zustände im Ungleichgewicht**, dann liegt das Bestreben vor, spontan, d. h. von selbst in einen **stabilen Zustand (Gleichgewichtszustand)** überzugehen (als Beispiel sei die Kristallisation unterkühlter Schmelzen genannt). Die Geschwindigkeit, mit der sich ein solcher Übergang vollzieht, nennt man die Kinetik des Vorganges, sie soll hier nicht näher erörtert werden.

Maßgebend dafür, ob sich ein Zustand im Ungleichgewicht oder im Gleichgewicht befindet, ist sein Energieniveau. Zum besseren Verständnis sei der Vergleich mit einem mechanischen System, Kugeln auf einer gewellten Unterlage, herangezogen (Abb. 4.25).

Kugel 1 befindet sich in einem Ungleichgewicht, sie wird, wenn sie nicht festgehalten wird, spontan ihre Lage ändern. Kugel 2 geht bei einer Änderung der Zustandsbedingungen sofort über den Ungleichgewichtszustand in den Gleichgewichtszustand über, während Kugel 3 bei einer begrenzten Lageänderung ihr Energieniveau beibehält. Kugel 4 befindet sich in einer Potentialmulde. Um sie auf ein tieferes Niveau zu bringen, ist zunächst eine Energiezuführung (Aktivierungsenergie) notwendig. Nur für die Kugel 5 ist kein niedrigeres Energieniveau möglich. Es hängt vom jeweiligen System ab, welche der 4 Gleichgewichte tatsächlich verwirklicht werden können. Im System Werkstoff, das wir betrachten wollen, kennen wir nur **metastabile** und **stabile Gleichgewichtszustände**.

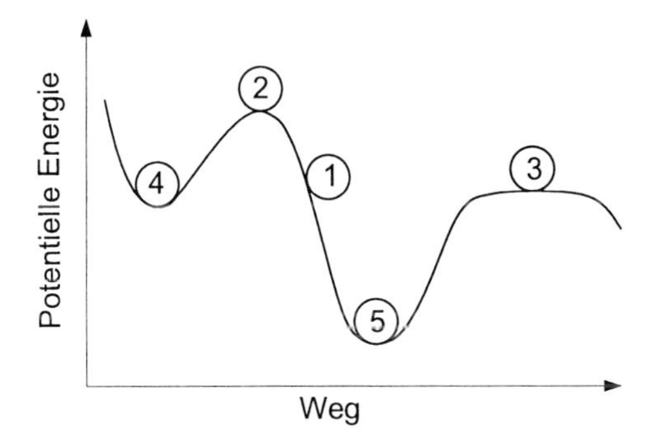

Abb. 4.25 Zustände in einem mechanischen System
1 Ungleichgewicht
2 labiles Gleichgewicht
3 indifferentes Gleichgewicht
4 metastabiles Gleichgewicht
5 stabiles Gleichgewicht

Der Werkstoff ist ein **stoffliches System**, worunter ein abgegrenzter, in physikalisch-chemischer Wechselwirkung stehender Teil einer Gesamtheit, der untersucht werden soll, zu verstehen ist. Die Bestandteile, aus denen das System aufgebaut ist, nennt man **Phasen**. Sie sind, wie früher bereits erwähnt, in sich bezüglich der chemischen Zusammensetzung, der Struktur und der physikalischen Eigenschaften (z. B. Dichte, Wärmeleitfähigkeit) **homogen**. Diese Definition wird nicht immer streng eingehalten. Man spricht z. B. auch dann noch von einer Phase, wenn in einem Mischkristall aufgrund von Diffusionsvorgängen ein Konzentrationsgefälle und damit auch ein Gefälle der Eigenschaften vorliegt.

In vielen Fällen können wir den bisher hauptsächlich gebrauchten Begriff „Zustand" durch „Phase" ersetzen, z. B. amorphe - kristalline oder flüssige - feste Phase, jedoch nur so lange, wie diese Zustände in sich homogen sind.

Systeme

Die Stoffe, aus denen alle Phasen eines Systems aufgebaut werden können, nennt man **Komponenten**. Das können Atome oder Moleküle sein. Besteht ein System aus nur einer Komponente, so spricht man von einem **Einstoffsystem** (z. B. das System H_2O mit den möglichen Phasen Eis, Wasser und Dampf).

Systeme aus zwei und mehr Komponenten werden als **Zweistoff-** (binäre), **Dreistoff-** (ternäre), **Vierstoff-** (quarternäre) usw. **Systeme** oder allgemein als **Mehrstoffsysteme** bezeichnet. Dazu gehören alle Legierungen. Systeme, die, unabhängig von der Zahl ihrer Komponenten, aus nur einer Phase aufgebaut sind, werden **homogene Systeme** (z. B. Mischkristalle aus Gold und Kupfer), solche, die aus mehreren Phasen bestehen (z. B. Gemische von Schmelze und Kristallen reiner Metalle), werden **heterogene Systeme** genannt.

Das Energieniveau der Phasen stofflicher Systeme ist durch ihre **freie Enthalpie G**, auch **Gibbssches thermodynamisches Potential** genannt, festgelegt:

$$G = U + pV - TS = H - TS$$

U = innere Energie
T = absolute Temperatur
p = Druck
S = Entropie
V = Volumen
H = Enthalpie

(U, S und H sind molare, d. h. jeweils auf 1 Mol bezogene Größen.)

Bei einer bestimmten **Temperatur T**, einem bestimmten **Druck p** und, wenn es sich um

Mehrstoffsysteme handelt, einer bestimmten **Konzentration c** befindet sich ein System dann im Gleichgewicht, wenn seine freie Enthalpie G den kleinstmöglichen Wert hat.

T, p und c werden Zustandsgrößen oder Zustandsvariable des Systems genannt (andere Variable, wie Volumen anstelle von Druck, sind möglich, aber nicht üblich). Der Gleichgewichtszustand ist also festgelegt, wenn die genannten Zustandsgrößen gegeben sind. Die Berechnung der Funktion G für beliebige Zustandsgrößen ist das Arbeitsgebiet der Thermodynamik, darauf wird nicht näher eingegangen. Es ist jedoch wichtig zu wissen, daß mit steigender Temperatur das thermodynamische Potential G kleinere Werte annimmt, während die **Enthalpie H** zunimmt. Wir können die Enthalpie angenähert mit dem **Wärmeinhalt des Systems** gleichsetzen, der durch die zur Temperaturerhöhung und zum Ablauf von Phasenänderungen notwendige Wärmezufuhr vergrößert wird. Damit G trotz ansteigender Enthalpie kleiner wird, muß demzufolge die Veränderung des Terms -TS die von H übertreffen. Die **Entropie S** wird größer, wenn der **Ordnungsgrad** der Bausteine abnimmt (z. B. bei Temperaturerhöhung oder beim Übergang fest - flüssig).

Um unter gegebenen Zustandsbedingungen die Stabilität mehrerer Phasen beurteilen zu können, ist es nicht erforderlich, die Absolutwerte ihrer freien Enthalpien G_1 und G_2 zu wissen, sondern es reicht aus, deren thermodynamische Potentialdifferenz ΔG zu kennen. Da der Abfall von G gesetzmäßig um so steiler verläuft, je größer sein Ausgangswert bei T = 0 K ist, überschneiden sich, wie in der Abbildung 4.26 für ein Einstoffsystem bei konstantem Druck schematisch dargestellt, die G - T- Kurven zweier real vorkommenden Phasen. Bei T_U sind beide Phasen energetisch gleichwertig, unterhalb dieser Temperatur ist die Phase 2 (z. B. Kristalle), oberhalb die Phase 1 (z. B. Schmelze) stabil.

Für ein **Zweistoffsystem** ist, um den Zusammenhang zwischen G, T und c wiederzugeben (bei p = konst.), ein räumliches Schaubild erforderlich. Der besseren Handhabbarkeit wegen beschränkt man sich aber meist auf eine zweidimensionale Darstellung G = f (c) und führt diese erforderlichenfalls für mehrere Temperaturen aus.

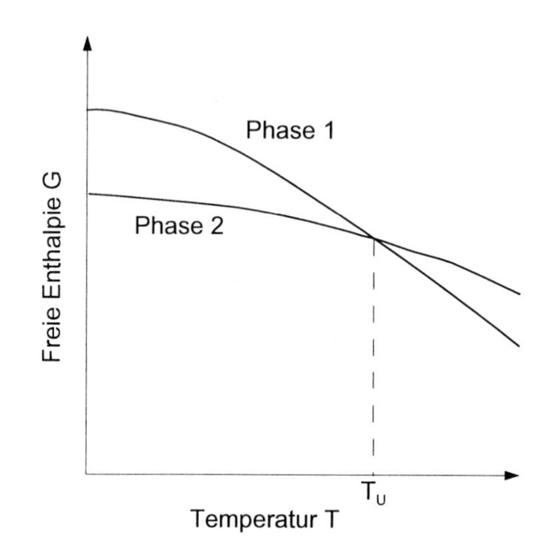

Abb. 4.26 Temperaturverlauf der freien Enthalpie

Als Beispiel zeigt die Abbildung 4.27 den Verlauf der freien Enthalpien für zwei Phasen einer Legierung aus den Komponenten A und B. Für die Legierungen im Konzentrationsbereich von A bis c_1 ist nur die Phase 1, von c_2 bis B nur die Phase 2 stabil. Für Legierungen, deren Zusammensetzung zwischen c_1 und c_2 liegt, ist das Minimum der freien Enthalpie des Systems dann erreicht, wenn sich ein Phasengemisch aus den Phasen 1 und 2 mit den Zusammensetzungen c_1 und c_2 (Berührungspunkte der Tangente an die c-Kurven) gebildet hat.

Es soll noch einmal wiederholt werden: Die Gleichgewichtszustände sind abhängig vom Druck, von der Temperatur und von der Konzentration. Da aber in der Technik die meisten Prozesse unter Normaldruck ablaufen und kleinere Abweichungen davon die Gleichgewichte nur wenig verändern und weil bei einem vorlie-

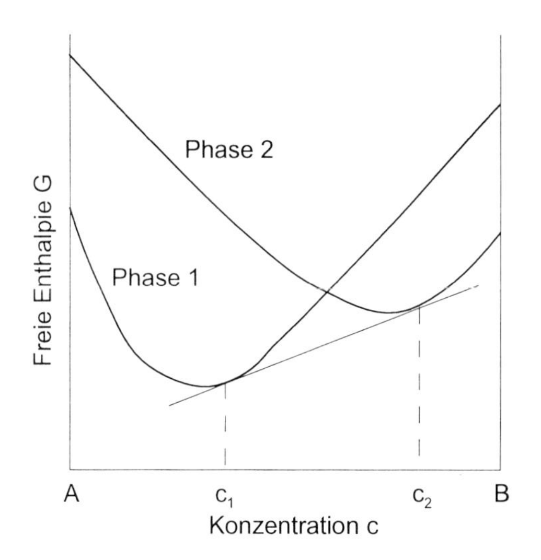

Abb. 4.27 Verlauf der freien Enthalpien zweier Phasen in Abhängigkeit von der Zusammensetzung bei konstanter Temperatur

genden Werkstoff die chemische Zusammensetzung als unveränderlich angesehen wird (auf gewollte oder ungewollte Veränderungen wird später eingegangen), ist die Entstehung von Ungleichgewichten vor allem dann zu erwarten, wenn durch **schnelle Temperaturveränderungen** die Gleichgewichtseinstellung be- oder verhindert wird.

Beispiele dafür sind **amorphe** und **teilkristalline** Werkstoffe oder **gehärtete Stähle**. Die Werkstoffe befinden sich also bei ihrer Verwendung vielfach nicht im stabilen Gleichgewichtszustand. Trotzdem ist es wichtig, ihn auch in diesen Fällen zu kennen, besonders dann, wenn davon abweichende Zustände eingestellt werden sollen.

Zustandsdiagramme

Die Existenzbereiche der sich im Gleichgewicht befindlichen Phasen eines Systems werden in **Zustandsdiagrammen** dargestellt. Für Einstoffsysteme genügt ein zweidimensionales Schaubild, um alle Variablen (T, p) zu berücksichtigen. Zweistoffsysteme erfordern ein räumliches Diagramm (Variable T, p und c). Dieses ist relativ schlecht handhabbar. Deshalb begnügt man sich normalerweise mit der Darstellung der Zustände unter Normaldruck (p = 0,1 MPa), was technisch meist ausreichend ist, und kommt damit zu zweidimensionalen Zustandsdiagrammen. Dreistoffsysteme erfordern auch bei p = konst. ein räumliches Schaubild, man benutzt dann der besseren Übersichtlichkeit halber meist Schnitte (z. B. für T = konst.) durch dieses Diagramm. Für die Darstellung von Systemen mit mehr als drei Komponenten müssen weitere Parameter konstant gehalten werden.

Aufstellung von Zustandsdiagrammen

Zunächst sollen einige Grundformen der Zustandsdiagramme von Zweistoffsystemen näher betrachtet werden. Ihre Aufstellung könnte aus thermodynamischen Daten erfolgen, wenn für alle denkbaren Phasen die Werte von G bekannt wären. Da dies aber bislang nicht der Fall ist, stehen die experimentellen Methoden zur Ermittlung von Phasenumwandlungen weiterhin im Vordergrund. Sie beruhen auf Eigenschaften und Stoffgrößen, die sich bei Phasenumwandlungen diskontinuierlich ändern. Besonders bewährt haben sich die **thermische Analyse** zur Ermittlung des Überganges flüssig/fest, das **Dilatometerverfahren** zur Bestimmung von Umwandlungen im festen Zustand und in speziellen Fällen die Messungen elektrischer oder magnetischer Eigenschaften. Ergänzt werden diese Methoden in der Regel durch Untersuchungen des Gefüges, der Struktur, der chemischen Zusammensetzung der Phasen und auch durch Härtemessungen.

Bei der **thermischen Analyse** wird die zeitliche Änderung der Temperatur einer Probe gemessen, die langsam abgekühlt bzw. erwärmt wird. Während der Umwandlung (Erstarrung bzw. Schmelzen) kommt es durch die frei werdende bzw. verbrauchte Umwandlungswärme zu einer Verzögerung oder Unterbrechung der weiteren Abkühlung bzw. Erwärmung. Bei Umwandlungen im festen Zustand dauert der Temperaturausgleich über das Probenvolumen länger, und die Wärmetönungen sind in den Temperatur-Zeit-Kurven schwer erkennbar. Man bevorzugt deshalb in diesem Falle Dilatometerverfahren, bei denen die Längenänderung von Proben während des Erwärmens oder Abkühlens gemessen wird. Da Phasenumwandlungen mit Volumenabnahme oder -zunahme verbunden sind, ergeben sich im Umwandlungsbereich Unstetigkeiten des Kurvenverlaufs.

Bei der Aufstellung von Zustandsdiagrammen geht man nun so vor, daß mittels der genannten Verfahren für die reinen Komponenten A und B und für eine Anzahl von Legierungen L die **Umwandlungstemperaturen** bzw. **-bereiche** ermittelt werden (Abb. 4.28).

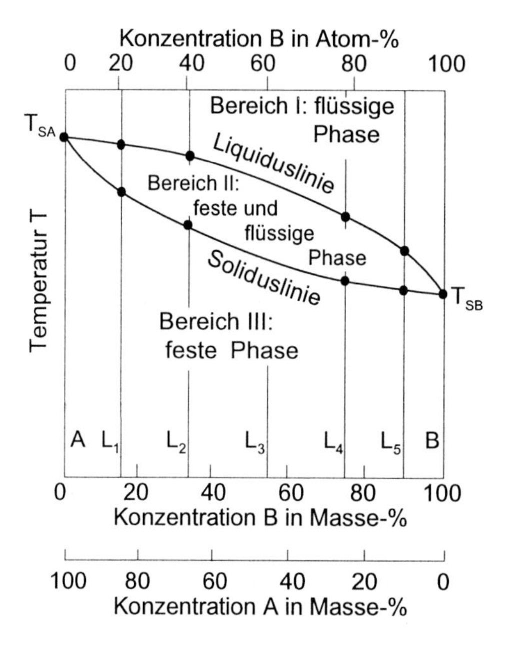

Abb. 4.28 Zustandsdiagramm eines Zweistoffsystems

Für technische Zwecke ist die Angabe der **Konzentration in Masse-%** vorteilhaft, mitunter gibt ein zweiter Maßstab am oberen Diagrammrand die Atom-% an. Es kann auch umgekehrt sein. Da die Summe der Komponenten immer 100 % beträgt, wird in der Regel nur die Konzentration der Komponente B angegeben. Allgemein gilt in Mehrstoffsystemen mit k Komponenten für die Konzentration c der Komponente i:

$$\frac{m_i}{m_1 + m_2 + \ldots + m_k} \cdot 100 = c_i \ [\text{Masse-\%}].$$

m = Masse der Komponenten

Analog kann die Konzentration in Atom-% berechnet werden. Die Umrechnung von Masse-% in Atom-% und umgekehrt wird folgendermaßen vorgenommen:

$$\frac{m_i}{m_1 + m_2 + \ldots + m_k} \cdot 100 =$$

$$\frac{n_i \cdot A_i}{n_1 \cdot A_1 + n_2 \cdot A_2 + \ldots + n_k \cdot A_k} \cdot 100 = c_i$$

$$[\text{Masse-\%}]$$

$$\frac{n_i}{n_1 + n_2 + \ldots + n_k} \cdot 100 =$$

$$\frac{\frac{m_i \cdot A_i}{}}{\frac{m_1}{A_1} + \frac{m_2}{A_2} + \ldots + \frac{m_k}{A_k}} \cdot 100 = c_i$$

$$[\text{Atom-\%}] \text{ bzw. } [\text{Mol-\%}]$$

n = Anzahl oder prozentualer Anteil der Atome bzw. Moleküle
A = relative Atom- bzw. Molekülmasse

Beispiel:

Im **System Eisen-Kohlenstoff** tritt die intermetallische Phase Fe_3C mit $n_{Fe} = 3$ und $n_C = 1$ auf, das entspricht einer Konzentration von

$$\frac{3}{3+1} \cdot 100 = 75 \text{ Atom-\% Fe}$$

und

$$\frac{1}{1+3} \cdot 100 = 25 \text{ Atom-\% C}.$$

Da die relativen Atommassen A_{Fe} = 55,85 und A_C = 12 betragen, ergibt die Umrechnung:

$$c_{Fe} = \frac{3 \cdot 55{,}85}{3 \cdot 55{,}85 + 1 \cdot 12} \cdot 100 =$$

$$\frac{75 \cdot 55{,}85}{75 \cdot 55{,}85 + 25 \cdot 12} \cdot 100 = 93{,}3 \text{ Masse-\%}.$$

Wegen $c_{Fe} + c_C = 100$ % beträgt die Kohlenstoffkonzentration:

$$c_C = 6{,}7 \text{ Masse-\%}.$$

Kleine Abweichungen von den tatsächlichen Gehalten (Fe_3C enthält 6,67 Masse-% C) sind auf Abrundungen zurückzuführen.

Verbindet man die gemessenen **Umwandlungstemperaturen** durch **Kurvenzüge**, so grenzen diese im Beispiel der Abbildung 4.28 drei Bereiche gegeneinander ab:

- Im Bereich I sind alle Legierungen flüssig.
- Im Bereich III sind sie erstarrt.
- Zwischen diesen Bereichen, im Bereich II, liegen flüssige und feste Phasen nebeneinander vor.

Die Kurve, die das Gebiet der homogenen **Schmelze** vom Zweiphasengebiet flüssig/fest abgrenzt, wird **Liquiduslinie** genannt, die Kurve zwischen dem Zweiphasengebiet und der **festen Phase** heißt **Soliduslinie**.

Gibbssches Phasengesetz

Bevor auf die wichtigsten Typen der Zustandsdiagramme eingegangen wird, soll eine Regel behandelt werden, die für das Verständnis der Schaubilder sehr nützlich ist, das **Gibbssche Phasengesetz**. Es beschreibt den Zusammenhang zwischen der Anzahl der **Komponenten K**, der Anzahl der im Gleichgewicht befindlichen **Phasen P** und der Anzahl **F** der **Zustandsgrößen** (Druck, Temperatur, Konzentration), die, ohne daß sich die Zahl der Phasen ändert, unabhängig voneinander frei wählbar sind. Die Zahlen von **F** werden **Freiheitsgrade** des Systems genannt:

$$F = K + 2 - P.$$

Da wir bei den Werkstoffen den Druck als konstante Zustandsgröße festgelegt haben, verringert sich die Zahl der möglichen Freiheitsgrade um 1:

$$F = K + 1 - P.$$

Wenden wir diese Regel auf die reinen Metalle A und B in der Abbildung 4.28 an, so ist K = 1. Oberhalb der Schmelzpunkte T_{SA} oder T_{SB} liegt nur eine flüssige, darunter jeweils nur eine feste Phase vor, d. h. P = 1. Somit ergibt sich mit

$$F = 1 + 1 - 1 = 1,$$

daß in den Einphasengebieten die Temperatur beliebig verändert werden kann, ohne daß sich der Zustand des Systems ändert.

Bei den **Schmelztemperaturen** dagegen liegen flüssige und feste Phase gleichzeitig nebeneinander vor (P = 2), damit wird F = 0, d.h. die Schmelztemperatur ist (bei konstantem Druck) nicht variabel.

Für Legierungen aus A und B ergibt sich in den Bereichen I und III:

$$K = 2,\ P = 1:$$
$$F = 2 + 1 - 1 = 2.$$

Innerhalb dieser Phasengebiete können also Temperatur und Zusammensetzung beliebig verändert werden, ohne daß sich der Zustand ändert. Im Zweiphasengebiet II gibt es dagegen nur einen Freiheitsgrad (F = 2 + 1 -2). Feste und flüssige Phase, die bei einer bestimmten Temperatur nebeneinander existieren, haben definierte, voneinander abweichende Zusammensetzungen. Wird die Temperatur verändert, verändern sich auch die Konzentrationen beider Phasen. Andererseits kann eine feste Phase gegebener Zusammensetzung nur bei einer bestimmten Temperatur neben einer flüssigen

Phase existieren. Mit der Wahl einer Zustandsgröße wird also die zweite zwangsläufig festgelegt.

4.2.1 Zustandsdiagramm eines Zweistoffsystems mit vollständiger Mischbarkeit der Komponenten im flüssigen und festen Zustand

Im vorigen Abschnitt ist bereits dargelegt worden, daß Legierungen, die diesem Typ zuzuordnen sind, im flüssigen wie auch im festen Zustand aus nur einer homogenen Phase bestehen. Um weitere Gesetzmäßigkeiten kennenzulernen, betrachten wir die Vorgänge beim **Abkühlen einer Legierung L** aus dem Gebiet der Schmelze (Abb. 4.29).

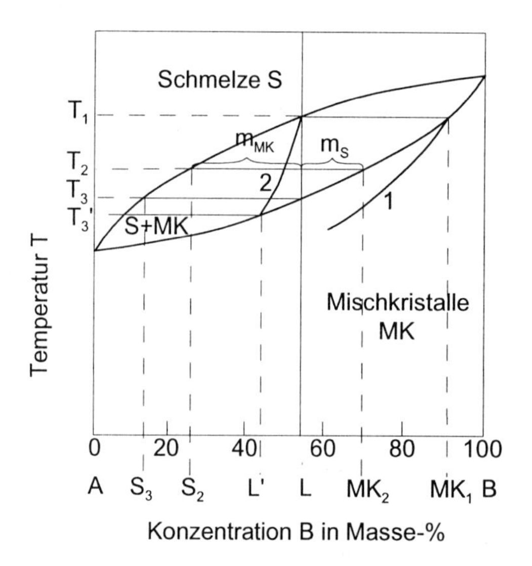

Abb. 4.29 Zustandsdiagramm eines Zweistoffsystems mit vollständiger Mischbarkeit der Komponenten im flüssigen und festen Zustand

Bei der Temperatur T_1 erreicht sie die Liquiduslinie und gelangt danach in das **Zweiphasengebiet flüssig/fest**. Es bilden sich die ersten Kristalle aus, deren Zusammensetzung durch den **Schnittpunkt** der **Konode** (isotherme Linie) mit der **Soliduslinie** gegeben ist: MK_1. Sie enthalten mehr B-Atome als die Ausgangslegierung L. Bei weiterem Abkühlen auf T_2 schreitet die Kristallisierung der Legierung fort. Die Kristalle haben bei dieser Temperatur die Zusammensetzung MK_2. Die Ausbildung der gegenüber der Ausgangszusammensetzung L B-reicheren festen Phase MK_2 bedingt, daß die noch vorhandene Schmelze an B verarmt ist. Sie hat die Zusammensetzung S_2 (Schnittpunkt der Konode mit der Liquiduslinie).

Wenn bei T_3 die **Soliduslinie** erreicht wird, ist die **Erstarrung der Legierung** beendet. Es liegt nur noch feste Phase vor, und alle Kristalle haben die Zusammensetzung L. Die letzten Anteile von Schmelze hatten die Zusammensetzung S_3. Bei weiterem Abkühlen treten keine Veränderungen mehr ein. In gleicher Weise verläuft die Abkühlung aller Legierungen zwischen den Komponenten A und B. Sie bestehen nach beendeter Erstarrung alle aus **homogenen Mischkristallen**, d. h., daß sie A- und B-Atome in beliebigen Anteilen enthalten können. Es liegt eine **lückenlose Mischkristallreihe** vor, was nur bei **Austauschmischkristallen** möglich ist. Die Bedingungen dafür wurden bereits im Abschnitt 4.1.4 genannt.

Beim Abkühlen im Zweiphasengebiet nimmt die Menge der Mischkristalle kontinuierlich zu, die der Schmelze ab. Da die Zusammensetzung dieser beiden Phasen aber unterschiedlich ist, müssen sie mengenmäßig in einem bestimmten temperaturabhängigen Verhältnis zueinander stehen, damit in der Summe beider die ursprüngliche Zusammensetzung der Legierung erhalten bleibt. Wir betrachten dazu die Gleichgewichte bei der Temperatur T_2 und können zwei Feststellungen treffen:

1. Die Menge der Legierung m_L setzt sich aus bestimmten Mengen von Schmelze m_S und Mischkristallen m_{MK} zusammen:

$$m_L = m_S + m_{MK} \tag{4.1}$$

2. Die Gehalte an B sind in der Schmelze m_S durch S_2, in den Mischkristallen m_{MK} durch MK_2 festgelegt.

Sie müssen den Gesamtgehalt der Legierung m_L an B ergeben:

$$m_L \cdot L = m_S \cdot S_2 + m_{MK} \cdot MK_2 . \quad (4.2)$$

Setzt man (4.1) in (4.2) ein und formt die Gleichung um, so erhält man:

$$\frac{m_S}{m_{MK}} = \frac{MK_2 - L}{L - S_2} . \quad (4.3)$$

Da $m_S + m_{MK} = 100$ %, ergeben sich ihre prozentualen Anteile zu:

$$m_{MK} = \frac{L - S}{MK_2 - S_2} \cdot 100\%$$

und

$$m_S = \frac{MK_2 - L}{MK_2 - S_2} \cdot 100\% .$$

Wegen ihrer Ähnlichkeit mit einem zweiarmigen Hebel, dessen Drehpunkt bei L liegt, wird diese Gesetzmäßigkeit **Hebelbeziehung** (oder Hebelgesetz) genannt. Sie sagt aus, daß sich die Mengen zweier im Gleichgewicht befindlicher Phasen umgekehrt wie die zugehörigen Abszissenabschnitte verhalten. Diese Beziehung gilt für **alle Zweiphasengebiete in Zweistoffsystemen**. Die Gesamtlänge des Hebels darf die Grenzen dieser Gebiete nicht überschreiten.

Nach dem Gibbsschen Phasengesetz gibt es im Zweiphasengebiet Schmelze + Mischkristalle nur einen Freiheitsgrad. Bei der gewählten Temperatur T_2 können also im Gleichgewicht nur Kristalle und Schmelze der Zusammensetzung MK_2 und S_2 nebeneinander vorliegen. Das gilt für alle Legierungen zwischen diesen beiden Konzentrationen. Mit Hilfe der Hebelbeziehung können wir ferner erkennen, daß z. B. eine B-reichere Legierung (Zusammensetzung nahe MK_2) bei der Temperatur T_2 weniger Schmelze enthält als die Legierung L. Es erhebt sich nun die Frage, was mit den Kristallen geschieht, die bereits zwischen T_1 und T_2 gebildet wurden und durch Anlagerung weiterer Atome gewachsen sind. Sie waren entsprechend der Hebelbeziehung bei ihrer Entstehung B-reicher als MK_2. Erfolgt die Abkühlung von T_1 an unter Bedingungen, die eine Einstellung des Gleichgewichtes zulassen, ändern diese Kristalle fortlaufend über einen Atomaustausch mit der noch vorhandenen Schmelze und Diffusion von A in das Kristallinnere sowie von B aus diesem heraus ihre Zusammensetzung so, daß sie dem jeweiligen Schnittpunkt der Isothermen mit der Soliduslinie entspricht. Dazu sind **sehr lange Abkühlzeiten** erforderlich. Können diese nicht verwirklicht werden, bleibt der Konzentrationsausgleich unvollständig. Der mittlere B-Gehalt der Kristallite ist deshalb größer als MK_2 (Kurve 1 in Abb. 4.29), und nur an der Oberfläche, die mit der Schmelze in Berührung ist, liegt die **Gleichgewichtskonzentration** vor.

Betrachtet man nur diese Grenzfläche und wendet unter Benutzung der hier vorliegenden Konzentrationen und des tatsächlichen Verhältnisses m_S/m_{MK} das Hebelgesetz an, so erscheint die mittlere Zusammensetzung der Legierung B-ärmer (weil der wirkliche mittlere B-Gehalt der Kristallite größer ist als an der Phasengrenzfläche), was sich bis zur vollständigen Erstarrung noch weiter ausprägt (Kurve 2 in Abb. 4.29). Das bedeutet, daß die zuletzt erstarrten Kristallitbereiche die Zusammensetzung L' haben und daß die Solidustemperatur bis T_3' abgesenkt ist. Man nennt die Erscheinung des ausgebliebenen oder zumindest unvollständigen Konzentrationsausgleiches **Kristallseigerung**. Nach beendeter Erstarrung kann diese durch ein längeres Glühen bei hohen Temperaturen beseitigt werden. Wird das nicht durchgeführt, lassen sich größere Konzentrationsunterschiede in den Mischkristallen mitunter metallographisch sichtbar machen. Dabei entsteht häufig ein schichtenförmiges Bild, und man spricht von **Zonenkristallen**. Kristallseigerungen können wegen der abgesenkten Solidustemperatur in Gußstücken beim Erwärmen zu **Anschmelzungen** führen oder in verformten Stählen eine unerwünschte **Zeiligkeit** verursachen.

Zweistoffsysteme mit vollständiger Mischbarkeit im flüssigen und festen Zustand sind z. B.

die Legierungen aus Silber und Gold, Kupfer und Nickel oder Aluminiumoxid (Al_2O_3) und Chromoxid (Cr_2O_3).

4.2.2 Zustandsdiagramm eines Zweistoffsystems mit vollständiger Mischbarkeit der Komponenten im flüssigen und Nichtmischbarkeit im festen Zustand

Im Zustandsdiagramm der Abbildung 4.30 sind die 4 Phasenbereiche der Schmelze, Schmelze + A-Kristalle, Schmelze + B-Kristalle und A-Kristalle + B-Kristalle eingetragen. Es hat sich die Gewohnheit herausgebildet, die reinen Kristalle der Komponenten durch ihre chemischen Symbole oder in schematischen Darstellungen durch große Buchstaben zu kennzeichnen.

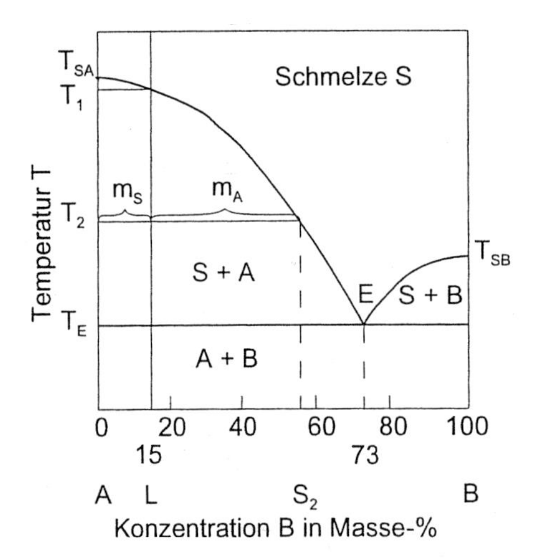

Abb. 4.30 Zustandsdiagramm eines Zweistoffsystems mit vollständiger Mischbarkeit der Komponenten im flüssigen und Nichtmischbarkeit im festen Zustand

Es gibt einige Regeln, die insbesondere dem Anfänger die Arbeit mit Zustandsschaubildern erleichtern können:

- Liquidus- und Soliduslinie sind immer geschlossene Kurvenzüge.
- Beim Übergang von einem Phasengebiet in ein anderes ändert sich die Zahl der Phasen stets um 1 (Gesetz der wechselnden Phasenzahl).
- Zwischen 2 Einphasengebieten liegt immer ein Zweiphasengebiet, in dem diese Phasen gemeinsam vorliegen.

Da die Gültigkeit dieser Regeln in der Abbildung 4.30 nicht ohne weiteres erkennbar ist, betrachten wir zunächst den Abkühlungsverlauf einer Legierung L. Sie erreicht bei der Temperatur T_1 die **Liquiduslinie**, damit beginnt die **Erstarrung**. Wir haben im vorigen Abschnitt gesehen, daß die Zusammensetzung der sich bildenden Kristalle am Schnittpunkt der Konode mit der Soliduslinie ablesbar ist. Die **Soliduslinie** fällt in unserem Falle mit der Ordinate von T_{SA} bis T_E zusammen, denn die reine Komponente A ist unterhalb von T_{SA} fest, die B-haltigen Legierungen sind es aber nicht. Analoges gilt für die Komponente B. Wir können also die Ordinaten in der Abbildung 4.30 bis zu den Schmelzpunkten der reinen Komponenten als zu einem Strich entartete Phasengebiete der A- und B-Kristalle ansehen.

Damit kann festgestellt werden, daß sich aus der Schmelze mit der Zusammensetzung L unterhalb T_1 bis zur Temperatur T_E nur A-Kristalle bilden können. Diese stehen bei der Temperatur T_2 im Gleichgewicht mit einer Schmelze der Zusammensetzung S_2, und das Mengenverhältnis S_2/A entspricht dem Verhältnis der Streckenabschnitte m_S/m_A. Bis zur Temperatur T_E verarmt die Schmelze weiter an A und nimmt die Zusammensetzung E an. Man kann ablesen, daß das Verhältnis Schmelze zu Kristallen dann 15 (Strecke A-L) zu 58 (Strecke L-E) beträgt, d. h., daß noch etwa 20,5 Masse-% als Schmelze vorliegen und etwa 79,5 Masse-% der Legierung bereits erstarrt sind.

Aus Legierungen mit mehr als 73 % B kristallisieren bei der Abkühlung nach Unterschreiten der Liquiduslinie zunächst B-Kristalle aus. Dadurch verarmt die Schmelze an B-Atomen, und sie hat bei der Temperatur T_E ebenfalls die

Zusammensetzung E, d.h., daß bei dieser Temperatur und Zusammensetzung A-Kristalle wie auch B-Kristalle gleichzeitig entstehen können. Die Folge davon ist, daß sich viele Kristallisationskeime bilden, die sich in ihrem Wachstum gegenseitig behindern, so daß ein feinkörniges Gefüge entsteht, in dem die A- und B-Kristalle häufig lamellenartig ausgebildet sind. Die Zusammensetzung, bei der die beiden Liquidusäste zusammentreffen, wird **eutektischer Punkt**, das sich bildende Gefüge **eutektisches Gefüge** oder **Eutektikum** und die Temperatur, bei der dieses entsteht, **eutektische Temperatur T_E** genannt. Während der Erstarrung des Eutektikums liegen also **3 Phasen**, nämlich **Schmelze, A-Kristalle und B-Kristalle** nebeneinander vor. Das bedeutet, daß nach der Gibbsschen Phasenregel die **Zahl der Freiheitsgrade Null** ist und daß demzufolge die eutektische Erstarrung nur bei einer bestimmten Temperatur und Konzentration ablaufen kann. Wir können die Isotherme T_E im Diagramm als entartetes Dreiphasengebiet S + A + B auffassen.

Kehren wir zur Abkühlung der Legierung L zurück. Sie bestand beim Erreichen der eutektischen Temperatur aus etwa 79,5 % A-Kristallen und etwa 20,5 % Restschmelze der Zusammensetzung E. Letztere erstarrt nun in der beschriebenen Form zum eutektischen Gefüge, das die vorher gebildeten primären A-Kristalle umschließt. Die bei der eutektischen Erstarrung frei werdende Kristallisationswärme verhindert ein weiteres Absinken der Temperatur, bis die gesamte Legierung in den festen Zustand übergegangen ist. Unterhalb T_E liegen dann primäre und eutektische A-Kristalle sowie eutektische B-Kristalle nebeneinander vor.

Das **Hebelgesetz** ermöglicht uns die genaue Bestimmung der Mengenverhältnisse, wobei von unterschiedlichen Bezügen ausgegangen werden kann.

1. Der Gesamtgehalt an primären und eutektischen A-Kristallen beträgt:

$$m_A = \frac{B-L}{B-A} \cdot 100 = \frac{100-15}{100-0} \cdot 100 = 85\ \%.$$

   Daraus folgt: $m_B = 100 - m_A = 15$ %

2. Beim Erreichen der eutektischen Temperatur lagen etwa 79,5 % der Legierung als primär erstarrte A-Kristalle vor. Dazu kommen folglich 85 - 79,5 = 5,5 % eutektische A-Kristalle.

3. Da alle B-Kristalle eutektisch erstarrt sind, beträgt das Verhältnis A/B im Eutektikum 5,5/15 ≈ 27%/73%. Dazu gelangt man auch, wenn das Hebelgesetz nur auf den eutektisch erstarrten Legierungsanteil, dessen Zusammensetzung durch E gegeben ist, angewendet wird:

$$m_A = \frac{B-E}{B-A} \cdot 100 = \frac{100-73}{100-0} \cdot 100 = 27\ \%$$

4. Da der Gehalt an primären A-Kristallen etwa 79,5% beträgt, sind 20,5% der Legierung eutektisch erstarrt. Das läßt sich auch mittels des Hebelgesetzes ablesen:

$$m_E = \frac{L-A}{E-A} \cdot 100 = \frac{15-0}{73-0} \cdot 100 \approx 20{,}5\ \%$$

   Die Kenntnis des eutektischen Anteils ist wichtig, wenn aus dem Gefügebild, auf die chemische Zusammensetzung geschlossen werden soll.

Diese einfachen Beispiele sollen helfen, bei komplizierteren Realdiagrammen das Hebelgesetz richtig anzuwenden.

Anhand der vorstehenden Betrachtungen kann die Gültigkeit der eingangs genannten Regeln bestätigt werden:

- Die Liquiduslinie verläuft von T_{SA} senkrecht bis T_E, von dort als Isotherme bis B und senkrecht bis T_{SB}, wo sie wieder auf die Liquiduslinie trifft.
- Da die **Eutektikale** (Isotherme bei der eutektischen Temperatur) ein Dreiphasengebiet ist (Schmelze + A + B), verläuft auch der Übergang aus dem Zweiphasengebiet

Schmelze + Kristalle in das Gebiet A + B so, daß sich die Zahl der Phasen um 1 ändert.

- Betrachten wir die Ordinaten bis zu den Schmelztemperaturen als Einphasengebiete von A und B, so bestätigt sich, daß die Zweiphasengebiete (S + A, S + B, A + B) die angrenzenden Phasen gemeinsam enthalten.

4.2.3 Zustandsdiagramm eines Zweistoffsystems mit vollständiger Mischbarkeit der Komponenten im flüssigen und beschränkter Mischbarkeit im festen Zustand

Das in der Abbildung 4.31 dargestellte Schaubild ist dem im vorhergehenden Abschnitt beschriebenen sehr ähnlich. Als Unterschied zu diesem haben aber die A-Kristalle eine begrenzte Löslichkeit für B-Atome und umgekehrt. Es handelt sich also um **Mischkristalle** (Einlagerungs- oder Austauschmischkristalle), und es ist üblich, diese durch **griechische Buchstaben** zu bezeichnen.

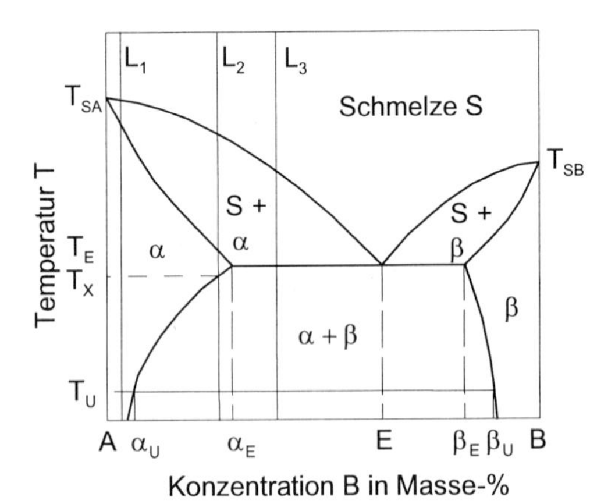

Abb. 4.31 Zustandsdiagramm eines Zweistoffsystems mit vollständiger Mischbarkeit der Komponenten im flüssigen und beschränkter Mischbarkeit im festen Zustand

Wenn wir die Begrenzung der Einphasengebiete α bzw. β zu den Zweiphasengebieten hin betrachten, so stellen wir fest, daß, bei T_{SA} bzw. T_{SB} beginnend, die Löslichkeit von α für B bzw. von β für A bis zur Temperatur T_E zunächst größer wird, bei T_E ihren Größtwert erreicht und dann wieder abnimmt. Das heißt, daß oberhalb T_E ähnliche Verhältnisse wie bei den Zweistoffsystemen mit völliger Löslichkeit im flüssigen und festen Zustand vorliegen (z. B. ist auch mit der Entstehung von Kristallseigerungen zu rechnen, siehe Abschnitt 4.2.1) und daß sich unterhalb der eutektischen Temperatur die Zusammensetzungen und Mengenverhältnisse in mehrphasigen Legierungen verändern oder aus zunächst einphasigen Legierungen mehrphasige entstehen können. Betrachten wir dazu die Abkühlverläufe einiger typischer Legierungen:

Legierung L_1:

Der Abkühlverlauf und der Erstarrungsvorgang sind identisch mit denen einer Legierung, die im flüssigen und festen Zustand völlige Löslichkeit der Komponenten aufweist (s. Abb. 4.29).

Legierung L_2:

Das für die Legierung L_1 Gesagte gilt bis zur Temperatur T_X auch für die Legierung L_2. Sie ist zwischen Solidustemperatur und T_X einphasig und besteht nur aus **homogenen α-Mischkristallen**. Deren Löslichkeit für B-Atome wird bei weiterer Abkühlung überschritten, so daß sich diese in der Folge als **β-Mischkristalle** ausscheiden. Es entsteht ein **Kristallgemisch** (Phasengemisch) aus den zwei Mischkristallen (Mischphasen) α **und** β.

Legierung L_3:

Die nach Überschreiten der Liquidustemperatur ausgeschiedenen Mischkristalle haben beim Erreichen der Temperatur T_E die Zusammensetzung α_E (unter der Voraussetzung, daß keine Kristallseigerungen vorliegen) und die Restschmelze die Zusammensetzung E. Sie erstarrt, wie im vorigen Abschnitt beschrieben, zum

Eutektikum, das aus den Mischkristallen der Zusammensetzungen α_E und β_E besteht. Aus dem Diagramm kann mit Hilfe der Hebelbeziehung abgeschätzt werden, daß die Anteile der primären α-Mischkristalle

$$m_{\alpha p} = \frac{E - L_3}{E - \alpha_E} \cdot 100 = 71\%$$

und der eutektisch erstarrten Restschmelze

$$m_{SE} = \frac{L_3 - \alpha_E}{E - \alpha_E} \cdot 100 = 29\%$$

betragen.

Bei der weiteren Abkühlung ändert sich die Menge des eutektischen Gefüges nicht. Da aber die Löslichkeit der α-MK für B-Atome und der β-MK für A-Atome abnehmen, kommt es innerhalb des Eutektikums zu Veränderungen der Anteile von α- und β und zur Ausscheidung von β-MK aus den voreutektisch (primär) gebildeten α-MK.

Die Mengen der eutektischen α-MK betragen bei der Temperatur T_E:

$$m_{\alpha E} = \frac{\beta_E - E}{\beta_E - \alpha_E} \cdot 100 = 38\ \% \qquad \text{und}$$

bei der Temperatur T_U:

$$m_{\alpha E} = \frac{\beta_U - E}{\beta_U - \alpha_U} \cdot 100 = 30\ \%.$$

Für die Gesamtmenge an α-MK (primär und eutektisch) ergibt sich
bei T_E:

$$m_{\alpha ges} = \frac{\beta_E - L_3}{\beta_E - \alpha_E} \cdot 100 = 82\ \% \qquad \text{und}$$

bei T_U:

$$m_{\alpha ges} = \frac{\beta_U - L_3}{\beta_U - \alpha_U} \cdot 100 = 59\ \%.$$

Alle Legierungen in den Konzentrationsbereichen A - α_E und β_E - B sind in einem mehr oder weniger großen Temperaturintervall, mindestens aber bei T_E, homogen. Für die Legierungen zwischen α_E und β_E trifft das nicht zu. Man nennt diesen Konzentrationsbereich deshalb **Mischungslücke**.

4.2.4 Weitere Zustandsdiagramme von Zweistoffsystemen mit einer Dreiphasenreaktion

Wir haben bisher die eutektische Dreiphasenreaktion

$$S \rightarrow K_1 + K_2$$

(K_1, K_2 = Kristalle) kennengelernt. Eine weitere ist in der Abbildung 4.32 dargestellt. Sie lautet:

$$S + K_1 \rightarrow K_2$$

und heißt **peritektische Reaktion**.

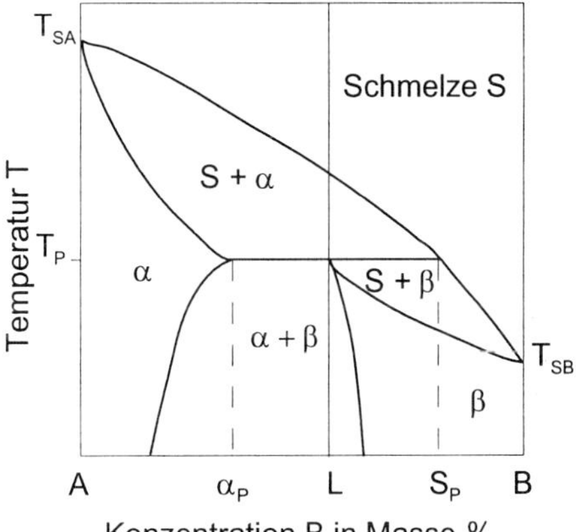

Ab. 4.32 Zustandsdiagramm eines Zweistoffsystems mit vollständiger Mischbarkeit der Komponenten im flüssigen und beschränkter Mischbarkeit im festen Zustand sowie mit einer peritektischen Reaktion

Wir betrachten dazu den Abkühlverlauf der Legierung L. Nach Unterschreiten der Liquiduslinie beginnt die Erstarrung mit der Kristallisation von α-MK, die sich bis T_P fortsetzt. Bei dieser Temperatur reagiert die Schmelze

(Zusammensetzung S_P) mit den α-MK (Zusammensetzung α_P) zu β-MK (Zusammensetzung L). Die Legierung ist also nach Ablauf der Reaktion homogen, sie besteht nur aus β-MK. Diese sind jedoch, sobald T_p unterschritten wird, an A-Atomen übersättigt, da ihre Löslichkeit mit fallender Temperatur abnimmt, und es kommt zur Ausscheidung von α-MK. Um es noch einmal deutlich zu sagen: Die oberhalb der peritektischen Temperatur existierenden α-MK verschwinden bei T_P durch die peritektische Umsetzung mit der Schmelze und sind nicht identisch mit den unterhalb T_P durch Ausscheidung aus den β-MK gebildeten.

Eine Dreiphasenreaktion, die sich von der eutektischen nur dadurch unterscheidet, daß an die Stelle der Schmelze (flüssige Lösung) ein Mischkristall (feste Lösung) tritt, ist die eutektoidische Reaktion:

$$K_1 \rightarrow K_2 + K_3 .$$

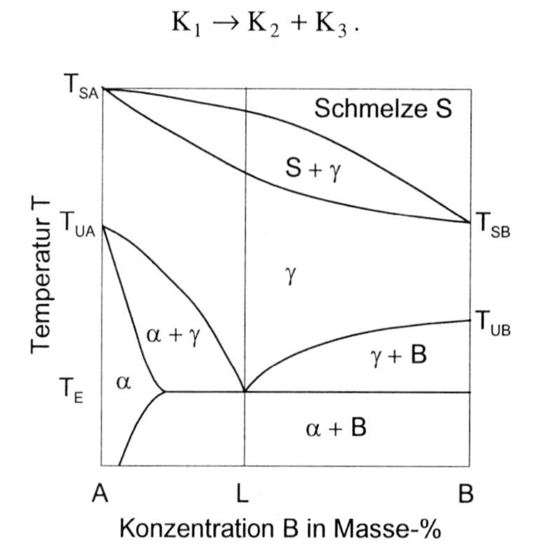

Abb. 4.33 Zustandsdiagramm eines Zweistoffsystems mit vollständiger Mischbarkeit der Komponenten im flüssigen und festen Zustand und eutektoidischer Reaktion der festen Lösung

Das in der Abbildung 4.33 dargestellte Zweistoffsystem besteht aus zwei polymorphen Komponenten A und B mit den Umwandlungstemperaturen T_{UA} und T_{UB}, deren Hochtemperaturmodifikationen eine lückenlose Reihe von γ-Mischkristallen bilden. In der Tieftemperaturmodifikation von A sind B-Atome begrenzt löslich (α-MK), in der von B sind keine A-Atome löslich. Bei der Abkühlung der Legierung L aus dem Gebiet der Schmelze entstehen zunächst in der bereits beschriebenen Weise homogene γ-MK, aus denen bei der eutektoidischen Temperatur T_E α-Mischkristalle und B-Kristalle gebildet werden. Bei der weiteren Abkühlung bleibt die Zusammensetzung der B-Kristalle gleich, während ihre Menge aufgrund der B-Verarmung in den α-MK (abnehmende Löslichkeit) größer wird.

4.2.5 Realdiagramme

Die realen Zustandsdiagramme sind den behandelten Schaubildern zum Teil sehr ähnlich, zum Teil aus Elementen dieser Diagramme zusammengesetzt, wie bereits an dem zur Erklärung der eutektoidischen Reaktion gewählten Beispiel erkennbar war. Beachtet man die besprochenen Regeln und Gesetzmäßigkeiten, wird es im allgemeinen nicht schwierig sein, in den Diagrammen die gewünschten Informationen über die Gleichgewichtszustände aufzufinden. Berücksichtigt man weiterhin, daß unter technischen Abkühlbedingungen Umwandlungsvorgänge verändert ablaufen oder gar unterdrückt werden können (auf solche Ungleichgewichte wird unter technischem Bezug in späteren Kapiteln näher eingegangen), gewinnt man auch Anhaltspunkte für die Beurteilung gleichgewichtsnaher Zustände. Es sei noch folgender Hinweis angebracht:

Intermetallische Phasen können **singulär** zusammengesetzt sein, d. h. in ihrer Zusammensetzung dem stöchiometrischen Atomverhältnis entsprechen oder einen **Homogenitätsbereich** besitzen, in dem sie abweichend von der Stöchiometrie, existent sind. In beiden Fällen können wir sie wie Komponenten eines Systems behandeln. Das in der Abbildung 4.34 dargestellte Zweistoffsystem enthält eine solche Phase V, die bei der Temperatur T_p über eine peritektische Reaktion aus S + γ gebildet wird.

Wir können dieses Diagramm in 3 Teilschaubilder zergliedern, die, jedes für sich, getrennt auswertbar sind:

- ein peritektisches mit den Phasen S, γ und V
- ein eutektisches zwischen A und V
- ein eutektoidisches zwischen V und B.

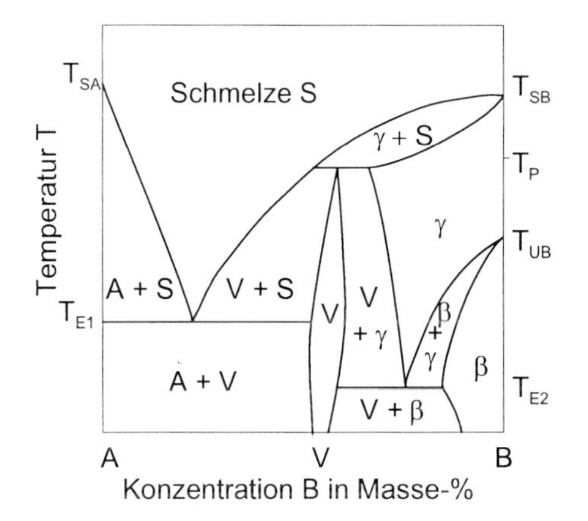

Abb. 4.34 Zustandsdiagramm eines Zweistoffsystems mit einer intermetallischen Phase und mit je einer eutektischen, peritektischen und eutektoidischen Reaktion

Als Beispiel eines Realdiagrammes wird in Abschnitt 7.3.1 das Eisen-Kohlenstoff-Diagramm behandelt.

4.2.6 Zustandsdiagramme von Dreistoffsystemen

Es wurde bereits erwähnt, daß die Gleichgewichtszustände in **ternären Systemen**, wenn konstanter Druck vorausgesetzt wird, durch ein **räumliches Diagramm** dargestellt werden können. Es liegen dann 3 variable Zustandsgrößen vor, und zwar die Temperatur und zwei Konzentrationen, z. B. der Gehalt einer Legierung an Komponenten A und B, womit auch der Gehalt an der 3. Komponente festgelegt ist. Das in der Abbildung 4.35a dargestellte räumliche Schaubild ist aus 3 binären eutektischen Randsystemen aufgebaut. Es ist relativ anschaulich, was bei Diagrammen, die nicht aus gleichartigen Randsystemen bestehen, nicht in dem Maße der Fall ist. Es ist jedoch auch in dem dargestellten Beispiel schwierig, exakte Angaben über die Zusammensetzungen der Phasen und ihre Veränderungen mit der Temperaturänderung, z. B. bei der Abkühlung, zu entnehmen. Dazu wäre es notwendig, das Diagramm als räumliches Modell herzustellen, was aber aufwendig und in der Handhabung umständlich ist. Man geht deshalb so vor, daß Schnitte durch das Diagramm gelegt werden und somit eine weitere Zustandsgröße konstant gehalten wird. Diese Schnitte können horizontal oder vertikal erfolgen.

Die Grundfläche des räumlichen Zustandsschaubildes ist in der Regel ein gleichseitiges Dreieck mit den reinen Komponenten A, B und C als Eckpunkte (Abb. 4.36). Um die Zusammensetzung einer beliebigen Legierung L in diesem Konzentrationsdreieck zu ermitteln, zieht man eine Parallele zu der der jeweiligen Komponente gegenüberliegenden Dreieckseite und liest den Gehalt an dem zugehörigen Konzentrationsmaßstab ab. Im Beispiel der Abbildung 4.36 enthält die Legierung L demzufolge 25 Masse-% A, 45 Masse-% B und 30 Masse-% C. Auch das Hebelgesetz ist anwendbar. Besteht z. B. die Legierung L_1 bei einer bestimmten Temperatur T aus den beiden Phasen S + γ (die Punkte entsprechen den Zusammensetzungen der Legierung und der Phasen), so ist

$$m_S = \frac{\overline{\gamma L_1}}{\overline{\gamma S}} \cdot 100 \; (\approx 77 \text{ Masse-\%})$$

und

$$m_\gamma = \frac{\overline{SL_1}}{\overline{\gamma S}} \cdot 100 \; (\approx 23 \text{ Masse-\%})$$

Liegen 3 Phasen im Gleichgewicht nebeneinander vor (Legierung L_2 mit den Phasen α, β und γ), so erhält man ihre Massenanteile mittels folgender Beziehung:

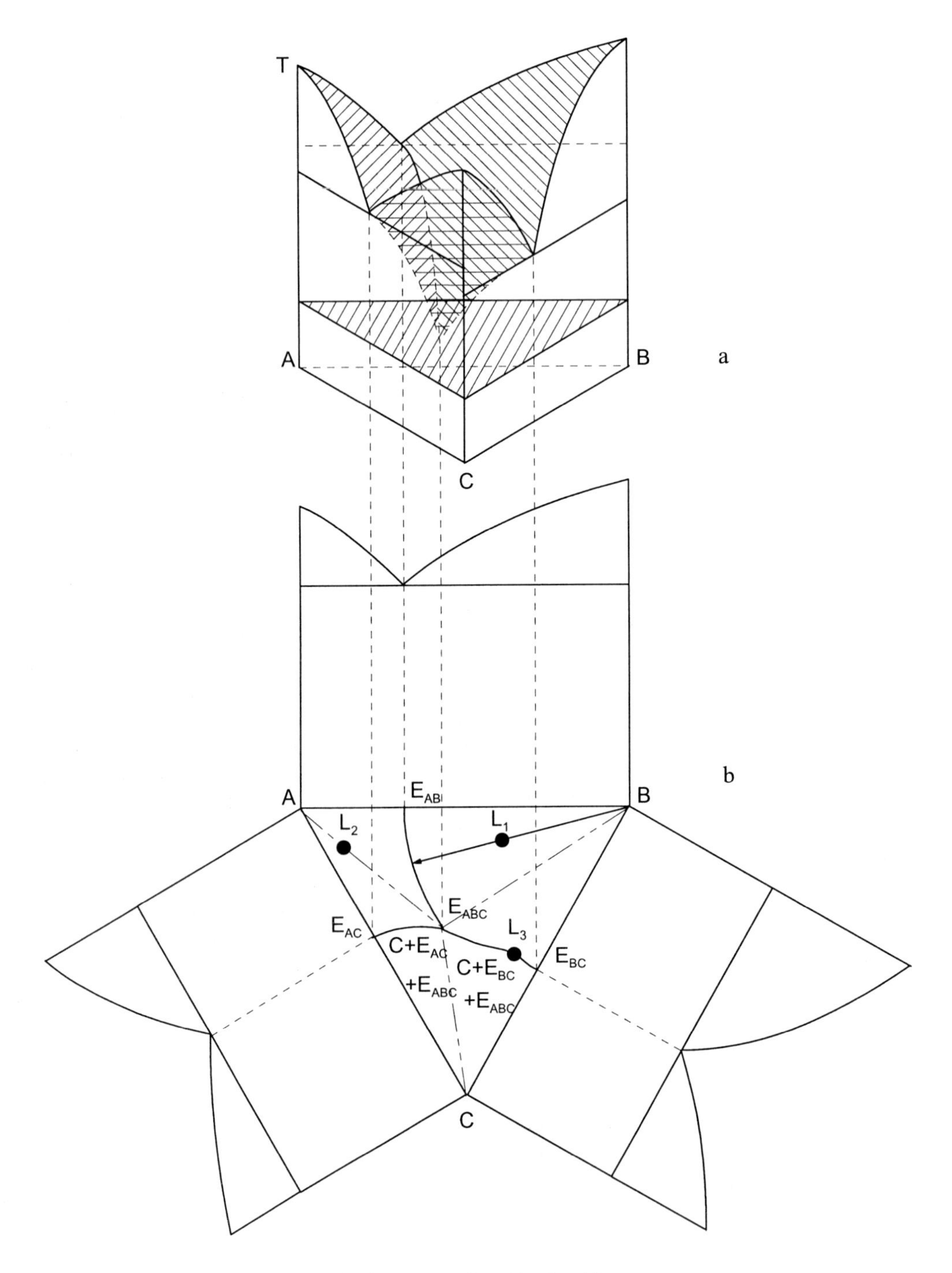

Abb. 4.35 **a** Räumliches Zustandsdiagramm eines Dreistoffsystems
b Projektion von Teilbild a in eine Ebene (Die 3 eutektischen Randsysteme sind in diese Ebene umgeklappt.)

$$m_\beta = \frac{\overline{vL_2}}{\overline{v\beta}} \cdot 100 \quad (\approx 57 \text{ Masse-\%})$$

$$m_\alpha = \frac{\overline{uL_2}}{\overline{u\alpha}} \cdot 100 \quad (\approx 16 \text{ Masse-\%})$$

und

$$m_\gamma = \frac{\overline{wL_2}}{\overline{w\gamma}} \cdot 100 \quad (\approx 27 \text{ Masse-\%}).$$

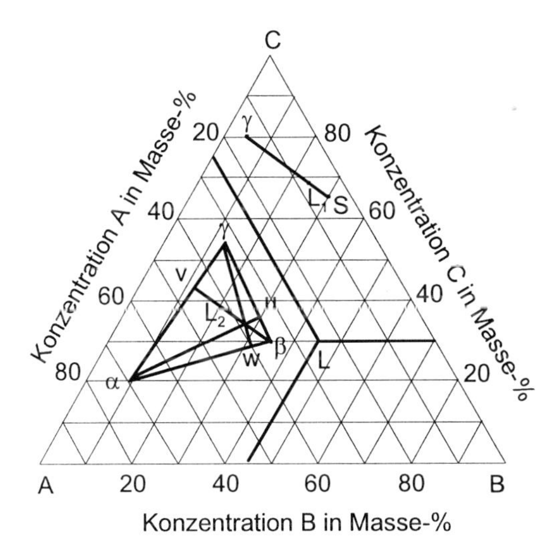

Abb. 4.36 Bestimmung der Zusammensetzung von Dreistofflegierungen

Kehren wir zur räumlichen Darstellung des Dreistoffsystems in der Abbildung 4.35a zurück. Die 3 schraffierten Flächen, die sich trichterförmig in einem Punkt vereinigen, grenzen das Gebiet der Schmelze nach unten ab. Auf ihnen liegen die **Liquiduspunkte** aller Legierungen des Systems. Darunter befinden sich Räume, in denen **Schmelze und Kristalle** gemeinsam existieren, bis zu der schraffierten Fläche, die parallel zur Grundfläche angeordnet ist. Auf ihr liegen die **Soliduspunkte** aller Legierungen. Wir können daraus ersehen, daß die Verbindungen charakteristischer Punkte in Dreistoff-Legierungen gegenüber den binären Legierungen um eine Dimension zunehmen, d. h. aus den Punkten werden Linien, aus Linien werden Flächen (Liquidus-, Solidusfläche) und aus den Flächen werden Räume (z. B. Schmelze und Kristalle).

Wir wollen diese Feststellung noch an einem weiteren Beispiel überprüfen: Die eutektischen Punkte der drei Randsysteme werden durch Zusatz der jeweils dritten Komponente zu tieferen Temperaturen abgesenkt, es entstehen eutektische Linien, die sich in einem Punkt, dem **ternären eutektischen Punkt** treffen.

Aus Schmelzen, die dessen Zusammensetzung haben, kristallisieren A-, B- und C-Kristalle gleichzeitig aus, es entsteht ein **ternäres eutektisches Gefüge**. An diesem Punkt ist die Zahl der Freiheitsgrade

$$F = K + 1 - P = 3 + 2 - 4 = 0.$$

In der Abbildung 4.35, Teilbild b ist der Verlauf der binären Eutektika des Teilbildes a in das Konzentrationsdreieck projiziert. Damit wird es möglich, die im Gleichgewicht bei Raumtemperatur vorliegenden Gefüge zu bestimmen. Im Konzentrationsbereich B - E_{AB} - E_{ABC} - E_{BC} - B beispielsweise beginnt die Erstarrung aller Legierungen mit der Kristallisation von B-Kristallen. Der Gehalt der Schmelze an der Komponente B nimmt deshalb ab, das Verhältnis der Komponenten A : C in der Schmelze bleibt gleich. Sie verändert ihre Zusammensetzung entsprechend dem Verlauf einer Linie, die die geradlinige Fortsetzung der Verbindung des Punktes B mit dem Konzentrationspunkt der Legierung, z. B. L_1 ist.

Wenn die Linie E_{AB} - E_{ABC} erreicht wird, beginnt die **Kristallisation des binären Eutektikums E_{AB}**. Die noch vorhandene Schmelze ändert nunmehr unter weiterer Erstarrung von E_{AB} ihre Zusammensetzung entlang der Linie E_{AB} - E_{ABC}, bis der ternäre eutektische Punkt E_{ABC} erreicht ist. Damit kann das Gefüge der Legierungen bei Raumtemperatur angegeben werden. Der Übersichtlichkeit halber ist es in der Abbildung 4.35b nur für die C-reichen Legierungen eingetragen. Legierungen, deren Zusammensetzung auf den Verbindungslinien des ternären Eutektikums mit den Eckpunkten liegt, enthalten kein binäres Eutektikum. So besteht z. B. das Gefüge der Legierung L_2 aus primären A-Kristallen und E_{ABC}. Legierungen auf einer **binären eutektischen Linie** enthalten dagegen **keine primär gebildeten Kristalle**, in der Legierung L_3 beispielsweise treten nur die Eutektika E_{BC} und E_{ABC} auf.

Schnitte durch Dreistoffsysteme

Die vorstehenden Ausführungen sagen nichts über die Temperaturen aus, bei denen die einzelnen Vorgänge ablaufen. Dazu sind **isotherme Schnitte** durch das räumliche Diagramm notwendig, die die Gleichgewichtsverhältnisse bei verschiedenen Temperaturen wiedergeben. Ein solcher isothermer Schnitt ist z. B. das **Konzentrationsdreieck** in der Abbildung 4.35b, das die Verhältnisse bei Raumtemperatur darstellt. Sehr anschaulich sind auch die Schnitte senkrecht zur Konzentrationsebene, wobei es zweckmäßig ist, diese parallel zu einer Dreieckseite zu legen, dann haben alle Legierungen den **gleichen Gehalt an einer Komponente**, oder sie von einem Eckpunkt des Konzentrationsdreiecks zur gegenüberliegenden Dreieckseite gehen zu lassen. In letzterem Fall haben alle Legierungen ein **konstantes Masseverhältnis** zweier Komponenten.

Senkrechte Schnitte sind vom Äußeren her den binären Zustandsdiagrammen ähnlich. Sie unterscheiden sich von diesen jedoch dadurch, daß an den Grenzen der Phasengebiete nicht die Zusammensetzung der einzelnen Phasen ablesbar ist. Die Schnittpunkte der Konoden mit den Begrenzungsflächen der Phasenräume, an denen die Phasenzusammensetzung ablesbar ist, liegt in der Regel außerhalb der Schnittfläche im räumlichen Diagramm. Als Beispiel zeigt die Abbildung 4.37 einen senkrechten Schnitt über dem bereits in der Abbildung 4.35b dargestellten Konzentrationsdreieck. Er verläuft von A nach der Legierung $L_{0,8B\ 0,2C}$, d.h., daß das Verhältnis B zu C in allen Legierungen des Schnittes gleich 4 zu 1 ist. Bei den Legierungen zwischen A und m (z.B. L_1) beginnt die Erstarrung mit der primären Kristallisation von A. Diese Legierungen erreichen die Linie E_{AB} - E_{ABC} alle im gleichen Punkte m, so daß die binäre eutektische Kristallisation von E_{AB} stets bei der gleichen Temperatur T_m beginnt.

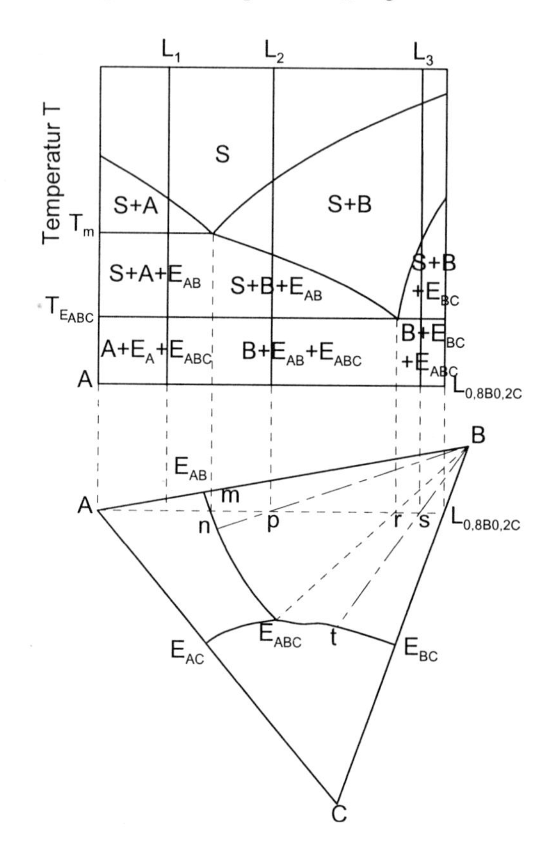

Abb 4.37 Zur Konzentrationsebene senkrechter Schnitt durch ein Dreistoffsystem (Temperatur-Konzentrations-Schnitt)
Alle Legierungen des Schnittes enthalten die Komponenten B und C im Verhältnis 4 : 1

Bei allen anderen Legierungen kommt es primär zur Ausbildung von B-Kristallen. Dadurch verändert sich beispielsweise die Konzentration der Schmelze der Legierung L_2 vom Punkte p zum Punkte n hin, an dem die Kristallisation des binären Eutektikums E_{AB} beginnt. Diese setzt sich unter weiterer Erniedrigung der Temperatur fort, wobei die Zusammensetzung der Restschmelze der Linie n - E_{AB} folgt. Wenn

E_{ABC} erreicht ist, kristallisiert das ternäre Eutektikum bei gleichbleibender Temperatur. Da die Konzentrationen der Schmelzen aller Legierungen zwischen r und m die Linie E_{AB} - E_{ABC} an unterschiedlichen Punkten erreichen, macht sich der Beginn der binären eutektischen Erstarrung E_{AB} in diesem Falle nicht durch eine Isotherme im Schnittdiagramm bemerkbar.

Im Falle der Legierung L_3 ändert die Schmelze nach Beginn der Kristallisation von B-Kristallen ihre Zusammensetzung in Richtung des Punktes t, und es kommt, wenn dieser erreicht ist, zur beginnenden Bildung des BC-Eutektikums, während dessen fortschreitendem Verlauf sich die Zusammensetzung der noch vorhandenen Schmelze von t nach E_{ABC} ändert. Wir sehen also, daß dieser Punkt von allen betrachteten Legierungen erreicht wird. Da die ternäre eutektische Kristallisation keinen Freiheitsgrad hat, verläuft sie bei konstanter Temperatur, was durch die Isotherme T_{EABC} im Schnittdiagramm zum Ausdruck kommt.

4.3 Diffusion

Der **Stofftransport** in Gasen, Flüssigkeiten und Festkörpern, der durch Platzwechsel ihrer Bausteine (Atome, Ionen, Moleküle) verursacht wird, heißt **Diffusion**. Gemäß dieser Definition, darauf sei ausdrücklich hingewiesen, ist der Vorgang der Diffusion nicht daran gebunden, daß sich in seiner Folge unterschiedliche Konzentrationen ausgleichen, so wie man das an der allmählichen Vermischung zweier übereinander geschichteter Flüssigkeiten verschiedener Färbung direkt beobachten kann.

Im gasförmigen und flüssigen Zustand sind die Atome, Ionen oder Moleküle leicht beweglich und ändern fortwährend ihren Aufenthaltsort, so daß die Diffusion (der Platzwechsel) ein ständiger Vorgang in diesen Aggregatzuständen ist. In festen Stoffen dagegen sind die Lagen der Bausteine durch die Bindungskräfte fixiert, sie befinden sich in einem Minimum des thermodynamischen Potentials G. In dem analogen mechanischen System der Abbildung 4.25 entspricht das den Lagen der Kugeln 4 und 5. Um diese Kugeln zu bewegen, muß Energie aufgebracht werden, die sie über ein Energiemaximum (Potentialschwelle) in eine andere Potentialmulde bringt. Bei der Diffusion bezeichnet man die Energie, die zugeführt werden muß, um einen Baustein über eine Schwelle des thermodynamischen Potentials in eine andere Potentialmulde zu überführen als **Aktivierungsenergie Q**. Diese kann dem Festkörper durch **Erwärmung**, **Bestrahlung** oder **Verformung** zugeführt werden.

Mit steigender Temperatur nehmen die Schwingungen der Atome, Ionen oder Moleküle um ihren Ruhepunkt zu, wobei die Zunahme nicht bei allen Gitterbausteinen gleichmäßig erfolgt. Einzelne Bausteine erhalten hin und wieder besonders kräftige Impulse und so die Möglichkeit, die Potentialschwelle zu überwinden. Die Wahrscheinlichkeit solcher Sprünge nimmt mit der Temperatur zu (Abb. 4.38).

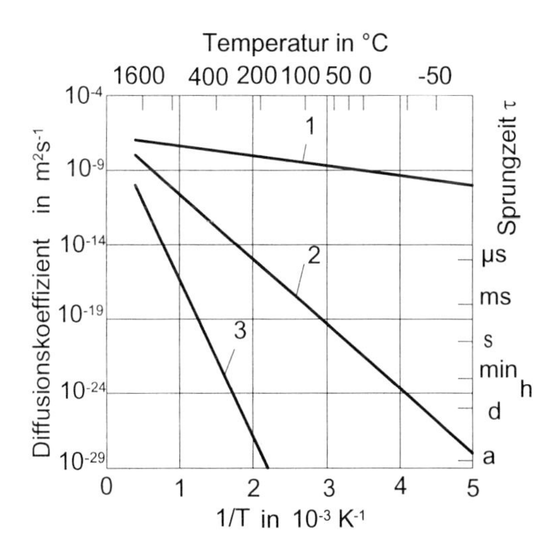

Abb. 4.38 Diffusionskoeffizienten und Zeit für einen Platzwechsel verschiedener Elemente in α-Eisen (aus [4.5])

1 Wasserstoff

2 Zwischengitteratome

3 substituierte Atome und Selbstdiffusion

Diffusion tritt bei den Werkstoffen in vielfältiger Form in Erscheinung. So erfolgt z.B. der **Übergang** aus dem **amorphen** in den **kristallinen Zustand** über Platzwechselvorgänge. In silicatische Gläser können von der Oberfläche her Stoffe eindiffundieren, die eine Härtung zur Folge haben. Bei den **Metallen** schließlich sind zahlreiche beim Erwärmen oder Abkühlen ablaufende Vorgänge, wie **Rekristallisation**, **Kornwachstum**, **Ordnung** oder **Entmischung** von Mischkristallen sowie **polymorphe Umwandlungen** nur durch Platzwechselvorgänge möglich, und die Verfahren der **thermisch-chemischen Oberflächenbehandlung** beruhen auf einer Anreicherung der Oberfläche mit Metall- oder Nichtmetallatomen (Diffusionslegieren).

Diffusion in kristallinen Festkörpern

In Gasen und Flüssigkeit kann man sich den Diffusionsvorgang wegen der relativ geringen Teilchendichte und der ungehinderten Beweglichkeit ihrer Bausteine anschaulich vorstellen. In festen Stoffen dagegen liegt in der Regel eine so dichte Anordnung vor, daß ein **direkter Platztausch**, etwa von 2 Atomen in einem Kristallgitter (Abb. 4.39a), sehr unwahrscheinlich ist. Die Diffusion in kristallinen Festkörpern wird aber erklärlich, wenn man von der **Realstruktur** ausgeht. Als vorherrschend sind zwei Mechanismen anzusehen, der Platzwechsel über **Zwischengitterplätze** oder über **Leerstellen**. Zwischengitterdiffusion tritt in Legierungen auf, in denen Fremdatome interstitiell eingelagert sind (Einlagerungs-Mischkristalle). Das trifft vor allem auf die Diffusion von **H**, **N** und **C** in Stählen und anderen Metallen zu (Abb. 4.39b). Da auf Grund der meist geringen Löslichkeit für diese Elemente eine gegenseitige Störung der Atome beim Platzwechsel nicht zu erwarten ist und die kleinen Durchmesser der Einlagerungsatome keine größere Verzerrung des Wirtsgitters beim Platzwechsel erfordern, ist die Aktivierungsenergie für die Diffusion dieser Elemente gering. Diffusion über Zwischengitterplätze ist beispielsweise auch bei Silicaten und Graphit möglich, wo die Struktur größere Zwischenräume als in den dichter gepackten Metallen hat, sowie bei nicht stöchiometrisch aufgebauten Ionenkristallen und intermetallischen Phasen, bei denen überschüssige Bausteine auf Zwischengitterplätzen sitzen.

Der Leerstellenmechanismus der Diffusion nutzt die in Abhängigkeit von der Temperatur in unterschiedlicher Zahl vorhandenen unbesetzten Gitterplätze (s. Abschn. 4.1.6). Durch die zugeführte Aktivierungsenergie werden Atome bzw. Ionen von ihren Gitterplätzen gelöst und besetzen eine **benachbarte Leerstelle**

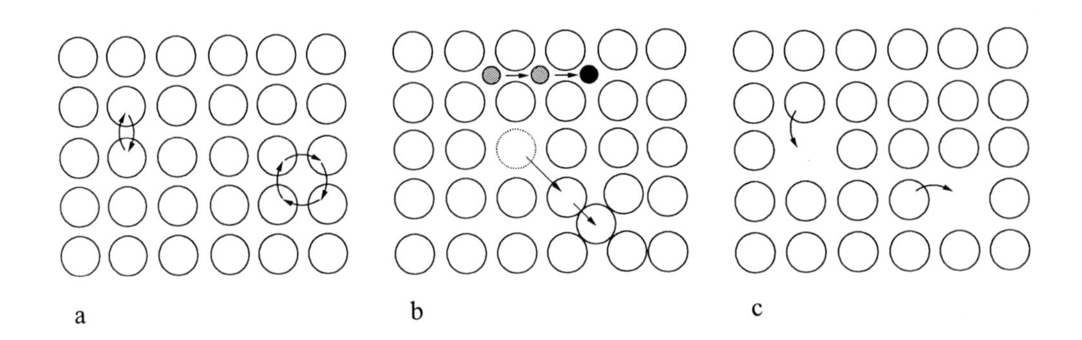

Abb. 4.39 Platzwechselmöglichkeiten im Kristallgitter (aus [4.2])
a Austauschmechanismus
b Zwischengittermechanismus
c Leerstellenmechanismus

(Abb. 4.39c). Erfolgt die Diffusion der Gitterbausteine in einer bestimmten Richtung, so bewegen sich die Leerstellen entgegengesetzt dazu. Man spricht dann von einem **Leerstellenstrom**.

Gerichtete Diffusion

Nach dem bisher Gesagten ist zu erwarten, daß auch in festen Körpern, wenn eine ausreichende Aktivierung gegeben ist, ständig Platzwechselvorgänge ablaufen. Meßbare Veränderungen am Werkstoff rufen diese erst dann hervor, wenn sie in einer bestimmten **Richtung** ablaufen. Dafür müssen **Triebkräfte** vorhanden sein. Als solche sind vor allem zu nennen:

- das Vorliegen von Konzentrations- oder Temperaturgradienten
- das Umwandlungsbestreben instabiler Phasen (z. B. bei polymorphen Umwandlungen) oder instabiler Gefügezustände (z. B. bei der Rekristallisation)
- das Einwirken elektrischer Felder, das die Ionenleitung von Ionenkristallen bewirkt
- das Streben nach Verringerung der Oberflächenenergie (z. B. beim Sintern).

Die Diffusion unter Einwirkung eines Konzentrationsgradienten führt normalerweise, ausreichend lange Diffusionsdauer vorausgesetzt, zu einem **Konzentrationsausgleich**. Beim **Aufkohlen** wird einem kohlenstoffarmen Stahl über die Oberfläche Kohlenstoff zugeführt, der in das Werkstoffinnere diffundiert, bis sich bei dünnen Querschnitten durchgängig ein höherer Kohlenstoffgehalt eingestellt hat. Technisch strebt man beim Einsatzhärten allerdings immer eine Aufkohlung nur in der Randzone an. Der Diffusionsstrom ist bei diesem Verfahren praktisch nur von der Oberfläche zum Werkstückkern gerichtet, da der **Diffusionskoeffizient** (als Kenngröße für die **Diffusionsgeschwindigkeit**) des Kohlenstoffs um Größenordnungen über dem des Eisens liegt (s. Abb. 4.38).

Kirkendall-Effekt

Anders verhält es sich, wenn beide Elemente über Leerstellen diffundieren. Dies wurde erstmalig von *Kirkendall* experimentell aufgezeigt, der einen mit Kupfer plattierten Cu70Zn30-Block (Messing) längere Zeit glühte. Da das Zink schneller in die Cu-Schicht diffundiert als Kupfer in den Messingblock, fließt auch ein Leerstellenstrom entgegen der Diffusionsrichtung des Zinks. Dadurch nimmt die Zahl der Leerstellen im Kupfer ab und im Messing zu, wo sie zu mikroskopisch sichtbaren Löchern zusammentreten können. Gleichzeitig wird die ursprüngliche, mit Molybdändrähten markierte, Grenze zwischen Kupfer und Messing in Richtung des Messings verschoben (Kirkendall-Effekt).

Bergauf-Diffusion

Unter bestimmten Bedingungen kann durch Wechselwirkungen des diffundierenden Elementes mit anderen Atomsorten die Diffusion auch entgegengesetzt dem Konzentrationsgradienten verlaufen und nicht zum Konzentrationsausgleich, sondern zu vergrößerten Konzentrationsunterschieden führen. Ein solcher Fall tritt z. B. ein, wenn ein mit Si legierter und ein mit Mn legierter Stahl zusammengeschweißt und diffusionsgeglüht werden. Da das Si bestrebt ist, den Kohlenstoff aus der festen Lösung zu verdrängen, reichert sich dieser im Mn-legierten Stahl über den ursprünglich bei beiden Stählen vorliegenden Gehalt an. Man nennt einen solchen Verlauf **Bergauf-Diffusion**. Als Triebkraft wirken **chemische Potentialgradienten**, die nicht, wie in anderen Fällen, mit den Gradienten der Konzentration übereinstimmen.

Die bisherigen Ausführungen haben gezeigt, daß Platzwechselvorgänge sowohl von gittereigenen Bausteinen (z. B. bei polymorphen Umwandlungen) als auch von gitterfremden (z. B. beim Aufkohlen) vollzogen werden. Im erstgenannten Fall spricht man von **Selbstdiffusion**, im zweitgenannten von **Fremddif-**

fusion. Es ist auch bereits darauf hingewiesen worden, daß die Realstruktur, insbesondere das Vorhandensein von Leerstellen, den Diffusionsprozeß maßgeblich beeinflußt. Noch günstigere Bedingungen für den Platzwechsel finden die Gitterbausteine an den Korngrenzen und an den Oberflächen vor. Sie sind hier weniger fest gebunden, und die Störungen des Gitteraufbaus sind größer als im Kristallinneren. Deshalb nimmt die Diffusionsgeschwindigkeit in der Reihenfolge **Gitter-** oder **Volumendiffusion**, **Korngrenzendiffusion**, **Oberflächendiffusion** zu. Letztere ist besonders am Ablauf von Sintervorgängen beteiligt. Für die im Festkörper stattfindenden Diffusionsprozesse ist im Normalfall die Volumendiffusion bestimmend, weil die Korngrenzen einen zu geringen Anteil am Gesamtquerschnitt haben.

Diffusionsgesetze

Diffusionsvorgänge, die in einer bestimmten Richtung ablaufen, sind mit einem merklichen Stofftransport verbunden. In einem System beispielsweise, in dem die gerichtete Teilchenbewegung durch ein Konzentrationsgefälle hervorgerufen wird (Aufkohlung, Kirkendall-Versuch), ist die **Masse dm** (in g oder Mol) eines Stoffes, die sich in der **Zeit dt** (in s) durch einen **Querschnitt A** (in cm^2), der senkrecht zum Diffusionsstrom steht, diffundiert, proportional dem **Konzentrationsgefälle dc/dx** (dc in g/cm^3 oder Mol/cm^3, dx in cm):

$$\frac{dm}{dt} = -A \cdot D \cdot \frac{dc}{dx} \quad . \tag{4.4}$$

Da in der positiv angenommenen Diffusionsrichtung das Konzentrationsgefälle kleiner wird, erhält dc/dx ein negatives Vorzeichen. Der Proportionalitätsfaktor **D** (**Diffusionskoeffizient**, in cm^2/s) ist kennzeichnend für die Diffusionsgeschwindigkeit.

Gleichung (4.4) heißt **1. Ficksches Gesetz** und beschreibt den Massestrom dm/dt für den Fall, daß sich das **Konzentrationsgefälle dc/dx** während der Diffusion **nicht verändert**. Da es schwierig ist, diese Voraussetzung experimentell zu verwirklichen, ist das 1. Ficksche Gesetz zur Bestimmung des Diffusionskoeffizienten wenig geeignet.

Wenn durch die Diffusion Konzentrationsänderungen herbeigeführt werden, sich also die Konzentration an einem bestimmten Ort x sowie die Lage eines Ortes mit einer bestimmten Konzentration c zeitlich verändern, wird der Zusammenhang zwischen der **Konzentration c**, der **Ortskoordinate x** und der **Zeit t** durch eine partielle Differentialgleichung 2. Ordnung, das **2. Ficksche Gesetz** beschrieben:

$$\frac{\partial c}{\partial t} = D \cdot \frac{\partial^2 c}{\partial x^2} \quad . \tag{4.5}$$

Es gilt in dieser Form nur unter den Voraussetzungen, daß das Diffusionssystem einphasig und daß der Diffusionskoeffizient D konzentrationsunabhängig ist (was streng genommen nur für die Selbstdiffusion zutrifft). In den meisten Fällen, besonders wenn die Konzentrationsunterschiede gering sind, lassen sich jedoch auch bei konzentrationsabhängigem D mit Gleichung (4.5) technisch brauchbare Ergebnisse erzielen. Die unvermeidbaren experimentellen Streuungen schränken die Genauigkeit ohnehin ein.

Eine allgemeine Lösung des 2. Fickschen Gesetzes gibt es nicht. Es sind jedoch spezielle Lösungen für unterschiedliche Diffusionssysteme mit festgelegten Randbedingungen bekannt (siehe z. B. in [4.6] bis [4.10]), auf die hier nicht näher eingegegangen werden kann. Als technisch bedeutsames Beispiel sei lediglich die Aufkohlung (s. Abschn. 8.3.1) und Entkohlung von Eisen angeführt. Als Bedingungen sind festgelegt (Abb. 4.40 und 4.41), daß

1. an der Oberfläche des Werkstoffs (x = 0) während des gesamten Diffusionsvorganges (t > 0) eine bestimmte Konzentration des Kohlenstoffs ($C_{0,t} = C_S$) vorliegt, die durch das Reaktionsgleichgewicht mit einem kohlenstoffabgebenden oder kohlenstoffaufnehmenden Medium eingestellt wird,

2. die Konzentrationsänderungen nur bis zu einer bestimmten Tiefe eintreten, über die hinaus die **Anfangskonzentration** ($C_{x,0} = C_0$ im Abstand $0 < x < \infty$) erhalten bleibt.

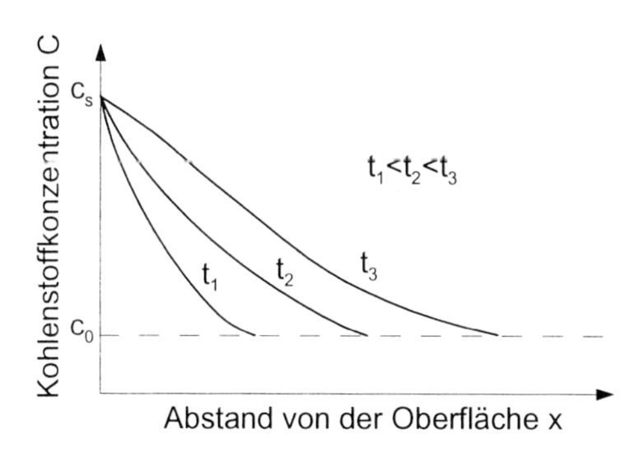

Abb. 4.40 Verlauf der Kohlenstoffkonzentration beim Aufkohlen von Stahl

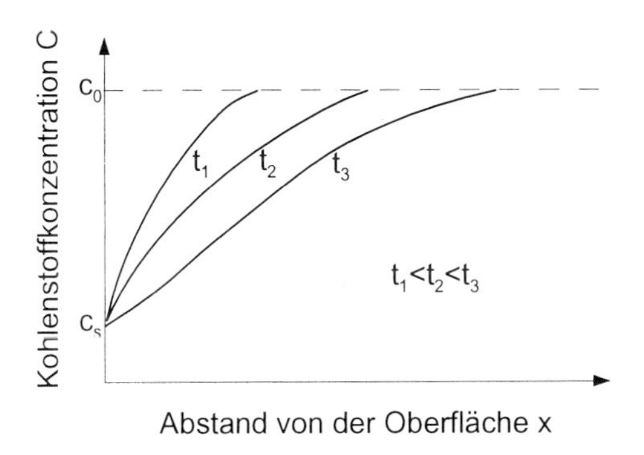

Abb. 4.41 Verlauf der Kohlenstoffkonzentration beim Entkohlen von Stahl

Die Lösung des 2. Fickschen Gesetzes lautet in diesem Falle:

$$C_{x,t} = C_S + (C_0 - C_S)\left[\Psi\left(\frac{x}{2\sqrt{Dt}}\right)\right]. \quad (4.6)$$

$C_{x,t}$ ist die Konzentration des Kohlenstoffs an der Stelle x zur Zeit $t > 0$. $\Psi(\frac{x}{\sqrt{2Dt}})$ ist das **Gaußsche Fehlerintegral**, dessen Zahlenwerte aus Tabellenwerken entnommen werden können.

Bei der Entkohlung ist in Gleichung (4.6) $C_0 > C_S$, bei der Aufkohlung $C_0 < C_S$. Im letzteren Fall stellt man häufig um:

$$C_{x,t} = C_0 + (C_S - C_0)\left[1 - \Psi\left(\frac{x}{\sqrt{2Dt}}\right)\right]. \quad (4.7)$$

Da C_S und C_0 konstante Werte sind, ist nach Gleichungen (4.6) und (4.7) $C_{x,t}$ nur von $\Psi(\frac{x}{\sqrt{2Dt}})$ abhängig. Demzufolge gilt, wenn $C_{x,t}$ = konst., daß auch

$$\Psi\left(\frac{x}{\sqrt{2Dt}}\right) = \text{konst. und } \frac{x}{2\sqrt{Dt}} = \text{konst.}$$

Man kann also schreiben:

$$x = \text{konst.}\cdot 2\sqrt{Dt}$$

oder, da bei einer bestimmten Temperatur auch der Diffusionskoeffizient konstant ist,

$$x = \text{konst.}\cdot\sqrt{t} \qquad (\sqrt{t}\text{-Gesetz})$$

bzw.

$$x^2 = \text{konst.}\cdot t \qquad \text{(parabolisches Zeitgesetz).}$$

Um bei vorgegebener Temperatur und gleichbleibendem Ablauf der Diffusion den Abstand x von der Oberfläche für $C_{x,t}$ zu verdoppeln, muß die Glühdauer t folglich vervierfacht werden.

Wenn Gleichung (4.7) nach

$$\Psi\left(\frac{w}{2\sqrt{Dt}}\right) = 1 - \frac{C_{x,t} - C_0}{C_S - C_0} \quad (4.8)$$

umgestellt und für

$$C_{x,t} = \frac{C_S + C_0}{2} = C_m$$

festgelegt wird, so erhält man:

$$\Psi\left(\frac{x}{2\sqrt{Dt}}\right) = 1 - \frac{C_S - C_0}{2(C_S - C_0)} = 1 - \frac{1}{2} = 0{,}5 \ . \quad (4.9)$$

Für $\Psi(\frac{x}{2\sqrt{Dt}}) = 0{,}5$ kann aus Tabellenwerken $\frac{x}{2\sqrt{Dt}} = 0{,}477$ entnommen werden. Daraus ergibt sich für $C_{x,t} = C_m$:

$$x_m = 0.477 \cdot 2 \cdot \sqrt{Dt} \approx \sqrt{Dt} \qquad (4.10)$$

oder

$$x_m^2 \approx D \cdot t \ . \qquad (4.11)$$

Wenn es, wie bei der Aufkohlung, möglich ist, x_m für $C_m = \frac{C_S + C_0}{2}$ näherungsweise metallographisch zu bestimmen, kann also der Diffusionskoeffizient relativ unkompliziert ermittelt werden. Ist eine andere Konzentration c im Gefüge einfacher oder deutlicher erkennbar, so kann diese in gleicher Weise verwendet werden.

Für $C_{x,t} = \frac{C_S + C_0}{4}$ und $C_S > 3C_0$ erhält man beispielsweise:

$$\Psi(\frac{x}{2\sqrt{Dt}}) = 1 - 0{,}25 + \frac{0{,}5 \cdot C_0}{C_S - C_0} \ . \qquad (4.12)$$

Bei bekannten Diffusionskoeffizienten können über diese Gleichungen die für eine vorgegebene Aufkohlungstiefe x mit $C_0 < C_{x,t} < C_S$ erforderlichen Glühzeiten berechnet werden. Mit x = 0,5 mm für $C_{x,t} = C_m = (C_S + C_0)/2$ und bei 900 °C: $D = 7{,}5 \cdot 10^{-8}\ cm^2/s$ bzw. $D = 1{,}18 \cdot 10^{-7}\ cm^2/s$ bei 950 °C (nach Literaturangaben für Kohlenstoff in technischem Reineisen) erhält man aus Gl. (4.11):

$$t_{900\ °C} = \frac{25 \cdot 10^{-4}}{7{,}5 \cdot 10^{-8}} = 3{,}3 \cdot 10^4\ s = 9{,}25\ h$$

und

$$t_{950\ °C} = \frac{25 \cdot 10^{-4}}{11{,}8 \cdot 10^{-8}} = 2{,}1 \cdot 10^4\ s = 5{,}9\ h.$$

Der Diffusionskoeffizient ist also vom diffundierenden Element, vom Grundwerkstoff und von der Temperatur abhängig. Rechnerisch läßt sich die Temperaturabhängigkeit des Diffusionskoeffizienten mittels folgender Funktion bestimmen:

$$D = D_0 \cdot \exp(\frac{-Q}{RT}) \ .$$

D_0 = Frequenzfaktor
Q = Aktivierungsenergie
R = Gaskonstante
T = absolute Temperatur

Bei der Aufkohlung kann die Diffusion der Eisenatome vernachlässigt werden, da ihr Diffusionskoeffizient um Größenordnungen kleiner ist als der der Kohlenstoffatome (Abb. 4.38). Anderenfalls ist es notwendig, partielle Diffusionskoeffizienten für die mit unterschiedlicher Geschwindigkeit diffundierenden Elemente (s. Kirkendall-Effekt) zu ermitteln.

Literatur- und Quellenhinweise

[4.1] *Spice, J.E.*: Chemische Bindung und Struktur. Leipzig: Akademische Verlagsgesellschaft Geest & Portig K.G. 1971

[4.2] *Schatt, W.* und *H. Worch* (Hrsg.): Werkstoffwissenschaft. 8. Aufl.; Stuttgart: Dt. Verl. für Grundstoffindustrie 1996

[4.3] *Schumann, H.*: Metallographie. 13. Aufl.; Leipzig: Dt. Verl. für Grundstoffindustrie 1991

[4.4] *Beckert, M.* und *H. Klemm*: Handbuch der metallographischen Ätzverfahren. 4. Aufl.; Leipzig: Dt. Verl. für Grundstoffindustrie 1984

[4.5] *Hornbogen, E.*: Werkstoffe. 6. Aufl.; Berlin Heidelberg New York: Springer-Verl. 1994

[4.6] *Eckstein, H.-J.*: Wärmebehandlung von Stahl. 2. Aufl. Leipzig: Dt. Verl. für Grundstoffindustrie 1973

[4.7] *Hauffe, K.*: Reaktionen in und an festen Stoffen. 2. Aufl.; Berlin Heidelberg New York: Springer-Verl. 1966

[4.8] *Ilschner, B.*: Werkstoffwissenschaften. 2. Aufl.; Berlin Heidelberg New York: Springer-Verl. 1990

[4.9] *Schulze, G.E.R.*: Metallphysik. 2. Aufl.; Berlin: Akademie-Verl. 1974

[4.10] *Seith, W.*: Diffusion in Metallen. 2. Aufl.; Berlin Göttingen Heidelberg: Springer-Verl. 1955

[4.11] *Bargel, H.J.* und *G. Schulze*: Werkstoffkunde. 7. Aufl.; Berlin u.a.: Springer-Verl. 2000

[4.12] *Ondracek, G.*: Werkstoffkunde. 4. Aufl.; Ehningen: expert-Verl. 1994

[4.13] *Schwabe, K.*: Physikalische Chemie, Band 1. 2. Aufl; Berlin: Akademie-Verl. 1975

[4.14] *Brümmer, O.* (Hrsg.): Festkörperanalyse mit Elektronen, Ionen und Röntgenstrahlen. Berlin: Deutscher Verl. der Wissenschaften 1980

[4.15] *Hunger, H.-J.* (Hrsg.): Ausgewählte Untersuchungsverfahren in der Metallkunde. 2. Aufl.; Leipzig: Dt. Verl. für Grundstoffindustrie 1987

[4.16] *Waschull, H.*: Präparative Metallographie. 2. Aufl.; Leipzig: Dt. Verl. für Grundstoffindustrie 1993

[4.17] *Kleber, W, H.-J. Bautsch* und *J. Bohm.*: Einführung in die Kristallographie. 18. Aufl.; Berlin: Verl. Technik 1998

5 Eigenschaften der Werkstoffe und ihre Prüfung

Die **Werkstoffeigenschaften** werden durch Kenngrößen beschrieben, die durch Prüfvorschriften definiert sind (siehe Kapitel 2). Die unter festgelegten Bedingungen ermittelten **Werkstoffkennwerte** bilden die Grundlage für die Verfahrens- und Werkstoffauswahl oder die Bemessung von Konstruktionen. Es ist zu beachten, daß die Prüfbedingungen und die Eigenschaften Schwankungen unterworfen sein können, so daß nur Werkstoffkennwerte, die nach statistischen Methoden ermittelt wurden, hinreichend zuverlässig sind. Da auch die tatsächlich auftretenden Belastungen der Bauteile von den experimentell oder rechnerisch ermittelten abweichen können, geht man bei der Bemessung in der Regel von einer um den sogenannten Sicherheitsfaktor erhöhten Belastung aus.

5.1 Festigkeit und Zähigkeit bei statischer Beanspruchung

Statische Beanspruchung liegt dann vor, wenn der Werkstoff einer ruhenden oder sich langsam und stoßfrei ändernden Belastung, die kurzfristig oder langdauernd einwirken kann, ausgesetzt ist. Je nach Art und Richtung des Kraftangriffs unterscheidet man zwischen **Zug-, Druck-, Biege-, Torsions-** und **Scherbeanspruchungen,** die einzeln oder häufig auch kombiniert auftreten. In letzterem Falle, z. B. bei einer auf Biegung und Verdrehung beanspruchten Welle, liegen grundsätzlich mehrachsige Spannungszustände vor. Das ist auch der Fall, wenn ein gekerbter Stab einachsig, z. B. durch Zugkräfte, belastet wird.

5.1.1 Zugversuch bei Raumtemperatur

Mit dem Zugversuch (DIN EN 10 002-1) werden im Normalfall Kennwerte der Werkstoffe unter einachsiger Beanspruchung bestimmt. Zu seiner Durchführung wird ein glatter, d. h. ungekerbter Probestab in eine Zugprüfmaschine eingespannt und in Richtung der Stabachse mit einer stetig zunehmenden Zugkraft belastet, dabei gedehnt und schließlich zerrissen. Um die Messungen an Stäben verschiedener Abmessungen und unterschiedlicher Querschnittsformen vergleichbar zu machen, bezieht man die **Zugkraft F** auf den **Ausgangsquerschnitt S_0** der Probe und die **Verlängerung ΔL** auf eine vor Versuchsbeginn festgelegte **Meßlänge L_0** und erhält damit die **Nennspannung**

$$\sigma = \frac{F}{S_0} \quad [\mathrm{N/mm^2}] \tag{5.1}$$

sowie die **Dehnung**

$$\varepsilon = \frac{L - L_0}{L_0} = \frac{\Delta L}{L_0} . \tag{5.2}$$

Letztere wird häufig in % angegeben:

$$\varepsilon = \frac{L - L_0}{L_0} \cdot 100 \quad [\%]. \tag{5.3}$$

Aus den beim Versuch jeweils gleichzeitig erfaßten Meßwerten von **Kraft** und **Verlängerung** werden mittels der Gleichungen (5.1) und (5.3) die **Spannungen** und **Dehnungen** ermittelt und in ein Koordinatensystem $\sigma = f(\varepsilon)$ eingetragen. Die Verbindung der Meßpunkte ergibt das **Spannungs-Dehnungs-Diagramm**, dessen für zahlreiche verformbare Metalle und Legierungen typischer Verlauf schematisch in der Abbildung 5.1 dargestellt ist. Im Anfangsbereich verläuft die Kurve linear, d. h., daß die Dehnung proportional der Spannung zunimmt. In diesem Abschnitt (Hooke'sche Gerade) ist der Werkstoff rein elastisch, er geht nach Aufhebung der Belastung vollständig und verzögerungsfrei auf seine ursprüngliche Länge zurück, und es gilt das **Hooke'sche Gesetz**

$$\varepsilon = \alpha \cdot \sigma \ . \tag{5.4}$$

α ist ein werkstoffabhängiger Proportionalitätsfaktor und wird **Dehnzahl** genannt. In der Technik benutzt man hauptsächlich seinen Re-

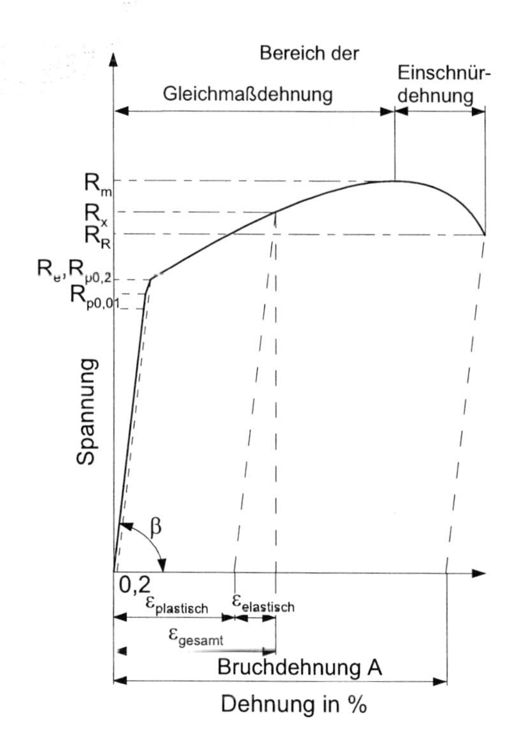

Abb. 5.1 Spannungs-Dehnungs-Diagramm (schematisch)

ziprokwert, den **Elastizitätsmodul (E-Modul)** $E = 1/\alpha$ und schreibt das Hooke'sche Gesetz in der Form

$$\sigma = E \cdot \varepsilon \ . \qquad (5.5)$$

Der E-Modul kann aus der Neigung der Hooke'schen Gerade bestimmt werden:

$$E = \tan \beta.$$

Er ist mit den anderen **elastischen Konstanten**, dem **Gleit- oder Schubmodul** G, der **Querkontraktionszahl** μ und dem **Kompressionsmodul** $K = \frac{p}{\Delta V / V_0}$ durch die Beziehungen

$E = 3\,K\,(1 - 2\,\mu)$ und $E = 2\,G\,(1 + \mu)$

verknüpft.

Beispiele für elastische Konstanten enthält die Tabelle 5.1.

Tabelle 5.1 Elastische Konstanten von Werkstoffen (mittlere Werte)

Werkstoff	E	G	μ
	GPa	GPa	
Aluminium	70	25	0,34
Blei	16	5,5	0,45
Kupfer	125	45	0,35
α-Eisen, Stähle	210	80	0,30
Wolfram	355	130	0,35
Nickel	200	80	0,31
Grauguß mit Lamellengraphit	100 bis 165	45 bis 70	um 0,25
Messing	98	36	0,35
Polystyren	4	1	0,32
Epoxidharz	3,5	1,2	0,32
Hartgummi	5	2,4	0,2
Butadienkautschuk	$30 \cdot 10^{-3}$ bis $50 \cdot 10^{-3}$	$8 \cdot 10^{-3}$ bis $12 \cdot 10^{-3}$	0,47 bis 0,50

Die Dehnung des Zugstabes erfolgt im elastischen Bereich gleichmäßig über die ganze Länge. Damit geht eine Querschnittsverminderung oder Querkontraktion ε_Q einher. Diese ist der Dehnung proportional, und für zylindrische Probestäbe gilt:

$$\varepsilon_Q = \frac{d_0 - d}{d_0} = \frac{\Delta d}{d_0} = \mu \cdot \frac{\Delta L}{L_0} = \mu \cdot \varepsilon \ . \qquad (5.6)$$

Der Proportionalitätsfaktor μ (in der Literatur auch Buchstabe ν) wird entweder als Querkontionszahl oder **Poissonsche Zahl** bezeichnet.

Im zugbelasteten Zustand ändert sich die Länge des Stabes auf $L_0 \cdot (1+\varepsilon)$ und sein Querschnitt auf $d_0^2 \cdot (1-\mu\varepsilon)^2 \frac{\pi}{4}$. Daraus errechnet sich eine Volumenänderung (Zunahme) von

$$\frac{V - V_0}{V_0} = \frac{\Delta V}{V_0} = (1+\varepsilon)(1-\mu\varepsilon^2) - 1 \qquad (5.7)$$

oder bei zulässiger Vernachlässigung der quadratischen und kubischen Glieder (die Werte von ε sind im elastischen Bereich < 0,01):

$$\frac{\Delta V}{V_0} = \varepsilon\,(1-2\mu)\ . \qquad (5.8)$$

Aus (5.8) folgt, daß für μ = 0,5 bei **elastischer Dehnung** keine Volumenänderung eintritt. Diesem Fall liegen Gummi (μ etwa 0,4 bis 0,49) oder Blei (μ um 0,45) sehr nahe. Wenn μ = 0, tritt eine relative Volumenzunahme ein, die der relativen Dehnung entspricht. Das trifft annähernd für Beryllium (μ = 0,08) zu. Für technisch wichtige Werkstoffe liegen die Querkontraktionszahlen meist zwischen 0,2 und 0,35 (s. Tabelle 5.1).

Dehngrenzen

Oberhalb einer Spannung $R_E = \frac{F_E}{S_0}$ (Abb.5.1), die als **Elastizitätsgrenze** bezeichnet wird, beginnt eine leichte Krümmung der Kurve, und nach Entlastung des Probestabes geht dieser nicht mehr in die Ausgangslage zurück. Der Werkstoff hat sich **bleibend (plastisch) verformt**. Da die elastische Dehnung noch überwiegt und der Betrag der **plastischen Dehnung** zunächst klein ist, wird die Festlegung des Beginns der plastischen Verformung aus der Krümmung der **Spannungs-Dehnungs-Kurve** oder aus der nach Entlastung zurückbleibenden Verlängerung des Probestabes maßgeblich durch die Genauigkeit des Prüfsystems bestimmt, und eine exakte meßtechnische Erfassung ist nicht möglich. Deshalb wird als **technische Elastizitätsgrenze** die Spannung ermittelt, die eine **bleibende Dehnung** von **0,01 %**, seltener von 0,005 % verursacht. Sie ist damit größer als die „wirkliche" Elastizitätsgrenze.

Man nennt Spannungen, die einen bestimmten Dehnungswert herbeiführen, auch **Dehngrenzen**. Werden diese aus einer einmaligen Belastung ermittelt, bezeichnet man sie mit $\mathbf{R_p}$ und dem zugehörigen vorgeschriebenen Dehnungsbetrag, im Falle der technischen Elastizitätsgrenze also $\mathbf{R_{p0,01}}$. Zur Bestimmung von $R_{p0,01}$ wird ein Probestab zügig belastet und dabei die Kraft sowie die Verlängerung mit einer genügend empfindlichen Meßeinrichtung aufgenommen. In dem aus diesen Meßwerten aufgestellten Teil des Spannungs-Dehnungs-Diagramms ist, da sich der E-Modul durch die plastische Verformung nicht ändert, von einer Dehnung von 0,01 % ausgehend, eine Parallele zur Hooke'schen Geraden zu ziehen. Ihr Schnittpunkt mit der Kurve ist die gesuchte Dehngrenze. (Abb. 5.2a).

Zu einem gleichen Ergebnis gelangt man, wenn der Probestab von einer Vorkraft aus wiederholt in kleinen, sich steigernden Schritten belastet und auf die Vorkraft entlastet wird. Dabei muß neben der Belastung jeweils die zugehörige Gesamtdehnung unter Last sowie die bleibende Dehnung nach Entlastung oder auch nur diese gemessen werden. Die so ermittelten Dehngrenzen (Abb. 5.2b und c), bei denen die Probe nach Wegnahme der Kraft die vorgeschriebene bleibende Dehnung beibehält, werden mit $\mathbf{R_r}$ bezeichnet.

Dehngrenzen $\mathbf{R_t}$, bei denen die Gesamtdehnung der Probe unter Last eine vorgegebene Größe erreicht, werden selten bestimmt.

Bei Steigerung der Belastung über die Elastizitätsgrenze hinaus wird, wenn die bleibende Dehnung etwa 0,1 % bis 0,2 % beträgt, die **Streckgrenze** erreicht. Sie ist die Spannung, bei der bei zunehmender Dehnung die Zugkraft erstmalig konstant bleibt oder abfällt und in der Spannungs-Dehnungs-Kurve an einem Knick bzw. merklichem Abfall zu erkennen ist. In letzterem Falle unterscheidet man in **obere** und **untere Streckgrenze** ($\mathbf{R_{eH}}$ und $\mathbf{R_{eL}}$). Die Streckgrenze kennzeichnet den Beginn einer überwiegend plastischen Verformung beim Zugversuch (Allgemein, d. h. ohne Bezug auf eine bestimmte Belastungsart und -richtung, wird der Beginn der überwiegend plastischen Verformung als **Fließgrenze** bezeichnet. S. auch Abschn. 5.1.2). Da nicht immer eine ausgeprägte Streckgrenze im Diagramm auftritt, wird an ihrer Stelle die **Dehngrenze** $\mathbf{R_p}$ als

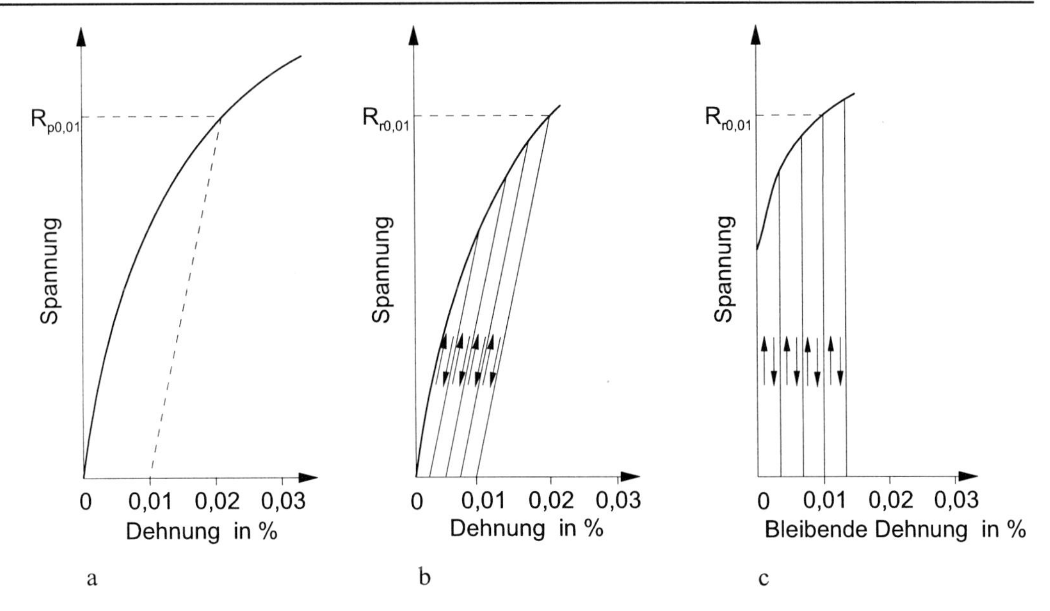

Abb. 5.2 Bestimmung von Dehngrenzen
a bei zügiger Belastung: $R_{p0,01}$
b und **c** bei schrittweiser Belastung und Entlastung: $R_{r0,01}$

die Spannung bestimmt, bei der eine bleibende Dehnung von 0,2 %, in besonderen Fällen von 0,1 % auftritt. Ihre Ermittlung erfolgt analog der Bestimmung anderer Dehngrenzen, z. B. von $R_{p0.01}$ (Abb. 5.2), und ihre Bezeichnung lautet dann z. B. $\mathbf{R_{p0,2}}$.

Zugfestigkeit und Dehnung

Oberhalb der Streckgrenze strebt die Kurve unter stärkerer Dehnung als vorher einem Höchstwert der Spannung zu, der als **Zugfestigkeit R_m** bezeichnet wird:

$$R_m = \frac{F_m}{S_0} .$$

Dann fällt bei weiter zunehmender Dehnung die Spannung ab, bis der Stab bei $\mathbf{R_R}$ (**Reißfestigkeit**) zerreißt. Dieser Wert hat für metallische Werkstoffe keine technische Bedeutung, wird aber mitunter bei hochpolymeren Werkstoffen ermittelt. Wie bereits erwähnt, setzt sich oberhalb der Elastizitätsgrenze die unter Last vorliegende **Gesamtdehnung** ε_t aus einem **elastischen** (ε_{el}) und einem **plastischen** (ε_{pl}) Anteil zusammen. Diese Anteile können für jede beliebige Spannung ermittelt werden, indem von dem entsprechenden Punkt der **Spannungs-Dehnungs-Kurve** aus (z. B. R_x in Abb. 5.1) eine Parallele zur Hooke'schen Geraden gezogen wird, an deren Schnittpunkt mit der Abszisse der plastische Dehnungsanteil unmittelbar abgelesen werden kann. Die **elastische Dehnung** errechnet sich aus der Differenz von **Gesamtdehnung** (Schnittpunkt des Lotes mit der Abszisse) und **plastischer Dehnung**:

$$\varepsilon_{el} = \varepsilon_t - \varepsilon_{pl} .$$

Wird die Belastung des Probestabes an einem beliebigen Punkt der Spannungs-Dehnungs-Kurve unterbrochen, und wie in der Abbildung 5.2b dargestellt, anschließend eine Entlastung vorgenommen, so ist die plastische Verlängerung experimentell meßbar. Bei erneuter Belastung dehnt sich der Stab rein elastisch, bis die Spannung, bei der vorher der Versuch unterbrochen worden war, wieder erreicht ist. Erst bei einer Beanspruchung über diese Spannung hinaus kommt es zu einer weiteren plastischen Verformung, die also eine höhere Spannung erfordert als das beim nicht vorverformten Material der Fall war. Das bedeutet, daß Elastizitäts- und Streckgrenze jetzt praktisch zusammenfallen und daß **kaltverformtes Material** eine höhere Elastizitätsgrenze und eine höhere Streckgrenze hat als unverformtes. Man nennt diese Erscheinung **Verfestigung**.

Kurz vor Erreichen von R_m im Spannungs-Dehnungs-Diagramm geht die **Gleichmaßdehnung** in die **Einschnürdehnung** über, d. h., daß sich die weitere Dehnung unter deutlicher örtlicher Querschnittsabnahme nur noch in einem begrenzten Abschnitt des Probestabes vollzieht, bis dort schließlich der Bruch eintritt (Abb. 5.3).

Während des Zugversuches vergrößert sich die ursprüngliche Meßlänge L_0 auf die Länge L_u des gebrochenen Stabes. Die **Verlängerung**

$$\Delta L = L_u - L_0,$$

die nur die **plastische Verformung** beinhaltet, durch L_0 dividiert und mit 100 multipliziert, heißt **Bruchdehnung A**:

$$A = \frac{L_u - L_0}{L_0} \cdot 100\ [\%]\,. \tag{5.9}$$

In ihr sind die Gleichmaß- und Einschnürdehnung enthalten. Deren Anteile an der gesamten Bruchdehnung hängen vom Verhältnis der Meßlänge L_0 zum Ausgangsquerschnitt S_0 ab. Bei gleichem S_0 ist der Anteil der Einschnürdehnung an der Bruchdehnung um so größer, je kleiner L_0 ist. Um zu vergleichbaren Ergebnissen zu kommen, werden deshalb zur Prüfung metallischer Werkstoffe proportionale Proben mit $L_0 = 5{,}65 \cdot \sqrt{S_0}$ (entspricht $5 \cdot d_0$ für Proben mit kreisförmigen Querschnitt) oder mit $L_0 = 11{,}3 \cdot \sqrt{S_0}$ ($10 \cdot d_0$) verwendet und die daran gemessenen **Bruchdehnungen** mit **A** bzw. $\mathbf{A_{11,3}}$ bezeichnet. Überschlägig gilt: $A \approx (1{,}2$ bis $1{,}5) \cdot A_{11,3}$. Bei nichtproportionalen Proben wird die Bruchdehnung A durch einen Index der jeweiligen Anfangsmeßlänge L_0 in mm ergänzt, z. B. A_{80mm} für die Bruchdehnung bei einer Anfangsmeßlänge von 80 mm.

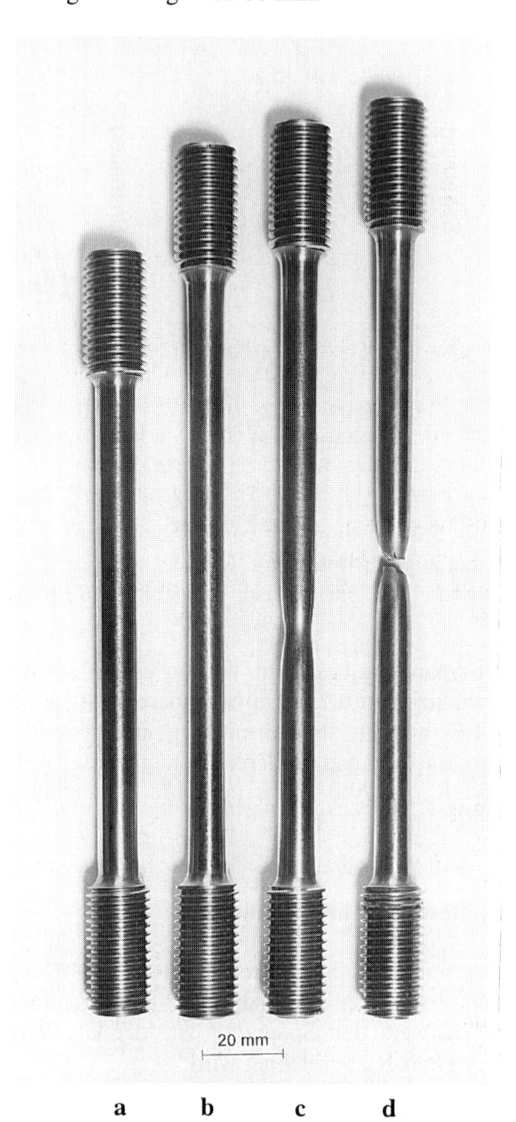

Abb. 5.3 Zugproben
a unverformt **b** mit Gleichmaßdehnung
c mit Einschnürung **d** gebrochen

Zur Beurteilung des Verformungsvermögens des Werkstoffs werden neben der Bruchdehnung die **Brucheinschnürung Z** und das **spezifische Arbeitsvermögen W_s** herangezogen. Erstere wird aus dem kleinsten Querschnitt an der Bruchstelle S_u bestimmt:

$$Z = \frac{S_0 - S_u}{S_0} \cdot 100\ [\%] \qquad (5.10)$$

W_s kann durch Ausplanimetrieren der Fläche unter der Spannungs-Dehnungs-Kurve ermittelt werden:

$$W_s = \int_{\varepsilon=0}^{\varepsilon=A} \sigma \cdot d\varepsilon\ \ [\mathrm{J/mm^3}]\,. \qquad (5.11)$$

In den bisherigen Betrachtungen wurden die beim Zugversuch wirkenden Kräfte stets auf den Ausgangsquerschnitt der Probe S_0 bezogen, der in Wirklichkeit bei der Verlängerung des Stabes kleiner wird. Man bezeichnet deshalb den in der Abbildung 5.1 dargestellten Verlauf mitunter auch als **scheinbares Spannungs-Dehnungs-Diagramm**. Dividiert man die Kraft F durch den zugehörigen kleinsten tatsächlich vorhandenen Querschnitt S, so erhält man die wahre Spannung σ_w

$$\sigma_w = \frac{F}{S} \qquad (5.12)$$

und kann damit ein **wahres Spannungs-Dehnungs-Diagramm** aufstellen. Im Bereich kleiner Dehnungen sind die Unterschiede zwischen S und S_0 sehr gering, so daß scheinbare und wahre Spannungs-Dehnungs-Kurven praktisch übereinstimmen. Mit Beginn der Einschnürung vollzieht sich die weitere **Querschnittsabnahme** und damit auch die Dehnung des Stabes nur noch in diesem Gebiet. Die übliche Vorgehensweise, die wahre Spannung über der Gesamtdehnung aufzutragen, gibt deshalb ein ungenaues Bild über das Werkstoffverhalten. Eine realere Darstellung erhält man, wenn die wahre Spannung über der Querschnittsabnahme aufgetragen wird (Abb. 5.4). Allerdings wird auch in diesem Falle die wahre Spannung nach Beginn der Einschnürung zu einer mehr oder weniger fiktiven Größe, da sich in diesem Bereich ein mehrachsiger verformungsbehindernder Spannungszustand einstellt, aufgrund dessen der Anstieg der Kurve etwa in ihrem letzten Drittel steiler wird.

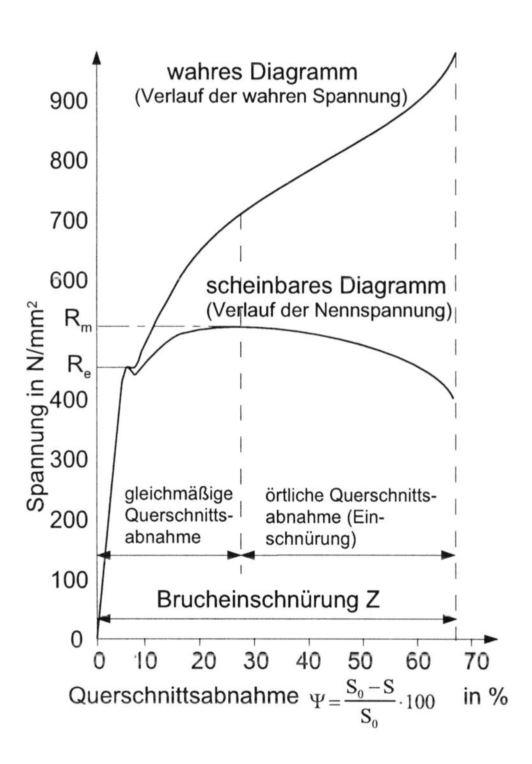

Abb. 5.4 Spannungs-Verformungs-Diagramme von weichgeglühtem Stahl mit 0,35 % C nach *E. Houdremont*

Da bei der Verwendung der Werkstoffe in Konstruktionen in der Regel nur elastische oder ganz geringe plastische Formänderungen auftreten dürfen und die Bemessung immer den Ausgangsquerschnitt S_0 zugrunde legen muß, hat die Anwendung des scheinbaren Spannungs-Dehnungs-Diagrammes in diesem Falle Berechtigung. In der Umformtechnik dagegen, wo in der Regel große plastische Verformungen stattfinden, wird für die Ermittlung von Kennwerten die wahre Spannungs-Dehnungs-Kurve oder vorzugsweise die **Fließkurve** herangezogen. Analog zur Streckgrenze R_e wird hierbei die **Umformfestigkeit k_f** eingeführt, die notwendig ist, um einen Umformungsvorgang einzuleiten und aufrechtzuerhalten. Wegen der Verfestigung des Werkstoffes nimmt k_f mit steigendem **Umformgrad φ** zu. Dieser leitet sich folgendermaßen ab:

Umformgrad φ zu. Dieser leitet sich folgendermaßen ab:
Da bei elastischer Verformung die Masse des Werkstückes und mit hinreichender Genauigkeit auch das Volumen konstant bleiben, gilt:

$$V_0 = V = V_1 . \tag{5.13}$$

(Index 0 gilt für den Ausgangs- und Index 1 für den Endzustand, ohne Index wird ein beliebiger Zwischenzustand gekennzeichnet.) Daraus ergibt sich für prismatische Teile:

$$V = l_0 \cdot b_0 \cdot h_0 = l_1 \cdot b_1 \cdot h_1 = \text{konst.}, \tag{5.14}$$

l = Länge
b = Breite
h = Höhe

woraus folgt, daß

$$\frac{l_1}{l_0} \cdot \frac{b_1}{b_0} \cdot \frac{h_1}{h_0} = 1$$

und nach Logarithmieren:

$$\ln\frac{l_1}{l_0} + \ln\frac{b_1}{b_0} + \ln\frac{h_1}{h_0} = 0 = \varphi_l + \varphi_b + \varphi_h . \tag{5.15}$$

Da $\Sigma\varphi = 0$, ergeben sich bei 3achsiger Formänderung für Länge, Breite und Höhe unterschiedliche Umformgrade. Findet die Formänderung in nur 2 Richtungen statt, wird z. B. $\varphi_b = 0$, so gilt: $\varphi_l = -\varphi_h$.

Analog läßt sich die Formänderung für rotationssymetrische Teile ableiten.

$$V = l_0 \cdot A_0 = l_1 \cdot A_1 = \text{konst.} \tag{5.16}$$

$$\frac{l_1}{l_0} \cdot \frac{A_1}{A_0} = 1$$

$$\ln\frac{l_1}{l_0} + \ln\frac{A_1}{A_0} = 0 = \varphi_l + \varphi_A \tag{5.17}$$

oder

$$\varphi_l = \ln\frac{l_1}{l_0} = \ln\frac{A_0}{A_1} . \tag{5.18}$$

Allgemein gilt also:

$$\varphi_x = \ln\frac{x_1}{x_0} . \tag{5.19}$$

Damit ist es möglich, auch Augenblickszustände, z. B. im Bereich der Einschnürung beim Zugversuch zu erfassen:

$$d\varphi_x = \frac{dx}{x} . \tag{5.20}$$

Die Integration ergibt wieder den Ausdruck (5.19):

$$\varphi_x = \int_{x_0}^{x_1} \frac{dx}{x} = \ln\frac{x_1}{x_0} .$$

Zwischen dem Umformgrad und der Gleichmaßdehnung beim Zugversuch ergibt sich folgender Zusammenhang:

$$\varphi_l = \int_{l_0}^{l} \frac{dl}{l} = \ln\frac{l}{l_0} = \ln\frac{l_0 + \Delta l}{l_0} = \ln\,(1+\varepsilon) . \tag{5.21}$$

Im Bereich geringer plastischer Verformung stimmen Umformgrad und Dehnung nahezu überein. Es ist aber irreführend, den Umformgrad in Anlehnung an den englischen Sprachgebrauch als „wahre Dehnung“ zu bezeichnen.

5.1.2 Festigkeit und Plastizität

Im Abschn. 5.1.1 wurde anhand des schematischen Spannungs-Dehnungs-Verlaufes (Abb. 5.1) gezeigt, daß bei der zügigen Belastung eines Werkstoffs nacheinander elastische Formänderung, plastische Formänderung und, nach Erschöpfung des Formänderungsvermögens, schließlich der **Bruch** eintritt. Dazu mußten die von außen wirkenden, auf den wahren Querschnitt bezogenen Zugspannungen ständig erhöht werden (Abb. 5.4). Der Werkstoff setzt also der Formänderung und dem Bruch einen inneren Widerstand entgegen, den man als **Festigkeit** bezeichnet. Demzufolge ist zwischen **Formänderungsfestigkeit** (in der Fertigungstechnik auch Umformfestigkeit k_f genannt) und **Bruchfestigkeit** zu unterscheiden. Die Formänderungsfestigkeit entspricht praktisch der Fließgrenze. Sie steigt bei Verformung infolge der Verfestigung an (s. Abschn. 5.1.1). Es ist zur eindeutigen Kennzeichnung notwendig, die Festigkeit in Verbindung mit der jeweiligen Beanspruchung anzugeben und die Fließgrenze dementsprechend als **Streckgrenze**, **Quetschgrenze**, **Biegefließspannung** usw., die Bruchfestigkeit als **Zugfestigkeit**, **Druckfestigkeit**, **Verdrehfestigkeit** usw. zu bezeichnen. Wir werden im folgenden vor allem von den Verhältnissen bei Zugbeanspruchung ausgehen. Die Spannungs-Dehnungs-Kurven der technischen Werkstoffe, von denen einige beispielhaft in der Abb. 5.5 dargestellt sind, entsprechen zwar prinzipiell dem in der Abb. 5.1 dargestellten Verlauf, jedoch treten im einzelnen zum Teil markante Abweichungen auf, so daß es notwendig ist, näher auf die dem makroskopischen Verhalten zugrunde liegenden strukturellen Vorgänge einzugehen.

Spannungen

Wie bereits mehrfach erwähnt, werden die auf eine Fläche bezogenen Kräfte als **Spannungen** bezeichnet. Wenn diese senkrecht auf die betrachtete Fläche wirken (Abb. 5.6a), werden sie **Normalspannungen** genannt und mit dem Symbol σ bzw. im Falle des Zugversuches als Werkstoffkennwert mit **R** (mit entsprechenden Indizes) bezeichnet. Spannungen, die parallel zu einer Fläche in verschiedenen Ebenen angreifen, heißen **Schubspannungen** τ (Abb. 5.6b). Zu den schematischen Darstellungen der Abbildung 5.6 ist zu bemerken, daß die Spannungen nicht punkt- oder linienförmig, sondern flächenhaft und an jedem Punkt der Flächen in gleicher Höhe wirksam sind. Die Veränderungen, die Normal- und Schubspannungen in einem idealen Kristallgitter hervorrufen, sind in der Abbildung 5.7 dargestellt. In beiden Fällen treten zunächst elastische Verformungen auf (Abb. 5.7b, d), für die das Hooke'sche Gesetz

$$\sigma = E \cdot \varepsilon \tag{5.5}$$

bzw.

$$\tau = G \cdot \gamma \tag{5.22}$$

gilt. Beispiele für E und G sind in der Tabelle 5.1 enthalten. γ (s. Abb. 5.7d) wird als **Schiebung** bezeichnet.

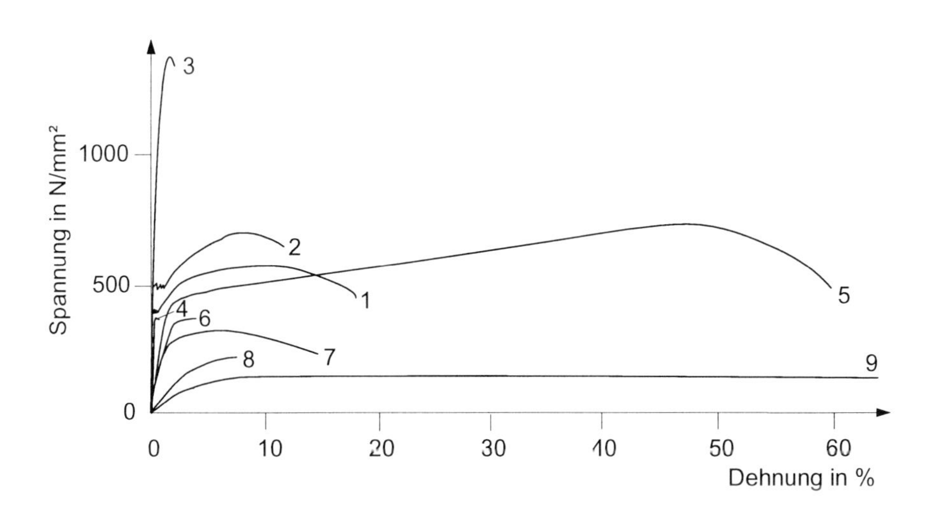

Abb. 5.5 Spannungs-Dehnungs-Kurven verschiedenere Werkstoffe
1 C45, normalgeglüht
2 C45, vergütet
3 C45, gehärtet
4 GG 25
5 X10CrNiNb18-9
6 GD-AlSi12
7 AlMgSi1 F20, kalt ausgehärtet
8 Polymethylmetharcrylat
9 Polycarbonat

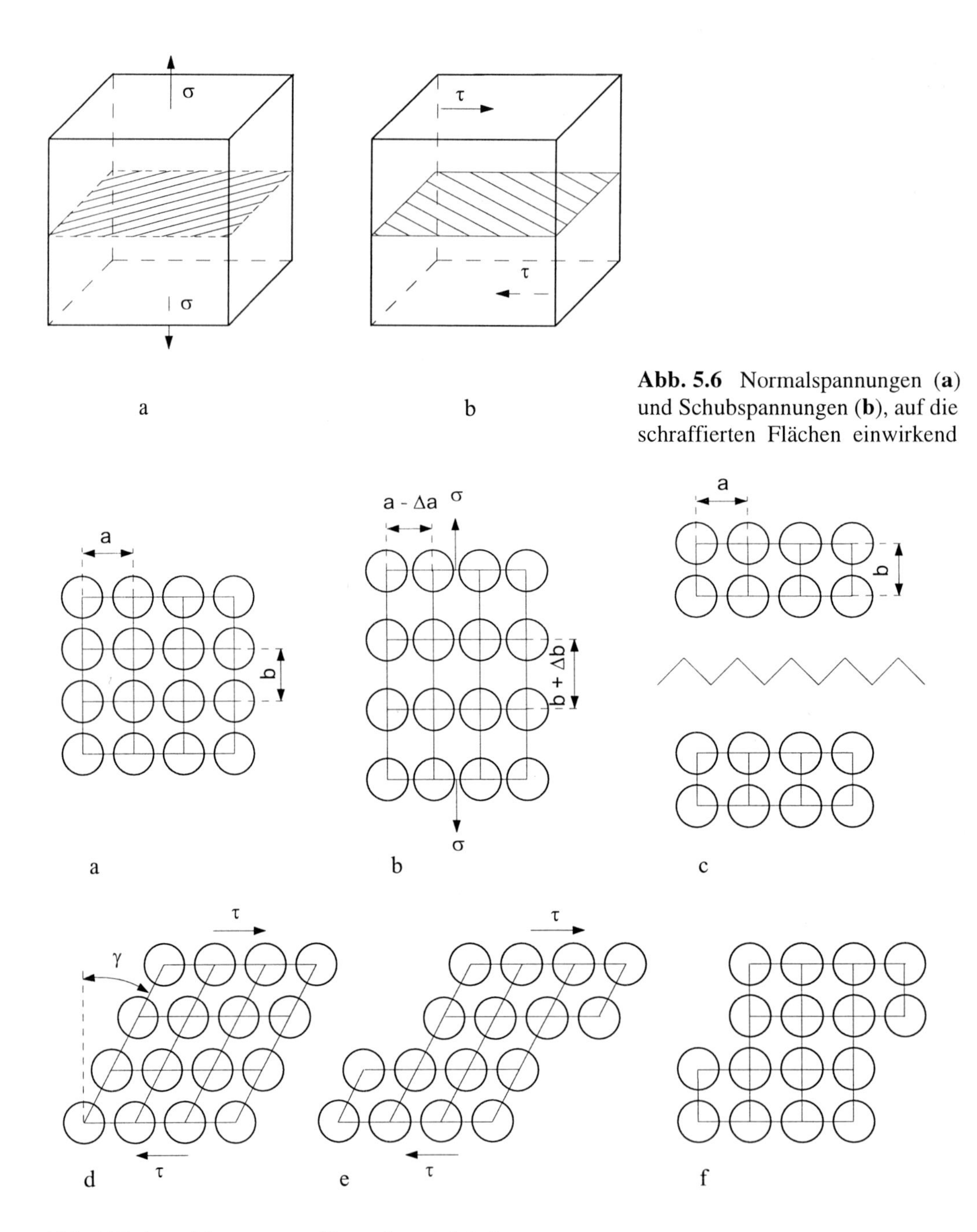

Abb. 5.6 Normalspannungen (**a**) und Schubspannungen (**b**), auf die schraffierten Flächen einwirkend

Abb. 5.7 Auswirkungen von Normal- und Schubspannungen
a ideales Kristallgitter
b und **d** elastisch verformtes Gitter
c Trennbruch
e elastisch und plastisch verformtes Gitter
f plastisch verformtes Gitter

Wenn die Grenzen der elastischen Formänderungen überschritten werden, kommt es durch Normalspannungen zur Trennung von Gitterebenen (Bruch, Abb. 5.7c) oder durch Schubspannungen unter Aufrechterhaltung der elastischen Formänderung zur plastischen Verformung (Abb. 5.7e), die auch nach Wegnahme der Belastung erhalten bleibt (Abb. 5.7f). Die Normalspannung, die den Bruch durch Trennung von Gitterebenen herbeiführt, nennt man **Trennfestigkeit** σ_T und die Schubspannung, bei der die plastische (bleibende) Verformung beginnt, **kritische Schubspannung** τ_{krit} oder **Fließschubspannung** τ_F.

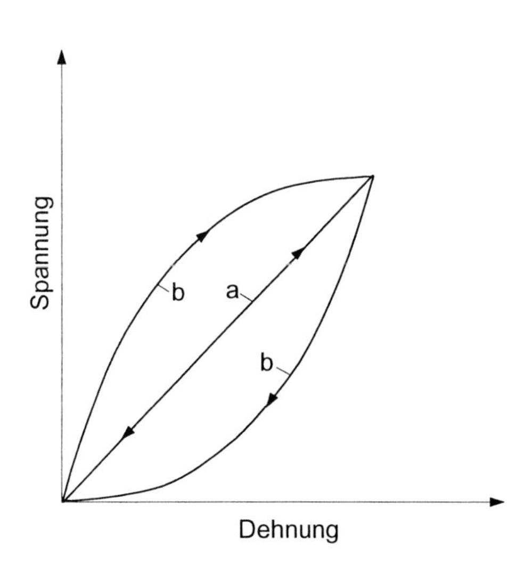

Abb. 5.8 Spannungs-Dehnungs-Verlauf bei linear-elastischem (**a**) und anelastischem (**b**) Werkstoffverhalten

5.1.2.1 Elastische (reversible) Verformungen

Linear-elastisches Verhalten

Kehren wir zum experimentellen Ausgangspunkt unserer Betrachtungen, dem Zugversuch (Abschn. 5.1.1) zurück. Wir hatten festgestellt, daß im elastischen Bereich die Längenänderung eines Probestabes verzögerungsfrei der Belastungsänderung folgt und daß zwischen Spannung und Dehnung ein linearer Zusammenhang entsprechend dem Hooke'schen Gesetz (Gl. 5.4 bzw. 5.5 und 5.22) besteht. Dieses Materialverhalten wird als **linear-elastisch** bezeichnet und vor allem an kristallinen Werkstoffen beobachtet. Es ist durch das verzögerungsfreie teilweise Verdrängen der Bausteine aus ihren Gleichgewichtslagen zu erklären (Abb. 5.7b, d). Im folgenden soll in vereinfachter Darstellung kurz auf weitere Formen reversibler Verformungen eingegangen werden.

Anelastisches Verhalten

Wenn die elastische Formänderung gegenüber der Belastungsänderung zeitlich verzögert zu- oder abnimmt, tritt im Spannungs-Dehnungs-Diagramm an die Stelle der Hooke'schen Geraden eine **Hystereseschleife** (Abb. 5.8). Man spricht in diesem Falle bei Metallen meist von **anelastischer**, bei nichtmetallischen Werkstoffen meist von **viskoelastischer Verformung**. Eine klare Abgrenzung beider Begriffe ist nicht möglich, sie werden in der Literatur uneinheitlich benutzt. Das Werkstoffverhalten bei anelastischer bzw. viskoelastischer Verformung kann durch das **Voigt-Kelvin-Modell** veranschaulicht werden, bei dem die Kraft F auf eine Feder und ein Dämpfungsglied, die starr miteinander verbunden sind, wirkt (Abb. 5.9). Beim Aufbringen der Last wird die Dehnung der Feder, die das lineare Dehnen nach dem Hooke'schen Gesetz verkörpert, durch das Dämpfungsglied, das die viskose Formänderung charakterisiert, verzögert, so daß sich das Gleichgewicht zwischen der äußeren Kraft und der Federkraft erst nach einer gewissen Zeit einstellt (**elastische Nachwirkung**). Nach Wegnahme der Kraft entspannt sich die Feder, was abermals durch das Dämpfungsglied verzögert wird. Bei den Metallen wird die Verzögerung durch zeitabhängige reversible Bewegungen von Versetzungen und Atomen verursacht. So gehen z. B. im Eisen eingelagerte Kohlenstoffatome auf Zwischengitterplätze, die durch die Gitterdehnung vergrößert worden sind. Nach Entlastung läuft die Diffusion in umgekehrter Richtung ab.

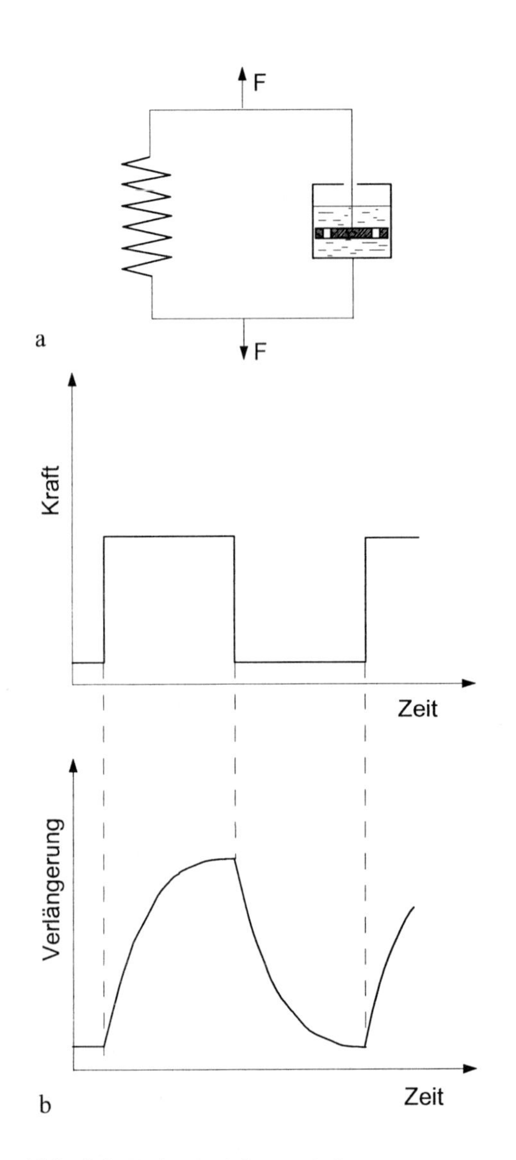

Abb. 5.9 Voigt-Kelvin-Modell zur Beschreibung des viskoelastischen Verformungsverhaltens (**a**) und zeitlicher Verlauf von Kraft und Verlängerung (**b**)

Die Verzögerung der elastischen Verformung von amorphen oder teilkristallinen nichtmetallischen Werkstoffen unterhalb der Einfriertemperatur T_E ist vor allem auf reversible Veränderungen der Valenzwinkel im Molekül (etwa vergleichbar mit einem Strecken der Molekülketten der Abb. 4.14a) und des Abstandes benachbarter Moleküle zurückzuführen. Dieser „dämpfende" Anteil an der viskoelastischen Verformung tritt besonders bei Plastomeren sehr ausgeprägt auf und heißt **energieelastische Verformung**.

Die viskoelastische Verformung der gummiartigen Stoffe oder Elastomere (lose vernetzte Hochpolymere mit langen flexiblen Kettenmolekülen) ist oberhalb ihrer Einfriertemperatur T_E durch sehr große reversible Dehnungen (es können mehrere 100 % erreicht werden) gekennzeichnet. Sie beruht vor allem auf einem Ausrichten der Moleküle parallel zur Kraftangriffsrichtung (s. Abb. 4.15b). Je weiter diese Ausrichtung fortschreitet, um so größer muß die für die weitere Dehnung aufzubringende Kraft sein, d. h., daß zwischen Spannung und Dehnung auch dann, wenn die zeitabhängigen Nachwirkungen unberücksichtigt bleiben, kein linearer Zusammenhang besteht. Der E-Modul wird mit fortschreitender Dehnung größer. Man spricht in diesem Falle von Gummi- oder Kautschukelastizität.

Das Ausrichten der Makromoleküle bedeutet einen höheren Ordnungsgrad und damit eine Abnahme der Entropie. Nach Wegnahme der Belastung tritt die Rückkehr in den ursprünglichen Zustand größerer Unordnung ein, die Entropie wird wieder größer. Man bezeichnet die Gummielastizität deshalb auch als **Entropieelastizität**. Da die Tendenz zum ungeordneten Zustand der Makromoleküle mit steigender Temperatur größer wird, nimmt auch die zur entropieelastischen Dehnung notwendige Kraft zu, d. h., daß der E-Modul, der normalerweise mit steigender Temperatur kleiner wird, im gummielastischen Bereich ansteigt.

Die **entropieelastische Verformung** ist an den Zustand der unterkühlten Schmelze (Abschn. 4.1.3) gebunden. Außer den Elastomeren weisen auch Plastomere einen mehr oder weniger deutlichen gummielastischen Bereich auf. Im Glaszustand, d. h. unterhalb der Einfriertemperatur T_E, verhalten sich Plastomere und Elastomere energieelastisch. Der E-Modul ist dann um etwa das 10^3fache größer (Tabelle 5.2), und die Werkstoffe sind spröde.

Tabelle 5.2 E-Modul von hochpolymeren Werkstoffen

	E-Modul GPa
Duromere	5 bis 15
Plastomere	0,3 bis 3
Gummi (energieelastischer Bereich)	1 bis 10
Gummi (entropieelastischer Bereich)	0,001 bis 0,01

Die Auswirkungen der anelastischen bzw. viskoelastischen Verformung werden besonders bei schwingender Beanspruchung deutlich. Die die Verzögerung der Dehnung bewirkenden Vorgänge verbrauchen Energie, welche durch innere Reibung in Wärme umgesetzt wird. Diese Energieumwandlung ist eine der Ursachen für die **Dämpfung**, d. h. für das Abklingen einer dem Werkstoff aufgezwungenen Schwingung.

5.1.2.2 Plastische (bleibende) Verformungen

Gleitebenen, Gleitrichtungen, Gleitsysteme

Beim Zugversuch dividieren wir die Zugkraft F durch die senkrecht zu ihr stehende kleinste Fläche S_0 das Probestabes (Abb. 5.10) und erhalten damit eine Normalspannung σ bzw. R. Nach den in Abschnitt 5.1.2 getroffenen Feststellungen dürfte sich der Stab aus einem kristallinen Material also nur elastisch dehnen und müßte anschließend ohne plastische Verformung zerreißen. Das dem nicht so ist, wurde bereits im Abschnitt 5.1.1 ausführlich behandelt (s. Abb. 5.3). Um diesen scheinbaren Widerspruch zu klären, müssen wir das in der Abbildung 5.7e und f gegebene Schema präzisieren. Die dort dargestellte Abgleitung zweier Kristallbereiche gegeneinander kann nämlich nur in solchen Ebenen und Richtungen erfolgen,

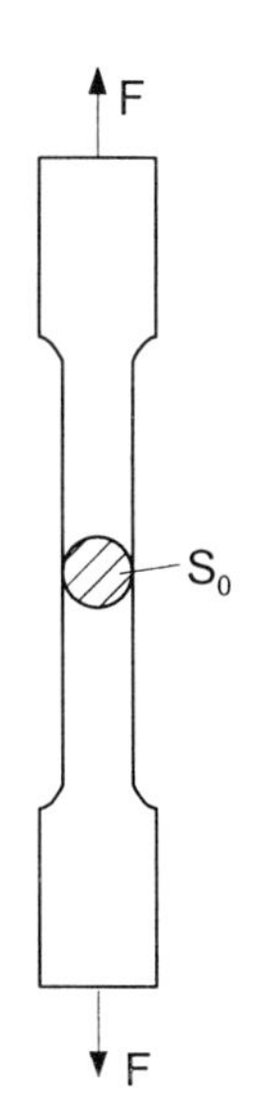

Abb. 5.10 Zugprobe

in denen eine **dichte Packung** der Atome vorhanden ist. Wir nennen diese die **Gleitebenen** und die **Gleitrichtungen**, das Produkt daraus die **Gleitsysteme** eines Kristallgitters. Je mehr Gleitsysteme vorhanden sind, um so besser ist ein Kristall verformbar. Im kfz- und hdP-Gitter, die beide eine dichteste Kugelpackung aufweisen, sind Gleitebenen und -richtungen leicht zu bestimmen. Aus der Abbildung 5.11 ist ersichtlich, daß sich die Atome des **kfz-Gitters** in den 4 {111}-Ebenen und den 3 ⟨100⟩-Richtungen, die jeweils gegenläufig betätigt werden können, lückenlos aneinanderlagern, woraus sich 24 Gleitsysteme ergeben. Das **hdP-Gitter** hat nur 1 Gleitebene mit $2 \cdot 3$ Gleitrichtungen, insgesamt also 6 Gleitsysteme. Das **krz-Gitter** besitzt keine Ebene dichtester Kugelpackung. Das Abgleiten der Atomschichten erfolgt bevorzugt in {110}-Ebenen, seltener in den Ebenen {112} und {123}, aber immer in den dichtbesetzten ⟨111⟩-Richtungen. Die Angabe von Gleitsystemen ist in diesem Falle irreal, da sie wegen der geringeren Atomdichte schwerer zu betätigen sind als bei den anderen Kristallgittern. Für das Verformungsverhalten ergibt sich daraus, daß kfz-Metalle und -Legierungen, wie Al, Cu und γ-Fe (austenitische Stähle) sehr gut, krz-Werkstoffe wie α-Fe, W und Cr gut

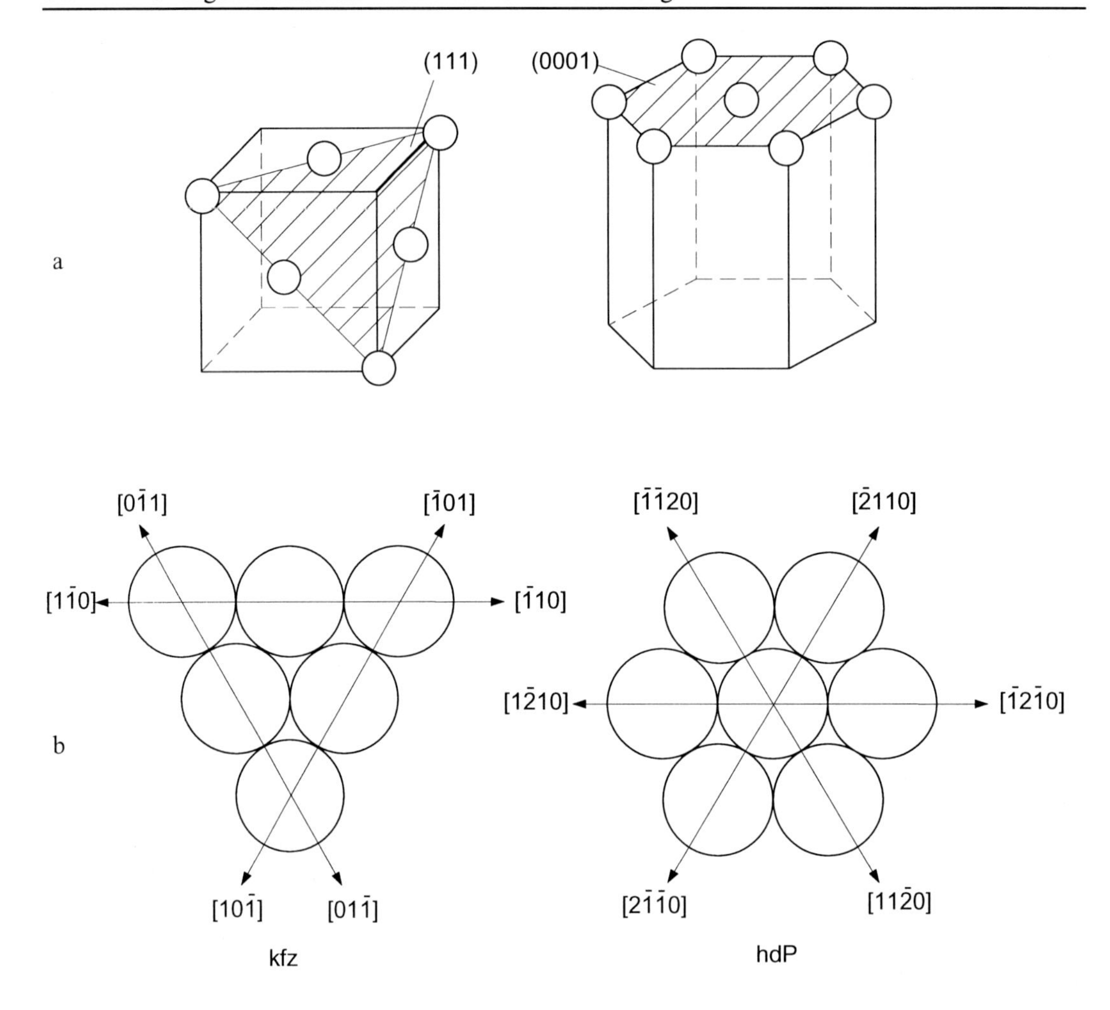

Abb. 5.11 **a** Lage der Gleitebenen im kfz- und hdP-Gitter
b Veranschaulichung der Atomdichte in den Gleitebenen und -richtungen

und die hdP-Metalle, wie Zn und Mg am schwierigsten verformbar sind. Das gilt auch für keramische Kristalle, wenn diese bei hohen Temperaturen ($T > 0{,}8\ T_S$) verformbar werden.

Plastische Verformung

Die Nennspannung $\sigma = F/S_0$, die wir gemäß Abbildung 5.10 erhalten, ist eine makroskopische Größe, die das Verhalten des Werkstoffs im elastischen Bereich hinreichend genau beschreibt und Grundlage konstruktiver Berechnungen ist. Um aber die plastische Verformung eines glatten zugbeanspruchten Stabes erklären zu können, müssen wir von den Komponenten ausgehen, mit denen die angreifende Kraft F in den Gleitsystemen wirksam wird. In der Abbildung 5.12 ist die Aufspaltung von F in eine **Schubkraft F_τ** und eine **Normalkraft F_σ** dargestellt. Erreicht die auf die Fläche der Gleitebenen bezogene Schubspannung τ in einer

Gleitrichtung die Höhe der **kritischen Schubspannung** τ_{krit} (Fließschubspannung τ_F), bevor σ' die **Trennfestigkeit** σ_T in dieser Ebene überschritten hat, tritt plastische Verformung ein.

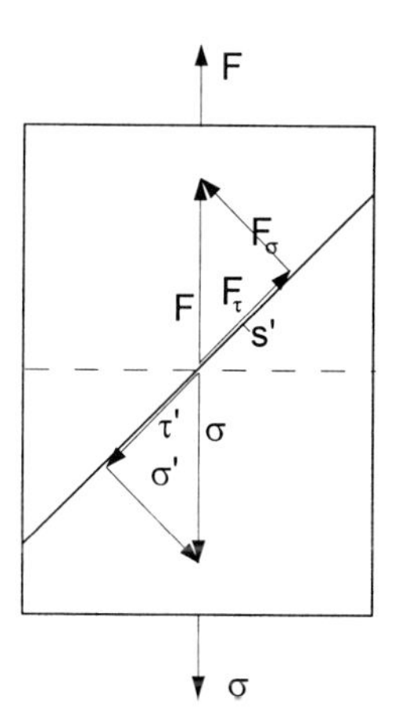

Abb. 5.12 Kräfte und Spannungen an der Ebene S' einer Zugprobe

Schmidtsches Schubspannungsgesetz

Die Größe der im Gleitsystem wirkenden Kraft- bzw. Spannungskomponenten hängt von den Winkeln ab, die Gleitebene und Gleitrichtung zur Kraftangriffsrichtung bilden. Die auf eine Gleitrichtung [uvw] in einer Gleitebene (hkl) wirkende Schubspannung τ' kann mit Hilfe des **Schmidtschen Schubspannungsgesetzes** berechnet werden (Abb. 5.13):

$$\tau' = \sigma \cdot \cos\alpha \cdot \sin\beta \ .$$

Daraus folgt, daß in Gleitebenen, die zur Kraftangriffsrichtung parallel ($\beta = 0°$, $\sin\beta = 0$) oder senkrecht ($\beta = 90°$, folglich auch $\alpha = 90°$, $\cos\alpha = 0$) angeordnet sind, keine Schubspannung wirkt und deshalb keine plastische Verformung stattfinden kann. Die bei einer gegebenen Nennspannung σ größte Schubspannung τ'_{max} liegt dort vor, wo $\alpha = \beta = 45°$. In diesem Falle gilt:

$$\tau'_{max} = \sigma \cdot 0{,}7071 \cdot 0{,}7071 = 0{,}5 \cdot \sigma \ .$$

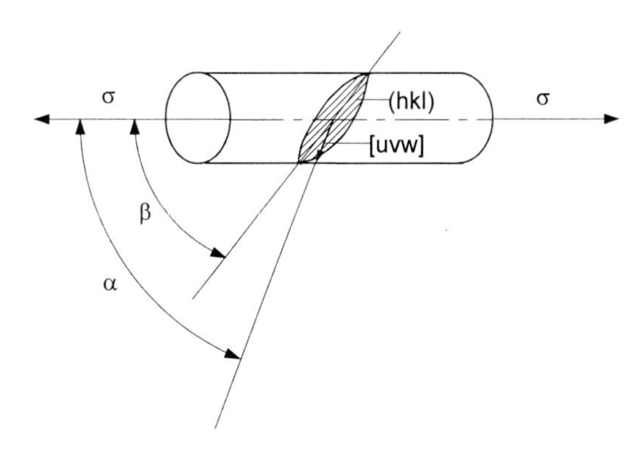

Abb. 5.13 Lage einer Gleitebene (hkl) und einer Gleitrichtung [uvw] in einer Zugprobe

Die Schubspannung, die notwendig ist, um zwei Bereiche eines fehlerfreien Kristalls gegeneinander zu verschieben, läßt sich berechnen. Sie hängt vom Gleitmodul G, vom Abstand der Gitterebenen, die gegeneinander verschoben werden, und vom Abstand der Atome in der Richtung, in der die Verschiebung erfolgt, ab. Das bedeutet, daß diese theoretische Schubspannung τ_{th} in jeder Gitterebene und Gitterrichtung unterschiedlich ist. Da aber durch den experimentell bestimmten Gleitmodul der Bezug zu einem bestimmten Gleitsystem hergestellt wird, kann man unabhängig davon, ob es sich um Vielkristalle oder Ebenen und Richtungen in Einkristallen handelt, überschlagmäßig angeben:

$$\tau_{th} \approx \frac{G}{10} \ .$$

Für **polykristallines reines α-Eisen** (Tabelle 5.1) mit G = 80 GPa ergibt sich daraus $\tau_{th} \approx 8000$ N/mm². Diesem theoretischen Wert stehen experimentell ermittelte Schubspannungen gegenüber, die etwa um den Faktor 10^3 kleiner sind. Besonders für die kfz-Metalle ist der Unterschied zwischen τ_{th} und τ_{krit} noch größer. Allgemein kann man feststellen, daß für reine Metalle $\tau_{krit} < 10^{-3}\ \tau_{th}$ und für Kristalle mit kovalenter Bindung, bei deren Verformung die starken Atombindungen überwunden werden müssen, $\tau_{krit} < 10^{-1}\ \tau_{th}$ ist. Die Ionenkristalle, bei denen Ionen gleicher Ladungen gegeneinander bewegt werden müssen, liegen dazwischen.

Worin liegen nun die Ursachen für die besonders bei den Metallen so großen Unterschiede zwischen dem theoretischen Wert und dem experimentellen Ergebnis? Wir sind bisher davon ausgegangen, daß die Gitterbereiche keine Störungen aufweisen und als Ganzes gegeneinander verschoben werden (s. Abb. 5.7e). Beides ist nicht zutreffend. Kristalline Werkstoffe sind immer mit den im Abschnitt 4.1.6 beschriebenen Gitterbaufehlern behaftet. Eine Ausnahme bilden lediglich die **Whisker** (Haarkristalle). Das sind Einkristalle geringer Dicke (10 µm und weniger) und Länge (meist bis 10 mm), die unter bestimmten Bedingungen, vorwiegend aus der Gasphase, abgeschieden werden. Sie enthalten nur eine Schraubenversetzungslinie in Faserrichtung und sind sonst weitgehend störungsfrei. Werden sie einer Verformung unterzogen, so tritt zunächst bis zu einer Schubspannung τ_{max}, die um Größenordnungen über der kritischen Schubspannung normaler, d. h. fehlerbehafteter Einkristalle liegt, nur elastische Formänderung, die bis zu 5 % betragen kann, auf (Abb. 5.14).

Erst nach Erreichen von τ_{max} beginnt die plastische Verformung, die bei der viel niedrigeren Schubspannung τ_{Gl} weitergeführt wird. Unter Abgleitung a in der Abbildung 5.14 ist der Betrag der Verschiebung zweier Kristallbereiche unter der Einwirkung von τ zu verstehen. Der weitere Verlauf der τ - a Kurve ist weggelassen. Er entspricht etwa dem eines normalen Einkristalls (s. Abb. 5.16).

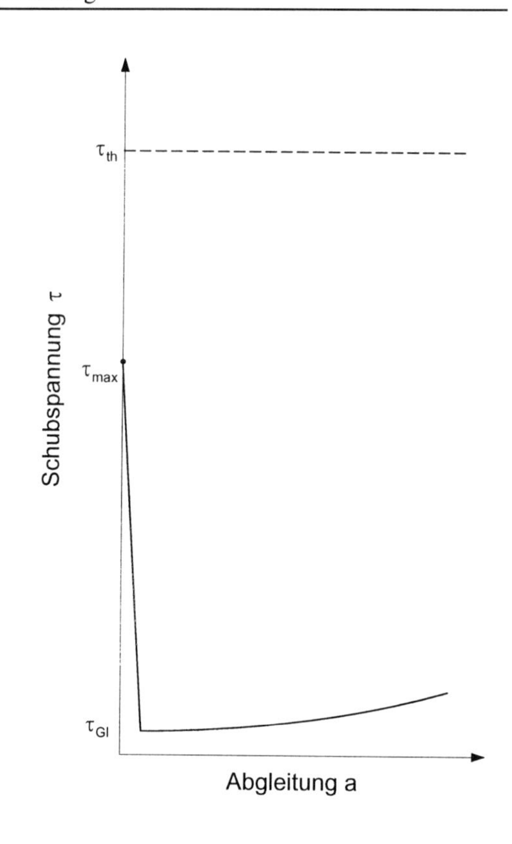

Abb. 5.14 Schubspannungs-Abgleitungs-Kurve eines kfz-Whiskers (schematisch)

Versetzungsbewegung

Die Unterschiede zwischen dem Verformungsverhalten der Whisker und der normalen Einkristalle sind auf das Vorhandensein von **Versetzungen** zurückzuführen. Im Abschn. 4.1.6 ist bereits gezeigt worden, daß die Lage der Gitteratome um eine Versetzungslinie herum stark von der Gleichgewichtslage abweicht. Sie befinden sich in einem Zustand erhöhter Energie, und um eine Abgleitung, d. h. eine Verformung herbeizuführen, ist es lediglich erforderlich, diese Versetzungen durch den Kristall hindurch zu bewegen (Abb. 5.15a bis d). Dazu ist weniger Energie aufzubringen als zur Verschiebung zweier Gitterbereiche als Ganzes. In einem ungestörten Gitter ist zur Bewegung einer einzelnen Versetzung nur eine „**Gitterreibung**" zu überwinden. Die dafür erforderliche Mindestspannung τ_P wird **„Peierls"-Spannung** genannt. Sie entspricht etwa der in der Abbildung 5.14 mit τ_{Gl} bezeichneten Schubspannung. Kommen wir noch einmal kurz auf das Verformungsverhalten eines Whiskers (Abb. 5.14) zurück. Da zu-

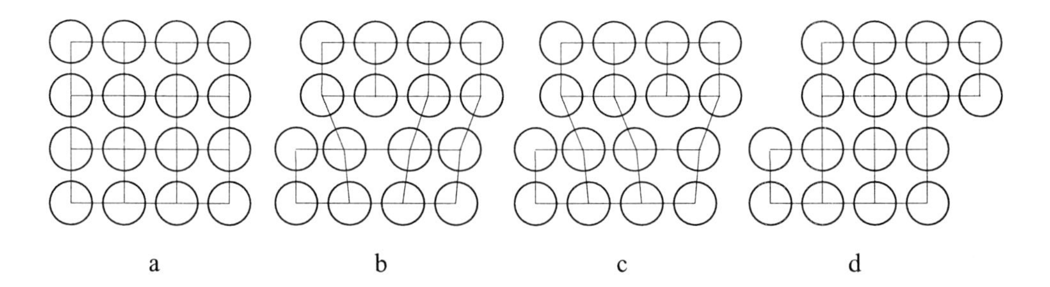

Abb. 5.15 Plastische Verformung durch Wandern einer Stufenversetzung

nächst keine gleitfähigen Versetzungen vorhanden waren, (die erwähnte wachstumsbedingte Schraubenversetzung in Faserrichtung kommt als solche nicht in Betracht), tritt bis zu einer Schubspannung τ_{max}, die mehr als 50 % der theoretischen Formänderungsfestigkeit betragen kann, nur elastische Verformung ein. Dann aber ist die Spannung groß genug, um im Whisker Versetzungen zu erzeugen (im Abschn. 4.1.6 war bereits darauf hingewiesen worden, daß die Energie zur Bildung von Versetzungen unter anderem durch die Einwirkung von Spannungen bei der Verformung eingebracht werden kann). Wir können uns den Vorgang so vorstellen, daß Gitterebenen in den zunächst störungsfreien Kristall eingedrückt werden (Abb. 5.15a und b). Dadurch ändert sich auch der ursprünglich homogene Spannungszustand, was die Entstehung weiterer Versetzungen erleichtert, so daß bei der weiteren plastischen Verformung die Schubspannung τ_{Gl}, die für das Bewegen der Versetzungen benötigt wird, vorerst nur langsam ansteigt.

Schubspannungs-Abgleitungs-Diagramm

Die Zunahme der für die fortschreitende Versetzungsbewegung erforderlichen Schubspannungen während der plastischen Verformung bezeichnen wir als **Verfestigung** (s. Abschn. 5.1.1). Sie ist während des Ablaufs eines Verformungsprozesses verschieden groß, wie am Beispiel des **Schubspannungs-Abgleitungs-Diagramms** in der Abbildung 5.16 gezeigt werden soll. Im Abschnitt I tritt nur eine elastische Formänderung auf. Aus dem Anstieg der Geraden kann der Gleitmodul

$$G = \frac{d\tau}{da_{el}}$$

bestimmt werden. Die plastische Verformung beginnt bei einer Spannung τ_{krit}. Da in normalen Einkristallen außer den Versetzungen noch andere Gitterbaufehler vorhanden sind, die die Bewegung der Versetzungen erschweren, ist τ_{krit} um einen von der Art und Anzahl der Fehler abhängigen Betrag $\Delta\tau_{Fehler}$ größer als die Gitterreibungsspannung τ_P:

$$\tau_{krit} = \tau_P + \Delta\tau_{Fehler}\,.$$

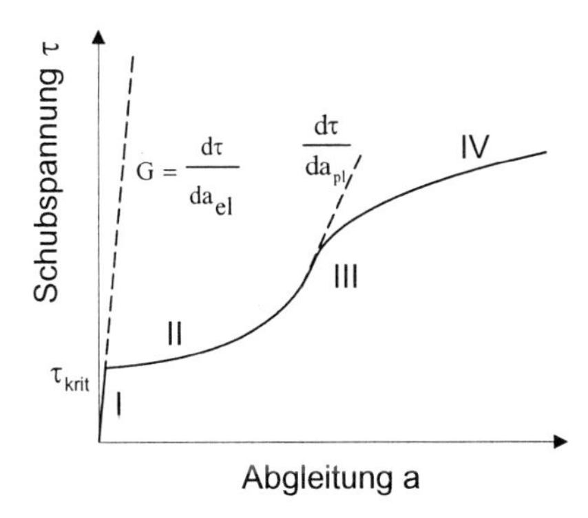

Abb. 5.16 Schubspannungs-Abgleitungs-Kurve eines kfz-Einkristalls (schematisch)

Der weitere Kurvenverlauf kann in 3 Abschnitte unterteilt werden. Im Abschnitt II ist der Verfestigungskoeffizient $d\tau/da_{pl}$ sehr klein. Das ist darauf zurückzuführen, daß die vorhandenen **gleitfähigen Versetzungen**, d. h. solche, die in der am günstigsten orientierten Gleitebene liegen und den Burgersvektor der Gleitrichtung haben, sehr leicht beweglich sind, sich gegenseitig wenig behindern und deshalb lange Wege zurücklegen können. Da nur das zur Kraftangriffsrichtung am günstigsten orientierte Gleitsystem betätigt wird, spricht man von **Einfachgleitung**.

Im Abschnitt III sind die gleitfähigen Versetzungen verbraucht und an Hindernissen aufgestaut. Sie erzeugen **Spannungsfelder**, die der Bewegung von Versetzungen, die unter der Einwirkung der Schubspannungen neu gebildet werden, entgegenwirken. Damit die Verformung (Abgleitung) fortschreiten kann, muß die Schubspannung τ größer werden. Dadurch können weitere Gleitsysteme, in denen die Schubspannung τ nur anteilig wirkt, in die Versetzungsbewegung einbezogen werden (**Mehrfachgleitung**). Die Gleitwege der Versetzungen werden infolgedessen kürzer, und die Verfestigung nimmt stark zu. Die **Fließschubspannung** τ_F, die an einem beliebigen Punkt zur Fortsetzung des Verformungsprozesses aufgebracht werden muß, beträgt

$$\tau_F = \tau_{krit} + G \cdot b \cdot \sqrt{\rho}\ .$$

G = Schubmodul
b = Burgersvektor
ρ = Versetzungsdichte

Der Anstieg $d\tau/da_{pl}$ ist bei allen kfz-Metallen etwa gleich ($\approx$ G/300). Im Abschnitt IV der τ-a-Kurve nimmt der Verfestigungskoeffizient wieder ab. Die in diesem Bereich hohen Schubspannungen ermöglichen es den Schraubenversetzungen, vorhandene Hindernisse durch **Quergleiten**, d. h. durch Ausweichen auf andere, weniger gestörte Gleitebenen, zu umgehen.

Außer durch das Abgleiten von Gitterbereichen ist eine plastische Verformung auch durch **Zwillingsbildung** möglich. Dabei werden Gitterbereiche durch Scherung in eine spiegelbildliche Anordnung zu den in der ursprünglichen Lage verbliebenen Kristallbereichen gebracht. Zwillingsbildung tritt vor allem auf, wenn die Verformung durch Abgleitung erschwert ist, z. B. bei tiefen Temperaturen, großen Verformungsgeschwindigkeiten oder in Kristallen mit wenigen Gleitsystemen. Die durch Zwillingsbildung erreichbare Verformung ist viel kleiner als die durch Abgleitung mögliche.

Verformung von Vielkristallen

Die bisherigen Betrachtungen zur plastischen Verformung gingen von Einkristallen aus, bei denen die auf ein Gleitsystem wirkenden Schubspannungen und die daraus resultierenden Abgleitungen in direkte Beziehung gebracht werden können. Technische Werkstoffe sind aber polykristallin, die Gleitsysteme jedes Kristalliten haben im Normalfall eine andere Orientierung, und die Bewegung der Versetzungen wird durch die **Korn-** und **Phasengrenzen** behindert. Für Kristallgemische kommt noch hinzu, daß die elastischen und plastischen Eigenschaften der einzelnen Phasen verschieden sind. Aufgrund dessen sind Schubspannungs-Abgleitungs-Beziehungen für polykristalline Werkstoffe nicht mehr real, und man beschreibt das Verformungsverhalten mit Hilfe der **Spannungs-Dehnungs-Kurve** (Abschn. 5.1.1). Wenn wir die Streckgrenze R_e als den Beginn der den ganzen Probestab erfassenden plastischen Verformung auffassen, ergibt sich für einphasige Legierungen folgender Zusammenhang mit der kritischen Schubspannung:

$$R_e \approx 3\tau_{krit}\ .$$

Diese Beziehung berücksichtigt nur die regellose Orientierung der Kristallite, nicht die verformungsbehindernde Wirkung der Korngrenzen.

In der Abbildung 5.17 ist das Gefüge eines vielkristallinen Zugstabes mit seinen Gleitebenen schematisch dargestellt. (In diesem Fall könnte es sich um ein hexagonales Metall mit nur einer Gleitebene handeln. Da die Gleitebenen nicht nur in der Zeichenebene, sondern auch im Raum gegeneinander verkantet sind, ist ihr Abstand in der Ebene verschieden groß.)

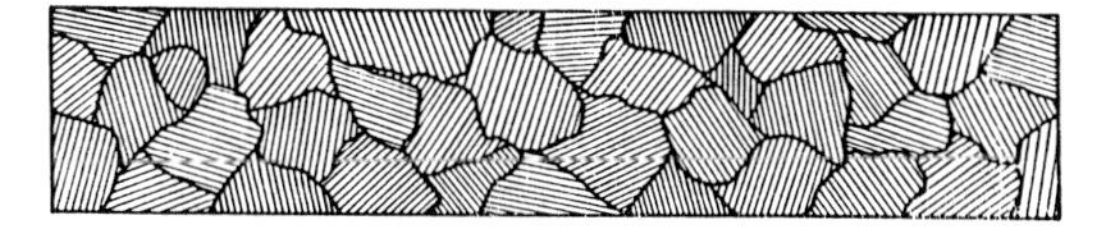

Abb. 5.17 Lage der Gleitebenen in einem vielkristallinen Metall

Mit größer werdender Zugspannung wird die kritische Schubspannung zuerst in den Kristalliten erreicht, deren Gleitebenen einen **Winkel von 45° zur Kraftangriffsrichtung** bilden (**Schmidtsches Schubspannungsgesetz**). Es kommt nur in diesen Körnern zu einer plastischen Verformung. Die daraus resultierende Formänderung des gesamten Probestabes ist aber sehr gering (**Mikrodehnung**), so daß ihr Beginn (wirkliche Elastizitätsgrenze, s. Abschn. 5.1.1) nicht exakt meßbar ist.

Die Versetzungsbewegung in den günstig orientierten Kristalliten endet an den Korngrenzen. Da der Zusammenhalt der Körner gewahrt bleibt, können sich keine Gleitstufen ausbilden, sondern es entstehen Versetzungsstaus und elastische Verformungen der Nachbarkristalle. Unter dem Einfluß der dadurch aufgebauten Spannungsfelder und der auch in ungünstiger orientierten Körnern zunehmenden Schubspannungskomponente werden mit größer werdender Belastung besonders an den Korn- und Phasengrenzen **neue Versetzungen** gebildet und immer mehr Kristallite in den Verformungsprozeß einbezogen, was an dem deutlichen Abbiegen der Spannungs-Dehnungs-Kurve von der Hooke'schen Geraden erkennbar wird. Mit Erreichen der **Streckgrenze** sind dann alle Körner an der Verformung beteiligt. In den kubischen Kristallen werden im Bereich der Mikrodehnung immer unterschiedliche Gleitsysteme betätigt, so daß die an den Korngrenzen auftretenden Spannungen nicht so hoch sind wie bei den hexagonalen.

Die bisher beschriebenen Vorgänge bei der plastischen Verformung kristalliner Werkstoffe (**Kristallplastizität**) sind zeitunabhängig.

Amorphe Werkstoffe dagegen werden zeitabhängig durch **viskoses Fließen** verformt. Eine rein viskose Verformung liegt im Schmelzzustand vor. Beim Abkühlen unter die Schmelztemperatur kommen zunehmend **viskoelastische** und **elastische Verformungsanteile** hinzu. Bei tiefen Temperaturen wird der viskose Anteil so gering, daß er praktisch vernachlässigt werden kann. Das trifft z. B. für anorganische Gläser bei Raumtemperatur zu.

Der Widerstand einer Flüssigkeit, auch einer unterkühlten, gegen das Fließen kann durch seine **dynamische Viskosität**

$$\eta = \tau \cdot \dot{\varphi}^{-1} \text{ in Pa} \cdot \text{s}$$

τ = Schubspannung
$\dot{\varphi}$ = Fließgeschwindigkeit

beschrieben werden. Sie ändert sich bei der amorphen Erstarrung kontinuierlich in einem weiten Temperaturbereich. Ihre Kenntnis ist einmal für die Einstellung günstiger Arbeitstemperaturen beispielsweise beim Spritzgießen von Hochpolymeren oder bei der Formgebung von Glas, zum anderen zur Abschätzung der Formänderung amorpher Werkstoffe unter Belastung wichtig. Die Viskosität von Metallschmelzen und Wasser beträgt um 10^{-1} Pa · s (abhängig von der Temperatur), Gläser werden in einem Bereich von etwa 10^3 bis 10^9 Pa · s verarbeitet, und oberhalb 10^{15} Pa · s tritt praktisch kein viskoses Fließen mehr auf.

Die Auswirkung des viskosen Fließens auf ein belastetes Bauteil kann mit Hilfe des **Maxwell-Modells** (Abb. 5.18a) anschaulich beschrieben werden (vgl. Abb. 5.9). Bei gleichbleibender Belastung (Abb. 5.18b) wird die Feder, die wieder die elastische Formänderung verkörpert, verzögerungsfrei gedehnt, während die Bewegung des Kolbens im Zylinder, die das viskose Fließen charakterisiert, über die gesamte Dauer der Lasteinwirkung fortschreitet. Nach Entlastung bleibt eine plastische Formänderung zurück, deren Größe von der Lasteinwirkungsdauer abhängt.

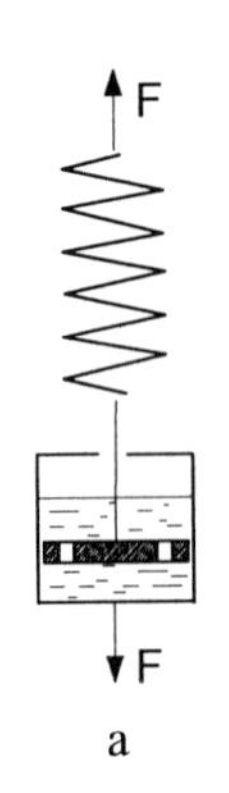

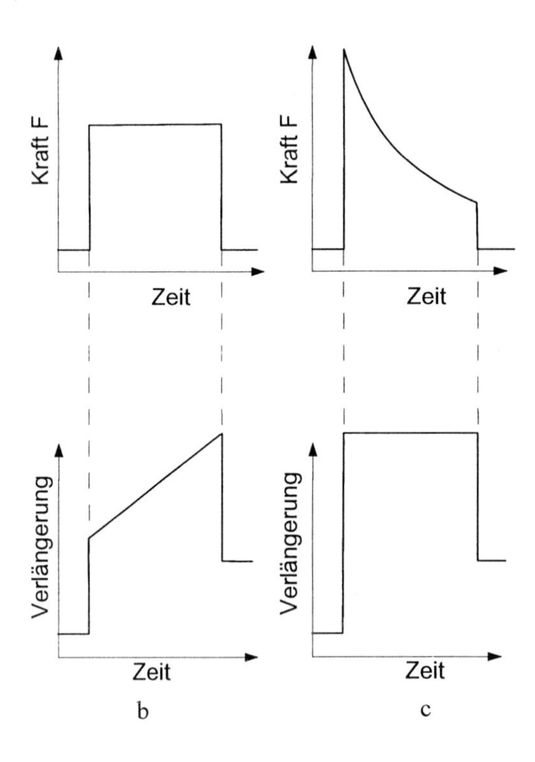

Abb. 5.18 Maxwell-Modell zur Beschreibung der viskosen Verformung mit elastischen Anteilen (**a**) und zeitlicher Verlauf von Kraft und Verlängerung bei gleichbleibender Belastung (**b**) oder gleichbleibender Verformung (**c**)

Wird aber nicht die einmal aufgebrachte Belastung, sondern die durch diese hervorgerufene Formänderung konstant gehalten (z. B. die Biegung eines eingespannten Balkens), so wird durch die viskose Verformung (Kolbenbewegung) die zunächst elastische Verformung (Dehnung der Feder) abgebaut. Die ursprünglich aufgebrachte Spannung geht bis auf einen Restbetrag zurück (**Relaxation**, Abb. 5.18c).

5.1.2.3 Bruchvorgänge

Wir gehen von den in der Abbildung 5.5 dargestellten Spannungs-Dehnungs-Kurven einiger technischer Werkstoffe aus. In den Beispielen 1, 2, 5, 7 und 9 tritt der Bruch erst nach beträchtlicher plastischer Verformung ein, während es in den Beispielen 3 und 4 praktisch aus dem elastischen Verformungszustand heraus zum Bruch kommt. Man spricht in ersterem Fall von einem **zähen**, **duktilen Verformungsbruch** (er kündigt sich beim Zugversuch meist durch die Einschnürung des Probestabes an) und im zweiten Fall von **Sprödbruch**. Spröde Werkstoffe haben im Zugversuch eine Bruchdehnung (plastische Dehnung) von 0 %. In der Praxis bezeichnet man allerdings auch Werkstoffe mit sehr kleinen Bruchdehnungen häufig als spröde (z. B. Kurve 6 in der Abbildung 5.5; die Bruchdehnung der Legierung GD-AlSi 12 beträgt etwa 1 bis 3 %). **Sprödbrüche** haben eine **glänzende kristalline**, **Verformungsbrüche** eine **matte** und stärker **strukturierte Bruchfläche**.

Die Unterscheidung in Verformungs- und Sprödbruch geht also von **makroskopischen Merkmalen** (Bruchdehnung) und vom **Bruchaussehen** aus. Die mikroskopische Untersuchung der Bruchflächen (**Mikrofraktographie**), besonders mit Hilfe des Rasterelektronenmikroskopes, führte zu einer Systematisierung der Brüche nach **mikroskopischen Merkmalen**, die mit der makroskopischen Bewertung nicht immer völlig übereinstimmt. So sind beispielsweise bei makroskopischen Sprödbrüchen mitunter mikroskopisch Verformungsanteile nachweisbar.

Mikrofraktographisch unterscheidet man zwischen **Gleitbruch** (einschleißlich Scherbruch) und **Spaltbruch**. Zu diesen vor allem für statische Beanspruchung charakteristischen Bruchformen kommt bei höheren Temperaturen der **Kriechbruch** (Abschnitt 5.2.2) und unter zyklischer Beanspruchung der **Ermüdungs-**, **Schwing-** oder **Dauerbruch** (Abschnitt 5.3.4.4).

Gleitbruch

Wir wenden uns zunächst den erstgenannten Bruchmechanismen zu. Der Gleitbruch tritt immer **nach plastischer Verformung** unter der Einwirkung von **Schubspannungen** ein. Die Versetzungen bewegen sich vorzugsweise auf bestimmten Gleitebenen, wodurch Kristallitbereiche scheibenförmig gegeneinander abgleiten, wie an dem in der Abbildung 5.19 dargestellten Modell schematisch gezeigt wird.

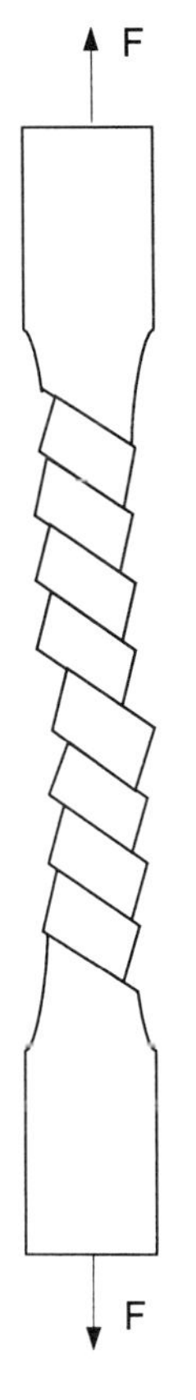

Abb. 5.19
„Wurstscheibenmodell" der plastischen Verformung

Der Bruch ist dann eingetreten, wenn Scheiben aneinander vorbeigeglitten sind und kein Kontakt mehr besteht. Falls dieser Vorgang ungehindert ablaufen kann, z. B. in homogenen hochreinen Metallen, tritt in der Einschnürzone des Zugstabes eine so starke Verformung ein, daß die Bruchfläche als feine Spitze ausgebildet ist. Technische Werkstoffe hingegen haben aufgrund des Vorhandenseins von Verunreinigungen (z. B. nichtmetallische Einschlüsse, Korngrenzenausscheidungen) sowie gegebenenfalls von mehreren Phasen (Kristallgemische) immer einen heterogenen Aufbau. Deshalb und weil **unterschiedliche Gleitsysteme** betätigt werden (**inhomogene Versetzungsbewegung**, bei der sich die Gleitbänder kreuzen können), ist die freie Bewegung der Versetzungen durch den gesamten Querschnitt hindurch nicht möglich. Es kommt infolgedessen bereits bei kleinen Dehnungen, in duktilen Werkstoffen lange vor Eintritt des Bruches, zur Bildung von Löchern (**Mikrovoids**) im Werkstoff, entweder durch den Bruch von Einschlüssen und schwer verformbaren Phasen (z. B. Fe_3C in Eisen) oder durch deren Ablösung von der verformten Matrix oder durch Aufreißen der Matrix infolge von Versetzungsreaktionen (z. B. nach Versetzungsaufstau an den sich kreuzenden Gleitbändern).

Die Größe und die Zahl der Hohlräume nimmt bei weichen Werkstoffen im Verlauf der weiteren Verformung, die nunmehr vor allem durch Abgleiten der Bereiche zwischen den Löchern gekennzeichnet ist, stark zu, bis der Bruch durch Abscheren der Brücken zwischen den Hohlräumen eintritt. In hochfesten Werkstoffen folgt der Lochbildung kein ausgeprägtes Lochwachstum, sondern vorrangig das Abscheren der Bereiche zwischen den Löchern, so daß die Dehnungen bis zum Bruch wesentlich geringer sind. In der Abbildung 5.20 sind diese Vorgänge schematisch dargestellt.

Die **Bruchfläche des Scherbruches** ist infolgedessen wabenförmig ausgebildet (Abb. 5.21a). Am Grund der **Waben** sind vielfach noch die Einschlüsse erkennbar, von denen die Hohlraumbildung ausgegangen ist. Die Hohlraum-

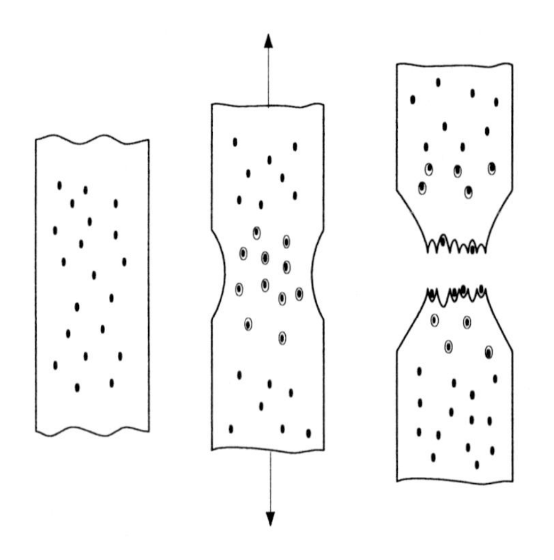

Abb. 5.20 Vorgänge beim Scherbruch (schematisch)

bildung ist im Bereich der größten Verformung, bei der Zugprobe also in der Zone der Einschnürung, am ausgeprägtesten, sie findet aber auch außerhalb dieses Bereiches statt. Die zum **Gleitbruch** führenden Vorgänge können wie beim Zugversuch in einem großen Volumen oder beim Dauerbruch auch nur örtlich vor einem Riß oder einem Kerb ablaufen. Die Größe der plastischen Verformung eines Werkstoffes vor dem Bruch, d. h. seine **Zähigkeit**, hängt also unter den Voraussetzungen, die zum Gleitbruch führen, vor allem vom Gehalt an nicht oder wenig verformbaren Bestandteilen im Korninneren bzw. Ausscheidungen an den Korngrenzen ab. Hohe Reinheitsgrade, wie sie z. B. in ultrareinen Stählen vorliegen, und geringe Anteile an zweiten Phasen, z. B. in kohlenstoffarmen Stählen, bewirken eine große Zähigkeit.

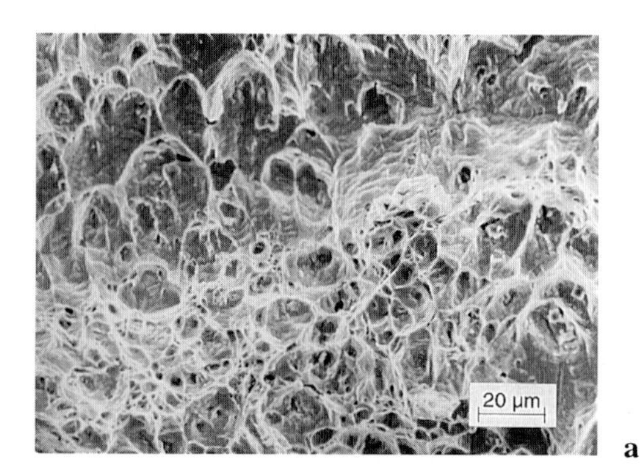

a

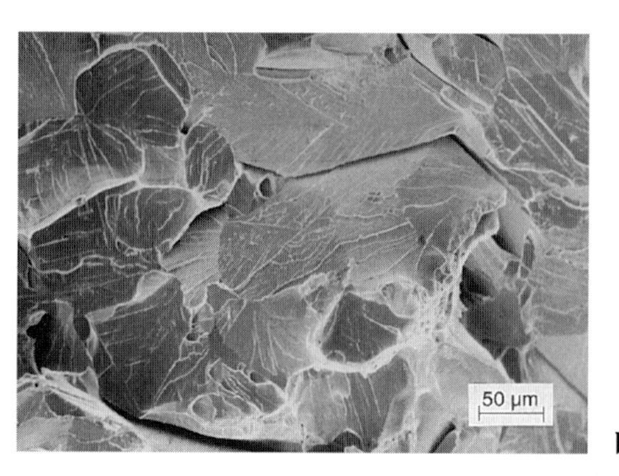

b

c

Abb. 5.21 Rasterelektronenmikroskopische Aufnahmen von Bruchflächen
a Wabenbruch
b Transkristalliner Spaltbruch
c Interkristalliner Spaltbruch

Der **makroskopische Zähbruch** eines Zugstabes beginnt im Inneren der Probe. Die Bruchfläche, deren Richtung durch die Hauptspannungen bestimmt wird, liegt senkrecht zur Kraftangriffsrichtung (**normalflächiger Bruch**). Im Endstadium des Verformungsbruches, wenn nur noch eine ringförmige äußere Zone stehengeblieben ist, schert diese vielfach unter 45° zur Zugrichtung ab (**scherflächiger Bruch**). Dadurch kommt es zur Ausbildung eines Näpfchen- oder Trichterbruches an der Zugprobe (Abb. 5.22).

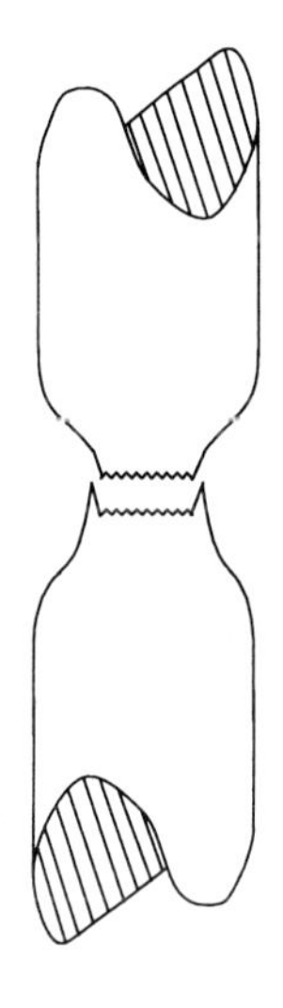

Abb. 5.22 Bruchverlauf an zylindrischen Zugproben

Spaltbruch

Spaltbrüche entstehen durch **Auftrennung des Kristallgitters** entlang bestimmter kristallographischer Ebenen (**Spaltebenen**) unter der Einwirkung von **Normalspannungen**. Die **theoretische Trennfestigkeit** σ_{th}, bei der die Kohäsionskräfte aller Atome entlang der Bruchfläche gleichzeitig überwunden werden, kann berechnet werden:

$$\sigma_{th} \approx E/5 \text{ bis } E/10 .$$

Die experimentell ermittelten Bruchspannungswerte sind aber mehr als 10mal kleiner. Das ist darauf zurückzuführen, daß die Überwindung der Bindungen zwischen den Atomen beim Bruch nicht gleichzeitig über den gesamten Querschnitt erfolgt, sondern nacheinander vor der Spitze eines Risses.

Bruchmodell von Griffith

In dem Bruchmodell von Griffith, das nur für spröde Stoffe gilt, für die keinerlei plastische Verformung möglich ist, wird angenommen, daß im Werkstoff von vornherein Risse vorhanden sind. Diese wirken als Kerben, an deren Enden bei Belastung eine wesentlich höhere Spannung σ_{max} vorliegt als die auf den ungestörten Querschnitt bezogene Nennspannung σ_{nenn} (Abb. 5.23).

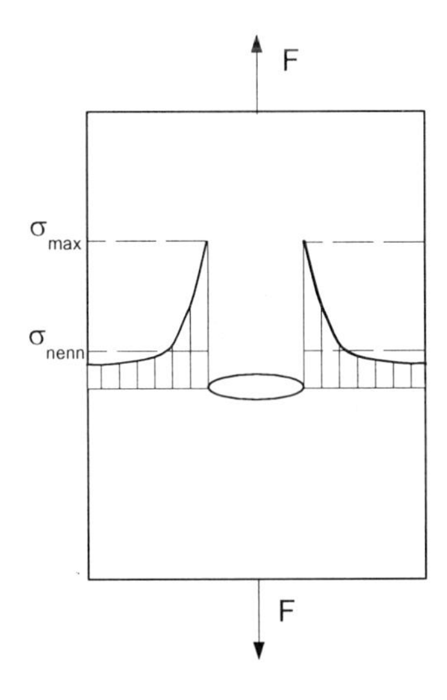

Abb. 5.23 Verlauf der größten Hauptspannung an einem Riß

Die einwirkende Kraft führt zu einer Aufweitung des Gitters, die im Bereich der Rißspitze entsprechend dem Spannungsverlauf am größten ist. Dabei wird **elastische Verformungsenergie W_{el}** gespeichert. Wenn bei einer **kritischen Rißlänge** diese Energie W_{el} größer wird als die für die Bildung neuer Oberflächen aufzubringende **Oberflächenenergie W_{Ob}**, breitet sich der Riß unter **Energiefreisetzung** aus. Man spricht dann von **instabiler Rißausbreitung**.

Ein solches Verhalten ist z. B. für kristalline keramische Werkstoffe, die nur dicht unterhalb ihres Schmelzpunktes verformbar werden, und für Hochpolymere bei sehr tiefen Temperaturen charakteristisch. Auch beim Bruch von Gläsern ist dieses Modell anwendbar. Es wurde berechnet, daß die kritische Rißlänge in diesem Fall etwa 10^{-4} mm beträgt und daß ein Riß von 10^{-2} mm Länge die Zugfestigkeit auf etwa 1/100 des theoretischen Wertes vermindert. Die Wahrscheinlichkeit, daß Fehler dieser Größenordnung auftreten (neben Mikrorissen im Inneren kommen dafür auch Oberflächenfehler, wie Kratzer oder Riefen in Betracht), nimmt mit größer werdendem Querschnitt zu. Deshalb ist die Festigkeit spröder Werkstoffe von den Abmessungen abhängig. Beispielsweise haben dicke Glasproben eine Zugfestigkeit um 200 N/mm², diese liegt damit weit unter σ_{th} ($E_{Glas} \approx 70$ GPa, $\sigma_{th} \approx 7000$ N/mm²). Bei dünnen Glasfäden mit völlig glatter Oberfläche hingegen kann die Zugfestigkeit bis auf etwa 3500 N/mm² ansteigen (für Durchmesser um 5 µm), sie kommt damit dem theoretischen Wert wesentlich näher.

Rißentstehung und Rißausbreitung

Das Bruchmodell von Griffith geht also von einem vorhandenen Anriß aus und beschreibt die Bedingungen, unter denen sich dieser instabil ausbreiten kann. **Metalle**, soweit bei ihnen überhaupt Spaltbruch auftritt, zeigen von diesem für ideal spröde Werkstoffe geltenden Modell ein abweichendes Verhalten. Es ist dadurch gekennzeichnet, daß der Bruchvorgang in die Teilprozesse **Rißentstehung** (**Rißeinleitung**) und **Rißausbreitung** unterteilt ist. Das heißt, daß für den Eintritt des Spaltbruches in diesem Falle das Vorhandensein eines Risses nicht erforderlich ist, sondern daß sich dieser während der Belastung bilden kann. Dazu sind kleine plastische Verformungen (**Mikroplastizität**) notwendig. Die Versetzungen stauen sich dabei an Hindernissen, wie Korngrenzen oder nicht verformbaren Phasen oder auch kreuzenden Gleitbändern, was mit örtlichen Spannungserhöhungen und Mikrorißbildung in den Kristallen oder Fremdphasen verbunden ist. Diese Mikrorisse können sich sofort instabil ausbreiten und zum Bruch führen oder sie vergrößern sich zunächst stabil, d. h. unter weiterer Spannungserhöhung, bis sie die Korngrenze oder ein anderes Hindernis erreicht haben und dort aufgefangen werden (**Rißstopp**) oder bis sie eine kritische Größe erreicht haben und den **instabilen Spaltbruch** des Werkstoffs (**Rißauslösung**) herbeiführen.

Die **instabile Rißausbreitung** verläuft mit hoher Geschwindigkeit (bis Schallgeschwindigkeit) entweder transkristallin oder interkristallin. **Transkristalline** (intrakristalline) **Brüche** folgen den kristallographischen Ebenen, die die geringste Oberflächenspannung haben (den **Spaltebenen**). In krz-Gittern sind das die {100}-Ebenen. In Metallen mit kfz-Struktur treten wegen der guten Verformbarkeit keine Spaltbrüche auf. Unter bestimmten Bedingungen brechen zwar auch kfz-Werkstoffe makroskopisch spröde, jedoch weisen die rasterelektronenmikroskopischen Bruchaufnahmen immer einen Gleitbruch aus.

Interkristalline Brüche folgen den Korngrenzflächen. Sie werden dann beobachtet, wenn deren Kohäsionsfestigkeit z. B. durch Anhäufungen (Segregationen) von Fremdatomen herabgesetzt ist (s. Abschn. 7.4.3.3, Anlaßsprödigkeit). Da bei Metallen an der Rißspitze immer plastische Verformungsvorgänge ablaufen, für die Energie verbraucht wird, ist die Spannung, die zum Bruch führt, größer als bei ideal spröden Werkstoffen.

Bruchflächen

Transkristalline Spaltbrüche weisen im Bereich eines Kristalliten eine glatte Bruchfläche auf. Die Stege zwischen dem auf verschiedenen Spaltflächen verlaufenden Riß sind durch Abscheren entstanden. Sie haben Gleitbruchcharakter (Abb. 5.21b). Die Bruchfläche interkristalliner Spaltbrüche (Abb. 5.21c) ist durch den Verlauf der Korngrenzflächen gekennzeichnet.

Zähigkeit und Sprödigkeit

Zähigkeit oder Sprödigkeit sind keine Werkstoffeigenschaften im üblichen Sinn, wie z. B. die elektrische Leitfähigkeit, die Härte oder der Ausdehnungskoeffizient, die nur durch die Struktur und das Gefüge bestimmt werden und sich mit der Temperatur stetig ändern. Ob sich ein Werkstoff zäh oder spröde verhält, hängt darüber hinaus vielfach von nicht werkstoffspezifischen Einflüssen, wie der Beanspruchungsgeschwindigkeit und dem Spannungszustand ab. Im folgenden soll darauf kurz eingegangen werden.

Spaltbruchspannung

Es wurde bereits darauf hingewiesen, daß Spaltbrüche ungeachtet der mikroplastischen Vorgänge bei der Entstehung des Risses und an dessen Spitze bei der Rißausbreitung unter der Einwirkung von **Normalspannungen** (Zugspannungen, da bei Druck der Riß nicht geöffnet, sondern geschlossen wird) entstehen. Die werkstoffspezifische kritische Zugspannung, bei der örtlich ein Spaltbruch entstehen und instabil wachsen kann, wird nach Orowan als **Spaltbruchspannung** σ_f* bezeichnet. Es wird angenommen, daß sie von der Temperatur und der Dehngeschwindigkeit nur wenig beeinflußt wird.

In der Abbildung 5.24 ist der Verlauf der Spaltbruchspannung und der Streckgrenze R_e eines ferritisch-perlitischen Stahls (R_{eL} bei Stählen mit einer diskontinuierlichen Streckgrenze, s. Abschn. 5.1.3) über der Temperatur aufgetragen. Unterhalb der **Übergangstemperatur $T_Ü$**, die die Grenze zwischen dem makroskopisch spröden Bruch und dem mehr oder weniger duktilen Werkstoffverhalten kennzeichnet, ist die Spaltbruchspannung niedriger als die Streckgrenze, d. h., daß der Spaltbruch bei steigender Belastung ohne makroskopische Verformung erfolgt.

Oberhalb $T_Ü$ wird mit zunehmender Zugspannung zunächst die Streckgrenze erreicht. Es kommt zur plastischen Verformung und Verfestigung, wodurch die Streckgrenze bis zur Spaltbruchspannung ansteigt, der Spaltbruch also erst nach vorhergehender plastischer Verformung eintritt. Bei höheren Temperaturen kommt es zum Gleitbruch, bevor die Spaltbruchspannung erreicht ist.

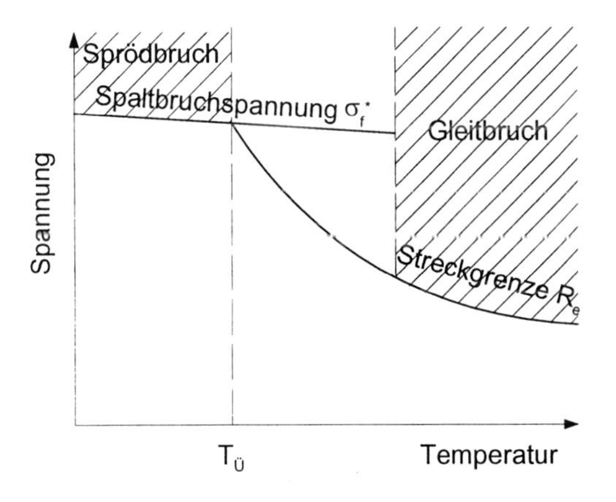

Abb. 5.24 Einfluß der Temperatur auf das Bruchverhalten nach *W. Dahl*

Festigkeitssteigernde Maßnahmen (Abschnitt 5.1.3) und erhöhte **Verformungsgeschwindigkeiten** erhöhen die Streckgrenze, ohne in der Regel die mikroskopische Spaltbruchspannung erheblich zu verändern. Dadurch steigt die Übergangstemperatur auf $T_{Ü1}$ an (Abb. 5.25). Nur im Falle der Festigkeitssteigerung durch **Kornfeinung** wird auch die Spaltbruchspannung σ_f* erhöht und zwar mehr als die Streckgrenze R_e, wodurch die Übergangstemperatur auf $T_{Ü2}$ abfällt. Andererseits kann die Spaltbruchspannung σ_f* durch **Einlagerung spröder Phasen** erniedrigt werden, was die versprödende Wirkung der Festigkeitssteigerung verstärkt ($T_{Ü3}$).

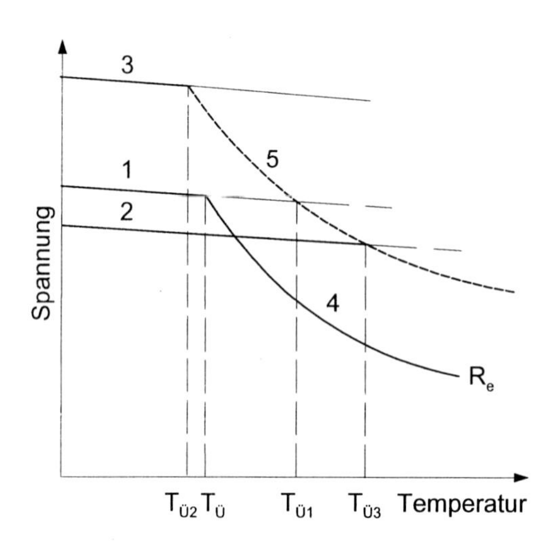

Abb. 5.25 Einfluß der Verformungsgeschwindigkeit und festigkeitssteigernder Maßnahmen auf die Übergangstemperatur

1 Spaltbruchspannung σ_f*
2 σ_f* für Stähle mit spröden Phasen
3 σ_f* für Stähle mit feinem Korn
4 Streckgrenze R_e
5 R_e für erhöhte Verformungsgeschwindigkeit und für Stähle mit erhöhter Festigkeit

Mehrachsige Spannungszustände

Die bisherigen Betrachtungen gingen vom einachsigen Spannungszustand aus. **Mehrachsige Spannungszustände**, die sehr häufig auftreten, können die Übergangstemperatur und die Sprödbruchneigung sehr nachhaltig beeinflussen. Bei einachsiger Beanspruchung einer Zugprobe beginnt das Fließen (die plastische Verformung im gesamten Querschnitt), wenn die einwirkende Spannung $\sigma = \sigma_1$ die Streckgrenze R_e erreicht hat. In den unter 45° zur Normalspannungsrichtung geneigten Ebenen ist dann $\tau = \tau_{max} = \sigma/2 = \tau_F$ (τ_F = Fließspannung des Vielkristalls, s. auch Abschn. 5.1.2.2). Liegt jedoch eine **mehrachsige Beanspruchung** mit $\sigma_1 > \sigma_2 > \sigma_3$ vor, so kann τ_{max} größer oder kleiner werden, je nachdem, ob es sich bei σ_2 und σ_3 um Druck- oder Zugspannungen handelt.

Wir gehen im folgenden nur auf den letzteren Fall ein. Man kann die Höhe der in beliebigen Ebenen angreifenden Spannungen mit Hilfe des **Mohrschen Spannungskreises** graphisch ermitteln, wie es in der Abbildung 5.26a für die Ebenen E1 bis E4 unter einachsiger Zugbeanspruchung σ_1 dargestellt ist.

Bei **zweiachsiger Zugbeanspruchung** erhält man die Spannungen für die Ebenen, die senkrecht zur Zeichenebene liegen, aus dem Spannungskreis zwischen σ_1 und σ_2. Aus dem in der Abbildung 5.26b dargestellten Beispiel wird deutlich, daß die auf die Ebene 12 wirkenden Normalspannungen σ_{12} größer, die Schubspannungen τ_{12} aber kleiner als bei einachsiger Zugbeanspruchung sind. Die höchsten Schubspannungen liegen in den Ebenen 13 vor, die unter 45° gegen die Zeichenebene geneigt sind. Da $\sigma_3 = 0$, entsprechen sie denen bei einachsiger Beanspruchung (τ_{13}, gestrichelter Kreis in der Abb. 5.26b).

Bei **dreiachsiger Zugbeanspruchung** schließlich treten in den jeweils unter 45° gegen zwei Kraftangriffsrichtungen geneigten Ebenen die in der Abbildung 5.26c eingetragenen größten Schubspannungen τ_{12}, τ_{23} und τ_{31} auf.

Wenn man davon ausgeht, daß die größten Zugspannungen σ_1 in allen drei Fällen der Abbildung 5.26 gleich groß sind und der Streckgrenze R_e im Spannungs-Dehnungs-Diagramm entsprechen (d. h. der bei einachsiger Zugbeanspruchung für den Eintritt des Fließens notwendigen Zugspannung), so ergeben sich aus den dargestellten Beispielen folgende Schlüsse:

- Bei einachsiger Beanspruchung wird in allen unter 45° zur Stabachse (= Kraftangriffsrichtung) geneigten Flächen die zum Eintreten des Fließens notwendige Fließschubspannung des Vielkristalls τ_F erreicht.

- Bei zweiachsiger Beanspruchung wird τ_F nur in solchen unter 45° geneigten Ebenen erreicht, in denen die zweite Hauptspannung Null ist (entsprechend Ebene E4 in der Abbildung 5.26a). Es wird dabei vernachlässigt, daß auch in diesem Fall eine gewisse Verformungsbehinderung auftreten kann.

- Bei dreiachsiger Beanspruchung wird τ_F in keiner Ebene erreicht.

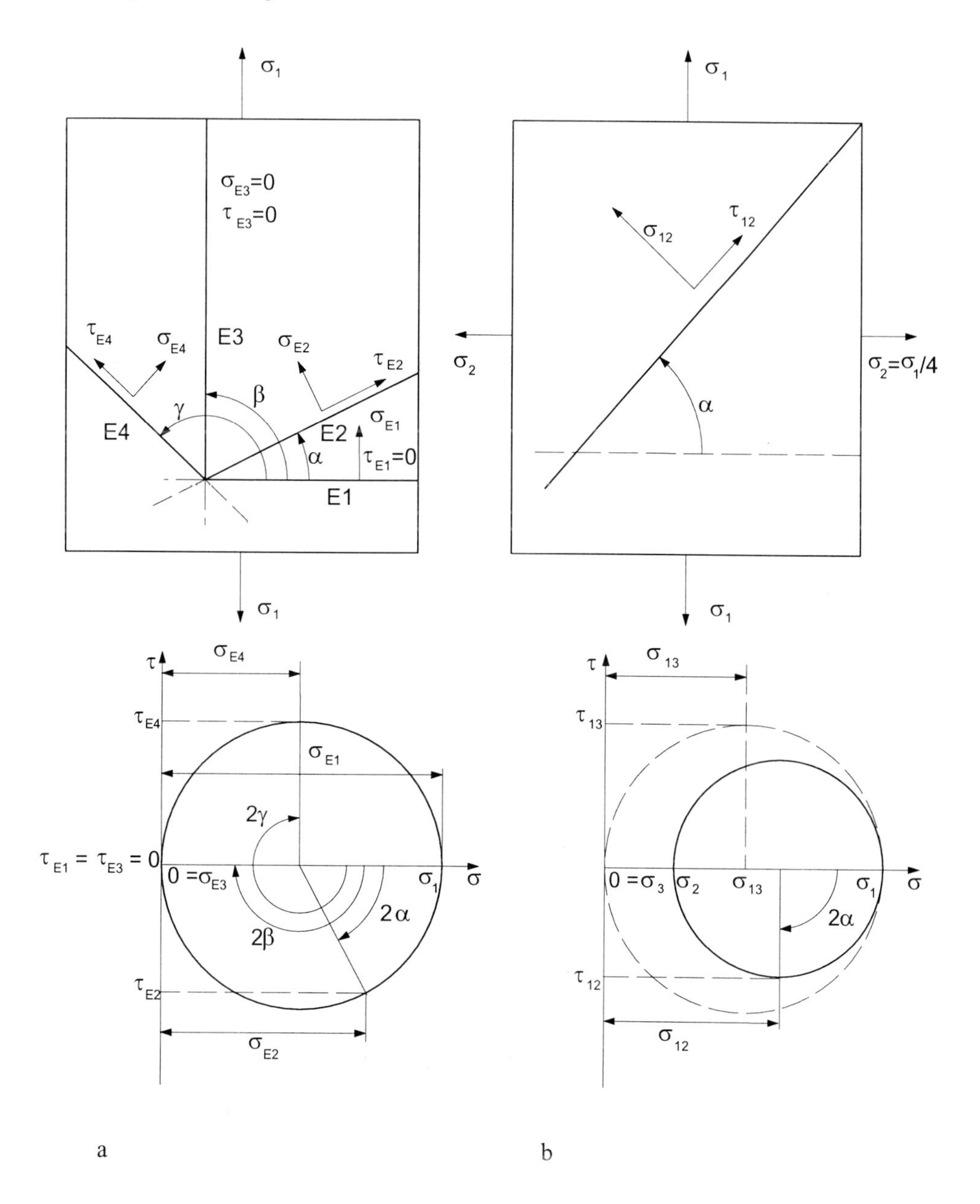

Abb. 5.26 Ermittlung von σ und τ in Ebenen mit unterschiedlicher Lage zur Kraftangriffsrichtung mit Hilfe des Mohrschen Spannungskreises
a einachsige Zugbeanspruchung **b** zweiachsige Zugbeanspruchung

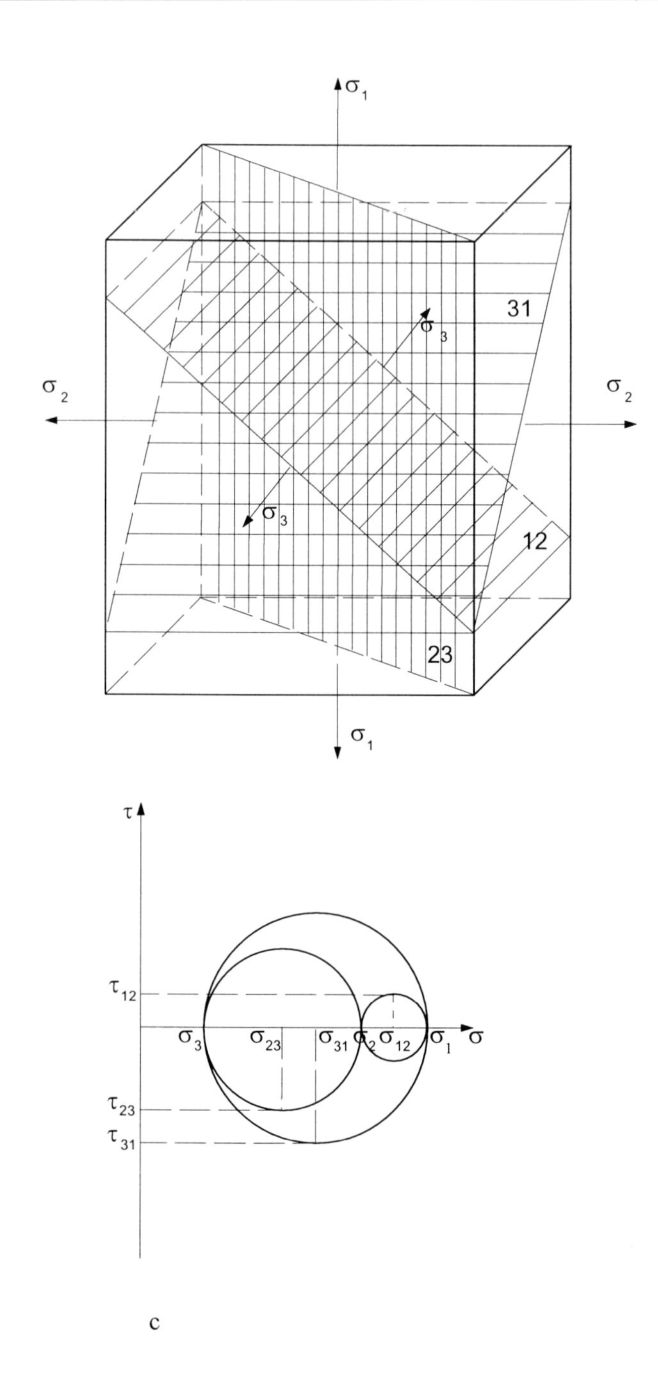

Abb. 5.26c Ermittlung von σ und τ in Ebenen mit unterschiedlicher Lage zur Kraftangriffsrichtung mit Hilfe des Mohrschen Spannungskreises bei dreiachsiger Zugbeanspruchung

Damit auch bei dreiachsiger Beanspruchung τ_F erreicht wird und das Fließen einsetzen kann, muß folglich die Differenz zwischen der größten und der kleinsten Hauptspannung so groß wie R_e sein: $\sigma_{max} - \sigma_{min} = \sigma_1 - \sigma_3 = \sigma_V = R_e$ (**Fließkriterien nach Tresca**: σ_V = **Vergleichsspannung**). Dann ist $\tau_{13} = \tau_F$.

Das **Fließkriterium nach Mises** berücksichtigt auch die mittlere Hauptspannung σ_2:

$$\sigma_V = \frac{1}{\sqrt{2}} \cdot \sqrt{(\sigma_1 - \sigma_2)^2 + (\sigma_2 - \sigma_3)^2 + (\sigma_3 - \sigma_1)^2} \quad ,$$

jedoch ist der Unterschied zwischen beiden Vergleichsspannungen relativ gering, so daß im folgenden nur das Fließkriterium nach Tresca berücksichtigt wird.

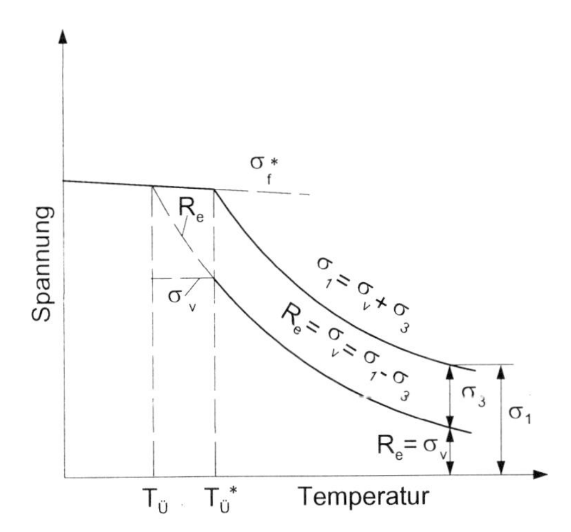

Abb. 5.27 Einfluß eines mehrachsigen Spannungszustandes auf die Übergangstemperatur

In der Abbildung 5.27 ist die Übergangstemperatur für den einachsigen Spannungszustand wieder mit $T_Ü$, die für den mehrachsigen mit $T_Ü$* gekennzeichnet. Zwischen diesen beiden Temperaturen tritt Sprödbruch deshalb auf, weil σ_1, die größte auftretende Zugspannung, die Spaltbruchspannung überschreitet, bevor die Vergleichsspannung σ_V die Streckgrenze R_e, bei der die plastische Verformung einsetzt, erreicht hat. Oberhalb von $T_Ü$* kommt es zunächst zu plastischer Verformung und Verfestigung, dann auch hier, wenn $\sigma_1 = \sigma_f$*, zum Spaltbruch oder, wenn das Verformungsvermögen vorher erschöpft ist, zum Gleitbruch.

Die bisherigen Betrachtungen treffen auf solche Bauteile zu, in denen die Mehrachsigkeit des Spannungszustandes durch von außen einwirkende Kräfte verursacht wird, z. B. in sich kreuzenden Elementen von Tragkonstruktionen oder in den Wandungen von unter Innendruck stehenden Gefäßen. Man kann in diesen Fällen davon ausgehen, daß die jeweiligen Hauptspannungen über den Querschnitt etwa gleich groß sind. Mehrachsige Spannungszustände treten aber auch an **inneren** und **äußeren Kerben**, **Querschnittsübergängen**, **Kraftumlenkungen** usw. auf, wobei jedoch die Hauptspannungen über den Querschnitt nicht mehr homogen, sondern örtlich verschieden sind.

Formzahl α_k

Die Abbildung 5.28 zeigt den Verlauf der Normalspannungen im elastischen Bereich an einem Kerb. Am Kerbgrund ist die örtliche Spannung $\sigma_1 = \sigma_{max}$ wesentlich größer als die auf den Querschnitt in der Kerbebene bezogene mittlere Spannung σ_{nenn} (Nennspannung, s. auch Abb. 5.23). Das Verhältnis $\sigma_{max}/\sigma_{nenn}$ kennzeichnet den Einfluß des Kerbs auf die elastischen Spannungen und wird **Formzahl α_k** genannt. Die Formzahl ist abhängig vom Öffnungswinkel, vom Radius und von der Tiefe des Kerbs. Die Spannungen σ_2 und σ_3 sind an der Oberfläche des Kerbs gleich Null. Sie nehmen erst unter der Oberfläche endliche Werte an.

Diese Spannungsverteilung hat zur Folge, daß die plastische Verformung bei Erhöhung der Zugbeanspruchung nicht gleichzeitig im gesamten Querschnitt, wie bei mehrachsigen äußeren Spannungszuständen, einsetzt. Unmittelbar im Kerbgrund, wo praktisch einachsige Zug-

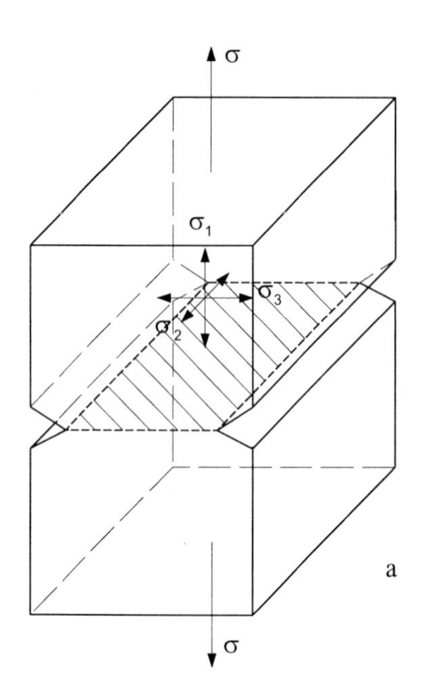

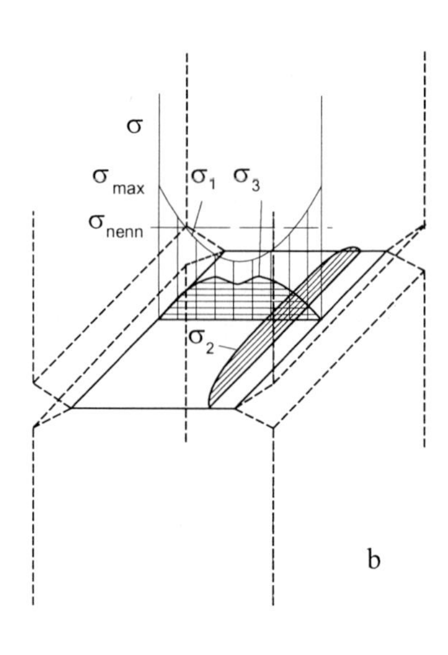

Abb. 5.28 Spannungen in einem doppelt gekerbten Stab
a Geometrie des Kerbs und Lage der Spannungen
b Verläufe der elastischen Spannungen in der Kerbebene

spannungen vorliegen, beginnt die plastische Verformung, wenn $\sigma_1 = \sigma_{max} = R_e$ ist. In der sich daran anschließenden Zone setzt das plastische Fließen ein, wenn, ausgehend von der Fließbedingung nach Tresca, $\sigma_V = \sigma_{max} = R_e$ wird. In der Abbildung 5.29a ist unter Vernachlässigung der Verfestigung der Spannungsverlauf vor einem Kerb nach örtlicher plastischer Verformung dargestellt. Wenn die Streckgrenze relativ niedrig ist, z. B. bei erhöhten Temperaturen, breitet sich die plastische Zone mit größer werdender Belastung über den gesamten Querschnitt aus. Der Bruch tritt nach allgemeinem Fließen mit Verfestigung als Gleitbruch ein. Wenn die Streckgrenze höher ist, z. B. bei niedrigeren Temperaturen, entsteht vor dem Kerb oder einer Rißspitze eine plastisch verformte Zone, an deren Ende die maximale Spannung σ_1 die mikroskopische Spaltbruchspannung σ_f* erreicht bzw. in einer bestimmten Länge überschreitet und den Spaltbruch herbeiführt (Abb. 5.29b). Je niedriger die Temperatur ist, um so höher ist die Streckgrenze. Die plastische Zone vor dem Kerb wird dabei schmaler (Abb. 5.29c) und die bis zum Erreichen der Spaltbruchspannung erforderliche Spannungserhöhung kleiner. Deshalb nimmt die auf den Querschnitt in der Kerbebene bezogene Bruchspannung σ_{nenn} mit sinkender Temperatur ab.

Die Auswirkungen des durch Kerben, Risse usw. hervorgerufenen mehrachsigen Spannungszustandes auf die Übergangstemperatur $T_Ü$ sind prinzipiell die gleichen, wie sie in der Abbildung 5.27 für von außen eingeleitete Kräfte dargestellt wurden. Es ist lediglich zu beachten, daß, worauf bereits hingewiesen wurde, die Spaltbruchspannung im Falle des gekerbten Bauteils nur örtlich oder linienförmig, im anderen Falle aber flächig erreicht wird.

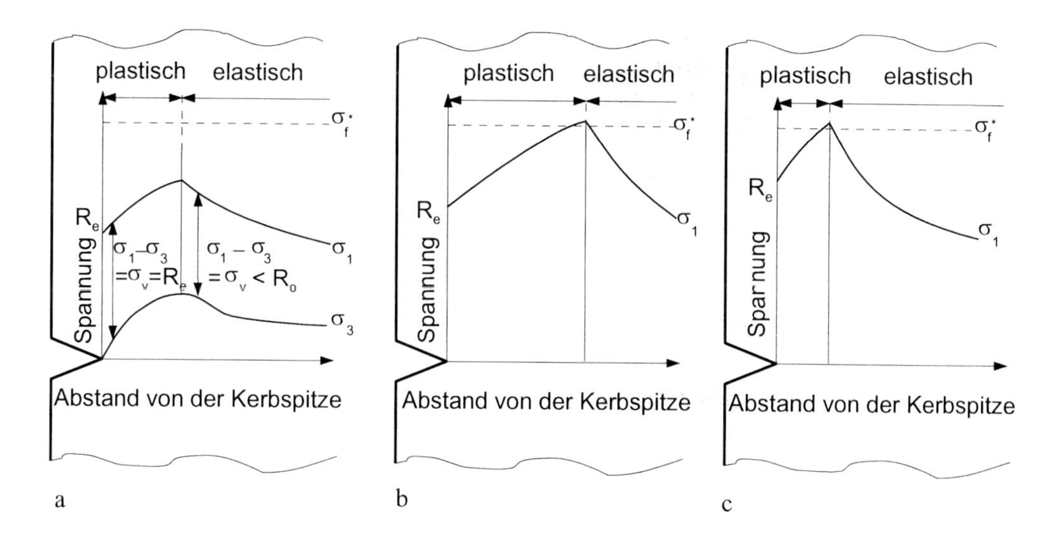

Abb. 5.29 Spannungsverläufe vor einem Kerb bei verschiedener Temperatur T_1 (**a**) > T_2 (**b**) > T_3 (**c**)

Als Beispiel für einen Werkstoff, der aufgrund einer Vielzahl innerer Kerben ein makroskopisch sprödes Verhalten zeigt, sei das Gußeisen mit Lamellengraphit genannt (Abb. 5.30). In die metallische Eisenmatrix sind Graphitlamellen eingelagert, die keine Zugkräfte übertragen. An ihren Enden treten deshalb bei Belastung sehr hohe Zugspannungen auf, in deren Bereich nur kleine mikroplastische Verformungen bis zum Bruch möglich sind.

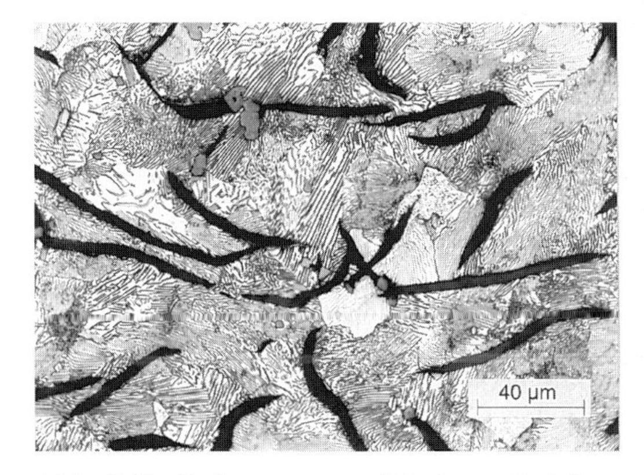

Abb. 5.30 Gefüge von perlitischem Gußeisen mit Lamellengraphit

5.1.2.4 Grundzüge der Zähigkeitsprüfung und der Bruchmechanik

Die **Zähigkeit** oder **Plastizität** kennzeichnet, wie im vorigen Abschnitt deutlich wurde, das Vermögen des Werkstoffs zur plastischen Verformung unter Einwirkung mechanischer Kräfte. Eine ausreichende Plastizität ist Voraussetzung für die bildsame Umformung, z. B. durch Schmieden oder Walzen, und für die Sicherheit von Konstruktionen gegen Versagen infolge Sprödbruchs. Spröde Werkstoffe, wie z. B. das bereits erwähnte Gußeisen, sind nicht umformbar, und die Teilefertigung muß durch Urformen (z. B. Gießen oder bei anderen spröden Werkstoffen pulvermetallurgisch) erfolgen. Da **spröde Werkstoffe** nicht die Fähigkeit haben, lokale Überlastungen durch Zugkräfte, besonders an Krafteinleitungen, Querschnittsübergängen, Kerben, Oberflächenfehlern oder Rissen über örtliche plastische Verformungen abzubauen, müssen sie konstruktiv so eingesetzt werden, daß Überbelastungen vermieden werden und möglichst nur Druckkräfte wirken.

Die Zähigkeit bestimmt somit neben der Festigkeit maßgeblich das Verarbeitungs- und Gebrauchsverhalten der Werkstoffe. Deshalb wurden zahlreiche Verfahren zur Prüfung der Zähigkeit mit unterschiedlichen Zielstellungen entwickelt, z. B. zur Ermittlung der Temperatur des Übergangs vom Gleit- zum Spaltbruch, zur Ermittlung der Bedingungen, unter denen vorhandene Anrisse aufgefangen werden bzw. instabil weiter wachsen. Zu unterscheiden sind weiterhin Prüfverfahren mit statischer bzw. quasistatischer Lastaufbringung oder schlagartiger Belastung sowie Versuche an Kleinproben, bauteilähnlichen Proben (Type-Tests) und an Bauteilen oder Bauwerken (Full scale-Tests).

5.1.2.4.1 Versuche mit Kleinproben

Versuche mit **Kleinproben** haben sich zum Vergleich der Zähigkeit unterschiedlicher Werkstoffe sowie der gleichmäßigen Qualität bei der Herstellung und Verarbeitung von Werkstoffen bewährt. Ihre Ergebnisse sind aber nicht unmittelbar auf reale Bauteile übertragbar oder für Dimensionierungsrechnungen verwendbar. Ursache dafür ist, daß die **Zähigkeit**, wie in Abschnitt 5.1.2.3 hervorgehoben wurde, nicht nur vom Werkstoff, sondern auch durch die **Beanspruchungsbedingungen** bestimmt wird. Von diesen ist, sofern Verformungsgeschwindigkeit und Spannungszustand übereinstimmen, der **Temperatureinfluß** auf die Zähigkeit bei allen Abmessungen gleich. Der Spannungszustand und die Verformungsgeschwindigkeit werden jedoch sehr wesentlich durch die Größe der Teile beeinflußt, so daß die Zähigkeit bei einer bestimmten Temperatur abmessungsabhängig ist. Bruchvorgänge in größeren Konstruktionen können deshalb mit Kleinproben nur unzureichend simuliert werden. Nur wenn qualitative (meist empirisch gefundene) Beziehungen zwischen den Beanspruchungen im Bauwerk (die überdies meist nicht genau bekannt sind) und den Beanspruchungen in Kleinproben vorliegen, ist eine Übertragung der Ergebnisse auf andere Abmessungen möglich.

Der Einfluß der Temperatur auf die Zähigkeit läßt sich mit Hilfe des Zugversuches ermitteln. Als Kenngrößen sind z. B. die **Bruchdehnung** oder die **Brucheinschnürung** geeignet.

Die Abbildung 5.31 zeigt schematisch, daß die Werkstoffe in 3 Gruppen unterteilt werden können:

- Werkstoffe mit hoher, wenig temperaturabhängiger Zähigkeit (Kurve 1). Dazu gehören alle Werkstoffe mit **kfz-Gitter** (z. B. Kupfer, Aluminium, austenitische Stähle).

- Werkstoffe mit einem Übergang von zähem zu sprödem Bruchverhalten (Kurve 2). Der Übergang tritt bei **keramischen Werkstoffen** zwischen 0,5 und 0,8 T_S (T_S = Schmelztemperatur in K), bei **krz-Metallen** zwischen 0,05 und 0,1 T_S (bei ferritischen Stählen z. B. etwa bei -150 °C) ein.

- Werkstoffe mit niedriger, wenig temperaturabhängiger Zähigkeit (Kurve 3), z. B. hochfeste martensitische Stähle.

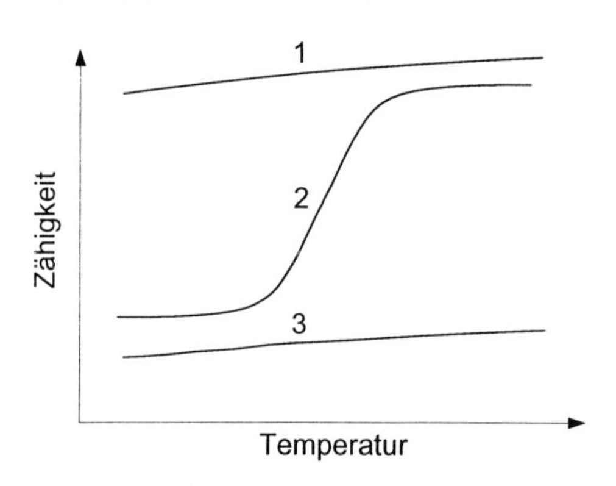

Abb. 5.31 Einfluß der Temperatur auf die Zähigkeit von Werkstoffen (schematisch)
1 kfz-Metalle
2 krz-Metalle und Keramik
3 Martensitische Stähle

Auch der Vergleich von Beanspruchungs-Temperatur-Kurven glatter und gekerbter Zugproben ist aufschlußreich (Abb. 5.32). An glatten Proben steigt die Bruchspannung (auf den wahren Querschnitt bezogene Festigkeit) mit abnehmender Temperatur zunächst an und fällt bei T_1 auf den Wert der Streckgrenze ab (Übergang vom zähen zum spröden Bruch, bei ferritischen Stählen etwa -150 °C). Gekerbte Stähle weisen diesen Abfall aufgrund des mehrachsigen Spannungszustandes bereits bei höheren Temperaturen auf (T_2). Unterhalb T_2 fällt die Bruchspannung des gekerbten Stabes wegen der immer kleiner werdenden plastischen Zone vor dem Kerb oder der Rißspitze (s. Abb. 5.29) unter die weiter ansteigende Streckgrenze ab.

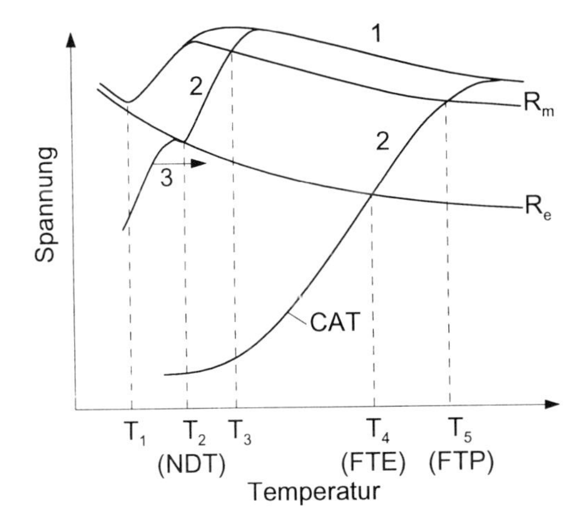

Abb. 5.32 Einfluß der Temperatur auf die Streckgrenze, Zugfestigkeit und Bruchspannung von Stahl (schematisch)
1 Bruchspannung ungekerbter Proben
2 Bruchspannung gekerbter Proben
3 Richtung zunehmender Kerbschärfe

Zwischen T_2 und T_3 wächst der Riß zunächst stabil, d. h. seine Länge nimmt mit steigender Belastung zu, bis nach Erreichen einer kritischen Rißlänge aufgrund der zunehmenden Kerbschärfe **instabile Rißausbreitung** zum Sprödbruch führt. Die Temperatur T_2 wird **NDT-Temperatur** (nil-ductility-transition = **Null-Plastizitätsübergang**) genannt. Sie steigt mit zunehmender Kerb- bzw. Rißgröße an, bis die **CAT-Grenzkurve** (crack-arresting-temperature = **Rißauffangtemperatur**) erreicht wird, von der an auch ein sehr scharfer Kerb oder Riß bei der jeweiligen Spannung nicht mehr zum Bruch führt. Die Schnittpunkte der CAT-Kurve mit der Streckgrenze (T_4) werden mit **FTE** (fracture-transistion-elastic = Bruch-Übergang-elastisch) und mit der Zugfestigkeit (T_5) mit **FTP** (fractur-transistion-plastic = Bruch-Übergang-plastisch) bezeichnet. Bei unlegierten Baustählen beträgt die Temperaturspanne zwischen der NDT-Temperatur, bei der schon kleine Risse oder Kerben den Sprödbruch herbeiführen, wenn die Beanspruchung die Streckgrenze erreicht, und der FTP-Temperatur, bei der auch die größten und schärfsten Kerben oder Risse keinen Sprödbruch mehr auslösen können, etwa 70 K.

Die bisherigen Betrachtungen gingen von einer statischen bzw. quasistatischen Beanspruchung, bei der sich die Belastung langsam und zügig ändert, aus. Höhere Verformungsgeschwindigkeiten, die auch beim Zugversuch möglich sind (Schlagzugversuch), verschieben die Kurven in der Abbildung 5.32 zu hoheren Temperaturen. Da der Aufwand für den Schlagzugversuch relativ groß ist, wird zur Sprödbruchprüfung fast ausschließlich der einfacher durchzuführende und wenig Material erfordernde **Schlagbiegeversuch** angewandt. Für die **spröden Werkstoffe** der Gruppe 3 in der Abbildung 5.31 (z. B. Gußeisen, gehärtete Stähle, Zinklegierungen, Sinterwerkstoffe, Duromere) verwendet man **ungekerbte** rechteckige oder zylindrische **Proben**, zerschlägt sie mit einem Pendelhammer und bestimmt die verbrauchte **Schlagarbeit**.

Kerbschlagbiegeversuch nach Charpy

Für **duktile metallische** und **hochpolymere Werkstoffe** sind glatte Proben wenig geeignet, da sie auf den üblichen Pendelschlagwerken erst bei sehr tiefen Temperaturen gebrochen werden. Fur diese Werkstoffe benutzt man **gekerbte Proben**, deren Sprödbruchneigung durch den Aufbau des mehrachsigen Spannungszustandes und die Konzentration der Verformung auf den Kerbgrund viel größer ist (DIN EN 10045). Die **Kerbschlagbiegeproben** haben quadratischen Querschnitt und sind

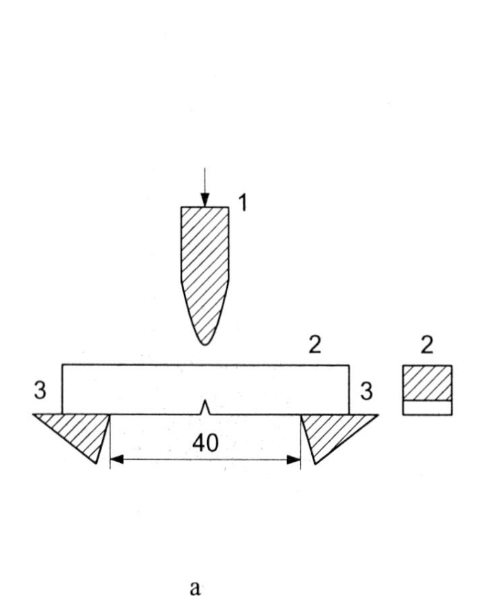

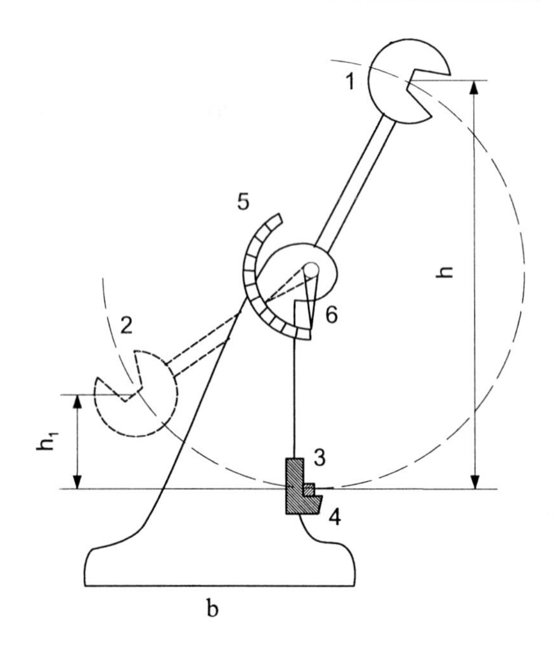

Abb. 5.33 Kerbschlagbiegeversuch nach Charpy

a Probenform und Versuchsanordnung
1 Pendelhammer
2 Probe
3 Widerlager

b Pendelschlagwerk
1 Pendelhammer in Ausgangsstellung
2 Pendelhammer in höchster Stellung nach dem Durchschlagen der Probe
3 Probe
4 Widerlager
5 Skala
6 Schleppzeiger

einseitig mit einem Kerb versehen (Abb. 5.33a). Sie werden durch einen Schlag auf die dem Kerb gegenüberliegende Seite zerbrochen oder gebogen und dann meist durch die Auflager hindurchgezogen. Die zum Zerschlagen der Proben erforderliche Arbeit K in Joule ergibt sich aus der **Energie des Pendelhammers** (Abb. 5.33b) vor und nach dem Schlag:

$$K = F_1 (h - h_1) \quad [J]$$

(F_1 - Gewichtskraft des Pendelhammers). Sie kann aus der Stellung eines Schleppzeigers auf einer Skala meist direkt abgelesen werden. Die Prüfung erfolgt unter Normalbedingungen, wenn das Arbeitsvermögen des Pendelhammers 300 ± 10 J beträgt und Normalproben verwendet werden. Die unter diesen Bedingungen ermittelten Werte der Kerbschlagarbeit (oder kurz Schlagarbeit) werden mit KV bei Proben mit V-Kerb bzw. KU bei Proben mit U-Kerb gekennzeichnet. Bei der Verwendung von Pendelschlagwerken mit einem anderen Arbeitsvermögen werden die Kurzzeichen KV bzw. KU mit einem Zusatz versehen, der das Arbeitsvermögen in J angibt, z. B. KU 100 = 65 J bedeutet Arbeitsvermögen des Pendelschlagwerkes 100 J, Normalprobe mit U-Kerb, beim Bruch verbrauchte Schlagarbeit 65 J. Bei Untermaßproben ist zusätzlich die Probenbreite zu ergänzen, z. B. KV 300/7,5: Arbeitsvermögen 300 J, Probenbreite 7,5 mm.

Der früher gebrauchte Begriff Kerbschlagzähigkeit (Kerbschlagarbeit K dividiert durch die Querschnittsfläche S_0 der Probe in der Kerbebene) wird nicht mehr verwendet.

Die Abbildung 5.34 zeigt den für Werkstoffe der Gruppe 2 nach Abbildung 5.31 charakteristischen Verlauf von **Kerbschlagarbeits-Temperatur-Kurven**.

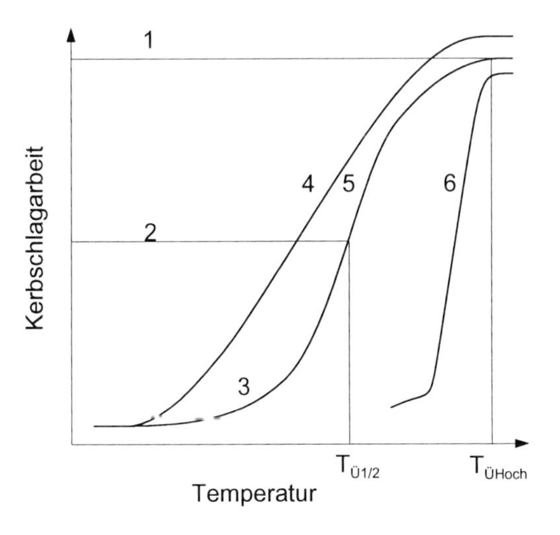

Abb. 5.34 Einfluß der Kerbform auf den Verlauf der Kerbschlagarbeits-Temperatur-Kurven und Bestimmung von Übergangstemperaturen für die Spitzkerbprobe (schematisch)
1 K-Hochlage
2 K = 1/2·(K-Hochlage + K-Tieflage)
3 K-Tieflage
4 Probe mit Rundkerb
5 Probe mit Spitzkerb
6 Probe mit Scharfkerb

Je schärfer der Kerb ist, desto steiler ist der Abfall von der **Hochlage** zur **Tieflage** und desto höher seine Temperatur. Bei **ferritischen Baustählen** sind deutlich drei Bereiche zu unterscheiden:

- die **Hochlage**, in der der Bruch nach größerer plastischer Verformung als Gleitbruch erfolgt
- die **Tieflage**, in der Spaltbruch eintritt
- das **Übergangsgebiet** (Steilabfall), in dem der Bruch in der Nähe des Kerbgrundes zunächst als Gleitbruch einsetzt, der aber wegen der schärferen Kerbwirkung des entstehenden Risses in Spaltbruch übergeht.

Übergangstemperaturen $T_Ü$

Zur Kennzeichnung des Werkstoffs benutzt man, selbstverständlich immer in Verbindung mit der entsprechenden Probenform, entweder den **Schlagarbeitswert in der Hochlage** oder bevorzugt **Übergangstemperaturen**, vor allem $T_{ÜHoch}$ (Bruchfläche ist frei von Spaltbruchanteilen) oder $T_{Ü1/2}$ (Mitte des Steilabfalls, etwa 50 % Spaltbruchanteil) bzw. die Temperatur, bei der eine andere festgelegte Kerbschlagarbeit vorliegt. Diese Übergangstemperaturen sind wegen der spezifischen Beanspruchungen, denen der Werkstoff in den realen Bauteilen ausgesetzt ist, nicht mit den tiefsten Betriebstemperaturen, bis zu denen der jeweilige Werkstoff sprödbruchsicher ist, identisch. Sie können aber als Grundlage für Werkstoffauswahl-Richtlinien, z. B. für Schweißkonstruktionen dienen, wenn bereits ausreichende Erfahrungen über die Zusammenhänge zwischen den Prüfergebnissen und dem Betriebsverhalten vorliegen. Sie werden auch zum Vergleich verschiedener Werkstoffe oder Werkstoffzustände herangezogen.

Da die verbrauchte Schlagarbeit K aus Verformungs- und Bruchfarbeit besteht, deren Anteile je nach Zähigkeit und Festigkeit unterschiedlich sind, kann die Bewertung von Werkstoffen auf der Grundlage der K-Werte in der Hochlage anders ausfallen als auf der Basis von Übergangstemperaturen. Hohe Festigkeit und kleinere Verformung ergibt u. U. eine gleiche Schlagarbeit wie niedrigere Festigkeit und große Verformung. Es ist deshalb auch nicht möglich, die Schlagarbeit als Grundlage für die Dimensionierung schlagbeanspruchter Bauteile zu verwenden.

Eine qualitative Erhöhung des Aussagewertes des Kerbschlagbiegeversuches ist möglich, wenn man den Verlauf der Schlagkraft des Pendels in Abhängigkeit von der Durchbiegung der Probe mittels spezieller Meßwertaufnehmer erfaßt (**instrumentierter Kerbschlagbiegeversuch**). Aus den Schlagkraft-Durchbiegungs-Diagrammen können die zum Bruch führenden Vorgänge und die dafür verbrauchten Arbeitsanteile ermittelt werden.

5.1.2.4.2 Versuche mit bauteilähnlichen Proben

Man spricht dann von bauteilähnlichen Proben, wenn mindestens in einer Abmessung Übereinstimmung mit dem Bauteil, in der Regel mit dessen Dicke, vorliegt und der Spannungszustand dem im Bauteil herrschenden ähnlich ist. Für quasistatisch beanspruchte Bauwerke kommen demzufolge Zug- und Biegeversuche an großen gekerbten Proben in Betracht. Sie erfordern Prüfmaschinen, die hohe Kräfte ausüben, und sind sehr materialaufwendig. Häufiger, weil weniger aufwendig, sind deshalb **Schlagbiegeversuche an gekerbten Proben** (DWTT = Dropweight-tear-test = Fallgewichts-Riß-Versuch). Die Proben haben eine Länge von 300 mm und eine Höhe von 776 mm. Die Breite entspricht der Blechdicke, die Kerbtiefe beträgt 5 mm. Sie werden mittels Fall- oder Pendelhammer zerschlagen. Ausgewertet wird die verbrauchte Schlagarbeit und das Bruchaussehen.

Rißauffangtemperatur

Für die Werkstoffauswahl ist die niedrigste Temperatur, bei der ein sich instabil ausbreitender Riß von einem unter Zugspannung stehenden Werkstoff gerade noch aufgefangen werden kann (**CAT** = **Rißauffangtemperatur**), von Bedeutung. Der Riß kann z. B. von einem Bauteilbereich, in dem höhere Kräfte auftreten, oder von einer Schweißnaht ausgehen. Unter den Verfahren, die zur Prüfung des Bauteilverhaltens bei Beanspruchung durch solche laufenden Risse entwickelt wurden, haben der **Fallgewichtsversuch** (Dropweight-Test) **nach Pellini** und der **Rißarretierungsversuch nach Robertson** die weiteste Verbreitung gefunden.

Pellini-Versuch

Beim Pellini-Versuch kommt man mit relativ kleinen Proben aus (je nach Erzeugnisdicke bis zu 360 mm lang, bis 90 mm breit und bis 25 mm dick). Auf die zu prüfenden Platten wird eine spröde Schweißraupe (etwa 65 mm lang und etwa 15 mm breit) aufgebracht und mittels eines 1,5 mm breiten Sägeschnittes gekerbt. Die Proben werden bei unterschiedlichen Temperaturen (jeweils 5 K Differenz) mittels eines Fallgewichts verformt, wobei die Durchbiegung durch ein Widerlager begrenzt wird (Abb. 5.35). Der von dem spröden Schweißgut ausgehende Riß läuft in den Grundwerkstoff hinein. Die Temperatur, bei der die Probe völlig durchbricht, während bei einer 5 K höheren Temperatur zwei gleichartige Proben nicht mehr brechen, ist die **NDT-Temperatur**.

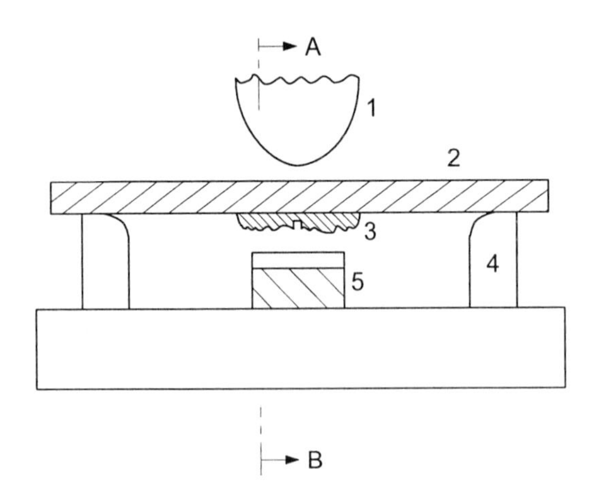

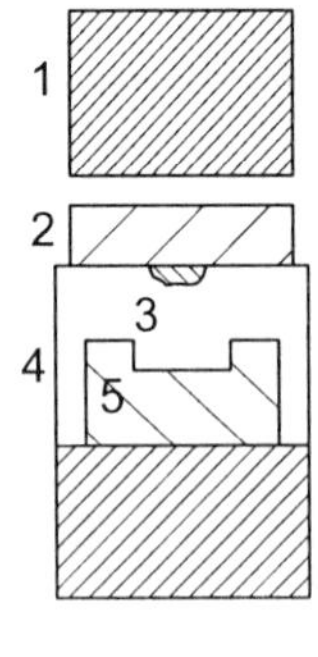

1 Fallgewicht
2 Probe
3 Schweißraupe mit Kerb
4 Auflager
5 Widerlager

Abb. 5. 35 Fallgewichstversuch nach Pellini

Robertson-Versuch

Der **Robertson-Versuch** erfordert einen wesentlich höheren Aufwand. Das zu prüfende Material (Länge und Breite etwa 1000 mm, Dicke entsprechend der Bauteildicke bis etwa 100 mm) wird in der Regel mit etwa zwei Dritteln der Streckgrenze statisch vorgespannt und gekühlt. Durch einen Schlag wird von einer seitlich angebrachten, mit einem Sägeschnitt versehenen und unter die Prüftemperatur tiefgekühlten Bohrung aus, ein sich instabil ausbreitender Riß (Spaltbruch) erzeugt. Die niedrigste Temperatur, bei der dieser Riß noch durch plastische Verformung gestoppt wird, ist die **Rißauffangtemperatur** (CAT). Anstelle der gleichmäßigen Abkühlung der Gesamtproben auf die Prüftemperaturen kann in der Probe auch ein Temperaturgradient erzeugt werden, indem das Ende mit der Bohrung durch flüssigen Stickstoff gekühlt, das andere unter Umständen sogar erwarmt wird, so daß ein Temperaturgefälle von nicht mehr als 5 K/cm entsteht. (Abb. 5.36). Dieses wird durch angeschweißte Thermoelemente gemessen. Die Rißauffangtemperatur entspricht der Temperatur an jener Stelle, an der der Riß endet.

5.1.2.4.3 Versuche an Bauteilen oder Bauwerken

Versuche an kompletten Konstruktionen mit natürlichen oder künstlichen Fehlern sind aufwendig und teuer. Sie werden deshalb nur dann durchgeführt, wenn eine hohe Sicherheit gegen Sprödbruch gewährleistet werden muß. Bekannt geworden sind z. B. Versuche an Druckbehältern, Rohrleitungen und Rotoren von Turbinen. Bei diesen Untersuchungen werden vor allem die konstruktions-, fertigungs- und betriebsbedingten Einflüsse auf das Sprödbruchverhalten, wie Spannungszustand, Schweiß- und Wärmespannungen erfaßt. Die durch den Werkstoff möglichen Beeinflussungen, z. B. über die chemische Zusammensetzung oder den Wärmebehandlungszustand, müssen wegen der kostenbedingten Einmaligkeit solcher Versuche normalerweise an Kleinproben oder bauteilähnlichen Proben ermittelt werden.

5.1.2.4.4 Bruchmechanik

Es wurde bereits eingehend dargelegt, daß die Zähigkeit eines Bauteils oder Werkzeugs nicht

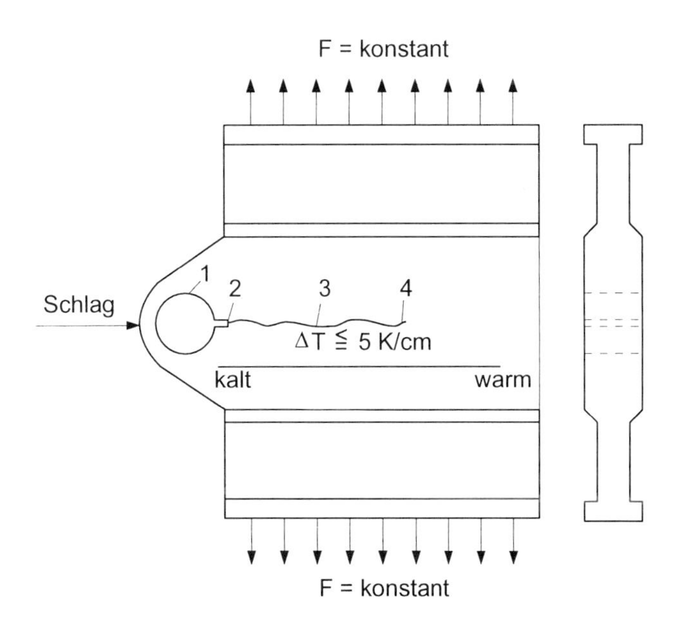

1 Bohrung
2 Sägekerb
3 Riß nach dem Schlag
4 Rißende

Abb. 5.36 Robertson-Versuch mit Gradientenkühlung

nur von der Zähigkeit des Werkstoffs, sondern auch vom Spannungszustand, von den Abmessungen und von den Beanspruchungsbedingungen, insbesondere von der Beanspruchungsgeschwindigkeit und der Temperatur, abhängt. Für die Beurteilung der Sicherheit einer Konstruktion gegen Versagen durch Sprödbruch genügt aber die Kenntnis dieser Größen nicht. Es muß vielmehr auch berücksichtigt werden, daß Bauteile nicht immer fehlerfrei sind und in Erzeugnissen Risse existieren können, die während der Fertigung, z. B. beim Schweißen, oder im Gebrauch, z. B. infolge zyklischer Beanspruchung (Abschnitt 5.3) oder infolge Korrosion (Abschnitt 5.3.5.5), entstanden sind. Solche Risse wirken als scharfe Kerben, an deren Spitzen Spannungskonzentrationen und mehrachsige Spannungszustände auftreten. Um ihre Auswirkungen abzuschätzen, reichen die beschriebenen Zähigkeitsprüfungen nicht aus. Ein wesentlicher Fortschritt in der Bewertung der Bruchsicherheit von Konstruktionselementen und Werkzeugen wurde deshalb mit der Entwicklung der Bruchmechanik eingeleitet, mit deren Hilfe es möglich ist, das Bruchverhalten von Werkstoffen unabhängig von den spezifischen Beanspruchungsbedingungen zu charakterisieren. Die Bruchmechanik berücksichtigt das **Vorhandensein von Rissen** im Werkstoff und stellt einen **quantitativen Zusammenhang** zwischen der **Beanspruchung** des Bauteils oder Werkzeugs, der **Rißgröße** und dem **Werkstoffwiderstand gegen Rißausbreitung** her. Es wurden die Bedingungen formuliert, unter denen vorhandene Risse stabil, d. h. nur bei Zunahme der Spannung im tragenden Querschnitt, oder instabil, d. h. ohne Spannungserhöhung, wachsen können.

Die **Bruchmechanik** benutzt ein **makroskopisches Modell** mit vereinfachenden Annahmen:

- Der Werkstoff wird als homogenes, isotropes Kontinuum behandelt.

- Gefügeinhomogenitäten, wie Korngrenzen usw., sowie Wechselwirkungen der Risse mit anderen Fehlstellen werden nicht berücksichtigt.

- Die Risse laufen unendlich scharf aus, und ihre Flächen, die Rißufer, haben im Ausgangszustand einen unendlich kleinen Abstand.

Zur Kennzeichnung der Beanspruchungsrichtung eines Risses wird in der Bruchmechanik der Beanspruchungsmodus nach Abbildung 5.37 angegeben: Beim **Modus I** wird der Riß durch Normalspannungen geöffnet und verlängert (Normalbeanspruchung). **Modus II** gilt für **Längsschubbeanspruchung** und **Modus III** für **Querschubbeanspruchung**. In den letztgenannten zwei Fällen tritt bei Belastung eine Verschiebung der Rißufer ohne Rißöffnung ein. Aufgrund meßtechnischer Schwierigkeiten bei den Modi II und III sind Zähigkeitswerte bisher nur für den technisch wichtigsten Fall, den Modus I bekannt geworden.

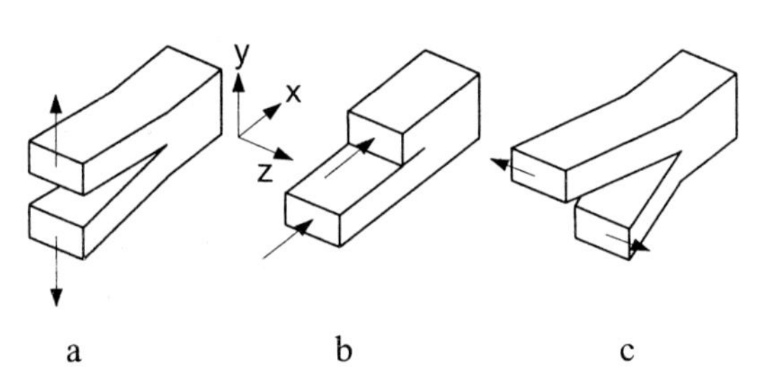

Abb. 5.37 Arten der Rißöffnung
a Modus I
b Modus II
c Modus III

Die Bruchmechanik geht davon aus, daß ein **Bruch** die Folge der **instabilen Rißausbreitung** eines im Werkstück vorhandenen Risses ist. Die Rißausbreitung erfolgt bei völlig spröden Werkstoffen unmittelbar aus dem elastischen Verformungszustand heraus. Liegt aber eine gewisse, wenn auch geringe Zähigkeit vor, treten vorher zumindest an der Rißspitze plastische Verformungen ein. Je nach der Größe dieser plastischen Zone kommen deshalb unterschiedliche **Versagenskonzepte** (Abb. 5.38) in Betracht.

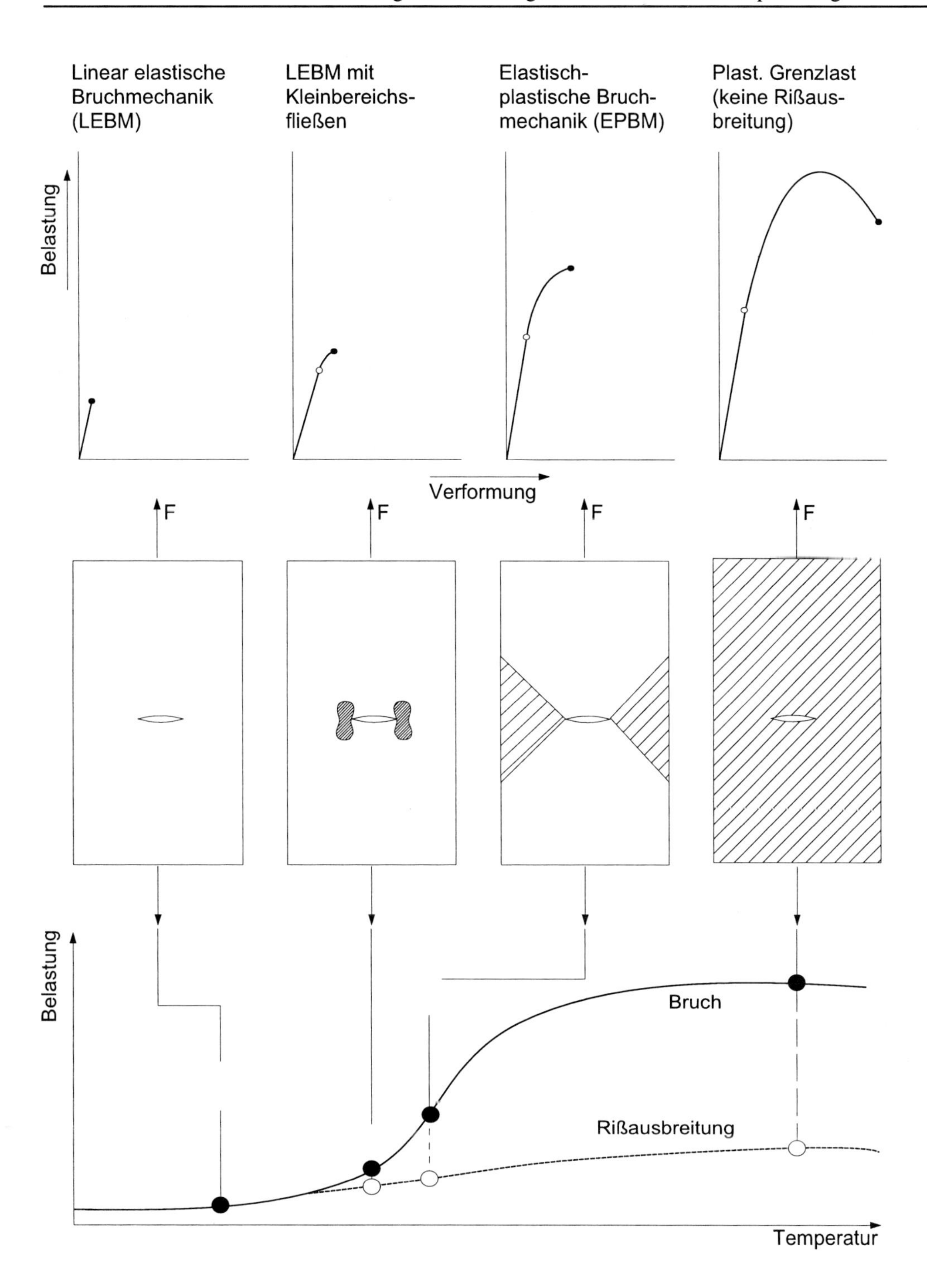

Abb. 5.38 Versagenskonzepte für unterschiedliche Zähigkeitsbereiche nach [5.16]

Linear elastische Bruchmechanik (LEBM)

Den Grundgleichungen der linear-elastischen Bruchmechanik liegen Energie- und Spannungsbetrachtungen zugrunde. Auf Energiebetrachtungen geht das bereits im Abschnitt 5.1.2.3 erwähnte **Bruchmodell von Griffith** zurück. Dieses Modell gilt für Teile aus ideal spröden Werkstoffen, in denen sich ein gegenüber seinen Abmessungen sehr kleiner durchgehender Riß befindet oder, anders ausgedrückt, für eine unendlich ausgedehnte Platte mit einem durchgehenden Riß. Durch eine Zugbeanspruchung σ senkrecht zum Riß wird die Probe elastisch gedehnt, die Verformungsenergie also als elastische Energie gespeichert:

$$W_{el} = \frac{\sigma^2 \cdot \pi \cdot a^2}{E} \cdot B \ . \qquad (5.23)$$

B = Probendicke
2a = Rißlänge
E = Elastizitätsmodul

Der Riß öffnet sich dabei. Eine Verlängerung des Risses tritt ein, wenn die für die Bildung der neuen Rißflächen benötigte Oberflächenenergie

$$W_{Ob} = 2B \cdot \gamma_{Ob} \cdot 2a \qquad (5.24)$$

γ_{Ob} = spezifische Oberflächenenergie

aufgebracht wird, und zwar bei stabiler Rißausbreitung überwiegend aus der Energie des Belastungssystems, d. h. durch ansteigende Nennspannung σ, oder bei instabiler Rißausbreitung durch Freisetzung von gespeicherter elastischer Energie W_{el} bei gleichbleibendem σ.

Die Bedingung für instabile Rißausbreitung ist, daß durch eine Vergrößerung der Rißlänge 2a um den Betrag d(2a) mehr Energie aus der gespeicherten elastischen Verformungsenergie freigesetzt wird als zur Bildung der neuen Oberflächen erforderlich ist:

$$\frac{dW_{el}}{d(2a)} \geq \frac{dW_{Ob}}{d(2a)} \ . \qquad (5.25)$$

Daraus ergibt sich nach dem Einsetzen von (5.23) und (5.24) in (5.25) und Differentiation:

$$\frac{\sigma^2 \cdot \pi \cdot a}{E} \geq 2\gamma_{Ob} \ . \qquad (5.26)$$

Streng genommen besagt das Gleichheitszeichen, daß sich beide Energien im Gleichgewicht befinden und instabile Rißverlängerung erst bei Realisierung des Größer-Zeichens einsetzt. Der Gleichgewichtszustand wird aber allgemein als der „kritische Zustand“ aufgefaßt. Aus Gleichung (5.26) erhält man die für die **instabile Rißausbreitung kritische Spannung σ_c:**

$$\sigma_c = \sqrt{\frac{2\gamma_{Ob} \cdot E}{\pi \cdot a}} \qquad (5.27)$$

und die **kritische Rißlänge a_c**:

$$a_c = \frac{2\gamma_{Ob} \cdot E}{\sigma^2 \cdot \pi} \ . \qquad (5.28)$$

Diese Überlegungen sind, worauf bereits hingewiesen wurde, nur für ideal spröde Werkstoffe, wie Glas und Keramik voll gültig. Bei Metallen treten bis zu tiefen Temperaturen an der Rißspitze plastische Verformungen auf, die zur Folge haben, daß, wenn die Nennspannung σ ansteigt, sich ein vorhandener Riß zunächst stabil ausbreitet. Die dabei freigesetzte elastische Verformungsenergie dW_{el} geht nur zu einem kleinen Teil in die zur Bildung neuer Oberflächen benötigte Oberflächenenergie γ_{Ob} ein. Der weitaus größere Teil wird als plastische Verformungsenergie für die plastische Verformung an der Rißspitze verbraucht. Demzufolge lautet die Bedingung für instabile Rißausbreitung bei metallischen Werkstoffen

$$\frac{\sigma^2 \cdot \pi \cdot a}{E} \geq 2(\gamma_{Ob} + \gamma_{pl}) \qquad (5.29)$$

und die kritische Spannung ist

$$\sigma_c = \sqrt{\frac{2(\gamma_{Ob} + \gamma_{pl}) \cdot E}{\pi \cdot a}} \ . \qquad (5.30)$$

Da γ_{pl} experimentell nur schwierig und nicht mit der notwendigen Genauigkeit bestimmt werden kann, ist die praktische Anwendbarkeit der Beziehungen (5.29) und (5.30) gemindert. Deshalb wurde die Rißwiderstandskraft R eingeführt, die die gesamte zur Rißverlängerung (pro

Flächeneinheit) benötigte Arbeit W_{ges} beinhaltet:

$$R = \frac{1}{B} \cdot \frac{dW_{ges}}{d(2a)} \quad . \qquad (5.31)$$

Angenähert kann man dafür setzen:

$$R = \frac{2\gamma_{Ob} + \gamma_{pl}}{B} \quad .$$

Damit eine Rißvergrößerung eintreten kann, muß also die an der Rißfront angreifende Kraft

$$\frac{1}{B} \cdot \frac{dW_{el}}{d(2a)} = \frac{\sigma^2 \cdot \pi \cdot a}{E} = G \qquad (5.32)$$

größer als R sein. G wird **Energiefreisetzungsrate**, **Rißverlängerungskraft** oder **Rißausbreitungskraft** genannt und ist experimentell bestimmbar. Somit kann wegen (5.32) auch R ermittelt werden.

In der Abbildung 5.39 sind die Verläufe des Rißwiderstandes R und der Energiefreisetzungsraten G für die Spannungen $\sigma_1 < \sigma_2 < \sigma_3$ schematisch dargestellt. Ein Riß der Anfangslänge a_0 wird bei einer niedrigen Spannung nicht größer, da die Energiefreisetzungsrate G am Schnittpunkt mit der R-Kurve wegen der geringen elastischen Verzerrung der Platte kleiner als der für die Bildung neuer Oberflächen und die plastische Verformung an den Rißspitzen notwendige Betrag G_0 ist. Rißwachstum durch σ_1 wäre erst bei einem etwa doppelt so großem Anriß ($2a_0$) zu erwarten. Da σ auf den gesamten Querschnitt einschließlich der Rißfläche bezogen wird, ist die elastische Verformung im tragenden Querschnitt dann wesentlich größer. Bei der Spannung σ_2 schneidet die G-Kurve (der Verlauf ist geometrieabhängig und nur unter bestimmten Bedingungen eine Gerade) die R-Kurve im Punkte R_0 (Beginn des stabilen Rißwachstums). Im Schnittpunkt ist G = R.

Da bei Rißverlängerung dG/da < dR/da die Rißwiderstandskraft stärker zunimmt als die Energiefreisetzungsrate, ist ein weiteres Wachstum des Risses erst nach Erhöhung der Spannung möglich (stabiles Rißwachstum). Erst oberhalb des Punktes R_c, in dem die G-Kurve die R-Kurve tangential berührt, wird dG/da > dR/da, und es tritt instabile Rißverlängerung ein.

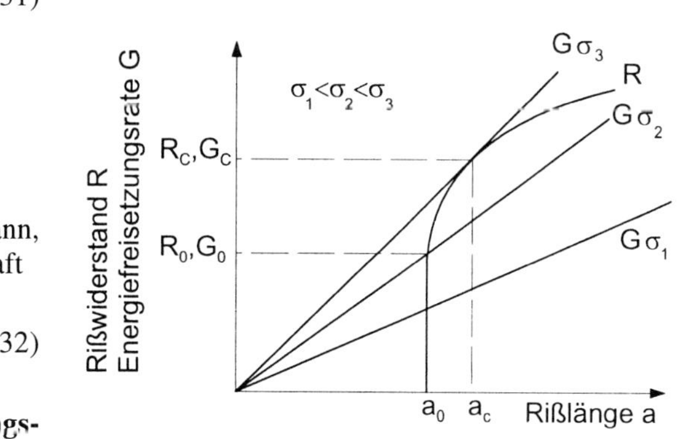

Abb. 5.39 Energiefreisetzungsraten für unterschiedliche Nennspannungen und Verlauf der Rißwiderstandskurve (schematisch)

In den bisherigen Betrachtungen wurde von einem **ebenen Spannungszustand** (ESZ) ausgegangen. Er stellt sich bei kleinen Probendicken ein. In diesem Falle liegt in z-Richtung (senkrecht zur Probenoberfläche, s. Abb. 5.37) keine Spannungskomponente vor, und es kommt zu einer elastischen Dehnung in Dickenrichtung:

$$-\varepsilon_z = \mu(\sigma_x + \sigma_y)/E \ .$$

σ_x = Spannung parallel zu den Rißufern
σ_y = Spannung senkrecht zu den Rißufern
μ = Querkontraktionszahl (s. Abschnitt 5.1.1)

Bei dicken Proben ist die Verformung in Dickenrichtung behindert, und es überwiegt ein **ebener Dehnungszustand** (**EDZ**): $\varepsilon_z = 0$. Infolgedessen tritt senkrecht zur Probenoberfläche eine Normalspannung $\sigma_z = \mu(\sigma_x + \sigma_y)$ auf. Für die Energiefreisetzungsrate unter den Bedingungen des EDZ leitet sich daraus die Beziehung

$$G = \frac{\sigma^2 \cdot \pi \cdot a}{E}(1 - \mu^2) \qquad (5.33)$$

ab.

Bei der Ableitung grundlegender Beziehungen der Bruchmechanik kann auch von Spannungsbetrachtungen ausgegangen werden. Mittels Näherungsgleichungen lassen sich bei linear-elastischem Werkstoffverhalten die Spannungen σ_x und σ_y sowie τ_{xy} in einem Bereich nahe der Rißspitze berechnen. τ_{xz} und τ_{yz} sind für den EDZ und den ESZ gleich Null, und für σ_z ergibt sich, wie bereits genannt,

$$\sigma_z = 0 \text{ (ESZ) bzw. } \sigma_z = \mu(\sigma_x + \sigma_y) \text{ (EDZ).}$$

Alle Gleichungen zur Berechnung von σ_x, σ_y sowie τ_{xy}, auf die hier nicht näher eingegangen werden soll, weisen aus, daß die örtlichen Spannungen in der Nähe eines Anrisses von dem Produkt aus der Nennspannung und der Quadratwurzel der Anrißlänge 2a abhängen. Dieses Produkt wird **Spannungsintensitätsfaktor K** genannt. Für eine unendlich ausgedehnte Platte mit einem durchgehenden scharfen Innenriß gilt:

$$K = \sigma \cdot \sqrt{\pi \cdot a} \quad [\text{Nmm}^{-2} \cdot \text{mm}^{1/2}]. \qquad (5.34)$$

σ = auf den gesamten Querschnitt einschließlich der Rißfläche bezogene Nennspannung

Der Spannungsintensitätsfaktor K hängt von den Proben- bzw. Bauteilabmessungen und der Rißgeometrie ab. Für nicht unendlich große Proben muß deshalb zur Berechnung von K ein dimensionsloser Korrekturfaktor

$$Y = f\,(a/W)$$

eingeführt werden:

$$K = \sigma \cdot \sqrt{\pi \cdot a} \cdot Y. \qquad (5.35)$$

W = Probenbreite

Y kann experimentell oder rechnerisch bestimmt sowie aus Handbüchern entnommen werden. Der Wert des Spannungsintensitätsfaktors K, bei dem die instabile Rißausbreitung beginnt, wird **kritischer Spannungsintensitätsfaktor K_c** genannt:

$$K_c = \sigma_c \cdot \sqrt{\pi \cdot a_c} \; . \qquad (5.36)$$

σ_c = Bruchspannung
a_c = kritische Rißlänge

Die K_c-Werte sind vom Spannungszustand, d. h. von der Bauteildicke abhängig (Abb. 5.40). Der kritische Spannungsintensitätsfaktor ist am größten, wenn an der gesamten Rißfront der ESZ vorliegt (Bauteildicke B_0). Der Bruch ist in diesem Falle scherflächig. Zwischen B_0 und B_I liegt ein gemischter Spannungszustand vor, d. h. mit zunehmender Bauteildicke geht der ESZ in der Rißzone in den EDZ über, woraus folgt, daß die Bruchfläche zunehmend normalflächig wird. Der kritische Spannungsintensitätsfaktor nimmt in diesem Bereich ab und erreicht bei B_I seinen niedrigsten Wert K_{Ic} (bzw. K_{IIc} oder K_{IIIc} entsprechend der jeweiligen Rißöffnungsart). K_{Ic}, K_{IIc} und K_{IIIc} sind charakteristische geometrieunabhängige Werkstoffkennwerte, die experimentell ermittelt und **Riß-** oder **Bruchzähigkeit** genannt werden. Oberhalb B_I liegt praktisch im gesamten Querschnitt ein EDZ vor. Der Bruch ist folglich normalflächig, nur an der Oberfläche können wegen des dort noch auftretenden ESZ Scherlippen entstehen.

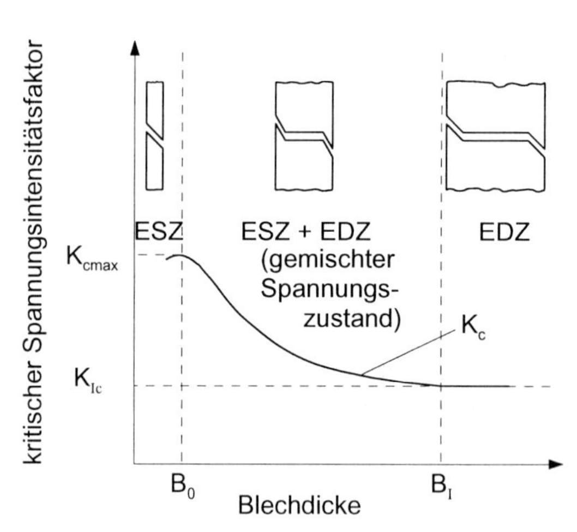

Abb. 5.40 Abhängigkeit des kritischen Spannungsintensitätsfaktors K_C von der Blechdicke

Die charakteristischen Materialdicken B_0 und B_I lassen sich angenähert bestimmen:

$$B_0 = \frac{1}{3}\left(\frac{K_{Ic}}{R_e}\right)^2 \quad \text{und} \quad B_I = 2{,}5\left(\frac{K_{Ic}}{R_e}\right)^2 .$$

Daraus ergibt sich z. B. für eine AlCuMg-Legierung bei Raumtemperatur mit $R_{p0,2}$ = 440 Nmm^{-2} und K_{Ic} = 880 $Nmm^{-2} \cdot mm^{1/2}$:
B_0 = 1,3 mm und B_I = 10 mm.

Linear elastische Bruchmechanik mit Kleinbereichsfließen

In den Bestimmungsgleichungen für B_0 und B_I ist die Streckgrenze R_e enthalten, woraus ersichtlich ist, daß sie für Werkstoffe zutreffend sind, die kein ideal elastisches Verhalten bis zum Bruch aufweisen. In der Tat lassen sich die für ideal spröde Werkstoffe abgeleiteten Spannungsbetrachtungen auch für nicht völlig spröde Materialien verwenden, wenn der durch die plastischen Vorgänge veränderte Spannungszustand an der Rißspitze berücksichtigt wird. Diese Erweiterung der LEBM ist allerdings auf solche Fälle beschränkt, in denen die Zone der plastischen Verformung klein ist im Verhältnis zur Rißlänge und zur Probenabmessung, so daß sich die Probe oder das Bauteil als Ganzes im wesentlichen nur elastisch verformt. Man spricht dann von **Kleinbereichsfließen** oder **kleinplastischem Fließen**.

Während bei den Energiebetrachtungen die plastische Verformungsarbeit durch die Einführung der plastischen Verformungsenergie γ_{pl} bzw. der Rißwiderstandskraft R berücksichtigt wurde, wird bei den Spannungsbetrachtungen die plastisch verformte Zone in die Rißlänge einbezogen, indem man anstelle der wirklichen eine effektive Rißlänge

$$a_{eff} = a + r_{pl}$$

setzt.

r_{pl} = Radius der plastischen Zone
a_{eff}, a = Längen von Außenrissen bzw. halbe Längen von Innenrissen

Den Spannungsintensitätsfaktor (Gl. 5.34) erhält man damit aus

$$K = \sigma\sqrt{\pi \cdot (a + r_{pl})} \ .$$

r_{pl} und die Größe der plastischen Zone können wie folgt abgeschätzt werden: Unter der Annahme, daß sich der Werkstoff nach dem Erreichen der Streckgrenze R_e ideal plastisch verhält, d. h., daß er sich nicht verfestigt und daß die senkrecht zur Rißfläche angreifende Normalspannung σ_y in der plastischen Zone gleich der Streckgrenze ist und diese nicht überschreitet, erhält man in der verlängerten Richtung des Risses (x-Richtung in Abb. 5.41) aus

$$\sigma_y = \frac{\sigma \cdot \sqrt{\pi \cdot a}}{\sqrt{2 \cdot \pi \cdot r_{pl}}} = \frac{K}{\sqrt{2 \cdot \pi \cdot r_{pl}}}$$

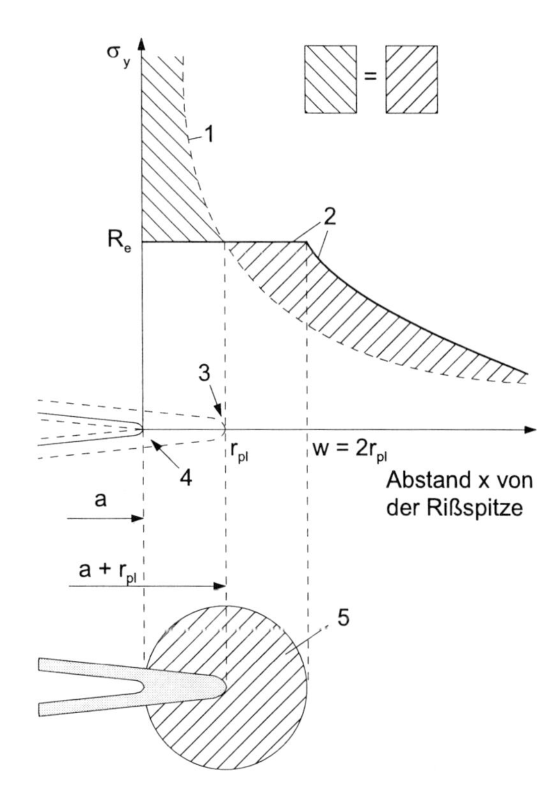

Abb. 5.41 Spannungsverteilung und plastische Zone vor einer Rißspitze
1 Spannungsverlauf bei ideal elastischem Werkstoffverhalten
2 Spannungsverlauf bei elastisch-ideal plastischem Werkstoffverhalten
3 Spitze des effektiven Risses
4 Spitzen eines scharfen und eines tatsächlichen Risses
5 plastische Zone nach *Irwin*

nach Einsetzen von R_e anstelle σ_y und unter Berücksichtigung der Vergleichsspannung nach von Mises für den ESZ

$$r_{pl} = \frac{\sigma^2 \cdot \pi \cdot a}{2 \cdot \pi \cdot R_e^2} = \frac{K^2}{2 \cdot \pi \cdot R_e^2} \quad (5.37)$$

und für den EDZ

$$r_{pl} = \frac{\sigma^2 \cdot \pi \cdot a}{2 \cdot \pi \cdot R_e^2}(1 - 2\mu)^2 = \frac{K^2}{2 \cdot \pi \cdot R_e^2}(1 - 2\mu)^2. \quad (5.38)$$

Der Abbau der elastischen Spannungen im Bereich $0 < x < r_{pl}$ infolge plastischer Verformung muß aus Gleichgewichtsgründen durch eine Spannungserhöhung im Gebiet $x > r_{pl}$ kompensiert werden (Abb. 5.41).

Wenn man von einer zylinderförmig ausgebildeten plastischen Zone ausgeht, liegt die Spitze des effektiven Risses im Mittelpunkt des Schnittkreises mit dem Radius r_{pl}. Im Abstand $x > (w = 2r_{pl})$ von der tatsächlichen Rißspitze liegen nur noch elastisch beanspruchte Werkstoffbereiche vor, und die Grundgleichungen der LEBM können dort benutzt werden.

Die Bestimmung der tatsächlichen Form und Abmessung der plastischen Zone erfordert die Berücksichtigung des mehrachsigen Spannungszustandes. Die rechnerisch und experimentell gewonnenen Ergebnisse weisen jedoch keine volle Übereinstimmung auf.

Vergleicht man die aus Energie- und aus Spannungsbetrachtungen hervorgegangenen Ergebnisse der LEBM und stellt die Energiefreisetzungsraten nach (5.32) bzw. (5.33)

$$G = \frac{\sigma^2 \cdot \pi \cdot a}{E} \quad \text{(ESZ)}$$

bzw.

$$G = \frac{\sigma^2 \cdot \pi \cdot a}{E} \cdot (1 - \mu^2) \quad \text{(EDZ)}$$

dem Spannungsintensitätsfaktor nach (5.34)

$$K = \sigma \cdot \sqrt{\pi \cdot a}$$

gegenüber, so erkennt man, daß

$$G = \frac{K^2}{E} \quad \text{(ESZ)}$$

bzw.

$$G = \frac{K^2(1 - \mu^2)}{E} \quad \text{(EDZ)} \quad (5.39)$$

Dieser Vergleich zeigt, daß beide Betrachtungsweisen zum gleichen Ergebnis führen.

Aus den Gleichungen (5.37) und (5.38) geht hervor, daß die Größe der plastischen Zone an der Rißspitze proportional dem Quotienten K^2/R_e^2 ist. Da mit steigender Temperatur K stark zunimmt, R_e aber abfällt, wird auch die plastische Zone rasch größer. Die Anwendung der LEBM, bei der nur kleine Verformungen in der Nähe der Rißspitze auftreten dürfen, ist deshalb bei den üblichen niedrig- und mittelfesten Baustählen nur bei tiefen Temperaturen möglich. Lediglich bei hochfesten Stählen ist sie etwa bis zur Raumtemperatur zulässig.

Die Anwendung der LEBM setzt, auf die Rißöffnungsart I bezogen, die Kenntnis des Spannungsintensitätsfaktors K_I und der Bruchzähigkeit K_{Ic} voraus. Der Spannungsintensitätsfaktor K_I kann nach Gl. (5.39) aus der auf experimentellen Wege bestimmten Energiefreisetzungsrate G_I bestimmt werden, häufiger ist jedoch die Ermittlung auf rechnerischem Wege. Man geht dabei von Gl. (5.35) aus und berücksichtigt auch die Form des Risses durch einen **Rißformbeiwert M**. Für eine unendlich ausgedehnte Platte mit einem durchgehenden scharfen Innenriß sind Y und M gleich Null, und es gilt Gl. (5.34).

Die Rißzähigkeit K_{Ic} wird unter den Bedingungen (Temperatur, Beanspruchungsgeschwindigkeit), denen das zu untersuchende Bauteil ausgesetzt ist, bestimmt. In die Proben, deren Werkstoffzustand (z. B. vergütet) dem des Bauteils entsprechen muß, wird spanend ein Kerb eingearbeitet und, um einen möglichst kleinen Radius der Rißspitze zu erreichen, durch schwingende Beanspruchung ein vom Kerb ausgehender räumlich begrenzter Ermüdungsriß erzeugt. Am häufigsten benutzt man **Dreipunktbiegeproben (3PB-Proben)** oder **Kompaktproben (CT-Proben)**, für die die Korrekturfunktionen Y bekannt sind. Wenn im Bauteil $K_I < K_{Ic}$, kann keine instabile Rißausbreitung eintreten. Aus den für reale Risse berechneten K_I-Werten und K_{Ic} kann außerdem auf der Grundlage der Beziehung

$$K_I = \sigma \cdot \sqrt{\pi \cdot a} \cdot f = K_{Ic}$$

(f = Geometriefaktor) die kritische Spannung $\sigma = \sigma_c$, bei der sich ein vorgegebener Riß der Länge 2a instabil ausbreitet, bzw. die kritische Rißlänge $a = a_c$ für eine bestimmte Nennspannung σ bestimmt werden. Unter Anwendung eines **Sicherheitsbeiwertes S** lassen sich auch zulässige Spannungen bzw. Rißgrößen berechnen.

Elastisch-plastische Bruchmechanik (EPBM)

Wenn der Radius der plastischen Zonen vor den Rißspitzen im Verhältnis zur Rißlänge und den Bauteilabmessungen nicht mehr klein ist, sondern an den Rißspitzen größere plastische Zonen entstehen oder vollplastisches Fließen des Werkstoffs eintritt, lassen sich die Konzepte der LEBM nicht mehr anwenden. Deshalb wurden die Konzepte der EPBM (auch **Fließbruchmechanik FBM** genannt) entwickelt, die es gestatten, auch große plastische Verformungen vor der Rißspitze in die Berechnungen einzubeziehen: das **COD (crack opening displacement)**- oder **Rißöffnungskonzept** und das **J-Integral-Konzept**.

COD-Konzept

Das COD-Konzept geht von dem **Rißmodell von Dugdale** aus (Abb. 5.42). Der Riß und die plastisch verformten Zonen werden zusammen als eine abgeflachte Ellipse angesehen. Es wird angenommen, daß sich der Riß mit der Länge 2a beim Einwirken der Spannung σ elastisch bis zur Länge $2a_{eff}$ vergrößert hat. Seine Rißufer werden aber im Bereich der plastischen Zonen durch eine innere Spannung, die der einwirkenden Spannung entgegen gerichtet ist, und bei elastisch-ideal plastischem Werkstoffverhalten der Streckgrenze R_e entspricht, zusammengehalten. Je größer die plastische Zone vor der Rißspitze ist, desto größer wird auch die Rißöffnung oder **Rißaufweitung** δ an der Spitze des tatsächlichen Risses sein.

Für den ESZ gilt:

$$\delta = \frac{8R_e \cdot a}{\pi \cdot E} \ln\left[\sec\frac{\pi \cdot \sigma}{2R_e}\right]$$

oder, wenn $\sigma < 0{,}6\ R_e$, d. h., wenn die plastische Zone im Vergleich zur Probenabmessung klein ist, näherungsweise:

$$\delta \approx \frac{\sigma^2 \cdot \pi \cdot a}{E \cdot R_e} = \frac{K^2}{E \cdot R_e}$$

Im Falle des EDZ ist δ etwa doppelt so groß.

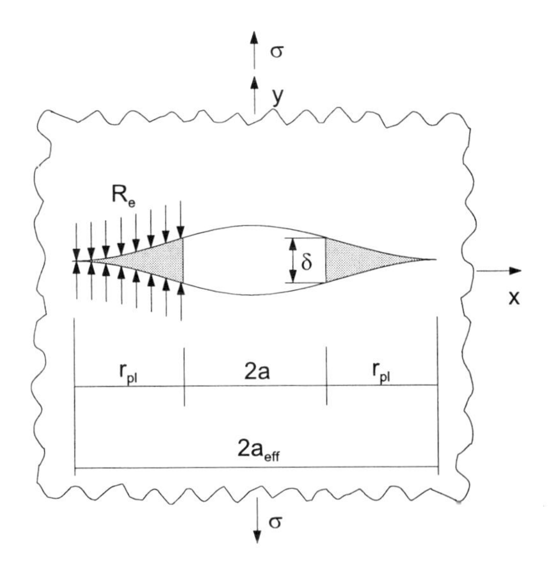

Abb. 5.42 Rißöffnungsmodell nach *Dugdale*

Das **Bruchkriterium** nach dem COD-Konzept ist der Beginn der **instabilen Rißausbreitung** nach Erreichen einer **kritischen Rißöffnung** δ_c.

δ_c charakterisiert die Fähigkeit des Werkstoffs, Spannungsspitzen durch plastische Verformung abzubauen. Die Bestimmung von δ_c ist allerdings schwierig. Da sich δ vom Rand der Probe zum Kern hin ändert und eine Messung unmittelbar an der Rißspitze kaum möglich ist, ermittelt man die Öffnung der Oberfläche von Proben mit Außenkerb und rechnet diese auf die Aufweitung an der Rißspitze um. Darin liegt eine große Unsicherheit, die die Festlegung von Zahlenwerten für δ_c als Kriterium für die Verwendbarkeit eines Werkstoffs unter bestimmten Beanspruchungsbedingungen problematisch macht. Auch die Berechnung der Rißöffnung kann wegen der an der Rißspitze vorliegenden Spannungs- und Dehnungssingularität nur in einem gewissen Abstand davon erfolgen.

δ_c kennzeichnet, wie bereits erwähnt, die Rißöffnung am Beginn der instabilen Rißausbreitung. Geht dieser eine stabile Rißvergrößerung voraus, was bei duktilem Werkstoffverhalten normal ist, so wird die ihr zugehörige **anfängliche Rißaufweitung** mit δ_i bezeichnet. Die Verwendung von δ_i als Kriterium für die Werkstoffauswahl oder -dimensionierung schließt noch eine mehr oder weniger große Zähigkeitsreserve ein.

J-Integral

Das **J-Integral** umgeht die experimentellen Schwierigkeiten des COD-Konzeptes. J entspricht der Abnahme der potentiellen Energie U bei Rißverlängerung und ist damit der Energiefreisetzungsrate G bei linear-elastischem Werkstoffverhalten gleichzusetzen:

$$J = -\frac{1}{B} \cdot \frac{dU}{da}.$$

Diese Beziehung bildet die Grundlage der experimentellen Bestimmung von J-Werten.

Das J-Integral ermöglicht die numerische Berechnung der Spannungs- und Verformungsverhältnisse in der Umgebung der Rißspitze im elastisch-plastischen Bereich von verfestigenden Werkstoffen:

$$J = \int_\Gamma W dy - \sigma \frac{du}{dx} ds.$$

W = Energiedichte
σ = Spannungsvektor
y = Richtung der Kraft
u = Verschiebungsvektor
ds = Wegelement
x = Richtung des Risses

Der geschlossene Integrationsweg Γ, der das untere mit dem oberen Rißufer verbindet, ist wegunabhängig. Dadurch ist es möglich, die nahe der Rißspitze sehr aufwendigen Rechnungen durch Wahl eines rißfernen Integrationsweges zu vereinfachen.

Das **Bruchkriterium** des J-Integral-Konzeptes ist die **instabile Rißausbreitung** bei Erreichen eines **kritischen Wertes J_{Ic}**.

Plastische Grenzlast

Die plastische Grenzlast charakterisiert den Bruch, der in Bauteilen mit Rissen der Länge 2a ohne instabile Rißausbreitung allein durch plastische Verformung auftritt (plastischer Kollaps). Die plastische Grenzspannung σ_{GR} entspricht somit bei Zugbeanspruchung der Zugfestigkeit im Nettoquerschnitt:

$$\sigma_{GR} = R_m (1 - \frac{2a}{N})^k . \qquad (5.40)$$

N = Breite des Körpers mit Riß

Der Exponent k ist bei Zugproben mit innen- oder beiderseitigem Außenriß gleich 1, bei Biegung mit einseitigem Außenriß gleich 2. Im Falle elastisch-ideal plastischen Werkstoffverhaltens ist in Gl. (5.40) R_e anstelle R_m zu setzen. Zur näherungsweisen Berücksichtigung des Spannungszustandes kann anstelle von R_m auch $(R_m + R_e)/2$ verwendet werden.

5.1.3 Beeinflussung der Festigkeit durch Strukturfehler

Die **theoretische Zugfestigkeit** völlig **spröder Materialien** entspricht der Spannung, die zur gleichzeitigen Überwindung aller in einer Ebene zwischen den Bausteinen wirkenden Kohäsionskräfte notwendig ist. Da der Bruch aber, wie im Abschnitt 5.1.2.3 gezeigt wurde, durch mikroskopische Fehler ausgelöst wird, von denen aus die Kohäsionskräfte nacheinander überwunden werden, wird die **technische Zugfestigkeit spröder Werkstoffe** vorrangig durch diese Fehler und nicht durch Strukturfehler bestimmt. Festigkeitssteigernde Maßnahmen erstrecken sich bei spröden Materialien folglich vor allem auf die Behinderung der Rißausbreitung z. B. durch Erzeugung von Druckeigenspannungen im Oberflächenbereich von Gläsern.

Bei den **duktilen metallischen Werkstoffen** wird die Zugfestigkeit von der Struktur und dem Gefüge im Ausgangszustand, von den oberhalb der Streckgrenze ablaufenden Struktur- und Gefügeänderungen sowie von den dem Bruch vorausgehenden mikroskopischen und makroskopischen Vorgängen (Bildung der Mikrovoids, Einschnürung) bestimmt. Um die Auswirkungen der Strukturfehler allein und weitgehend frei von den durch plastische Verformung entstehenden mikroskopischen und makroskopischen Veränderungen zu erfassen, wird im folgenden vorrangig der Einfluß der Gitterstörungen auf die Streckgrenze, d. h. auf den Beginn der plastischen Verformung betrachtet.

Die **plastische Verformung** beruht, wie bereits in Abschnitt 5.1.2.2 dargestellt wurde, auf der Wanderung der in technischen Werkstoffen immer vorhandenen Versetzungen. Dazu muß die angelegte Spannung so groß sein, daß die Versetzungen die Gitterreibungsspannung und einen durch Gitterbaufehler verursachten zusätzlichen Widerstand überwinden können. Für Einkristalle gilt:

$$\tau_{krit} = \tau_P + \Delta\tau_{Fehler}.$$

Die **Peierls-Spannung** τ_P kennzeichnet die zur Bewegung einer einzelnen Versetzung aufzubringende Spannung, τ_{krit} die **kritische Schubspannung** eines normalen Einkristalls mit Gitterfehlern. Durch Berücksichtigung der regellosen Orientierung der Kristallite im vielkristallinen Werkstoff ergibt sich daraus die Streckgrenze R_e zu:

$$R_e = \sigma_i + \Delta\sigma_{Fehler} \approx 3\tau_{krit} .$$

σ_i ist die Reibungsspannung des unlegierten, sehr grobkörnigen Grundwerkstoffs.

Um eine höhere Streckgrenze zu erreichen, sind zwei Wege möglich:

- **Erzeugung versetzungsfreier Kristalle** (Whisker); diese verlieren jedoch ihre hohe Streckgrenze, wenn durch Einwirkung sehr großer Kräfte Versetzungen entstanden sind (Abb. 5.14).

- **Erschwerung der Versetzungsbewegung** durch null-, ein-, zwei- und dreidimensionale Hindernisse.

Von den im Abschnitt 4.1.6 beschriebenen Gitterbaufehlern sind **Fremdatome** (**Mischkristallbildung** $\Delta\sigma_M$), **Versetzungen** ($\Delta\sigma_V$), **Korn-** und **Phasengrenzen** ($\Delta\sigma_K$) sowie **Teilchen** ($\Delta\sigma_T$) besonders wirksam. Man kann ihren Einfluß auf die Streckgrenze formal wie folgt ausdrücken:

$$R_e = \sigma_i + \Delta\sigma_M + \Delta\sigma_V + \Delta\sigma_K + \Delta\sigma_T .$$

Dabei wird vernachlässigt, daß, wenn eine gegenseitige Beeinflussung der Gitterbaufehler eintritt, sich die Beträge zur Streckgrenzenerhöhung nicht immer linear addieren.

Zum Verständnis der anschließenden Ausführungen sei noch auf folgendes hingewiesen: In technischen Werkstoffen sind Fremdatome, Versetzungen, Korngrenzen und Teilchen stets gleichzeitig vorhanden. Bei der Betrachtung der einzelnen festigkeitssteigernden Mechanismen wird aber jeweils nur eine Wirkgröße variiert.

Die Auswirkungen der anderen, nicht veränderten Strukturfehler werden gleichsam als konstante Größe in die Gitterreibungsspannung einbezogen.

5.1.3.1 Festigkeitssteigerung durch gelöste Fremdatome

Im Mischkristall gelöste Fremdatome beeinflussen die Versetzungsbewegung in zweierlei Hinsicht:

- In der Nähe einer ruhenden Versetzung befindliche bewegliche Legierungsatome ordnen sich um und verankern die Versetzung. Dadurch wird die Spannung des Beginns der plastischen Verformung R_e erhöht, und in der Spannungs-Dehnungs-Kurve tritt an der Streckgrenze ein Knick auf.

- Legierungsatome, die sich nicht in der Umgebung von Versetzungen befinden, verzerren das Matrixgitter und erschweren die Bewegung von Versetzungen, was einer Erhöhung der Reibungsspannung gleichkommt. Die Spannungs-Dehnungs-Kurve wird dadurch bei gleicher Dehnung zu höheren Spannungen verschoben.

Vereinfacht können die Wechselwirkungen zwischen ruhenden Versetzungen und beweglichen Legierungsatomen wie folgt dargestellt werden, wobei von einer zunächst statistischen Verteilung der Legierungsatome im Matrixgitter ausgegangen wird:

Das Kristallgitter des Matrixmetalls ist in der Umgebung der Versetzungen wie auch der Fremdatome verzerrt (s. Abb. 4.17 und 4.18). Der Verzerrungsgrad des Gitters kann herabgesetzt werden, indem die größeren Fremdatome in die von den Versetzungen aufgeweiteten, die kleineren Fremdatome in die verengten Gitterbereiche diffundieren. Durch eine solche Anreicherung der Fremdatome (Atomwolken) werden die Versetzungen festgehalten. Um eine plastische Verformung herbeizuführen, müssen die Versetzungen von ihren **Fremdatomwolken** losgerissen werden, was eine höhere Spannung erfordert als die Verformung des reinen Matrixmetalls. Diese **Spannungserhöhung** ist der **Gitterverzerrung** in der Nähe der Legierungsatome, die aus der Änderung der Gitterkonstanten a abgeschätzt werden kann, proportional:

$$\Delta\sigma_M \sim \frac{1}{a} \cdot \frac{da}{dc} \; .$$

c = Konzentration der Legierungselemente

Je mehr sich die Legierungs- und Matrix-Atome im Durchmesser unterscheiden, um so größer ist die Gitterverzerrung, um so kleiner ist aber in der Regel die maximale Löslichkeit der Legierungselemente im Grundmetall, wodurch die Möglichkeit zur Mischkristallverfestigung begrenzt ist.

Die **Mischkristallverfestigung** ist in der Nähe der Raumtemperatur am größten. Zu tieferen Temperaturen hin steigt die Streckgrenze der reinen Metalle aufgrund des Temperaturverlaufs von σ_i teilweise stärker an als die der Legierungen, so daß $\Delta\sigma_M$ kleiner wird und sogar negative Werte annehmen kann, d. h., daß dann die Legierung eine niedrigere Streckgrenze hat als das reine Metall (**alloy softening**). Im Gebiet höherer Temperaturen wird $\Delta\sigma_M$ ebenfalls kleiner, da thermisch aktivierte Vorgänge (z. B. Diffusion, Abschnitt 4.3) die Blockierung der Versetzungen lockern.

Die Abbildung 5.43 zeigt, daß $\Delta\sigma_M$ mit zunehmendem Gehalt an Legierungselementen größer wird. Die größte Wirkung geht von den interstitiell eingelagerten C- und N-Atomen aus (Abb. 5.44), was vor allem darauf zurückzuführen ist, daß sie mit Stufen- und Schraubenversetzungen, die Substitutionsatome hingegen nur mit Stufenversetzungen in Wechselwirkung treten.

Da C und N im Eisen außerdem besondere mechanische Effekte bewirken, die für die Anwendung der Stähle bedeutungsvoll sind, soll darauf kurz eingegangen werden.

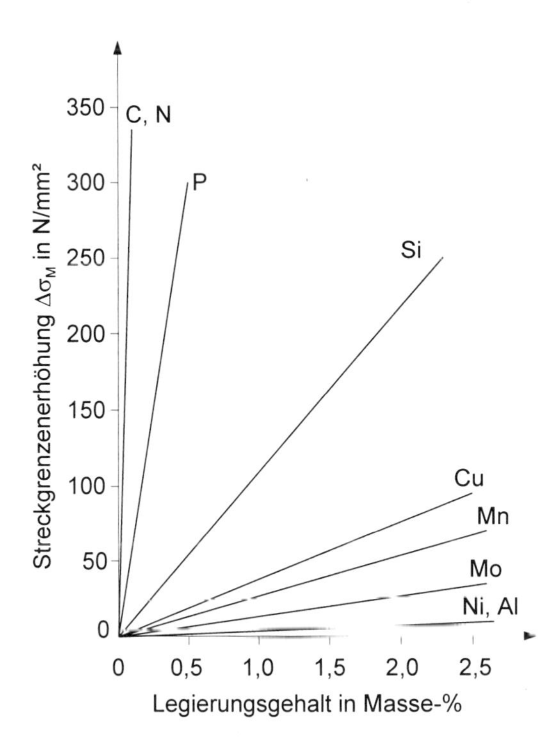

Abb. 5.43 Erhöhung der Streckgrenze von α-Eisen durch Legierungselemente nach [5.25]

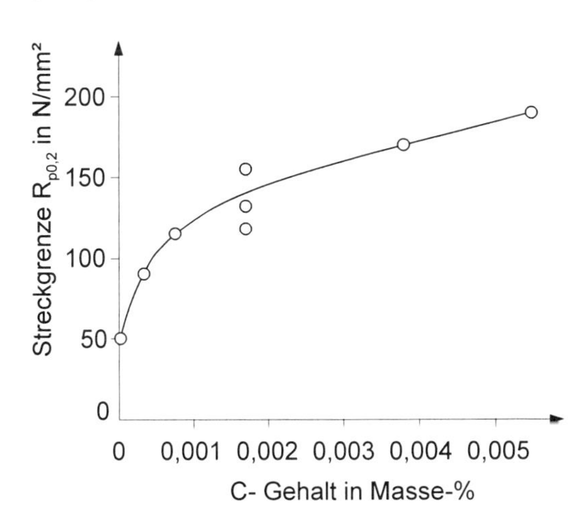

Abb. 5.44 Einfluß kleiner Gehalte an Kohlenstoff auf die Streckgrenze des reinen Eisens nach *E. Houdremont*

Wirkung von Kohlenstoff und Stickstoff im Eisen

Die Einlagerungsatome weiten das krz-Kristallgitter des Eisens tetragonal auf. Tetragonale Verzerrungen liegen auch im Umfeld der Versetzungen vor. Von den in einem Einlagerungsmischkristall anfänglich gleichmäßig verteilten Fremdatomen werden sich deshalb zunächst diejenigen, die sich im Verzerrungsbereich von Versetzungen befinden, so umordnen, daß die von ihnen ausgehenden Verzerrungen mit den durch die Versetzung verursachten übereinstimmen (**Snoek-Effekt**). Da die Sprungzeiten von N und C sehr kurz sind (nach Abb. 4.38 liegen sie bei Raumtemperatur im Sekundenbereich, bei 100 °C betragen sie etwa 10^{-3} s), stellt sich die **Snoek-Verteilung** sehr schnell ein. Gleichzeitig mit der Umordnung der versetzungsnahen Fremdatome in den Verzerrungsfeldern der Versetzungen beginnen die weiter entfernten, in die Nähe der Versetzungslinien zu diffundieren und sich dort anzureichern (Bildung von Fremdatomwolken). Dieser Vorgang erstreckt sich über längere Zeiten und wird **Cottrell-Effekt** genannt.

Streckgrenzenerscheinungen

Durch den Snoek- wie auch durch den Cottrell-Effekt nehmen die interstitiellen Atome energetisch günstigere Plätze ein. Wenn die Versetzungen fortbewegt, d. h. von ihren Wolken losgerissen werden, gehen die Fremdatome wieder in energiereichere Zustände über. Daraus folgt, daß zur plastischen Verformung C- und N-haltiger Stähle anfangs mehr mechanische Energie zugeführt werden muß als zur Verformung von Eisen, das keine oder nur gleich verteilte interstitielle Atome enthält. Die Streckgrenze wird erhöht, außerdem entsteht eine **„ausgeprägte Streckgrenze"**. Die Abbildung 5.45 veranschaulicht diese Vorgänge: Nach dem Abschrecken von höheren Temperaturen sind die interstitiellen Atome im Kristall gleichmäßig verteilt. Die unmittelbar nach dem Abschrecken aufgenommene Spannungs-Dehnungs-Kurve (Auslagerungsdauer 0 min) biegt bei der niedrigen Streckgrenze von etwa 133 N/mm² von der Hooke'schen Geraden ab und steigt stetig an.

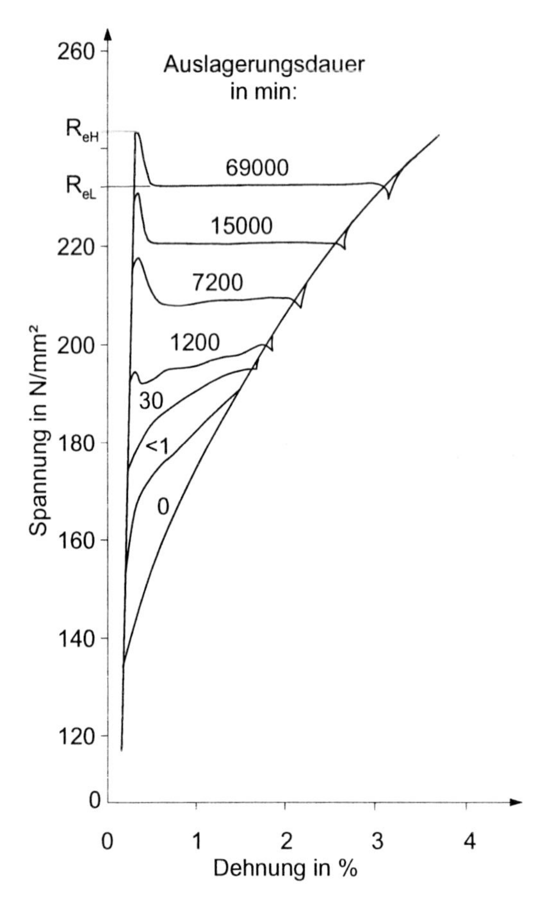

Abb. 5.45 Spannungs-Dehnungs-Kurven von Eisen mit 0,01 % C nach Abschrecken und verschieden langem Auslagern bei 60 °C nach *E. Lenz*

Beim Auslagern des Materials kommt es bereits nach kurzer Dauer zur Umordnung der C-Atome (Snoek-Effekt) und mit zunehmender Dauer zur Bildung von Cottrell-Wolken. Dadurch steigt die Streckgrenze an, und die Spannungs-Dehnungs-Kurve verläuft im ersten Abschnitt nach dem Abbiegen von der Hooke'schen Geraden flacher, bis sie in die Verfestigungskurve des nur abgeschreckten Werkstoffs einmündet. Nach langen Auslagerungszeiten, wenn die Bildung der Cottrell-Wolken weit fortgeschritten ist, beginnt die plastische Verformung bei einer Spannung $\mathbf{R_{eH}}$, der **oberen Streckgrenze**, bei der die Versetzungen von ihren Cottrell-Wolken losgerissen und dadurch leichter bewegbar werden. Die zur Aufrechterhaltung der plastischen Verformung notwendige Spannung fällt danach auf ein niedrigeres Niveau, die **untere Streckgrenze $\mathbf{R_{eL}}$** ab, bei der das Material so lange gedehnt wird, bis die Verfestigungskurve des nicht ausgelagerten Werkstoffs erreicht ist.

Die Dehnung unter gleichbleibender Spannung R_{eL} wird **Lüders-Dehnung** genannt. Sie verläuft inhomogen und beginnt beim Erreichen der oberen Streckgrenze an der Stelle des Probestabes, wo örtlich die höchste Spannung einwirkt, z. B. an einer Einspannstelle. Es entsteht ein **Lüders-Band**, häufig unter 45° zur Zugrichtung, an dessen Grenze zum unverformten Material ständig eine lokale Spannungsspitze aufrecht erhalten wird, von der aus sich die Verformung in weiteren Lüders-Bändern fortsetzt. Diese können an der Oberfläche von Blechen sichtbar gemacht werden. In der Metallverarbeitung ist das Auftreten von Lüders-Linien, z. B. an wenig umgeformten Stellen von Tiefziehteilen, unerwünscht, da es das Oberflächenaussehen beeinträchtigt. Es läßt sich durch vorheriges leichtes Kaltwalzen, durch das die Lüders-Dehnung unterdrückt wird, vermeiden.

Alterung

Die im Laufe einer Zeit eintretenden Veränderungen von Werkstoffeigenschaften nennt man **Alterung**. Wenn sich diese Veränderungen, wie vorstehend am Beispiel der Streckgrenzenerhöhung beschrieben, nach dem schnellen Abkühlen von höheren Temperaturen einstellen, spricht man von **Abschreckalterung**. Neben der erörterten Blockierung der Versetzungen durch N- und C-Atome können dabei auch Ausscheidungen von Nitriden und Carbiden wirksam sein. Alterung kann auch durch Verformungsvorgänge ausgelöst oder verstärkt werden. Man spricht dann von **Verformungs-** oder **Reckalterung**.

Das Wesen der Reckalterung soll anhand der Abbildung 5.46 erklärt werden. Ein Zugstab wird über die Lüders-Dehnung hinaus belastet und wieder entlastet. Die während des Verformens von ihren Wolken losgerissenen und eventuell neu gebildeten wolkenfreien Versetzungen befinden sich dann in Gitterbereichen, in denen noch gleichmäßig verteilte C- und N-Atome vorhanden sind. Bei einer anschließenden Auslagerung kommt es an den Versetzungen wieder zur Bildung von Atomwolken und damit zu ihrer Blockierung, so daß bei einer erneuten Belastung abermals eine obere Streckgrenze und eine Lüders-Dehnung auftritt. Wegen der eingetretenen Verfestigung sind die mechanischen Effekte bei der Reckalterung meist größer als bei der Abschreckalterung.

Das oben erwähnte Unterdrücken von Lüders-Linien auf der Oberfläche von Blechen durch schwaches Kaltwalzen hat wegen der Reckalterung nur Erfolg, wenn das Walzen kurz vor dem Verformen der Bleche vorgenommen wird.

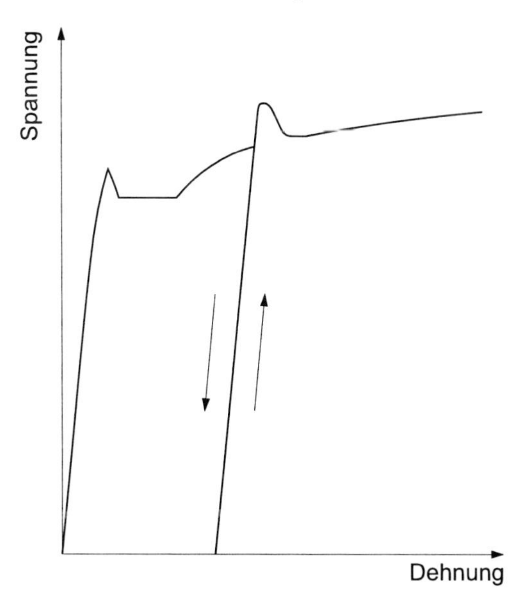

Abb. 5.46 Spannungs-Dehnungs-Verlauf mit längerer Unterbrechung des Belastungsvorganges (schematisch)

Bei erhöhten Temperaturen (in der Abb. 5.47 etwa zwischen 100 und 200 °C) hat die Spannungs-Dehnungs-Kurve auch oberhalb der unteren Streckgrenze einen diskontinuierlichen Verlauf. Dieser ist ebenfalls auf Wechselwirkungen zwischen interstitiellen Fremdatomen und Versetzungen zurückzuführen.

Die nach Beginn der plastischen Verformung von ihren Wolken losgerissenen Versetzungen ziehen auch während ihrer Bewegung die C- und N-Atome an. Werden die Versetzungen zwischendurch angehalten, bilden sich neue Atomwolken um die Versetzungen aus, bis sie wieder von diesen losgerissen werden und ihren Weg fortsetzen. Es entstehen also in kurzen Abständen neue obere Streckgrenzen, die das ruckweise Fließen verursachen. Die sich während des Verformens bildenden Wolken entsprechen jedoch, da die Zeit zu ihrer Bildung nur kurz ist, nicht dem thermodynamischen Gleichgewicht. Es stellt sich vielmehr ein weniger vollständiges, ein sogenanntes dynamisches Gleichgewicht ein, und man spricht deshalb von **dynamischer Reckalterung**, die auch als **Portevin-Le Chatelier-Effekt** bezeichnet wird.

Das Auftreten der dynamischen Reckalterung ist von der **Diffusionsgeschwindigkeit der Fremdatome v_F** und von der **Laufgeschwindigkeit der Versetzungen v_V** abhängig. v_F ist temperaturabhängig und wird mit steigender Temperatur größer, während v_V durch die Verformungsgeschwindigkeit, die an der Dehnapparatur eingestellt ist, bestimmt wird. Bei Raumtemperatur ist die Wanderungsgeschwindigkeit der Versetzungen bei den üblichen Dehngeschwindigkeiten größer als die Diffusionsgeschwindigkeit von C und N, die Versetzungen laufen also ihren Cottrell-Wolken, wenn sie einmal losgerissen sind, ohne weitere Behinderung davon. Sind dagegen v_F und v_V etwa gleich groß, ziehen die Versetzungen ständig ihre Atomwolke nach, und es kommt zu dem ruckartigen Fließen und zu einer Erhöhung der Fließspannung sowie der Festigkeit im Bereich der dynamischen Reckalterung. Gleichzeitig wird die Bruchdehnung erniedrigt. Da das Temperaturgebiet, in dem diese Erscheinungen bei

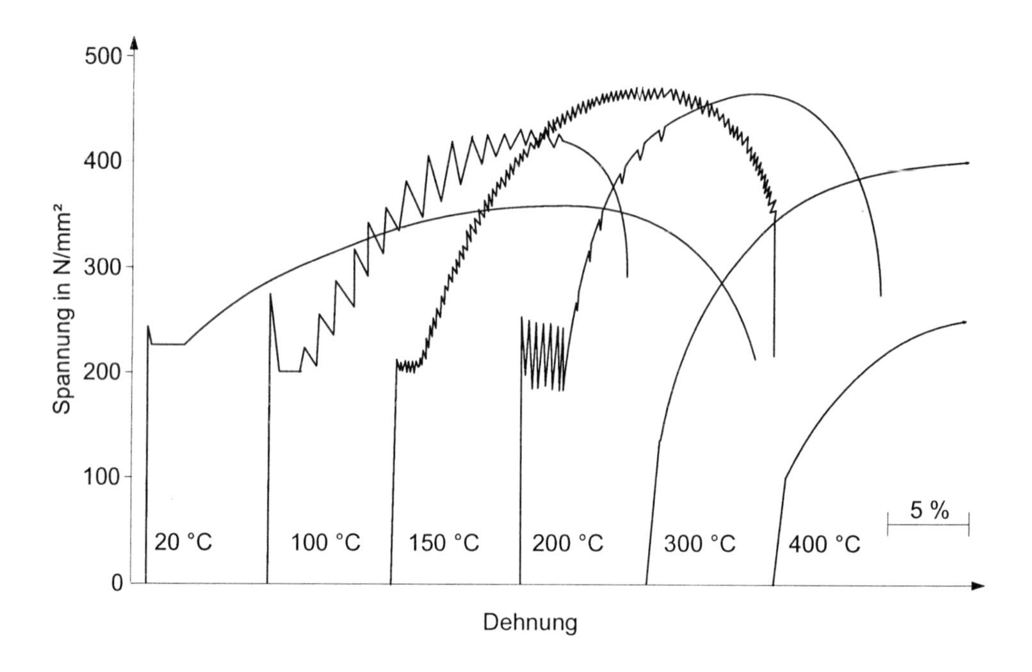

Abb. 5.47 Spannungs-Dehnungs-Kurven von Eisen mit 0,05 % C und 0,004 % N bei verschiedenen Temperaturen nach *B.J. Brindley* und *J.T. Barnby*

technischen Stählen auftreten, bereits so hoch ist, daß frische Bruchflächen blau anlaufen (oxidieren), spricht man von **Blausprödigkeit**.

Bei Temperaturen oberhalb des Gebietes der dynamischen Reckalterung ist v_F größer als v_V. Die Fremdatome folgen ihren Versetzungen aufgrund ihrer thermischen Aktivierung ohne Verzögerung und ohne diese zu behindern. Die ausgeprägte Streckgrenze verschwindet deshalb, und die Spannungs-Dehnungs-Kurve verläuft von Anfang an kontinuierlich.

Die bisherigen Betrachtungen zur Auswirkung von Legierungselementen beinhalten im wesentlichen deren Wechselwirkung mit ruhenden Versetzungen, d. h. ihren Einfluß auf die Streckgrenze. Eine weitere Wechselwirkung der Legierungsatome besteht mit sich bewegenden Versetzungen im gesamten Verlauf des Verformungsvorganges. Die Fremdatome, von denen angenommen werden soll, daß sie gleichmäßig im Matrixgitter verteilt sind und einen anderen Durchmesser als die Matrix-Atome haben, verändern in ihrer Umgebung den Schubmodul G und die Gitterkonstante a. Dadurch erhöht sich die Reibungsspannung des Gitters, und es muß nach *Fleischer* zu ihrer Überwindung eine zusätzliche Spannung

$$\Delta\sigma_M \sim k \cdot G \cdot \sqrt{c}$$

aufgebracht werden. Die Konstante k beinhaltet die relative Schubmodul- und Gitterkonstantenänderung mit der Konzentration c. Die Beziehung gilt für sehr geringe Konzentrationen. Für höhere Gehalte an Legierungselementen ist nach *Labusch* $\Delta\sigma_M$ proportional $c^{2/3}$.

Ähnliche Wechselwirkungen wie zwischen Versetzungen und Fremdatomen, jedoch schwächer, bestehen zwischen Versetzungen und Leerstellen. Sie sind, falls die Leerstellendichte nicht durch äußere Einwirkungen stark erhöht ist, in die Gitterreibungsspannung σ_i einbezogen.

5.1.3.2 Festigkeitssteigerung durch Versetzungen

Die Versetzungsdichte in geglühten metallischen Werkstoffen liegt etwa bei 10^6 bis $10^8\ cm^{-2}$. Bei der plastischen Verformung (Abschnitt 5.1.2.2) werden aus den Korn- und Phasengrenzen sowie aus Versetzungsquellen neue Versetzungen gebildet. Ihre Abstände voneinander werden infolgedessen kleiner, was zu einer gegenseitigen Behinderung ihrer Bewegungen und zu einer Erschwerung der weiteren Erzeugung neuer Versetzungen führt. Die Streckgrenze wird dadurch wie im Einkristall (Abschnitt 5.1.2.2) auch bei technischen Werkstoffen proportional zur Wurzel aus der Versetzungsdichte ρ erhöht (Abb. 5.48):

$$\Delta\sigma_V \sim \beta \cdot G \cdot b \cdot \sqrt{\rho}\ .$$

G = Schubmodul
b = Burgersvektor
β = Konstante, die die Anordnung der Versetzungen kennzeichnet

Durch sehr starke plastische Verformung kann die Versetzungsdichte bis auf etwa $10^{12}\ cm^{-2}$ zunehmen. Der durch die Erhöhung der Versetzungsdichte bewirkte Anstieg der Spannungs-Dehnungs-Kurve wird **Verfestigung** genannt (Abschnitt 5.1.1).

Zur Erzeugung sehr hoher Versetzungsdichten sind vor allem solche Umformverfahren geeignet, welche die Formänderung durch das Einwirken von Druckkräften herbeiführen, wie z .B. das Kaltwalzen, das Kalthämmern oder das Ziehen von Draht. Bei Zugverformung sind die erreichbaren Umformgrade und damit auch die Versetzungsdichten kleiner, da in diesem Falle die den Bruch einleitenden Vorgänge (Bildung von Mikrovoids, Einschnürung) die Verformbarkeit einschränken. Bei der Nutzung kalt umgeformter Werkstoffe, z. B. kaltgewalzter Bleche, für technische Zwecke muß beachtet werden, daß die Festigkeitssteigerung durch Versetzungen mit einer Abnahme der Plastizität verbunden ist.

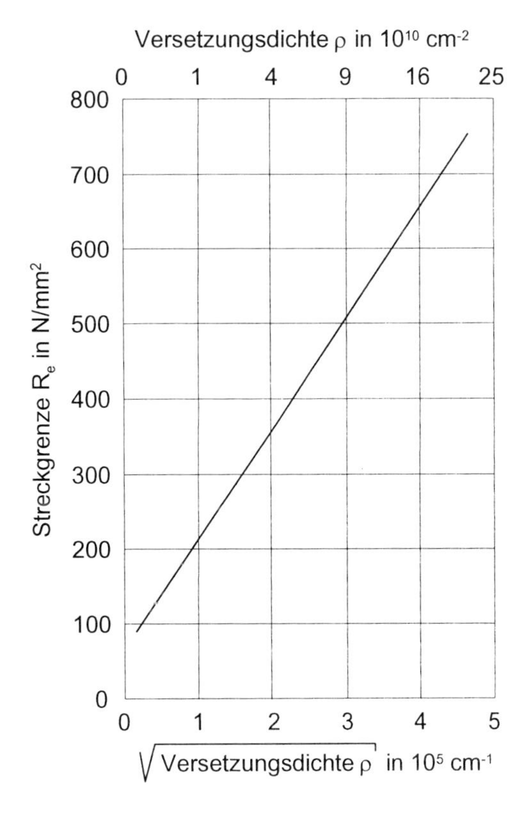

Abb. 5.48 Streckgrenze von α-Eisen in Abhängigkeit von der Versetzungsdichte nach *A.S. Keh*

Bauschinger Effekt

Die Festigkeitssteigerung durch Versetzungen weist eine Besonderheit auf: Die Fließgrenze und die Festigkeit werden durch eine Verformung nur dann erhöht, wenn die Richtungen der Beanspruchung und der Verformung gleich sind. Anderenfalls tritt eine Erniedrigung der Fließgrenze ein. Diese Erscheinung, die bei mehrphasigen Legierungen am ausgeprägtesten ist, wurde zuerst von Bauschinger beobachtet und deshalb **Bauschinger-Effekt** genannt.

In der Abbildung 5.49a sind die Spannungs-Dehnungs-Kurven eines unverformten und eines vorher etwa bis zum Beginn der Einschnürung

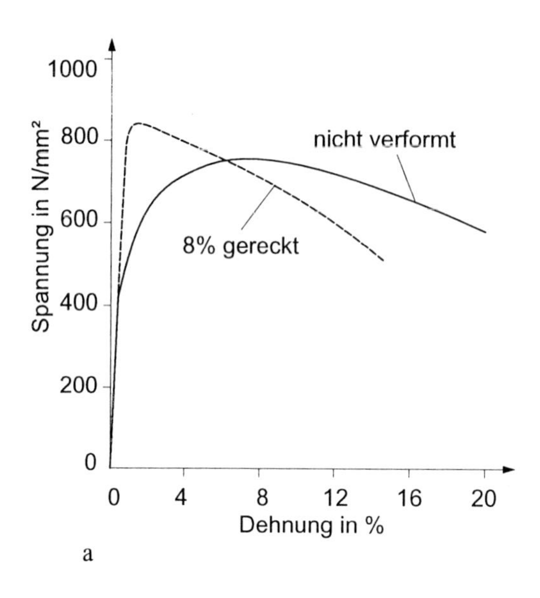

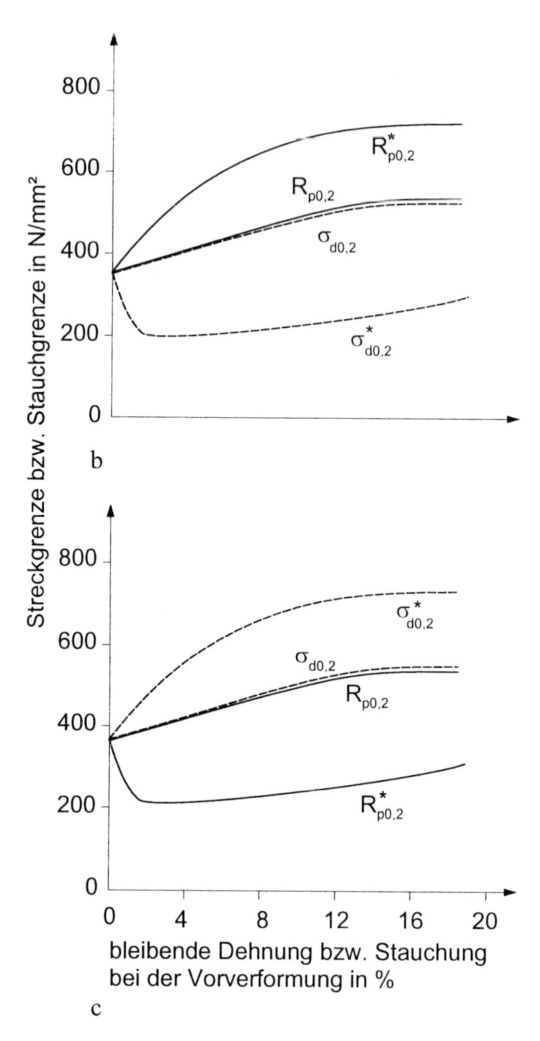

Abb. 5.49a Spannungs-Dehnungs-Kurven eines unverformten und eines gereckten legierten Stahles nach *W. Dahl* und *P. Belche*

b und **c** Streckgrenze und Quetschgrenze von C35 nach Verformung ($R^*_{p0,2}$, $\sigma^*_{d0,2}$) sowie nach Vorverformung und Spannungsarmglühen ($R_{p0,2}$, $\sigma_{d0,2}$) nach *G. Robiller* und *Chr. Straßburger*

b Vorverformung durch Zug
c Vorverformung durch Druck

gereckten Stabes dargestellt. Durch die bei der plastischen Verformung eingetretene Verfestigung ist die Streckgrenze R_e bis zur Höhe der Zugfestigkeit R_m angestiegen. Die Hooke'sche Gerade geht unmittelbar in den abfallenden Ast der Spannungs-Dehnungs-Kurve über, der Stab beginnt sich also sofort einzuschnüren. R_e bzw. R_m sind größer als die Festigkeit R_m des nicht verformten Werkstoffs. Der Grund dafür ist, daß bei der Vorverformung der Durchmesser der Probe kleiner und folglich die auf den neuen Querschnitt S_0 bezogene Spannung größer geworden ist. Wird aber, wie in der Abbildung 5.49b dargestellt, die Beanspruchungsrichtung gegenüber der Vorverformungsrichtung umgekehrt, so nimmt die Fließgrenze ab. Auf die Zugfestigkeit und die Dehnung hat der Wechsel der Verformungsrichtung, sofern die Verformung gering war, im allgemeinen wenig Einfluß.

Die bisherigen Betrachtungen gingen von der Verformung bei niedrigen Temperaturen, z. B. bei Raumtemperaturen aus (Kaltverformung), bei der die durch das Verformen verursachten Eigenspannungen und Änderungen der Versetzungsdichte und -anordnung nicht durch thermisch aktivierte Vorgänge rückgängig gemacht werden. Durch anschließendes Erwärmen auf höhere Temperaturen (Spannungsarmglühen, Abschnitt 7.4.3.1.3) werden die Eigenspannungen vermindert, und der Bauschinger-Effekt verschwindet (Abb. 5.49b). Seine Ursachen sind folglich die bei der Umformung entstandenen inneren Spannungen (Eigenspannungen), die auf besonderen Versetzungsanordnungen beruhen, sich mit den Lastspannungen überlagern und bei der Umkehr der Spannungsrichtung das Fließen des Werkstoffs begünstigen. Nach Zugverformung bleiben also Druckspannungen zurück und umgekehrt. Das Wesen des Bauschinger-Effektes wird schematisch in der Abbildung 5.50 gezeigt.

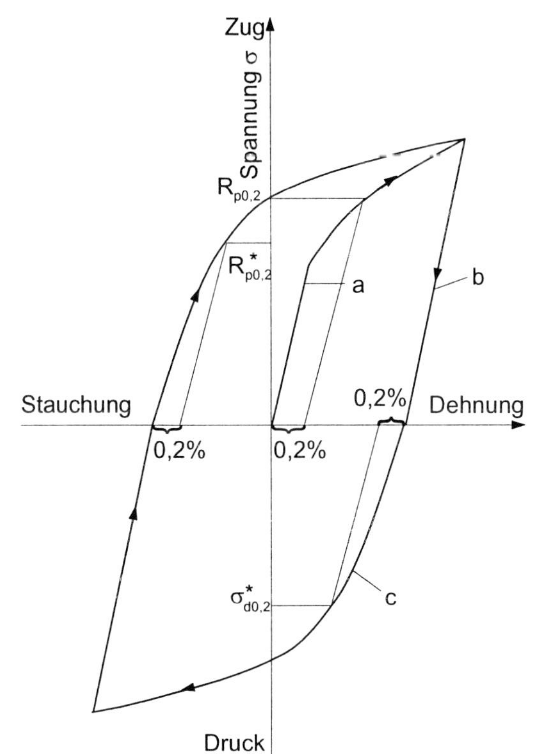

Abb. 5.50 Bauschinger-Effekt (schematisch) $R^*_{p0,2}$ bzw. $\sigma^*_{d0,2}$: Streck- bzw. Stauchgrenze nach Vorverformung

Die Erstverformung durch Zug ergibt einen normalen Spannungs-Dehnungs-Verlauf (a). Bei Entlastung (b) tritt Dehnungsabfall parallel zur Hooke'schen Geraden ein. Bei anschließender Umformung im Druckbereich (Kurve c) wird die der Streckgrenze entsprechende 0,2 %-Stauchgrenze $\sigma_{d0,2}$ auf $\sigma^*_{d0,2}$ erniedrigt ($\sigma^*_{d0,2}$ und $R^*_{p0,2}$ sind die Fließgrenzen nach Vorverformung). Die nochmalige Umkehr der Verformungsrichtung erniedrigt $R_{p0,2}$ auf $R^*_{p0,2}$.

Durch den Bauschinger-Effekt tritt in kaltverformten Halbzeugen und kaltverformten Bauteilen eine Anisotropie der mechanischen Eigenschaften ein, d. h., daß besonders die Streckgrenze unter verschiedenen Winkeln zur Verformungsrichtung verschieden groß ist. Falls sich daraus Schwierigkeiten für den Anwender ergeben, muß der Bauschinger-Effekt durch ein Spannungsarmglühen abgebaut werden. Eine Nutzung der niedrigen Fließgrenze nach Umkehr der Verformungsrichtung ist beim Tiefziehen denkbar (Stülpziehen).

5.1.3.3 Festigkeitssteigerung durch Korngrenzen und Phasengrenzen

Die Korn- und Phasengrenzen sind für die bei der plastischen Verformung bewegten Versetzungen schwer (oder nicht) überwindbare Hindernisse. Je kleiner die Kristallite sind, um so größer ist die Korngrenzenfläche und um so höher die Streckgrenze und auch die Festigkeit. Dieser Zusammenhang wird durch die **Hall-Petch-Gleichung** beschrieben. Sie lautet für die untere Streckgrenze

$$R_{eL} = \sigma_i + \Delta\sigma_K = \sigma_i + k \cdot d^{-1/2} \ .$$

k ist eine Konstante, die den Korngrenzenwiderstand charakterisiert, und d ist der mittlere Korndurchmesser. In perlitischen Stählen ist die Angabe eines Korndurchmessers wegen der flachen Ausbreitung der Kristallite nicht real. Man setzt dann für d die Dicke der Ferritlamellen ein. Allgemein kann man sagen, daß d dem mittleren freien Laufweg der Versetzungen entspricht. Wenn, wie im Abschnitt 5.1.2.2 beschrieben, ein vielkristalliner Werkstoff plastisch verformt wird, beginnt die Bewegung der

Versetzungen in den am günstigsten orientierten Kristalliten. Die Versetzungen laufen bis zu den Korngrenzen und werden dort aufgestaut. Je feinkörniger der Werkstoff ist, um so mehr Kristallite sind aufgrund ihrer günstigen Orientierung in die plastische Verformung einbezogen. Der Aufstau der Versetzungen an den Korngrenzen ist infolgedessen geringer als in grobkörnigem Material, in dem sich die Versetzungsbewegung auf wenige Kristallite konzentriert.

Wenn die Spannungsfelder um die aufgestauten Versetzungen eine bestimmte Größe haben, die bei feinkörnigem Material wegen der Verteilung der Versetzungen auf viele Gleitebenen erst bei einer höheren äußeren Spannung als in grobkörnigem Material erreicht wird, breitet sich die Verformung ins Nachbarkorn aus. Man nimmt an, daß das in der Regel über die Bildung neuer Versetzungen aus der Korngrenze heraus geschieht. Der k-Wert (Korngrenzenwiderstand) ist in diesem Falle temperaturunabhängig, was durch Messungen vielfach bestätigt wurde. Wenn jedoch im Nachbarkorn leicht bewegliche Versetzungen vorhanden sind, z. B. in nicht gealterten Stählen, kann die Verformung auch durch diese fortgeführt werden. Der k-Wert wird dann mit sinkender Temperatur größer.

Die Konstanten der Hall-Petch-Gleichung k und σ_i können graphisch ermittelt werden. Wenn man R_{eL} über $1/\sqrt{d}$ aufträgt, erhält man Geraden, deren Anstiege tan α dem Korngrenzenwiderstand k entsprechen. Wie die Abbildung 5.51 zeigt, verlaufen die **Hall-Petch-Geraden** bis -150 °C parallel, d. h., daß der Korngrenzenwiderstand temperaturunabhängig ist. Sein Wert beträgt in der Abbildung 5.51 etwa 18 $\mathrm{Nmm^{-2} \cdot mm^{1/2}}$). Bei -196 °C ist er bedeutend größer (etwa 35 $\mathrm{Nmm^{-2} \cdot mm^{1/2}}$), was auf eine Änderung im Verformungsmechanismus (einsetzende Zwillingsbildung) zurückzuführen ist. Die Gitterreibungsspannung σ_i erhält man durch Extrapolation der Geraden bis zum Abszissenwert $1/d^{-1/2} = 0$ (unendlich großes Korn = Einkristall), sie wird mit abnehmender Temperatur größer. Steigende Verformungsgeschwindigkeiten $\dot{\varepsilon}$ verschieben die Geraden zu höheren Werten. Andere Gitterfehler, wie Fremdatome, Versetzungen oder Teilchen haben unterschiedlichen Einfluß auf die Konstanten der Hall-Petch-Gleichung.

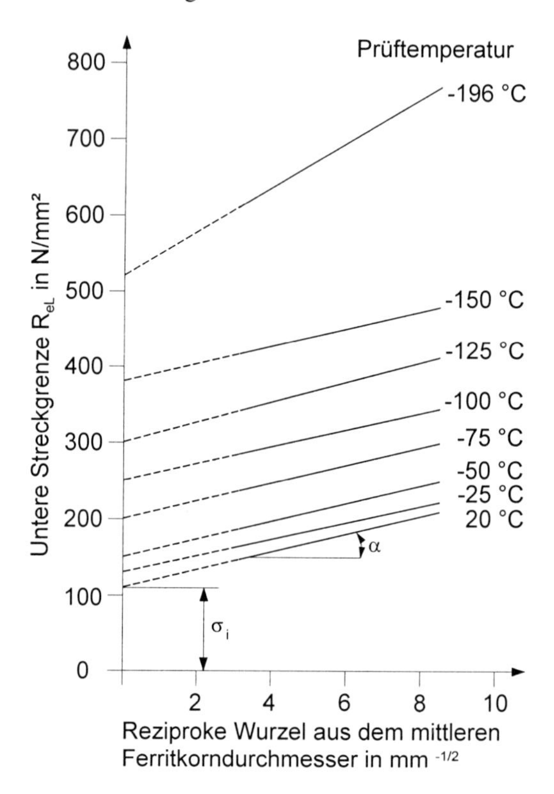

Abb. 5.51 Zusammenhang zwischen unterer Streckgrenze R_{eL} und mittlerem Korndurchmesser nach *W. Dahl* und *H. Rees*

Dehngeschwindigkeit $\dot{\varepsilon} = 0{,}33 \cdot 10^{-5} \mathrm{s}^{-1}$

Die Hall-Petch-Beziehung ist nicht nur an der unteren Streckgrenze R_{eL}, sondern auch an jedem anderen Punkt der Fließkurve (wahre Spannungs-Dehnungs-Kurve, Abschnitt 5.1.1) gültig. Man schreibt dann:

$$R_\varepsilon = \sigma_{i\varepsilon} + k_\varepsilon \cdot d^{-1/2}$$

(Index ε bringt zum Ausdruck, daß die Gleichung für einen bestimmten Punkt der Fließkurve mit der Dehnung ε gilt). In dieser Gleichung kann für $\sigma_{i\varepsilon}$ mit guter Genauigkeit die sogenannte **Ludwik-Gleichung**

$$R_W = K_L \cdot \varphi^n,$$

die den wahren Spannungs-Dehnungs-Verlauf beschreibt, eingesetzt werden, und man erhält:

$$R_\varepsilon = K_L \cdot \varphi^n + k_\varepsilon \cdot d^{-1/2}.$$

$\varphi = \ln(1 + \varepsilon)$ = Umformgrad
K_L, n = Konstanten

Die Reibungsspannung $\sigma_{i\varepsilon}$ ist größer als σ_i an der unteren Streckgrenze. Sie nimmt mit größer werdendem Umformgrad φ zu, was auf die Zunahme der Versetzungsdichte zurückzuführen ist, d. h., daß eigentlich $\sigma_{i\varepsilon} = \sigma_i + \Delta\sigma_V$ (siehe dazu die einleitenden Bemerkungen am Anfang dieses Abschnitts). Die k_ε-Werte sind bei Stählen mit ausgeprägter Streckgrenze meist etwas kleiner, sonst häufig größer als die k-Werte an der Streckgrenze.

5.1.3.4 Festigkeitssteigerung durch Teilchen

Teilchen sind keine Gitterbaufehler im engeren Sinn. Sie wirken aber, wenn sie klein sind, wie diese als Hindernisse für die Bewegung der Versetzungen. Deshalb werden sie im Anschluß an die Strukturfehler behandelt. Es ist dabei zu beachten, daß die Teilchen unterschiedlich mit der Matrix verbunden sein können. Sehr kleine Teilchen sind häufig **kohärent** oder **teilkohärent**, größere dagegen **inkohärent**. Demzufolge treten auch unterschiedliche Mechanismen der Wechselwirkung zwischen Versetzungen und Teilchen auf.

Die Teilchen können auf unterschiedliche Weise in die Matrix gebracht werden. Am häufigsten ist, daß sie bei unterschiedlichen Temperaturen, wenn ihre Löslichkeit im Mischkristall oder auch in der Schmelze überschritten ist, ausgeschieden werden (**Ausscheidungshärtung**, Abschnitt 7.2). Weitere Möglichkeiten bestehen darin, Teilchen, die meist unlöslich sind, bei der pulvermetallurgischen Fertigung in ein Matrixmetall oder bei der galvanischen Beschichtung in den Überzugswerkstoff einzubauen (**Dispersionshärtung**). Beispiele für ausscheidungshärtbare (kurz aushärtbare) Werkstoffe sind Al-Cu-Legierungen, Cu-Ti-Legierungen, Ni-Basis-Superlegierungen, mikrolegierte Stähle und martensitaushärtende Stähle. Die Dispersionshärtung wird z. B. bei pulvermetallurgisch hergestelltem Ni mit ThO_2, Al mit Al_2O_3, Pb mit PbO_2 oder Ag mit CdO sowie bei galvanisch abgeschiedenen Nickelüberzügen mit Al_2O_3, SiC oder Diamant angewandt.

Schneidmechanismus

Sehr feine, der Matrix weitgehend angepaßte Ausscheidungen (kohärente oder teilkohärente Teilchen) nehmen an der plastischen Verformung teil. Sie werden von den Versetzungen geschnitten (Schneidmechanismus, Abb. 5.52).

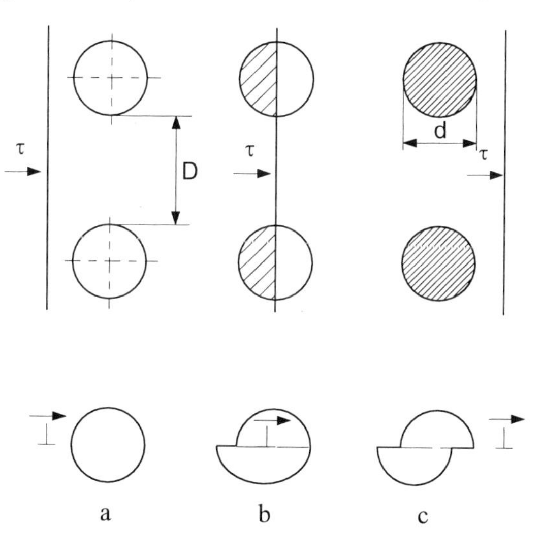

Abb. 5.52 Stadien der Wechselwirkung zwischen Versetzungen und schneidbaren Teilchen; zeitliche Folge von a bis c
○ Teilchen ——— Versetzungslinie

Dafür ist eine zusätzliche Spannung $\Delta\sigma_{TS}$ (Index S: Schneidmechanismus) aufzubringen, deren Höhe vor allem von den Eigenschaften der Teilchen und ihrem Durchmesser d sowie Flächenanteil f bestimmt wird:

$$\Delta\sigma_{TS} \sim f^{1/2} \cdot d^{1/2}.$$

Durch das Schneiden werden die Teilchen abgeschert (Abb. 5.52), und die Fläche, in der sich die beiden Hälften berühren, wird kleiner, folglich auch ihr Widerstand gegen die Bewegung der nachfolgenden Versetzungen. Diese benutzen deshalb bevorzugt die gleiche Gleitebene und treten an Oberflächen in groben Stufen aus (**Grobgleitung**). Der abnehmende Widerstand hat auch zur Folge, daß es zu einer geringen Entfestigung kommen kann, die allerdings bei stärkerer Verformung durch Verfestigung infolge der Versetzungszunahme überdeckt wird.

Umgehungsmechanismus

Inkohärente und andere **nicht schneidbare Teilchen** werden von den Versetzungen umgangen (**Orowan-Mechanismus**). Die Versetzungslinien biegen sich zunächst zwischen den Teilchen soweit durch, bis sich die Abschnitte mit entgegengesetztem Vorzeichen anziehen und unter Auflösung vereinigen (annihilieren). Zurück bleiben ein **Versetzungsring** um die Teilchen und die über diese hinaus bewegte Versetzungslinie (Abb. 5.53). Die dafür aufzubringende zusätzliche Spannung $\Delta\sigma_{TO}$ (Index O: Orowan-Mechanismus) hängt außer vom Teilchenabstand D bzw. dem Volumen v und dem Durchmesser d der Teilchen vom Schubmodul G der Matrix und dem Burgersvektor ab:

$$\Delta\sigma_{TO} = \frac{\alpha \cdot G \cdot b}{D} = \frac{\alpha \cdot G \cdot b \cdot v^{1/3}}{d}.$$

α = Konstante

Diese Gleichung gilt auch dann, wenn die Versetzungsringe umgeordnet oder wenn aus größeren Teilchen heraus neue Versetzungen gebildet werden. Entscheidend ist die Durchbiegung der Versetzungen zwischen den Hindernissen.

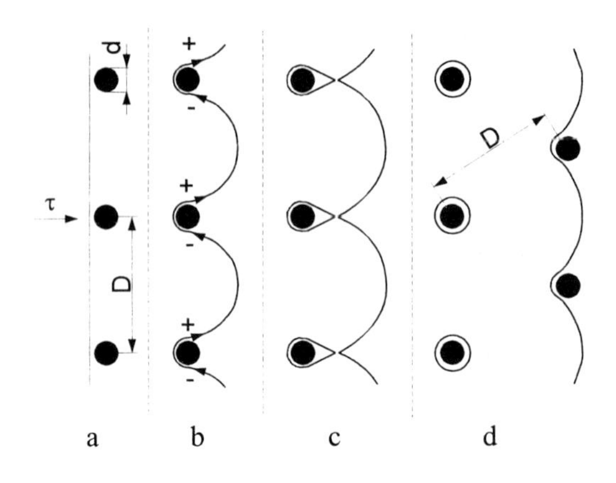

Abb. 5.53 Stadien der Wechselwirkung zwischen Versetzungen und nicht schneidbaren Teilchen (Orowan-Mechanismus); zeitliche Folge von a bis d
● Teilchen ——— Versetzungslinie

Da die Versetzungsringe den nachfolgenden Versetzungen einen größeren Widerstand entgegensetzen, werden neue Gleitebenen aktiviert. An Oberflächen treten deshalb feinere Gleitstufen in größerer Zahl auf (**Feingleitung**).

Da bei gleichbleibendem Volumenanteil der Teilchen $\Delta\sigma_{TS}$ proportional $d^{1/2}$ und $\Delta\sigma_{TO}$ proportional d^{-1} ist, gibt es einen **kritischen Durchmesser d_k**, bei dem $\Delta\sigma_{TS} = \Delta\sigma_{TO}$ (Abb. 5.54).

Bei $d < d_k$ ist $\Delta\sigma_{TS} < \Delta\sigma_{TO}$, die Teilchen werden geschnitten. Wenn $d > d_k$, ist $\Delta\sigma_{TS} > \Delta\sigma_{TO}$, und sie werden nach dem Orowan-Mechanismus umgangen. Für oxidische und carbidische Teilchen liegt d_k etwa zwischen 10^{-5} und 10^{-6} mm, für kohärente Teilchen etwa bei 10^{-4} mm.

Sofern die Teilchen nicht nur aus Ansammlungen von Legierungsatomen auf Gitterplätzen des Grundmetalls bestehen (einphasige Entmischung, Abschnitt 7.2), sondern einen eigenständigen kristallinen Aufbau mit kohärenten, teil- oder inkohärenten Grenzflächen haben, liegt im weiteren Sinne eine heterogene (zwei-

bzw. mehrphasige) Legierung (Kristallgemisch) vor. Überschreiten die Kristallite der zweiten Phase eine bestimmte Größe (Teilchengröße > 10^{-3} mm), treten die für die Teilchenverfestigung kennzeichnenden Wechselwirkungen mit den aus der Matrix kommenden Versetzungen (Schneiden, Umgehen) nicht mehr auf, sondern es kommt zur Verformung dieser Phasen durch Neubildung von Versetzungen aus den Phasengrenzen heraus (s. Festigkeitssteigerung durch Korn- und Phasengrenzen).

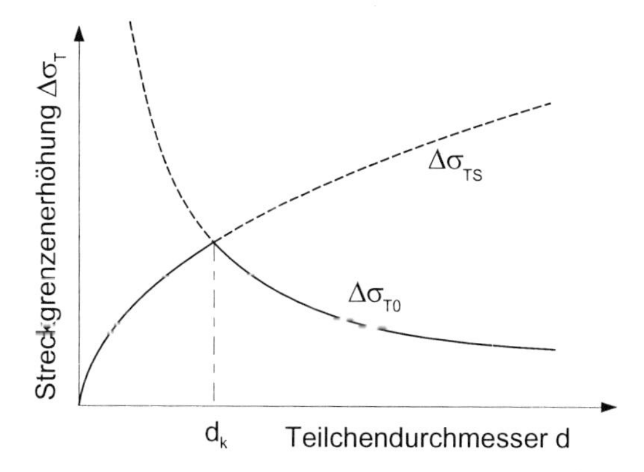

Abb. 5.54 Einfluß der Teilchengröße auf die Streckgrenzenerhöhung durch Teilchen (schematisch)

Bei gleichbleibender Korngröße ergeben sich die meisten Eigenschaften der heterogenen Legierungen aus den Eigenschaften der einzelnen Bestandteile entsprechend ihrer Volumenanteile V, und es gilt näherungsweise die Mischungsregel, z. B. für die Streckgrenze R_e einer Legierung aus α- und β-Mischkristallen:

$$R_e = V_\alpha \cdot R_{e\alpha} + V_\beta \cdot R_{e\beta}$$

mit $V_\alpha + V_\beta = 1$. Die Abbildung 5.55 zeigt diesen Zusammenhang für eine Legierung mit beschränkter Mischbarkeit im festen Zustand. Für ferritisch-perlitische Stähle wird folgende präzisierte Formel angegeben:

$$R_{eL} = V_F{}^{1/3} \cdot R_{eLF} + (1 - V_F{}^{1/3}) \cdot R_{eLP} \ .$$

Indizes: F = Ferrit
P = Perlit

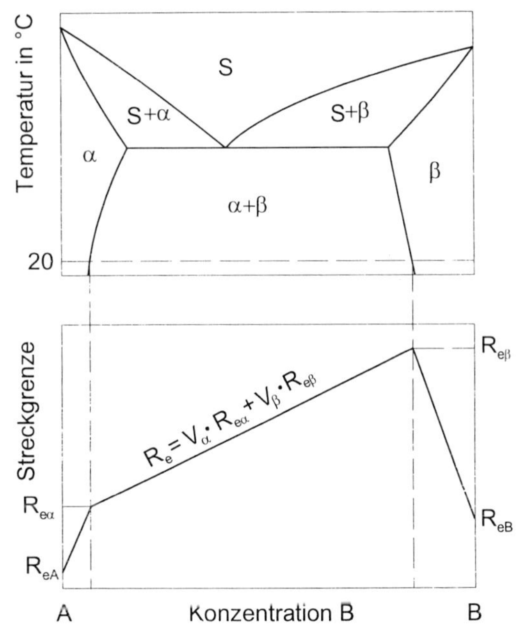

Abb. 5.55 Verlauf der Streckgrenze in einer heterogenen Legierung

5.1.3.5 Kombination der Mechanismen zur Festigkeitssteigerung

Die durch die einzelnen Mechanismen in technischen Werkstoffen erreichbaren Festigkeiten sind aus physikalischen oder technischen Gründen begrenzt.

- Bei der Mischkristallhärtung sind die am stärksten wirkenden Legierungselemente in der Matrix nur wenig löslich.
- Bei der Versetzungshärtung gibt es eine obere Versetzungsdichte, bei deren Überschreiten der kristalline Aufbau verloren geht.
- Bei der Korngrenzenhärtung existiert eine untere Grenze der Korngröße, die durch die technischen Möglichkeiten zur Kornfeinung, zumindest bei kompakten Materialien, nicht unterschritten werden kann.

- Bei der Teilchenhärtung schließlich sind die entstehenden Teilchen unterschiedlich groß, so daß die maximale, theoretisch mögliche Festigkeit, die Teilchen mit dem kritischen Durchmesser in großer Dichte voraussetzt, nicht erreicht wird.

Sehr hohe Festigkeiten sind aufgrund dessen nur möglich, wenn mehrere Mechanismen gleichzeitig zur Wirkung gebracht werden.

Ein Beispiel dafür ist das schon seit Jahrtausenden angewandte Verfahren des **Abschreckhärtens von Stahl** (Abschnitt 7.3). Durch sehr schnelles Abkühlen von hohen Temperaturen aus dem Gebiet des γ-Eisens, das eine große Löslichkeit für Kohlenstoff hat, wird ein an Kohlenstoff übersättigter und durch diesen tetragonal verzerrter α-Mischkristall erzeugt (**Martensit**), der eine hohe Versetzungsdichte, eine geringe Korngröße und häufig zahlreiche Zwillingsgrenzen aufweist. Er ist durch diese Kombination von 0-, 1- und 2-dimensionalen Gitterfehlern außerordentlich hart und spröde.

Durch ein nachfolgendes Erwärmen (Anlassen, s. Abschn. 7.3.4) wird, etwa ab 100 °C beginnend, Kohlenstoff aus dem Martensit als sehr fein verteiltes ε-Carbid (Fe_2C) ausgeschieden. Die Härtung durch diese Teilchen kompensiert den durch den Rückgang der Mischkristallverfestigung und der tetragonalen Verzerrung des Martensits eintretenden Härteabfall, so daß die Festigkeit nur wenig verändert, die Zähigkeit aber etwas erhöht wird. Bei höheren Anlaßtemperaturen scheidet der Kohlenstoff vollständig aus dem Martensit aus, die ausgeschiedenen Teilchen werden gröber und gehen in Fe_3C über. Die Festigkeit fällt dabei stärker ab, und die Zähigkeit nimmt stärker zu (Vergüten, s. Abschn. 7.4.3.3).

Sind im Stahl Legierungselemente vorhanden, die eine große Affinität zum Kohlenstoff haben, kommt es bei Temperaturen etwa zwischen 450 und 600 °C zur Ausscheidung von feinstdispersen Carbiden der Legierungselemente, was einen erneuten Härteanstieg hervorruft (Sekundärhärtung, s. Abschn. 7.3.4).

Die Theorien der Festigkeitssteigerung durch Strukturfehler sind erst in den letzten Jahrzehnten ausgearbeitet worden. Seitdem wurde es möglich, das empirische Vorgehen bei der Entwicklung von Werkstoffen und Behandlungsverfahren in zunehmendem Maße von einer theoretisch begründeten Basis aus zu steuern. Es entstanden neue Werkstoffe (z. B. mikrolegierte und martensitaushärtende Stähle) sowie Behandlungsverfahren (z. B. thermomechanische Behandlung), in denen gleichzeitig mehrere Mechanismen vorbedacht zur Wirkung gebracht werden. In späteren Abschnitten werden Beispiele dafür ausführlicher behandelt.

5.1.3.6 Einfluß der Strukturfehler auf die Zähigkeit

Die Eignung von Werkstoffen für bestimmte Verwendungen wird nicht nur durch ihre Festigkeit, sondern gleichrangig auch durch ihre Zähigkeit bestimmt. In der Wichtung beider Größen gibt es allerdings Unterschiede. So ist z. B. für LKW-Aufbauten, die beim Beladen mit Schüttgütern Schlägen und Stößen ausgesetzt sind, eine hohe Zähigkeit unerläßlich, während für Zerspanungswerkzeuge die Härte, die größer als die des zu zerspanenden Werkstoffs sein muß, bestimmend für die Funktionsfähigkeit ist. Eine allgemeingültige quantitative Beziehung zwischen der Zähigkeit und der Zugfestigkeit, Streckgrenze oder Härte gibt es nicht. Ein qualitativer Zusammenhang liegt jedoch insofern vor, als bei Annäherung der Streckgrenze an die Spaltbruchspannung die Zähigkeit abnimmt.

Im Abschnitt 5.1.2.3 wurde bereits darauf hingewiesen, daß die Spaltbruchspannung durch Mischkristall-, Versetzungs- und Teilchenverfestigung nicht wesentlich verändert wird und folglich bei Steigerung der Streckgrenze durch diese Mechanismen eine **Versprödung** zu verzeichnen ist. Sie führt neben der Erhöhung der Übergangstemperatur in der Regel auch zu einer Absenkung der Kerbschlagarbeit in Hochlage. Durch Korngrenzenverfestigung hingegen steigt die Spaltbruchspannung an (s. Abb. 5.25), und zwar mehr als die Streckgrenze, so daß in diesem Falle die Übergangstemperatur erniedrigt und die Kerbschlagarbeit in der Hochlage angehoben wird. Durch geeignete Kombinierung der festigkeitsteigernden Mechanismen ist es möglich, wie schematisch in der Abbildung 5.56 dargestellt ist, die Streckgrenze ohne Zähigkeitsverlust oder sogar unter Zähigkeitsgewinn erheblich zu erhöhen.

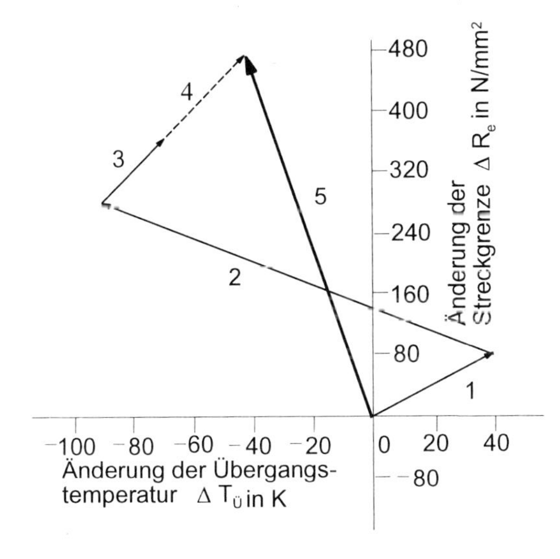

Abb. 5.56 Einfluß von festigkeitssteigernden Mechanismen auf die Steckgrenze R_e und die Übergangstemperatur $T_Ü$ von Stählen (schematisch)

1 Mischkristall
2 Korngrenzen (Feinkorn)
3 Teilchen
4 Versetzungen (Verformung)
5 resultierende Eigenschaftsänderungen

Für die praktische Umsetzung dieser Erkenntnisse müssen die spezifischen Wirkungen der einzelnen Mechanismen und ihrer Kombinationen möglichst genau bekannt sein. Ein Beispiel dafür sind die **mikrolegierten Stähle**. Diese enthalten geringe Zusätze von kohlenstoff- und stickstoffaffinen Legierungselementen, die als **kornwachstumshemmende** und **festigkeitsteigernde feine Teilchen** (Carbide, Nitride und Carbonitride) ausgeschieden werden. Der Kohlenstoffgehalt des Stahles, der in besonderem Maße die Übergangstemperatur erhöht, kann dadurch vermindert werden, woraus insgesamt eine Erhöhung der Streckgrenze und der Zähigkeit resultiert (Abb. 5.57).

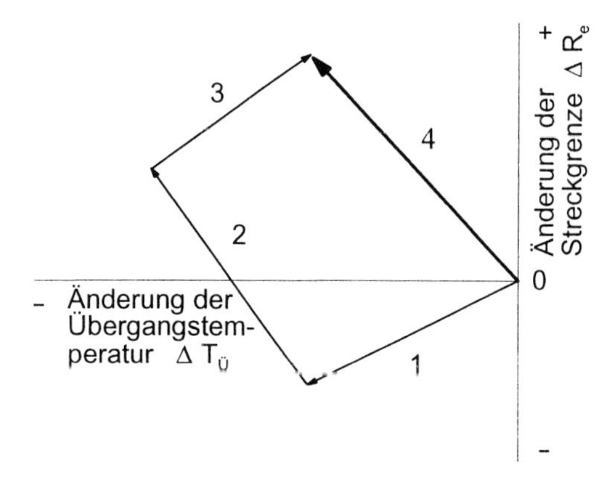

Abb. 5.57 Einflüsse auf die Streckgrenze R_e und die Übergangstemperatur $T_Ü$ in mikrolegierten Baustählen (schematisch)

1 Erniedrigung des C-Gehaltes
2 Kornfeinung
3 Teilchenhärtung
4 resultierende Eigenschaftsänderungen

Von dem bisher beschriebenen Zusammenhang zwischen Streckgrenze und Zähigkeit gibt es Abweichungen. **Mangan** und **Nickel** beispielsweise erhöhen, wenn auch relativ wenig, die Streckgrenze des Eisens. Sie senken aber gleichzeitig die Übergangstemperatur, wofür eine eindeutige Erklärung noch aussteht. Besonders nickellegierte Stähle haben auch bei tiefen Temperaturen eine **große Zähigkeit**. Es gibt auch Fälle, wo eine erhöhte „anormale" Sprödigkeit auftritt. Dazu zwei Beispiele:

Beim Abscheren von koharenten Teilchen konzentriert sich die Versetzungsbewegung auf wenige Gleitebenen (**Grobgleitung**). An Hindernissen in diesen Gleitebenen werden bereits bei kleiner makroskopischer Verformung so zahlreiche Versetzungen aufgestaut, daß Risse entstehen, die den Bruch einleiten. Bei **Feingleitung** hingegen werden viele Gleitebenen betätigt, so daß die Versetzungsdichte vor Hindernissen erst nach größerer plastischer Verformung die zur Rißbildung notwendige kritische Größe erreicht.

Ein weiterer Grund für anormale Sprödigkeit können nicht verformbare Teilchen, z. B. nichtmetallische Einschlüsse oder Carbide, sowie „harte“ Korngrenzen sein. Sie erniedrigen die Spaltbruchspannung (Abb. 5.25). Während eingelagerte kleine Teilchen von den Versetzungen geschnitten oder umgangen werden und aus normalen „weichen“ Korngrenzen neue Versetzungen gebildet und die Spannungsfelder der aufgestauten Versetzungen dadurch abgebaut werden (die Korngrenzen machen also die Verformung mit), entstehen in den harten Phasen oder Korngrenzen bei der plastischen Verformung Risse, die den Bruch einleiten. Ein Beispiel für die Auswirkungen harter Korngrenzen ist die **Anlaßversprödung** von Stahl, auch 475 °C- oder 500 °C-Versprödung genannt. Sie tritt vor allem beim Vergüten (Abschnitt 7.4.3.3) auf. Wenn nach dem Härten zwischen etwa 350 und 600 °C angelassen wird, diffundieren Verunreinigungen, vor allem P, Sn, As und Sb in die Korngrenzen und machen diese unverformbar. Am ausgeprägtesten ist diese Erscheinung im Temperaturbereich von 450 bis 550 °C.

Die Übergangstemperatur der Kerbschlagarbeit kann dadurch um 100 K und mehr ansteigen. Die Anlaßversprödung ist reversibel. Temperaturen oberhalb 650 °C führen wieder zur Gleichverteilung der Verunreinigungen und damit zum Verschwinden der anormalen Sprödigkeit.

5.1.4 Weitere Verfahren zur Prüfung von Festigkeit und Zähigkeit

Der Zugversuch als grundlegendes Verfahren zur Bestimmung von Festigkeit und Plastizität wurde im Abschnitt 5.1.1 behandelt, wichtige Verfahren der Zähigkeitsprüfung sind im Abschnitt 5.1.2.4 beschrieben. Im folgenden wird auf einige weitere Methoden eingegangen, die das Verhalten von Werkstoffen unter bestimmten Beanspruchungsbedingungen besser charakterisieren als der Zugversuch oder die wegen ihrer Einfachheit und ihres geringen Aufwandes eine weite Verbreitung gefunden haben.

5.1.4.1 Druckversuch

Der Druckversuch (DIN 50 106) ist, von der Kraftrichtung her, die Umkehrung des Zugversuches. Zur Prüfung metallischer Werkstoffe werden zylindrische Proben mit einem Verhältnis Höhe h_0 zu Durchmesser d_0 $1 \leq h_0/d_0 \leq 2$ (für Stähle d_0 = 10 bis 30 mm und $h_0/d_0 = 1,5$) verwendet. Für Baustoffe sind würfelförmige Proben üblich. Die Proben (Querschnitt S_0) werden zwischen zwei parallelen Druckplatten einer Prüfmaschine mit ansteigender Kraft F so lange gestaucht, bis bei spröden Werkstoffen der Bruch, bei verformbaren Werkstoffen der erste Anriß auf der Mantelfläche oder bis eine vereinbarte **Gesamtstauchung** ε_{dt} eintritt. Die zugehörige Kraft wird gemessen und die **Druckfestigkeit** $\sigma_{dB} = F_B/S_0$ in N/mm^2 bestimmt (Index d kennzeichnet die Druckbeanspruchung). Wenn bei sehr zähen Werkstoffen nach einer Gesamtstauchung von $\varepsilon_{dt} = \Delta L_d/L_0$ = 50 % noch kein Anriß entstanden ist, wird der Versuch abgebrochen. Man gibt dann als Druckfestigkeit $\sigma_{d50} = F_{50} / S_0$ an. Bei Holz und anderen verformbaren Baustoffen wird meist σ_{d10} bestimmt.

Die **Druckspannungs-Dehnungs-Kurven** von Stählen und anderen metallischen Werkstoffen weisen am Übergang von der überwiegend elastischen zur vorwiegend plastischen Verformung oft eine Unstetigkeit auf. Sie entspricht der Streckgrenze im Zugversuch und wird **Quetschgrenze** σ_{dF} genannt. Liegt kein Knick oder Fließbereich in der Kurve vor, wird bei Bedarf die **technische Stauchgrenze** $\sigma_{d0,2}$ ermittelt. Weiterhin können im Druckversuch die Verformungskennwerte **Bruchstauchung** ε_{dB} und die relative **Bruchquerschnittsvergrößerung** (Bruchausbauchung) ψ_{dB} bestimmt werden.

Trotz ähnlicher Vorgehensweisen beim Zug- und Druckversuch, es wird „nur“ die Beanspruchungsrichtung umgekehrt, gibt es prinzipielle Unterschiede. Die beim Druckversuch zwischen der Probe und den Druckplatten auftretende Reibung behindert die Verformung an den Enden der Proben. Diese werden deshalb tonnenförmig ausgebaucht, und es gibt keine Gleichmaßstauchung und auch keine der Einschnürung analoge lokale Ausbauchung. Die Verformungsbehinderung an den Endflächen der Probe setzt sich kegelförmig in das Innere der Probe hinein fort (Abb. 5.58), so daß die plastische Verformung nur einen Teil des Probenvolumens erfaßt. Die größte Bedeutung hat der Druckversuch deshalb bei Werkstoffen, die nicht oder nur wenig plastisch verformbar sind, wie Gußeisen, Ziegel, Beton und andere Baustoffe.

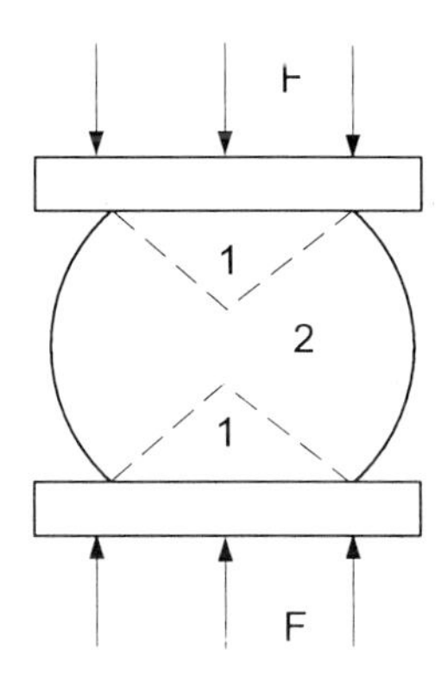

Abb. 5.58 Verformung einer Druckprobe
1 nicht verformte Zonen
2 plastisch verformtes Volumen

5.1.4.2 Biegeversuch

In der Längsrichtung eines auf Biegung beanspruchten Stabes entstehen unter der Einwirkung von Kräftepaaren Zug- wie auch Druckspannungen. Die Umkehr der Spannungsrichtung erfolgt in der **spannungsfreien neutralen Faser**, die bei symmetrischen Querschnitten in der Mitte liegt. Nach den Rändern hin werden die Spannungen größer, sie erreichen ihren Höchstwert in der Randfaser. Bei nur elastischer Verformung kann man einen linearen Spannungsverlauf annehmen. Wird aber am Rand die Streckgrenze bzw. Stauchgrenze überschritten, tritt dort eine plastische Verformung ein, und der Spannungsverlauf wird in diesem Bereich flacher (Abb. 5.59).

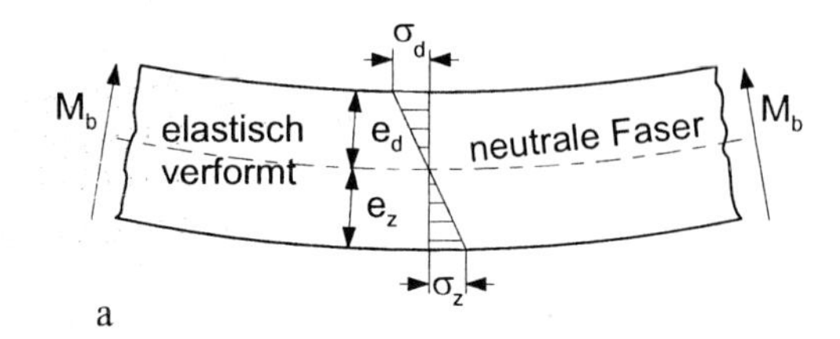

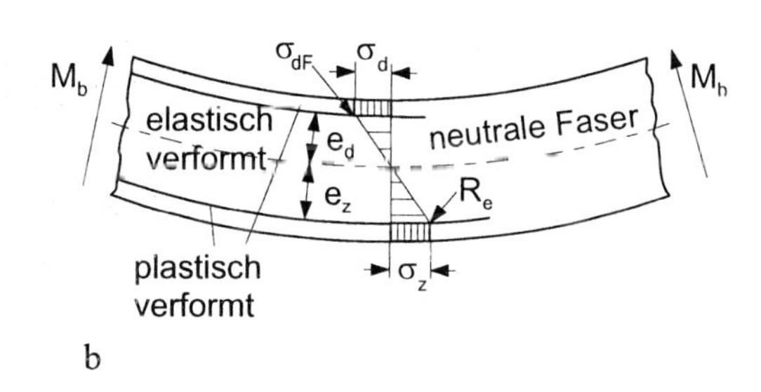

Abb. 5.59 Spannungen beim Biegeversuch
a elastische Verformung
b elastische und plastische Verformung

Der Biegeversuch wird an zylindrischen oder prismatischen Stäben unterschiedlicher Abmessungen durchgeführt. Die Versuchseinrichtung besteht aus einem Druckstempel, seltener zwei Druckstempeln, sowie zwei festen oder drehbaren Auflagerollen, deren Abstand (Stützweite L_s) bei zylindrischen Proben (Durchmesser d_0) $L_s = 20\ d_0$ beträgt (Abb. 5.60).

Bei der **Dreipunktbiegung** tritt das größte Biegemoment M_{bmax} in der Ebene der mittig einwirkenden Kraft F auf, im Falle der **Vierpunktbiegung** bleibt M_{bmax} zwischen den Kraftangriffsstellen konstant. Im elastischen Bereich ergeben sich die maximalen Spannungen am Rand zu

$$\sigma_z = M_b \cdot \frac{e_z}{J} \text{ und } \sigma_d = M_b \cdot \frac{e_d}{J}$$

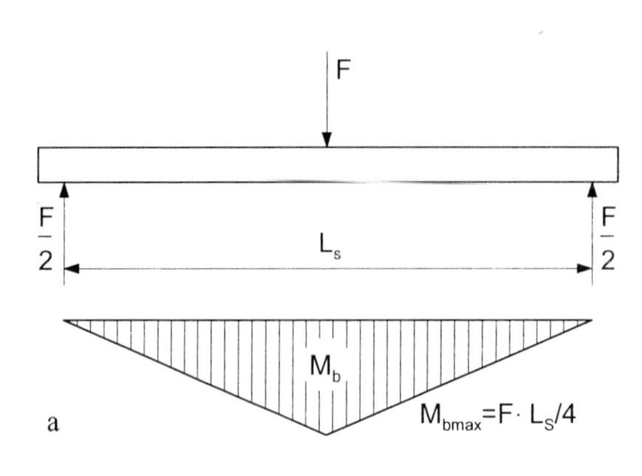

a

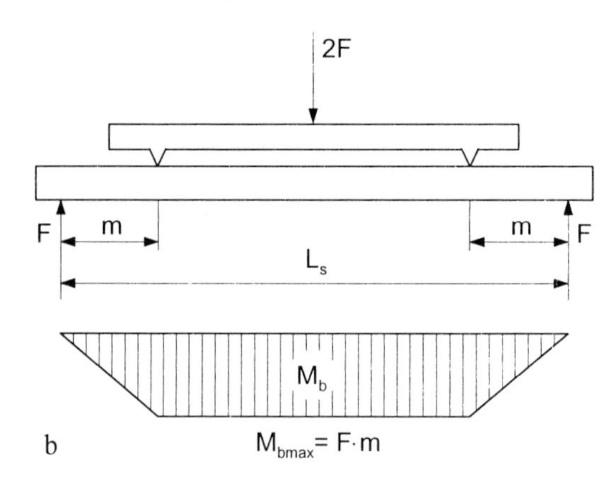

b

Abb. 5.60 Versuchsanordnung und Verlauf des Biegemomentes beim Biegeversuch
a Dreipunktbiegung
b Vierpunktbiegung

oder, da $\frac{J}{e} = W$

$$\sigma_z = \frac{M_b}{W_z} \text{ und } \sigma_d = \frac{M_b}{W_d} .$$

e = Abstand von der neutralen Faser
J = äquatoriales Trägheitsmoment
W = Widerstandsmomente

Da für symmetrische Querschnitte $\sigma_z = -\sigma_d$, beträgt die maximale Biegespannung in der Kraftangriffsebene

$$\sigma_{b\,max} = \frac{M_{b\,max}}{W}$$

oder mit $M_{b\,max} = \frac{F \cdot L_s}{4}$ für Dreipunktbiegung

sowie $W = \frac{\pi \cdot d_0^3}{32}$ für Kreisquerschnitte:

$$\sigma_{b\,max} = \frac{8 \cdot F \cdot L_s}{\pi \cdot d_0^3} .$$

Setzt man in diese Formel die im Versuch gemessene höchste Kraft F_{max} ein, so erhält man die **Biegefestigkeit σ_{bB}**. Diese ist bei spröden Werkstoffen identisch mit der im Augenblick des Bruches einwirkenden Spannung, bei zähen Werkstoffen hingegen mit dem Höchstwert in der **Spannungs-Durchbiegungs-Kurve**. Diese verläuft ähnlich wie die Spannungs-Dehnungs-Kurve beim Zugversuch. Die der Streckgrenze analoge Spannung in der Spannungs-Durchbiegungs-Kurve heißt **Biegefließspannung σ_{bF}**. Zu beachten ist, daß die in der Formel für σ_{bmax} enthaltenen Randbedingungen nach dem Eintreten plastischer Verformungen nicht mehr erfüllt sind.

Die **Durchbiegung f** kennzeichnet die Verformung beim Biegeversuch. Sie ist bei Dreipunktbiegung in der Ebene des Kraftangriffs am größten. Im elastischen Bereich gilt:

$$f_{max} = \frac{\sigma_{b\,max} \cdot L_s^2}{12 \cdot E \cdot e}$$

bzw. nach Einsetzen von $\sigma_{b\,max} = \frac{F \cdot L_s}{4W}$ und $e = \frac{J}{W}$:

$$f_{max} = \frac{F \cdot L_s{}^3}{48 \cdot E \cdot J} .$$

Bei Vierpunktbiegung tritt die größte Durchbiegung in der Mitte zwischen den Kraftangriffspunkten auf:

$$f_{max} = \frac{F \cdot m(3L_s{}^2 - 4m^2)}{14 \cdot E \cdot J} .$$

Als weitere Kenngrößen zur Charakterisierung des Werkstoffverhaltens werden aus den Ergebnissen des Biegeversuches mitunter

- der Biegepfeil $\varphi = \frac{f}{L_s}$
- der Biegefaktor $F_B = \frac{\sigma_{bB}}{R_m}$
- die Steifigkeit $S = \frac{\sigma_{bB}}{f_B}$

angegeben.

Für duktile Werkstoffe ist die Anwendbarkeit des Biegeversuches eingeschränkt. Die Proben lassen sich sehr weit, unter Umständen bis zur Berührung der gedrückten Oberflächen durchbiegen, ohne daß es zum Bruch kommt. Bei der Prüfung hochpolymerer Werkstoffe wird deshalb, wenn kein Bruch zu erwarten ist, der Versuch bei einer Grenzdurchbiegung f_b, die dem 1,5fachen der Probendicke entspricht, abgebrochen. Die zugehörige Grenzbiegespannung wird als $\sigma_{b1,5}$ angegeben.

Große Bedeutung hat der Biegeversuch bei der Untersuchung spröder Werkstoffe, wie gehärteter Stähle, Gußeisen mit Lamellengraphit, gesinterter Hartmetalle und anderer pulvermetallurgisch hergestellter Werkstoffe sowie Keramiken (s. DIN EN 843). Er kann in diesen Fällen auch zur Ermittlung des Elastizitätsmoduls herangezogen werden, wozu die für f_{max} angegebene Formel umzustellen ist.

Bei den spröden Werkstoffen treten innerhalb vergleichbarer, d. h. in ihren Eigenschaften ähnlicher Materialien, wie beispielsweise gehärteter Stahl ähnlicher Zusammensetzung, oft nur geringe, für den Gebrauch aber wichtige Zähigkeitsunterschiede auf. Um diese zu erfassen, ist der Biegeversuch besser geeignet als der Zugversuch. Einmal deshalb, weil die Durchbiegung bei einer bestimmten Spannung etwa 3,3mal so groß ist wie die zugehörige Längenänderung, also meßtechnisch zuverlässiger erfaßt werden kann, zum anderen, weil beim Zugversuch einspannungsbedingt oder von der Probe her das Auftreten von Biegespannungen, die einen vorzeitigen Bruch herbeiführen, nicht völlig unterdrückt werden kann.

Beim Biegeversuch an Gußeisen mit Lamellengraphit tritt eine Besonderheit auf. Da die Spannungs-Dehnungs-Kurve dieses Werkstoffs flacher verläuft als die Spannungs-Stauchungs-Kurve, ist die plastische Verformung der Probe beim Biegeversuch auf der Zugseite größer als auf der Druckseite. Die neutrale Faser wird folglich zur Druckseite hin verschoben.

5.1.4.3 Härteprüfungen

Die Härteprüfungen gehören zu den am häufigsten angewandten Verfahren der Werkstoffprüfung. Sie sind schnell und einfach durchführbar, erfordern keine aufwendige Probenvorbereitung und arbeiten fast zerstörungsfrei, d. h., sie hinterlassen nur kleine, mitunter kaum sichtbare Beschädigungen der Werkstückoberfläche. Härteprüfungen sind deshalb nicht nur an speziellen Proben oder Halbzeugen, sondern auch fertig bearbeiteten Werkstücken, unter Umständen sogar an geschliffenen Funktionsflächen möglich. Durch Messung an unterschiedlichen Stellen kann auch die Gleichmäßigkeit von Eigenschaften überprüft werden. In einigen Fällen besteht ein Zusammenhang zwischen der Härte und anderen Werkstoffeigenschaften, bei Baustählen beispielsweise zwischen Härte und Zugfestigkeit.

In der Technik versteht man unter **Härte** den Widerstand, den ein Körper dem Eindringen eines anderen, härteren Körpers entgegensetzt. Nach diesem Grundprinzip wurden verschiedene Verfahren entwickelt, die sich bezüglich der Prüfkörper, der Aufbringung und der Höhe der Prüfkräfte sowie der Ermittlung der Härtewerte zum Teil erheblich unterscheiden. Als Maß für die Härte werden entweder die plastischen, in besonderen Fällen auch die elastischen Verformungen oder die Rückfederungskräfte des Werkstoffs benutzt. Diese unterschiedlichen Bezugsgrößen sowie die unterschiedlichen Prüfkörper und -kräfte führen zu unterschiedlichen Maßzahlen der Härte. Mit Tabellen oder Diagrammen, z. B. DIN 50 150, können diese näherungsweise verglichen werden.

Je nachdem, ob der Härteprüfkörper unter einer allmählich ansteigenden Kraft oder durch Schlag in das zu prüfende Werkstück eingedrückt wird bzw. aus einem bestimmten Abstand auf diese fällt, unterscheidet man zwischen **statischen** und **dynamischen Härteprüfverfahren**. Ein Vorteil der Härteprüfung ist, daß an der Eindruckstelle unter der Einwirkung der Druckkraft ein mehrachsiger Spannungszustand aufgebaut wird, durch den auch in spröden Werkstoffen plastische Verformungen entstehen.

5.1.4.3.1 Statische Härteprüfverfahren

Härteprüfung nach Brinell (DIN EN ISO 6506)

Bei diesem Verfahren wird eine **Hartmetallkugel** mit dem **Durchmesser D** (in mm) mit einer **Prüfkraft F** (in N) stoß- und schwingungsfrei senkrecht in die Oberfläche einer Probe eingedrückt. Dabei wird die Prüfkraft gesteigert bis der festgelegte Wert erreicht ist, wobei die Zeitspanne zwischen 2 und 8 s liegt. Anschließend ist die Prüfkraft 10 bis 15 s konstant zu halten, bei bestimmten Werkstoffen kann eine längere Einwirkdauer der Prüfkraft vereinbart werden. Nach Wegnahme der Prüfkraft wird der **Durchmesser d** (in mm) **des entstandenen Eindrucks** mit einer Meßlupe oder einem Mikroskop in zwei zueinander rechtwinklig liegenden Richtungen ausgemessen und der arithmetische Mittelwert gebildet. Man bestimmt daraus die Tiefe der Kalotte

$$h = \frac{D - \sqrt{D^2 - d^2}}{2}$$

und ermittelt damit die Kalottenoberfläche

$$A = \pi \cdot D \cdot h = \frac{\pi \cdot D(D - \sqrt{D^2 - d^2})}{2}.$$

Die Brinellhärte ist proportional dem Quotienten aus der Prüfkraft und der Oberfläche des Eindrucks (Kalottenoberfläche) A in mm^2:

$$HBW = 0{,}102 \cdot \frac{F}{A} = 0{,}102 \cdot \frac{2F}{\pi \cdot D(D - \sqrt{D^2 - d^2})}.$$

Der Faktor 0,102 wurde bei der Umstellung der Einheiten physikalischer Größen auf das Internationale Einheitensystem (SI) eingeführt, um die Maßzahlen der Härte nicht zu verändern. **HBW** ist das Symbol für die **Brinellhärte**, eine Angabe in N/mm^2 (sie hätte den ca. 10fachen Wert) ist nicht zulässig. Um die aufwendige Berechnung von HBW aus F und d zu vermeiden, benutzt man in der Praxis Tabellen, in denen HBW in Abhängigkeit von d angegeben ist (Tabelle B1 in DIN EN ISO 6506-1).

Bei der Durchführung der Härteprüfung ist zu beachten, daß der Abstand zwischen dem Mittelpunkt eines Prüfeindrucks und dem Rand der Probe mindestens das 2,5fache des mittleren Eindruckdurchmessers betragen muß. Für den Abstand der Mittelpunkte zweier benachbarter Prüfeindrücke ist mindestens das 3fache des mittleren Eindruckdurchmessers festgelegt.

Bei ausreichender Probendicke sollte bevorzugt die **Brinellkugel** mit einem Durchmesser D = 10 mm angewendet werden. Der Eindruck ist relativ groß, wodurch auch bei sehr heterogenen Werkstoffen, wie Gußeisen mit Lamellengraphit ein den Gesamtwerkstoff charakterisierender Härtewert erhalten wird. Wenn aber die Größe des Härteeindrucks stört oder die zu prüfenden Stücke so dünn sind, daß sich der Eindruck auf ihrer Rückseite abzeichnet (die Härte der Unterlage geht dann in das Ergebnis ein, weshalb die Probendicke $s \geq 8 \cdot h$ sein soll), so können auch Kugeln mit 5 mm, 2,5 mm, 2 mm oder 1 mm Durchmesser verwendet werden.

Bei sehr kleinen oder sehr großen Kalottentiefen wird das Brinellverfahren ungenau. Deshalb soll der Eindruckdurchmesser d = 0,24 bis 0,6 D betragen. Um diese Grenzen einhalten

Tabelle 5.3 Prüfkräfte und Anwendungsbereiche des Brinellverfahrens

Prüfkraft F in N (D in mm)	30 D^2/0,102	10 D^2/0,102	5 D^2/0,102	2,5 D^2/0,102	1 D^2/0,102
Erfaßbarer Härtebereich in HBW	96 bis 650	35 bis 200	35 bis 80	< 35	3,2 bis 20
Werkstoff	Stahl; Gußeisen* ≥140 HBW Nickel- und Titan-legierungen	Kupfer und Kupfer-legierungen, Gußeisen* <140 HBW	Leichtmetalle und ihre Legierungen, Kupfer und Kupfer-legierungen <35 HBW	Kupfer und Kupfer-legierungen <35 HBW	Zinn und Blei

* Für die Prüfung von Gußeisen muß der Nenndurchmesser der Kugel 2,5 mm, 5 mm oder 10 mm betragen.

zu können, werden bei verschieden harten Werkstoffen unterschiedliche **Beanspruchungsgrade** = 0,102 F/D^2 angewandt. Tabelle 5.3 gibt einen Überblick über die sich daraus ergebenden Prüfkräfte, die erfaßbaren Härtebereiche (in denen d = 0,24 bis 0,6 D) sowie die damit vorzugsweise zu prüfenden Werkstoffe.

Härteprüfungen mit Kugeln verschiedener Durchmesser ergeben bei gleichem Beanspruchungsgrad übereinstimmende Härtewerte. Prüft man hingegen mit einem bestimmten Kugeldurchmesser und ändert den Beanspruchungsgrad, so erhält man meist etwas unterschiedliche Ergebnisse, auch wenn die Härte innerhalb der erfaßbaren Bereiche liegt. Deshalb ist es für eine eindeutige Angabe einer Brinellhärte notwendig, den Härtewert und die Prüfbedingungen zu nennen. Die Prüfbedingungen werden in der Reihenfolge Kennbuchstaben HBW D/0,102·F/t angegeben.

Beispiel:

120 HBW 5/125/60

Brinellhärte 120, gemessen mit einer Hartmetallkugelkugel von 5 mm Durchmesser, einer Prüfkraft von 1,226 kN (entsprechend Beanspruchungsgrad 5) und einer Lasteinwirkdauer von 60 s

Wenn bei der Härtemessung die Einwirkdauer der Prüfkraft t = 10 bis 15 s ist, entfält die Angabe für die Einwirkdauer.

Die Hartmetallkugel wird bei Werkstoffen bis zu einer Härte von 650 HBW angewendet. In früheren Normen waren außerdem gehärtete Stahlkugeln als Eindringkörper einsetzbar, wobei die Brinellhärte durch das Kurzzeichen HB oder HBS gekennzeichnet wurde. Da sich die gehärtete Stahlkugel mit steigender Härte des zu prüfenden Werkstoffs, etwa bei 350 HB beginnend, elastisch und plastisch verformt, war die obere Anwendungsgrenze des Brinellverfahrens mit der Stahlkugel bei etwa 450 HB erreicht.

Für verschiedene metallische Werkstoffe wurde zwischen der Brinellhärte und der Zugfestigkeit eine Proportionalität der Form $R_m = c \cdot HBW$ in N/mm^2 gefunden. Sie kann zur orientierenden Bestimmung der Zugfestigkeit genutzt werden. Als Proportionalitätsfaktoren werden genannt:

- c = 3,5
  für geglühte und vergütete Stähle (nicht für austenitische Stähle)

- c = 5,5
  für Kupfer und Kupferlegierungen, geglüht

- $c = 4{,}0$
  für Kupfer und Kupferlegierungen, kaltverformt
- $c = 3{,}7$
  für Aluminium und Aluminiumlegierungen.

Die DIN 50 150 enthält eine **Umwertungstabelle** für unlegierte und niedriglegierte Stähle und Stahlguß im warmumgeformten oder wärmebehandelten Zustand.

Härteprüfung nach Vickers (DIN EN ISO 6507)

Das Vickers-Verfahren ist in der Durchführung und Auswertung dem Brinell-Verfahren ähnlich. Als Prüfkörper wird eine **vierseitige Diamantpyramide** mit einem **Flächenöffnungswinkel $\alpha = 136°$** verwendet. Den gleichen Winkel bilden die Tangenten an der Stelle der Brinellkugel, an der $d = 0{,}375\ D$ ist. Daraus erwächst im Härtebereich bis etwa 300 nahezu Übereinstimmung zwischen Brinellhärte HBW und Vickershärte HV. Die Vickerspyramide wird rechtwinklig zur Prüffläche stoß- und schwingungsfrei mit steigender Kraft bis zum Erreichen der festgelegten Prüfkraft in den Werkstoff eingedrückt, wobei die Zeitspanne bis zum Erreichen der gesamten Prüfkraft im Makrobereich zwischen 2 und 8 s liegen muß und im Kleinlastbereich nicht länger als 10 s sein darf. Im Normalfall ist die Prüfkraft 10 bis 15 s konstant zu halten. Dann wird der Prüfkörper abgehoben, dessen Eindruck stark vergrößert auf eine Mattscheibe projiziert und vermessen. Für die Bestimmung der Vickershärte wird der arithmetische Mittelwert aus den Längen der beiden Diagonalen gebildet.

Die Vickershärte ist proportional dem Quotienten aus der Prüfkraft F (in N) und der Oberfläche des Eindrucks A (in mm^2):

$$HV = 0{,}102 \cdot \frac{F}{A} \;.$$

Mit $A = \frac{d^2}{1{,}854}$ (d Mittelwert der Diagonalen des quadratischen Eindrucks) ergibt sich daraus:

$$HV \approx 0{,}1891 \frac{F}{d^2} \;.$$

Zur Bestimmung der Härtewerte können auch die im Anhang von DIN EN ISO 6507 enthaltenen Tabellen verwendet werden.

Die **Prüfkräfte** betragen beim Vickers-Verfahren im Makrobereich 49,03 bis 980,7 N - im Normalfall 294,2 N - und im Kleinlastbereich 1,961 bis 29,42 N. Vom Normalfall abweichende Prüfkräfte werden, mit 0,102 multipliziert, hinter dem Kurzzeichen angegeben, z. B. bedeutet 250 HV 10 (Vickershärte 250, Prüfkraft 98 N).

Die mit verschiedenen Kräften erzeugten Eindrücke sind einander ähnlich. Die Vickershärte ist deshalb bei Prüfkräften > 50 N von diesen unabhängig. Große Prüfkräfte ergeben besser ausmeßbare Eindrücke, kleine Prüfkräfte sind bei dünnen Schichten anzuwenden. Die Dicke von Blechen beispielsweise soll mindestens das 1,5fache der Eindruckdiagonalen d betragen. Das entspricht etwa dem 10fachen der Eindringtiefe.

Der Abstand zwischen der Mitte eines Eindrucks und dem Rand der Probe muß bei Stahl, Kupfer und Kupferlegierungen mindestens das 2,5fache, bei Leichtmetallen, Blei, Zinn und ihren Legierungen mindestens das 3fache der mittleren Länge der Eindruckdiagonale betragen. Zwischen den Mitten zweier benachbarter Eindrücke sind für die genannten Werkstoffgruppen Abstände von mindestens dem 3fachen bzw. mindestens dem 6fachen der mittleren Länge der Eindruckdiagonale einzuhalten.

Das Vickers-Verfahren hat wegen seiner vielseitigen Anwendbarkeit, auch bei härtesten technischen Werkstoffen, eine sehr weite Verbreitung gefunden. Bei Prüfkräften < 50 N, wie sie für dünne Werkstücke oder Oberflächenschichten notwendig sind, ist der gemessene Härtewert prüfkraftabhängig, er nimmt mit kleiner werdender Prüfkraft zu. Man spricht dann von Kleinlasthärteprüfung und hat für den Prüfkraftbereich von ≈ 2 bis 50 N auch spezielle tragbare Geräte entwickelt (Kleinlasthärteprüfer).

Knoophärte

Neben der Vickerspyramide wird zur Kleinlasthärteprüfung auch eine Diamantpyramide nach Knoop mit rhombischer Grundfläche verwendet. Die Diagonalen des Eindrucks verhalten sich wie 7 : 1. Es wird nur die Länge der großen Diagonalen d gemessen (die viel größer ist als die Diagonale des Vickers-Eindrucks bei gleicher Prüfkraft und Werkstoffhärte) und damit die **Knoophärte HK** als Quotient der Prüfkraft F zur Fläche des Eindrucks (nicht zur Oberfläche wie bei Vickers und Brinell) errechnet:

$$HK = 0{,}102 \cdot 100 \cdot \frac{F}{7{,}14 d^2} = 1{,}43 \cdot \frac{F}{d^2}\,.$$

Knoop- und Vickershärte sind deshalb nicht direkt vergleichbar. Die Eindringtiefe des Knoop-Diamanten ist sehr klein. Sie beträgt nur etwa 1/30 der Länge von d. Für die Härteprüfung nach Knoop für Metalle liegt z. Z. noch keine DIN-Norm vor.

Mikrohärteprüfung

Noch kleinere Prüfkräfte als bei der Kleinlasthärteprüfung, etwa 0,002 bis 2 N, wendet man bei der Mikrohärteprüfung an. Sie wird vor allem zur Härtemessung einzelner Gefügebestandteile oder sehr dünner Schichten sowie zur Ermittlung von Härteverläufen, beispielsweise bei der thermochemischen Oberflächenbehandlung, angewendet. Die Eindrücke der Vickerspyramide sind sehr klein, die Länge der Diagonalen ist meist kleiner als 100 µm. Um deutliche, geradlinig begrenzte Härteeindrücke zu erhalten und diese Gefügebestandteilen zuordnen zu können, muß die Probe sorgfältig metallographisch präpariert, d. h. poliert und meist auch geätzt werden. Zur Mikrohärteprüfung wird ein Metallmikroskop benutzt. Man sucht zunächst die zu prüfende Stelle aus und tauscht dann das Objektiv gegen einen Härteprüfkörper aus, der sich in der Frontlinse eines Objektivs befinden kann (Mikrohärteprüfer nach Hanemann). Nach vollzogenem Eindruck und Wechsel zum normalen Objektiv werden die Eindruckdiagonalen mittels einer Okularmeßschraube oder an einem Bildschirm vermessen und die Härtewerte entsprechenden Tabellen entnommen bzw. direkt am Gerät angezeigt. Die Mikrohärte ist wie die Kleinlasthärte lastabhängig, weswegen die Prüfkraft anzugeben ist.

Härteprüfung nach Rockwell (DIN EN ISO 6508)

Unter den statischen Härteprüfverfahren ist das Rockwell-Verfahren am einfachsten und schnellsten durchführbar sowie am leichtesten automatisierbar. Es wird deshalb in der betrieblichen Praxis am häufigsten angewendet. Die Vorzüge des Verfahrens beruhen darauf, daß nicht wie bei Brinell oder Vickers der Durchmesser oder die Diagonale des Eindrucks ausgemessen werden muß, sondern daß unmittelbar nach dem Belastungsvorgang die Tiefe des Eindrucks mittels einer am Prüfgerät angebrachten Meßeinrichtung gemessen und als Härtewert angezeigt wird. Als Nachteile stehen dem eine geringere Genauigkeit, eine gewisse Unempfindlichkeit im Bereich großer Härten und, aufgrund der Verwendung unterschiedlicher Prüfkörper und -kräfte, nicht vergleichbare Härtewerte für härtere oder weichere Werkstoffe gegenüber.

Der Prüfvorgang läuft wie folgt ab: Das Prüfstück wird, um den Einfluß der Oberflächenrauhigkeit auszuschalten, mittels einer Zustelleinrichtung gegen den Prüfkörper gefahren, bis die Prüfvorkraft F_0 erreicht ist. Die Meßeinrichtung wird auf die Bezugsebene eingestellt. Anschließend wird mit möglichst geringer Stoßwirkung in nicht weniger als 1 s und nicht mehr als 8 s die Prüfzusatzkraftkraft F_1 aufgebracht, so daß die Prüfgesamtkraft F einwirkt, und diese mit einer Einwirkdauer von (4 ± 2) s

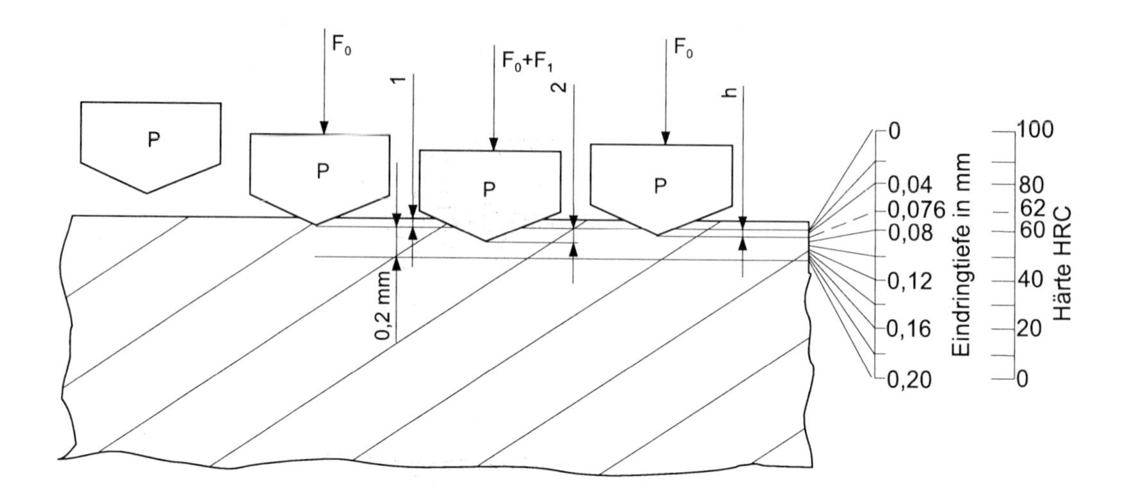

Abb. 5.61 Rockwell-Härteprüfung
1 Eindringtiefe durch Prüfvorkraft F_0
2 Eindringtiefe durch Prüfzusatzkraft F_1
h bleibende Eindringtiefe unter Prüfvorkraft nach Rücknahme der Prüfzusatzkraft
P Prüfkörper

gehalten und danach wieder auf die Vorkraft entlastet. An der in Rockwell-Einheiten geteilten Skala des Tiefenmessers kann die Härte unmittelbar abgelesen werden, bzw. sie wird am Gerät als Zahlenwert angezeigt. Die Abbildung 5.61 veranschaulicht den Prüfvorgang und die Auswertung.
Aus der bleibenden Eindringtiefe h in mm und einem festgelegten Zahlenwert N wird die Rockwellhärte berechnet:

$$\text{Rockwellhärte} = N - \frac{h}{S}\,.$$

S = Skaleneinteilung, entsprechend der Skala in mm

Würde die Eindringtiefe, die bei weichen Werkstoffen größer als bei harten ist, direkt als Härtemaß verwendet, ergäben sich für weichere Werkstoffe größere Rockwellhärten als für harte. Das widerspräche dem bei den anderen Härteprüfverfahren bestehenden Zusammenhang zwischen Härte und Härtekennwert und der allgemeinen Tendenz, nach der die Meßwerte ansteigen, wenn die untersuchte Eigenschaft größer wird. Deshalb wird bei den Rockwell-Härteprüfverfahren die auf die Skaleneinteilung bezogene bleibende Eindringtiefe von den willkürlich gewählten Werten 100 (Rockwell C und Rockwell A) bzw. 130 (Rockwell B Stahl- oder Hartmetallkugel) abgezogen.

Wie bereits erwähnt, können für die Härteprüfung nach Rockwell unterschiedliche Prüfkörper verwendet werden. Die Tabelle 5.4 enthält eine Übersicht über Kenngrößen der wichtigsten Rockwell-Härteprüfverfahren (weitere Varianten sind z. B. Rockwell F, Rockwell N und Rockwell T).

Zwischen Rockwellhärte und Brinell- bzw. Vickershärte besteht kein ursächlicher Zusammenhang. Eine Umrechnung über Tabellen oder Diagramme (Abb. 5.62) auf empirischer Grundlage ist nur näherungsweise möglich. Für grobe Orientierungen im Bereich von 200 bis 400 HB gilt:

$$\text{HRC} \approx 0{,}1 \cdot \text{HB} \approx 0{,}1 \cdot \text{HV}\,.$$

Tabelle 5.4 Rockwell-Härteprüfverfahren

Verfahren	Rockwell C	Rockwell A	Rockwell B
Prüfkörper	Diamantkegel mit 120° Öffnungswinkel		Stahlkugel mit 1,6" = 1,5875 mm ∅
Prüfvorkraft F_0	98,07 N	98,07 N	98,07 N
Prüfkraft F_1	1,373 kN	490,3 N	882,6 N
Prüfgesamtkraft F	1,471 kN	588,4 N	980,7 N
maximale Eindringtiefe	0,20 mm	0,20 mm	0,26 mm
Ermittlung des Härtewertes	$HRC = 100 - \frac{h}{0{,}002}$	$HRA = 100 - \frac{h}{0{,}002}$	$HRB = 130 - \frac{h}{0{,}002}$
Erfaßbarer Härtebereich	20 bis 70 HRC	20 bis 88 HRA	20 bis 100 HRB
Bevorzugt anzuwenden bei der Härteprüfung von:	gehärteten und angelassenen Stählen	sehr harten Werkstoffen (z. B. Hartmetallen)	Werkstoffen mit mittlerer Härte (z. B. geglühten Stählen niedrigen und mittleren C-Gehaltes, Cu-Legierungen)

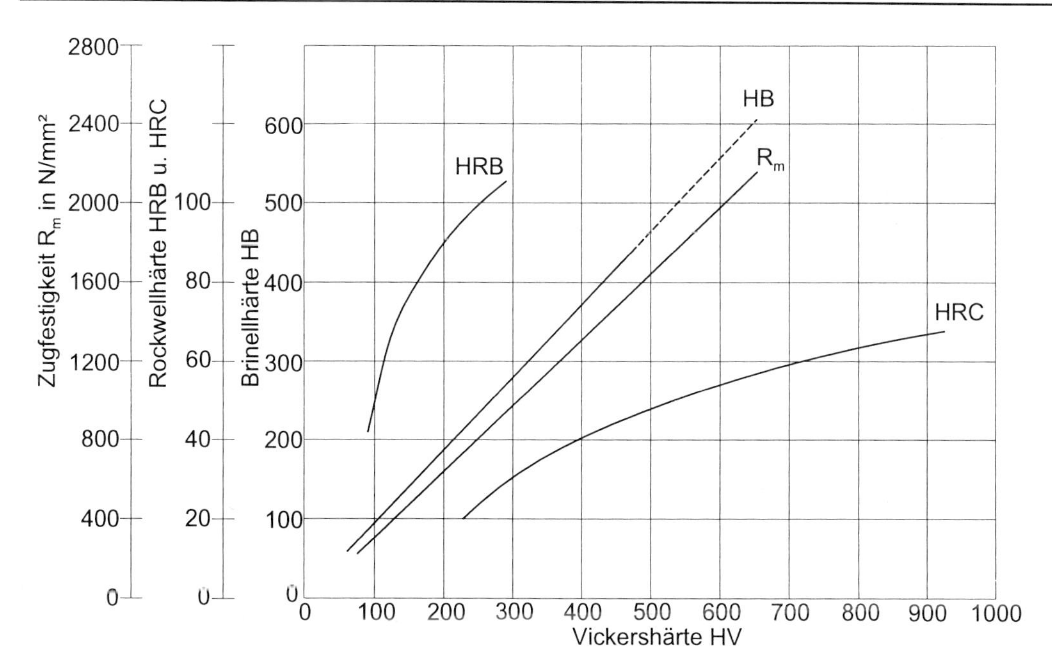

Abb. 5.62 Zusammenhang zwischen der Vickershärte und der Brinellhärte, der Rockwell B-Härte, der Rockwell C-Härte sowie der Zugfestigkeit von unlegierten und niedriglegierten Stählen sowie Stahlguß im warmgeformten oder wärmebehandelten Zustand (gilt nicht für hochlegierte oder kaltverfestigte Stähle) nach DIN 50 150

5.1.4.3.2 Dynamische Härteprüfverfahren

Für diese Verfahren gibt es kleine handliche Geräte, die nicht ortsgebunden sind. Dadurch entfällt der Transport des zu prüfenden Materials zum Prüfgerät, und die Härte kann auch an sehr großen Werkstücken oder an bereits montierten, mitunter sogar an schwer zugänglichen Teilen ohne Probenentnahme gemessen werden. Diesen Vorteilen steht eine im Vergleich zu den statischen Verfahren geringere Genauigkeit gegenüber.

Man unterscheidet zwischen **Schlaghärteprüfung** und **Rücksprunghärteprüfung**. Zur ersten Gruppe, auch dynamisch plastische Verfahren genannt, gehört der **Baumann-Hammer**, bei dem eine Kugel von 5 oder 10 mm Durchmesser mit einer bestimmten Federkraft schlagartig in den Werkstoff eingedrückt wird. Der Eindruckdurchmesser wird wie beim Brinellverfahren ausgemessen und daraus mit Hilfe von Tabellen die Brinellhärte bestimmt. Ein weiteres, sehr handliches Gerät ist der **Poldi-Hammer**. Die Prüfkraft wird durch einen Schlag mit einem normalen Hammer erzeugt und ist folglich unbekannt und von unterschiedlicher Größe. Der Poldi-Hammer ist deshalb so konstruiert, daß die Prüfkugel gleichzeitig in das zu prüfende Werkstück und in einen Vergleichsstab bekannter Härte eingedrückt wird. Aus den beiden Eindruckdurchmessern kann dann die Brinellhärte des Werkstückes berechnet werden. Schlaghärteprüfungen sind zur Überprüfung der Gleichmäßigkeit von Halbzeugen oder zur Sortierung bei Materialverwechslungen sehr nützlich. Beim Poldi-Hammer reicht es oft aus, festzustellen, ob der Eindruck im Material größer oder kleiner ist als im Vergleichsstab, dessen Härte der Prüfaufgabe angepaßt werden kann.

Im Gegensatz zu allen bisher behandelten Härteprüfverfahren, die auf der plastischen Verformung der Werkstoffe beruhen, nutzen die Rücksprunghärteprüfverfahren deren elastisches Verhalten. Sie werden deshalb auch als dynamisch-elastische Verfahren bezeichnet. Beim **Skleroskop nach Shore** fällt ein mit einer abgerundeten Diamantspitze versehener Prüfkörper, der „Hammer" (Masse 2,3 g), in einer Glasröhre aus einer Höhe von 254 mm auf das zu prüfende Werkstück. Würde sich dieses rein elastisch verformen, müßte der Hammer bis zur Ausgangshöhe zurückspringen. An der Auftreffstelle wird jedoch die Elastizitätsgrenze des Werkstoffs überschritten, und es treten dort plastische Verformungen auf, wofür ein Teil der Fallenergie verbraucht wird, so daß die Rücksprunghöhe kleiner als die Fallhöhe ist. Die Härteskala nach Shore geht von 0 (kein Rücksprung) bis 100 (Rücksprunghöhe 165 mm) Einheiten HSh. Voraussetzung für die Anwendung des Shore-Skleroskopes ist die horizontale Lage der zu prüfenden Oberfläche. Für die Prüfung genau senkrechter Flächen eignet sich ein nach dem gleichen Prinzip arbeitendes Gerät, bei dem ein drehbarer Pendelhammer seitlich auf das zu untersuchende Werkstück schlägt und zurückgeworfen wird (**Duroskop**). Als Maß für die Härte dient der Winkel zwischen der Senkrechten und der höchsten Stellung des Hammers beim Rückpendeln. Die mittels der Rücksprunghärteprüfverfahren an Werkstoffen mit erheblich voneinander abweichenden Elastizitätsmoduln gemessenen Härtewerte sind untereinander nicht vergleichbar. So ist z. B. die Rücksprunghöhe bei der Prüfung weichen Gummis größer als bei der Prüfung von Gußeisen oder Marmor.

Das Hauptanwendungsgebiet der dynamisch-elastischen Härteprüfverfahren ist die Prüfung von Oberflächen auf Gleichmäßigkeit der Härte. Da die Verformung beim Auftreffen des Hammers so gering ist, daß die Eindrücke kaum sichtbar sind, können auch fertig geschliffene Oberflächen geprüft werden. Für die Umrechnung der Rücksprunghärte in die Vickershärte sind ebenfalls Formeln entwickelt worden. Sie können aber nur zur groben Orientierung benutzt werden. Für Stähle wird z. B. angegeben:

$$HV = [(HSh)^2 + 1440]/11{,}52.$$

Zur Prüfung der Härte von Gummi und Hartgummi werden Verfahren angewendet, die ebenfalls nach Shore benannt sind (Shore-A-

und Shore-D-Härte). Sie benutzen die Eindringtiefe von Prüfkörpern unter Last und sind deshalb den statischen Verfahren zuzuordnen.

5.2 Werkstoffverhalten bei erhöhten Temperaturen

Während bei niedrigen Temperaturen jeder vorgegebenen Beanspruchung σ eines duktilen Werkstoffs ein bestimmter Verformungsbetrag ε zugeordnet werden kann, kommt bei erhöhten Temperaturen eine unter der Einwirkung einer **konstanten Belastung** σ einsetzende plastische (irreversible) Verformung nicht zum Stillstand, sondern geht zeitabhängig weiter. Dieser Verformungsprozeß wird als **Kriechen** bezeichnet. Er führt in der Regel zum Bruch (Kriechbruch).

Die Grenze zwischen niedrigen und erhöhten Temperaturen wird also durch das Verformungsverhalten beim Einwirken einer Belastung bestimmt und ist werkstoffabhängig. Bei amorphen und teilkristallinen Werkstoffen wird das Kriechen durch **viskoses Fließen** verursacht, und die Grenze zwischen niedrigen und erhöhten Temperaturen liegt bei einer Viskosität von etwa 10^{15} Pa·s. Oberhalb dieses Wertes tritt Kriechen praktisch nicht mehr auf (Abschnitt 5.1.2.2). Bei kristallinen Werkstoffen läßt sich die Grenze zwischen niedrigen und erhöhten Temperaturen in grober Näherung aus der Schmelztemperatur T_S abschätzen, sie liegt bei $T \approx 0{,}3 \cdot T_S$. Demzufolge sind Kriechvorgänge in reinem Eisen etwa ab 270 °C, in reinem Aluminium etwa ab 10 °C und in reinem Blei etwa ab - 90 °C zu erwarten. Die werkstoffwissenschaftliche Auslegung der Begriffe niedrige und erhöhte Temperaturen deckt sich also nicht mit derem landläufigen Gebrauch.

Beim Kriechen der kristallinen Werkstoffe treten nebeneinander eine dehnungsabhängige Verfestigung und eine zeitabhängige Entfestigung ein. Bevor auf den auch als Hochtemperatur-Plastizität oder Hochtemperaturkriechen bezeichneten Gesamtprozeß näher eingegangen wird, sollen zunächst die zur Entfestigung führenden Vorgänge der Kristallerholung und Rekristallisation betrachtet werden.

5.2.1 Kristallerholung und Rekristallisation

Alle Gitterbaufehler, die sich nicht im thermodynamischen Gleichgewicht befinden, erhöhen die innere Energie des Festkörpers und haben das Bestreben, in einen energieärmeren Zustand überzugehen bzw. auszuheilen. Die Vorgänge, die dazu führen, laufen in der Regel erst bei erhöhten Temperaturen ab (**thermisch aktivierte Vorgänge**). Man bezeichnet sie allgemein als **Erholungsvorgänge**. Sie sind mit einer Verminderung oder einer völligen Rückbildung der durch die Gitterbaufehler verursachten Eigenschaftsänderungen verbunden und treten z. B. an strahlengeschädigten, an von hohen Temperaturen abgeschreckten oder kalt umgeformten Werkstoffen in Erscheinung. Wir wenden uns im folgenden dem letztgenannten Ausgangszustand zu.

Kristallerholung

Die durch plastische Umformung bei niedrigen Temperaturen hervorgerufene Kaltverfestigung metallischer Werkstoffe ist auf die Erhöhung der Versetzungsdichte (Abschnitt 5.1.3) zurückzuführen. Die miteinander verhakten oder verknäulten Versetzungen sind an Hindernissen aufgestaut und häufig nicht gleichmäßig im Kristallgitter verteilt, sondern in sogenannten Zellwänden konzentriert. Bei erhöhten Temperaturen kommt es zunächst zur Umordnung der Versetzungen, indem diese aus der völlig regellosen in eine regelmäßigere Anordnung und zwar in die energetisch günstigere Form der Kleinwinkelkorngrenzen (Abschnitt 4.1.6.) übergehen. Dieser Vorgang wird Kristallerholung genannt. Zur Bildung der Kleinwinkelkorngrenzen müssen die Versetzungen in andere Gleitebenen überwechseln, was bei Schraubenversetzungen durch **Quergleiten**, bei Stufenversetzungen durch **Klettern** möglich ist.

Beim letztgenannten Vorgang lagern sich Leerstellen in die Versetzungskerne, die unter Druckspannungen stehen, ein, wodurch die Stufenversetzungen um einen Gitterabstand je Leerstelle in die nächsten Gitterebenen weiterrücken. Wegen der dabei notwendigen Diffusion von Leerstellen ist das Klettern der Stufenversetzungen stark temperaturabhängig.

Durch die Bildung der Kleinwinkelkorngrenzen wird der ursprünglich sehr gestörte Kristall in weitgehend störungsfreie Subkörner unterteilt (**Polygonisation**), was eine Erniedrigung der Streckgrenze und damit eine Verbesserung der Duktilität zur Folge hat. Neben der Polygonisation kommt es bei der Kristallerholung in begrenztem Umfang auch zum Ausheilen von nulldimensionalen Gitterbaufehlern und zur Auslöschung von Versetzungen entgegengesetzten Vorzeichens (Annihilation). Der Rückgang der Versetzungsdichte ist jedoch gering, so daß Zugfestigkeit und Härte nur wenig abfallen (Abb. 5.63). Die Kristallerholung ist auch mit einem Abbau von Eigenspannungen verbunden, was in der Praxis beim Spannungsarmglühen (Abschnitt 7.4.3.1.3) genutzt wird.

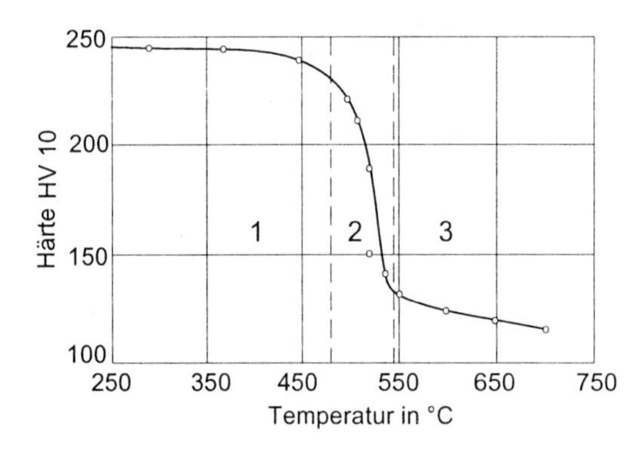

Abb. 5.63 Härteänderung eines um 80 % kaltgewalzten C-armen unlegierten Stahls bei langsamem Erwärmen (20 K/h)
nach *J. T. Michalak* und *H. Hu*

1 Gebiet der Kristallerholung
2 Gebiet der Rekristallisation
3 Gebiet des Kornwachstums

Rekristallisation

Zwischen der Kristallerholung und der Rekristallisation bestehen tiefgreifende Unterschiede. Während bei der Kristallerholung die ursprünglichen, in der Verformungsrichtung gestreckten Korngrenzen erhalten bleiben, kommt es bei der Rekristallisation zur Ausbildung eines völlig neuen, regellosen Gefüges. Gleichzeitig geht die Versetzungsdichte erheblich zurück, und die Eigenschaften nehmen „normale Werte“, d. h. die Werte eines versetzungsarmen polykristallinen Werkstoffs üblicher Korngröße an (Abb. 5.63).

Primäre Rekristallisation

Die Rekristallisation beginnt mit der Bildung von Keimen, die durch Vereinigung oder Vergrößerung von Subkörnern entstehen, versetzungsarm und besonders dann wachstumsfähig sind, wenn ihre Orientierungen von denen der benachbarten Bereiche so stark abweichen, daß ihre Begrenzungen einer Großwinkelkorngrenze entsprechen. Bei der Rekristallisation bewegen sich diese Korngrenzen in die versetzungsreichen Bereiche hinein, indem sie aus diesen durch thermisch aktivierte Platzwechsel Atome aufnehmen und auf ihrer Rückseite in das störungsarme Kristallgitter abgeben. Die Rekristallisation ist beendet, wenn sich die von verschiedenen Keimen aus vorrückenden Korngrenzen gegenseitig berühren. Zur Unterscheidung von anderen Kornwachstumsvorgängen spricht man von **primärer Rekristallisation**.

Die Temperatur, bei der die Rekristallisation beginnt, und die Korngröße, die sich dabei einstellt, werden von der vorausgegangenen Verformung bestimmt. Je stärker diese war, um so größer ist die Versetzungsdichte und damit die im Kristall gespeicherte Energie. Für die Keimbildung und das Keimwachstum ist folglich weniger thermische Energie aufzubringen als bei schwacher Verformung, d. h., daß die **Rekristallisationstemperatur** mit steigendem Verformungsgrad niedriger wird (Abb. 5.64a). Bei sehr stark verformten reinen Metallen ist die Mindestrekristallisationstemperatur T_{Rmin} etwa 0,4 $T_S \leq T_{Rmin} \leq 0,5$ T_S (in K). Sie beträgt beispielsweise für Eisen etwa 450 °C, für Aluminium etwa 150 °C und für Blei etwa 0 °C. Für Legierungen ist sie höher.

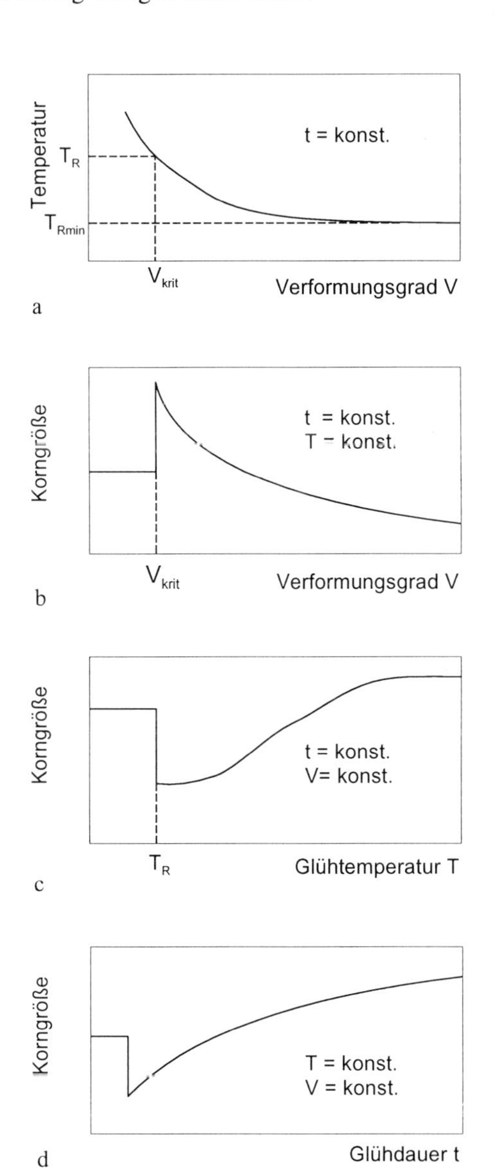

Abb. 5.64a-d Zusammenhänge zwischen den Einflußgrößen bei der Rekristallisation

Mit größer werdendem Verformungsgrad werden die bei der Polygonisation entstehenden Subkörner kleiner und ihre Orientierungsunterschiede größer, d. h., daß die Zahl der **Rekristallisationskeime** zunimmt und das Rekristallisationsgefüge feiner wird (Abb. 5.64b).

Die Korngröße nach der Rekristallisation wird außerdem von der **Glühtemperatur** und der **Glühdauer** beeinflußt (Abb. 5.64c und d). Häufig stellt man die Zusammenhänge zwischen Verformungsgrad, Korngröße und Glühtemperatur in räumlichen Schaubildern dar.

Hohe Glühtemperaturen sowie lange Glühzeiten führen nach Abb. 5.64c und d zur **Kornvergröberung**. Ursachen für dieses **Kornwachstum**, das bei jeder Hochtemperaturglühung, also auch ohne vorhergehende Kaltverformung möglich ist, können verschieden große Versetzungsdichten in zwei benachbarten Kristalliten (die Korngrenzen bewegen sich in das versetzungsreichere Korn, **spannungsinduziertes Kornwachstum**) oder das Bestreben sein, die Fläche der relativ energiereichen Korngrenzen zu verkleinern (**kontinuierliche Kornvergröberung**). Die Kornvergröberung kann durch sehr feine Teilchen, die in die Korngrenzen eingelagert sind und deren Bewegung blockieren, verhindert werden. Davon macht man bei Werkstoffen Gebrauch, die während ihrer Verarbeitung oder ihrer Benutzung sehr hohen Temperaturen ausgesetzt sind.

Sekundäre Rekristallisation

Erfolgt das Kornwachstum nicht im gesamten Gefüge gleichmäßig, sondern nur von einem Teil der Kristallite aus, für die die kornwachstumshemmenden Faktoren aufgehoben sind, z. B. durch Vergröberung oder Auflösung der Teilchen, so spricht man von diskontinuierlicher Kornvergröberung oder auch **sekundärer Rekristallisation**.

Die primäre Rekristallisation ist bei nicht polymorphen Metallen und Legierungen die einzige Möglichkeit zur Aufhebung einer Kaltverfestigung. Sie wird vielfach auch zur Einstellung eines feinkörnigen Gefüges genutzt. Andererseits kann durch Sekundärrekristallisation ein besonders grobkörniges Gefüge erzeugt werden, was z. B. zur Verbesserung der Eigenschaften weichmagnetischer Fe-Si-Legierungen erwünscht ist.

Texturen

Bei der Kaltverformung werden die Kristallite in die Verformungsrichtung gestreckt. Häufig, besonders bei großen Umformgraden, nehmen die Kristallebenen und -richtungen dabei mehr oder weniger vollständig bestimmte Orientierungen zur Verformungsrichtung ein. So ordnen sich beispielsweise in krz-Metallen vielfach die (001)-Ebenen parallel zur Walzebene und die [110]-Richtungen in die Walzrichtung. Man bezeichnet eine solche Orientierung als **Textur** und unterscheidet je nach dem Umformverfahren zwischen Walztexturen, Ziehtexturen usw. Alle Texturen in polykristallinen Werkstoffen führen zu einer Richtungsabhängigkeit derjenigen Eigenschaften, die am Einkristall von der kristallographischen Orientierung abhängen (Kristallanisotropie). Das betrifft z. B. die Zugfestigkeit, den Elastizitätsmodul und die Dehnung. Die durch Verformung entstandene Anisotropie wird auch als **Gefügeanisotropie** bezeichnet.

Texturen können auch bei der primären und der sekundären Rekristallisation entstehen. In manchen Fällen stimmen sie mit den Verformungstexturen überein, in der Regel weichen sie jedoch beträchtlich davon ab. Texturen führen beim Tiefziehen von Blechen zur Zipfelbildung, d. h. zu einer verschieden großen Abstreckung, und sind dann unerwünscht. In weichmagnetischen Fe-Si-Blechen hingegen können die Ummagnetisierungsverluste in Walzrichtung wesentlich vermindert werden, wenn die (110)-Ebenen parallel zur Walzebene und die [100]-Richtungen in Walzrichtung angeordnet sind (**Gosstextur**). Dazu werden Verformungen und Glühungen in geeigneter Weise kombiniert.

Statische und dynamische Rekristallisation

Zur Entfestigung (Kristallerholung bzw. Rekristallisation) von kaltverfestigten, d. h. bei niedrigen Temperaturen verformten Werkstoffen, ist ein Glühen bei erhöhten Temperaturen notwendig. Die Entfestigung läuft also bei anderen Temperaturen ab als die Verfestigung, und die beiden Vorgänge sind zeitlich voneinander unabhängig. Man spricht in diesem Falle von **statischer Kristallerholung** bzw. **statischer Rekristallisation**. Findet hingegen die Entfestigung unmittelbar nach der bei erhöhten Temperaturen eingetretenen Verfestigung statt, so bezeichnet man sie als **dynamische Kristallerholung** bzw. **dynamische Rekristallisation**. Die dynamische Kristallerholung ist der vorherrschende Vorgang beim Hochtemperaturkriechen, die dynamische Rekristallisation bei der Warmumformung. Die dynamischen Entfestigungsvorgänge laufen schneller als die statischen ab.

5.2.2 Kriechen

Die mittels des Zugversuchs oder eines anderen Prüfverfahrens mit zügig steigender Belastung ermittelten Werkstoffkennwerte sind bei erhöhten Temperaturen, bei denen Kriechen auftritt, als Berechnungsgrundlage für langzeitbeanspruchte Bauteile nicht verwendbar. Um das Werkstoffverhalten unter solchen Bedingungen zuverlässig charakterisieren zu können, führt man **Kriechversuche** durch. Dazu werden Proben bei konstanter Temperatur über eine längere Zeit, in der Regel bis zum Bruch, einer gleichbleibenden Belastung unterworfen. Prinzipiell kann diese in einer Zug-, Druck-, Biege- oder Torsionsbeanspruchung bestehen, jedoch wird fast ausnahmslos die Zugbelastung angewandt. Das Prüfverfahren wird Standversuch, bisweilen auch **Zeitstandversuch** (DIN 50 118) genannt. Als Proben werden meist Rundstäbe mit Gewindeköpfen benutzt, deren Durchmesser d_0 mindestens 4 mm und deren Anfangsmeßlänge L_0 mindestens 3 d_0, vorzugsweise 5 d_0, betragen soll.

Die Versuchsapparatur besteht aus einem Ofen und einer Belastungseinrichtung. In der Regel ist das eine Hebelübersetzung, an die Massestücke angehängt werden. Im einfachsten Falle werden die Massestücke direkt an den Proben befestigt. Die Beanspruchungsdauer beim Standversuch soll für Hochpolymere mindestens 1 000 Stunden, für metallische Werkstoffe mindestens 100 000 Stunden betragen. Deshalb sind die Versuchseinrichtungen meist so gebaut, daß mehrere Proben gleichzeitig in einem Ofen geprüft werden können. Vorteilhaft ist die Verwendung von Probensträngen verschieden großer Querschnitte, wodurch bei gleicher Kraft F in jeder Probe eine andere Spannung wirkt.

Die während des Kriechens eintretenden Dehnungen werden kontinuierlich (nicht unterbrochener Versuch) oder bei Langzeitstandversuchen vorzugsweise diskontinuierlich (unterbrochener Versuch) gemessen. Beim nicht unterbrochenen Versuch befinden sich dazu an den Proben Meßschienen, die aus dem Ofen herausragen. Beim unterbrochenen Versuch werden die Proben in bestimmten Zeitabständen nach Abkühlung und Ausbau bei Raumtemperatur vermessen. Man ermittelt folglich im ersten Fall Gesamtdehnungen, im letztgenannten Fall plastische Dehnungen.

Kriechkurven

Als primäres Ergebnis der Standversuche erhält man Kriechkurven (Abb. 5.65a), die die Grundlage für die numerische oder graphische Auswertungen sind (siehe z. B. Abb. 5.65b und 5.66). Sie werden in drei Bereiche eingeteilt. Nach dem Aufbringen der Last, während dessen sich die aus einem elastischen und einem plastischen Anteil bestehende Anfangsdehnung ε_0 einstellt, setzt der Kriechvorgang im Bereich 1 (**Primär- oder Übergangskriechen**) mit großer Dehngeschwindigkeit $\dot{\varepsilon}$ ein (Abb. 5.65b). Die durch die Verformung des Werkstoffs verursachte Verfestigung ist in diesem Abschnitt der Kriechkurve größer als die durch die beginnende Kristallerholung bewirkte Entfestigung, so daß die Kriechgeschwindigkeit $\dot{\varepsilon}$ kleiner wird. Die plastische Dehnung im Übergangsbereich liegt meist zwischen 1 und 10 %, jedoch wurden auch wesentlich größere und kleinere Werte gefunden.

Die Länge des Bereiches 2 (**sekundäres oder stationäres Kriechen**) ist entscheidend für die Lebensdauer von Bauteilen. Es hat sich ein dynamisches Gleichgewicht zwischen Ver- und Entfestigungsvorgängen eingestellt, so daß $\dot{\varepsilon}$ konstant ist. Das gilt allerdings nur, wenn auch

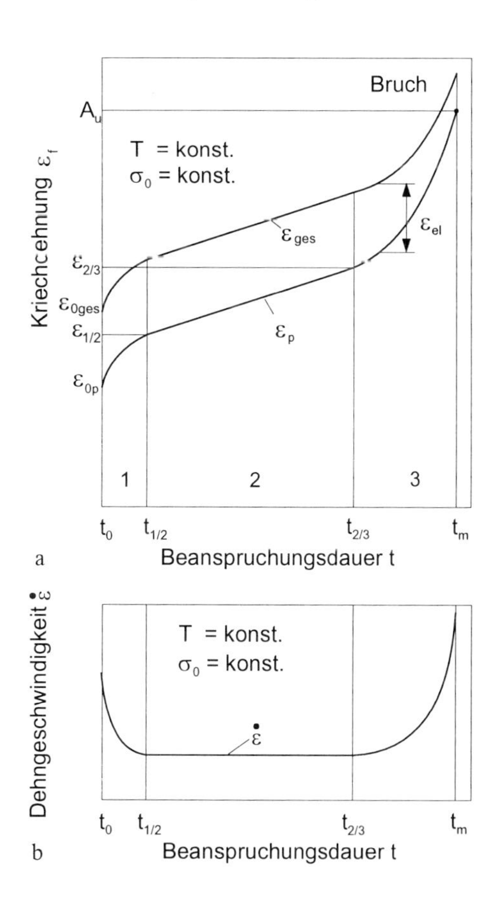

Abb. 5.65 Abhängigkeit der Kriechdehnung ε (**a**) und der Kriechgeschwindigkeit $\dot{\varepsilon}$ (**b**) von der Zeit (schematisch)

1 Primäres Kriechen oder Übergangskriechen
2 Sekundäres oder stationäres Kriechen
3 Tertiäres Kriechen

die Spannung σ konstant ist, d. h., wenn die Prüfkraft F entsprechend der Querschnittsabnahme der Probe während des Versuches vermindert wird. Bei technischen Kriechversuchen bleibt meist die Kraft F konstant, so daß die Spannung σ und damit die Kriechgeschwindigkeit $\dot{\varepsilon}$ im Bereich 2 allmählich ansteigen. Die Dehnung $\varepsilon_{2/3}$ - $\varepsilon_{1/2}$ hängt bei einer bestimmten Temperatur vor allem vom Gefüge ab. Die angelegte Spannung hat nur wenig Einfluß.

Im Bereich 3 (**tertiäres Kriechen**) der Kriechkurve nimmt $\dot{\varepsilon}$ rasch zu. Ursachen dafür können Spannungserhöhungen bei Einschnürung des Probestabes oder die Festigkeit vermindernde Gefügeveränderungen, wie die Bildung, Vergröberung oder Koagulation von Ausscheidungen sowie vor allem die Bildung und das Wachsen von Poren und Rissen sein. Die Keime für diese Defekte entstehen bereits viel früher, meist vom Beginn der Verformung an. Sie befinden sich praktisch ohne Ausnahme an den Korngrenzen und werden hauptsächlich durch Kondensation von Leerstellen oder durch Stufen bzw. eingelagerte Teilchen in aufeinander abgleitenden Korngrenzen verursacht. Die Zeit t_m bis zum Eintritt des Bruches kann näherungsweise mit der von *Monkmann* und *Grant* empirisch aufgestellten Beziehung

$$t_m = \frac{A_u}{\dot{\varepsilon}_s}$$

($\dot{\varepsilon}_s$ Kriechgeschwindigkeit im stationären Kriechbereich) bestimmt werden.

Weiterhin gilt, daß

$$t_{2/3} - t_{1/2} = \frac{\varepsilon_{2/3} - \varepsilon_{1/2}}{\dot{\varepsilon}_s},$$

woraus hervorgeht, daß alle Kriechkurven eines Werkstoffs einander ähnlich sind. Der Bereich 3 kann bei spröden Werkstoffen sehr klein sein.

Von den in der Abbildung 5.65a dargestellten Kriechkurven können Abweichungen auftreten. Bei niedrigen Temperaturen und Spannungen kann der Kriechvorgang vor dem Erreichen des tertiären Kriechabschnitts zum Stillstand kommen. Es erfolgt kein Bruch. Bei hohen Temperaturen und Spannungen hingegen ist es möglich, daß der primäre Kriechbereich ohne stationäres Kriechen in den tertiären Kriechbereich übergeht.

Zeitstandschaubilder

Für den Werkstoffanwender ist es wichtig, die Zeitdauer zu kennen, nach der bei bestimmten Temperaturen und Belastungen eine vorgegebene Dehnung (meist 0,2 % oder 1 %) erreicht wird oder der Bruch eintritt. Dazu werden Standversuche bei gleicher Temperatur mit verschieden großen Belastungen durchgeführt und aus den Kriechkurven (Abb. 5.66a) **Zeitstandschaubilder** (Abb. 5.66b) abgeleitet.

Diese bestehen aus Kurven, die man durch Interpolation der bei verschiedenen Spannungen ermittelten Zeiten bis zum Bruch bzw. bis zum Erreichen bestimmter Dehnungen erhält und die **Zeitbruchkurve** bzw. **Zeitdehngrenzkurven** genannt werden. Es sind in der Regel keine Geraden, was vor allem auf Gefügeänderungen während der Langzeitversuche sowie auf unterschiedliche Verformungsmechanismen bei niedrigen und hohen Belastungen (siehe Abb. 5.67) zurückzuführen ist. Deshalb haben Bestrebungen, die langen Prüfzeiten durch Extrapolation von Kurzzeitergebnissen zu reduzieren, bisher nicht zu befriedigenden Übereinstimmungen zwischen gemessenen und extrapolierten Werten geführt.

Zeitstandfestigkeit und Zeitdehngrenzen

Aus dem Zeitstandschaubild können die **Zeitstandfestigkeit $R_{m\,t/\vartheta}$** sowie **Zeitdehngrenzen $R_{p\,\varepsilon/t/\vartheta}$** bestimmt werden. So erhält man beispielsweise aus der Abbildung 5.66b, daß nach 1 000 Stunden eine auf die ursprüngliche Querschnittsfläche der Probe bezogene Nennspannung von 96 N/mm^2 zum Bruch führt und Nennspannungen von 70 bzw. 36 N/mm^2 bleibende Dehnungen von 1 % bzw. 0,2 % hervorrufen. Für eine willkürlich angenommene Temperatur von 550 °C folgen daraus folgende Bezeichnungen:

$$R_{m\,1000/550} = 96\ \text{N/mm}^2$$
$$R_{p1\,1000/550} = 70\ \text{N/mm}^2$$
$$R_{p0,2\,1000/550} = 36\ \text{N/mm}^2\,.$$

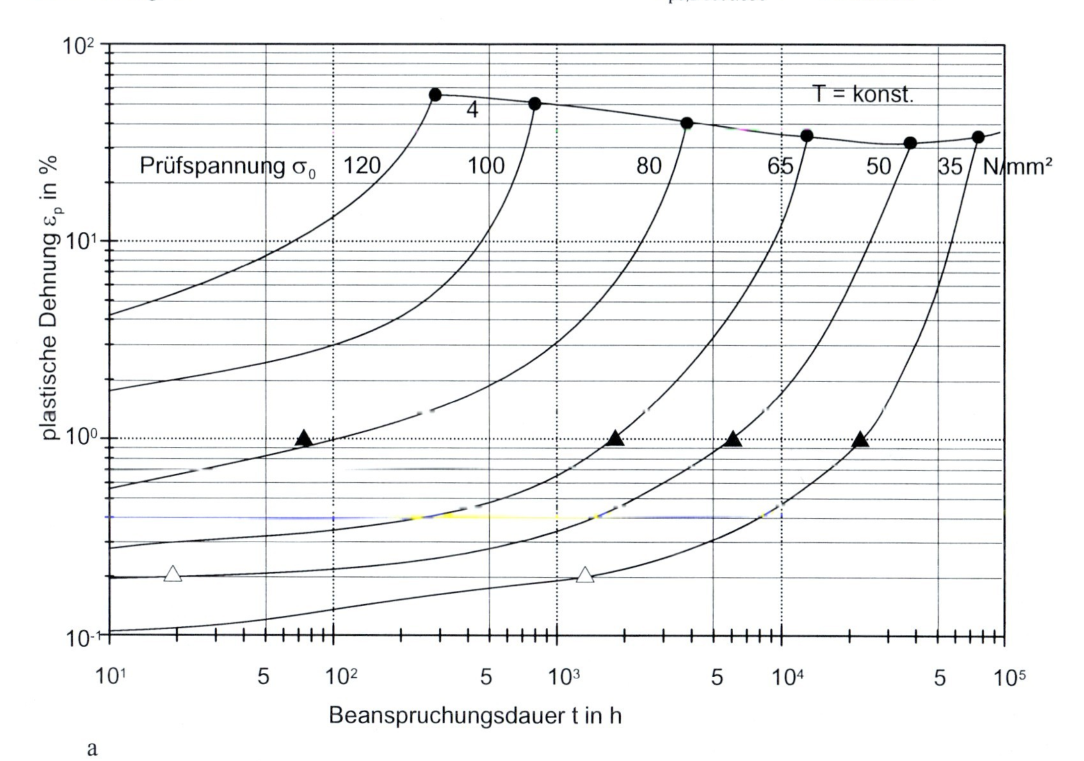

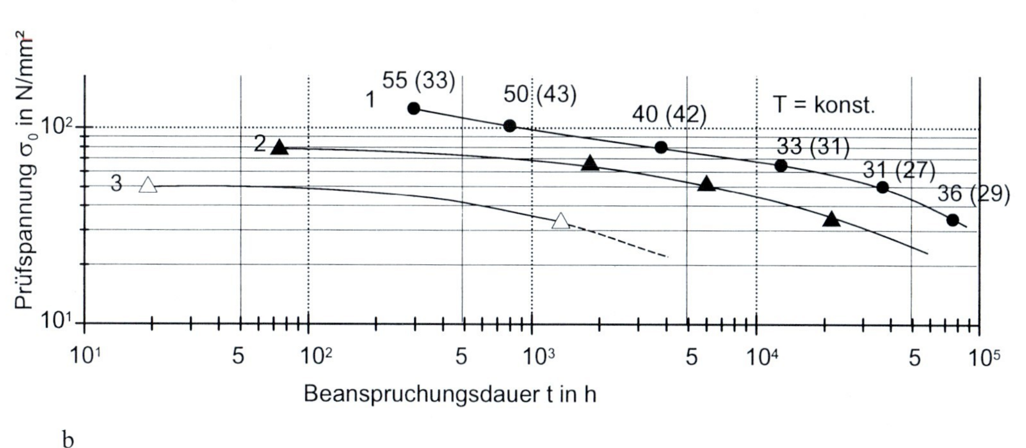

Abb. 5.66 Kriechkurven (**a**) und davon abgeleitetes Zeitstandschaubild (**b**) in doppeltlogarithmischem Koordinatensystem (schematisch)

1 Zeitstandfestigkeit
2 1 %-Zeitdehngrenze
3 0,2 %-Zeitdehngrenze
4 Zeitstandbruchdehnung

Zur Beurteilung der Bauteilsicherheit bei ungewollter Überlastung ist die Kenntnis der Duktilität des Werkstoffs von Bedeutung. Deshalb werden im Zeitstandschaubild an den Meßpunkten der Zeitbruchkurve die zugehörigen **Zeitbruchdehnungen** $A_{5\,t/\vartheta} = A_u$ (Gleichmaß- plus Einschnürdehnung) sowie, in Klammern, die **Zeitbrucheinschnürung** $Z_{5\,t/\vartheta}$, jeweils in %, angegeben (der Zahlenindex kennzeichnet die Meßlänge L_0; im Beispiel ist $L_0 = 5\ d_0$).

Gleit-Kletterprozesse

Die Verformung bei niedrigen Temperaturen erfolgt im wesentlichen über die im Abschnitt 5.1.2.2 beschriebene Versetzungsbewegung in bestimmten Gleitsystemen. Bei erhöhten Temperaturen spielt diese konservative Versetzungsbewegung nur zu Beginn des Standversuches bis zur Anfangsdehnung ε_0 der Kriechkurve und, wie wir noch sehen werden, bei der Warmumformung mit hohen Verformungsgeschwindigkeiten $\dot{\varepsilon}$ eine dominierende Rolle. Beim Kriechen kommen weitere Vorgänge hinzu, die durch Energiezuführung in Form von Wärme angeregt werden (thermisch aktivierte Vorgänge). Ein solcher Vorgang ist das Klettern der Stufenversetzungen (Gleit-Kletterprozesse = nichtkonservative Versetzungsbewegung), das in Verbindung mit der Diffusion von Leerstellen abläuft und dessen Wesen bereits bei der Kristallerholung (Abschnitt 5.2.1) beschrieben wurde (Erholungs-Kletterprozesse).

Im primären Teil der Kriechkurve werden durch die Kletterprozesse Kleinwinkelkorngrenzen gebildet. Die Konzentrierung der Versetzungen in diesen entspricht zwar, verglichen mit deren regelloser Anordnung, einem Erholungsprozeß, jedoch begrenzen Subkorngrenzen die Laufwege der Versetzungen und setzen dadurch die Verformungsgeschwindigkeit herab. Gleichzeitig nimmt die Versetzungsdichte zu, so daß die Verfestigung gegenüber der Entfestigung überwiegt. Im stationären Kriechbereich hat sich ein dynamisches Gleichgewicht zwischen Ver- und Entfestigung, gekennzeichnet durch den Auf- und Abbau der Subkorngrenzen, herausgebildet. Der mittlere Durchmesser der Subkörner bleibt gleich, möglicherweise nimmt aber die Versetzungsdichte in den Kleinwinkelkorngrenzen etwas zu.

Ein weiteres Merkmal der Versetzungsbewegung bei erhöhten Temperaturen ist, daß Gleitsysteme, die bei niedrigen Temperaturen nicht als solche wirksam sind, in den Verformungsprozeß einbezogen werden. Das betrifft insbesondere die kubisch-raumzentrierten und hexagonal dichtest gepackten Metalle sowie die Ionenkristalle und erklärt z. B. die sprunghafte Verbesserung der Verformbarkeit von Magnesium bei etwa 220 °C oder die von Ionenkristallen bei $T > 0{,}8\ T_S$ (siehe Abschnitt 5.1.2.2).

Korngrenzengleiten

Am Hochtemperaturkriechen sind auch die Korngrenzen beteiligt. Während sie bei niedrigen Temperaturen für die Versetzungen undurchlässig sind (Abschnitt 5.1.3) und die plastische Verformung behindern, werden sie bei höheren Temperaturen zu Bereichen erhöhter Verformbarkeit. Diese Erscheinung, **Korngrenzengleiten** oder **-kriechen** genannt, vermindert den Widerstand gegen Verformung und erhöht besonders im stationären Bereich die Kriechgeschwindigkeit. Da die Korngrenzen nicht eben sind, sondern Stufen und Zacken enthalten, müssen, um den Zusammenhalt der Kristallite nicht zu unterbrechen, beim Gleiten gleichzeitig Akkommodationsprozesse ablaufen, durch welche die Unebenheiten ausgeglichen werden. Ist das nicht in ausreichendem Maße möglich, z. B. an den Tripelpunkten, wo drei Kristallite zusammenstoßen, entstehen Mikrorisse, die den späteren Kriechbruch einleiten. Die Anpassung der Korngrenzen erfolgt durch Diffusion oder Versetzungsbewegung mit Kristallerholung, so daß auch das Korngrenzenkriechen durch thermisch aktivierte Vorgänge gesteuert wird. Hohe Temperaturen, niedrige Spannungen und Verformungsraten sowie feinkörniges Gefüge fördern das Korngrenzengleiten. Unter sonst gleichen Bedingungen kann die stationäre Kriechgeschwindigkeit eines feinkörnigen Werkstoffs mit seinen zahlreichen Korngrenzen etwa doppelt so groß sein wie die eines grobkörnigen.

Nabarro-Herring- und Coble-Kriechen

Ein weiterer Mechanismus der Hochtemperaturverformung ist das diffusionsgesteuerte Fließen. Dabei werden Leerstellen aus zugbeanspruchten Korngrenzen oder Oberflächen abgegeben (Leerstellenquellen) und in Korngrenzen oder an andere Bereiche, die unter Druckspannungen stehen (Leerstellensenken), eingebaut. Dem gerichteten Leerstellen-Diffusionsstrom entgegengesetzt fließt ein Atomstrom, so daß durch diesen Materialtransport eine Formänderung entsprechend der angelegten Spannung eintritt. Fließen die Diffusionsströme im Volumen spricht man von **Nabarro-Herring-Kriechen**, fließen sie entlang der Korngrenzen von **Coble-Kriechen**.

Im Gesamtprozeß des Kriechens laufen die beschriebenen Vorgänge nebeneinander ab. Es dominiert jedoch in Abhängigkeit von der Temperatur, der Spannung (Belastung) und der Kriechgeschwindigkeit jeweils derjenige Mechanismus, der der Formänderung den geringsten Widerstand entgegensetzt. In der Abbildung 5.67 sind in Anlehnung an ein von *Ashby* für Nickel aufgestelltes Realdiagramm die Bereiche eingetragen, in denen einer der möglichen Verformungsmechanismen vorherrscht. Bei hohen Spannungen dominiert bis zu höchsten Temperaturen die Versetzungsbewegung mit Verfestigung (Bereich I). Oberhalb der kritischen Rekristallisationstemperatur, d. h. im Gebiet der Warmverformung, wird die Verfestigung durch dynamische Rekristallisation sofort wieder aufgehoben. Im Gegensatz zur statischen ist nicht der Verformungsgrad für die dynamische Rekristallisation maßgebend, sondern die Verformungsgeschwindigkeit. Sie muß groß sein. Beim Kriechen (kleine Verformungsgeschwindigkeit) rekristallisiert der Werkstoff selbst nach einem Verfomungsgrad von 80 % nicht.

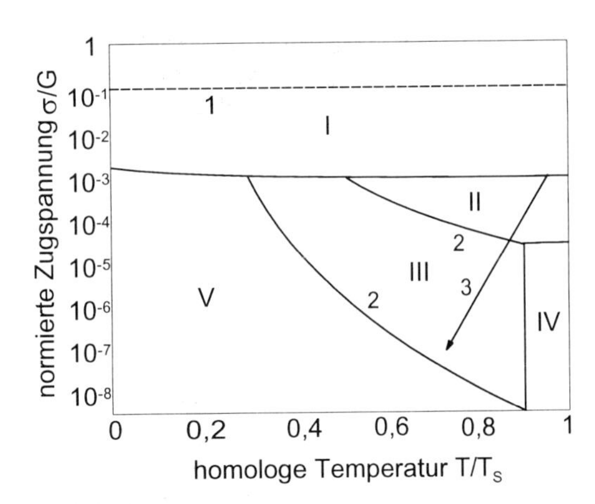

Abb. 5.67 Vorherrschende Verformungsmechanismen der Hochtemperaturplastizität (schematisch)

I Versetzungsbewegung und Verfestigung
II Nichtkonservative Versetzungsbewegung
III Korngrenzenkriechen
IV Nabarro-Herring-Kriechen
V Elastische Verformung
1 Theoretische Schubspannung
2 Kurven mit jeweils konstanter Kriechgeschwindigkeit
3 Richtung abnehmender Kriechgeschwindigkeit

Im Gebiet $T > 0{,}5\ T_S$ und hoher Kriechgeschwindigkeit herrscht die nichtkonservative Versetzungsbewegung vor (Gleit-Kletterprozesse), kombiniert mit dynamischer Erholung (Bereich II). Danach schließt sich nach niedrigen Verformungsgeschwindigkeiten hin, etwa ab $T > 0{,}3\ T_S$, der Bereich III des überwiegenden Korngrenzengleitens und etwa ab $T > 0{,}9\ T_S$ der Bereich IV des Nabarro-Herring-Kriechens an. Letzteres verursacht, da keine Versetzungsbewegungen stattfinden, keine Verfestigung. Bei ausschließlicher Verformung durch Nabarro-Herring-Kriechen fehlt deshalb der Bereich I der Kriechkurve.

Hochtemperaturwerkstoffe

Die Hochtemperatureigenschaften technischer Werkstoffe hängen vor allem vom Gefüge und der chemischen Zusammensetzung ab. Es wurde bereits herausgestellt, daß grobes Korn die Festigkeit erhöht, jedoch auch die Anrißbildung fördert und dadurch die Duktilität vermindert. Es setzt außerdem die Ermüdungsfestigkeit (Abschnitt 5.3) herab, so daß der Verwendung grobkörniger Werkstoffe Grenzen gesetzt sind. Von der chemischen Zusammensetzung her weisen wegen des Zusammenhanges zwischen Kriechbeginn und Schmelztemperatur die hochschmelzenden Metalle, wie Wolfram, Molybdän und Niob, günstige Voraussetzungen für die Nutzung als Hochtemperaturwerkstoffe auf. Ihre geringe Oxidationsbeständigkeit und Verfügbarkeit sowie ihr hoher Preis schließen jedoch eine generelle Verwendung aus. Die wichtigsten Konstruktionswerkstoffe für hohe Temperaturen sind deshalb unlegierte, niedriglegierte und hochlegierte Stähle sowie die sogenannten Superlegierungen, die, vorzugsweise auf Nickel- oder Kobaltbasis, hohe Gehalte an Legierungselementen haben. Die Verbesserung der Kriecheigenschaften durch Legierungselemente beruht in allen Fällen auf der Bildung von Mischkristallen und in noch weit stärkerem Maße auf der Wirkung von Teilchen, die in der Mischkristallmatrix eingelagert sind. Als solche kommen **Fe_3C** und **Carbide** der Legierungselemente (Sondercarbide), ausgeschiedene **intermetallische Phasen** oder eingelagerte **Oxide** in Betracht. Sie behindern die Versetzungsbewegung, die Kristallerholung und das Korngrenzengleiten, wodurch die Kriechgeschwindigkeit herabgesetzt wird. Sie vermindern in der Regel aber auch die Duktilität. Je feiner die Teilchen sind, um so größer ist ihre Wirksamkeit. Langandauernde Einwirkungen erhöhter Temperaturen, wie sie für warmfeste Werkstoffe charakteristisch sind, führen jedoch, wenn die teilchenbildenden Atome in der Matrix begrenzt löslich sind, zu einer Teilchenvergröberung und damit zu einer Abnahme der Festigkeit. Dieser unerwünschte Vorgang, bei dem sich kleinere Teilchen auflösen und ihre Bestandteile zu größeren Teilchen diffundieren, wo sie sich anlagern, wird **Ostwald-Reifung** genannt. Triebkraft dafür ist das Bestreben, die Grenzflächenenergie durch Verkleinerung der Oberfläche herabzusetzen. Wenn die Diffusionsgeschwindigkeit der teilchenbildenden Atome in der Matrix klein ist, (z. B. von Mo in Fe) oder wenn die Grenzflächenenergie der Teilchen durch Zusätze erniedrigt wird, läuft die Ostwald-Reifung verzögert ab.

In schnell abgekühlten Werkstoffen, z. B. in vergüteten Stählen, entspricht die Zusammensetzung der Teilchen in der Regel nicht dem Gleichgewicht. Dieses stellt sich erst nach langen Haltezeiten bei hohen Temperaturen ein, indem beispielsweise in chromlegierten Stählen das zunächst entstandene eisenreiche Primärcarbid M_3C erst mit Chrom angereichert und danach in die chromreicheren Sekundärcarbide M_7C_3 sowie letztlich $M_{23}C_6$ umgebildet wird. (M ist das Symbol für Metallatome. Das Verhältnis Cr : Fe nimmt in den genannten Carbiden entsprechend der angegebenen Reihenfolge zu, es ist jeweils in gewissen Grenzen variabel.) Die Sekundärcarbide können festigkeitssteigernd wirken und die Folgen der Ostwald-Reifung kompensieren.

In den bisherigen Betrachtungen wurde davon ausgegangen, daß die zweite Phase mehr oder weniger gleichachsig vorliegt. Sie kann aber auch stark gestreckt als Nadel oder Faden ausgebildet sein. Man erzeugt solche Gefüge hauptsächlich durch Einlagerung von Fasern oder Drähten in einen Matrixwerkstoff oder durch Warmumformen bzw. gerichtetes Erstarren nadliger Eutektika. Das Kriechverhalten solcher Verbundwerkstoffe wird vor allem von den Eigenschaften der eingelagerten harten Fasern bestimmt, während die Matrix eine gewisse Zähigkeit gewährleistet und die meist spröden Einlagerungen vor Beschädigung und Korrosion schützt. Wichtig ist eine gute Haftung zwischen den Komponenten des Verbundsystems.

Kriechbruch

Der Kriechbruch wird, wie bereits erwähnt, durch Mikrorisse, die beim Korngrenzengleiten an den Korngrenzen entstehen, eingeleitet. Ist der Anteil des Korngrenzengleitens an der Gesamtverformung gering, z. B. bei höheren Temperaturen, Spannungen und Verformungsgeschwindigkeiten, bei denen die nichtkonservative Versetzungsbewegung dominiert (siehe Abb. 5.67), so sind wenig Anrisse vorhanden. Es treten große Kriechbruchdehnungen auf, und der **Kriechbruch** verläuft **transkristallin**. Bei niedrigeren Spannungen, Verformungsgeschwindigkeiten und Temperaturen nimmt der Anteil des Korngrenzengleitens an der Gesamtverformung zu, was eine größere Porosität an den Korngrenzen zur Folge hat. Damit geht eine Verringerung der Zeitbruchdehnung einher, und der Bruch verläuft **interkristallin**. Bei sehr hohen Temperaturen oder sehr niedrigen Kriechgeschwindigkeiten bzw. Spannungen können die zum Bruch führenden Gefügeschäden zum Teil ausheilen, so daß die Zeitbruchdehnung wieder ansteigt (siehe Kurve 4 in Abb. 5.66a).

Nicht alle bei hohen Temperaturen betriebenen Bauteile sind gleichbleibenden, sich auch mit größer werdender Verformung nicht ändernden Belastungen ausgesetzt. Schrauben beispielsweise werden mit einer bestimmten Spannung R_V vorgespannt, wodurch sich eine Gesamtdehnung ε_0 einstellt. Durch plastische Verlängerung infolge von Kriechvorgängen im Werkstoff nimmt der elastische Dehnunsanteil an ε_0 ab, so daß die Vorspannung R_V im Laufe der Zeit kleiner wird (**Spannungsrelaxation**). Damit die Schrauben ihre Funktion, z. B. die Dichtheit von Flanschen zu gewährleisten, weiterhin erfüllen können, müssen sie, wenn R_V auf eine kritische Restspannung R_R zurückgegangen ist, nachgespannt werden. Um die Zeiten, nach denen ein Nachspannen erforderlich ist, bestimmen zu können, hat man vor allem für die Schraubenstähle mit Hilfe von Entspannungsversuchen (Spannungsrelaxationsversuchen) bei verschiedenen Temperaturen und Vorspannungen **Relaxationsschaubilder** aufgestellt. Sie ermöglichen auch eine Festlegung der Vorspannung R_V, die aufgebracht werden muß, wenn die kritische Restspannung R_R innerhalb einer bestimmten Betriebsdauer nicht unterschritten werden soll.

5.3 Werkstoffverhalten bei zyklischer Beanspruchung

Die weitaus meisten Konstruktions- und Funktionswerkstoffe unterliegen während ihrer Verwendung als Konstruktionsteile in Maschinen, Fahrzeugen und Bauwerken sowie als Werkzeuge unterschiedlicher Bestimmung nicht nur statischen, sondern auch mehr oder weniger großen **dynamischen Belastungen** in Form von **Schwingungen**. Unter Schwingungen sind hier zyklische, d. h. zeitlich periodische Änderungen der Beanspruchung (Kraft, Moment, Formänderung) um einen Mittelwert zu verstehen. Ihre Frequenz, d. h. die Häufigkeit der Beanspruchungsänderungen (**Lastwechsel**) ist sehr unterschiedlich. Sie kann z. B. bei Druckschwankungen in Rohrleitungen oder An- und Abfahrvorgängen von Maschinen in der Größenordnung von 1 d^{-1} (etwa 10^{-5} Hz) liegen, bei schnellaufenden Rotoren, Wellen und dergleichen aber auch 1000 s^{-1} (10^3 Hz) und mehr betragen. Zyklische Beanspruchungen können nach einer mehr oder weniger großen Zahl von Lastwechseln zum Bruch führen. Ursache dafür sind strukturelle Veränderungen und plastische Verformungen im Werkstoff, deren Ablauf meist als **Ermüdung**, mitunter auch als Zerrüttung bezeichnet wird.

Der Bruch nach zyklischer Beanspruchung wird **Dauerbruch**, **Schwingbruch** oder **Ermüdungsbruch** genannt. Die den Bruch herbeiführenden Belastungen sind stets kleiner als die statische Bruchfestigkeit, sie können auch niedriger als die Fließgrenze sein. Die Anzahl der Lastwechsel bis zum Bruch (**Bruchlastspiel-** oder **Bruchschwingspielzahl**, **Lebensdauer**) ist außer von der Beanspruchungshöhe vor allem vom Werkstoff, von der konstruktiven Gestaltung, von der technologischen Vorbehandlung sowie von den umgebenden Medien abhängig und unterliegt meist größeren Streuungen. So gingen beispielsweise nach Untersuchungen von *St. Nadašan* von 1029 erfaßten Eisenbahnwagenachsen die ersten bereits nach drei Jahren zu Bruch. Die größte Anzahl von Brüchen trat nach etwa 25 Jahren auf, aber selbst nach 50 Betriebsjahren waren noch betriebsfähige Achsen vorhanden.

Beispiele für Schäden durch Dauerbrüche

Schwingungsbrüche treten wie alle Brüche im allgemeinen unerwartet und überraschend ein. Wie die folgenden Beispiele zeigen, können sie große Gefahren auslösen oder schwere Folgeschäden verursachen:

Im Jahre 1929 befand sich das deutsche Luftschiff LZ 127 „Graf Zeppelin" auf der Fahrt nach den USA, als innerhalb weniger Stunden vier der insgesamt fünf Maybachmotoren mit je 390 kW (530 PS) durch den Bruch der Kurbelwellen ausfielen. Die Motoren waren bereits über 300 Stunden ohne Beanstandungen im Einsatz gewesen. Nur unter großen Schwierigkeiten gelang es mit Hilfe des noch intakten fünften Motors, Besatzung, Passagiere und das Luftschiff selbst zu retten. Als Ursache der Kurbelwellenbrüche wurden Torsionsschwingungen ermittelt.

In den fünfziger Jahren kam es zu Abstürzen von Flugzeugen des Typs Comet. Ursache waren Ermüdungsrisse an den Kabinenfenstern, die durch die Druckwechsel in der Kabine während der Start- und Landevorgänge entstanden waren und zum Aufreißen der Kabine geführt hatten. Diese Ursache konnte erst durch zyklische Versuche an kompletten Flugzeugen gefunden werden.

Die Tatsache, daß Werkstoffe nach wiederholter mechanischer Beanspruchung ermüden, ist schon lange bekannt. Etwa in der Mitte des vorigen Jahrhunderts führte *August Wöhler* erstmalig systematische Versuche (**Wöhlerversuche**) mittels eines 1856 von ihm angegebenen und später nach ihm benannten Verfahrens durch. 1870 veröffentlichte er seine umfangreichen Ergebnisse über das Ermüdungsverhalten metallischer Werkstoffe. Seitdem hat sich das Wissen darüber in über 100-jähriger intensiver Forschungsarbeit vervielfacht. Trotz alledem und trotz vieler Fortschritte in der Diagnostik von Ermüdungsschädigungen können Dauerbrüche in absehbarer Zukunft noch nicht generell ausgeschlossen werden, besonders dann nicht, wenn mehrere Beanspruchungen (z. B. korrosive und zyklische Beanspruchung, Abschnitt 5.3.5.5) gleichzeitig einwirken.

Aus Gründen der Wirtschaftlichkeit, des Leichtbaus sowie der Material- und der Energieökonomie ist es nicht möglich und wird es auch künftig nicht möglich sein, alle ermüdungsgefährdeten Teile von Erzeugnissen so zu dimensionieren, daß Ermüdungsbrüche mit Sicherheit nicht auftreten. Deshalb ist es erforderlich, hochbelastete Teile, deren Versagen volkswirtschaftliche Schäden oder gar Verluste an Gesundheit und Leben von Menschen zur Folge haben kann, nach einer vorgegebenen Betriebsdauer auszuwechseln und darüber hinaus regelmäßige Inspektionen durchzuführen.

Über die Ursache von Dauerbrüchen geben die Auswertungen von Schadensfällen wichtige Hinweise. Wie eine 1952 von *M. Hempel* veröffentlichte repräsentative Statistik über insgesamt 4607 Dauerbrüche an Bau- und Maschinenteilen sowie an Flugmotorenteilen zeigt (Tabelle 5.5), wurden die Ausfälle im Flugzeugbau überwiegend durch Überbelastungen hervorgerufen. Die Teile waren also im Sinne des Leichtbaus so dimensioniert, daß sie nur noch geringe Leistungsreserven hatten. Konstruktive Durchbildung, Werkstoffauswahl, -herstellung und -verarbeitung sowie Montage hingegen waren, im Gegensatz zu den Bau- und Maschinenteilen, sehr sorgfältig vorgenommen worden, so daß sie nur in wenigen Fällen zur Bruchursache wurden.

5.3.1 Untersuchung des Ermüdungsverhaltens

Wöhlerverfahren

Grundlage für die Untersuchungen des Ermüdungsverhaltens ist auch heute noch das **Wöhlerverfahren**. Danach werden mindestens sechs

Tabelle 5.5 Ursachen für die Entstehung von Dauerbrüchen nach *M. Hempel*

Schadensursache	Bau- und Maschinenteile	Flugmotorenteile
Werkstoffherstellung	4,0 %	0,5 %
Weiterverarbeitung (Kalt- und Warmformgebung, Wärmebehandlung)	8,0 %	-
Werkstatt (Fertigbearbeitung, Montage, Wartung, Reparatur)	22,5 %	13,5 %
Falsche Werkstoffauswahl	1,0 %	-
Fehlerhafte Konstruktion	5,5 %	-
Oberflächenfehler (Freßstellen, Reibkorrosion, Korrosion, Narben, Überwalzungen)	19,0 %	6,0 %
Kerbwirkungen (Hohlkehlen, Bohrungen, Gewinde, Keilnuten)	33,0 %	3,5 %
Überbelastungen (Resonanzschwingungen, Belastungsschwankungen)	7,0 %	76,5 %
Anzahl der aufgetretenen Brüche	465	4142

bis zehn vom Werkstoff, von der Gestalt und der Bearbeitung her völlig gleichartige Proben in Schwingfestigkeitsversuchen ohne Pause bis zum Bruch zyklisch beansprucht und die jeweiligen **Bruchlastspielzahlen** ermittelt. Man beginnt bei der ersten Probe meist mit einer relativ hohen Belastung, die rasch den Bruch herbeiführt, und wendet bei den folgenden Proben jeweils niedrigere Beanspruchungen an, bis auch nach sehr vielen Lastwechseln kein Bruch mehr erfolgt (**Durchläufer**). Trägt man die zum Bruch führenden Belastungen (Spannungsamplitude oder -ausschlag σ_A) über den zugehörigen **Bruchschwingspielzahlen N** bzw. die Belastungen nicht gebrochener Proben über den erreichten Grenz-Schwingspielzahlen N_G auf (die Meßwerte nicht gebrochener Proben werden mit einem nach rechts oder nach rechts oben gerichteten Pfeil gekennzeichnet), so erhält man die in der Abbildung 5.68 wiedergegebenen, **Wöhlerkurven** genannten Diagramme.

Die Wöhlerkurven werden in linearen (Abb. 5.68a), halblogarithmischen (Abb. 5.68b) oder doppelt logarithmischen (Abb. 5.68c) Koordinatensystemen dargestellt. Allen drei Kurven in den schematischen Darstellungen der Abbildung 5.68 liegen die gleichen, willkürlich gewählten „Meßwerte" zugrunde. Bei linearer Auftragung fällt die Kurve $\sigma_A = f(N)$ anfangs sehr schnell ab und mündet dann in eine Parallele zur Abszisse, die **Dauerschwingfestigkeit** (kurz: **Dauerfestigkeit**) σ_D ein. Der Übergang zwischen **Kurzzeitfestigkeit** (Niedrig-Lastwechsel-Ermüdung oder **LCF** = **Low Cycle Fatigue**) und **Zeitfestigkeit** ist nicht erkennbar, und die Schwingspielzahl des Übergangs von der Zeitfestigkeit zur Dauerfestigkeit nur schwer bestimmbar. Da jedoch die technischen Wöhlerkurven meist erst nach 10^5, seltener nach 10^4 Lastwechseln beginnen, kann die Aussagefähigkeit in dem hauptsächlich interessierenden Bereich durch die Wahl eines größeren Ordinatenmaßstabes verbessert werden. Am häufigsten wendet man das halblogarithmische Koordinatensystem an. Die einzelnen Bereiche der Wöhlerkurve treten in dieser Darstellung deutlich hervor. Sie lassen sich bei

Stählen etwa folgenden Schwingspielzahlen zuordnen:

$N < 10^3 ... 10^4$	Kurzzeitfestigkeit
$10^3 ... 10^4 < N < 2 \cdot 10^6 ... 10^7$	Zeitfestigkeit
$N > 2 \cdot 10^6 ... 10^7$	Dauerfestigkeit

Grenz-Schwingspielzahlen

Unter Dauerschwingfestigkeit σ_D versteht man an sich den größten Spannungsausschlag σ_A, bei dem bis zu unendlich vielen Lastspielen kein Bruch eintritt. Experimentell lassen sich jedoch nur endliche Schwingspielzahlen realisieren. Deshalb ist eine zuverlässige Bestimmung der Dauerfestigkeit nur für Stähle, Magnesiumlegierungen und einige nicht aushärtbare Aluminiumlegierungen möglich, bei denen, wie in der Abbildung 5.68 dargestellt, oberhalb einer bestimmten Schwingspielzahl die ertragbare zyklische Beanspruchung nicht weiter abnimmt und die Wöhlerkurve in eine Parallele zur Abszisse übergeht. Die Schwingspielzahl dieses Übergangs ist je nach Werkstoff und Werkstoffzustand verschieden groß. Deshalb werden, um die Dauerschwingfestigkeit mit ausreichender Sicherheit bestimmen zu können, die Versuche bis zu **Grenz-Schwingspielzahlen N_G** vorgenommen, die größer als die Schwingspielzahlen

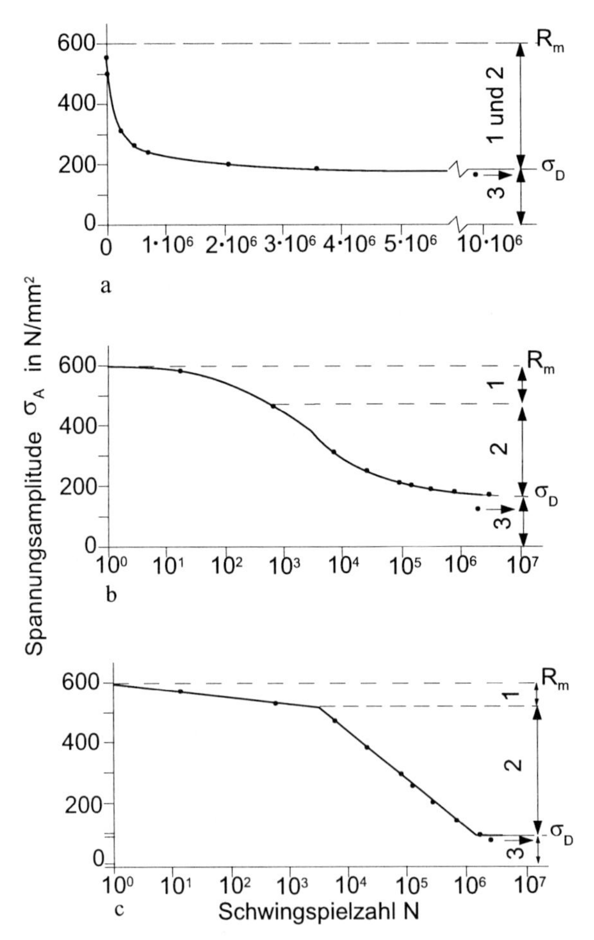

Abb. 5.68 Wöhlerkurven aus gleichen Meßpunkten in verschiedenen Koordinatensystemen (schematisch)

- **a** lineares Koordinatensystem
- **b** einfach-(halb-)logarithmisches Koordinatensystem
- **c** doppeltlogarithmisches Koordinatensystem
- **1** Bereich der Kurzzeitfestigkeit LCF, niederzyklisches Festigkeitsgebiet
- **2** Bereich der Zeitfestigkeit HCF, hochzyklische Festigkeitsgebiet
- **3** Bereich der Dauerfestigkeit

des Übergangs Zeitfestigkeit/Dauerfestigkeit sind. Die Erfahrung hat gezeigt, das Grenz-Schwingspielzahlen von $10 \cdot 10^6$ für weiche Stähle und von $3 \cdot 10^6$ für harte Stähle sowie für Magnesiumlegierungen ausreichend sind. Für Aluminiumlegierungen sind höhere Grenz-Schwingspielzahlen N_G erforderlich.

Reines Aluminium und reines Kupfer sowie die meisten ihrer Legierungen, Hochpolymere und einige andere Werkstoffe haben keine ausgeprägte Dauerfestigkeit, so daß die Wöhlerlinien auch bei sehr hohen Lastspielzahlen eine leichte Neigung gegen die Abszisse beibehalten. Die Angabe einer Dauerfestigkeit ist deshalb nicht mehr korrekt. Da aber für praktische Belange Angaben zum Verhalten bei zyklischer Beanspruchung dringend erforderlich sind, andererseits die Versuche nicht unendlich lange durchgeführt werden können, bricht man sie nach einer Grenz-Schwingspielzahl N_G ab, oberhalb der die Schwingfestigkeit erfahrungsgemäß nur noch wenig abnimmt. Als Grenz-Schwingspielzahlen N_G werden für Kupfer und seine Legierungen meist $50 \cdot 10^6$ und für Leichtmetalllegierungen $100 \cdot 10^6$ Lastspiele angegeben.

Zur Verringerung der Prüfdauer sind für Stahl Grenz-Schwingspielzahlen von $2 \cdot 10^6$ und für Leichtmetalle $10 \cdot 10^6$ bzw. $50 \cdot 10^6$ üblich geworden. Die betreffende Grenz-Schwingspielzahl ist daher bei der Angabe der Dauerfestigkeit zu vermerken (z. B. $\sigma_{D(10^7)}$).

Bei Hochpolymeren, deren Dauerschwingverhalten von der chemischen Zusammensetzung sowie der Art und Menge von Füll- und Verstärkungsstoffen abhängig ist, existieren keine einheitlichen Grenz-Schwingspielzahlen. Sofern keine speziellen Festlegungen getroffen werden, begnügt man sich meist mit $10 \cdot 10^6$ Lastspielen. Es ist zu bedenken, daß ein einziger Versuch über $10 \cdot 10^6$ Lastwechsel mit einer Frequenz von 50 Hz immerhin 56 Stunden, über $100 \cdot 10^6$ Lastwechsel bereits 23 Tage dauert. Eine Verkürzung der Versuchsdauer durch Erhöhung der Frequenz ist aber bei Hochpolymeren nicht möglich, da sich die Proben trotz Kühlung unzulässig erwärmen würden.

Beim Wöhlerverfahren bleibt die Beanspruchung für jede Probe während der gesamten Versuchsdauer konstant. Man spricht deshalb von Einstufenversuchen. Sie dienen hauptsächlich der Ermittlung von Kennwerten, die aber, da sie von wesentlich mehr Einflußgrößen abhängen als die des Zugversuchs, nur bedingt als Werkstoffkennwerte anzusehen sind. Sie sind vor allem zum Vergleich verschiedener Werkstoffe oder Behandlungszustände geeignet und liefern nur Anhaltswerte für die Berechnung zyklisch beanspruchter Bauteile. Eine größere Annäherung an die praktischen Beanspruchungsbedingungen wird durch **Mehrstufenversuche**, **Randomversuche** und **Nachfahrversuche** angestrebt, auf die in den Abschnitten 5.3.7 und 5.3.8 eingegangen wird. Sie haben in der angegebenen Folge eine wachsende Aussagekraft für den Einzelfall, ihre Eignung zur Verallgemeinerung nimmt aber ab.

Bei Schwingfestigkeitsuntersuchungen werden als einfache Beanspruchungen Zug-Druck, Wechselbiegung, Wechseltorsion oder Umlaufbiegung angewandt, die, allerdings selten, auch kombiniert werden. Man kennzeichnet den jeweiligen Beanspruchungsfall bei Angabe von Normalspannungen σ durch die kleinen Indizes zd (Zug-Druck), b oder wb (Wechselbiegung) und ub (Umlaufbiegung). Bei Torsionsbeanspruchung werden Schubspannungen τ angegeben. In den genannten Beanspruchungsfällen erhält man wegen der unterschiedlichen Schubspannungs-Normalspannungs-Verhältnisse sowie Spannungsgradienten in den Proben für gleiche Werkstoffe unterschiedliche Schwingfestigkeiten. Auf die statische Zugfestigkeit bezogen gelten für polierte zylindrische Stahlproben etwa folgende Vergleichszahlen (Index W = Wechselfestigkeit):

$\tau_W / R_m \approx 0{,}20$ bis $0{,}35$
$\sigma_{zdW} / R_m \approx 0{,}30$ bis $0{,}45$
$\sigma_{wbW} / R_m \approx 0{,}40$ bis $0{,}55$
$\sigma_{ubW} / R_m \approx 0{,}46$ bis $0{,}63$.

Schwingfestigkeitsversuche werden in den meisten Fällen mit einem sinusförmigen Verlauf der Spannung über der Zeit durchgeführt (Abb. 5.69). Außer bei Umlaufbiegung sind auch andere Amplitudenformen möglich, z. B. dreieckige oder rechteckige, von denen die zuletzt genannte zu größeren Verformungen und kleineren Bruchlastspielzahlen führt.

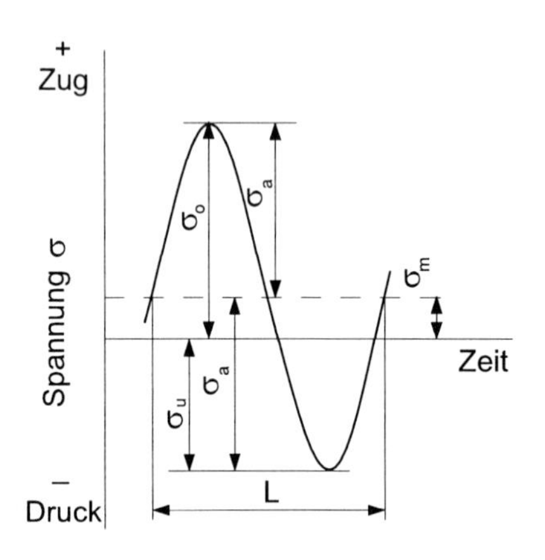

Abb. 5.69 Spannungsverlauf bei Einstufen-Schwingfestigkeitsversuchen (schematisch)

σ_u Unterspannung

σ_o Oberspannung

σ_m Mittelspannung

σ_a Spannungsausschlag

L 1 Schwingspiel

In der Abbildung 5.69 sind wichtige Kenngrößen bei Schwingfestigkeitsversuchen eingetragen. σ_m ist die statische Vorspannung (**Mittelspannung**), die durch die Schwingung mit der **Spannungsamplitude** σ_a überlagert wird. σ_o bzw. σ_u sind die größten bzw. kleinsten Spannungswerte, die unabhängig vom Vorzeichen, während eines Schwingspiels auftreten. Zwischen diesen Größen bestehen folgende Zusammenhänge:

$$\sigma_m = 0{,}5\,(\sigma_o + \sigma_u)$$
$$\sigma_o = \sigma_m + \sigma_a$$
$$\sigma_a = \pm\,0{,}5\,(\sigma_o - \sigma_u)$$
$$\sigma_u = \sigma_m - \sigma_a\,.$$

Zur Aufstellung einer Wöhlerkurve muß eine dieser Spannungen vorgegeben werden. Sie wird mit kleinen Indizes, gemessene Festigkeitswerte werden mit großen Indizes gekennzeichnet. Bei Vorgabe der Mittelspannung σ_m wird vorzugsweise σ_A, bei Vorgabe der Spannungsamplitude σ_a oder der Oberspannung σ_o oder der Unterspannung σ_u wird vorzugsweise die Mittelspannung σ_M aufgetragen. Die Gleichungen lauten dann:

$$\sigma_A = \sigma_m - \sigma_U = \sigma_O - \sigma_m$$
$$\sigma_M = \sigma_o - \sigma_A = \sigma_u + \sigma_A\,.$$

Schwingfestigkeitsversuche können in sieben verschiedene Beanspruchungsbereiche eingestuft werden (Abb. 5.70). Bevorzugt ermittelt werden die Wechselfestigkeit $\sigma_W = \sigma_A = \sigma_O = |\sigma_U|$ mit $\sigma_m = 0$ und dem Spannungsverhältnis $R = \sigma_U/\sigma_O = -1$ sowie die Schwellfestigkeit im Zugbereich $\sigma_{Sch} = 2\,\sigma_A$ mit $\sigma_u = 0$ und $R = 0$. Bei Umlaufbiegung, bei der ein meist zylindrischer Probestab unter einer Biegespannung in Rotation versetzt wird, ist keine statische Vorspannung möglich. Folglich wird immer die Wechselfestigkeit mit $\sigma_m = 0$ ermittelt.

5.3.2 Dauerfestigkeitsschaubilder

Zur vollständigen Charakterisierung von zyklischen Festigkeitswerten gehören der **Beanspruchungsfall** (Zug-Druck usw.), die **Bruchlastspielzahl** (im Gebiet der Zeitfestigkeit) sowie der **Beanspruchungsbereich** (Wechsel- oder Schwellbereich) bzw. die vorgegebene **Spannung**. Jede Änderung der vorgegebenen Spannung (Mittel-, Ober- oder Unterspannung) ergibt eine andere Wöhlerkurve und damit eine andere Dauerfestigkeit. Für praktische Belange ist es aber oft wichtig, ohne langwierige Versuche einschätzen zu können, wie sich beispielsweise die Dauerfestigkeit verändert, wenn die statische Vorspannung größer oder kleiner wird. Für diese und ähnliche Fälle sowie als Grundlage für konstruktive Berechnungen haben sich **Dauerfestigkeitsschaubilder** be-

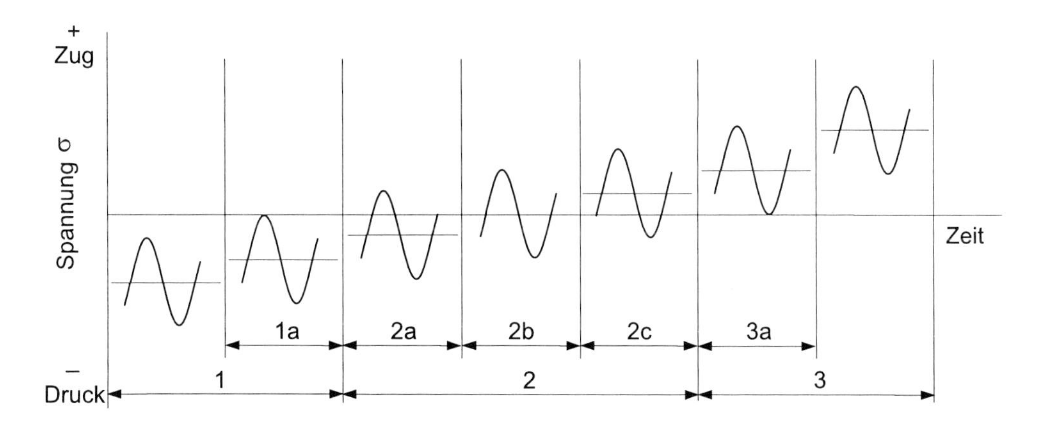

Abb. 5.70 Beanspruchungsbereiche bei Einstufen-Schwingfestigkeitsversuchen

1	Schwellbereich Druck	$0 > \sigma_m \geq \sigma_a$
1a	Druckschwellfestigkeit σ_{dSch}	$-\sigma_M = \sigma_A,\ \sigma_o = 0$
2	Wechselbereich	$\pm\,\sigma_m < \sigma_a$
2a	Wechselbereich Druck	$\sigma_m < 0$
2b	Wechselfestigkeit σ_W	$\sigma_A = \sigma_O = -\,\sigma_U,\ \sigma_m = 0$
2c	Wechselbereich Zug	$\sigma_m > 0$
3	Schwellbereich Zug	$0 < \sigma_m \leq \sigma_a$
3a	Zugschwellfestigkeit σ_{zSch}	$\sigma_M = \sigma_A,\ \sigma_U = 0$

währt. Zu ihrer Aufstellung sind die Ergebnisse von Wöhlerversuchen erforderlich, jedoch kann deren Zahl bei vertretbaren Vereinfachungen gering gehalten werden.

Es gibt verschiedene Ausführungen von Dauerfestigkeitsschaubildern. Am weitesten verbreitet ist das von *Smith*, vor allem im Maschinenbau, häufig wird auch das nach *Moore-Kommers-Jasper* benutzt, vor allem im Stahlbau.

Dauerfestigkeitsschaubild nach Smith

Beim Dauerfestigkeitsschaubild nach *Smith* (Abb. 5.71a) werden auf der Ordinate die Ober- und Unterspannungen und auf der Abszisse die Mitttelspannungen aufgetragen. Beide Koordinaten sind in gleiche Maßstäbe eingeteilt, wodurch die Mittelspannung immer als Winkelhalbierende auftritt. Die für unterschiedliche Mittelspannungen gemessenen Ober- und Unterspannungen der Dauerfestigkeit werden durch Kurvenzüge verbunden, die als Grenzlinien das Gebiet der Dauerfestigkeit einschließen. Sie haben die Form einer Schleife, weswegen man das Smith-Schaubild auch als Schleifendiagramm bezeichnet.

Im allgemeinen werden die Dauerfestigkeitsschaubilder nur für positive Mittelspannungen aufgestellt. In duktilen homogenen Werkstoffen treten bei zyklischen Biege- und Torsionsbeanspruchungen aufgrund des Spannungsgradienten in den Proben ohnehin an den Oberflächen gleich große, vom Vorzeichen der Mittelspannung unabhängige Zug- und Druckspannungen auf. Das Smith-Diagramm ist deshalb, wie in der Abbildung 5.71a dargestellt, für positive und negative Mittelspannungen symmetrisch. Lediglich für zyklische Zug-Druck-Beanspruchungen liegt ein Einfluß insofern vor, als Zug-Vorspannungen die Bruchlastspielzahlen und die Dauerfestigkeit gegenüber reiner Wechsel-

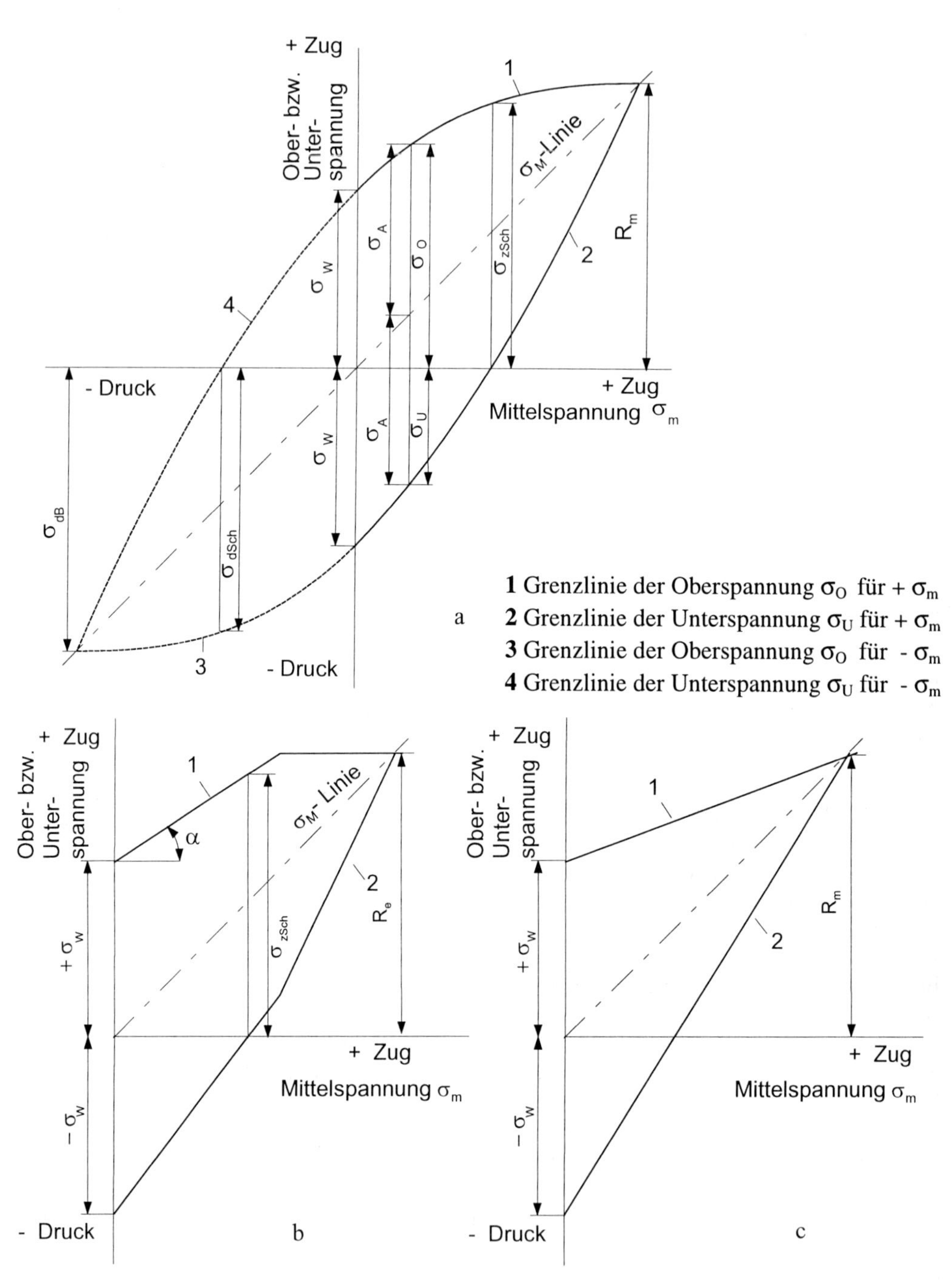

Abb. 5.71 Dauerfestigkeitsschaubilder nach *Smith* (schematisch, gleiche Maßstäbe für die Ordinaten und die Abszissen)
a Vollständiges Diagramm
b Vereinfachtes Diagramm für zähe Werkstoffe
c Vereinfachtes Diagramm für spröde Werkstoffe

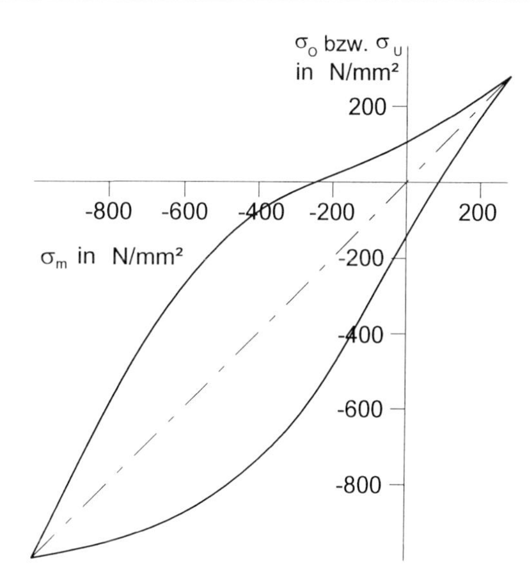

Abb. 5.71d Vollständiges Diagramm für Gußeisen GG 20 nach *H. F. Moore* und *J. B. Kommers*

beanspruchung erniedrigen, Druck-Vorspannungen diese erhöhen. Allerdings können die Schwingspielzahlen bis zur Entstehung von Rissen ungefähr gleich sein, deren Ausbreitung kann aber durch die Druck-Vorspannungen verhindert werden.

Trotz der Beschränkungen auf Wechselfestigkeit und positive Mittelspannungen sind zur Aufstellung des kompletten Smith-Diagrammes eine größere Anzahl von Wöhlerkurven erforderlich. Um den Aufwand zu senken, haben sich vereinfachte Dauerfestigkeitsschaubilder eingeführt: Da für Bauteile und Werkzeuge in der Regel keine plastischen Formänderungen zulässig sind, kann man das Diagramm in Höhe der statischen Streckgrenze R_e durch eine Gerade begrenzen (Abb. 5.71b). Vom Schnittpunkt zwischen R_e und der Mittelspannung σ_M aus wird aus Symmetriegründen eine Gerade zu dem Punkt der σ_U Grenzlinie gezogen, der unter dem Schnittpunkt zwischen R_e und der σ_O-Grenzlinie liegt. Da im weiteren beide Grenzlinien von den Schnittpunkten bis zur Wechselfestigkeit mit guter Genauigkeit durch Geraden ersetzt werden können, reichen die Kenntnis der Wechsel- und Schwellfestigkeit sowie der Streckgrenze zur Aufstellung eines vereinfachten Schaubildes aus. Ein noch weiter vereinfachtes und dafür weniger genaues Diagramm gewinnt man, indem man die Grenzlinie σ_O von + σ_W ausgehend unter einem Winkel α von etwa 36° für Biegung, etwa 40° für Zug-Druck oder etwa 42° für Torsion bis zur Streckgrenze R_e ansteigen läßt und symmetrisch zu σ_M die Grenzlinie der Unterspannung zieht. Bei spröden Werkstoffen, die keine meßbare Streckgrenze aufweisen, gewinnt man das vereinfachte Diagramm aus der Wechselfestigkeit und der Zugfestigkeit R_m (Abb. 5.71c).

Eine Symmetrie von Zug- und Druckbereich liegt bei spröden Materialien nicht vor. Gußeisen beispielsweise erträgt im Druckbereich höhere zyklische Beanspruchungen als im Zugbereich (Abb. 5.71d).

Dauerfestigkeitsschaubild nach Moore-Kommers-Jasper

Bei dem Dauerfestigkeitsschaubild nach *Moore-Kommers-Jasper* wird die Oberspannung σ_O über dem Spannungsverhältnis S aufgetragen (Abb. 5.72).

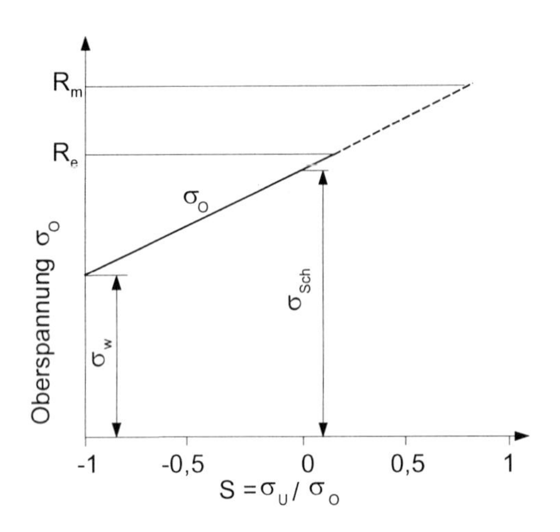

Abb. 5.72 Dauerfestigkeitsschaubild nach *Moore-Kommers-Jasper*

Es wurde bereits darauf hingewiesen, daß die Bruchschwingspielzahlen meist erheblich streuen. Als Beispiel dafür sind in der Abbildung 5.73 in Anlehnung an Versuchsergebnisse von *W. W. Maennig* die Grenzlinien für Bruchwahrscheinlichkeiten P von 0 % (keine Probe gebrochen) und 100 % (alle Proben gebrochen) eingetragen. Außerdem ist im Übergangsgebiet der prozentuale Anteil der nach 10^7 Lastwechseln gebrochenen Proben eingetragen. Die Spannungsausschläge waren um jeweils 5 N/mm^2 abgestuft. Im Bereich der Zeitfestigkeit wurden auf jedem Spannungshorizont 20 Proben im Übergangsgebiet, in dem sowohl Brüche als auch Durchläufer auftraten, je 24 Proben geprüft, was einer Gesamtprobenzahl von 476 entspricht. Natürlich erlauben es die Gegebenheiten normalerweise nicht, für jedes Wöhlerschaubild eine derart hohe Zahl von Proben zu untersuchen. In zunehmendem Maße werden deshalb Methoden der mathematischen Statistik eingeführt, mit deren Hilfe es möglich ist, den Versuchsaufwand in Verbindung mit einer Bruchwahrscheinlichkeit von $P \leq 10$ % auf etwa 50 bis 100 Proben zu senken. Die üblichen Wöhlerkurven, aus 6 bis 110 Versuchsergebnissen aufgestellt, und die daraus entwickelten Dauerfestigkeitsschaubilder werden trotzdem aus Gründen der Kosten- und Zeitersparnis auch künftig ihre Bedeutung beibehalten, bei ihrer Bewertung sind aber die streuungsbedingten Unsicherheiten zu berücksichtigen. Von *D. Dengel* wird eingeschätzt, daß die Kennwerte der normalen Wöhlerkurve etwa im Bereich einer Bruchwahrscheinlichkeit zwischen 20 und 80 % liegen.

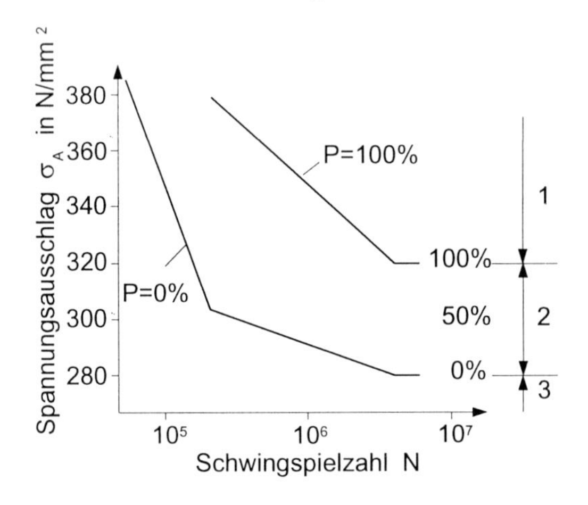

Abb. 5.73 Wöhlerlinien für 0 % und 100 % gebrochene Proben (schematisch) in Anlehnung an Versuchsergebnisse von *W. W. Maennig*
P Bruchwahrscheinlichkeit
1 Gebiet der Zeitfestigkeit
2 Übergangsgebiet
3 Gebiet der Dauerfestigkeit

5.3.3 Eigenspannungen

Der Ermüdungsvorgang und die Ergebnisse von Ermüdungsversuchen werden durch Eigenspannungen im Werkstoff, die auch als **innere Spannungen** bezeichnet werden, sehr beeinflußt. Man versteht darunter Spannungen in einem abgeschlossenen System, dessen Temperatur überall gleich ist und auf das keine äußeren Kräfte und Momente einwirken. Die mit den Eigenspannungen verbundenen inneren Kräfte und Momente befinden sich im mechanischen Gleichgewicht, d. h., daß die Summe der inneren Kräfte bezüglich jeder Schnittfläche (Abb. 5.74) und die Summe der inneren Momente

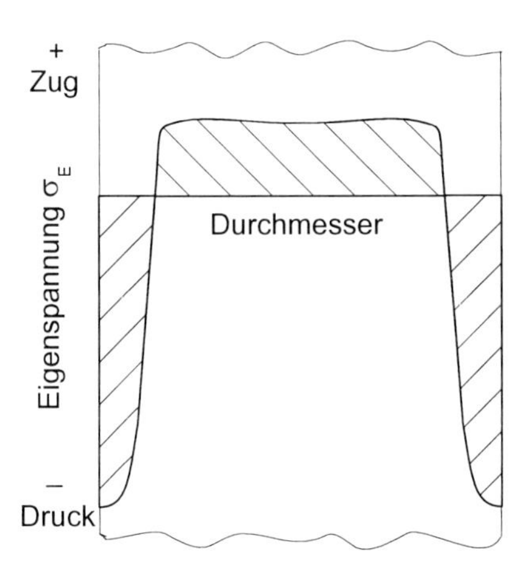

Abb. 5.74 Gleichgewicht der Makroeigenspannungen σ_E in der Schnittfläche eines Zylinders (schematisch)

bezüglich jeder Achse gleich Null ist. Es ist für polykristalline Werkstoffe üblich, nach Eigenspannungen I., II. und III. Art zu unterscheiden (Abb. 5.75):

- Eigenspannungen I. Art (σ_E^I) sind über größere Werkstoffbereiche nach Größe und Richtung nahezu konstant. Sie werden auch **Makroeigenspannungen** genannt.

- Eigenspannungen II. Art (σ_E^{II}) sind nur in kleinen Werkstoffbereichen (in der Regel in den Kristalliten) nach Betrag und Richtung nahezu konstant. Sie entstehen z. B. beim Umformen, wenn aufgrund der Anisotropie der Streckgrenze zweier Kristallite oder der unterschiedlichen Härte zweier Phasen diese

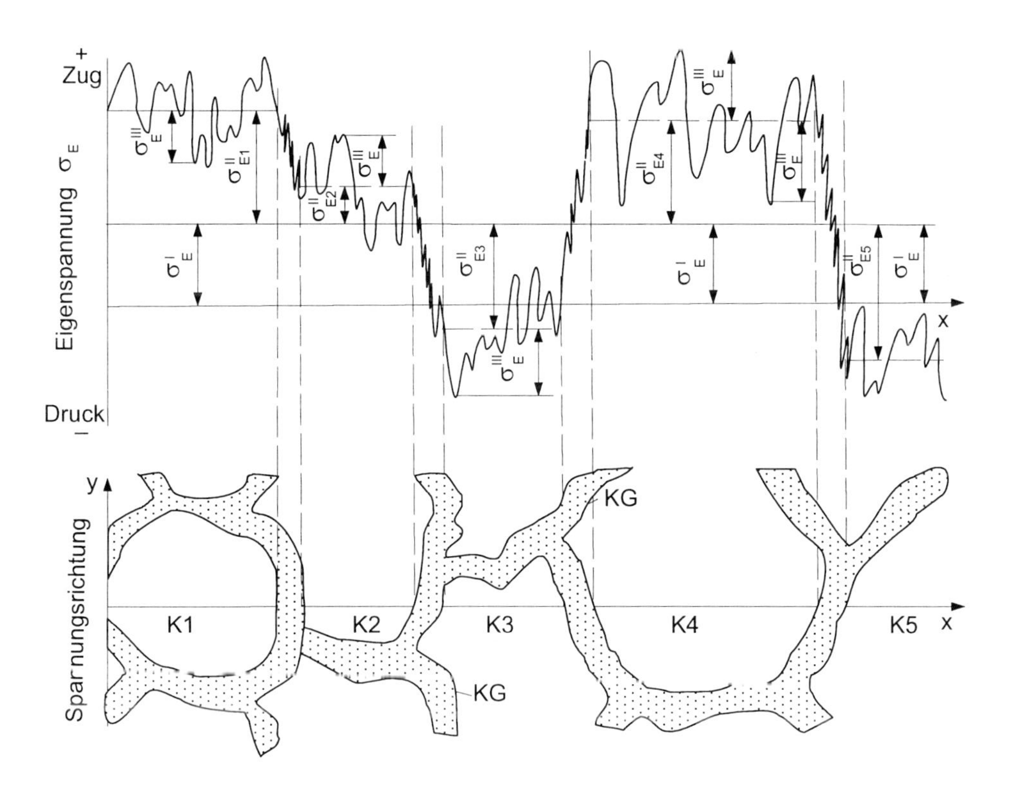

Abb. 5.75 Eigenspannungen I. bis III. Art an der Schnittlinie x eines kristallinen Werkstoffs in Richtung y
K1 ... K5 Numerierung der von der Linie x geschnittenen Kristallite
KG Korngrenzen

verschieden stark plastisch verformt und verfestigt werden. Nach der Verformung steht dann der härtere und ungünstiger zur Verformungsrichtung orientierte Kristall unter Zug-, der weichere, stärker verformte unter Druckspannung.

- Eigenspannungen III. Art (σ_E^{III}) sind innerhalb eines Kristalliten veränderlich. Ihre Ursache sind die Gitterverzerrungen um Versetzungen und andere Gitterbaufehler. Sie wirken sich unmittelbar auf die Werkstoffeigenschaften, wie Festigkeit und Zähigkeit aus.

Es ist meßtechnisch schwierig, die Eigenspannungen II. und III. Art getrennt zu erfassen. Sie werden zusammengefaßt häufig als **Mikroeigenspannungen** bezeichnet.

Makroeigenspannungen können mechanisch oder röntgenographisch bestimmt werden. Je nach ihrer Orientierung zur Probenachse kann bei zylindrischen Bauteilen oder Proben zwischen Längs-, Tangential- und Querspannungen unterschieden werden. Diese verschieden gerichteten Spannungen stimmen in der Höhe nicht überein und haben manchmal unterschiedliche Vorzeichen (+ Zug, - Druck, s. Abb. 5.75).

Bei den mechanischen Verfahren zur Eigenspannungsmessung erfolgt ein Eingriff in das bestehende Kräfte- und Momentengleichgewicht, indem Teilbereiche des eigenspannungsbehafteten Werkstücks abgetrennt werden, z. B. durch Abdrehen oder Ausbohren, bei flachen Proben auch durch Schlitzen. Das Kräfte- und Momentengleichgewicht wird dabei durch makroskopische Formänderungen, aus denen die Eigenspannungen berechnet werden können, aufrecht erhalten.

Röntgenographische Verfahren zur Eigenspannungsbestimmung benutzen als Grundlage die durch Eigenspannungen hervorgerufenen Verzerrungen der Netzebenen. Unter besonderen Bedingungen ist es mit dieser Methode möglich, die Mikroeigenspannungen zu ermitteln.

In technischen Werkstoffen überlagern sich die Eigenspannungen I. bis III. Art. Eigenspannungen entstehen immer dann, wenn

- Teilbereiche eines Werkstücks verschieden stark plastisch verformt werden, z. B. beim Kaltumformen, beim Erwärmen und Abkühlen, beim Spanen, beim Schweißen, bei Volumenänderungen infolge Phasenumwandlungen

- sich das Volumen von Oberflächenbereichen infolge Eindiffusion von Fremdatomen und Bildung von Mischkristallen oder neuer Phasen ändert, z. B. beim Nitrieren, Chromieren, Borieren

- Deckschichten aufgebaut werden, z. B. beim galvanischen Verchromen.

Häufig überlagern sich mehrere Ursachen. Die Vorhersage eines sich einstellenden Eigenspannungszustandes ist oft schwierig und nur anhand von Erfahrungen möglich. Beim Einsatzhärten beispielsweise diffundiert Kohlenstoff in die Oberfläche ein (s. Abschn. 8.3.1). Da das bei hohen Temperaturen geschieht, kann die Volumenzunahme größtenteils durch plastische Verformung kompensiert werden. Beim nachfolgenden Abschrecken kühlt der Randbereich schneller ab als der Kern. An der Oberfläche entstehen infolgedessen Zugeigenspannungen, die aufgrund der höheren Festigkeit bei niedrigen Temperaturen nur zum Teil durch plastische Verformung abgebaut werden. Nach Erreichen einer kritischen Temperatur, der Martensittemperatur, setzt durch Phasenumwandlung zu Martensit an der Oberfläche beginnend, eine Volumenzunahme ein, die in der an Kohlenstoff angereicherten Randschicht am größten ist. Dadurch werden die vorher entstandenen Zugeigenspannungen aufgehoben, und es entstehen Druckeigenspannungen am Rand, die wegen der hohen Festigkeit des Martensits nicht durch plastische Verformung abgebaut werden. Nachdem auch der Kern abgekühlt ist, überwiegen im Normalfall und bei sachgemäßer Verfahrensdurchführung in der Randzone die Druckeigenspannungen (siehe Abb. 5.76, Kurve 3).

Tabelle 5.6 Eigenspannungen I. Art im Oberflächenbereich nach unterschiedlicher Behandlung bzw. Bearbeitung nach *M. Hempel*

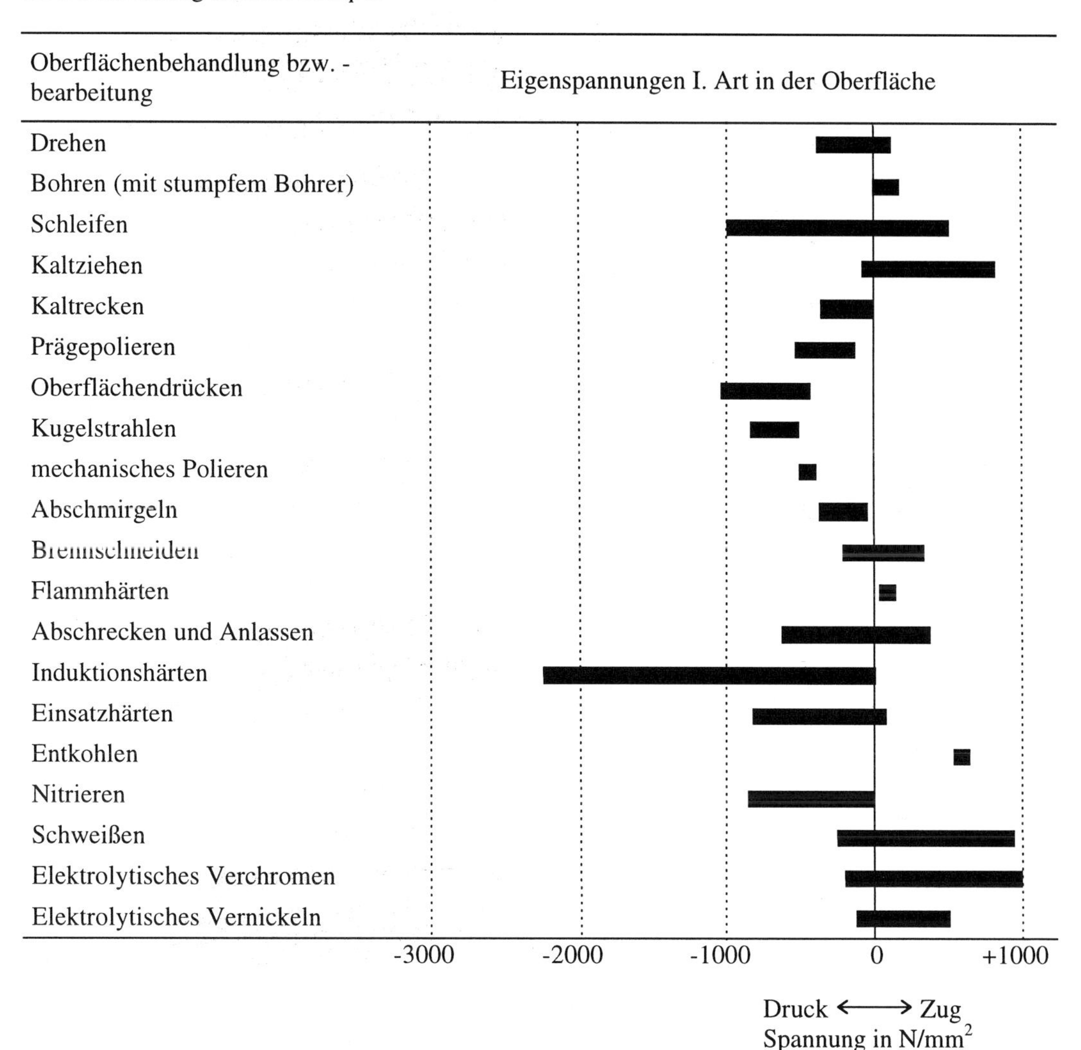

Nach der Art ihre Entstehung spricht man mitunter von Schleif-, Fräs-, Biege-, Umform-, Guß-, Abkühl-, Schweiß-, Umwandlungsspannungen usw., ohne damit etwas über die Höhe, den Verlauf und die Richtung der Spannungen auszusagen. Es würde zu weit führen, alle zur Bildung von Eigenspannungen beitragenden Prozesse aufzuführen und zu erklären. Es ist aber wichtig zu wissen, ob bei bestimmten Verfahren im Oberflächenbereich vorzugsweise Zug- oder Druckeigenspannungen entstehen. Tabelle 5.6 gibt dazu einige Hinweise. In einigen Fällen sind sowohl Zug- als auch Druckspannungen möglich. Das hängt beim Schleifen oder Drehen beispielsweise vor allem von der Schärfe der benutzten Werkzeuge, der Kühlung und den Zerspanungsbedingungen, beim Härten vom Werkstoff, von den Abmessungen und dem Kühlmittel ab.

Die Auswirkungen von Eigenspannungen auf die Bauteileigenschaften sind sehr vielfältig.

Von Einfluß sind vor allem die Höhe und Richtung (Zug oder Druck) der Randspannungen, ihr Verlauf zum Kern hin bis zur Spannungsumkehr (siehe Abb. 5.74) sowie die Tiefe der Oberflächenzone mit einheitlich gerichteten Mikroeigenspannungen. Letztere ist, verglichen mit den Abmessungen des Werkstücks, meist gering, so daß den bei der Herstellung und Bearbeitung entstandenen Randspannungen, selbst wenn sie sehr hoch sind, aus Gleichgewichtsgründen folglich nur niedrige, mitunter kaum nachweisbare und deshalb wenig wirksame Kerneigenspannungen entgegengesetzten Vorzeichens gegenüber stehen.

Die Abbildung 5.76 zeigt einige Verläufe von Eigenspannungen, die zwar nur für die jeweiligen konkreten Werkstoffe, Abmessungen und Behandlungen genau zutreffen, im Prinzip aber für die jeweiligen technologischen Verfahren charakteristisch sind.

Überlagerung von Last- und Eigenspannungen

Als Folge von Eigenspannungen wurde im Abschnitt 5.1.3 bereits das Auftreten des Bauschinger-Effektes genannt. Ganz allgemein kann man feststellen, daß es bei der mechanischen Beanspruchung eigenspannungsbehafteter Bauteile oder Werkzeuge zu einer Überlagerung von Last- und Eigenspannungen kommt. Für die Auswirkungen auf die Werkstückeigenschaften sind dabei in der Regel die Randeigenspannungen bestimmend. Ursachen dafür sind, daß sie, wie schon erwähnt, meist größer sind als die Kerneigenspannungen, daß durch kaum vermeidbare Biegungen an den Oberflächen größere Lastspannungen als im Kern wirken und daß die nicht allseitig umschlossenen Oberflächenkristallite leichter verformbar sind, also eine niedrigere Streckgrenze haben als die Matrixkörner. **Zugeigenspannungen** im Randbereich erhöhen folglich die von außen statisch oder zyklisch einwirkenden Zugspannungen, wodurch die plastische Verformung und Rißbildung früher einsetzt als in spannungsfreien Werkstücken, sie erniedrigen also die Festigkeit. **Druckeigenspannungen** setzen die äußeren Zugspannungen herab und wirken der Anrißbildung entgegen. Sie werden deshalb häufig zur Erhöhung der Dauerfestigkeit erzeugt (siehe auch Abb. 5.95a). Bei Schweißverbindungen sind die Eigenspannungen entlang der Schweißnähte bestimmend. Diese wechseln häufig ihre Höhe und ihr Vorzeichen (Abb. 5.76, Kurve 2), weswegen versprödende **mehrachsige Spannungszustände** entstehen.

Eigenspannungsempfindlichkeit

Die im vorstehenden beschriebenen allgemeinen Zusammenhänge zwischen Eigenspannungen und mechanischen Eigenschaften können für zyklische Beanspruchungen präzisiert werden. Bezeichnet man das Verhältnis der Veränderungen von Wechselfestigkeit und Eigenspannungen $\Delta\sigma_W/\Delta\sigma_E$ als Eigenspannungsempfindlichkeit, so ergibt sich, daß diese von der Festigkeit des Werkstoffs abhängt. Sie ist in hochfesten Werkstoffzuständen am größten, in weichen Zuständen kaum noch nachweisbar. Das heißt, daß die Eigenspannungen in Werkstoffen mit niedrigem Streckgrenzenverhältnis R_e/R_m während der zyklischen Beanspruchung im Gebiet der Dauerfestigkeit durch plastische Verformungen abgebaut werden. Bei einem großen Streckgrenzenverhältnis tritt diese Verminderung der Eigenspannungen erst durch große Spannungsausschläge σ_A, die bereits im Gebiet der Zeitfestigkeit liegen, ein.

Das Werkstoffversagen, d. h. der Bruch wird durch die Bildung von Rissen eingeleitet. Diese gehen normalerweise von der Oberfläche aus. Durch hohe Druckeigenspannungen am Rand kann der Ort ihres Beginns unter die Oberfläche verlegt werden (siehe Abb. 5.85). Liegt der Größtwert der Druckeigenspannungen unter der Oberfläche, wie nach dem Kugelstrahlen (Abb. 5.76, Kurve 5), so kann die Ausbreitung oberflächlich entstandener Risse wieder zum Stillstand kommen. Der Einfluß der Eigenspannungen auf die Werkstückeigenschaften ist bei glatten und gekerbten Proben verschieden stark ausgeprägt.

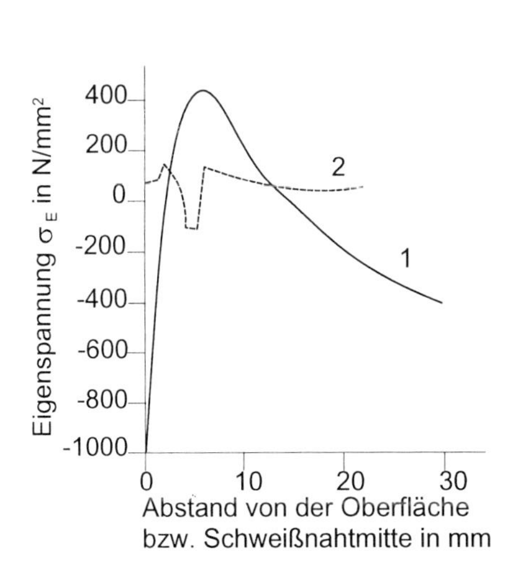

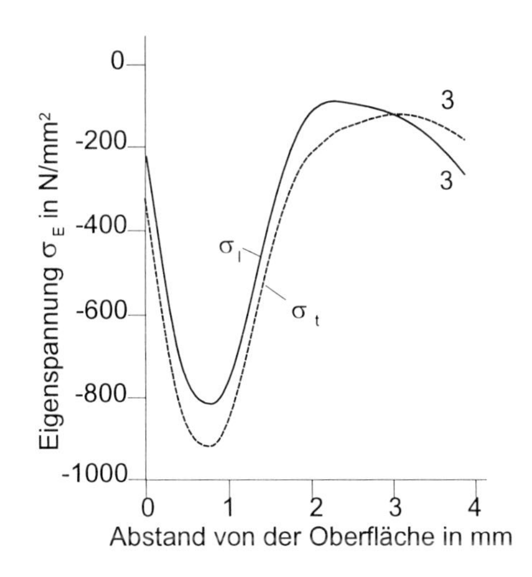

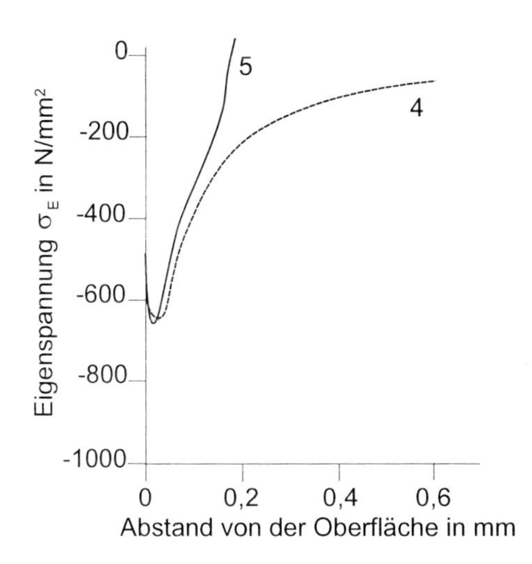

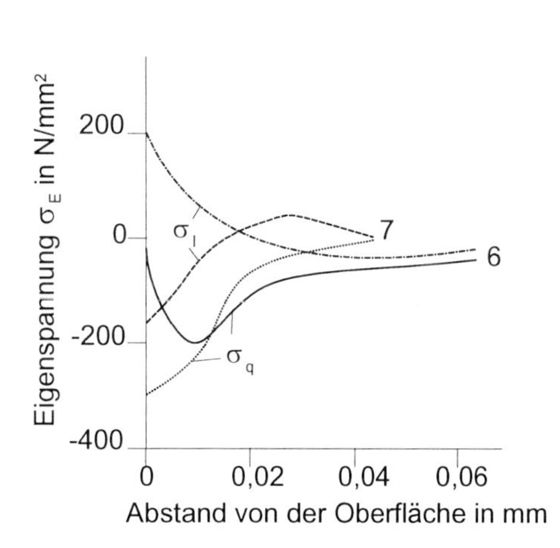

Abb. 5.76 Eigenspannungen nach technologischer Bearbeitung (zusammengestellt aus [5.7])

1 Flammhärten
2 Schweißen
3 Einsatzhärten
4 Salzbadnitrieren
5 Kugelstrahlen
6 Gleichlauffräsen
7 Schleifen

σ_l Eigenspannung in Längsrichtung
σ_t Eigenspannung in Tangentialrichtung
σ_q Eigenspannung in Querrichtung

5.3.4 Vorgänge im Werkstoff bei zyklischer Beanspruchung

Die Auswirkungen einer zyklischen Beanspruchung auf den Werkstoff hängen von der Höhe der während eines Lastspiels auftretenden maximalen Spannung ab. Sehr niedrige Belastungen unterhalb der „wirklichen" Elastizitätsgrenze (Abschnitt 5.1.1) führen lediglich zu reversiblen Verzerrungen des Raumgitters, d. h. zu rein elastischen Verformungen, die keine Ermüdungserscheinungen oder Werkstoffschädigungen verursachen. Trägt man die während eines Zyklus auftretenden Dehnungen in Abhängigkeit von den jeweils wirkenden Spannungen auf, so erhält man in diesem Fall eine Gerade, die bei jeder Schwingung aufs neue durchlaufen wird (Abb. 5.77a).

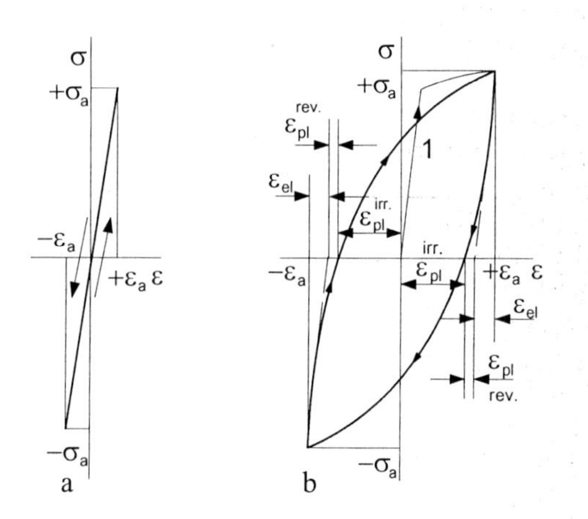

Abb. 5.77 Spannungs-Dehnungs-Kurven bei zyklischer Beanspruchung
a im elastischen Bereich
b im elastisch-plastischen Bereich

σ_a Spannungsamplitude
ε_a Dehnungsamplitude
ε_{el} elastische Dehnung
ε_{pl}^{irr} irreversible plastische Dehnung
ε_{pl}^{rev} reversible plastische Dehnung
1 Erstbelastung

Bei Lastspannungen oberhalb der „wirklichen" Elastizitätsgrenze, die noch unterhalb der technischen Elastizitätsgrenze liegen können, treten irreversible plastische Verformungen auf. Im zyklischen Spannungs-Dehnungs-Verlauf geht deshalb die Dehnung während des Lastabfalls nicht auf Null zurück, sondern erst nach Umkehr der Belastungsrichtung. Es entsteht eine Hystereseschleife (Abb. 5.77b). Durch die irreversible plastische Verformung wird Energie gespeichert, und durch die damit verbundene Erwärmung wird Energie verbraucht. Deshalb muß zur Aufrechterhaltung der Schwingung ständig weitere Energie zugeführt werden. Wird die Schwingung hingegen nur durch einmalige Energiezuführung erregt (Beispiel: Stimmgabel), nehmen die Spannungs- und Dehnungsamplituden bei jedem Zyklus ab, und die Schwingung klingt aus, sie wird gedämpft. Die Fläche der Hystereseschleife ist ein Maß für das Dämpfungsvermögen eines Werkstoffs.

Die Hystereseschleife verschwindet auch bei sehr niedrigen Spannungen meist nicht vollständig, d. h., daß rein elastisches Verhalten bei technischen Werkstoffen ein selten erreichter Grenzfall ist. Ursachen dafür sind neben den im Abschnitt 5.1.2.2 beschriebenen Mikrodehnungen, die auf unterschiedliche Orientierung der Kristallite zurückzuführen sind (mikroplastische Verformungen), die in technischen Werkstoffen immer vorhandenen Mikroeigenspannungen. Deren Größtwerte können bis an die zur Einleitung der mikroplastischen Verformung notwendigen Spannungen heranreichen.

Der während der zyklischen Beanspruchung im Werkstoff stattfindende Ermüdungsprozeß ist an das Auftreten von plastischen oder wenigstens mikroplastischen Verformungen gebunden. Die plastische Dehnungsamplitude ist die für den Ermüdungsprozeß maßgebliche Größe. Der Ermüdungsvorgang läßt sich in drei Stadien unterteilen, die zeitlich nacheinander ablaufen:

- Ausbildung einer Ermüdungsgrundstruktur
- Bildung von Anrissen (Rißentstehung)
- Ausbreitung eines Risses.

Ist der Riß so weit fortgeschritten, daß die Zugfestigkeit im Restquerschnitt durch die größte Zugspannung während eines Belastungszyklus überschritten wird, tritt der Bruch ein.

Ob es überhaupt bis zum Bruch kommt oder ob der Ermüdungsprozeß in einem der genannten Stadien zum Stillstand kommt, wie lange die einzelnen Teilvorgänge dauern und wie groß ihre Anteile am Gesamtvorgang sind, hängt neben der Höhe der Beanspruchung vor allem vom Werkstoff, vom Werkstoffzustand, von der Oberflächenbeschaffenheit, vom umgebenden Medium und der Proben- bzw. Bauteilgeometrie ab.

5.3.4.1 Herausbildung der Ermüdungsgrundstruktur (anrißfreie Phase)

Die strukturellen Veränderungen während der zyklischen Beanspruchung führen zu Veränderungen der mechanischen Eigenschaften des Werkstoffs. Diese lassen sich zum Beispiel mittels Zugversuch oder Mikrohärtemessungen nachweisen. Für Grundlagenuntersuchungen bedient man sich häufig der Messung der mechanischen Hysteresis. Dazu ist es notwendig, während der zyklischen Beanspruchungen an der Probe Spannung und Dehnung gleichzeitig zu messen. Solange sich die mechanischen Eigenschaften ändern, was besonders während der ersten Lastwechsel sehr intensiv erfolgt, tritt keine geschlossene Hystereseschleife wie in der Abbildung 5.77b auf.

Die Aufstellung der Hysteresekurve erfolgt entweder bei gleichbleibender Spannungsamplitude (spannungsgesteuerter Versuch) oder bei gleichbleibender Dehnungsamplitude (Gesamtdehnung oder plastische Dehnung; dehnungsgesteuerter Versuch). Die spannungsgesteuerte Versuchsführung wird vorzugsweise bei kleinen bis mittleren Spannungsamplituden σ_a, die gesamtdehnungsgesteuerte bei großen Spannungsamplituden, z. B. im Bereich der Kurzzeitfestigkeit angewandt. Versuche mit konstanter plastischer Dehnung sind selten. In der Abbildung 5.78 sind schematisch mögliche Veränderungen des Spannungs-Dehnungs-Verlaufs zyklisch beanspruchter metallischer Werkstoffe dargestellt. Sie zeigen, wie im spannungsgesteuerten Versuch (σ_a = konst.) die Hysteresekurve infolge Werkstoffverfestigung schmaler wird (Abb. 5.78a). Tritt der entgegengesetzte Fall ein, d. h. eine Verbreiterung der Hysteresekurve bei gleichbleibender Spannung (Abb. 5.78b), so spricht man von Entfestigung. Dementsprechend kommt es im gesamtdehnungsgesteuerten Versuch (ε_a = konst.) bei Verfestigung zu einer Zunahme, bei Entfestigung zu einer Abnahme von σ_a (Abbildungen 5.78c und d).

Die Darstellungen in der Abbildung 5.78 gelten für Wechselbeanspruchung. Bei Spannungen, die nicht symmetrisch zum Nullpunkt verlaufen, verschiebt sich das Zentrum der Hysteresekurven, wie Abbildung 5.79a am Beispiel einer dehnungsgesteuerten Zugschwellbeanspruchung zeigt. Trägt man für ε_a = konst. die bestimmten Schwingspielen zugeordneten Spannungsamplitude σ_a über der zugehörigen Schwingspielzahl auf, so erhält man die in der Abbildung 5.79b dargestellte Wechselverformungskurve. Ihr abfallender Verlauf weist auf eine während der zyklischen Beanspruchung ablaufende Entfestigung hin. Bei spannungsgesteuerten Versuchen trägt man meist die plastische Dehnungsamplitude ε_{apl} über der Schwingspielzahl auf.

Je nach Werkstoff, Werkstoffzustand und Belastungshöhe lassen sich drei charakteristische Verläufe von Wechselverformungskurven unterscheiden: **Verfestigung**, **Entfestigung** sowie **Wechselentfestigung** und **Wechselverfestigung** (Abb. 5.80). Man kann, ohne auf Einzelheiten und einzelne Abweichungen einzugehen, grob einteilen, daß krz-Werkstoffe, die im geglühten Zustand vorliegen und einer zyklischen Belastung oberhalb ihrer makroskopischen Streckgrenze ausgesetzt sind, sowie geglühte kfz-Metalle im allgemeinen wechselverfestigen. In kaltverformten Werkstoffen, die unterhalb ihrer Streckgrenze beansprucht werden, tritt in der Regel Wechselentfestigung ein. Wechselent- und Wechselverfestigung ist schließlich bei ausscheidungsgehärteten Legierungen oder bei

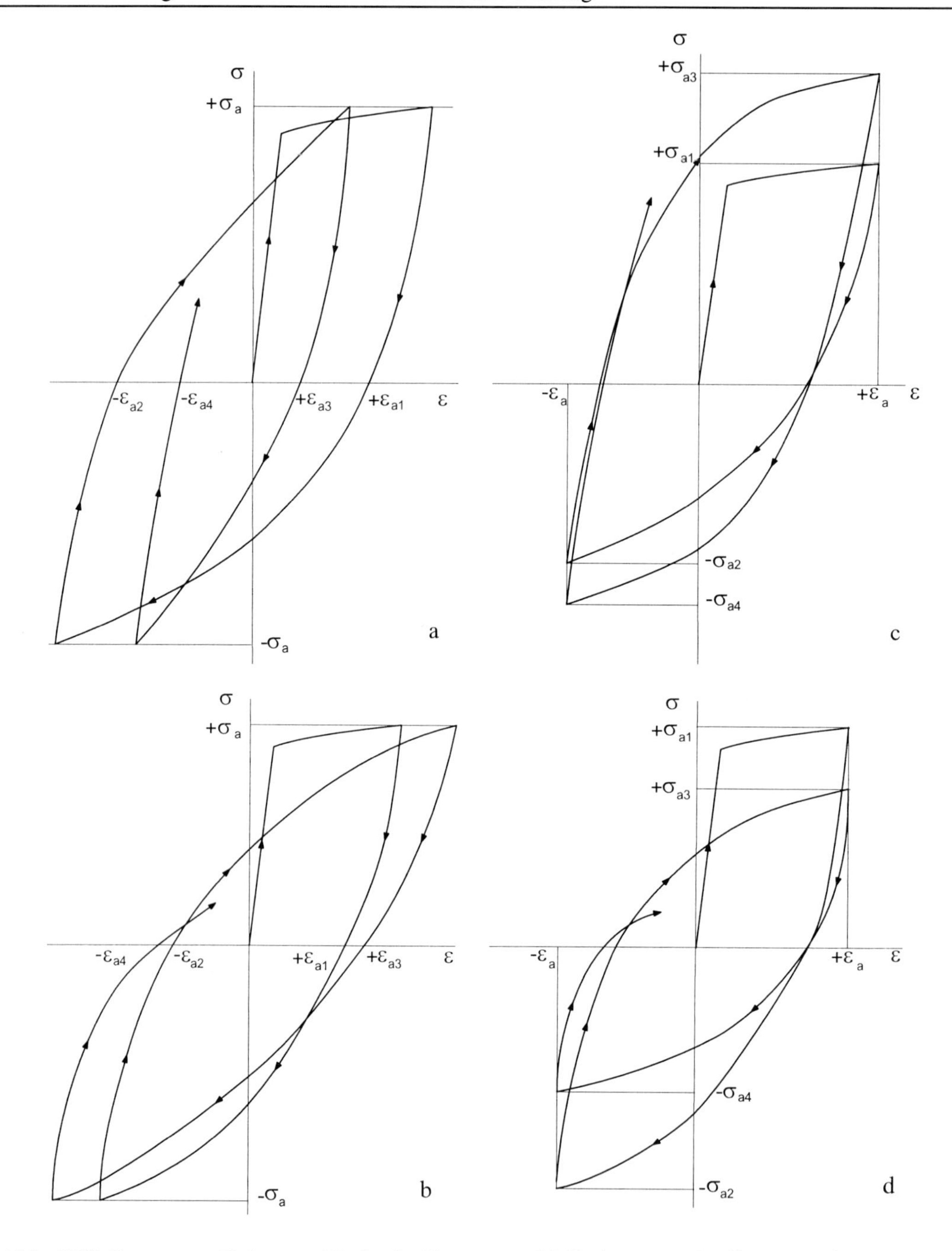

Abb. 5.78 Spannungs-Dehnungs-Verläufe (Hystereseschleifen) von wechselbeanspruchten Metallen (schematisch)

a und **b** spannungsgesteuerte Versuche (σ_a = konst.)

c und **d** gesamtdehnungsgesteuerte Versuche (ε_a = konst.)

a und **c** Verfestigung **b** und **d** Entfestigung

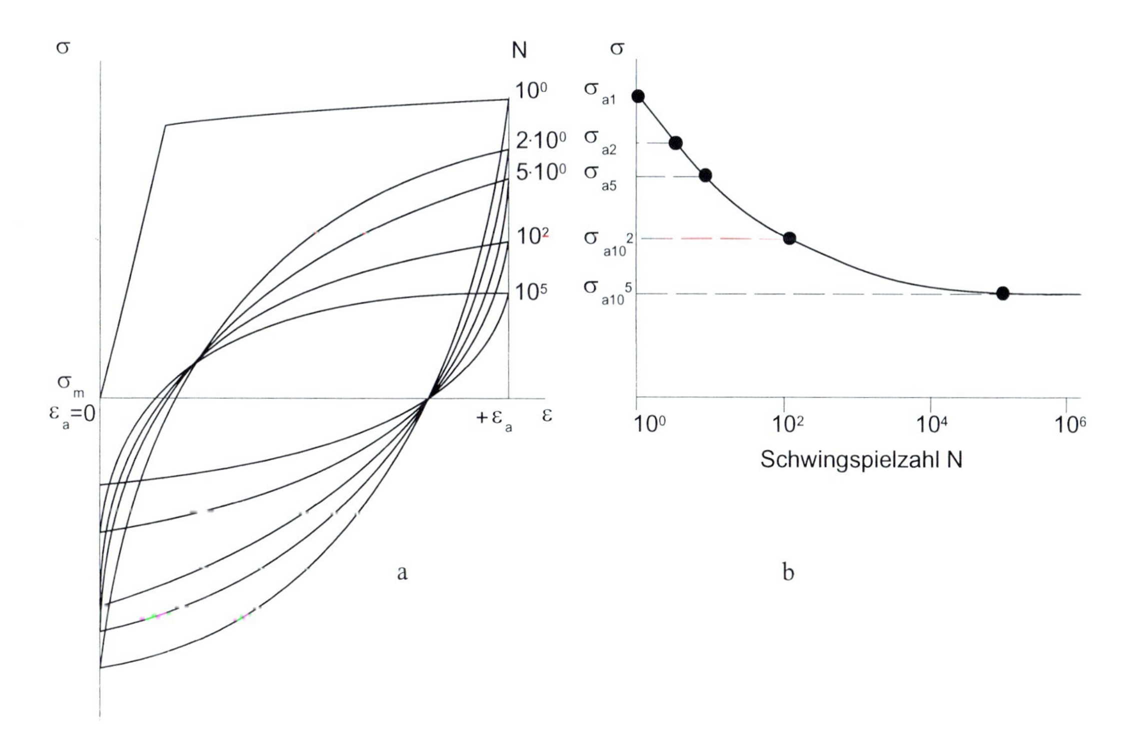

Abb. 5.79 Ableitung der Wechselverformungskurve (**b**) aus Hystereseschleifen (**a**) des dehnungsgesteuerten Zugschwellversuch

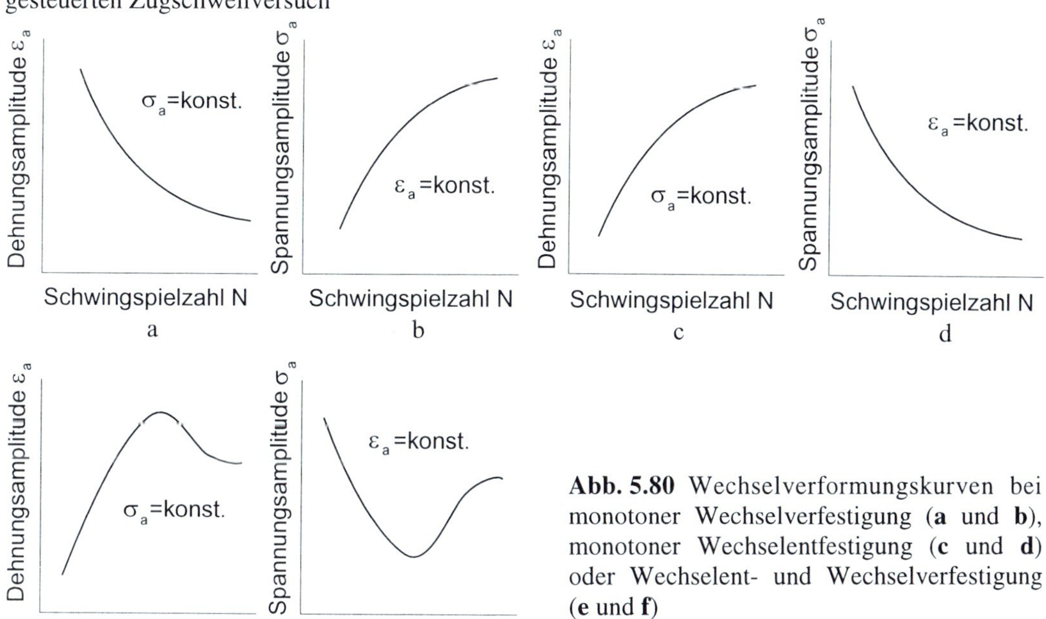

Abb. 5.80 Wechselverformungskurven bei monotoner Wechselverfestigung (**a** und **b**), monotoner Wechselentfestigung (**c** und **d**) oder Wechselent- und Wechselverfestigung (**e** und **f**)
a, **c**, **e** spannungsgesteuerte Versuchsführung
b, **d**, **f** dehnungsgesteuerte Versuchsführung

geglühten unlegierten Baustählen anzutreffen, die unterhalb ihrer Streckgrenze wechselbeansprucht werden. Die Wechselverformungskurven mit monotoner Ver- oder Entfestigung münden häufig in einen horizontalen Kurvenverlauf. Dieser Sättigungswert wird um so früher erreicht, je höher die Belastung ist. Aus den zugehörigen Wertepaaren von σ_a und ε_{apl} kann eine **zyklische Spannungs-Dehnungs-Kurve** (**ZSD-Kurve**) konstruiert werden, wie in der Abbildung 5.81 aus den Ergebnissen von dehnungsgesteuerten Versuchen gezeigt wird. Sie stellt für die Bewertung des Werkstoffverhaltens unter zyklischer Beanspruchung eine ähnliche Grundlage dar wie die Spannungs-Dehnungs-Kurve des Zugversuches für das statische Verhalten. Bei Werkstoffen, deren Wechselverformungskurven keine Sättigung aufweisen, kann man so vorgehen, daß die minimalen ε_{apl}-Werte zur Aufstellung der ZSD-Kurve herangezogen werden (Abb. 5.82). Die Zunahme der Dehnung in den Wechselverformungskurven bei noch größeren Schwingspielzahlen weist auf eine durch Rißbildung verursachte Verringerung des Probenquerschnittes hin.

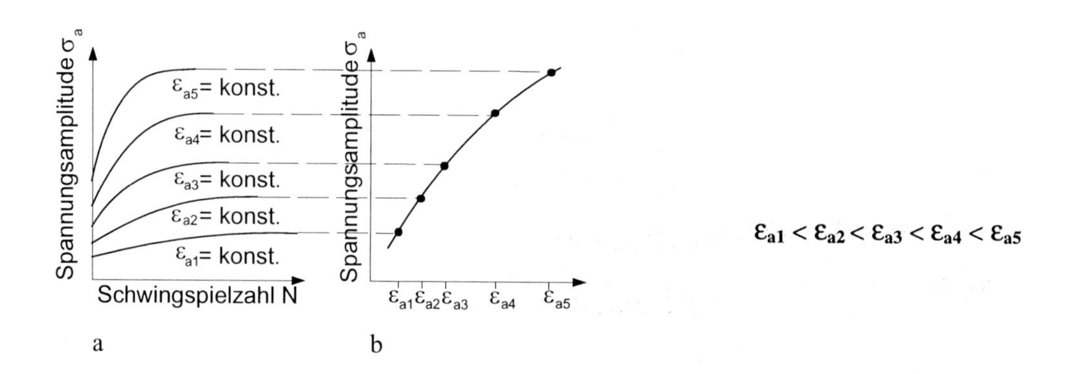

Abb. 5.81 Ermittlung der zyklischen Spannungs-Dehnungs-Kurve (**b**) aus Wechselverformungskurven bei monotoner Wechselverfestigung (**a**)

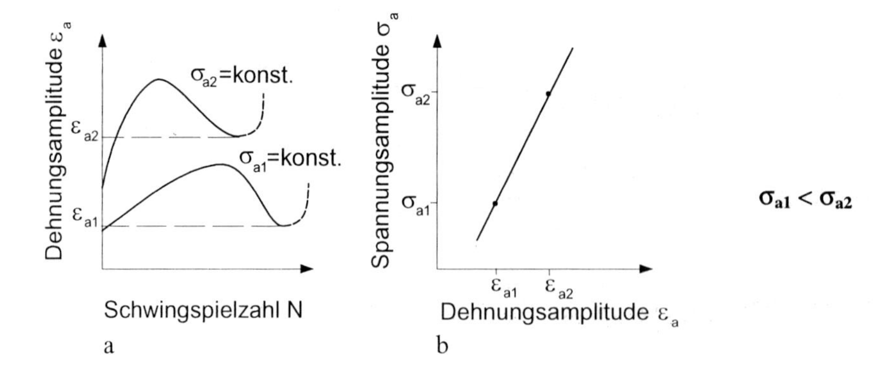

Abb. 5.82 Ermittlung der zyklischen Spannungs-Dehnungs-Kurve (**b**) aus Wechselverformungskurven bei Wechselentfestigung und Wechselverfestigung (**a**)

Die Ursachen für die im ersten Stadium der zyklischen Beanspruchung auftretenden Eigenschaftsänderungen sind Umordnungen und Neubildungen von Versetzungen.

Zunächst soll die Wechselent- und Wechselverfestigung von geglühten, unterhalb ihrer makroskopischen Streckgrenze zyklisch beanspruchten Stählen betrachtet werden. Bereits im ersten Viertel des ersten Belastungszyklus werden blockierte Versetzungen an exponierten Stellen von ihren **Cottrell-Wolken** losgerissen. Exponierte Stellen sind vor allem günstig zur Beanspruchungsrichtung orientierte Oberflächenkörner, deren Streckgrenze kleiner als die der Matrixkristallite ist. Oberflächenfehler, wie Drehriefen oder nichtmetallische Einschlüsse, sowie Eigenspannungen fördern die Entstehung freier Versetzungen, da sie örtliche Spannungskonzentrationen verursachen. Die aus ihren Blokkierungen gelösten frei beweglichen Versetzungen können sich bei einer Spannung, die kleiner als die makroskopische Streckgrenze ist, solange bewegen, bis sie auf ein Hindernis, z. B. eine Korngrenze treffen, wo sie zum Teil mit anderen Gitterstörungen in Wechselwirkung treten. Dieser als mikroplastische Verformung bezeichnete Vorgang läßt sich mit Hilfe empfindlicher Meßgeräte auch bei statischer Beanspruchung im makroskopisch-elastischen Bereich nachweisen. Wird nun bei der zyklischen Beanspruchung die Belastungsrichtung geändert, so ist nur ein Teil der vorher entstandenen freien Versetzungen rückläufig. Deshalb müssen neue gebildet werden, so daß die Zahl der frei beweglichen Versetzungen insgesamt größer wird, was die weitere Verformung erleichtert, d. h., es tritt Entfestigung ein. Nach einer gewissen Zahl von Lastwechseln entstehen an den Grenzen verformter Kristallite durch Versetzungsanhäufungen so große Spannungen, daß auch in benachbarten Körnern plastische Verformungen möglich werden. Dieser Vorgang setzt sich von Korn zu Korn fort und entspricht der Ausbreitung eines **Lüdersbandes**, die, wie in Abschnitt 5.1.3 für zügige Belastung dargestellt, bei einer niedrigeren Spannung (untere Streckgrenze) als der zur Einleitung der plastischen Verformung notwendigen (obere Streckgrenze) erfolgt. Im Unterschied zur kontinuierlichen Ausbreitung eines Lüdersbandes bei zügiger Beanspruchung bilden sich bei niedriger zyklischer Belastung unterhalb der Streckgrenze meist mehrere Lüdersbänder aus. Sie entstehen erst nach einer gewissen Anzahl von Schwingspielen, und ihre Ausbreitung vollzieht sich über eine größere Lastwechselzahl. Wenn sie sich dann vereinigt haben, die plastische Verformung also das gesamte Werkstoffvolumen erfaßt hat (Übergang der inhomogenen in eine homogene Verformung), geht die Entfestigung in eine Verfestigung über.

Bei zyklischer Belastung geglühter Stähle oberhalb der Streckgrenze und bei kfz-Metallen tritt bereits während der ersten Belastung homogen plastische Verformung ein, und das Lüdersband durchläuft die Probe dabei vollständig. Die entstehenden freien Versetzungen treten untereinander in Wechselwirkung und nehmen charakteristische Anordnungen ein, in denen ihre Beweglichkeit stark eingeschränkt wird. Sie sind zunächst regellos verteilt (**Debrisstruktur**, für geringe Verformungen charakteristisch) und gehen mit zunehmender Beanspruchung in fleckenartige, strangartige und schließlich netzartige Anhäufungen (**Zellstruktur**) über, in die Gebiete geringer Versetzungsdichte eingeschlossen sind. Die Größe der entstehenden Zellen hängt von der Belastungshöhe ab. Mit dem Erreichen der Sättigung in den Wechselverformungskurven ist der Aufbau einer der jeweiligen Beanspruchung angepaßten „optimalen" Versetzungsstruktur, der „**Ermüdungsstruktur**", abgeschlossen. Diese Strukturen sind sehr stabil, so daß nur wenige freie Versetzungen zur Verfügung stehen. Der Aufbau der Ermüdungsgrundstruktur ist im spannungsgesteuerten Versuch mit einer Abnahme der plastischen Dehnungsamplitude bis zum Sättigungswert verbunden.

Zyklische Beanspruchungen führen auch zu Veränderungen an der Oberfläche. Auf krz-Werkstoffen entstehen je nach Beanspruchungsbedingungen mehr oder weniger ausgeprägte Vertiefungen und Erhöhungen, die dadurch zustande kommen, daß in der Zugphase vorwiegend (110)-Ebenen, in der Druckphase vorwiegend (211)-Ebenen als Gleitebenen betätigt werden. Unabhängig vom Gitteraufbau treten nach hinreichend großer plastischer Verformung im ersten Ermüdungsstadium Gleitspuren auf, die den bei einachsiger Zugbeanspruchung auftretenden ähnlich sind. Sie werden deshalb **T-Bänder** (**tensile bands**) genannt.

Nach längerer zyklischer Beanspruchung, etwa im Bereich der Sättigung in der Wechselverformungskurve, treten weitere Gleitspuren auf, die weiter voneinander entfernt sind und höhere Stufen bilden als die T-Bänder (Abb. 5.83a). Sie setzen sich im Gegensatz zu diesen in das Werkstoffinnere fort und weisen eine größere Versetzungsdichte als die umgebenden Bereiche auf. Man bezeichnet sie als **Ermüdungsgleitbänder**, **persistente Gleitbänder** oder **F-Bänder** (**fatigue bands**). Vorzugsweise aus diesen heraus entstehen bei weiterer Beanspruchung an der Oberfläche **Extrusionen** (Auspressungen) und **Intrusionen** (Einsenkungen, Einstülpungen), die wahrscheinlich darauf zurückzuführen sind, daß beim Wechsel der Verformungsrichtung die Rückgleitung nicht nur in der vorher betätigten Ebene erfolgt, sondern auf verschiedene Ebenen verteilt wird (Abb. 5.83b). Die Intrusionen sind häufig Ausgangspunkte für die Rißbildung.

5.3.4.2 Bildung von Anrissen (Rißentstehung)

Unter **Rißentstehung** versteht man in der Regel die Vorgänge im Gefüge, die zu **submikroskopischen Werkstofftrennungen** bis hin zur Bildung eines **gerade nachweisbaren Anrisses** führen. Dessen Wachstum wird dann als **Rißausbreitung** (Abschnitt 5.3.4.3) bezeichnet.

Wechselverfestigung

Die Bildung von Anrissen beruht auf dem Zusammenwirken der **Lastspannungen** mit den immer vorhandenen **Makro-** und **Mikroeigenspannungen**. Durch Überlagerung derselben entstehen örtlich sehr hohe Gesamtspannungen, so daß auch weit unterhalb der technischen Elastizitätsgrenze eng begrenzte Versetzungsbewegungen, die bei Umkehrung der Verformungsrichtung nur zum Teil reversibel sind, stattfinden können. Durch die irreversiblen plastischen Verformungsanteile, die im Verlauf der zyklischen Beanspruchung zunehmen, kommt es örtlich zu einer immer größer werdenden Verfestigung. Infolgedessen nimmt bei gleichbleibender Dehnungsamplitude der Anteil der elastischen Verformung an der Gesamtverformung mit jedem Lastwechsel zu, der Anteil der

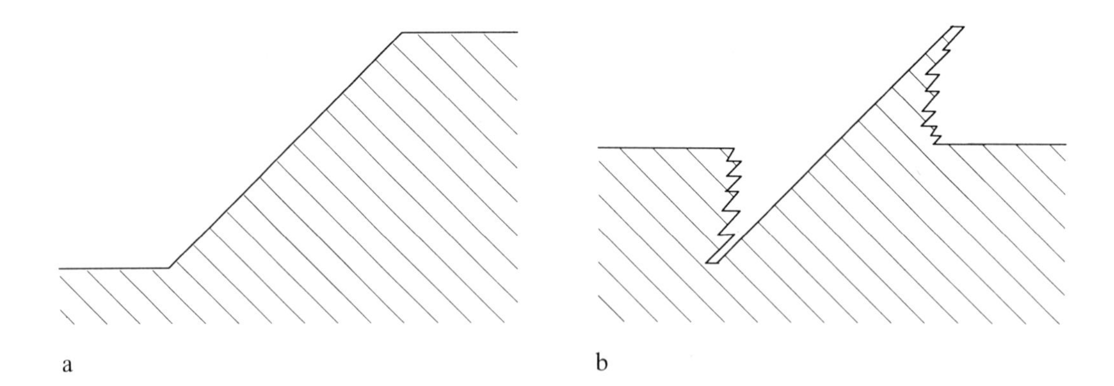

Abb. 5.83 Modellvorstellung über die Entstehung eines Extrusion/Intrusions-Paares (**b**) aus einer groben Gleitstufe (**a**) durch Rückgleitung in benachbarten Gleitstufen nach *P. Neumann*

plastischen Verformung ab, bis nach einer größeren Anzahl von Schwingspielen ein stationärer Zustand erreicht ist. Dieser Ablauf wird als **Wechselverfestigung** bezeichnet.

Wechselzerrüttung

Als verfestigender Vorgang ist der Aufstau von Stufenversetzungen an Hindernissen anzusehen, der so weit gehen kann, daß an den höchstbeanspruchten Stellen die Trennfestigkeit überschritten wird und ein submikroskopischer Riß entsteht. Dann spricht man von **Wechselzerrüttung**. Die submikroskopischen Anrisse findet man in homogenen Materialien häufig an den Grenzen zwischen den stark verformten persistenten Bändern und der wenig verformten Matrix, in technischen Werkstoffen auch an Korngrenzen, Phasengrenzen und anderen Inhomogenitäten.

Als Beispiel zeigt die Abbildung 5.84 zwei an den Korngrenzen entstandene submikroskopische Anrisse.

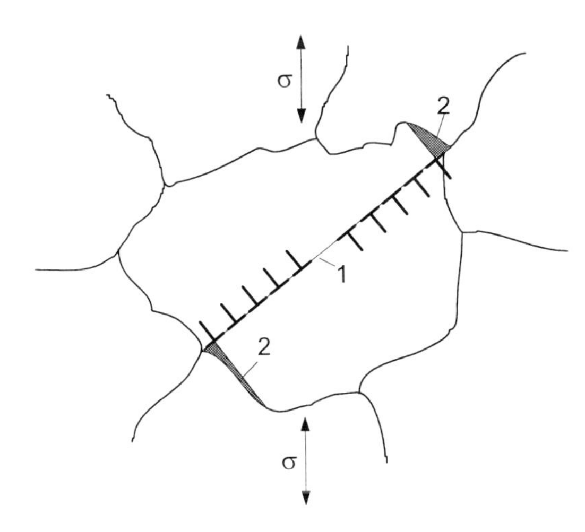

Abb. 5.84 Durch Aufstau von Stufenversetzungen an Korngrenzen entstandene Anrisse
1 Gleitebene mit Stufenversetzungen
2 Anrisse

Die Bildung von Anrissen hat zur Folge, daß in ihrer unmittelbaren Umgebung die elastischen Gitterverzerrungen zurückgehen, also auch ein Rückgang der Verfestigung eintritt. Gleichzeitig wirkt aber der Riß als Kerb, was bei weiterer zyklischer Beanspruchung zu erneuter Verfestigung oder zur Vergrößerung des Risses führt. Bei Belastungen unterhalb der Dauerfestigkeit überwiegt der Einfluß der Wechselverfestigung, und die Länge der Risse bleibt im submikroskopischen Bereich. Belastungen oberhalb der Dauerfestigkeit führen zum Wachsen der Anrisse bis zum sichtbaren Riß. Bei der Dauerfestigkeit selbst heben sich die Auswirkungen von Wechselverfestigung und Wechselzerrüttung gerade auf.

Bevorzugte Stellen für die Anrißbildung

Die Bildung von Anrissen setzt bevorzugt an den Stellen eines Werkstückes oder einer Probe ein, an denen aufgrund besonderer Umstände die plastische Verformung früher beginnt als in ihrer Umgebung. Das sind z. B. günstig orientierte Oberflächenkristallite mit ihrer geringeren Gleitbehinderung gegenüber den allseitig umschlossenen Körnern, vor allem aber konstruktiv bedingte und durch die Bearbeitung entstandene Kerben (z. B. Bohrungen, Querschnittsübergänge, Drehriefen) oder örtliche Beschädigungen der Oberfläche (z. B. Korrosionsnarben, Auftupfstellen von Schweißelektroden, Eindrücke von Hammerschlägen). Auch die während der Wechselverformung entstandenen Gleitstufen und Intrusionen kommen als Ausgangspunkte für Anrisse in Betracht. An all diesen Stellen wirken höhere Lastspannungen als an störungsfreien Oberflächen (s. Abschn. 5.1.2.3 und Abb. 5.28). Wenn im Oberflächenbereich Druckspannungen vorhanden sind (s. Abschn. 5.3.3) und die größten aus Last- und Eigenspannungen resultierenden Zugspannungen im Werkstückinneren auftreten, können Anrisse auch unter der Oberfläche entstehen (Abb. 5.85), z. B. an schwer verformbaren Gefügebestandteilen und Einschlüssen, Poren und anderen Heterogenitäten, an denen sich Spannungsspitzen aufbauen.

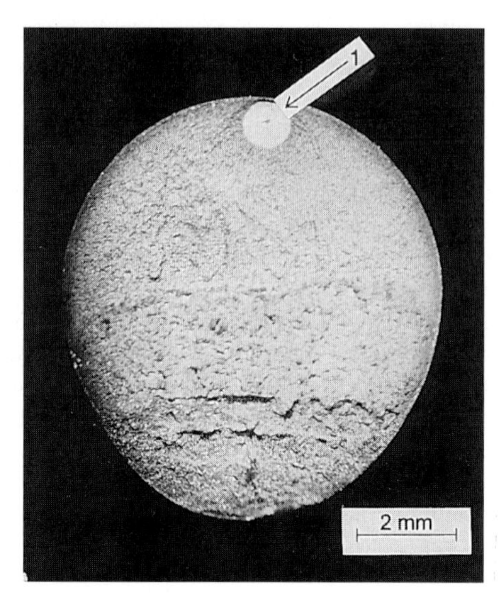

Abb. 5.85 Bruchfläche einer nitrierten Umlaufbiegeprobe mit Anriß (**1**) unter der Oberfläche und Dauerbruchfläche

5.3.4.3 Ausbreitung von Rissen

Rißstadien

Bei der Vergrößerung vorhandener Anrisse während der zyklischen Beanspruchung polykristalliner Werkstoffe treten meist zwei Abschnitte auf:

- Im **Rißstadium I** breitet sich der Riß mit geringer Geschwindigkeit (etwa 10^{-5} bis 10^{-7} mm/Zyklus) geradlinig unter einem Winkel von etwa 45° zur Zugrichtung aus, d. h. er folgt einer etwa in Richtung der größten Schubspannung liegenden Gleitebene.

- Im **Rißstadium II** pflanzt sich der Riß in der Ebene der größten Normalspannung, d. h. senkrecht zur Zugrichtung, mit größer werdender Geschwindigkeit fort (Abb. 5.86).

Risse im Stadium I erstrecken sich in der Regel über ein oder zwei Kristallite, sie können länger werden, wenn die Rißausbreitungsgeschwindigkeit klein bleibt. Bei sehr großen Beanspruchungen hingegen kann das Stadium I übersprungen werden. Der Riß im Stadium I geht fast immer von einem Keim an der Oberfläche aus. Wenn er eine Korngrenze erreicht hat und im Nachbarkorn weiterläuft, ändert er entsprechend dessen kristallographischer Orientierung geringfügig seine Richtung. Falls weitere Anrisse vorhanden sind (Abb. 5.86), was im allgemeinen der Fall sein dürfte, können diese zunächst ebenfalls größer werden.

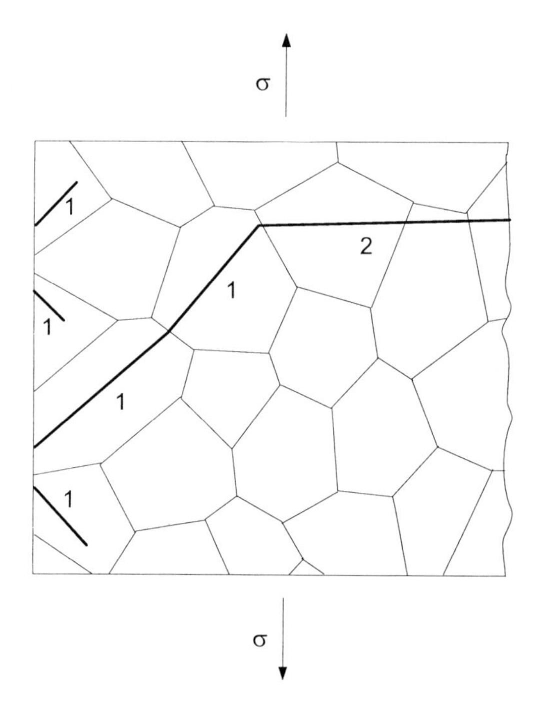

Abb. 5.86 Riß bei zyklischer Beanspruchung
1 Stadium I
2 Stadium II

Das Stadium I der Rißausbreitung reicht im Normalfall bis zu einer Tiefe von etwa 0,1 mm. Es umfaßt in Anbetracht der kleinen Rißausbreitungsgeschwindigkeit einen großen Teil der Lebensdauer von oberhalb der Dauerfestigkeit zyklisch beanspruchten Bauteilen. Als Mechanismus der Rißausbreitung im Stadium I sind ähnlich wie bei der Bildung von Gleitstufen und Extrusion/Intrusions-Paaren irreversible Versetzungsbewegungen anzusehen. In der Zugphase entstehen durch Abgleitung neue Oberflächen, die sofort Gasatome adsorbieren oder mit diesen unter Bildung von Oxiden reagieren, wodurch eine Umkehr der Versetzungsbewegung verhindert wird. In der Druckphase müssen deshalb neue Gleitebenen parallel zu den zuerst betätigten benutzt werden (Abb. 5.87).

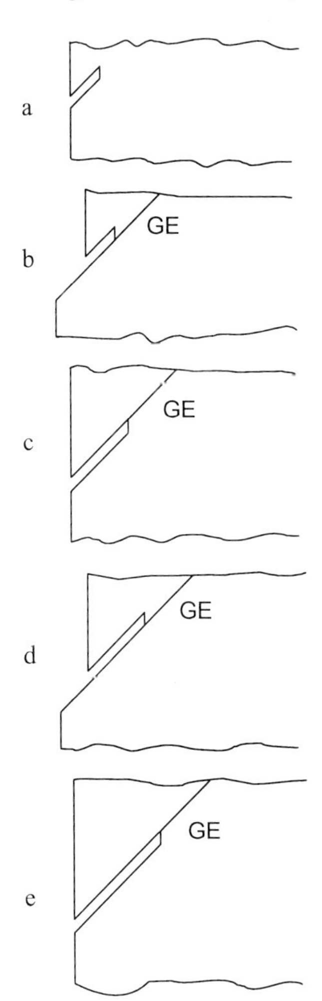

Abb. 5.87 Rißausbreitung im Stadium I
a Volumenelement mit Anriß
b, d Volumenelemente am Ende einer Zugphase
c, e Volumenelemente am Ende einer Druckphase
GE betätigte Gleitebenen

Fehlen die zur Bedeckung der neuen Oberflächen oder zu deren Oxidation geeigneten Atome, z. B. im Vakuum, sind die Versetzungsbewegungen zum großen Teil rückläufig, und die Rißausbreitungsgeschwindigkeit im Stadium I ist kleiner.

Wenn der im Stadium I durch Abgleitung gemäß Abbildung 5.87 entstandene Riß eine kritische Länge erreicht hat, werden die Rißufer bei weiterer zyklischer Beanspruchung in der Zugphase auseinandergezogen. An der Rißspitze entstehen dadurch große Spannungskonzentrationen, die zu einer Rißverlängerung senkrecht zur Belastungsrichtung führen. Dabei bilden sich neue Oberflächen, die in der Druckphase nicht miteinander verschweißen, sondern nur zusammengequetscht werden. Das **„nichtkristallographische" Modell** der Rißausbreitung in der Abbildung 5.88 veranschaulicht diese Vorgänge zu einem Zeitpunkt, zu dem bereits mehrere Lastwechsel im Bereich des Stadiums II stattgefunden haben. Das nichtkristallographische Modell ist in seinen Grundzügen für alle Werkstoffe gültig.

Für metallische Werkstoffe gibt es darüber hinaus **„kristallographische" Modelle**, von denen das in der Abbildung 5.89 dargestellte vielfach experimentell bestätigt werden konnte. Vereinfachend ist angenommen, daß ein Anriß senkrecht zur Oberfläche vorliegt (z. B. ein Härteriß) und daß die sich kreuzenden Gleitebenen symmetrisch zur Rißausbreitungsrichtung liegen. In der Zugphase werden beide Gleitsysteme alternierend benutzt. Der Wechsel erfolgt, wenn die Verfestigung einer betätigten Gleitebene keine weitere Abgleitung mehr zuläßt. Die Zahl der Wechsel in einer Zugphase wird durch die plastische Dehnungsamplitude während eines Zyklus bestimmt. In der Druckphase tritt eine Rückgleitung, beginnend an der zuletzt betätigten Gleitebene, ein, die jedoch nicht perfekt ist und zudem durch Gasadsorption oder Oxidation der neuen Oberfläche behindert sein kann, so daß am Ende des Zyklus eine Rißverlängerung eingetreten ist. Der Riß ist zwar makroskopisch zusammengedrückt, aber mikroskopisch nicht geschlossen.

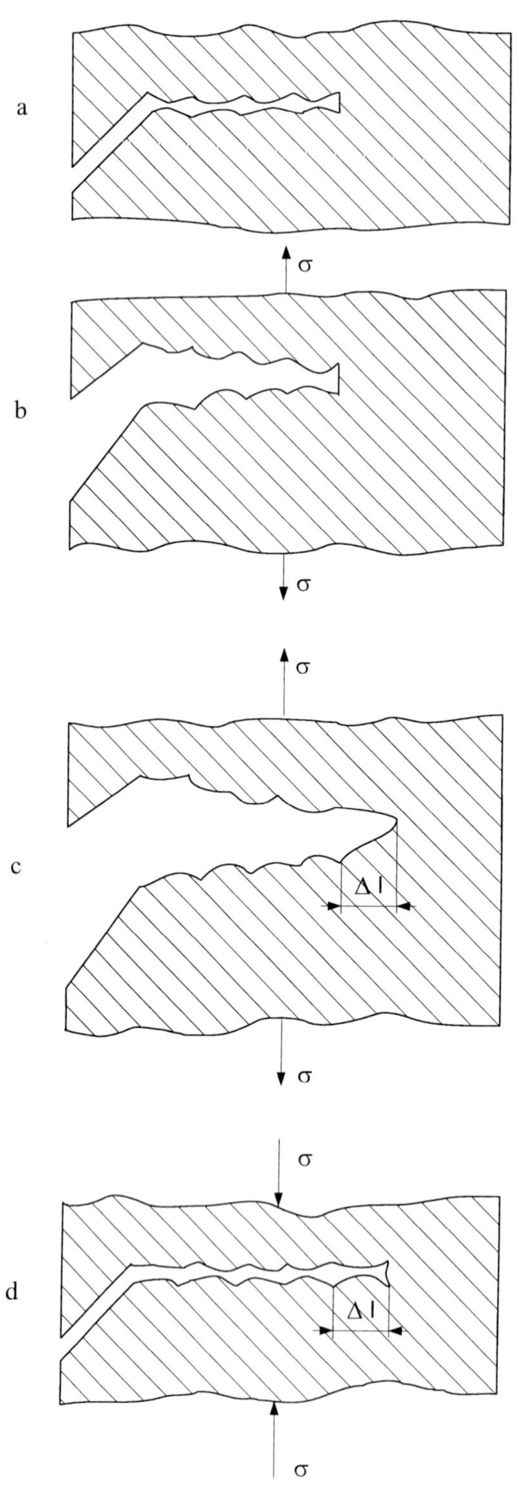

Abb. 5.88 Modell der Rißausbreitung im Stadium II nach *C. Laird* (nichtkristallographisches Modell)

a Ausgangszustand, unbelastet
b Rißöffnung während der Zugphase
c Rißverlängerung im Maximum der Zugphase
d Schließen des Risses in der Druckphase
Δl Rißverlängerung während eines Zyklus

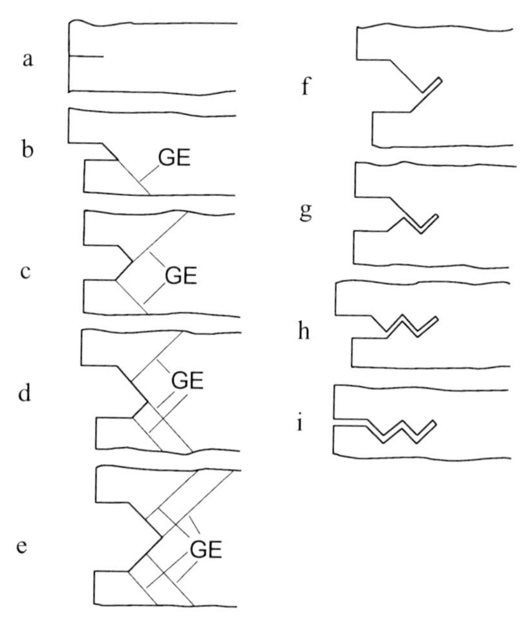

Abb. 5.89 Modell der Rißausbreitung im Stadium II nach *P. Neumann* (kristallographisches Modell)

a Volumenelement mit Riß
b bis **e** Öffnung und Verlängerung des Risses während einer Zugphase
f bis **i** Schließen des Risses während einer Druckphase
GE betätigte Gleitebenen

Kommt es zu einer teilweisen Verschweißung der Rißufer, wird die Rißausbreitungsgeschwindigkeit herabgesetzt. Durch die alternierende Abgleitung auf zwei Gleitsystemen entstehen auf der Rißoberfläche Erhöhungen und Vertiefungen, die senkrecht zur Richtung des

Rißfortschritts verlaufen und als **Bruchriefen**, **Bruchlamellen** oder **Schwinglinien** bezeichnet werden. Sie können an einer Bruchfläche elektronenmikroskopisch nachgewiesen werden (Abb. 5.90).

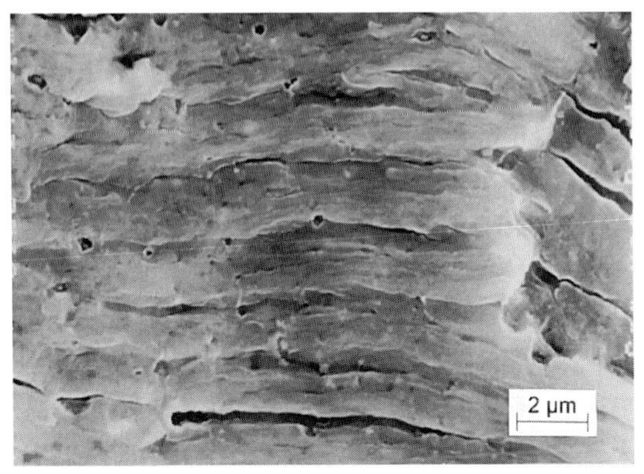

Abb. 5.90 Schwingungsstreifen im Stadium II der Rißausbreitung, rasterelektronenmikroskopische Aufnahme

des Rißstadiums II erkannt werden (siehe Abb. 5.90 mit einem Abbildungsmaßstab von 1 000 : 1).

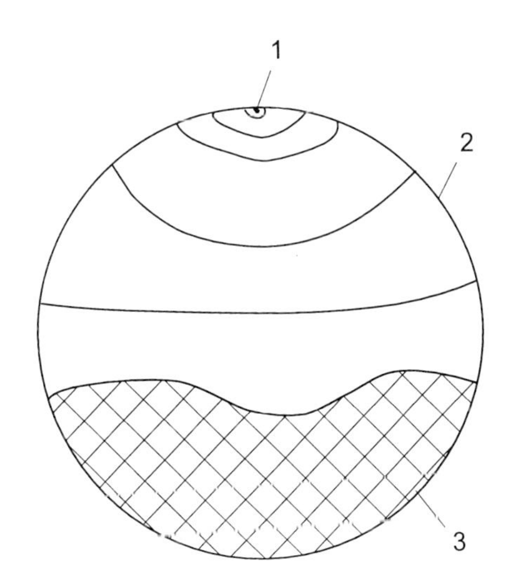

Abb. 5.91 Fläche eines Schwingbruches (schematisch)
1 Anrißstelle
2 Dauerbruch mit Rastlinien
3 Rest- oder Gewaltbruch

5.3.4.4 Schwingbruch

Der Bruch nach zyklischer Beanspruchung wird **Schwingbruch** oder **Ermüdungsbruch** genannt. Auch der Begriff **Dauerbruch** ist dafür üblich. In den Stadien I und II des Rißwachstums ist der Rißfortschritt stabil, d. h., daß zur Vergrößerung eines vorhandenen Risses eine Zunahme der wahren Spannung notwendig ist. Durch diese **stabile Rißausbreitung** wird der tragende Querschnitt des Bauteils oder der Probe so lange stetig vermindert, bis im Restquerschnitt die Zugfestigkeit erreicht bzw. überschritten wird und der Bruch ohne weitere Zunahme der wahren Spannung durch **instabile Rißausbreitung** eintritt.

Die durch zyklische Beanspruchung entstandene Bruchfläche (**Ermüdungsfläche**) besteht in der Regel aus zwei auch mit bloßem Auge unterscheidbaren Bereichen: der eigentlichen **Dauerbruchfläche** und der **Rest-** oder **Gewaltbruchfläche** (Abb. 5.91). Nur bei stärkerer Vergrößerung unter einem Mikroskop können auch das Rißstadium I und die Schwingstreifen

Die eigentliche Dauerbruchfläche entspricht im wesentlichen dem Rißstadium II. Ihre Oberfläche ist, makrokopisch betrachtet, relativ glatt und matt glänzend, was auf den Wachstumsmechanismus selbst (die Schwingstreifen sind sehr fein, so daß die Oberflächenrauheit gering ist) und darauf zurückzuführen ist, daß die Rißufer über viele Zyklen hinweg aufeinander schlagen und dadurch eingeebnet werden. In der Dauerbruchfläche sind häufig **Rastlinien** zu erkennen, die auf ungleichmäßiges Rißwachstum, z. B. infolge von Belastungspausen oder zeitweiligen Belastungsänderungen, hinweisen. Da ihre Abstände im makroskopischen Bereich liegen, können sie nicht mit Schwingstreifen verwechselt werden. Die Rest- oder Gewaltbruchfläche ist meist stark zerklüftet und hat ein körniges Aussehen. Das Größenverhältnis der

Dauerbruch- zur Gewaltbruchfläche läßt Rückschlüsse auf die Höhe der vor dem Bruch wirkenden zyklischen Beanspruchung und die Form der Schwingbruchflächen auf die wahrscheinliche Stelle des Anrisses (s. Abb. 5.85) zu.

5.3.5 Einflüsse auf das Werkstoffverhalten bei zyklischer Beanspruchung

Die folgenden Ausführungen beziehen sich weiterhin auf Einstufenversuche und einfache Beanspruchungen (s. Abschnitt 5.3.1). Um das Werkstoffverhalten bei zyklischer Beanspruchung umfassend beurteilen zu können, reicht die Kenntnis des Dauerfestigkeitsschaubildes, zu dessen Aufstellung in der Regel besonders sorgfältig bearbeitete Proben mit definierter Gestalt verwendet werden, nicht aus. Abweichungen von den bei der Aufstellung des Schaubildes angewandten Bedingungen verändern das Schwingverhalten. Im folgenden soll kurz auf die Auswirkungen wichtiger Einflußgrößen eingegangen werden.

5.3.5.1 Einfluß von Kerben

Formzahl

Unter Kerben werden alle konstruktiv bedingten Querschnittsänderungen sowie Bohrungen, Gewinde, Drehriefen, Rostnarben und andere Spannungskonzentrationsstellen verstanden, an denen Maximalspannungen σ_{max}, die über der Nennspannung σ_{nenn} liegen, auftreten (s. Abb. 5.23). Zur Kennzeichnung der Spannungsüberhöhung am Kerbgrund wird bei statischer Beanspruchung die **Formzahl α_K**, auch Kerbfaktor genannt, benutzt:

$$\alpha_K = \frac{\sigma_{max}}{\sigma_{nenn}} .$$

Die auf den Querschnitt der Kerbebene bezogene statische Festigkeit wird durch Kerben erhöht, was auf die Mehrachsigkeit des Spannungszustandes zurückzuführen ist (s. Abschn. 5.1.2.3, Abb. 5.28b). Nur unmittelbar an der Oberfläche des Kerbgrundes, wo die zweite und dritte Hauptspannung gleich Null sind, tritt Verformung und Verfestigung ein, sobald σ_{max} die Streckgrenze R_e erreicht hat. In der unter der Kerbfläche befindlichen Zone liegt aber ein dreiachsiger Spannungszustand vor, und für das Eintreten der plastischen Verformung ist nicht mehr die Maximalspannung σ_{max}, sondern die Vergleichsspannung σ_V verantwortlich (s. Abb. 5.29a). σ_{max} kann deshalb größer als R_e sein, ohne daß es zur plastischen Verformung kommt.

Bei zyklischer Beanspruchung im Bereich der Kurzzeitfestigkeit sind die Spannungsamplituden größer als die Streckgrenze und analog zur statischen Beanspruchung kann die Lebensdauer gekerbter Proben größer als die glatter Proben sein. Im Gebiet der Zeit- und der Dauerfestigkeit hingegen haben gekerbte Bauteile immer eine niedrigere Festigkeit als ungekerbte. Das ist darauf zurückzuführen, daß bei Spannungsamplituden $\sigma_a < R_e$ die Auswirkungen der mikroplastischen Verformung, der Rißentstehung und Rißausbreitung auf den Zerrüttungsprozeß dominieren.

Kerbwirkungszahl

Der Einfluß der Kerben auf die Festigkeit wird bei zyklischer Beanspruchung durch die Kerbwirkungszahl, das ist das Verhältnis der Schwingfestigkeiten glatter zu gekerbter Proben, ausgedrückt:

$$\beta_K = \frac{\sigma_N}{\sigma_{NK}}$$

σ_N = Schwingfestigkeit (Zeit- oder Dauerfestigkeit) glatter Proben

σ_{NK} = Schwingfestigkeit gekerbter Proben.

Die Kerbwirkungszahl kann also im Bereich der Kurzzeitfestigkeit < 1 sein, in den Bereichen der Zeitfestigkeit und der Dauerfestigkeit ist sie stets > 1.

Die Formzahl α_K kann berechnet werden. Sie kennzeichnet aber nur die Kerbgeometrie ohne Berücksichtigung des Werkstoffaufbaus und -zustands. Die Kerbwirkungszahl β_K hingegen kann nicht berechnet, sondern nur mit relativ großem Aufwand experimentell bestimmt werden. β_K ist stets kleiner als α_K, woraus hervorgeht, daß bei zyklischer Beanspruchung nicht allein die geometrischen Gegebenheiten, sondern auch die Beanspruchungsbedingungen, der Werkstoff und der Werkstoffzustand die Auswirkungen von Kerben bestimmen. Insbesondere das Verformungsvermögen spielt dabei eine maßgebende Rolle. Ein großes Verformungsvermögen, was in der Regel mit einem Werkstoff oder Werkstoffzustand niedriger Festigkeit zusammenfällt, ermöglicht bei zyklischer Beanspruchung den Abbau der im Kerbgrund entstehenden Spannungsspitzen.

Mit steigender Festigkeit und abnehmender Verformbarkeit wird der Spannungsabbau erschwert und infolgedessen die Empfindlichkeit gegenüber Kerben, auch gegenüber inneren Kerben jeglicher Art, größer. Eine Folge der zunehmenden Empfindlichkeit gegenüber inneren Kerben ist, daß zwischen der statischen Festigkeit und der Dauerfestigkeit glatter Proben nur in einem begrenzten Bereich Proportionalität besteht. Oberhalb dieses Bereiches nimmt die Dauerfestigkeit bei steigender Zugfestigkeit nicht mehr zu und fällt sogar wieder ab. Auch wenn die statische Festigkeit aufgrund sinkender Temperaturen größer wird, steigt die Kerbempfindlichkeit an. Die Substitution von Baustählen durch höherfeste Stähle, die bei statischer Beanspruchung eine bedeutende Materialeinsparung möglich macht, bringt deshalb bei schwingender Beanspruchung kleinere Vorteile.

Zugfestigkeit und Dauerfestigkeit

Als Beispiele sind in den Abbildungen 5.92 und 5.93 Zusammenhänge zwischen der statischen und der dynamischen Festigkeit dargestellt. Sie gelten für glatte Proben, bringen also nur den Einfluß innerer Kerben zum Ausdruck. Bereits

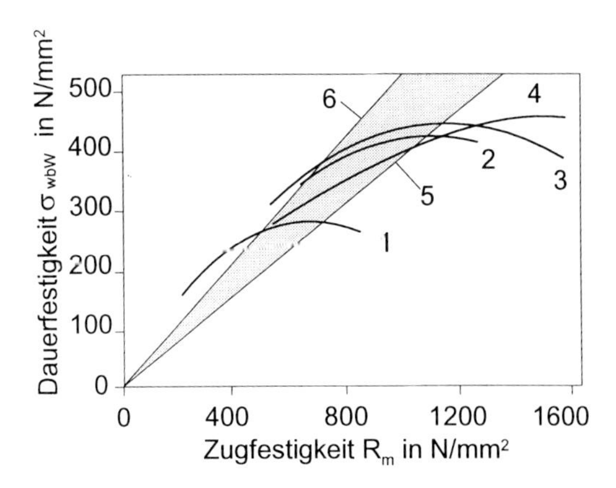

Abb. 5.92 Zusammenhang zwischen der Dauerfestigkeit (Biegewechselfestigkeit) und Zugfestigkeit für nichtgekerbte geschliffene Proben aus Stählen unterschiedlicher Zusammensetzung nach *W. Herold*

1	Unlegierte Stähle (C-Gehalt nicht bekannt)
2	Stahl 31NiCr14 (VCN 35)
3	Stahl 13NiCr14 (ECN 35)
4	Mn-legierte Stähle (Zusammensetzung nicht bekannt)
5, 6	Grenzlinien für näherungsweise Ermittlung von Dauerfestigkeitswerten polierter Proben aus der Zugfestigkeit (siehe Abschnitt 5.3.1)
5	$\sigma_{wbW} = 0{,}40 \cdot R_m$
6	$\sigma_{wbW} = 0{,}55 \cdot R_m$

1929 hatte *W. Herold* unter anderem darauf hingewiesen, daß dem Reinheitsgrad der Werkstoffe wegen der Kerbwirkung von Verunreinigungen bei zyklischer Beanspruchung erhöhte Bedeutung beizumessen ist und daß für den Zusammenhang zwischen Dauerschwingfestigkeit und Zugfestigkeit für jede Stahlsorte ein ihr eigener parabelförmiger Zusammenhang besteht (Abb. 5.92). Demzufolge ist es möglich, daß die Dauerfestigkeit eines Stahls im geglühten Zustand mit $R_m = 720$ N/mm^2 genauso groß ist wie die im gehärteten Zustand mit $R_m = 1470$ N/mm^2 (Kurve 3 in der Abbildung 5.92).

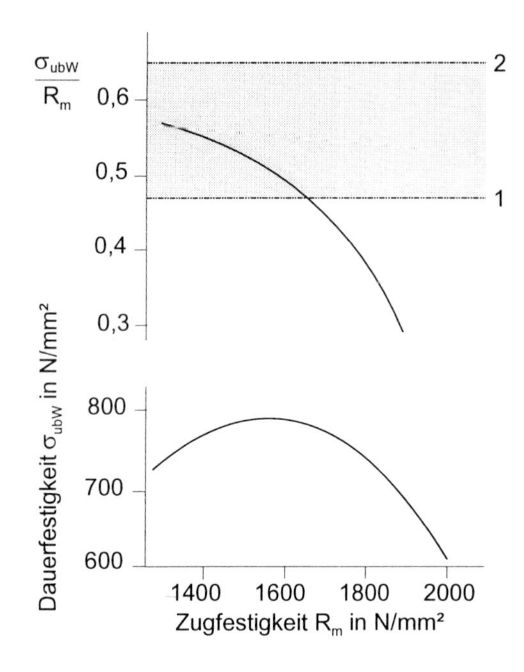

Abb. 5.93 Zusammenhang zwischen Dauerfestigkeit sowie Dauerfestigkeitsverhältnis σ_{ubW}/R_m und Zugfestigkeit für nicht gekerbte, polierte Proben aus 40SiNiCr7 6 nach *H. Tauscher* und *H. Fleischer*

1, 2 Grenzlinien für näherungsweise Ermittlung von Dauerfestigkeitswerten polierter Proben aus der Zugfestigkeit (siehe Abschnitt 5.3.1)

1 $\sigma_{ubW} = 0{,}46 \cdot R_m$

2 $\sigma_{ubW} = 0{,}63 \cdot R_m$

H. Tauscher und *H. Fleischer* konnten diese Feststellung durch Versuche an hochfesten Vergütungsstählen bestätigen (Abb. 5.93).

Die Abbildung 5.94 bringt zum Ausdruck, in welchem Maße sich die durch Wärmebehandlung oder Legierungsbildung erzielte Erhöhung der Zugfestigkeit auf die Steigerung der realen Dauerfestigkeit auswirkt, wenn der Einfluß der herstellungsbedingten Oberflächenrauheiten, denen bestimmte Rauhtiefenbereiche zugeordnet werden können, berücksichtigt wird. Man erhält diese „reale" Dauerfestigkeit $\sigma_{D\,rauh}$ durch Multiplikation der „wahren" Dauerfestigkeit $\sigma_{D\,poliert}$ mit dem Oberflächenfaktor OF:

$$\sigma_{D\,rauh} = OF \cdot \sigma_{D\,poliert}\,.$$

Die wahre Dauerfestigkeit wird an ungekerbten polierten Proben bestimmt.

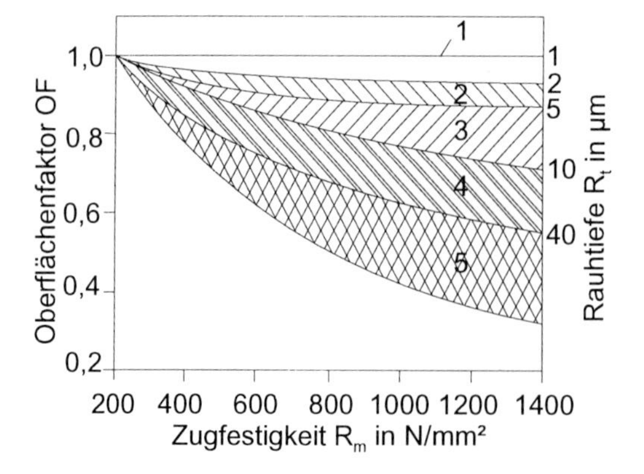

Abb. 5.94 Einfluß der durch unterschiedliche Bearbeitung entstandenen Oberflächenrauhigkeit auf die Dauerfestigkeit von Stählen mit verschieden großer Zugfestigkeit

Oberflächenzustände:

1 poliert
2 geschliffen
3 geschlichtet
4 geschruppt
5 mit Walzhaut

5.3.5.2 Einfluß von Eigenspannungen

Aus den vorangegangenen Abschnitten geht hervor, daß sich Mikroeigenspannungen vor allem auf den Beginn der mikroplastischen Verformung und damit den Beginn der Rißentstehung auswirken. Makroeigenspannungen hingegen beeinflussen hauptsächlich die Lebensdauer im Gebiet der Zeitfestigkeit und die Höhe der Dauerfestigkeit. Maßgebend dafür, ob die Lebensdauer bzw. die Dauerfestigkeit durch die Eigenspannungen größer oder kleiner werden, ist deren Richtung (Zug oder Druck) im Oberflächenbereich.

Bei der Entstehung von Makroeigenspannungen, die bereits im Abschnitt 5.3.3 behandelt worden ist, treten im Werkstoff häufig weitere Veränderungen ein. So kommt es beispielsweise beim Kugelstrahlen, Spanen, Glattwalzen oder Prägepolieren in einer oberflächennahen Zone zur Kaltverfestigung, beim Einsatzhärten und Nitrieren zur Festigkeitssteigerung durch Legierungsbildung oder beim Glühen von Stählen mitunter zu einer Herabsetzung der Festigkeit an der Oberfläche infolge Entkohlung. Jede dieser Festigkeitsänderungen für sich allein hat ebenfalls einen Einfluß auf die Eigenschaften bei zyklischer Beanspruchung, und es ist meist schwierig, die Auswirkungen von Eigenspannungen und Veränderungen der statischen Festigkeit (oder Härte) im Oberflächenbereich voneinander zu trennen. Sowohl Druckeigenspannungen als auch eine erhöhte Streckgrenze im Oberflächenbereich lassen unabhängig voneinander, wie die Abbildung 5.95 für biegebeanspruchte Stäbe zeigt, bei zyklischer Beanspruchung eine größere Belastung zu. In der Abbildung 5.95a wird der Größtwert der Lastspannung auf der Zugseite durch Überlagerung mit der Eigenspannung erheblich vermindert, auf der gedrückten Seite entsprechend vergrößert. Letzteres hat aber wenig Bedeutung, da ein vorhandener Riß unter Druck nicht geöffnet wird und somit nicht wachsen kann. Wenn das Maximum der resultierenden Spannung auf der Zugseite unter die Oberfläche verlegt wird, geht von dort der Bruch aus (Abb. 5.85). Die Abbildung 5.95b zeigt für eine oberflächenverfestigte Probe, daß die Lastspannung im gesamten Querschnitt unter der in der Randzone erhöhten Streckgrenze bleibt. Auch in diesem Falle kann der Riß von einer Stelle ausgehen, die unter der Oberfläche gelegen ist. Bei den erreichbaren Effekten spielen die Tiefe der veränderten Randzone, der Verlauf der Eigenspannungen bzw. Streckgrenze und die Abmessung des Bauteils eine große Rolle.

Durch **Druckeigenspannungen** und eine **erhöhte Streckgrenze** in der Randzone lassen sich die Steigerungen der Schwingfestigkeit bis zu 100 %, unter besonders günstigen Umständen auch darüber, erzielen. **Zugeigenspannungen** sowie eine **erniedrigte Streckgrenze** im oberflächennahen Bereich setzen die Schwing-

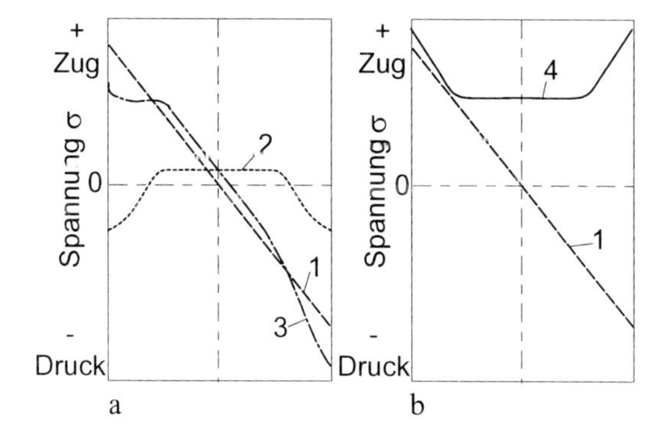

Abb. 5.95 Spannungsverläufe in oberflächlich mit Druckeigenspannungen behafteten (**a**) oder oberflächlich verfestigten (**b**) Stäben bei Biegebeanspruchung
1 Lastspannung
2 Eigenspannung
3 Resultierende Spannung
4 Streckgrenze R_e

festigkeit herab. Wegen der Schwierigkeit, die Auswirkungen der Eigenspannungen und der Streckgrenzenveränderungen getrennt zu erfassen, kann man meist nur das Gesamtresultat angeben. Untersuchungen über den alleinigen Einfluß von Eigenspannungen auf die Schwingfestigkeit sind selten und wurden bisher vorwiegend mit wechselnder Biegung durchgeführt, wobei nur die Eigenspannungskomponente in Beanspruchungsrichtung Berücksichtigung fand.

Abbau von Eigenspannungen

Es wurde festgestellt, daß, wenn die Summe aus Eigenspannung und Spannungsamplitude gegenüber der Streckgrenze des jeweiligen Werkstoffs hoch ist, während der zyklischen Beanspruchung ein Abbau der Eigenspannungen eintritt. Dieser erfolgt über makroskopische oder akkumulierte mikroplastische Verformungen, woraus sich ergibt, daß große Ausgangseigenspannungen stärker als niedrige abgebaut werden und daß die **Eigenspannungsverminderung** in Werkstoffen bzw. Werkstoffzuständen mit niedriger Streckgrenze bzw. Festigkeit größer ist als in solchen mit hoher Streckgrenze bzw. Festigkeit. In glatten Proben aus weichen Stählen werden die Eigenspannungen so weit abgebaut, daß sie praktisch keine Auswirkungen auf die Dauerfestigkeit mehr haben, in gekerbten Stäben ist der Abbau weniger vollständig.

In Werkstoffzuständen hoher Härte und Festigkeit hingegen bleiben die Eigenspannungen bei Belastungen im Bereich der Dauerfestigkeit im wesentlichen erhalten, nur bei hohen Spannungsamplituden im Zeitfestigkeitsgebiet kann Eigenspannungsabbau durch plastische Verformung eintreten.

Je größer die Differenz zwischen Streckgrenze und Dauerfestigkeit ist, um so geringer ist der Rückgang der Eigenspannungen während der zyklischen Beanspruchung. Daraus erwächst die Möglichkeit, der durch eine hohe Streckgrenze hervorgerufenen großen Kerbempfindlichkeit höherfester Stähle, besonders wenn diese von Oberflächenfehlern verursacht wird, durch Erzeugung von Druckeigenspannungen im Oberflächenbereich entgegenzuwirken.

5.3.5.3 Einfluß von Form und Größe

Für die Eigenschaften zyklisch beanspruchter Proben oder Bauteile gleicher Querschnittsform, aber unterschiedlicher Querschnittsflächen gelten keine Ähnlichkeitsgesetze. Das hat verschiedene Ursachen, von denen einige wesentliche genannt werden sollen:

- Die Abmessungen des Vormaterials sind meist unterschiedlich, dadurch weist dieses Unterschiede im Verformungsgrad, in der Korngröße und anderen Gefügemerkmalen auf.

- Das Vormaterial stammt aus verschiedenen Schmelzen, dadurch kommen Unterschiede in der chemischen Zusammensetzung, im Gehalt an Verunreinigungen usw. hinzu.

- Die Proben werden einheitlichem Vormaterial entnommen und enthalten deshalb je nach ihrer Größe verschieden große Anteile von Rand- und Kernmaterial. In diesem Fall wirken sich die Unterschiede, die im Vormaterial zwischen Rand und Kern auftreten (vor allem Unterschiede des Gefüges, der Härte sowie Zahl, Größe und Verteilung nichtmetallischer Einschlüsse) auf das Ermüdungsverhalten aus.

- In oberflächenbehandelten oder beschichteten Materialien unterschiedlicher Querschnitte ist der Anteil der veränderten Randschicht am Gesamtquerschnitt verschieden groß.

Eine weitere Ursache des Größeneinflusses bei zyklischer Biege- oder Torsionsbeanspruchung ist der unterschiedliche Spannungsgradient in verschieden dicken Proben. Er bewirkt, daß die zur Rißbildung und -ausbreitung führenden Ermüdungsprozesse in unterschiedlich dicken

Randbereichen stattfinden. Ein von der Oberfläche aus wachsender Riß trifft bei großen Querschnitten über eine längere Strecke auf bereits mehr oder weniger stark ermüdete Werkstoffbereiche, bei dünnen Querschnitten aber wegen des steileren Abfalls der Spannung schneller auf nicht vorgeschädigtes Material, wodurch das Rißwachstum verzögert wird. Eine Bestätigung findet diese Vorstellung dadurch, daß die Biegewechselfestigkeit eines Werkstoffs um 5 bis 40 % größer ist als seine Zug-Druck-Wechselfestigkeit, bei deren Ermittlung der Ermüdungsvorgang im gesamten Querschnitt gleichzeitig abläuft.

Was die Querschnittsform anbetrifft, so liegt bei Zug-Druck-Beanspruchung wegen des homogen ablaufenden Ermüdungsprozesses nur ein geringer Einfluß vor, runde Proben ergeben etwas günstigere Werte als rechteckige. Bei Umlaufbiegung und Torsion werden kreisförmige Probenquerschnitte bei jedem Lastwechsel in den Randzonen gleichmäßig belastet, rechteckige hingegen haben an den Ecken kurzzeitig höhere Beanspruchungen zu ertragen. Die Dauerfestigkeit wird dadurch vermindert. Bei Wechselbiegung findet die Verformung bei rechteckigen Querschnitten in einem größeren Volumen statt als bei runden Proben. Letztere weisen in diesem Falle etwas niedrigere Festigkeiten auf.

5.3.5.4 Einfluß der Umgebung

Bei der Besprechung der Rißausbreitung wurde bereits darauf hingewiesen, daß neugebildete Rißufer bei zyklischer Beanspruchung Gase adsorbieren und dünne Reaktionsschichten bilden können, die das Wiederverschweißen in der Druckphase verhindern. In Versuchen wurde gefunden, daß dieser Effekt von der Art des Gases praktisch unabhängig ist. Die an Luft und unter Argon, Stickstoff, Wasserstoff sowie Sauerstoff ermittelten Schwingfestigkeiten im Bereich der Zeit- und Dauerfestigkeit unterschieden sich nur geringfügig. Bei sehr niedrigem Gasdruck und im Vakuum wurde die Lebensdauer im Zeitfestigkeitsbereich deutlich größer, die Dauerfestigkeit aber nur bei dehnungsgesteuerten Versuchen erhöht. Damit wird die Annahme bestätigt, daß vorhandene Anrisse im Vakuum wenigstens zum Teil wieder verschweißen, was sich aber nur unter solchen Bedingungen zeigen kann, unter denen überhaupt Risse entstehen. Diesen Vorstellungen entspricht auch die Beobachtung, daß die Lebensdauer im Zeitfestigkeitsbereich und zum Teil auch die Dauerfestigkeit zunehmen, wenn der Zutritt von Gasen und Feuchtigkeit zur Metalloberfläche durch Öl verhindert wird.

5.3.5.5 Einfluß korrosiver Medien

Eine über die Auswirkungen der normalen Umgebung weit hinausgehende Beeinflussung des Schwingverhaltens kann durch Korrosion eintreten. Nach einer allgemeinen und weitgefaßten Definition versteht man unter **Korrosion** jede chemische oder elektrochemische Reaktion eines Werkstoffs mit seiner Umgebung, die zu einer Verschlechterung seiner Eigenschaften (gegebenenfalls auch des umgebenden Mediums) bis hin zu seiner Zerstörung führt. Am Korrosionsvorgang können auch physikalische Prozesse beteiligt sein. Im engeren Sinne und auf die metallischen Werkstoffe eingeschränkt wird unter Korrosion eine **von der Oberfläche ausgehende**, durch unbeabsichtigten **chemischen** oder **elektrochemischen Angriff** hervorgerufene **schädliche Veränderung** eines Werkstoffs verstanden. Die zweitgenannte Begriffsbestimmung zählt demnach beabsichtigte Vorgänge, auch wenn sie sich vom Ablauf her nicht von den unbeabsichtigten unterscheiden, nicht zur Korrosion. Beispiele dafür sind das Ätzen metallographischer Schliffe oder das Beizen warmgewalzter Bleche zum Entfernen des Zunders.

Wenn mit dem chemischen oder elektrochemischen Angriff auf die Oberfläche ein mechanischer Angriff einhergeht, tritt meist eine erhöhte Schädigung auf. Solche komplexen Beanspruchungen liegen beim gleichzeitigen Einwirken von Korrosion mit Reibung, mit Kavitation sowie mit Erosion vor. Reibung, Kavitation und Erosion führen zum Verschleiß, d. h. zu unerwünschten Veränderungen der Oberfläche durch Lostrennen kleiner Teilchen infolge mechanischer Ursachen (siehe Abschnitt 5.4).

Ursache der Korrosion

Die Ursache der Korrosion ist, daß sich alle gediegenen Metalle mit Ausnahme der Edelmetalle in einem chemisch instabilen Zustand befinden und deshalb bestrebt sind, in den stabileren Zustand einer Verbindung (z. B. Oxid oder Hydroxid) überzugehen. Die meisten Metalle und Legierungen reagieren deshalb mit ihrer Umgebung und werden dabei zerstört. Dieser Vorgang läuft je nach Werkstoff und Werkstoffzustand verschieden schnell ab. Er kann unter bestimmten Bedingungen infolge Selbsthemmung verlangsamt werden oder praktisch ganz zum Stillstand kommen.

Obwohl sich alle **Korrosionsvorgänge**, chemische wie auch elektrochemische, letztendlich auf **Wechsel** oder **Umordnungen der Elektronen** in äußeren Elektronenschalen der Atome zurückführen lassen, sind die Formen, in denen die Korrosion in Erscheinung tritt, sehr vielfältig (Abb. 5.96). Daraus ergeben sich auch unterschiedliche Auswirkungen auf die mechanischen Eigenschaften und insbesondere auf das Verhalten bei zyklischer Beanspruchung. Deshalb soll ein kurzgefaßter Überblick über alle Erscheinungsformen der Korrosion gegeben werden. Auf die bei der Korrosion ablaufenden chemischen oder elektrochemischen Vorgänge

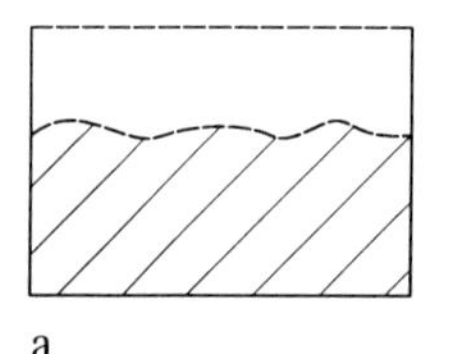
a

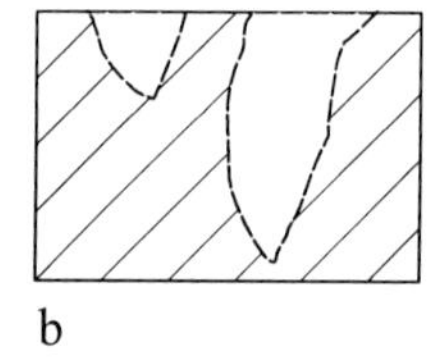
b

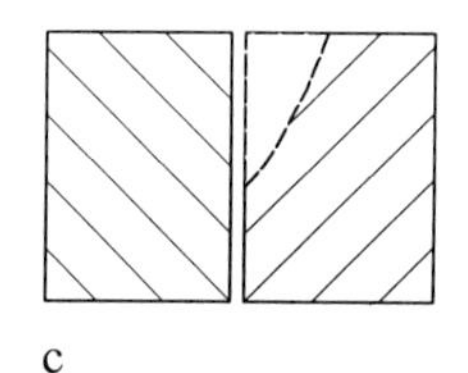
c

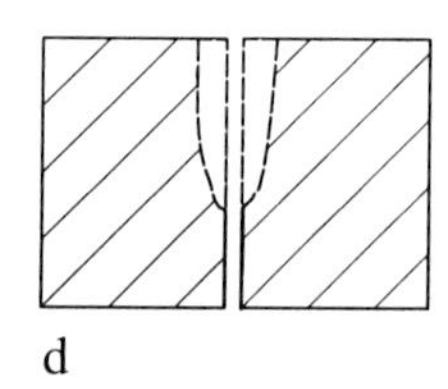
d

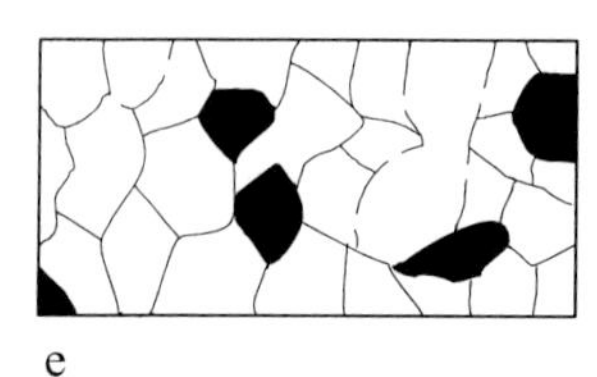
e

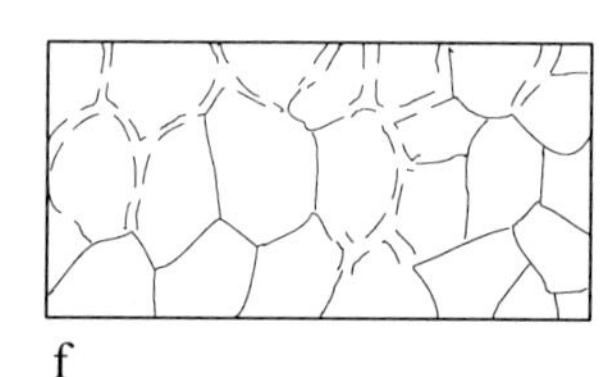
f

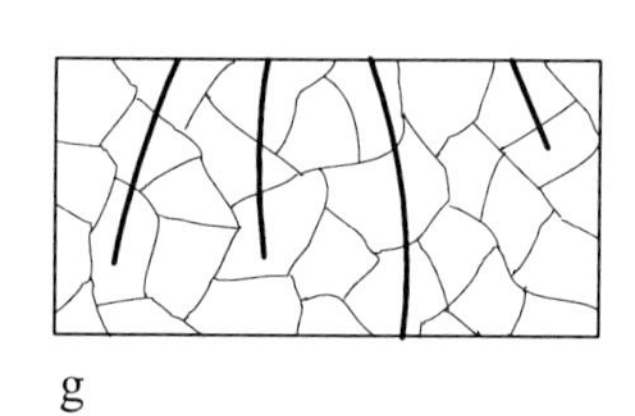
g

Abb. 5.96 Erscheinungsformen der Korrosion metallischer Werkstoffe
a gleichmäßiger Abtrag: Flächenkorrosion
b bis **g** ungleichmäßiger Abtrag:
b Narben- und Lochkorrosion
c Kontakt- oder Berührungskorrosion
d Spaltkorrosion
e Selektive Korrosion
f Interkristalline Korrosion
g Transkristalline Korrosion

············ Grenze des durch Korrosion abgetragenen Werkstoffe
——— Riß

wird nur dann hingewiesen, wenn es zum Verständnis unbedingt erforderlich ist.

Gleichmäßige Flächenkorrosion

Bei dieser auch als **ebenmäßige Korrosion** bezeichneten Form kommt es zu einem weitgehend gleichmäßigen Angriff der Oberfläche (Abb. 5.96a). Die Korrosionsgeschwindigkeit ist an jeder Stelle der Oberfläche etwa gleich groß, und es entstehen normalerweise zusammenhängende Schichten von Korrosionsprodukten, die unter bestimmten Bedingungen den weiteren Verlauf der Korrosion hemmen. Unter diesen Schichten ist die Oberfläche meist mehr oder weniger aufgerauht. Die Flächenkorrosion tritt am häufigsten beim Angriff der Atmosphäre und von Säuren sowie bei erhöhten Temperaturen (**Verzunderung**) auf. Ihre Auswirkung ist die Schwächung des Querschnitts, wodurch die übertragbaren Kräfte vermindert werden. Der gleichmäßige Flächenabtrag ist im Vergleich zu anderen Erscheinungsformen der Korrosion am ungefährlichsten und technisch am leichtesten beherrschbar. Wenn eine größere Querschnittsabnahme stattgefunden hat, müssen die Teile ausgewechselt werden.

Narben- und Lochkorrosion

Diese Korrosionsformen, auch **Lochfraß** genannt, treten auf, wenn der Werkstoff nur **örtlich** aufgelöst, der größte Teil der Oberfläche aber nicht angegriffen wird (Abb. 5.96b). Die Voraussetzungen dafür sind u. a. gegeben, wenn Schutzschichten, die das Metall vor Korrosion schützen sollen (z. B. Überzüge, Anstriche), beschädigt oder wenn Passivschichten durch das Einwirken vor allem der Halogenidionen Cl^-, Br^- oder J^- örtlich durchbrochen werden. **Passivschichten** sind sehr dünne, porenfreie und festhaftende Oxidschichten, die sich beim Einbringen in ein Korrosionsmedium (z. B. Eisen in konzentrierte Salpetersäure) oder an Luft (z. B. Aluminium, Titan, Nickel und ihre Legierungen, hochlegiertes Gußeisen) von selbst bilden. Sie machen die genannten Werkstoffe an sich gegen Korrosion sehr widerstandsfähig.

Die Narben- und Lochkorrosion führt, wie der Name sagt, je nach den vorherrschenden Gegebenheiten (Werkstoff, Korrosionsdauer, Schutzschicht, Angriffsmittel) zu flachen örtlichen Anfressungen oder tiefen scharfbegrenzten Narben bis hin zu Durchlöcherungen von beispielsweise Rohrleitungen. An hochlegierten Cr- und Cr-Ni-Stählen tritt als spezielle Form die **Nadelstichkorrosion** auf. Sie entsteht hauptsächlich in Chloridlösungen und ist durch eine Vielzahl sehr kleiner, senkrecht zur Oberfläche verlaufender Löcher gekennzeichnet. Lochfraß ist oft schwer erkennbar und läuft häufig sehr rasch ab.

Kontakt- oder Berührungskorrosion

An Kontaktstellen zweier Metalle oder Legierungen mit unterschiedlichen elektrochemischen Potentialen entstehen bei Anwesenheit eines Elektrolyten **galvanische Elemente**, in denen der unedlere Partner zur Anode wird und in Lösung geht (Abb. 5.96c). Die Geschwindigkeit des Angriffs ist vom Größenverhältnis der Kathoden- zur Anodenfläche abhängig. Kontaktkorrosion entsteht beispielsweise an Verbindungen von Al- und Cu-Drähten in elektrischen Anlagen, wenn diese nicht ausreichend vor Feuchtigkeit geschützt sind, oder an Verbindungen von Stahlrohren mit Messingarmaturen.

Spaltkorrosion

In engen Spalten zwischen gleichartigen oder unterschiedlichen Metallen sowie zwischen Metallen und Nichtmetallen kommt es in einem anwesenden Elektrolyten infolge behinderter Ausgleichsmöglichkeiten zu Unterschieden in der Konzentration von gelösten Gasen, Salzen oder abgelagertem Staub und anderen Stoffen. Dadurch kann das Innere der Spalte edler oder unedler als ihre Umgebung werden. Je nachdem wird dann vorwiegend Material in der Spalte

(Abb. 5.96d) oder an ihren Rändern abgetragen. Spaltkorrosion kann z. B. unter dem Kopf eines Nietes oder einer Dichtungsscheibe auftreten. Auch rostfreie legierte Stähle können davon betroffen werden.

Selektive Korrosion

In Werkstoffen, deren Gefügebestandteile unterschiedliche elektrochemische Potentiale aufweisen, kommt es beim Hinzutreten geeigneter Elektrolyte zur bevorzugten Auflösung der unedleren Phasen. Dadurch kann es zur Narbenbildung oder, wenn die unedlere Phase durchgängig verbunden ist, bis zur völligen Zerstörung kommen (Abb. 5.96e). Beispiele dafür sind die **Entzinkung** von **(α + β)-Messing** (Cu-Zn-Legierung) und die **Spongiose des Gußeisens**.

Entzinkung von Messing

(α + β)-Messing ist aus zwei Cu-Zn-Mischkristallen unterschiedlicher Struktur und unterschiedlicher Zusammensetzung aufgebaut. Der β-MK ist unedler als der α-MK und geht als Ganzes in Lösung, aus der sich die Cu-Ionen auf dem α-Messing wieder abscheiden. Es entsteht ein schwammförmiger Cu-Belag, der entstandene Vertiefungen ausfüllt und wegen seines edleren Potentials das weitere Inlösunggehen des β-Messings fördert. Dadurch kann es bis zur Durchlöcherung dünner Querschnitte kommen, wobei aber das Loch mit einem porösen Cu-Propfen ausgefüllt ist.

Spongiose des Gußeisens

Bei der Spongiose des Gußeisens, das aus einer stahlähnlichen Matrix mit etwa 10 Vol-% eingelagertem Graphit besteht, werden die metallischen Bestandteile aufgelöst bzw. in Eisen-II-oxihydrate umgewandelt. Diese bilden mit dem Graphit, dem Zementit und anderen eingelagerten Eisenverbindungen eine weiche porige Masse, wobei die äußere Form erhalten bleibt. Spongiose tritt beispielsweise beim Lagern in feuchtem Erdreich auf. Bei reichlicher Sauerstoffzufuhr wird das zweiwertige zu dreiwertigem Eisenoxid oxidiert. Dieses wirkt als Schutzschicht und verlangsamt das Fortschreiten der Korrosion.

Interkristalline Korrosion

Die interkristalline Korrosion kann als besondere Form der selektiven Korrosion aufgefaßt werden. Sie tritt nur bei Legierungen mit Passivschichten auf, die an und für sich als sehr korrosionsbeständig gelten. Der Angriff des Elektrolyten erfolgt an den Korngrenzen und kann bis zum Zerfall des Werkstoffs in einzelne Kristallite führen (Abb. 5.96f), weswegen man die interkristalline Korrosion auch als **Korngrenzenkorrosion** oder **Kornzerfall** bezeichnet. Ursache des Kornzerfalls sind intermetallische Phasen, die während der Abkühlung unter bestimmten Bedingungen bevorzugt an den Korngrenzen ausgeschieden werden und mehr oder weniger zusammenhängende Netzwerke bilden. Wenn diese Phasen unedler sind als die umgebende Matrix, das trifft z. B. auf die Al_3Mg_2-Ausscheidungen in Al-Mg-Legierungen zu, werden sie in entsprechenden Angriffsmitteln herausgelöst. Der Zusammenhang der Kristallite geht somit verloren. In korrosionsbeständigen Cr- und Cr-Ni-Stählen wird der Kornzerfall durch längs der Korngrenzen ausgeschiedene $(Fe,Cr)_{23}C_6$-Carbide verursacht. Diese entstehen während einer langsamen Abkühlung oder, nach einer vorherigen Abschreckung, bei einer erneuten Erwärmung im Temperaturgebiet zwischen 450 und 850 °C. Sie entziehen ihrer unmittelbaren Umgebung dabei so viel Chrom, daß diese unter Einwirkung eines Elektrolyten aufgelöst wird. Die interkristalline Korrosion tritt nicht auf, wenn die Ausscheidungen globular vorliegen und keine zusammenhängenden Netzwerke bilden. Man erreicht das durch eine Wärmebehandlung oder durch Zusatz weiterer Legierungselemente (Stabilisatoren). Weiterhin kann im Falle der korrosionsbeständigen Stähle die Entstehung von Carbiden durch Absenkung des Kohlenstoffgehaltes nahezu vollständig unterbunden werden.

Spannungsrißkorrosion und Wasserstoffversprödung

Spannungsrißkorrosion

Die Spannungsrißkorrosion tritt bei gleichzeitigem Einwirken einer statischen **Zugspannung** (von außen aufgebrachte Spannung oder Eigenspannung, die ohne Korrosion keinen Bruch herbeiführen würden) und eines spezifischen **korrodierenden Mediums** auf. Sie führt zum Aufreißen oder vielfach zum plötzlichen Bruch von Bauteilen. Da in der Regel vorher keine Korrosionsprodukte oder Veränderungen der Oberfläche erkennbar werden, ist sie besonders gefährlich. Sie wird als häufigste Ursache für unerwartetes Werkstoffversagen angesehen. Die Spannungsrißkorrosion kommt praktisch nur bei solchen Werkstoffen vor, auf denen sich unter bestimmten Bedingungen (Medium, Konzentration, Temperatur), auf die hier nicht eingegangen wird, stark korrosionshemmende Deckschichten oder Passivschichten ausbilden. Das sind z. B. unlegierte, niedriglegierte und hochlegierte Stähle sowie Legierungen auf der Basis von Aluminium, Magnesium, Kupfer oder Nickel.

Die Spannungsrißkorrosion wird entweder durch einen normalen Korrosionsvorgang oder durch eine örtliche plastische Verformung eingeleitet. Im erstgenannten Fall werden die Deck- bzw. Passivschichten ähnlich wie bei der Narben- und Lochkorrosion durch das meist Halogenidionen enthaltende Korrosionsmedium an lokalen Schwachstellen (z. B. im Bereich von Korngrenzen oder Fremdphasen) zerstört. Im Fall der lokalen Verformung reißen die Schichten an Gleitstufen auf. In beiden Fällen greift das Korrosionsmedium an den freigelegten metallischen Oberflächen an und bewirkt eine schnelle anodische Auflösung des Werkstoffs. Dadurch entstehen in dessen Oberfläche Vertiefungen und Kerben. Im weiteren Fortschreiten der Spannungsrißkorrosion bildet das Korrosionsmedium an den Flanken des entstandenen Loches oder Risses sofort eine neue Deck- bzw. Passivierungsschicht aus. Dadurch bleibt nur die Rißspitze aktiv und wird weiter anodisch aufgelöst. Außerdem werden die Rißufer durch die Zugspannungen aufgeweitet, so daß ständig frisches Korrosionsmedium an die aktive Stelle gelangen kann. Schließlich nimmt die Spannung aufgrund des durch das Rißwachstum kleiner werdenden Querschnitts zu, so daß an der Rißspitze weitere Abgleitungen stattfinden können.

Wasserstoffversprödung

Zu ähnlichen Bruchvorgängen wie bei der anodischen Spannungsrißkorrosion kommt es bei der Rißbildung durch Wasserstoffversprödung, die auf gänzlich anderen Vorgängen beruht. Sie zählt deshalb nicht zur Spannungsrißkorrosion im engeren Sinne, wird aber im weiteren Sinn auch als kathodische Spannungsrißkorrosion bezeichnet. Voraussetzung ist auch hier die Einwirkung von Zugspannungen. Die Wasserstoffversprödung tritt auf, wenn Eisenwerkstoffe von sauren Elektrolyten, die keine oxidierenden Stoffe enthalten, angegriffen werden. Dabei wird kathodisch Wasserstoff gebildet, der zum Teil in atomarer Form in den Werkstoff hineindiffundiert und besonders an Fehlstellen mit gedehnten Gitterbereichen, wie Versetzungen oder Mikrolunkern, zu **molekularem Wasserstoff** rekombiniert. Dadurch entstehen starke Spannungen, welche die Versprödung, und in Verbindung mit Zugspannungen besonders bei harten Stählen, Rißbildung verursachen. Bei weichen Stählen und ohne Zugspannungen ruft der rekombinierte Wasserstoff Blasenbildung hervor.

Die zur Wasserstoffversprödung führenden Vorgänge liegen beispielsweise auch beim **Beizen** warmgewalzter Halbzeuge und bei **galvanischen Oberflächenbeschichtungen** vor. Sie führen bei gehärteten Stählen zur **Beizsprödigkeit** und bei weichen Werkstoffen zur Bildung von **Beizblasen** bzw. Blasen unter Metallüberzügen.

Es ist nicht immer möglich, anodische und kathodische Spannungsrißkorrosion vom Erscheinungsbild her klar voneinander zu trennen, außerdem können beide auch kombiniert auftreten, z. B. bei hochfesten vergüteten Stählen oder, wenn das Korrosionsmedium geringe Mengen feuchten Cyanwasserstoffs enthält, bei unlegierten und niedriglegierten Stählen. Letzteres wurde beispielsweise an Druckbehältern für Leuchtgas beobachtet.

Rißverlauf

Der Rißverlauf ist von der Entstehungsursache unabhängig. Er kann in beiden Fällen durch die Körner hindurch (**transkristallin**, meist senkrecht zur Zugspannung, Abb. 5.96g) oder entlang der Korngrenzen (**interkristallin**) verlaufen. Transkristalline Risse werden beispielsweise an Mn- oder CrNi-legierten austenitischen Stählen in Chloridlösungen sowie in den meisten Fällen von Wasserstoffversprödung beobachtet. Interkristalline Risse treten vorzugsweise bei unlegierten und niedriglegierten Stählen in passivierend wirkenden heißen konzentrierten Laugen und Nitratlösungen auf. Hier wurden sie wohl zuerst beobachtet, weshalb die anodische interkristalline Spannungsrißkorrosion bis heute auch **Laugenrißsprödigkeit** genannt wird. Auch bei austenitischen Chrom-Nickel-Stählen ist, allerdings selten, in alkalischen Lösungen interkristalline Spannungsrißkorrosion, die als Sonderfall der Korngrenzenkorrosion angesehen werden kann, beobachtet worden.

Schwingungsrißkorrosion

Wenn Korrosion und Schwingbeanspruchung zeitlich getrennt auf ein Bauteil einwirken, nimmt die Schwingfestigkeit infolge des durch die korrosive Einwirkung verminderten Querschnitts sowie der als Kerben wirkenden Narben und Risse ab. Das tritt beispielsweise in Pumpen oder Verbrennungsmotoren ein, in denen sich während des Stillstandes Kondenswasser bildet (**Stillstandskorrosion**). Das Ausmaß der Korrosion kann in solchen Fällen erkannt werden, ihre Folgen lassen sich abschätzen bzw. beseitigen. Wenn aber zyklische Beanspruchung und Korrosion gleichzeitig auf eine Probe oder ein Bauteil einwirken, spricht man von Schwingungsrißkorrosion oder Korrosionsermüdung, und das Werkstoffverhalten weist einige Besonderheiten auf:

- Die Wöhlerkurven haben bei den Werkstoffen, die normalerweise eine ausgeprägte Dauerfestigkeit aufweisen (z. B. den Eisenwerkstoffen), keinen horizontalen Ast mehr. Die ertragbare Spannungsamplitude fällt auch nach Schwingspielzahlen $> 10^7$ weiter ab.

- Der Ermüdungsverlauf ist sehr frequenzabhängig. Während bei zyklischer Beanspruchung ohne Korrosion und ohne stärkere Probenerwärmung zwischen etwa 10 und 200 Hz nur ein geringer Einfluß auf die Zeit- und Dauerfestigkeit vorliegt, steigt die auf die Schwingspielzahl bezogene Korrosionszeitfestigkeit bei Schwingungsrißkorrosion mit der Frequenz an. Niedrige Frequenzen liefern kleinere Bruchlastspielzahlen als höhere, aber natürlich ist die Lebensdauer in Stunden bei niedrigen Frequenzen größer (Tabelle 5.7).

- Schwingungsrißkorrosion kann wie die Narben- und Lochkorrosion sowie die interkristalline und Spannungsrißkorrosion auch bei Werkstoffen mit Passivschichten auftreten. Man spricht dann von Schwingungsrißkorrosion im passiven Zustand, in allen anderen Fällen, in denen die Werkstoffe auch ohne zyklische Beanspruchung korrodieren würden, von Schwingungsrißkorrosion im aktiven Zustand.

Das gleichzeitige Einwirken von Korrosion und zyklischer Beanspruchung bei der Schwingungsrißkorrosion im aktiven Zustand führt zu einer Beschleunigung des Rißwachstums. Einerseits wirken sich die durch den Korrosionsvorgang entstehenden Narben und Grüb-

Tabelle 5.7 Korrosionszeitfestigkeit von unlegiertem Stahl in Seewasser $\sigma_a = \pm 620$ N/mm^2 (nach *Smnedley* und *Batten*)

Frequenz Hz	Schwingspiele bis zum Bruch	Lebensdauer h
20,8	$20{,}0 \cdot 10^6$	267
5,75	$10{,}2 \cdot 10^6$	493
1,67	$8{,}5 \cdot 10^6$	1417
0,17	$2{,}8 \cdot 10^6$	4667

chen wie jede andere Aufrauhung der Oberfläche (s. Abb. 5.94) begünstigend auf die Rißentstehung und Rißausbreitung aus. Andererseits werden durch die zyklische Belastung am Grunde der Grübchen und Anrisse plastische Zonen gebildet, die elektrochemisch unedler sind als die nichtverformte Umgebung und deshalb schneller in Lösung gehen. Im Anfangsstadium der Spannungsrißkorrosion entstehen meist zahlreiche Risse, die sich bevorzugt senkrecht zur größten Normalspannung transkristallin ausbreiten, verästelt und mit Korrosionsprodukten gefüllt sind.

Die Schwingungsrißkorrosion im passiven Zustand setzt voraus, daß das korrodierende Medium an den ungeschützten Grundwerkstoff gelangt. Das kann einmal in der bereits bei der interkristallinen und bei der Narben- und Lochkorrosion beschriebenen Weise geschehen, indem die Passivschicht an Schwachstellen von bestimmten Ionen durchbrochen wird. Durch die zyklische Beanspruchung werden beim interkristallinen Angriff ähnlich wie bei der Spannungsrißkorrosion die Korngrenzen aufgeweitet. Dadurch wird die weitere Auflösung erleichtert und die Rißausbreitung beschleunigt. Die anfangs meist sehr zahlreichen Risse verlaufen zunächst interkristallin und von einer belastungsunabhängigen Länge an transkristallin. Es kann dabei zum Ausbrechen von Körnern aus der Oberfläche kommen. Beim Zusammenwirken von Lochkorrosion (Lochfraß) und zyklischer Beanspruchung gehen die Anrisse stets vom Lochgrund aus. Durch die im Lochgrund bzw. an den Rißspitzen ablaufenden plastischen Verformungen wird die Auflösung des Materials beschleunigt.

Eine lokale Zerstörung der Passivschichten tritt auch durch die mit den zyklischen Beanspruchungen verbundene Aufrauhung der Oberfläche ein. An den Gleitstufen bzw. Intrusionen und Extrusionen entstehen aktive Oberflächen, die mit dem umgebenden Medium reagieren, wodurch sich Anfressungen bilden. Diese werden im Verlauf der weiteren Beanspruchung zum Ausgangspunkt von Anrissen. Auch wenn die aktiven Stellen bei günstigem Redoxpotential des Elektrolyten repassiviert werden, kommt es wegen der von den Anfressungen ausgehenden Spannungskonzentrationen ständig zum Wiederaufreißen der Repassivierungsschichten.

Da die Korrosion ein Vorgang ist, der nicht zum Stillstand kommt, werden seine Auswirkungen auf das mechanische Verhalten mit der Zeit immer größer. Die ständige Verminderung des Querschnitts sowie die Vertiefung der korrosionsbedingten Kerben erklärt, warum es bei Schwingungskorrosion keine Dauerfestigkeit gibt und die Zeitfestigkeit gegenüber nur zyklischen Beanspruchungen niedriger ist.

Die Frequenzabhängigkeit der Lebensdauerwerte bei Korrosionsermüdung kommt dadurch zustande, daß bei hohen Schwingspielfrequenzen die Dauer der Korrosionseinwirkung pro Zyklus kürzer ist, seine Auswirkungen folglich kleiner sind als bei niedrigen Frequenzen.

Schäden durch Korrosionsermüdung treten im Maschinen-, Apparate-, Schiffs- und Anlagenbau noch relativ häufig auf. Nach *H. Speckhardt* machen sie in der chemischen Industrie etwa 10 bis 12 % aller unter Korrosionsmitwirkung entstandenen Schäden aus. Abhilfe ist zwar auf vielfältige Weise möglich, sie setzt aber genaue Kenntnisse der Betriebsbeanspruchung voraus und ist an deren exakte Einhaltung gebunden. Betriebsstörungen, Stillstandszeiten und andere Unterbrechungen können die korrosive Komponente des Gesamtvorgangs erheblich beeinflussen und unvorhersehbare Schädigungen zur Folge haben. Wichtige Maßnahmen zur Eindämmung von Schwingungsrißkorrosionsschäden sind die beanspruchungsgerechte Werkstoffauswahl, Konstruktion und Fertigung, die Beeinflussung des angreifenden Mediums (z. B. durch Änderung des pH-Wertes), das Aufbringen von metallischen oder nichtmetallischen Überzügen, die Anwendung von **Inhibitoren** (Hemmstoffen) sowie der kathodische Schutz (Verhinderung des Inlösunggehens des Metalls durch Anschluß an eine Gleichspannungsquelle oder an unedlere „**Opferanoden**"). Welche von diesen Maßnahmen in konkreten Fällen am geeignetsten sind, kann nur aus praktischen Erfahrungen heraus in Verbindung mit betriebsnahen Versuchen beurteilt werden.

5.3.5.6 Weitere Einflüsse auf das Werkstoffverhalten bei zyklischer Beanspruchung

Die Schwingfestigkeit ändert sich mit steigender oder fallender Temperatur in ähnlicher Weise wie die Zugfestigkeit. Sie nimmt im allgemeinen mit fallender Temperatur zu und mit steigender zunächst wenig, dann stärker ab. In Sprödigkeitsbereichen, wie im Gebiet der Blaubruchsprödigkeit bei unlegierten und niedriglegierten Stählen (375 °C-Versprödung), steigt die Dauerfestigkeit nochmals an. Die Auswirkungen von Kriechverformungen (s. Abschnitt 5.2) oder Oxidationsprozessen bei hohen Temperaturen (Hochtemperaturermüdung) hängen sehr stark von dem jeweils vorherrschenden Schädigungsvorgang ab.

Die im Abschnitt 5.1.3 beschriebenen Möglichkeiten zur Steigerung der statischen Festigkeit, die technisch vor allem durch Legierungsbildung, Wärmebehandlung oder Kaltumformung realisiert werden, führen nur im unteren und mittleren Festigkeitsbereich zu einer Erhöhung der Schwingfestigkeit. Die im Abschnitt 5.3.1 genannten Faktoren für die Umrechnung von statischer in Wechselfestigkeit sind in diesen Gebieten im allgemeinen noch anwendbar. Bei großen statischen Festigkeiten fällt die Dauerfestigkeit aufgrund der anwachsenden Kerbempfindlichkeit, die bereits durch Verunreinigungen und Poren im Werkstoff ausgelöst wird, wieder ab (s. Abb. 5.92 und 5.93). Von Einfluß ist auch die Verteilung und die Größe der Einschlüsse im Stahl. Sind diese durch das Walzen zu Zeilen ausgestreckt, so ist die Schwingfestigkeit parallel zur Walzrichtung größer als senkrecht dazu.

Einen nachteiligen Einfluß haben Randentkohlung und Randoxidation, die bei der Wärmebehandlung nicht immer vermeidbar sind. Kleine Verformungsgrade bei der Kaltverfestigung können ebenfalls einen Abfall der Schwingfestigkeit nach sich ziehen. Eine erhebliche Verringerung kann durch Schweißverbindungen oder Überzüge verursacht werden, wenn diese Zugeigenspannungen oder Mikrorisse aufweisen, was beispielsweise bei Hartchromschichten fast immer der Fall ist.

5.3.6 Änderung von mechanischen Eigenschaften infolge zyklischer Beanspruchung

Wie bereits dargelegt, kommt es durch zyklische Beanspruchung genau wie durch „normales" plastisches Verformen mit kontinuierlicher Krafteinwirkung zur Neubildung und Umordnung von Versetzungen. Damit kann Ent- oder Verfestigung verbunden sein (siehe Abschnitt 5.3.4.1).

Zyklische Vorbeanspruchung

Obwohl auch in ferner Zukunft nicht zu erwarten ist, daß längeres zyklisches Vorbehandeln an die Stelle des Legierens, Wärmebehandelns oder Kaltverformens zum Zwecke der Festigkeitsbeeinflussung treten wird, so können doch die Auswirkungen einer längeren schwingenden Beanspruchung auf die Schwingfestigkeit selbst, auf die statische Festigkeit und auf die Zähigkeit für das Betriebsverhalten eines Bauteils von Bedeutung sein. Diese Auswirkungen hängen von der Höhe und der Dauer der zyklischen Vorbeanspruchung sowie vom Ausgangszustand des Werkstoffs ab. Deshalb, und weil es schwierig sein kann, die Folgen der strukturellen Vorgänge von denen der einsetzenden Rißbildung zu trennen, sind Angaben über den Einfluß einer zyklischen Vorbeanspruchung uneinheitlich. In der Regel kann man davon ausgehen, daß die Streckgrenze, Zugfestigkeit und Härte kaltverfestigten Materials erniedrigt wird. Es liegt nahe, anzunehmen, daß die im Abschnitt 5.3.4 beschriebene Wechselver- oder Wechselentfestigung auch die Änderung der statischen Festigkeitswerte bestimmt.

Bedeutsamer als die in der Regel kleinen Änderungen der statischen Festigkeitswerte ist die Erniedrigung der Kerbschlagarbeit und die Erhöhung der Übergangstemperatur durch zyklische Vorbeanspruchung unterhalb oder oberhalb der Dauerfestigkeit. Es können deshalb an Konstruktionsteilen von beispielsweise Fahrzeugen oder Brücken, die wechselnden sowie stoßartigen Belastungen ausgesetzt sind, auch bei Temperaturen, bei denen sich die verwendeten Werkstoffe normalerweise zäh verhalten, Sprödbrüche auftreten.

Von besonderem Interesse ist, wie sich eine zyklische Vorbeanspruchung auf die Dauerfestigkeit auswirkt. Um das festzustellen, sind Schwingversuche mit mindestens zwei Belastungsstufen (**Zweistufenversuche**) notwendig. Erfolgt die erste Belastung unterhalb der durch Einstufenversuche ermittelten Dauerfestigkeit σ_D und wird die Belastung stufenweise erhöht, so tritt eine Steigerung von σ_D ein, die bei weichen Stählen bis zu 30 % betragen kann. Dieser Effekt wird als **Trainieren** bezeichnet. Voraussetzung für eine große Erhöhung von σ_D ist eine möglichst lange ($> 2 \cdot 10^6$ Schwingspiele) und möglichst hohe ($> 0{,}85 \cdot \sigma_D$) Beanspruchung in der ersten Belastungsstufe.

Eine Erhöhung der Schwingfestigkeit glatter Proben und Bauteile wird auch beobachtet, wenn im Belastungsablauf längere Pausen entstehen. Dieser Erholungseffekt, der unter Umständen durch eine zwischenzeitliche leichte Erwärmung gefördert werden kann, läßt sich beispielsweise zur Lebensdauerverlängerung von Drahtseilen oder Kettengliedern nutzen. An gekerbten Werkstücken tritt keine Erholung ein. Auf die Auswirkungen einer zyklischen Vorbeanspruchung oberhalb der Dauerfestigkeit σ_D wird im folgenden Abschnitt eingegangen.

5.3.7 Nachweis von Ermüdungsschäden und Schadensakkumulation

Im Abschnitt 5.3.4 wurde gezeigt, daß bei zyklischer Beanspruchung oberhalb eines bestimmten Spannungsausschlages, der etwa durch das erste Auftreten mikroplastischer Verformungen bzw. einer Hystereseschleife gekennzeichnet ist, Ermüdungsprozesse ablaufen. Diese können sich, solange die Belastung unterhalb der Dauerfestigkeit bleibt, aufgrund des Trainiereffektes (siehe vorheriger Abschnitt) positiv, d. h. festigkeitssteigernd bei weiterer zyklischer Beanspruchung auswirken. Bei längeren zyklischen Belastungen oberhalb der Dauerfestigkeit treten hingegen irreversible Schädigungen des Werkstoffs in Form von Rissen auf, die zum Bruch führen oder, bei Verminderung der Spannungs- bzw. Dehnungsamplitude, die Dauerfestigkeit herabsetzen. Für die Praxis, in der kurzzeitige Überschreitungen eines zulässigen Beanspruchungsniveaus unvermeidbar sind, kommt der Beantwortung der Frage besondere Bedeutung zu, ob auch in solchen Fällen, in denen noch keine Risse entstehen, irreversible Schäden zurückbleiben.

Schadenslinie

Zur experimentellen Ermittlung von Schädigungen während der zyklischen Beanspruchung werden nach einer von *H. J. French* angegebenen Methode auf jeweils mehreren Spannungshorizonten im Bereich der Kurzzeit- oder Zeitfestigkeit gleichartige Proben mit von Probe zu Probe größer werdenden Schwingspielzahlen belastet. Danach werden sie mit einem der Dauerfestigkeit entsprechenden Spannungsausschlag weiter beansprucht. Proben, die dabei brechen, sind offensichtlich vorgeschädigt, während solche, die bis zur normalen Grenz-Schwingspielzahl durchlaufen, während der zyklischen Vorbeanspruchung oberhalb der Dauerfestigkeit keine Schädigung erfahren haben. Wie die Abbildung 5.97a zeigt, läßt sich das Gebiet des Eintretens von Schädigungen durch eine Ausgleichskurve, die **Schadenslinie**, von dem Gebiet abgrenzen, in dem Überbeanspruchungen ohne Werkstoffschädigung ertragen werden. Die Ermittlung der Schadenslinie erfordert eine große Anzahl von Proben und ist deshalb sehr aufwendig. Es ist auch zu beachten, worauf bereits in Abschnitt 5.3.2 (Abb. 5.73) hingewiesen wurde, daß die Ergebnisse von Schwingversuchen sehr streuen.

Eine weitere Ergänzung des Wöhlerschaubildes wurde von *M. Hempel* vorgeschlagen. Er definierte die Schadenslinie als Grenze des Übergangs von der submikroskopischen oder mikroskopischen zur makroskopischen Rißbildung und führte als Verformungsgrenzlinie eine Kurve ein, bei der im Lichtmikroskop erste Gleitspuren als Zeichen der Werkstoffschädigung sichtbar werden. Dadurch ergibt sich die in der Legende zur Abbildung 5.97b aufgeführte Einteilung der Bereiche des Wöhlerschaubildes. Die **Grenz-Wechselfestigkeit** lag bei krz-Werkstoffen etwa 10 bis 20 %, bei kfz-Werkstoffen etwa 30 bis 65 % unter der technologischen Wechselfestigkeit. Die ersten Gleitspuren traten im Bereich B bereits nach weniger als 1 % der Gesamtlebensdauer auf. Von *D. Dengel* wird eingeschätzt, daß die aus dem Auftreten von Verformungsspuren abgeleitete Grenz-Wechselfestigkeit mit der sich im Großzahlversuch ergebenden Dauerfestigkeit für eine Bruchwahrscheinlichkeit von 0 % identisch ist. Die technologische Wechselfestigkeit dagegen könnte etwa der mit 6 bis 10 Proben ermittelten Dauerfestigkeit entsprechen, auf deren große Streubreite bereits mehrfach hingewiesen wurde. Der Konstrukteur muß diese Unsicherheiten durch Verwendung eines Sicherheitsbeiwertes kompensieren, ohne die Streubreite genau zu kennen. Der hohe Aufwand für die Ermittlung einer statistisch abgesicherten Kurve

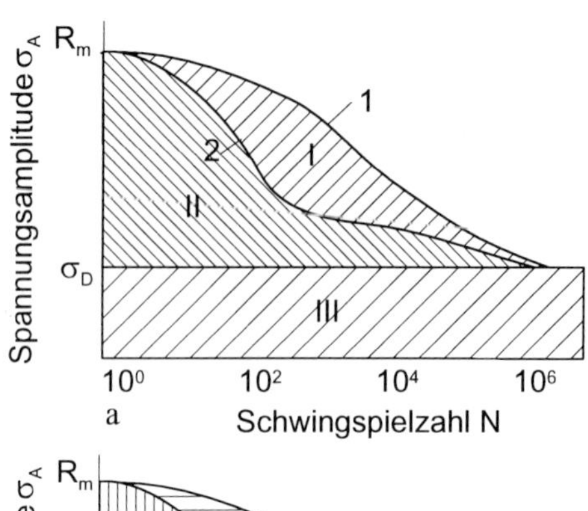

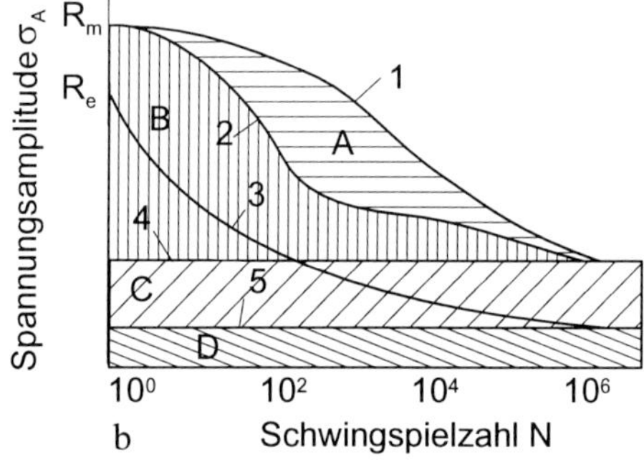

Abb. 5.97 Wöhlerdiagramme
- **a** Wöhlerdiagramm mit Schadenslinie
- **b** Erweitertes Wöhlerdiagramm nach *M. Hempel*
- **1** Wöhlerkurve
- **2** Schadenslinie
- **3** Grenzlinie der Verformungsspuren
- **4** Wechselfestigkeit (technologisch)
- **5** Grenz-Wechselfestigkeit
- **I** Bereich der Überbeanspruchung mit Werkstoffschädigung
- **II** Bereich der Überbeanspruchung ohne Werkstoffschädigung
- **III** Bereich der Beanspruchung unterhalb der Dauerschwingfestigkeit
- **A** Schadensbereich mit bis zum Bruch stetig fortschreitender Schädigung des Werkstoffs durch zunehmende Rißausbreitung
- **B** Auftreten von Eigenschaftsänderungen und Gleitvorgängen
- **C** Auftreten von Eigenschaftsänderungen und Gleitvorgängen im Gefüge, keine Einleitung von fortschreitenden Mikro- und Makrorissen
- **D** Unbegrenzte Haltbarkeit, keine metallographisch feststellbaren Verformungsvorgänge

rechtfertigt aber im allgemeinen diese Vorgehensweise.

Eine weitere Methode des Schädigungsnachweises nach *H. Müller-Stock* ist dem French-schen Verfahren ähnlich. Nach zyklischer Vorbeanspruchung im Zeitfestigkeitsbereich mit σ_{a1} über n_1 Schwingspiele wird der Versuch mit einer niedrigeren oder höheren Spannung σ_{a2} bis zum Bruch fortgesetzt (Abb. 5.98a). Erreicht die Probe dabei die für σ_{a2} übliche Bruchschwingspielzahl N_2 nicht, sondern bricht bereits nach n_2 Schwingspielen, so ist während der Vorbeanspruchung eine Schädigung D entstanden, die sich nach *Müller-Stock* wie folgt berechnet:

$$D = 1 - n_2 / N_2 .$$

Die Abbildung 5.98b zeigt schematisch Ergebnisse solcher Untersuchungen, aus denen hervorgeht, daß relativ kurze Vorbeanspruchungen, wenn die nachfolgende Belastung höher ist, sogar negative Schädigungen, d. h. eine Verlängerung der Lebensdauer, verursachen können (Kurve 4). Wird aber, wie bei *French* zuerst in der höheren, danach in der niedrigeren Spannungsstufe belastet, tritt immer eine Schädigung auf (Kurve 3). Wenn als zweiter Prüfhorizont die Dauerfestigkeit gewählt wird, lassen sich die mittels des Verfahrens nach *French* ermittelten Ergebnisse ergänzen und präzisieren.

Der Wöhlerversuch war lange Zeit die einzige Methode zur Beurteilung der Schwingfestigkeit von Werkstoffen und Bauteilen. Letztere unterliegen aber in der Praxis mehr oder weniger wechselnden Betriebsbelastungen. Um trotzdem

Spannungsamplitude σ_a
σ_{a1}
σ_{a2}
1
2
10^4 n_1 N_1 10^5 n_2 N_2 10^6
Schwingspielzahl N
a

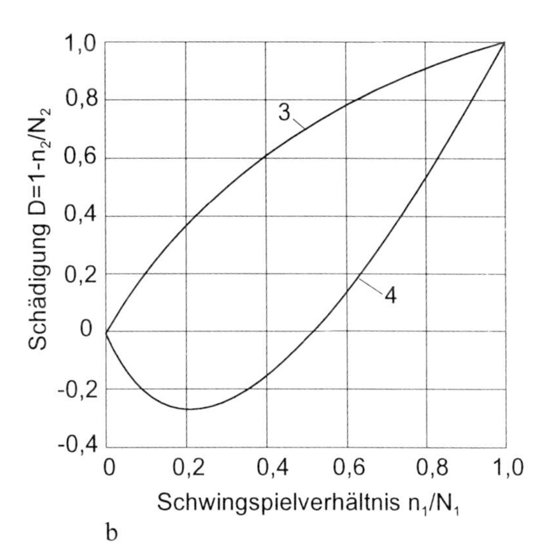

Abb. 5.98 Ermittlung der Werkstoffschädigung nach *H. Müller-Stock* (schematisch)
a Zweistufenversuch
b Schadenskurve
n_1 Schwingspielzahl bei σ_{a1} (Vorbeanspruchung)
n_2 Schwingspielzahl bei σ_{a2} (Restlebensdauer)
N_1 Bruchschwingspielzahl bei σ_{a1}
N_2 Bruchschwingspielzahl bei σ_{a2}
1 Wöhlerkurve
2 Bruch bei zweistufiger Beanspruchung
3 Schädigungskurve für $\sigma_{a1} > \sigma_{a2}$
4 Schädigungskurve für $\sigma_{a1} < \sigma_{a2}$

zu Aussagen über das Betriebsverhalten zu kommen, wurden Schadensakkumulationshypothesen entwickelt, die es gestatten sollen, mit Hilfe der zahlreich vorhandenen Wöhlerkurven Lebensdauerwerte für Mehrstufen- und Kollektivbelastungen zu berechnen, ohne Versuche mit Mehrstufen- bzw. Kollektivbelastungen durchführen zu müssen. Nach der linearen Schädigungstheorie von *A. Palmgren* und *N. A. Miner* (**Palmgren-Miner-Formel**) wird beispielsweise angenommen, daß die bei einem bestimmten Spannungsausschlag durch eine Schwingspielzahl n_1 verursachte Schädigung D_i dem Verhältnis n_i/N_i (N_i = Bruchschwingspielzahl) proportional ist:

$$D_i = n_i / N_i \;.$$

Die Gesamtschädigung D ergibt sich aus der Summe der Teilschädigungen D_i, unabhängig von deren Reihenfolge:

$$D = \sum_{i=1}^{j} D_i = D_1 + D_2 + \ldots + D_j$$

$$= \frac{n_1}{N_1} + \frac{n_2}{N_2} + \ldots + \frac{n_j}{N_j} \;.$$

Bei D = 1 tritt der Bruch ein.

Die Streubreite der nach *Palmgren-Miner* berechneten Schadenssummen ist relativ groß. Es wurden deshalb weitere Schadensakkumulationshypothesen entwickelt, so die von *H. T. Corten* und *T. J. Dolan*, die Rißkonzeption nach *K. Klöppel* und *T. Seeger* oder das Folge-Wöhlerkurven-Konzept nach *G. Schott*, auf die in diesem Buch nicht eingegangen werden kann.

5.3.8 Betriebsfestigkeit

Obwohl sich die Höhe der realen Beanspruchungen von vielen Konstruktionsteilen im Betrieb ständig ändert, erfolgte die Dimensionierung schwingend beanspruchter Bauteile und die Beurteilung des Werkstoffverhaltens bis in die 30er Jahre hinein aufgrund des damaligen Standes der wissenschaftlich-technischen Erkenntnisse und der Prüftechnik ausschließlich mit den aus Einstufenversuchen (Wöhlerversuchen) gewonnenen Ergebnissen. Durch die Auslegung des Wöhlerversuches nach den größten am Werkstück vorkommenden Spannungsausschlägen, die aber oft nur in größeren Intervallen auftreten, wurde das Leistungsvermögen der Werkstoffe nicht ausgeschöpft. Lediglich in den Fällen, in denen der Beanspruchungshöchstwert sehr häufig vorkommt, z. B. bei Achsen oder Wellen, konnte den Betriebsanforderungen durch die Ermittlung der Dauerfestigkeit gut entsprochen werden. In vielen anderen Fällen führte diese Vorgehensweise jedoch zu Überdimensionierungen, so daß in den 30er Jahren Mehrstufenversuche mit einer systematischen Folge von höheren und niedrigeren Beanspruchungen eingeführt wurden. Beispiele dafür sind die Ermittlungen von Werkstoffschädigungen nach den Methoden von *French* oder *Müller-Stock*. Wenn die Belastungsstufen bei den Mehrstufenversuchen nach Beanspruchungshöhe sowie -häufigkeit konkreten Betriebsbeanspruchungen angenähert werden, geht der Mehrstufenversuch in den **Betriebsfestigkeitsversuch** über.

Block-Programm-Versuch

Erste Voraussetzung für Betriebsfestigkeitsversuche ist die meßtechnische Erfassung der Spannungs-Zeit-Verläufe von sich unregelmäßig ändernden Betriebsbeanspruchungen. Nachdem dafür geeignete Apparaturen entwickelt worden waren, standen für die versuchstechnische Wiederholung aber nur die für Wöhlerversuche entwickelten Prüfmaschinen zur Verfügung. Als Kompromiß zwischen dem tatsächlichen Belastungsablauf und den versuchstechnischen Gegebenheiten führte *E. Gaßner* Ende der dreißiger Jahre den Block-Programm-Versuch ein. Das ist eine Aneinanderreihung von Einstufenversuchen mit jeweils unterschiedlichen Lastamplituden und Schwingspielzahlen oder, anders ausgedrückt, ein Mehrstufenversuch mit stufenweise veränderter Beanspruchungshöhe (Abb. 5.99). Aus Gründen der Genauigkeit sind viele Stufen, aus Gründen des Versuchsaufwandes wenige Stufen am günstigsten. In der Regel wendet man 6 bis 10 Stufen, am häufigsten 8 Stufen an. Das Beanspruchungskollektiv des Block-Programms soll bis zum Bruch der Probe wenigstens 6 bis 10 mal durchlaufen werden, wobei mit einer mittleren Stufe begonnen wird.

Das Block-Programm wird mit Hilfe einer statistischen Analyse des tatsächlichen Beanspruchungsablaufs, der unter Betriebsbedingungen über einen möglichst langen Zeitraum ermittelt wird, aufgestellt. Man unterscheidet zwischen deterministischen und stochastischen Vorgängen. Bei deterministischen Vorgängen kann eine charakteristische Größe, z. B. der Spannungswert, für einen beliebigen Zeitpunkt mit Hilfe einer expliziten mathematischen Beziehung vorherbestimmt werden. Für mechanisch beanspruchte Konstruktionen trifft das jedoch in der Regel nicht zu. Die Vorgänge sind stochastischer Art (zufallsartig), d. h., daß die den Vorgang kennzeichnende Größe zu jeder Zeit einen unvorhersehbaren Wert annimmt. Die Umsetzung des gemessenen stochastischen Beanspruchungs-Zeit-Verlaufes in den deterministischen Beanspruchungs-Zeit-Verlauf des Block-Programms erfolgt mittels Zählverfahren. Hierzu wird der Bereich der Beanspruchung in gleichmäßige Intervalle (Klassen) geteilt und beispielsweise die Anzahl der Spannungsspitzen in einer Klasse gezählt (Abb. 5.100). Die gezählten Ereignisse werden nach Größe und Häufigkeit sortiert, ihre zeitliche Reihenfolge und die Geschwindigkeit der Beanspruchungs-

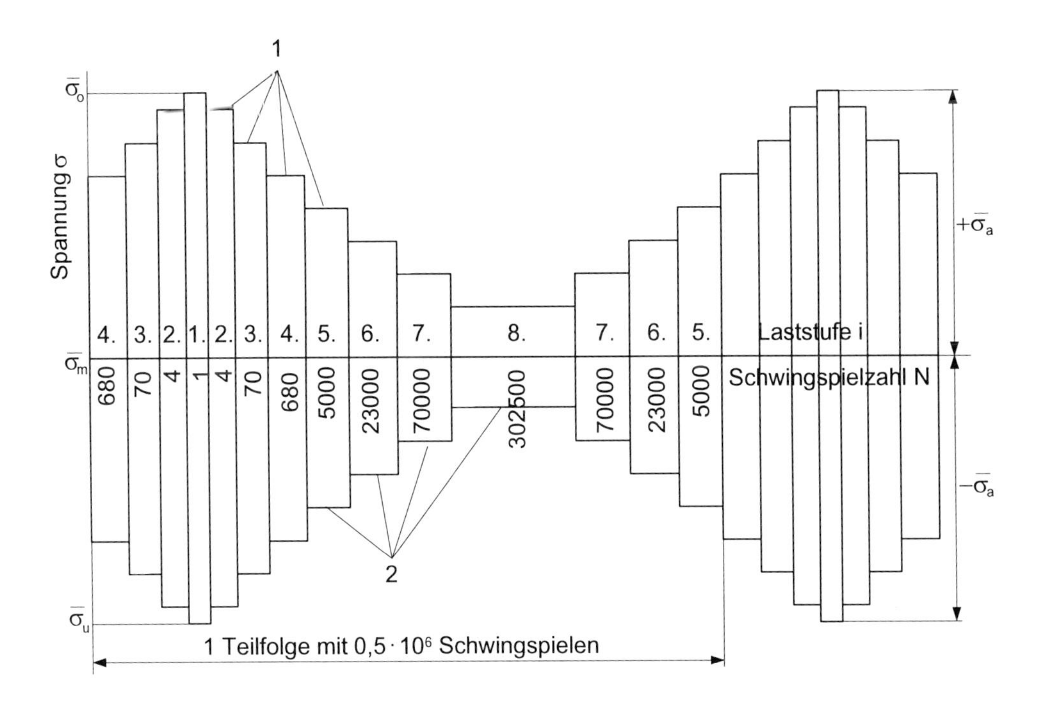

Abb. 5.99 8-Stufen-Blockprogramm, hervorgegangen aus dem Beanspruchungskollektiv der Abbildung 5.101

1 Oberspannungen in den einzelnen Laststufen σ_{oi}

2 Unterspannungen in den einzelnen Laststufen σ_{ui}

$\overline{\sigma}_o$, $\overline{\sigma}_m$, $\overline{\sigma}_u$, $\overline{\sigma}_a$ Ober-, Mittel- und Unterspannung sowie Spannungsamplitude der Betriebsfestigkeit

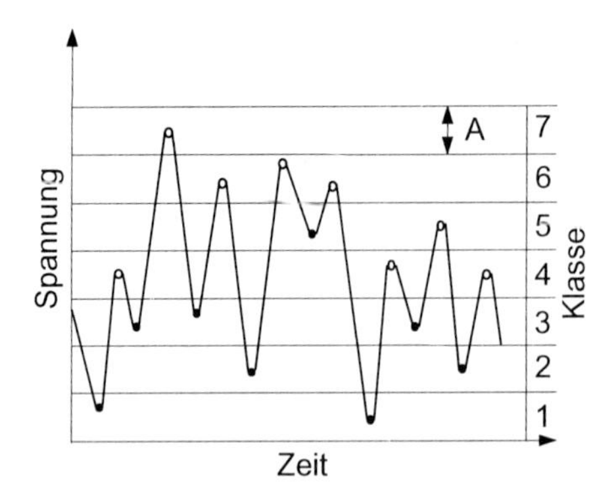

Ergebnisse:

Klasse	Klassenhäufigkeit		Summenhäufigkeit	
	Maximum	Minimum	Maximum	Minimum
7	1	0	1	0
6	3	0	4	0
5	1	1	5	1
4	3	0	8	1
3	0	3	8	4
2	0	2	8	6
1	0	2	8	8

Abb. 5.100 Zählverfahren: Zählung der Spannungsspitzen
A Klasse ○ Maximum ● Minimum

änderung bleiben aber unberücksichtigt. Aus den Zählergebnissen, die sich natürlich auf viel längere Belastungs-Zeit-Verläufe als in der Abbildung 5.100 stützen müssen, wird die Häufigkeitsverteilung ermittelt (Abb. 5.101). Der Verlauf dieser Kurve entspricht bei annähernd konstanter Mittelspannung vielfach einem statistischen Verteilungsgesetz (z. B. Gaußsche oder logarithmische Normalverteilung). Aus dem Beanspruchungskollektiv (Kurve der Häufigkeitsverteilung) wird über die in der Abbildung 5.101 eingezeichnete „Treppung" das in der

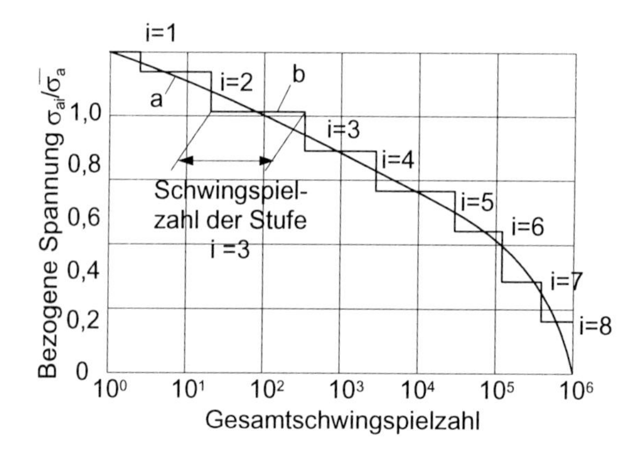

Abb. 5.101 Beanspruchungskollektiv (**a**) und Treppung (**b**) des Kollektivs mit den folgenden Stufenschwingspielzahlen:

Stufe i	1	2	3	4	5	6	7	8
Stufenschwingspielzahl	2	16	280	2 720	20 000	92 000	280 000	605 000
Gesamtschwingspielzahl	2	18	298	3 018	23 000	115 000	395 000	1 000 000

σ_{ai} = Spannungswerte der Stufen i
$\overline{\sigma}_a$ = größter Spannungswert des Kollektivs

Abbildung 5.99 schematisch dargestellte Block-Programm aufgestellt.

Randomversuche

Durch die Entwicklung einer neuen Generation von Schwingprüfmaschinen, den servohydraulischen Prüfmaschinen, in Verbindung mit dem Einsatz der Rechentechnik wurde es möglich, Schwingversuche mit regelloser Beanspruchung, d. h. mit stochastischer Änderung der Schwingbreiten und der Mittelwerte durchzuführen. Man bezeichnet solche Versuche als Randomversuche. Mit ihnen ist es möglich, die an einem Bauteil im Betrieb gemessenen und auf ein Magnetband aufgezeichneten Belastungen im Versuch nachzuvollziehen (**Betriebslasten-Nachfahrversuch**). Diese Methode liefert zwar die genauesten Unterlagen für eine Dimensionierungsaufgabe, sie erfordert aber einen großen Aufwand an Zeit und Kosten, und ihre Ergebnisse sind nur wenig verallgemeinerungsfähig. Diese sowie andere Nachteile haben dazu geführt, daß gewisse Vereinfachungen eingeführt wurden (**digitalisierter Betriebslastenversuch**), daß Kennwerte des aufgezeichneten Beanspruchungsverlaufs nach einem Randomprogramm in unregelmäßiger Folge wiederholt werden (**randomisierter Betriebsfestigkeitsversuch**) oder daß Beanspruchungsabläufe erzeugt werden, die den Bedingungen stationärer Gaußprozesse genügen. (**Random-Prozeßversuch**). Auf Einzelheiten zu diesen Verfahren sowie auf ihre Vor- und Nachteile kann im Rahmen dieses Buches nicht eingegangen werden.

Die Darstellung der Ergebnisse von Mehrstufenversuchen- und Betriebsfestigkeitsversuchen erfolgt nach dem gleichen Prinzip wie die Darstellung der Ergebnisse von Einstufenversuchen. Als Maß für die Beanspruchung, **Betriebsfestigkeit** genannt, dient der höchste Spannungsausschlag $\overline{\sigma_a}$ des Belastungskollektivs. Die Betriebsdauer $\overline{N}$, das ist die Gesamtzahl aller bis zum Bruch ertragenen Schwingspiele, schließt aber auch alle niedrigeren Spannungsausschläge des Kollektivs ein. $\overline{N}$ wird folglich um so größer sein, je kleiner der Anteil hoher Spannungsamplituden im Beanspruchungskollektiv ist, und die kürzeste Betriebslebensdauer $\overline{N}$ wird demzufolge im Einstufenversuch bestimmt, bei dem die Spannungsamplitude gleichbleibend hoch ist. Sie ist identisch mit der Zeitfestigkeit. In der Abbildung 5.102 ist der Einfluß der unterschiedlichen Beanspruchungskollektive 1 bis 4 auf die Lage der Be-

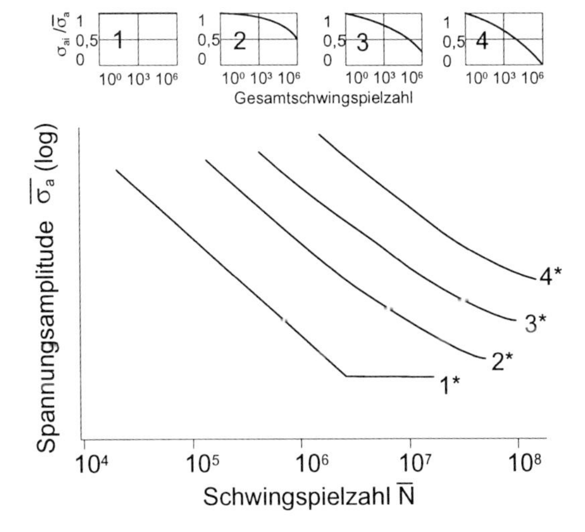

Abb. 5.102 Wöhlerkurve 1* und Betriebsdauerlinien 2* bis 4* für die unterschiedlichen Beanspruchungskollektive 1 bis 4 (schematisch)

triebsdauerlinien dargestellt. Die Betriebsdauerlinien verbinden die für unterschiedliche Spannungsamplituden $\overline{\sigma}_a$ des jeweiligen Kollektivs gemessenen Bruchschwingspielzahlen $\overline{N}$. Da, wie bereits gesagt, mit der Betriebslebensdauer $\overline{N}$ alle Schwingspiele gleichermaßen erfaßt werden, mit der Betriebsfestigkeit aber nur der größte Spannungsausschlag berücksichtigt wird, und da beispielsweise in einem Block-Programm die niedrigen Belastungsstufen den weitaus größten Teil des Beanspruchungskollektivs ausmachen, ist die Betriebsfestigkeit größer als die Zeitfestigkeit aus dem Wöhlerversuch, aber selbstverständlich kleiner als die statische Festigkeit. Aus alledem ergibt sich, daß die Materialausnutzung wesentlich verbessert werden kann, wenn bei der Dimensionierung schwingend beanspruchter Bauteile anstelle der Wöhlerkurve die **Betriebsfestigkeitslinie** (**Betriebsdauerlinie**) zugrunde gelegt wird.

5.3.9 Thermische Ermüdung

Wärmespannungen

Elastische und plastische Verformungen eines Werkstoffs können nicht nur durch das Einwirken äußerer mechanischer Kräfte und Momente, sondern auch durch sich in der Umgebung eines Körpers ändernde Temperaturen hervorgerufen werden. Diese Temperaturänderungen erzeugen Spannungen im Material, die als **Wärmespannungen** bezeichnet werden. Wärmespannungen können sich unter verschiedenen Voraussetzungen ausbilden. Bei der Erwärmung eines Werkstücks infolge Temperaturerhöhung der Umgebung oder an einer Grenzfläche erfolgt der Wärmeübergang über die Oberfläche (Beispiele: Kolben von Verbrennungsmotoren, Bremstrommeln und -backen). Es entsteht also eine Temperaturdifferenz zwischen Rand und Kern. Der zunächst kältere Kern wird durch Wärmeleitung aufgeheizt. Da die Temperaturerhöhungen am Rand mit einer thermischen Ausdehnung verbunden sind, die sich aber wegen des Zusammenhangs mit dem noch kalten Kern nicht ungehindert vollziehen kann, entstehen die Wärmespannungen, und zwar am Rand Druckspannungen und im Kern Zugspannungen. Für die Abkühlung gilt das umgekehrt sinngemäß. Wärmespannungen entstehen auch bei Temperaturänderungen von Verbundwerkstoffen (Beispiel: Thermobimetalle) oder Werkstoffen mit mehrphasigen Gefügen, deren Bestandteile unterschiedliche Ausdehnungskoeffizienten haben. Schließlich treten Wärmespannungen auch in solchen Konstruktionsteilen auf, deren Wärmedehnung bei Temperaturänderung durch eine starre Einspannung verhindert wird (Beispiele: endlos geschweißte Schienen, Rohrschleifen).

Thermische Ermüdung

Wenn die Wärmespannungen größer als die Elastizitätsgrenze des Werkstoffs oder einzelner Gefügebestandteile sind, verursachen sie mikroplastische oder plastische Verformungen. Sich wiederholende Temperaturwechsel führen wie bei zyklischer mechanischer Beanspruchung zu strukturellen Veränderungen im Werkstoff bis hin zur Rißbildung und -ausbreitung. Man nennt diesen Prozeß **thermische Ermüdung**. Treten bei der thermischen Ermüdung hohe Temperaturen auf und werden diese über längere Zeiten aufrechterhalten, kommt es zu einer Beeinflussung der Vorgänge durch Kriechen und Relaxation (Abschnitt 5.2.2). Die obere Grenztemperatur, der die Bauteile ausgesetzt sind, deren Einwirkungsdauer und die Differenz zwischen unterer und oberer Grenztemperatur haben deshalb ebenso wie die Häufigkeit der Temperaturwechsel großen Einfluß auf den Verlauf der thermischen Ermüdung. Werkstoffseitig wirken sich vor allem die Wärmeleitfähigkeit und die thermischen Ausdehnungskoeffizienten aus. Grobkörniges Gefüge sowie Korngrenzenausscheidungen begünstigen die Rißbildung. Vom Bauteil her ist die Materialdicke bedeutungsvoll, da bei großen Querschnitten die Temperaturdifferenzen größer sind. Wenn die Temperaturänderungen, denen die Werkstücke ausgesetzt sind, sehr rasch verlaufen, entstehen große Temperaturgradienten und hohe Wärmespannungen. Man spricht dann von einem Thermoschock. Ein solcher liegt z. B. beim Abschrecken von Stählen in Wasser (Härten siehe Abschnitt 7.4.3.2) vor. Spröde Werkstoffe können unter diesen Bedingungen sofort brechen, zähe Materialien sind einer höheren Riß- und Bruchgefahr als bei langsamen Temperaturänderungen ausgesetzt.

5.3.10 Verhalten von hochpolymeren Werkstoffen bei zyklischer Beanspruchung

Im Abschnitt 5.3.1 wurde bereits darauf hingewiesen, daß Hochpolymere keine ausgeprägte Dauerfestigkeit haben und ihr Verhalten bei zyklischer Beanspruchung von der chemischen Zusammensetzung sowie der Art und Menge von Füllstoffen oder Verstärkungsstoffen abhängt. Weitere Unterschiede zu den metallischen Werkstoffen sind, daß bereits bei Raumtemperatur **Kriechvorgänge** auftreten und daß durch den **viskoelastischen Verformungsmechanismus** (siehe Abschnitt 5.1.2) mehr Energie verbraucht wird, was sich in einer großen Dämpfung und, da die Energie in Wärme umgesetzt wird, in einer bereits von niedrigen Frequenzen an (etwa ab 5 Hz) unzulässigen Erwärmung niederschlägt. Durch die gegenüber der Belastungsänderung verzögert ablaufende Formänderung und durch bereits bei Raumtemperatur ablaufende Kriechvorgänge ist das Verhalten bei zyklischer Beanspruchung sehr von der Temperatur und der Beanspruchungsgeschwindigkeit abhängig.

Die Schwingfestigkeiten von Hochpolymeren sind, verglichen mit denen von Stählen, sehr niedrig. Für Grenz-Schwingspielzahlen von 10^6 oder 10^7, von denen an die Wöhlerkurve meist nur noch eine geringe Neigung gegen die Abszisse hat, liegen sie für handelsübliche Werkstoffe auf Duromer- oder Plastomerbasis in der Regel zwischen 10 und 30 N/mm^2. Füllstoffhaltige Materialien haben, bedingt durch die Kerbwirkung der Füllstoffe, niedrigere Schwingfestigkeiten als füllstofffreie. Durch Verstärkung der hochpolymeren Matrix mit Fasern, am billigsten und deshalb am weitesten verbreitet sind Glasfasern in unterschiedlichen Anordnungen, kann die Dauerfestigkeit auf ein mehrfaches der oben genannten Werte erhöht werden.

5.4 Werkstoffverhalten bei Verschleißbeanspruchung

5.4.1 Verschleißbegriff

Unter **Verschleiß** versteht man den fortschreitenden Materialverlust aus der Oberfläche eines festen Körpers, hervorgerufen durch mechanische Ursachen, d. h. Kontakt und Relativbewegung eines festen, flüssigen oder gasförmigen Gegenkörpers. Die beim Verschleiß auftretende Beanspruchung der Oberfläche des festen Körpers wird als **tribologische Beanspruchung** bezeichnet. In der Praxis wird der Begriff Verschleiß sowohl für die Vorgänge des Verschleißes als auch für ihre Wirkungen verwendet.

Der Verschleiß ist normalerweise unerwünscht, weil er zu einer Minderung der Funktionsfähigkeit von Bauteilen und Werkzeugen führt. Eine Ausnahme bildet der **Einlaufverschleiß**. So werden beispielsweise in Strömungsmaschinen auf den Stator durch thermisches Spritzen weiche Einlaufschichten aufgebracht, um zwischen Rotor und Stator ein geringes Spiel herzustellen. Beim Einlaufen kommt es zum Anstreifen, wobei der mit einer harten Schicht beauflagte Rotor soviel von der Einlaufschicht abträgt, bis sich das erforderliche Spiel eingestellt hat. Dadurch wird ein Materialabtrag vom Rotor und somit das Auftreten einer Unwucht vermieden.

Verluste durch Verschleiß

Der Verschleiß metallischer Werkstoffe gehört zu den häufigsten Ursachen von Schäden sowie notwendigen Reparaturen und Instandsetzungen von Maschinen, Fahrzeugen, Anlagen und Werkzeugen. Die jährlichen Verluste durch Verschleiß betragen nach Schätzungen 2 bis 7 % des Bruttosozialproduktes. Hinzu kommen sekundäre Verluste durch Produktionsausfall und tertiäre durch verminderte Produktqualität.

Zur Lösung von Verschleißproblemen können unterschiedliche Wege beschritten werden. Dazu zählen die Auswahl eines den Verschleißbeanspruchungen optimal angepaßten Werkstoffs, bei geschmierten Systemen auch eines optimalen Schmierstoffs, konstruktive Maßnahmen zur Minderung der tribologischen Beanspruchungen unter Beibehaltung der Effektivität einer Anlage oder eines Prozesses sowie konstruktive und verfahrenstechnische Maßnahmen zum schnellen Austausch oder Regenerieren der Verschleißteile, um die Stillstandszeiten von Anlagen und Aggregaten niedrig zu halten.

Verschleiß als Systemeigenschaft

Das Werkstoffverhalten unter Verschleißbeanspruchung kann nicht durch eine Werkstoffkenngröße charakterisiert werden. Der Grund dafür ist, daß der Verschleiß nicht nur vom Werkstoff abhängt, sondern auch von den konkreten Verschleißbedingungen, d. h. von allen am Verschleißgeschehen beteiligten Stoffen, den auftretenden Belastungen und ihren Wechselwirkungen. Man sagt, der **Verschleiß ist eine Systemeigenschaft** und erfaßt die für den Verschleiß wichtigen Einflußgrößen in einem tribologischen System oder kurz **Tribosystem** (Abb. 5.103).

Zur Analyse von Verschleißvorgängen geht man zweckmäßig von der Struktur des Tribosystems aus. Diese ist gekennzeichnet durch die am Verschleißvorgang beteiligten stofflichen Partner mit ihren tribologisch relevanten Volu-

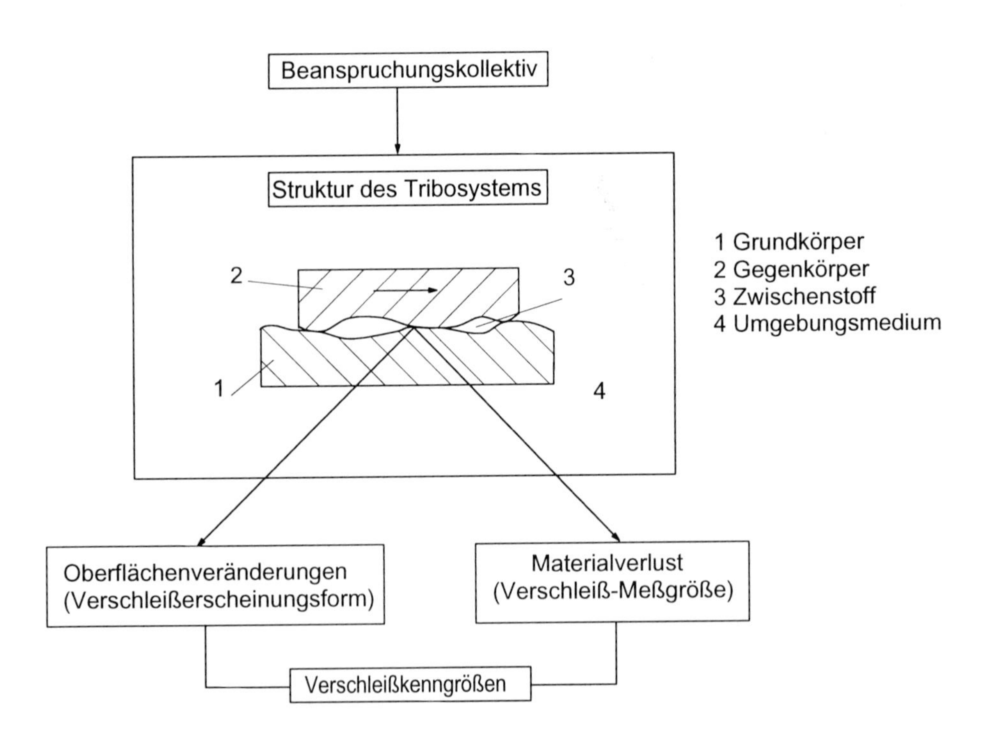

Abb. 5.103 Tribologisches System

men-, Oberflächen-, Stoff- und Formeigenschaften sowie ihren Wechselwirkungen untereinander.

Funktionen von Tribosystemen

Tribosysteme haben in der Technik unterschiedliche Funktionen zu erfüllen. Das können beispielsweise die Übertragung von Bewegungen und Kräften scin (z. B. Lager, Zahnräder), eine Bewegungshemmung (z. B. Bremsen), der Materialtransport (z. B. Schüttgut) und die Materialbearbeitung (Umformung, spanende Bearbeitung). Bei der Funktion eines Tribosystems werden die von außen eingeleiteten Eingangsgrößen über die Struktur des Tribosystems in Nutzgrößen umgewandelt (Abb. 5.104). Zu den dabei gleichzeitig auftretenden Verlustgrößen gehören Reibung und Verschleiß.

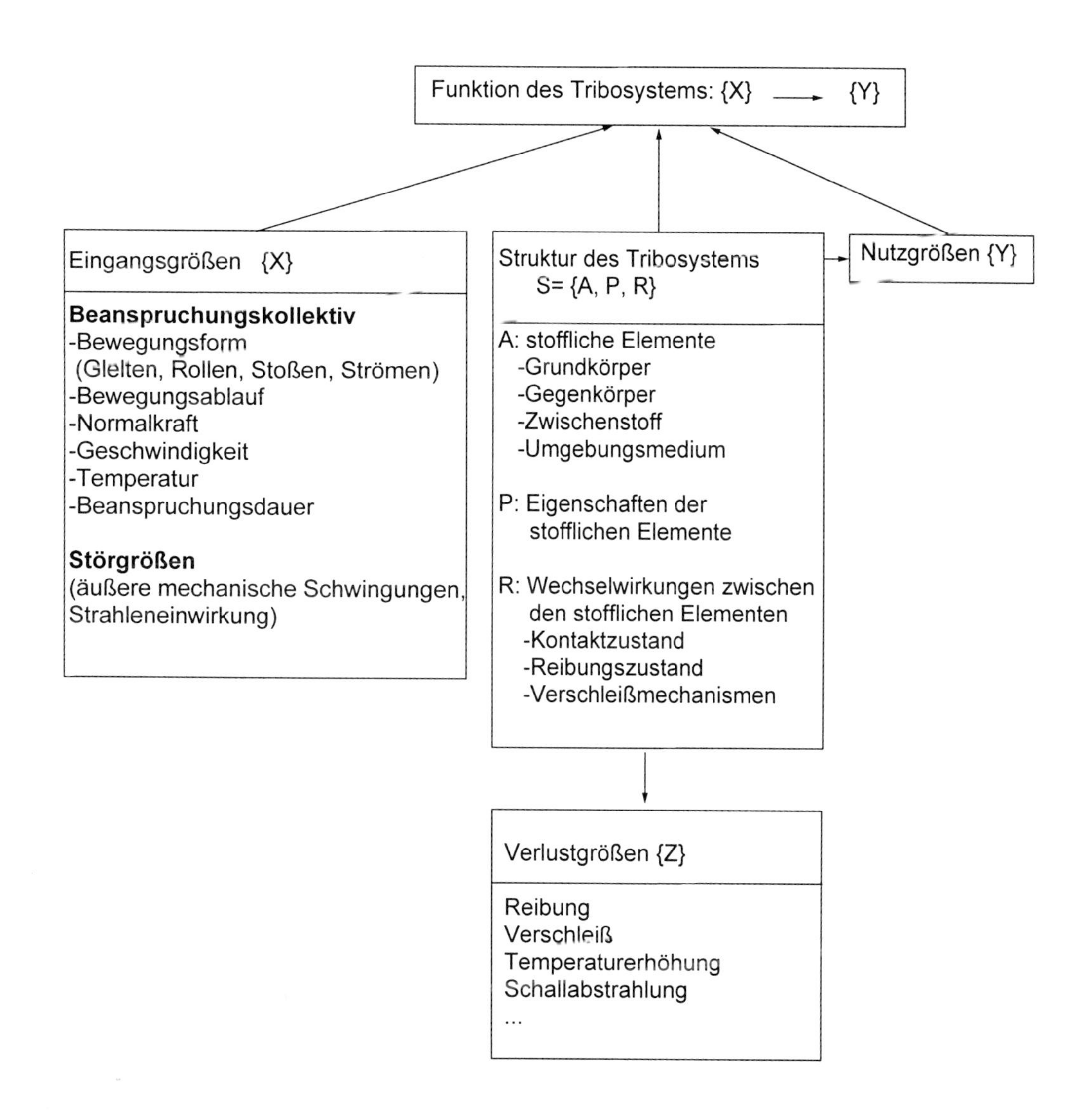

Abb. 5.104 Funktion des Tribosystems nach *Czichos*

Struktur des Tribosystems

Betrachten wir die einzelnen Komponenten näher. Die **Eingangsgrößen** sind durch das **Beanspruchungskollektiv** gegeben und beinhalten die **Bewegungsform** und den zeitlichen **Bewegungsablauf** sowie die **technisch-physikalischen Beanspruchungsparameter**:

- Normalkraft F_N,
- Geschwindigkeit v,
- Temperatur T und
- Beanspruchungsdauer t_b.

Die Bewegungsformen können auf vier Grundbewegungsformen sowie deren Überlagerungen zurückgeführt werden: Gleiten, Rollen, Stoßen und Strömen. Der zeitliche Ablauf der Bewegungen kann kontinuierlich, oszillierend und intermittierend sein.

Die **stofflichen Elemente** des Tribosystems sind:

- der Grundkörper
- der Gegenkörper
- der Zwischenstoff
- das Umgebungsmedium.

Sie können in ihren Stoffeigenschaften nach ihren chemischen, physikalischen, gefügemäßigen und mechanisch-technologischen Eigenschaften aufgegliedert werden. Es ist zu beachten, daß die Stoffeigenschaften der Oberflächenbereiche sich beträchtlich von denen des übrigen Werkstoffvolumens unterscheiden können. Bei metallischen Werkstoffen besteht der **Oberflächenbereich** nach *Schmaltz* aus einer **Adsorptionsschicht**, an die sich **Oxid-** bzw. **Reaktionsschichten** anschließen, bevor der Übergang zum unbeeinflußten Grundwerkstoff erfolgt (Abb. 5.105). Die Dicke dieser Oberflächenschichten und die Rauheit sind bei den Oberflächeneigenschaften zusätzlich zu berücksichtigen. Die **Formeigenschaften** sind durch Gestalt und Abmessungen gegeben.

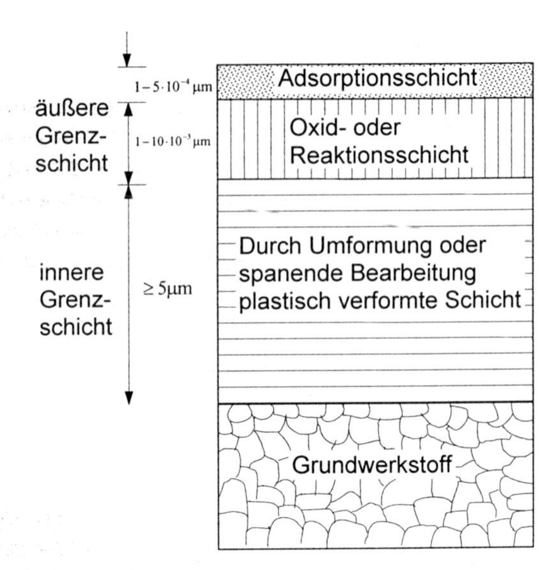

Abb. 5.105 Aufbau der Randschicht metallischer Werkstoffe nach *Schmaltz*

Bei den **Wechselwirkungen** zwischen den stofflichen Elementen spielen der **Kontaktzustand** (Flächen-, Linien- oder Punktkontakt), der **Reibungszustand** (z. B. Festkörper-, Misch-, Flüssigkeits- oder Gasreibung) und die auftretenden **Verschleißmechanismen** eine Rolle. Ein Teil der in ein Tribosystem eingeleiteten mechanischen Bewegungsenergie wird durch Reibung in andere Energieformen, hauptsächlich in Wärme, umgewandelt. Dadurch erhöht sich die Betriebstemperatur des Tribosystems.

5.4.2 Verschleißmechanismen und Verschleißerscheinungsformen

Beim Verschleißvorgang werden kleine Teilchen, die **Verschleißpartikel**, aus der beanspruchten Oberfläche losgelöst, die beanspruchte Oberfläche erfährt Stoff- und Formänderungen. Die diesen Veränderungen zugrunde liegenden physikalisch-chemischen Elementarvorgänge können im wesentlichen durch vier **Haupt-Verschleißmechanismen** beschrieben werden:

- **Adhäsion:**
  Ausbildung und Trennung von Grenzflächen-Haftverbindungen
  (z. B. „Kaltverschweißungen", „Fressen")
- **Abrasion:**
  Materialabtrag durch ritzende Beanspruchung
  (Mikrozerspanungsprozeß)
- **Oberflächenzerrüttung:**
  Ermüdung und Rißbildung in Oberflächenbereichen durch tribologische Wechselbeanspruchungen, die zu Materialtrennungen führen
  (z. B. „Grübchen")
- **tribochemische Reaktionen:**
  Entstehung von Reaktionsprodukten durch die Wirkung von tribologischer Beanspruchung bei chemischer Reaktion von Grundkörper, Gegenkörper und angrenzendem Medium

Die Verschleißmechanismen können im praktischen Verschleißfall einzeln wirksam sein, sich während der Verschleißbeanspruchung durch Veränderung der Verschleißbedingungen ablösen oder auch überlagern. Beim Wirksamwerden der einzelnen Verschleißmechanismen treten typische **Verschleißerscheinungsformen** auf. Man versteht unter der Verschleißerscheinungsform die Veränderungen der Oberflächenbereiche infolge des Verschleißes und die Art und Form der anfallenden Verschleißpartikel.

5.4.2.1 Adhäsion

Die Adhäsion kann nur dann auftreten, wenn sich beide Verschleißpartner unmittelbar berühren. Betrachtet man die Oberflächen von Bauteilen näher, so stellt man fest, daß sie nicht vollkommen eben sind. Sie weisen auch im polierten Zustand immer eine bestimmte Rauhigkeit auf, so daß die Berührung tatsächlich nur an den Rauhigkeitsspitzen, den Mikrokontaktflächen, erfolgt. Die tatsächliche Kontaktfläche, die sich aus der Summe der Mikrokontaktflächen ergibt, ist also viel kleiner als die durch die Abmessungen der Verschleißkörper gegebene geometrische Berührungsfläche (Abb. 5.106).

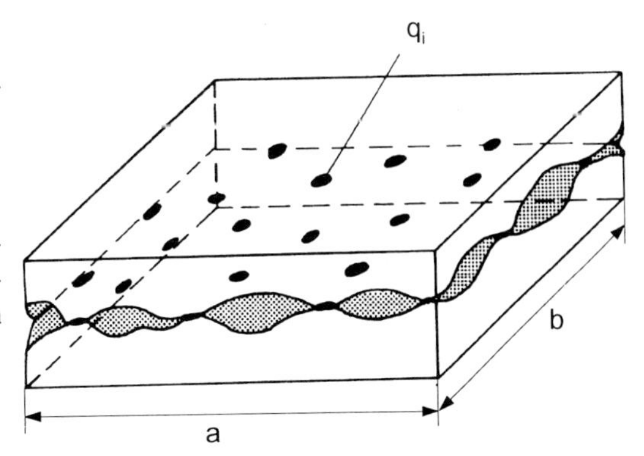

Geometrische Kontaktfläche $A_{geom.} = a \cdot b$

Wahre Kontaktfläche $A_w = \sum_{i=1}^{n} q_i$

Abb. 5.106 Geometrische und wahre Kontaktfläche nach *K.-H. Habig*

Unter der Einwirkung einer Normalkraft F_N treten aufgrund der kleinen Berührungsflächen beträchtliche mechanische Spannungen in den Kontaktbereichen auf. Durch tangentiale Relativbewegungen der Verschleißkörper werden die Spannungen noch verstärkt. Die Spannungen können örtlich so groß werden, daß die Rauhigkeitsspitzen elastisch oder elastisch-plastisch verformt werden. Wenn dabei die an der Oberfläche vorhandenen Adsorptions- und Reaktionsschichten örtlich zerstört werden, entsteht ein **atomarer Kontakt** zwischen den Oberflächen, so daß **atomare Bindungen** gebildet werden können. Bei den metallischen Werkstoffen tritt die metallische Bindung zwischen den Verschleißpartnern auf, und es kommt zum **örtlichen Verschweißen**.

Da während des Verschleißvorganges **Relativbewegungen** von Grund- und Gegenkörper stattfinden, müssen diese Verbindungen wieder gelöst werden. Die **Materialtrennung** tritt dabei nicht immer an den ursprünglichen Mikrokontaktflächen ein. Sie kann auch im oberflächennahen Bereich in einem der Verschleißpartner erfolgen, wenn dort die Kohäsionskräfte kleiner sind als die Adhäsionskräfte der gebildeten Verschweißung. Es kommt in diesen Fällen zum **Materialübertrag**. Im allgemeinen erfolgt ein bevorzugter Materialübertrag vom weichen zum härteren Partner. Entscheidend dafür ist, wo die Bedingungen für die **Rißbildung** und das **Rißwachstum** bis zum Bruch gegeben sind. Es ist dabei zu beachten, daß die plastische Verformung der Rauhigkeitsspitzen zu einer erheblichen **Kaltverfestigung** dieser Bereiche führt und damit auch die Härte erhöht wird. Die aufgetragenen Teilchen werden im Verlauf des Verschleißvorganges entsprechend der nun entstandenen neuen Rauhigkeitsspitzen stärker belastet, so daß es in der Folge zum Abtrennen der Teilchen kommen kann, die dann als **Verschleißpartikel** anfallen.

Erscheinungsformen des Adhäsionsverschleißes sind: **Fresser**, **Löcher**, **Kuppen**, **Schuppen** und **Materialübertrag.** Die Abbildung 5.107 zeigt als Beispiel eine Metalloberfläche, die bei der Modellverschleißprüfung nach dem System Stift-Scheibe (Abschnitt 5.4.4) adhäsiven Verschleißbedingungen ausgesetzt war.

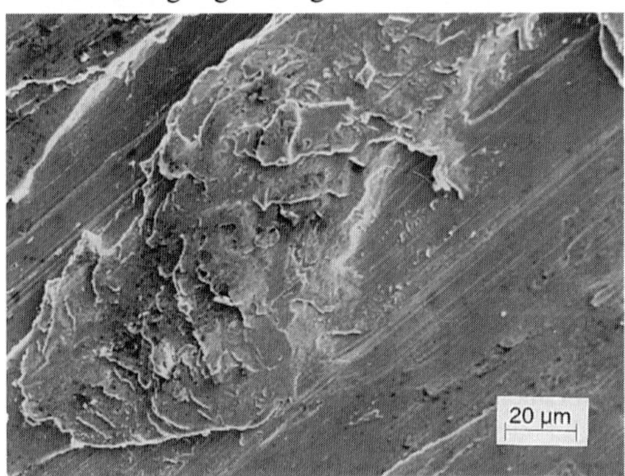

Abb. 5.107 Oberfläche nach adhäsiver Verschleißbeanspruchung (REM-Aufnahme)

Der **adhäsive Verschleiß** ist z. B. bei Gleitlagern anzutreffen, wenn der Schmierfilm unterbrochen wurde, was zum plötzlichen Versagen des Lagers führen kann. Weitere typische Baugruppen, deren Funktion durch adhäsiven Verschleiß beeinträchtigt werden können, sind Getriebe, Kolben und Zylinder sowie elektrische Kontakte. Die Bildung von Aufbauschneiden bei Zerspanungswerkzeugen wird ebenfalls durch Adhäsion verursacht.

Da die Adhäsion vor allem von den chemischen (Bindungstyp), physikalischen (Oberflächenenergie), und mechanischen (Härte, Verformbarkeit, Widerstand gegen Rißbildung und -ausbreitung) Eigenschaften der Verschleißpartner und deren geometrischen Gegebenheiten der Oberflächen (Rauhigkeit) sowie in entscheidendem Maße vom Zwischenstoff (Schmierung) und dem Umgebungsmedium abhängt, besteht die Möglichkeit, durch die Wahl geeigneter Werkstoffpaarungen und das Einbringen von adsorptiven Zwischenschichten (Schmierung, Beschichtung von Verschleißpartnern) die Reibung und den adhäsiven Verschleiß herabzusetzen.
Zur Einschränkung des adhäsiven Verschleißes können folgende Maßnahmen getroffen werden:

- Vermeidung von metallischen Werkstoffpaarungen bzw. Verwendung artfremder Werkstoffpaarungen z. B. Metall/ Keramik, Metall/Kunststoff

- Einsatz von Werkstoffen mit heterogenem Gefügeaufbau (z. B. kein rein ferritisches oder austenitisches Gefüge, besser Ferrit/Perlit oder eingelagerte Carbide)

- Einsatz von Werkstoffen mit hohem kovalenten Bindungsanteil, um geringe molekulare Wechselwirkungen zu erreichen, z. B. Hartstoffe

- Aufbringen von Oberflächenschichten mit geringer Adhäsionsneigung

5.4.2.2 Abrasion

Der abrasive Verschleiß ist durch das **Eindringen von Rauhigkeitshügeln** des Gegenkörpers oder von **Partikeln** aus dem Zwischenstoff in die Oberfläche des Grundkörpers bei gleichzeitiger **Tangentialbewegung** gekennzeichnet. Dazu ist es erforderlich, daß der Abrasivstoff im Vergleich zum Grundkörper eine höhere Härte aufweist. Aufgrund der meist geringen Größe der Kontaktstellen zwischen Abrasiv und Grundkörperoberfläche treten örtlich sehr hohe **Flächenpressungen** auf, so daß das Eindringen ermöglicht wird und bei der Relativbewegung die für diesen Verschleißmechanismus typischen Verschleißerscheinungsformen wie **Kratzer**, **Riefen**, **Mulden** und **Wellen** entstehen (Abb. 5.108).

Abb. 5.108 Oberfläche nach abrasiver Verschleißbeanspruchung (REM-Aufnahme)

Das Erscheinungsbild der entstehenden Verschleißspuren wird durch die Festigkeitseigenschaften des Grundwerkstoffs wesentlich beeinflußt. Bei duktilen Werkstoffen erfolgt in der Verschleißfurche eine plastische Verformung. Entlang der Verschleißspur bilden sich seitliche **Verformungswälle**, wobei zunächst kein Materialverlust auftritt (**Mikrofurchen**, Abb. 5.109a). Bei wiederholter Beanspruchung der verformten Bereiche durch die Abrasivteilchen kommt es schließlich zum **Materialabtrag** infolge **Ermüdung** (Abb. 5.109b). Wird beim Einwirken eines Abrasivteilchens das Verformungsvermögen des Werkstoffs überschritten, so werden **Mikrospäne** gebildet, und es fallen Verschleißteilchen an. Man spricht deshalb auch vom **Mikrospanen** (Abb. 5.109c). In spröden Werkstoffen treten muschelförmige Ausbrüche entlang der Ritzspur auf (**Mikrobrechen**, Abb. 5.109d).

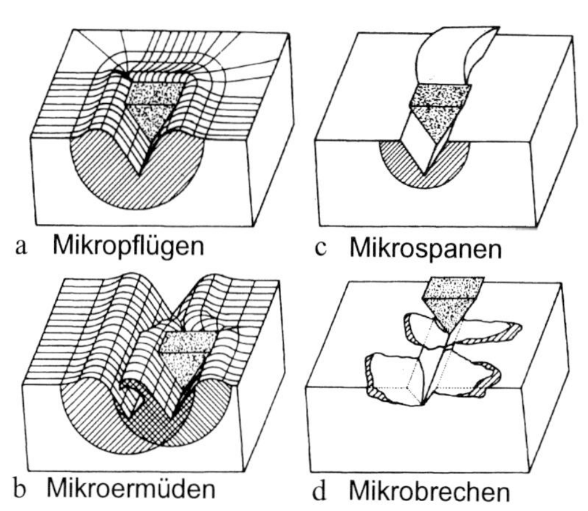

Abb. 5.109 Werkstoffschädigung beim Abrasivverschleiß nach *K. H. Zum Gahr*

Für das **Eindringen des Abrasivs** ist der Härteunterschied zwischen Abrasivstoff und Grundkörperwerkstoff entscheidend, für das **Abscheren der Späne** die **Festigkeit** und **Zähigkeit** des Grundkörpers. Unter abrasiven Bedingungen kann demzufolge der Verschleiß bedeutend verringert werden, wenn die Härte des Abrasivs geringer als die Härte des Grundkörpers ist. Betrachtet man den Verschleiß eines Werkstoffs beim Einwirken von Abrasivstoffen unterschiedlicher Härte, so ergibt sich ein typisches **Tief-Hochlage-Verhalten** in Abhängigkeit von der Härte des Abrasivstoffs (Abb. 5.110).

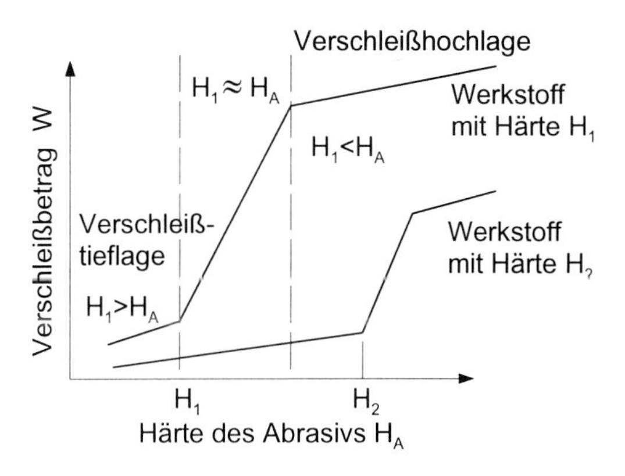

Abb. 5.110 Tief-Hochlage-Verhalten des abrasiven Verschleißes in Abhängigkeit von der Härte des Abrasivs

Ist die Werkstoffhärte größer als die des angreifenden Abrasivs, so befindet sich der Verschleiß in der **Tieflage**, d. h. der Verschleißbetrag ist äußerst gering. Bei vergleichbarer Härte von Werkstoff und Abrasiv erfolgt ein steiler Anstieg des Verschleißes, und bei weiter zunehmender Härte des Abrasivs befindet sich der Verschleiß in der **Hochlage**.

Verschleiß und Härte

Es wird vielfach versucht, Zusammenhänge zwischen der Härte und dem Verschleiß eines Werkstoffs herzustellen. Im Falle des Abrasivverschleißes ist für bestimmte Werkstoffgruppen eine lineare Abhängigkeit des Verschleißwiderstandes in der Hochlage von der Werkstoffhärte erkennbar (Abb. 5.111). Es wird aber gleichzeitig deutlich, daß die Härte nicht als Maß für den abrasiven Verschleißwiderstand betrachtet werden darf. Vergleicht man nämlich unterschiedliche Werkstoffe gleicher Härte, z. B. wärmebehandelte C-Stähle und kaltverformte Metalle, so ist festzustellen, daß erhebliche Unterschiede im Verschleißwiderstand auftreten können. Die Ursachen dafür sind vor allem der verschiedenartige Gefügeaufbau und ein unterschiedliches Verformungsvermögen der Werkstoffe.

Abrasive Beanspruchungen treten z. B. im Bergbau und der Bauindustrie, wobei neben dem Abbau insbesondere Zerkleinerungs-, Misch- und Transportprozesse zu nennen sind, bei der Bodenbearbeitung sowie in der chemischen und kunststoffverarbeitenden Industrie auf. Besonders betroffene Bauteile bzw. Anlagen sind Baggerzähne, Pflugschare, Betonmischer, Mühlen, Extruderschnecken für die Kunststoffverarbeitung, wo vor allem die Füllstoffe abrasiv wirken, Preßformen für Keramikteile sowie allgemein Maschinenteile, bei denen Abrasivteilchen als Zwischenstoff meist ungewollt auftreten, z. B. in Lagern oder Getrieben.

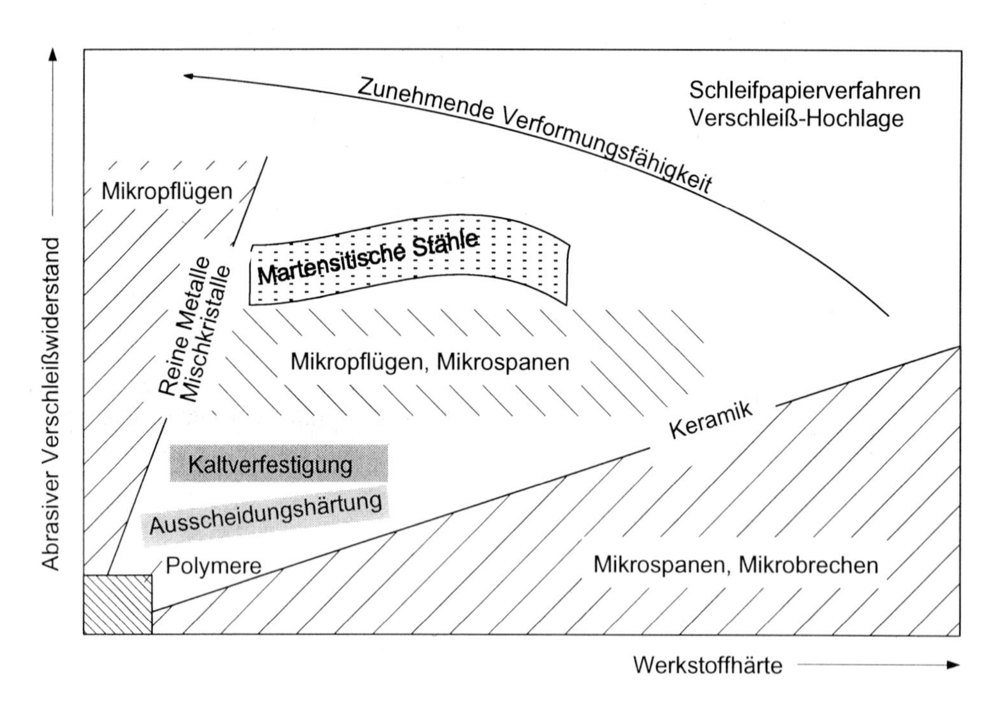

Abb. 5.111 Abrasiver Verschleißwiderstand verschiedener Werkstoffe in der Verschleißhochlage als Funktion der Werkstoffhärte (schematisch nach *Zum Gahr*)

Durch geeignete Werkstoffauswahl kann der abrasive Verschleiß eingeschränkt werden:

- Werkstoffe mit hoher Härte, d. h. härter als das angreifende Abrasiv bei ausreichender Zähigkeit
- gummielastische Werkstoffe (bei Strahlverschleiß, Spülverschleiß).

5.4.2.3 Oberflächenzerrüttung

Die Oberflächenzerrüttung kann immer dann auftreten, wenn die Oberfläche des Grundkörpers durch den Gegenkörper **dynamisch belastet** wird. Es laufen dann in den oberflächennahen Bereichen prinzipiell die gleichen Vorgänge wie bei der **Werkstoffermüdung** im Werkstoffvolumen ab. Man spricht deshalb auch von **Ermüdungsverschleiß**.

Im Kontakt des Grundkörpers mit dem Gegenkörper treten bei **zyklischer Belastung wechselnde mechanische Spannungen** im Oberflächenbereich auf. Durch wiederholte **örtliche elastische** und **plastische Verformung** kommt es nach Erschöpfung des Verformungsvermögens zur **Rißbildung** und zum allmählichen **Rißwachstum**, bis schließlich kleine Verschleißteilchen aus der Oberfläche heraus getrennt werden. Es bilden sich **Risse**, **Grübchen** oder **Löcher**. Wenn sich die parallel zur Oberfläche entstandenen Risse mit größerer Geschwindigkeit als die senkrecht orientierten ausbreiten, werden bei weiterer mechanischer Beanspruchung plattenförmige Verschleißpartikel abgetrennt (**Delamination**).

Die Oberflächenzerrüttung tritt insbesondere bei Wälzlagern, Zahnrädern und Fahrzeugschienen auf. Hydrodynamisch geschmierte Gleitlager unterliegen ebenfalls diesem Verschleißmechanismus, da die mechanischen Spannungen wechselnder Größe durch den Schmierfilm übertragen werden. Die Oberflächenzerrüttung ist darüber hinaus ein Teilprozeß bei Gleit- und Stoßbeanspruchungen. Hierbei sind z. B. **Prallstrahlverschleiß**, **Erosionsverschleiß**, **Werkstoffkavitation** und **Tropfenschlag** als Verschleißarten (s. Abschn. 5.4.3) zu nennen.

Da für den Widerstand gegen Oberflächenzerrüttung in erster Linie die Dauerfestigkeit des Werkstoffs im Bereich der höchsten Beanspruchung maßgebend ist, entsprechen die Maßnahmen zur Verminderung der Oberflächenzerrüttung weitgehend denen, die auch zur Verbesserung der Dauerfestigkeit angewendet werden.

- Einsatz von Werkstoffen mit hoher Härte und großer Zähigkeit (Kompromißfindung, da beide Eigenschaften in der Regel gegenläufig sind)
- Verzögerung der Rißeinleitung durch Einstellen hoher Festigkeiten
- Verwendung homogener Werkstoffe bzw. von Werkstoffen mit fein verteilten und feinkörnigen harten Phasen (z. B. Carbide in Wälzlagerstählen)
- Verringerung der wirkenden mechanischen Kontaktspannungen, z. B. durch Überlagerung von Druckeigenspannungen und Schmierung
- Vermeidung inhomogener Spannungsverteilung durch Einschlüsse oder innere Kerben
- geringe Rauhigkeit der Oberflächen.

5.4.2.4 Tribochemische Reaktionen

Durch tribochemische Reaktionen werden bei tribologischer Beanspruchung **Reaktionsprodukte** gebildet, wenn Grund-, Gegenkörper und das angrenzende Medium chemische Reaktionen miteinander eingehen. Dabei können nach *Heidemeyer* folgende unterschiedliche Prozesse beteiligt sein:

- Entfernung von reaktionshemmenden Deckschichten
- Beschleunigung des Transports der Reaktionsteilnehmer

- Vergrößerung der reaktionsfähigen Oberfläche
- Temperaturerhöhung infolge Reibungswärme
- Entstehung von Oberflächenatomen mit freien Valenzen infolge von Gitterstörungen, die durch Deformation hervorgerufen werden.

Durch tribochemische Reaktionen ändern sich der Aufbau und die Eigenschaften der äußeren Grenzschicht der Oberfläche. Die gebildeten Schichten können in Abhängigkeit von ihrer Schichtdicke und Härte den Verschleißbetrag erhöhen oder auch erniedrigen. Sie wirken z. B. als **Schutzschichten** gegen adhäsiven Verschleiß, wenn durch sie der metallische Kontakt von Grund- und Gegenkörper verhindert wird. Bei größeren Schichtdicken kommt es dagegen wegen der meist großen Sprödigkeit dieser Reaktionsschichten (z. B. Oxidschichten) zum **Abplatzen** von Schichtteilen, die ihrerseits abrasiv wirken können. Die freigewordenen Oberflächenbereiche sind dann wiederum sehr reaktionsfreudig, so daß erneut Reaktionsschichten gebildet werden. Es besteht aber auch die Möglichkeit, daß es an den freigelegten Oberflächen zu adhäsivem Verschleiß kommt.

Verschleißerscheinungsformen bei tribochemischen Reaktionen sind **Schichten** und **Partikel**. In der Praxis sind tribochemische Reaktionen, man spricht auch von Tribooxidation oder Reiboxidation, an der Bildung von Reibrost oder Passungsrost beteiligt. Gefährdet sind Gleitpaarungen, insbesondere Lager, bei denen durch die Reaktionsschichten das Lagerspiel verringert wird, was schließlich zum Ausfall des Lagers führen kann. Die Tribooxidation kann auch bei nichtrostenden Stählen auftreten, wenn durch Reibung die schützende Passivschicht beschädigt wird.

Maßnahmen zur Einschränkung der tribochemischen Reaktionen sind:

- Vermeidung von metallischen Werkstoffen, Einsatz von Keramik und hochpolymeren Werkstoffen
- Einsatz von Edelmetallen, die keine Reaktionsschichten bilden (z. B. bei Kontakten)
- Umgebungsmedien, die keine störenden chemischen Reaktionen bewirken.

5.4.3 Verschleißarten

Betrachtet man den Verschleiß unter dem Gesichtspunkt der auftretenden tribologischen Beanspruchung, so kann unter Einbeziehung der jeweiligen Systemstruktur in verschiedene **Verschleißarten** untergliedert werden. Die Tabelle 5.8 enthält eine Zusammenstellung der Verschleißarten und die dabei wirkenden Verschleißmechanismen. Bei den meisten Verschleißarten können mehrere Verschleißmechanismen wirksam sein. Das hat zur Folge, daß auch bei gleicher Verschleißart unterschiedliche Verschleißerscheinungsformen möglich sind.

Außer bei der Tribooxidation können dem Verschleißvorgang auch korrosive Prozesse überlagert sein, wenn Flüssigkeit mit oder ohne Partikel sowie Gas mit Partikeln am Verschleißvorgang beteiligt sind.

Unter **Erosion** (**Spül-** oder **Gleitstrahlverschleiß**) versteht man das Abtragen von Oberflächenteilchen durch bewegte Gase oder Flüssigkeiten, in denen Partikel von Festkörpern enthalten sind. Die Erosion in Flüssigkeiten ist häufig mit Korrosion verbunden. Sie kann diese durch den Abtrag von Korrosionsprodukten oder die Zerstörung von Schutzschichten ganz beträchtlich beschleunigen.

Die **Werkstoffkavitation**, auch **Hohlsog** genannt, beruht auf dem Zusammenbruch von örtlich begrenzten Vakua bzw. der schlagartigen Kondensation von Dampfbläschen in Flüssigkeiten, wodurch Flüssigkeitsschläge entstehen, die den Werkstoff zerstören. Die Vakua bzw. Dampfbläschen bilden sich in Flüssigkeiten, die mit großer Geschwindigkeit an einem Festkörper vorbeiströmen, beispielsweise an Schiffsschrauben und Turbinenschaufeln oder in Rohren und Behältern.

Tabelle 5.8 Hauptsächliche Verschleißarten bei verschiedenen tribologischen Beanspruchungen

Systemstruktur	Tribologische Beanspruchung (Symbole)	Verschleißart	Wirkende Mechanismen (einzeln oder kombiniert)			
			Adhäsion	Abrasion	Oberfl.-zerrüttung	Tribochem. Reaktionen
Festkörper -Zwischenstoff (vollständige Filmtrennung) -Festkörper	Gleiten Rollen Wälzen Prallen Stoßen	-			×	×
Festkörper -Festkörper (bei Festkörperreibung, Grenzreibung, Mischreibung)	Gleiten	Gleitverschleiß	×	×	×	×
	Rollen Wälzen	Rollverschleiß Wälzverschleiß	×	×	×	×
	Prallen Stoßen	Prallverschleiß Stoßverschleiß	×	×	×	×
	Oszillieren	Schwingungsverschleiß	×	×	×	×
Festkörper -Festkörper und Partikel	Gleiten	Furchungsverschleiß		×		
	Gleiten	Korngleitverschleiß		×		
	Wälzen	Kornwälzverschleiß		×		
Festkörper -Flüssigkeit mit Partikeln	Strömen	Spülverschleiß (Erosionsverschleiß)		×	×	×

Tabelle 5.8 (Fortsetzung)

Systemstruktur	Tribologische Beanspruchung (Symbole)	Verschleißart	Wirkende Mechanismen (einzeln oder kombiniert)			
			Adhäsion	Abrasion	Oberfl.-zerrüttung	Tribochem. Reaktionen
Festkörper -Gas mit Partikeln	Strömen	Gleitstrahlverschleiß (Erosionsverschleiß)		×	×	×
	Prallen	Prallstrahl-Schrägstrahlverschleiß		×	×	×
Festkörper -Flüssigkeit	Strömen Schwingen	Werkstoffkavitation, Kavitationserosion			×	×
	Stoßen	Tropfenschlag			×	×

Beim Zusammenwirken von Korrosion und Kavitation ist die zerstörende Wirkung der Kavitation bedeutend größer als die der Korrosion.

Die Zuordnung der in der Praxis auftretenden Verschleißfälle zu einer Verschleißart wird oft dadurch erschwert, daß sowohl die Verschleißarten als auch die Verschleißmechanismen in beliebiger Kombination auftreten können.

5.4.4 Verschleißprüfung

Wie wir bereits festgestellt haben, ist der Verschleiß eine Systemeigenschaft und läßt sich nicht durch Werkstoffkennwerte beschreiben. Das Verschleißverhalten von Bauteilen, Werkzeugen, Maschinen und Anlagen kann deshalb nur durch entsprechende Verschleißprüfungen untersucht werden. Mit Hilfe der Verschleißprüfung sollen insbesondere die **Funktionsfähigkeit** und die **Lebensdauer** von Tribosystemen ermittelt werden. Weitere Ziele sind die **Optimierung von Bauteilen** oder **tribologischen Systemen**, um eine vorgegebene Gebrauchsdauer zu erreichen, eine **verschleißgerechte Werkstoff-** und gegebenenfalls **Schmierstoffauswahl**, die **Diagnose von Betriebszuständen** sowie die **Verschleißforschung.**

Für die **Verschleißprüfung** gibt es sechs Kategorien, die von Betriebsversuchen an kompletten Anlagen (Kategorie I) über Prüfstandversuche (Kategorie II und III) bis hin zu Versuchen mit Modellsystemen (Kategorien IV - VI) reichen. Die Tabelle 5.9 gibt dazu einen Überblick.

Tabelle 5.9 Kategorien der Verschleißprüfung

Kategorie	Art des Versuches Beanspruchungskollektiv		Systemstruktur	
I	Betriebs- bzw. betriebsähnliche Versuche	Betriebsversuch (Feldversuch)	Original-bauteile	komplette Maschine/ komplette Anlage
II		Prüfstandversuch mit kompletter Maschine oder Anlage		komplette Maschine/ komplette Anlage
III		Prüfstandversuch mit Aggregat oder Baugruppe		komplettes Aggregat/Baugruppe
IV	Versuche mit Modellsystem	Versuch mit unverändertem Bauteil oder verkleinertem Aggregat		herausgelöste Bauteile/verkleinertes Aggregat
V		Beanspruchungsähnlicher Versuch mit Probekörpern	Modellproben	Teile mit vergleichbarer Beanspruchung
VI		Modellversuch mit einfachen Probekörpern		einfache Probekörper

Die Übertragbarkeit der in den einzelnen Kategorien der Verschleißprüfung gewonnenen Ergebnisse auf die in der Praxis tatsächlich vorliegenden Verhältnisse ist unterschiedlich und nimmt mit der schrittweisen Reduktion des Tribosystems von der Kategorie I bis VI ab. Oft werden bei der Prüfung **verschärfte Betriebsbedingungen** bzw. **Verschleißbedingungen** angewendet, um einerseits die Versuchsdauer zu verkürzen und andererseits kritische Zustände zu erkennen.

Betriebsversuche sind sehr kosten- und zeitaufwendig und ermöglichen in der Regel keine Optimierung zur Verlängerung der verschleißbedingten Gebrauchsdauer. **Prüfstandversuche** erlauben gezielte Parameterstudien, wobei Aussagen über die Gebrauchsdauer nur im Vergleich mit anderen Aggregaten möglich sind. Durch **Verschleißversuche an Probekörpern** und insbesondere durch **Modellversuche** mit einfachen Probekörpern sollen die Vorgänge, die am realen Bauteil im momentanen Kontaktbereich ablaufen, simuliert werden. Problematisch ist, daß wegen der verwendeten kleinen Probekörper im Grenzflächenbereich meist höhere Temperaturen auftreten, wodurch sich z. B. durch tribochemische Reaktionen andere Verhältnisse ergeben können als am realen Bauteil. Die Modellversuche werden in bestimmten Prüfmaschinen, den **Tribometern**, durchgeführt. Diese beruhen auf unterschiedlichen Wirkprinzipen, wodurch die Verschleißuntersuchung **mechanismenorientiert** erfolgen kann. Es lassen sich daraus Hinweise auf das Verschleißverhalten im Betrieb ableiten. Gebräuchliche Prüfprinzipe sind in der Abbildung 5.112 dargestellt. Die Vielzahl der unterschiedlichen Versuchsanordnungen und das Fehlen von Richtlinien für die Versuchsparameter ermöglichen jedoch nur selten den unmittelbaren Vergleich von Ergebnissen.

5.4.5 Verschleiß-Meßgrößen

Durch Verschleiß-Meßgrößen werden direkt oder indirekt die **Änderungen** der **Gestalt** oder der **Masse** eines Körpers durch Verschleiß gekennzeichnet. Die Verschleiß-Meßgrößen ge-

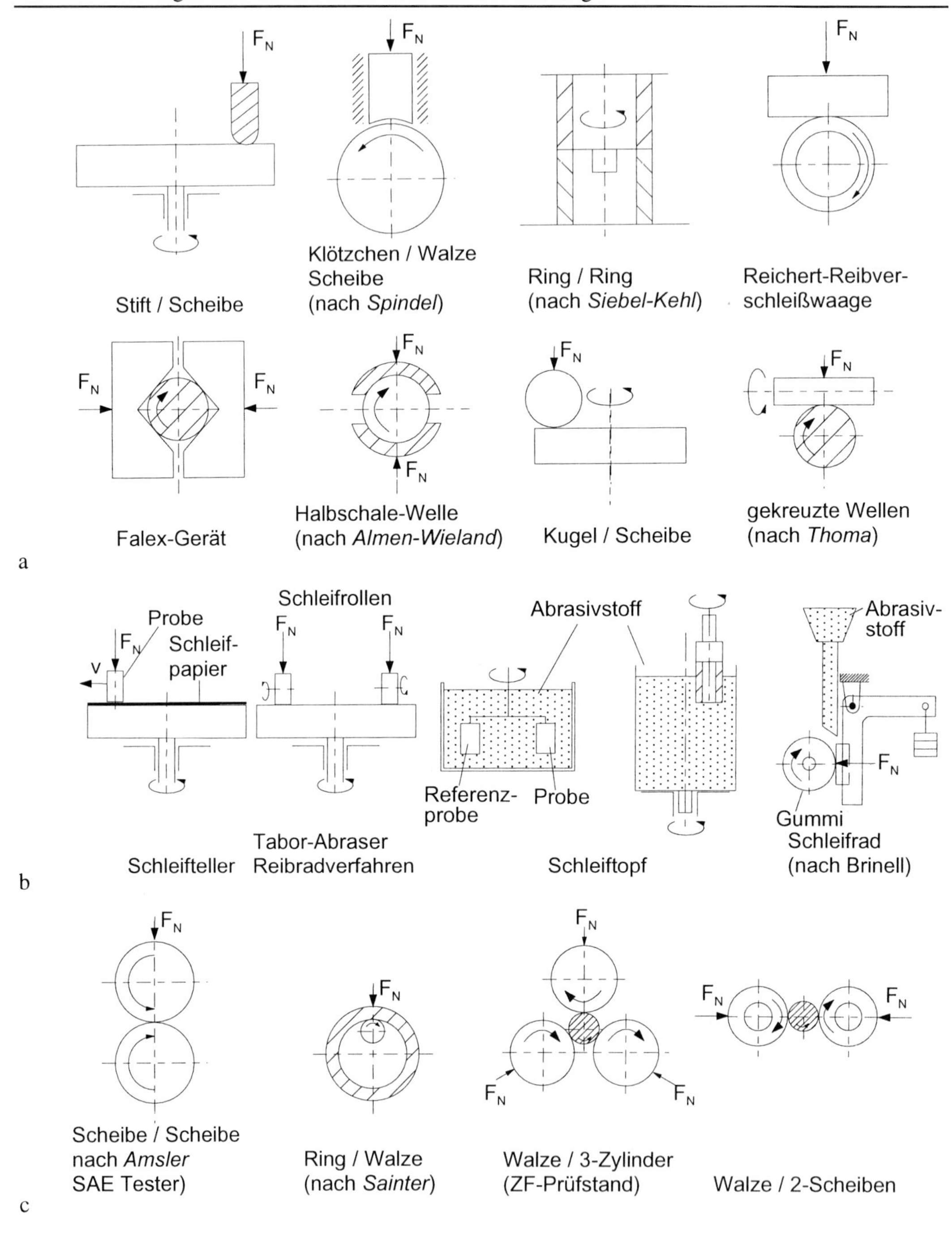

Abb. 5.112 Modellverschleißprüfprinzipe
a Prüfung des adhäsiven Verschleißes (Werkstoffpaarungen)
b Prüfung des abrasiven Verschleißes
c Prüfung der Oberflächenzerrüttung

hören neben den Verschleißerscheinungsformen zu den **Verschleißkenngrößen** eines tribologischen Systems. **Es ist zu beachten, daß die Verschleiß-Meßgrößen keine Werkstoffkenngrößen sondern Systemkenngrößen sind**, so daß also bei der Angabe von Zahlenwerten der Verschleiß-Meßgrößen immer das jeweilige Beanspruchungskollektiv und die Struktur des Tribosystems (z. B. Prüfprinzip der Verschleißuntersuchung,) mit vermerkt werden müssen.

Man unterscheidet:

- direkte
- bezogene
- indirekte

Verschleiß-Meßgrößen (Tabelle 5.10).

Tabelle 5.10 Verschleiß-Meßgrößen

Verschleiß-Meßgrößen-Gruppe	Benennung	Zeichen	Einheit
Direkte Verschleiß-Meßgrößen	Verschleißbetrag (allgemein)	W	m; m^2; m^3; kg
	Linearer Verschleißbetrag	W_l	m
	Planimetrischer Verschleißbetrag	W_q	m^2
	Volumetrischer Verschleißbetrag (Verschleißvolumen)	W_V	m^3
	Massenmäßiger Verschleißbetrag (Verschleißmasse)	W_m	kg
	Relativer Verschleißbetrag	W_r	Verhältniszahl
	Verschleißwiderstand	$1/W$	m^{-1}; m^{-2}; m^{-3}; kg^{-1}
	Relativer Verschleißwiderstand	$1/W_r$	Verhältniszahl
Bezogene Verschleiß-Meßgrößen	Verschleißgeschwindigkeit		
	a) linear	$W_{l/t}$	m/h
	b) planimetrisch	$W_{q/t}$	m^2/h
	c) volumetrisch	$W_{V/t}$	m^3/h
	d) massenmäßig	$W_{m/t}$	kg/h
	Verschleiß-Weg-Verhältnis		
	a) linear	$W_{l/s}$	m/m
	b) planimetrisch	$W_{q/s}$	m^2/m
	c) volumetrisch	$W_{V/s}$	m^3/m
	d) massenmäßig	$W_{m/s}$	kg/m
	Verschleiß-Durchsatz-Verhältnis		
	a) linear	$W_{l/z}$	m/m^3; m/kg; m/Stck
	b) planimetrisch	$W_{q/z}$	m^2/m^3; m^2/kg; $m^2/Stck$
	c) volumetrisch	$W_{V/z}$	m^3/m^3; m^3/kg; $m^3/Stck$
	d) massenmäßig	$W_{m/z}$	kg/m^3; kg/kg; kg/Stck
Indirekte Verschleiß-Meßgrößen	Verschleißbedingte Gebrauchsdauer	T_W	h
	Gesamt-Gebrauchsdauer	T_G	h
	Verschleiß-Durchsatzmenge	D_W	m^3; kg; Stck

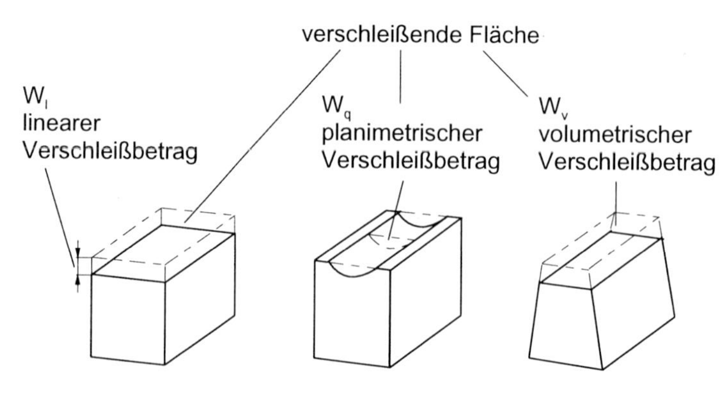

Abb. 5.113 Schematische Darstellung der Verschleißbeträge

Direkte Verschleiß-Meßgrößen sind der **Verschleißbetrag W**, der aus der Längen-, Flächen-, Volumen- oder Massenänderung des verschleißenden Körpers ermittelt wird, und sein Reziprokwert der **Verschleißwiderstand 1/W**. (Abb. 5.113) Das Verhältnis der Verschleißbeträge des verschleißenden Körpers und eines unter gleichen Bedingungen verschleißenden Referenzkörpers bezeichnet man als **relativen Verschleißbetrag W_r** bzw. dessen Reziprokwert als **relativen Verschleißwiderstand $1/W_r$**.

Wird der Verschleißbetrag auf bestimmte Größen wie Beanspruchungsdauer, Beanspruchungsweg oder Durchsatz bezogen, so erhält man bezogene Verschleiß-Meßgrößen (Verschleißraten). **Bezogene Verschleiß-Meßgrößen** sind die **Verschleißgeschwindigkeit** (Ableitung des Verschleißbetrages nach der Beanspruchungsdauer), die **Verschleißintensität** als Verschleiß-Weg-Verhältnis (Ableitung des Verschleißbetrages nach dem Beanspruchungsweg) und das **Verschleiß-Verhältnis** (Ableitung des Verschleißbetrages nach dem Volumen, der Masse oder der Anzahl der Körper, durch welche die Beanspruchung hervorgerufen wird).

Die direkten Verschleiß-Meßgrößen werden bei Verschleißprüfungen häufig über einer Bezugsgröße, z. B. dem Beanspruchungsweg oder der Beanspruchungsdauer aufgetragen. Die mathematische Ableitung des Verschleißbetrages nach der Bezugsgröße ist gleich dem Anstieg von Verschleißkurven. Der Verschleißbetrag kann sich **linear**, **progressiv** oder **degressiv** mit der Bezugsgröße ändern. Es ist deshalb erforderlich, daß der Betrag oder Bereich der Bezugsgröße, für den die bezogene Verschleiß-Meßgröße gültig ist, angegeben wird.

In vielen Fällen ergibt sich für das Verschleißverhalten ein charakteristischer Kurvenverlauf (Abb. 5.114), der in drei Bereiche untergliedert werden kann.

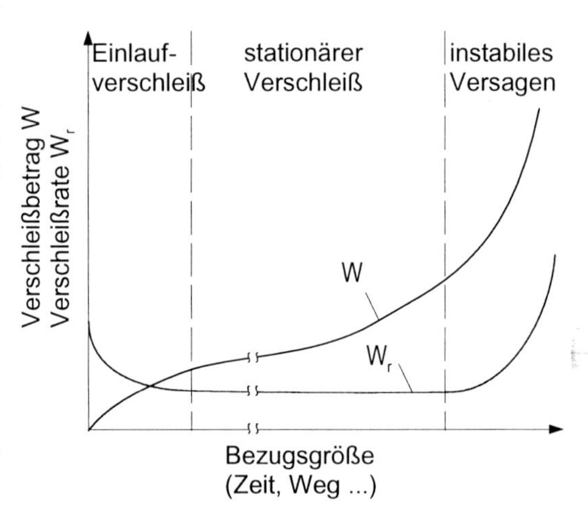

Abb. 5.114 Änderung des Verschleißbetrages und der Verschleißrate in Abhängigkeit von Bezugsgrößen

Im Bereich des **Einlaufverschleißes** kommt es zunächst zu größeren Verschleißbeträgen, die Verschleißrate nimmt aber mit zunehmender Beanspruchungsdauer bzw. -weg ab. Bei Gleitpaarungen erfolgt in dieser Beanspruchungsphase eine Glättung der Oberflächen und gleichzeitig eine bessere Anpassung der Kontaktgeometrien. Dadurch verringert sich im weiteren Verlauf des Verschleißprozesses die Verschleißrate und ist im Bereich des **stationären Verschleißes** konstant. Außerdem können stofflichen Veränderungen eines oder beider Verschleißpartner eintreten, die sich entscheidend auf den weiteren Verlauf des Verschleißvorganges auswirken. Schließlich steigt im dritten Bereich der Verschleißbetrag stark an, es tritt **instabiles Versagen** ein.

Indirekte Verschleiß-Meßgrößen ergeben sich nicht aus der Messung von Verschleißbeträgen, sondern aus der Messung der **Dauer** oder des **Durchsatzes** bis ein verschleißendes Bauteil in einem Tribosystem seine Funktionsfähigkeit verliert. Dazu ist es notwendig, den Ausgangszustand und das Erreichen der Funktionsunfähigkeit genau festzulegen.

Literatur- und Quellenhinweise

[5.1] Angewandte Bruchmechanik. Freiberger Forschungshefte B 213 und B 214. Leipzig: Dt. Verl. für Grundstoffindustrie 1980

[5.2] *Bargel, H.J.* und *G. Schulze*: Werkstoffkunde. 7. Aufl.; Berlin u. a.: Springer-Verl. 2000

[5.3] *Bergmann, W.*: Werkstofftechnik. München, Wien: Carl Hanser Verl. Teil 1 (Grundlagen) 3. Aufl.; 2000, Teil 2 (Anwendung) 2. Aufl. 1991

[5.4] *Blumenauer, H.* (Hrsg.): Werkstoffprüfung. 6. Aufl.; Leipzig, Stuttgart: Dt. Verl. für Grundstoffindustrie 1994

[5.5] *Blumenauer, H.* und *G. Pusch*: Technische Bruchmechanik. 3. Aufl.; Leipzig, Stuttgart: Dt. Verl. für Grundstoffindustrie 1993

[5.6] *Dahl, W.* (Hrsg.): Grundlagen des Festigkeits- und Bruchverhaltens. Berichte, gehalten im Kontaktstudium „Werkstoffkunde Eisen und Stahl I und II". Düsseldorf: Verl. Stahleisen m.b.H. 1974

[5.7] *Dahl, W.* (Hrsg.): Verhalten von Stahl bei schwingender Beanspruchung. Berichte, gehalten im Kontaktstudium „Werkstoffkunde Eisen und Stahl III". Düsseldorf: Verlag Stahleisen m.b.H. 1978

[5.8] *Dahl, W.* und *W. Anton* (Hrsg.): Grundlagen der Festigkeit, der Zähigkeit und des Bruchs, Berichte, gehalten im Kontaktstudium „Werkstoffkunde Eisen und Stahl I und II". Düsseldorf: Verl. Stahleisen m.b.H. 1983

[5.9] *Günther, W.* (Hrsg.): Schwingfestigkeit. Leipzig: Dt. Verl. für Grundstoffindustrie 1973

[5.10] *Hornbogen, E.* und *H. Warlimont*: Metallkunde. 4. Aufl.; Berlin u. a: Springer-Verl. 2000

[5.11] *Hornbogen, E.*: Hochfeste Werkstoffe. Düsseldorf: Verl. Stahleisen m.b.H. 1974

[5.12] *Hornbogen, E.:* Werkstoffe. 6. Aufl.; Berlin Heidelberg New York: Springer-Verl. 1994

[5.13] *Ilschner, B.*: Hochtemperatur-Plastizität. Reine und angewandte Metallkunde in Einzeldarstellungen, Band 23. Berlin Heidelberg New York: Springer-Verl. 1973

[5.14] *Ilschner, B.*: Werkstoffwissenschaften. 2. Aufl.; Berlin Heidelberg New York: Springer-Verl. 1990

[5.15] *Klas, H.* und *H. Steinrath*: Die Korrosion des Eisens und ihre Verhütung. 2. Aufl.; Düsseldorf: Verl. Stahleisen m.b.H. 1974

[5.16] *Kußmaul, K.* (Hrsg.): Werkstoffe, Fertigung und Prüfung drucktragender Komponenten von Hochleistungsdampfkraftwerken. Essen: Vulkan-Verl. 1981

[5.17] *Munz, A., K. Schwalbe* und *P. Mayr:* Dauerschwingverhalten metallischer Werkstoffe. Braunschweig: Vieweg-Verl. 1971

[5.18] *Peiter, A.*: Eigenspannungen I. Art - Ermittlung und Bewertung. Düsseldorf: Michael Triltsch Verl. 1966

[5.19] *Peiter, A.* (Hrsg.): Handbuch Spannungsmeßpraxis, Experimentelle Ermittlung mechanischer Spannungen. Braunschweig, Wiesbaden: Friedr. Vieweg & Sohn Verlagsgesellschaft 1992

[5.20] *Rackwitz, E.*: Reisen und Abenteuer im Zeppelin. 3. Aufl.; Neuenhagen: Verl. Sport und Technik 1960

[5.21] *Schatt, W.* und *H. Worch* (Hrsg.): Werkstoffwissenschaft. 8. Aufl.; Stuttgart: Dt. Verl. für Grundstoffindustrie 1996

[5.22] *Schatt, W., E. Simmchen* und *G. Zouhar* (Hrsg.): Konstruktionswerkstoffe des Maschinen- und Anlagenbaues. 5. Aufl.; Stuttgart: Dt. Verl. für Grundstoffindustrie 1998

[5.23] *Schlimmer, M.*: Zeitabhängiges mechanisches Werkstoffverhalten. Berlin u. a.: Springer-Verl. 1984

[5.24] *Schott, G.* (Hrsg.): Werkstoffermüdung - Ermüdungsfestigkeit. 4. Aufl.; Stuttgart: Dt. Verl. für Grundstoffindustrie 1997

[5.25] *Schwalbe, K.-H.*: Bruchmechanik metallischer Werkstoffe. München, Wien: Carl Hanser Verl. 1980

[5.26] *Tauscher, H.*: Dauerfestigkeit von Stahl und Gußeisen. Leipzig: Fachbuchverl. 1969

[5.27] *Tetelman, A.S.* und *A.J.Mc Evily, Jr.*: Bruchverhalten technischer Werkstoffe. Düsseldorf: Verl. Stahleisen mbH 1971

[5.28] Werkstoffkunde Stahl. Berlin Heidelberg New York Tokyo: Springer-Verl. und Düsseldorf: Verl. Stahleisen mbH Band 1 (Grundlagen) 1984, Band 2 (Anwendung) 1985

[5.29] *Czichos, H.* und *K.-H. Habig*: Tribologie Handbuch, Reibung und Verschleiß. Braunschweig, Wiesbaden: Friedr. Viehweg & Sohn Verlagsgesellschaft 2000

[5.30] *Habig, K.-H.*: Verschleiß und Härte von Werkstoffen. München, Wien: Carl Hanser Verl. 1980

[5.31] *Heidemeyer, J.*: Einfluß der plastischen Verformung von Metallen bei Mischreibung auf die Geschwindigkeit ihrer chemischen Reaktionen. Schmiertechnik Tribologie 22 (1975) S. 84-90

[5.32] *Zum Gahr, K.H.* (Hrsg.): Reibung und Verschleiß bei metallischen und nichtmetallischen Werkstoffen. DGM Informationsgesellschaft Verl. 1986 und 1990

[5.33] DIN EN 10 002 Metallische Werkstoffe: Zugversuch, Teil 1 Prüfverfahren (bei Raumtemperatur) 1991

[5.34] DIN EN 10 045 Metallische Werkstoffe: Kerbschlagbiegeversuch nach Charpy, Teil 1 Prüfverfahren 1991

[5.35] DIN 50 106 Prüfung metallischer Werkstoffe: Druckversuch 1978

[5.36] DIN EN 843 Hochleistungskeramik Monolithische Keramik: Mechanische Eigenschaften bei Raumtemperatur, Teil 1 Bestimmung der Biegefestigkeit 1995

[5.37] DIN 50 150 Prüfung von Stahl und Stahlguß: Umwertungstabelle für Vickershärte, Brinellhärte, Rockwellhärte und Zugfestigkeit 1976

[5.38] DIN EN ISO 6506 Metallische Werkstoffe: Härteprüfung nach Brinell, Teil 1 Prüfverfahren 1999

[5.39] DIN EN ISO 6507 Metallische Werkstoffe: Härteprüfung nach Vickers, Teil 1 Prüfverfahren 1998

[5.40] DIN EN ISO 6508 Metallische Werkstoffe: Härteprüfung nach Rockwell Skalen A, B, C, D, E, F, G, K, N, T), Teil 1 - Prüfverfahren 1999

[5.41] DIN 53 505 Prüfung von Kautschuk, Elastomeren: Härteprüfung nach Shore A und Shore D 2000

[5.42] DIN 50 118 Prüfung metallischer Werkstoffe: Zeitstandversuch unter Zugbeanspruchung 1982

[5.43] DIN 50 100 Dauerschwingversuch: Begriffe, Zeichen, Durchführung, Auswertung 1978

[5.44] DIN EN ISO 8044 Korrosion von Metallen und Legierungen 1999

6 Einfluß der Werkstofferzeugung auf die Eigenschaften von Bauteilen

6.1 Werkstofferzeugung

Werkstoffe können in der Regel mittels unterschiedlicher Verfahren erzeugt werden. Für die **Gewinnung von Metallen** aus ihren Erzen sind beispielsweise **trocken-** (**pyro-**) und **naß-** (**hydro-**) **metallurgische Verfahren** anwendbar. Bei den erstgenannten, dazu zählen alle technischen Verfahren der **Eisen- und Stahlerzeugung**, werden die Metalle durch **Reduktion** bei höheren Temperaturen aus ihren Verbindungen freigesetzt. Bei den hydrometallurgischen Verfahren, die bei der Herstellung von **Nichteisenmetallen** in großem Umfang zur Anwendung kommen, werden die Metalle aus Metallverbindungen, die in wäßrigen Flüssigkeiten oder geschmolzenen Salzen gelöst sind, chemisch oder elektrochemisch ausgefällt.

Die Eigenschaften der Werkstoffe hängen vor allem von den Bindungskräften zwischen den Atomen, der chemischen Zusammensetzung, der Struktur und dem Gefüge ab. Auch Eigenspannungen können von großem Einfluß sein, z. B. bei den Gläsern. In den folgenden Ausführungen über den Einfluß der Werkstofferzeugung auf die Eigenschaften, der wie sich noch zeigen wird, vor allem aus Unterschieden in der **chemischen Zusammensetzung** resultiert, werden nur die Werkstoffe für allgemeine Zwecke berücksichtigt. Für Sonderwerkstoffe mit begrenzten Einsatzgebieten, wie Silicium-Einkristalle für die Halbleitertechnik oder Eisen- und andere Whisker für Verstärkungen in Verbundwerkstoffen, ist die Toleranzbreite der Eigenschaften sehr eng, so daß nicht die Veränderung von Eigenschaften, sondern deren Reproduzierbarkeit im Vordergrund steht.

Einfluß des Herstellungsverfahrens

Wenn man von den Fällen absieht, in denen das Werkstoffverhalten durch spezielle Strukturen bestimmt wird (z. B. versetzungsfreie Whisker, stark gestörte Strukturen in galvanisch abgeschiedenen Schichten oder amorph erstarrte Metalle), kann man davon ausgehen, daß die **Eigenschaften reinster Metalle** vom Herstellungsverfahren unabhängig sind. Der Aufwand für ihre Erzeugung ist aber so groß, daß sie als Konstruktions- und Funktionswerkstoffe für allgemeine Zwecke nicht in Betracht kommen. Außerdem ist ihre Festigkeit generell sehr niedrig, weswegen ihre Verwendung in vielen Fällen auch technisch unangebracht oder unmöglich wäre. Die **technischen "reinen" Metalle** sind jedoch im physikalischen Sinne fast immer **Legierungen** (zu technisch üblichen Abgrenzungen zwischen unlegierten und legierten Eisenwerkstoffen siehe Abschnitt 3.2.1.1). Sie und natürlich auch die (im technischen Sinn) legierten Werkstoffe enthalten **Begleitelemente**, die mit dem jeweiligen technischen Erzeugungsverfahren nicht oder nur unzureichend entfernt werden können bzw. zur Durchführung notwendiger metallurgischer Reaktionen vorhanden sein müssen oder absichtlich zugesetzt werden. Daraus ergibt sich, daß bei den technischen Werkstoffen in der Regel ein **Einfluß des Herstellungsverfahrens** vorhanden ist. Das bedeutet im Normalfall aber nicht, daß der Konstrukteur oder Technologe bei der Auswahl des Werkstoffs für ein bestimmtes Werkstück auch das Herstellungsverfahren vorschreiben muß.

Die durch das Erzeugungsverfahren eingebrachten spezifischen Eigenschaften des Werkstoffs finden sich nämlich bereits in den entsprechenden Normen wieder, d. h., daß mit der Auswahl eines Werkstoffs in vielen Fällen auch das Herstellungsverfahren festgelegt ist, insbesondere dann, wenn es die Eigenschaften maßgeblich bestimmt oder alternative Verfahren nicht existieren.

Bei den **Hochpolymeren** beispielsweise gibt es folgende Zusammenhänge: Polyethylen, Polyvinylchlorid und Polystyrol entstehen durch

Polymerisation, Phenol- und Aminoharze sowie Polyamide durch **Polykondensation** und Polyurethane sowie Epoxidharze durch **Polyaddition**. Für den Anwender ist die Art der chemischen Reaktion, bei der die Makromoleküle gebildet werden, ohne größere Bedeutung, da die Eigenschaften der hochpolymeren Werkstoffe ohnehin vor allem durch die chemische Zusammensetzung, die Konstitution der Makromoleküle (linear, verzweigt, weitmaschig oder eng vernetzt; s. Abschn. 4.1.5) und die Art und Menge der Füllstoffe bestimmt werden.

Ein anderes Beispiel sind poröse metallische Bauteile (Lager, Filter) oder sogenannte Pseudolegierungen (Verbundwerkstoffe aus Bestandteilen, die sich schmelzmetallurgisch nicht legieren lassen), die nur pulvermetallurgisch hergestellt werden können.

Abgesehen von den Verbundwerkstoffen (porige Werkstoffe können als Verbund Festkörper - Pore ebenfalls dazu gezählt werden) geht, wie bereits erwähnt, der Einfluß des Herstellungsverfahrens auf die Eigenschaften der metallischen Werkstoffe in der Regel von den verfahrensbedingt vorhandenen Begleitreaktionen aus. Deren Produkte werden oft als **Verunreinigungen** bezeichnet, was aber nicht immer gerechtfertigt ist, da sie sich nicht nur in unerwünschter, sondern auch wie absichtlich zugesetzte Legierungselemente in erwünschter Weise auf die Eigenschaften auswirken können. Da außerdem keine physikalisch begründete Grenze zwischen verunreinigten sowie legierten metallischen Werkstoffen besteht, werden im weiteren auch die letzteren in die Betrachtungen einbezogen. An den folgenden Beispielen sollen einige positive und negative Auswirkungen von Begleitelementen gezeigt werden.

Wasserstoffkrankheit des Kupfers

Bei der trockenen Raffination (Reinigung) von Rohkupfer im Flammofen muß ein geringer Sauerstoffgehalt (etwa 0,04 %) in der Schmelze verbleiben. Dieser verhindert, daß die Oxide anderer („schädlicher") Elemente reduziert werden und wieder im flüssigen Kupfer in Lösung gehen. Nach dem Erstarren befindet sich dieser Sauerstoff in einem Cu - Cu_2O - Eutektikum an den Primärkorngrenzen. Er beeinträchtigt die elektrische und Wärmeleitfähigkeit, die wichtigsten Eigenschaften dieses Metalls, nur sehr wenig. Wenn dieses aber bei höheren Temperaturen (etwa ab 500 °C) einer **reduzierenden Atmosphäre** ausgesetzt wird (z. B. beim Glühen, Löten, Schweißen oder im Gebrauch), diffundiert sehr schnell Wasserstoff in das Kupfer ein. Er reduziert das Cu_2O. Dabei entstehen mit **Wasserdampf** gefüllte Hohlräume, die unter hohem Innendruck stehen und aus denen sich Blasen sowie innere und äußere Risse entwickeln (**Wasserstoffkrankheit des Kupfers**). Die Teile werden dadurch unbrauchbar.

Wenn das Einwirken reduzierender Gase bei höheren Temperaturen nicht vermieden werden kann, muß deshalb eine teurere, naß (elektrolytisch) raffinierte, sauerstofffreie Kupfersorte oder ein mit Phosphor desoxidiertes sauerstofffreies Kupfer verwendet werden. Bei dem letzteren kann aber die elektrische Leitfähigkeit durch die zulässigen Phosphor-Restgehalte bis ca. 0,05 % bereits erheblich abfallen (Abb. 6.1).

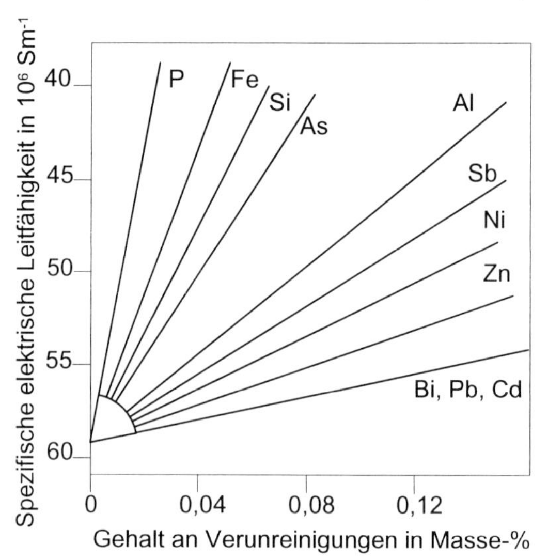

Abb. 6.1 Einfluß von Verunreinigungen auf die elektrische Leitfähigkeit von Kupfer (aus [6.1])

Für die Verwendung des Kupfers in der Elektrotechnik ist deshalb nicht seine chemische Zusammensetzung, sondern die Gewährleistung einer Mindestleitfähigkeit von $58 \cdot 10^6$ Sm^{-1} maßgebend.

Stahlherstellung

Das im Hochofen gewonnene **Roheisen** enthält Elemente, die mit dem Erz, dem Koks und als Zuschlagstoffe (schlackebildend) eingebracht werden, oder die bei der Reduktion des Erzes in der Schmelze verbleiben. Das sind insbesondere **Kohlenstoff** (um 4 %), **Mangan**, **Silicium**, **Phosphor** und **Schwefel**. Diese Elemente machen das Roheisen so spröde, daß es nicht durch Schmieden und Walzen verformt werden kann. Es ist deshalb notwendig, den Anteil der genannten Elemente zu verringern. Bei der dazu erforderlichen Behandlung des Roheisens, d. h., der eigentlichen Stahlherstellung, nimmt die Schmelze Sauerstoff, Wasserstoff und Stickstoff auf, die wiederum einen schädlichen Einfluß auf die Stahleigenschaften haben und daher auf einen geringen Gehalt abgesenkt bzw. durch andere Elemente abgebunden werden müssen. Alle genannten Elemente werden auch als **Begleitelemente** oder „**Stahlbegleiter**" bezeichnet.

1950 begann die Entwicklung des **Sauerstoffaufblasverfahrens** (**LD-Verfahren**: Frischen mit reinem Sauerstoff zur Verminderung des Kohlenstoffgehaltes), mit dem Stähle hoher Qualität bei niedrigem Energie- und Materialeinsatz sowie hoher Produktivität erzeugt werden können. Damit trat eine Umwälzung in der Stahlerzeugung ein, in deren Folge die Herstellung von Bessemer-Stahl und von Thomas-Stahl eingestellt wurde. Für die heute üblichen Verfahren der Stahlherstellung sind die Erzeugnisunterschiede nicht gravierend, so daß die Notwendigkeit, ein bestimmtes Erzeugungsverfahren vorzuschreiben, nicht mehr gegeben ist und die Auswahl des Herstellungsverfahrens dem Erzeuger überlassen bleibt. Maßgebend dafür, welches Verfahren angewendet wird, sind die **Verfügbarkeit der Anlagen**, die **Rohstoffbasis** (Roheisen, Schrott) und die **Wirtschaftlichkeit** (Energieverfügbarkeit, Energieverbrauch, Ausbringen, Stundenleistung usw.).

Nachbehandlungsverfahren

Das Streben der Erzeuger nach weiterer Qualitätsverbesserung und das Verlangen von Verbrauchern nach Werkstoffen höchster Leistungsfähigkeit haben dazu geführt, daß in den letzten Jahrzehnten weitere Möglichkeiten erschlossen wurden, um bei der üblichen Stahlherstellung nicht mehr entfernbare Begleitelemente zu beseitigen. Dazu dienen z. B. das **Entgasen** des flüssigen Stahls in einer Vakuumapparatur, das **Vakuumumschmelzen** von Stahl oder das **Elektro-Schlacke-Umschmelzen** (UR-Stahl, ultrarein) oder das metallurgische Nachbehandeln durch **Spülen mit Inertgasen** oder Zusatz von Feststoffen in einer Pfanne (P-Stahl), **Pfannen**- oder **Sekundärmetallurgie**). Derartige Veredelungstechnologien erhöhen natürlich den Werkstoffpreis und kommen deshalb nur auf Forderung des Verbrauchers zur Anwendung.

Die Höhe der zulässigen Gehalte an Begleitelementen wird durch ihre Auswirkungen auf die Eigenschaften oder, anders ausgedrückt, durch den vorgesehenen Verwendungszweck des Werkstoffs bestimmt. Je größer der Reinheitsgrad ist, desto höher ist der Preis. Deshalb gilt der Grundsatz: Nicht so sauber wie möglich, sondern so sauber wie nötig.

Gütegruppen

Bei den Allgemeinen Baustählen, die vom Umfang der Verwendung her unter allen Werkstoffen an erster Stelle stehen, wurde bisher eine Einteilung in die **Gütegruppen** 1 bis 3 vorgenommen. In dieser Reihenfolge nimmt der Gehalt an Verunreinigungen, vor allem an **Phosphor** und **Schwefel** ab, was sich aber auf die „Grundeigenschaften" Streckgrenze, Zugfestigkeit, Bruchdehnung und Härte praktisch nicht auswirkt. Deutliche Unterschiede gibt es hingegen im **Sprödbruchverhalten** (Kerbschlagarbeit bis zu niedrigen Temperaturen), in der **Schweißbarkeit**, **Warmfestigkeit** und **Kaltumformbarkeit**. In der neu eingeführten Europäischen Norm (DIN EN 10 025) wird eine Einteilung in Gütegruppen nicht mehr nach den Gehalten an Begleitelementen sondern nach der gewährleisteten Kerbschlagarbeit bei unterschiedlichen (tiefen) Temperaturen, d. h. nach dem Sprödbruchverhalten vorgenommen. Die Auswahl der richtigen Gütegruppe ist eine verantwortungsvolle Aufgabe des Konstrukteurs, die fundierte werkstofftechnische Kenntnisse erfordert.

Die Einteilung in Gütegruppen ist nur noch bei den Allgemeinen Baustählen gebräuchlich. Bei allen anderen Stählen, sofern sie nicht mittels eines der genannten Sonderverfahren veredelt worden sind, werden Verunreinigungen nur bis zu einer gewissen Höhe, die den normalen Verwendungszweck nicht beeinträchtigt, zugelassen. Ihre Auswirkungen auf die Eigenschaften von Eisenwerkstoffen sollen im folgenden an einigen technisch bedeutsamen Beispielen dargestellt werden. Ähnliche Auswirkungen können sinngemäß auch bei metallischen Nichteisenwerkstoffen in Erscheinung treten.

Vergießen

Blockguß

Das herkömmliche Vergießen des Stahls erfolgt zu Blöcken in feststehende metallische Dauerformen, sogenannte Kokillen (**Blockguß** oder **Standguß**). Vom Abstich des Stahls bis zur Erstarrung der Schmelze nimmt die Temperatur beträchtlich ab. In nicht vakuumbehandeltem Stahl laufen dabei Vorgänge ab, die durch die mit abnehmender Temperatur geringer werdende Löslichkeit und damit dem Freiwerden von Gasen verbunden sind. Dabei können je nach Vergießungsart gasförmige oder feste Reaktionsprodukte entstehen, und man unterscheidet in **unberuhigtes** oder **beruhigtes Vergießen**.

Unberuhigtes Vergießen

Der in der Schmelze enthaltene Sauerstoff reagiert zum Teil mit dem Kohlenstoff des Stahls beim Vergießen und bildet CO. Dieses Gas steigt in der Gießform (Kokille) an die Oberfläche auf und versetzt diese in eine wallende Bewegung, der Stahl „kocht“. Man bezeichnet den so vergossenen Stahl als **„unberuhigten“ Stahl**. Die aufsteigenden Gasblasen verursachen eine Schleppströmung und ziehen andere Gase sowie an Verunreinigungen angereicherte und deshalb dünnflüssige Schmelze nach. Sie fördern auch das Aufsteigen fester Verunreinigungen. Man findet daher nach der Erstarrung in unberuhigt vergossenen Stahlblöcken eine sehr **verunreinigungsarme Randschicht** (oft als **Speckschicht** bezeichnet) und einen an Verunreinigungen armen Blockfuß. In der Blockmitte hingegen reichern sich die Verunreinigungen nach dem Blockkopf zu immer mehr an. Auch Kohlenstoff und, soweit vorhanden, Legierungselemente werden von dieser Entmischung, **Blockseigerung** genannt, betroffen. Beim Schmieden oder Walzen der Blöcke bleiben die Seigerungen erhalten, wie Abbildung 6.2 am Beispiel einer Schiene aus unberuhigtem Stahl zeigt.

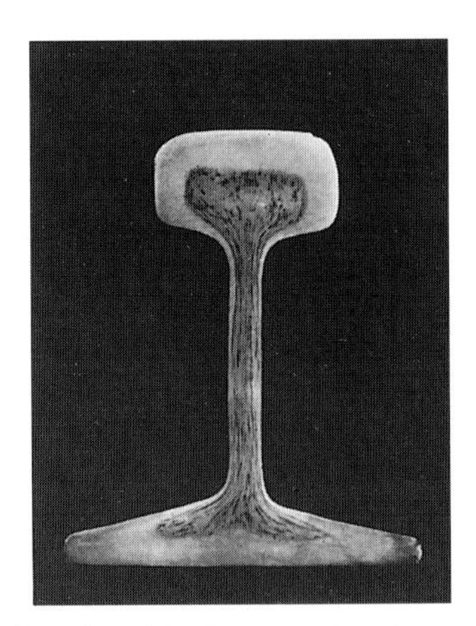

Abb. 6.2 Schwefelseigerung in einer Schiene (Baumann-Abdruck)

Die Speckschicht der unberuhigten Stähle ist für Erzeugnisse günstig, von denen eine hohe

Oberflächenverformbarkeit gefordert wird, z. B. für **Tiefziehbleche** oder **C-arme Drähte**. Auch zum **Verzinken** und **Emaillieren** sind Bleche aus unberuhigt vergossenen Stählen gut geeignet. Für geschweißte Konstruktionen sollten unberuhigte Stähle nur verwendet werden, wenn die Materialdicken gering sind und kein Einsatz bei tiefen Temperaturen erfolgt oder wenn bei großen Materialdicken die Schmelzzone auf die Speckschicht begrenzt ist. Das Aufschmelzen der Seigerungszonen würde zu Nahtfehlern führen und muß vermieden werden.

Nicht alle CO-Gasblasen können beim unberuhigten Vergießen entweichen. Ein Teil von ihnen wird von der erstarrenden Schmelze eingeschlossen, wobei ein äußerer und ein innerer Blasenkranz sowie eine unregelmäßige Gasblasenanordnung im Blockinneren entstehen. Die Oberflächen dieser Blasen sind meist metallisch blank, und sie verschweißen, wenn die Blöcke bei hohen Temperaturen mit großem Druck verformt werden.

Beruhigtes Vergießen

Das unberuhigte Vergießen ist bei unlegierten Stählen mit mehr als 0,20 bis höchstens 0,25 % C und bei legierten Stählen nicht mehr anwendbar. Die Seigerungen des Kohlenstoffs und der Legierungselemente würden ein solches Ausmaß annehmen, daß keine Gleichmäßigkeit der Eigenschaften im Endprodukt (Bleche, Profile, Rohre usw.) mehr zu erreichen wäre. Deshalb werden dem Stahl vor dem Vergießen neben Mangan weitere Elemente zugesetzt, die eine größere Affinität zum Sauerstoff haben als Mn und C (Desoxidation, s. Abschn. 6.2.1) und somit die Bildung gasförmiger Oxidationsprodukte verhindern.

Da keine CO-Gasblasen gebildet werden, entfällt das Aufwallen der Schmelze, und man spricht von **beruhigtem Vergießen** bzw. **beruhigt vergossenem** oder kurz **„beruhigtem" Stahl**. Infolge der ausbleibenden CO-Bildung fällt die damit verbundene Strömung in der Schmelze weg, so daß die Blockseigerungen in beruhigt vergossenen Stählen nur noch gering sind.

Strangguß

Der größte Teil des erzeugten Rohstahls wird heute nach einer von den Nichteisenmetallen her schon seit längerem bekannten Technologie kontinuierlich zu einem Strang vergossen, dessen Querschnitt den späteren Verarbeitungsstufen angepaßt ist (**endabmessungsnahes Gießen**). Dadurch können Verformungsstufen eingespart werden. Das hat allerdings zur Folge, daß die Verunreinigungen hinsichtlich ihrer Menge und Größe gegenüber dem Standguß stark verringert sein müssen, weil durch die geringere Verformung keine wesentliche Zertrümmerung und Verteilung der Verunreinigungen über den gesamten Querschnitt des Materials mehr erreicht werden kann.

Die Erstarrung läuft bei Strangguß schneller als beim Standguß ab. Lunker treten nur am Ende des Stranges auf, so daß das Ausbringen größer als beim Standguß, bei dem die Blöcke geschopft werden müssen, ist. Der in Abschnitte getrennte Strang kann, wenn er fehlerfrei ist, nach einem Temperaturausgleich unmittelbar gewalzt werden, wodurch beträchtliche Energieeinsparungen möglich sind. Von den Eigenschaften her ist der Strangguß dem Blockguß mindestens ebenbürtig. Lediglich unberuhigte Stähle müssen als Standguß hergestellt werden. Für den Strangguß ist das vorherige Beruhigen der Stähle dagegen unbedingt erforderlich.

6.2 Auswirkungen von Gasen auf die Stahleigenschaften

Die gasförmigen Begleitelemente Sauerstoff, Stickstoff und Wasserstoff gelangen aus der Luft und aus feuchten bzw. oxidierten Einsatzstoffen in die Stahlschmelze und werden in dieser gelöst. Bei der Kristallisation nimmt ihre Löslichkeit beträchtlich ab (Abb. 6.3). Die dadurch frei werdenden Gase entweichen oder

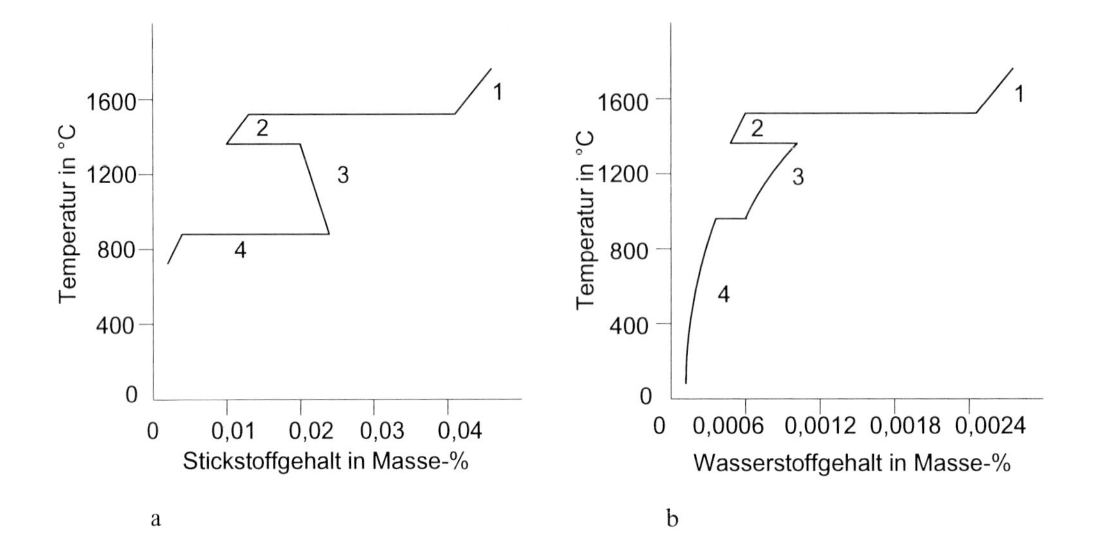

Abb. 6.3 Löslichkeit von Stickstoff (**a**) nach *W. M. Conn* und Wasserstoff (**b**) nach *C. A. Zapffe* in reinem Eisen p_{N_2} bzw. $p_{H_2} = 0{,}981 \cdot 10^5$ Pa

1 Schmelze **2** δ-Eisen
3 γ-Eisen **4** α-Eisen

reagieren mit anderen Elementen, wobei gasförmige, flüssige oder feste Reaktionsprodukte entstehen. Diese entweichen ebenfalls oder gehen in die Schlacke, geringe Reste werden von der erstarrenden Schmelze eingeschlossen. Während der Abkühlung des festen Metalls nimmt dessen Löslichkeit für Gase in der Regel weiter ab, so daß weitere Gasatome aus dem Metallgitter austreten und über die Oberfläche entweichen oder weitere Verbindungen bilden oder sich an Korngrenzen, Einschlüssen oder Mikrolunkern zu Gasmolekülen vereinigen. Im folgenden werden einige wesentliche Erscheinungen, die durch Gase verursacht werden, betrachtet.

6.2.1 Sauerstoff

Rot- und Heißbruch

Die **Löslichkeit von Sauerstoff** in geschmolzenem reinen Eisen beträgt etwa 0,2 %, sie nimmt während der Erstarrung auf etwa 0,005 % ab. Der freiwerdende Sauerstoff reagiert, wenn andere Elemente mit einer größeren Sauerstoffaffinität nicht da sind, mit Eisen, und es entsteht FeO. Eisen, FeO und das in geringen Mengen immer vorhandene FeS (Eisensulfid) bilden ein ternäres Eutektikum mit einem sehr niedrigen Schmelzpunkt (etwa 940 °C), dessen Oxid- und Sulfidanteile netzartig die Kristallite umschließen, während der Eisenanteil an die primären Eisenkristalle ankristallisiert (entartetes Eutektikum). Der Zusammenhalt der Körner wird durch das **Oxid-Sulfid-Netzwerk** so geschwächt, daß der Stahl bei der **Warmverformung**, besonders im Temperaturbereich heller Rotglut (etwa zwischen 800 und 1000 °C) in den Korngrenzen aufreißt und bricht (**Rotbruch**). Oberhalb 1000 °C ist ein vorsichtiges Schmieden und Walzen möglich, aber oberhalb 1200 °C kommt erneut Brüchigkeit beim Verformen vor (**Heißbruch**). Rot- und Heißbruch tritt bei einigen sehr kohlenstoffarmen Stählen mit sehr niedrigen Gehalten an Begleitelementen (Weicheisen) auf, was bei der Weiterverarbeitung (Warmumformung) zu berücksichtigen ist. Auch beim **Schweißen** können die Korngrenzen in den Bereichen, die den oben genannten Temperaturen ausgesetzt sind, so geschwächt sein, daß sie unter dem Einwirken von Schrumpfspannungen beiderseits der Schweißnaht aufreißen (**Schweißrissigkeit**).

Desoxidation

Um die Rot- und Heißbruchgefahr zu beseitigen, werden der Stahlschmelze Elemente zugesetzt, die sauerstoffaffiner als das Eisen sind und deshalb den Sauerstoff binden. Dieser Vorgang wird **Desoxidation** genannt. Folgende Elemente in der Reihenfolge ihrer zunehmenden Affinität zu O_2 kommen dafür in Betracht:

Mn - V - C - Si - B - Ti - Al - Zr.

Die technisch üblichen sind, einzeln oder kombiniert: Mn, Si, Al.

Die Desoxidation mit Mangan wird meist im Schmelzaggregat vorgenommen. Es entsteht MnO, gleichzeitig wird der Schwefel zu MnS gebunden. Diese Verbindungen haben höhere Schmelztemperaturen als die Eisenverbindungen und gehen größtenteils in die Schlacke, so daß die mit Mangan desoxidierten Stähle nicht mehr rotbruchgefährdet sind. Mangan bindet den Sauerstoff nicht vollständig. Bei alleiniger Desoxidation mit Mn reagiert der Restsauerstoff nach dem Vergießen mit dem Kohlenstoff des Stahls und bildet CO (unberuhigtes Vergießen).

Am gebräuchlichsten ist die Desoxidation mit Silicium, welches den Sauerstoff vollständig abbindet. Es entsteht SiO_2, das durch den Kohlenstoff nicht mehr reduziert werden kann und zum Teil in die Schlacke geht, zum Teil aber auch in Form nichtmetallischer Einschlüsse im Stahl verbleibt.

Außer mit Silicium ist auch die Desoxidation mit Aluminium üblich. Dieses Element bindet neben Sauerstoff auch den Stickstoff vollständig (**Denitrierung**). Beim Beruhigen mit Aluminium kann die Anwendung von Silicium entfallen, in der Regel werden aber nacheinander Mn, Si, und Al zugesetzt. Man spricht von **„besonders beruhigtem" Stahl**.

Die Vorteile der besonders beruhigten Stähle sind ihre **Alterungsbeständigkeit** (darauf wird im Abschnitt 6.2.2 noch eingegangen) sowie verbesserte Gebrauchs- und Verarbeitungseigenschaften, wie größere **Tieftemperaturzähigkeit** und bessere **Schweißbarkeit**, die auf die **kornfeinende Wirkung** der Desoxidations- und Denitrierungsprodukte (**Al_2O_3, AlN**) zurückzuführen sind.

Die Art des Vergießens ist an der chemischen Zusammensetzung ersichtlich. Unberuhigt vergossene Stähle enthalten kein Silicium und kein Aluminium, es sind von diesen Elementen höchstens Spuren nachweisbar. Bei den **halbberuhigten Stählen** beträgt der Siliciumgehalt um 0,1 % und bei den **beruhigten Stählen** mindestens 0,12 %. Diese Gehalte können unterschritten werden, wenn zusätzlich mit Aluminium desoxidiert wurde. Für die besonders beruhigten Feinkornstähle ist ein Siliciumgehalt von mindestens 0,12 % und ein Aluminiumgehalt von mindestens 0,02 % kennzeichnend. Stähle für Bleche, die für die Oberflächenbehandlung durch Verzinken, Verzinnen oder Emaillieren vorgesehen sind, sollen kein Silicium enthalten und werden unberuhigt vergossen oder, wenn eine erhöhte Alterungsbeständigkeit und Feinkörnigkeit gefordert wird, nur mit Aluminium beruhigt.

6.2.2 Stickstoff

Die Auswirkungen des Stickstoffs auf die Eigenschaften kohlenstoffarmer Stähle werden vor allem bei niedrigen Temperaturen sichtbar. Er verursacht im Verein mit dem Kohlenstoff die **Abschreckalterung** und die **Reckalterung**, die nach Kaltverformung zu beobachten ist. Einige Vorgänge, die diese Erscheinungen herbeiführen, wurden bereits im Abschnitt 5.1.3.1 behandelt, jedoch sind in Bezug auf technische Werkstoffe Ergänzungen notwendig. Dabei werden vor allem die Auswirkungen des Stickstoffs, die größer als die des Kohlenstoffs sind, behandelt. Sie werden in kohlenstoffarmen Stählen etwa ab 0,01 % Stickstoff deutlich spürbar.

Alterung

Über die Löslichkeit von Stickstoff im Eisen liegen unterschiedliche Angaben vor. So sind die aus Abbildung 6.3a zu entnehmenden Gehalte um ein vielfaches kleiner als die aus dem Zustandsdiagramm (Abb. 6.4) ablesbaren. Betrachtet man z. B. die Löslichkeit bei 800 °C, so ergeben sich aus Abbildung 6.3 etwa 0,0015 Masse-% und aus Abbildung 6.4b etwa 0,035 Masse-%. Diese Unterschiede können z. B. auf unterschiedlicher Reinheit der Versuchswerkstoffe, auf unterschiedlichen Experimentierverfahren oder unterschiedlichen Meßmethoden beruhen. Für die Behandlung der technischen Vorgänge im Bereich niedriger Temperaturen hat sich das Zustandsschaubild der Abbildung 6.4 bewährt, das den weiteren Betrachtungen zugrunde gelegt wird.

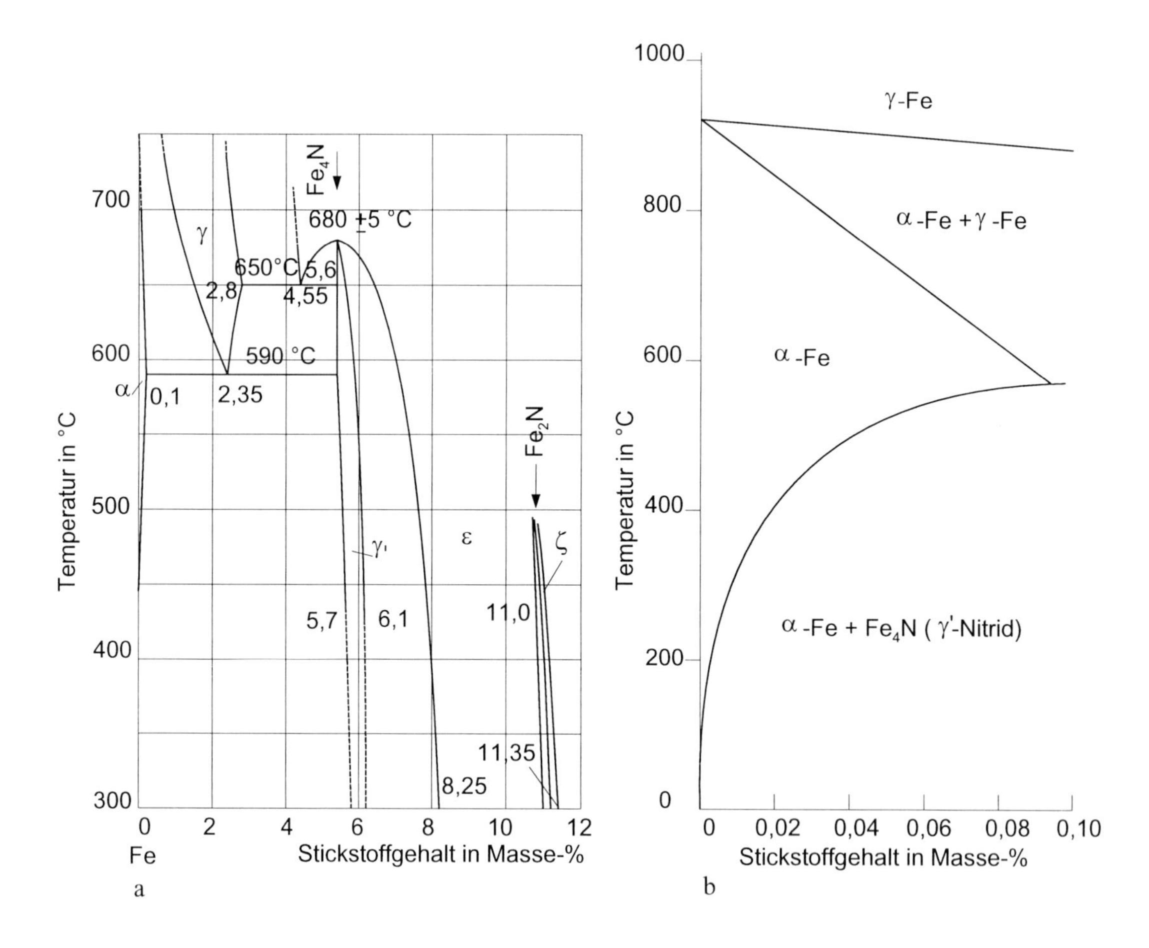

Abb. 6.4a Zustandsschaubild Eisen - Stickstoff
b Ausschnitt aus Abb. 6.4a

Allgemeine Baustähle können in der Regel bis 0,012 % Stickstoff enthalten. Sofern dieser nicht stabil an Aluminium oder Mikrolegierungselemente gebunden ist, liegt er beim Abkühlen als feste Lösung im γ- bzw. α-Eisen vor, bis bei etwa 325 °C die Sättigungslinie erreicht wird (Abb. 6.4b). Wenn die weitere Abkühlung sehr langsam verläuft, scheiden sich entsprechend dem Gleichgewicht γ'-Nitride der Zusammensetzung Fe_4N nadelförmig aus. Bei beschleunigter Abkühlung, wie sie in nicht zu dicken Querschnitten auch an Luft auftritt, wird der Stickstoff hingegen vom α-Eisen in übersättigter Lösung gehalten. Die Folge davon ist, daß während eines längeren Lagerns bei Raumtemperatur, bei der die Löslichkeit nur etwa 10^{-5} % N beträgt, neben den im Abschnitt 5.1.3.1 beschriebenen strukturellen Umordnungen, die keine Übersättigung zur Voraussetzung haben, weitere Struktur- und auch Gefügeveränderungen eintreten. Dadurch sind die Alterungseffekte größer als bei alleinigem Wirksamwerden der Wechselwirkungen zwischen Versetzungen und Fremdatomen. Es kommt zu einer Festigkeitssteigerung durch dreidimensionale Hindernisse (Teilchenhärtung, Abschnitt 5.1.3.4), indem sich die auch bei Raumtemperatur noch diffusionsfähigen Stickstoffatome unter dem Einfluß der Übersättigung örtlich anreichern (Bildung von Clustern) und bei ausreichend hohem Stickstoffgehalt als **metastabile Phase α''** der Zusammensetzung $Fe_{16}N_2$ ausscheiden.

Die Abbildung 6.5 zeigt den zeitlichen Ablauf der Alterung. Sie ist mit einem Anstieg von Streckgrenze und Zugfestigkeit sowie einer Abnahme der Dehnung verbunden. Das Verformungsvermögen und die Zähigkeit nehmen sehr stark ab, was sich in einer Zunahme der Schlag- und Stoßempfindlichkeit sowie in einem Ansteigen der Übergangstemperatur der Kerbschlagarbeit bemerkbar macht.

Im Beispiel der Abbildung 6.5 beginnen sich die Alterungsvorgänge nach etwa 10 Stunden auf die Eigenschaften auszuwirken. Der geringe Wiederanstieg der Dehnung nach etwa 2 Tagen

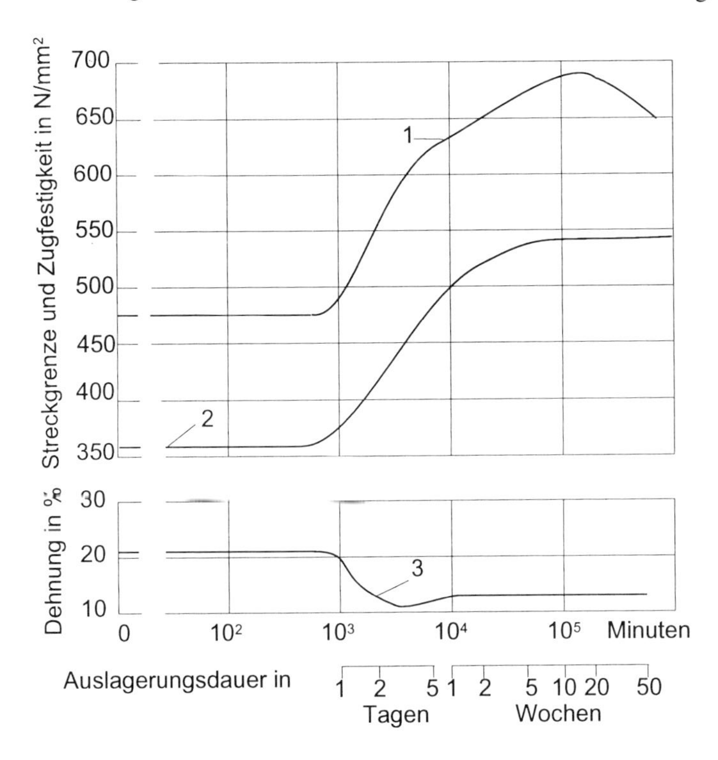

Abb. 6.5 Änderung von mechanischen Eigenschaften eines von 710 °C beschleunigt abgekühlten unberuhigten Stahls mit 0,034 % C und 0,015 % N während des Auslagerns bei 20 °C nach *J. Müller*
1 Zugfestigkeit R_m
2 Streckgrenze R_e
3 Bruchdehnung A

und die leichte Unstetigkeit im Verlauf von R_m lassen die Unterschiede der Verfestigungsmechanismen erkennen. Nach etwa 10 Wochen wird ein Höchstwert der Festigkeit erreicht, dem ein leichter Abfall folgt. Er deutet auf eine Überalterung hin, die durch eine Vergröberung oder Abrundung der ausgeschiedenen Teilchen hervorgerufen wird. Die Alterung ist ein unerwünschter Vorgang. Sie ist aber wesensgleich mit der noch zu besprechenden Aushärtung oder Ausscheidungshärtung (siehe Abschnitt 7.2), die absichtlich zur Festigkeitssteigerung, vor allem bei Nichteisenmetallen, durchgeführt wird. Der unvermeidliche Zähigkeitsabfall muß dabei in Kauf genommen werden.

Die bei Raumtemperatur während eines längeren Auslagerns ablaufenden Eigenschaftsänderungen bezeichnet man als **natürliche Alterung**. Sie wird durch Temperaturerhöhung beschleunigt. Man spricht dann von **künstlicher Alterung**.

Die aufgrund der Übersättigung des α-Eisens mit Stickstoff (und Kohlenstoff) nach Abkühlung oder Abschreckung auftretende Alterung wird **Abschreckalterung** genannt. Die damit verbundenen Effekte treten noch stärker hervor, wenn eine plastische Verformung bei niedrigen Temperaturen erfolgt. Für diesen Fall sind die Begriffe **Reck-** oder **Verformungsalterung** oder **mechanische Alterung** gebräuchlich.

Blausprödigkeit

Mit steigender Temperatur fallen Festigkeit und Streckgrenze der meisten metallischen Werkstoffe kontinuierlich ab, dementsprechend nehmen Dehnung und Einschnürung zu. Auch weiche Stähle weisen zunächst diese Tendenz auf, jedoch tritt aufgrund von Alterungsvorgängen etwa zwischen 200 und 300 °C ein erneuter Anstieg von Härte und Festigkeit sowie eine Verminderung der Zähigkeit ein. Man spricht von **Blausprödigkeit** oder **Blaubruchsprödigkeit**. Diese Bezeichnung geht darauf zurück, daß in diesem Temperaturgebiet eine Bruchfläche blau anläuft.

Prüfung der Alterungsempfindlichkeit

Wenn, wie bereits erwähnt, in einigen Allgemeinen Baustählen bis zu 0,012 % N zulässig sind, so kommt das der Zusammensetzung des der Abbildung 6.5 zugrunde gelegten Stahls nahe. Allerdings bestehen beträchtliche Unterschiede im C-Gehalt, so daß die Auswirkungen einer Alterung auch im ungünstigsten Falle kleiner sein werden als in Abbildung 6.5. Trotzdem kann es notwendig werden, die Alterungsempfindlichkeit eines Stahls zu prüfen, zumal die Voraussetzung für eine Alterung, nämlich eine übersättigte Lösung von Stickstoff und Kohlenstoff im Eisen, nicht nur nach einer Wärmebehandlung sondern auch nach der raschen Abkühlung an einer Schweißnaht gegeben sein kann. Man benutzt zur Prüfung der Alterungsempfindlichkeit den Kerbschlagbiegeversuch und vergleicht die Kerbschlagarbeit nicht gealterter und künstlich gealterter Proben. Die künstliche Alterung wird meist durch eine halbstündige Wärmebehandlung bei 250 °C, gegebenenfalls nach vorheriger Verformung um 5 bis 15 %, herbeigeführt.

Maßnahmen zur Einschränkung der Alterung

Die Gefahren, die für Konstruktionen aus weichen Baustählen durch Alterung entstehen, haben natürlich zur Entwicklung von Gegenmaßnahmen geführt, die die Auswirkungen zumindest abschwächen. Sie sind mit einem Mehraufwand und höheren Kosten verbunden. Eine solche Maßnahme ist die Überalterungsbehandlung. Diese besteht in einem Glühen bei etwa 250 bis 450 °C. Kohlenstoff und Stickstoff werden dabei weitgehend als Teilchen (Carbide, Nitride oder Carbonitride) ausgeschieden, die von ihrer Form und ihrer Größe her die Festigkeit und Plastizität nicht mehr wesentlich beeinflussen. Eine weitere Möglichkeit besteht darin, den Gehalt an Kohlenstoff und Stickstoff durch metallurgische Maßnahmen auf ein unschädliches Maß abzusenken. Bei kaltgewalzten Bändern ist auch eine Entstickung durch Glühen in H_2-haltiger Atmosphäre möglich, wobei NH_3

und N_2 gebildet werden. Schließlich ist die bereits erwähnte Bindung des Stickstoffs an Aluminium bei den besonders beruhigten Stählen zu nennen. Um eine ausreichende Alterungsbeständigkeit zu erreichen, muß der Al-Gehalt des Stahls mindestens 0,02 % betragen. Damit wird gleichzeitig eine ausreichende Beständigkeit gegen Laugensprödigkeit (Abschn. 5.3.5.5) erreicht. Man bezeichnete die besonders beruhigten Stähle früher auch als Izett-Stähle (Iz = immer zäh). Es ist aber notwendig, darauf hinzuweisen, daß auch die mit Aluminium beruhigten Stähle noch eine gewisse Alterungsneigung haben. Sie zeigt sich z. B. an einer Abnahme der Kerbschlagarbeit um etwa 15 % während des Auslagerns. Für Bleche aus unlegierten Stählen gilt, auch wenn sie mit Aluminium desoxidiert sind, daß durch natürliche Alterung Abweichungen von den genormten Werkstoffkennwerten, d. h. Überschreitungen der Zugfestigkeit und Streckgrenze sowie Unterschreitungen der Bruchdehnung und Erichsen-Tiefung um jeweils höchstens 10 %, verursacht werden.

Stickstoff als Legierungselement

Es soll nicht unerwähnt bleiben, daß vom Stickstoff als Stahlbegleiter auch positive Auswirkungen auf die Werkstoffeigenschaften ausgehen. Das bei der **Denitrierung** mit **Al** gebildete **AlN** verhindert das Wachstum des durch Wärmebehandlung entstandenen feinen Korns, was auch für die Gefügeausbildung in der Wärmeeinflußzone beim Schweißen sehr wichtig ist. Auch die Mikrolegierungselemente V, Nb und Ti wirken in Verbindung mit Stickstoff und Kohlenstoff durch die Bildung von Nitriden bzw. Carbonitriden oder Carbiden kornfeinend (V) und aushärtend (Nb, Ti).

Einigen hochlegierten austenitischen Cr-Ni-Stählen wird Stickstoff als Legierungselement absichtlich zugesetzt. 0,2 % N können etwa 2 % Ni ersetzen. Meist wird der Stickstoff jedoch zur Erhöhung der Gefügestabilität zusätzlich zulegiert. Bis zu Gehalten von 0,5 % N wird die Kornzerfallsneigung dieser Stähle nicht erhöht, aber bereits durch etwa 0,4 % N können Streckgrenze und Zugfestigkeit dieser Werkstoffe auf das Doppelte gesteigert werden.

Schließlich soll noch auf die bedeutende Rolle, die Stickstoff für die Oberflächenbehandlung besitzt und auf die in Abschnitt 8.3 näher eingegangen wird, hingewiesen werden.

6.2.3 Wasserstoff

Von den gasförmigen Begleitelementen des Stahls hat der Wasserstoff den kleinsten Atomdurchmesser. Er bildet deshalb wie Stickstoff Einlagerungsmischkristalle. Seine Beweglichkeit im Gitter ist sehr groß. Man nimmt an, daß der Wasserstoff im ionisierten Zustand, d. h. als Proton, diffundiert, weswegen sein Diffusionskoeffizient um ein vielfaches größer ist als der von Stickstoff und Kohlenstoff (s. Abb. 4.38).

In den Ausführungen über den Einfluß von Sauerstoff und Stickstoff auf die Stahleigenschaften wurde hauptsächlich von den durch den Schmelzprozeß eingebrachten Gasmengen ausgegangen. Bei den nachfolgenden Betrachtungen über die Auswirkungen des Wasserstoffs werden auch die Fälle berücksichtigt, in denen Wasserstoff über die Oberfläche in den Werkstoff gelangt, z. B. beim **Glühen**, beim **Beizen** oder beim **galvanischen Abscheiden** von Metallüberzügen. Die Vorgänge, die sich im Stahl abspielen, sind in allen Fällen im Prinzip ähnlich, unabhängig davon, wie der Wasserstoff in den Stahl gelangt ist. Die Erscheinungsformen können sich allerdings erheblich unterscheiden.

Die Löslichkeit des Wasserstoffs in Eisen nimmt mit sinkender Temperatur insgesamt ab, auch wenn sie im Bereich des γ-Eisens größer ist als in den angrenzenden Gebieten des δ- und α-Eisens (Abb. 6.3b). Das Gefüge des Stahls und seine Festigkeit sowie Streckgrenze werden selbst bei großer Übersättigung mit Wasserstoff nicht bzw. unbedeutend verändert, wohingegen die Zähigkeit erheblich vermindert werden kann. Letzteres ist aber weniger auf den gelösten, als vielmehr auf den ausgeschiedenen

Wasserstoff zurückzuführen, wie dies bereits in Abschnitt 5.3.5.5 unter dem Aspekt eines korrosiven Vorgangs kurz beschrieben wurde (kathodische Spannungsrißkorrosion bzw. Wasserstoffversprödung).

Flockenbildung

Während des Erschmelzens von Stahl nimmt dieser Wasserstoff aus feuchten Einsatzstoffen sowie aus Wasserdampf enthaltenden Gasen auf. Beim Erstarren nimmt die Löslichkeit sehr stark ab (Abb. 6.3b). Der frei werdende Wasserstoff tritt zum Teil aus, ein anderer Teil bleibt im Mischkristall übersättigt gelöst. Werden die Gußstücke oder die Gußblöcke sehr langsam abgekühlt und sind die Querschnitte nicht zu groß, kann der über den Sättigungsgehalt gelöste Wasserstoff zum großen Teil an die Oberfläche diffundieren und dort austreten. Erfolgt die Abkühlung schneller, wird die **Übersättigung** nur in den Randbereichen abgebaut, während im Kern ein hoher Wasserstoffgehalt zurückbleibt. Dieser Wasserstoff ist die Ursache von Rissen, die in geschmiedeten oder gewalzten Stählen, selten auch in nicht warmgeformten Gußblöcken oder Gußstücken, während des Abkühlens bei Temperaturen unterhalb 200 °C entstehen. Sie werden **Flokken** genannt. Die Flocken heben sich von einer dunkleren Bruchfläche als helle, mattglänzende meist runde oder elliptische Flecken ab (Abb. 6.6).

Abb. 6.6 Flocken (helle Flecken) auf der Bruchfläche einer Kerbschlagprobe

Ihr Durchmesser kann mehrere Zentimeter betragen. Sie liegen in der Verformungsrichtung, sind aber nicht in dieser gestreckt. An Schliffen senkrecht zur Verformungsrichtung erscheinen sie nach dem Beizen in Salzsäure als glatte oder gezackte Risse. Flocken verlaufen transkristallin und haben das Aussehen eines verformungslosen Trennbruchs.

Die **Entstehung der Flocken** wird durch **Spannungen** (Verformungs-, Umwandlungs-, Abkühlspannungen) sowie **metallurgische Einflüsse** (Seigerungen, nichtmetallische Einschlüsse, Mikrolunker) begünstigt, als alleinige Ursache kommt aber der Wasserstoff in Betracht. Dieser scheidet sich an kleinen Hohlräumen, Schlackenteilchen und ähnlichen Ungänzen molekular aus und ist nicht mehr diffusionsfähig. Die sich einstellenden Gasdrücke sind so groß, daß sie Spannungen erzeugen, die über der Trennfestigkeit liegen und in ihrer Umgebung den Bruch herbeiführen. **Eigenspannungen** im Material können dabei sehr förderlich sein. Nach Berechnungen von *H. Schrader* und *V. G. Paranjpe* betragen die **Wasserstoffdrücke** in diesen Gasblasen je nach Wasserstoffgehalt des Stahls bei 200 °C etwa 4 bis 6 000 N/mm^2, bei 100 °C erreichen sie bereits Werte von 300 bis $3 \cdot 10^5$ N/mm^2. Flocken, die keine Verbindung zur Außenluft haben und nicht oxidiert sind, können durch vorsichtiges Verschmieden wieder verschweißt werden.

Aus den vorstehenden Ausführungen geht hervor, daß Flocken vor allem bei großen Abmessungen zu erwarten sind. Auch in solchen Fällen gelten unlegierte Stähle mit weniger als 0,2 % C sowie Stähle mit mehr als 4 % Cr, rostfreie Stähle und Schnellarbeitsstähle als flockenunempfindlich. Besonders gefährdet sind hingegen, von den Abmessungen und der Zusammensetzung her, gebräuchliche Stähle für große Schmiedestücke. Sie müssen, um den Wasserstoff nach außen diffundieren zu lassen, nach dem Warmverformen sehr langsam abkühlen. Noch günstiger ist es, im Vakuum entgasten Stahl zu verwenden, der im allgemeinen nicht mehr flockenempfindlich ist.

Verzögerter Sprödbruch

Flocken oder flockenähnliche Risse können auch in **Schweißverbindungen** auftreten, die mit feuchten Schweißpulvern oder feuchten ummantelten Elektroden hergestellt und nach dem Schweißen schnell abgekühlt wurden. In der Regel erscheinen die Risse und die dadurch ausgelöste Sprödigkeit aber erst nach einer gewissen Zeit. Man spricht dann von **verzögerter Rißbildung** bzw. **verzögertem Sprödbruch**. Zur Verminderung der Rißanfälligkeit sollten nur gut getrocknete Elektroden bzw. Schweißpulver verwendet werden. Außerdem empfiehlt es sich, die zu verbindenden Teile vorzuwärmen oder unmittelbar nach dem Schweißen bei 250 °C anzulassen. Der Wasserstoff kann dadurch in ausreichendem Maße aus der Schweißnaht diffundieren.

Verzögerte Sprödbrüche werden auch an vergüteten Stählen mit hoher oder sehr hoher Streckgrenze beobachtet. Bei **höchstfesten Stählen**, z. B. Vergütungsstählen oder martensitaushärtenden Stählen mit $R_e > 1200$ N/mm^2, genügen bereits kleine Wasserstoffgehalte, wie sie bei der Korrosion in Wasser oder feuchter Luft in den Werkstoff gelangen können, um die Versprödung herbeizuführen.

Der verzögerte Sprödbruch kennzeichnet die Fälle von Wasserstoffversprödung, in denen der Wasserstoffgehalt des Stahls niedrig ist, so daß die zur Entstehung von Flocken und ähnlichen Fehlern führenden Vorgänge - Wasserstoffansammlungen und hohe Wasserstoffdrücke in Hohlräumen - nicht stattfinden oder keine nennenswerten Auswirkungen haben. Es wird angenommen, daß sich beim verzögerten Sprödbruch gelöster Wasserstoff in stark gedehnten, d. h. unter Zugspannung stehenden Gitterbereichen im Anschluß an eine Rißspitze zwischen den Eisenatomen einlagert (**spannungsinduzierte Wasserstoffdiffusion**). Der eingelagerte Wasserstoff erniedrigt die Oberflächenspannung. Infolgedessen wird die Spaltbruchspannung herabgesetzt, und der Riß kann sich um die Länge des gedehnten, Wasserstoff enthaltenden Bereichs vergrößern. Dadurch entstehen wieder gedehnte Gittergebiete, in die abermals Wasserstoff eindiffundiert, bis der Riß um eine neue Spaltbruchfläche größer wird. Dieser Vorgang wiederholt sich bis zum Makrobruch. Er wird zeitlich durch die Menge des aufgenommenen Wasserstoffs und dessen Diffusionsgeschwindigkeit gesteuert. So ist es verständlich, daß der verzögerte Sprödbruch durch den üblichen Zugversuch mit seiner relativ großen Dehngeschwindigkeit oder gar durch den Kerbschlagbiegeversuch nicht erfaßt werden kann. Man prüft die Empfindlichkeit gegen verzögerte Rißbildung entweder im Zugversuch mit sehr kleinen Dehngeschwindigkeiten ($\dot{\varepsilon} \leq 10^{-4}\,s^{-1}$) oder unter ruhender Beanspruchung an gekerbten Proben. Die so ermittelte Kerbzeitstandfestigkeit kann weit unterhalb der mit zügiger Beanspruchung ermittelten 0,2 %-Dehngrenze liegen. Bei tiefen Temperaturen (wegen der abnehmenden Diffusionsgeschwindigkeit des Wasserstoffs) und bei höheren Temperaturen (wegen der größeren Beweglichkeit der Wasserstoffatome bzw. der einsetzenden Diffusion aus dem Werkstück) kann die verzögerte Rißbildung nicht nachgewiesen werden.

Wasserstoffversprödung bei galvanischer Oberflächenveredelung

Bei der galvanischen Oberflächenveredelung durch kathodische Abscheidung eines Metalls aus einem Elektrolyten wird in der Regel an der Kathode gleichzeitig atomarer Wasserstoff entwickelt, der sich teils zu H_2-Molekülen vereinigt und entweicht, teils in die Schicht und in den Grundwerkstoff diffundiert. Der in den Metallüberzug eingedrungene Wasserstoff kann dessen Härte beträchtlich erhöhen. Ein Beispiel dafür sind **Hartchromschichten**. Der vom Grundwerkstoff aufgenommene Wasserstoff kann zur Wasserstoffversprödung führen, wiederum in Stählen mit erhöhter Festigkeit, d. h. in vergüteten und hochfesten Stählen. Die Legierungselemente Chrom, Nickel und Mangan erhöhen deren Neigung zur Wasserstoffversprödung. Die Abbildung 6.7 zeigt den Randbereich der Bruchfläche einer einsatzgehärteten, galvanisch verzinkten Schraube. Deutlich zu erkennen sind bei diesem interkristallinen Spaltbruch die klaffenden Korngrenzen und die krähenfußartigen Haarlinien auf den Kornflächen, die bei der Wasserstoffversprödung beobachtet werden [6.12].

Durch eine Wärmebehandlung unmittelbar nach der Abscheidung des Metallüberzugs kann der Wasserstoff ausgetrieben werden. Längere Zwischenzeiten führen zu irreversiblen Schädigungen.

Abb. 6.7 Bruchfläche einer durch Wasserstoffversprödung gebrochenen, galvanisch verzinkten Schraube (REM-Aufnahme)

„Fischschuppenbildung"

Beim Emaillieren können durch Wasserstoff Probleme entstehen. Wasserstoff wird beim Einbrennen aus dem Kristallwasser des Emailschlickers und aus dem Wasserdampf der Ofenatmosphäre freigesetzt. Er diffundiert bis zur Sättigung in den Stahl ein. Während der Abkühlung von der Brenntemperatur (etwa 850 °C) wird die Löslichkeit kleiner (Abb. 6.3b). Der überschüssige Wasserstoff diffundiert zur Stahloberfläche, wo er, besonders bei beidseitiger Emaillierung, durch die glasig erstarrten Emailschichten am Entweichen gehindert wird. Er sprengt deshalb Teile der Emailschicht in Form von **Fischschuppen** ab, ein Fehler, der den Überzug unbrauchbar macht. Um ihn zu vermeiden werden unberuhigte Stähle mit erhöhtem Gehalt an oxidischen Einschlüssen, an denen der Wasserstoff oxidiert wird, verwendet.

Emaillierstähle

Eine andere Möglichkeit besteht darin, innere Hohlräume zu schaffen, in denen der Wasserstoff rekombiniert und somit diffusionsunfähig wird. Davon macht man auch bei den Emaillierstählen Gebrauch, die der besseren Kaltumformbarkeit und der größeren Wirtschaftlichkeit halber mit Aluminium beruhigt und auf Stranggußanlagen vergossen werden.

Sie weisen nur wenige oxidische Einschlüsse, die als Wasserstoffauffangstellen dienen könnten, auf. Deshalb werden beispielsweise stranggegossene Konverterstähle, aus denen die kaltgewalzten Emaillierblechqualitäten EK 4 und ED 4 hergestellt werden sollen, nach dem Warmwalzen von hohen Temperaturen so langsam abgekühlt, daß ein grobes Ferrit-Perlit-Gefüge gebildet wird. Beim nachfolgenden Kaltwalzen werden dann die groben Zementitteilchen zertrümmert, wodurch feine Hohlräume entstehen, die als Wasserstoffallen genutzt werden. Deren Speichervermögen ist für die Aufnahme des beim Brennen aufgenommenen Wasserstoffs ausreichend.

Beizsprödigkeit

Warmgewalzte Halbzeuge sind mit einer Oxidschicht (Zunder) behaftet. Wenn eine Weiterverarbeitung durch Kaltwalzen (Bleche) oder Kaltziehen (Drähte) vorgesehen ist, wird der Zunder vielfach durch Beizen in Salzsäure oder Schwefelsäure entfernt. Der dabei entstehende Wasserstoff dringt zum Teil in den Stahl ein und verursacht, je nach dem Grad der Wasserstoffaufnahme, die schon beschriebenen Erscheinungen der Versprödung (**Beizsprödigkeit**) bis hin zur Rißbildung. Beim Beizen kaltgewalzter Bleche aus kohlenstoffarmen Stählen, die einen Großteil der Feinbleche ausmachen, kann es wegen ihrer niedrigen Festigkeit zu einer Erscheinung kommen, die unter der Bezeichnung „**Beizblasen**" bekannt geworden ist. Die Vorgänge sind ähnlich wie bei der Flockenbildung. An Fehlstellen, wie Schlackenzeilen, unvollkommen verschweißten Gasblasen oder

a Oberflächenaufnahme

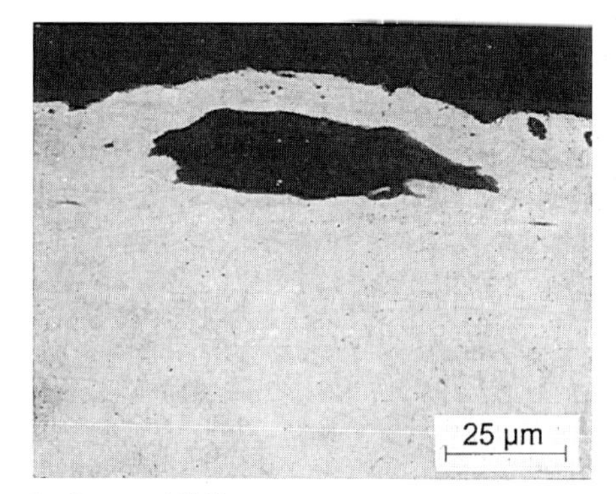

b Querschliff

Abb. 6.8 Beizblasen auf einem kohlenstoffarmen Stahlblech aus [6.5]

anderen Ungänzen, rekombiniert der Wasserstoff zu Molekülen. Dabei kann der Wasserstoffdruck soweit ansteigen, daß die Oberfläche blasenförmig aufwölbt (Abb. 6.8a). Im Querschliff (Abb. 6.8b) sieht man den durch Wasserstoff gebildeten Hohlraum.

Die Beizblasen treten unmittelbar nach dem Beizen oder während einer nachfolgenden Erwärmung, bei der die Festigkeit sinkt und der Gasdruck steigt, auf. Das Eindringen des Wasserstoffs und damit die Gefahr der Beizblasenbildung wird durch Schwefel und andere Verunreinigungen im Stahl und in der Beizsäure gefördert. Zur Verhütung von Beizschäden setzt man den Beizbädern Hemmstoffe (**Inhibitoren**) zu. Es handelt sich meist um kleine Mengen (0,1 %) organischer Verbindungen, die sich auf der Stahloberfläche anreichern. Sie werden als **Sparbeizen** bezeichnet.

Gehärtete und hochvergütete Stähle sollten grundsätzlich nicht gebeizt werden. Ihre Festigkeit ist zu groß, als daß dem Druck des eingeschlossenen Wasserstoffs durch Verformung nachgegeben werden könnte. Vielmehr entsteht durch die Wasserstoffaufnahme im Verein mit den immer vorhandenen Eigenspannungen häufig ein dichtes Netzwerk von Beizrissen. Deshalb sollte vorhandener Zunder in diesen Fällen mechanisch, z. B. durch Sandstrahlen, entfernt werden.

6.3 Auswirkungen von nichtmetallischen Verunreinigungen auf die Stahleigenschaften

Alle technischen Stähle enthalten nichtmetallische Verunreingungen. Diese werden auch als **Schlacken** bezeichnet. Sie bilden Einschlüsse, die sich auf die Werkstoffeigenschaften meistens ungünstig auswirken. Nur bei den Automatenstählen ist ein erhöhter Einschlußgehalt zur Verbesserung der Zerspanbarkeit erwünscht.

Die Schlacken sind unterschiedlicher Herkunft. **Exogene Einschlüsse** gelangen aus der das Stahlbad abdeckenden Ofenschlacke oder aus der Ausmauerung des Ofens, der Pfanne und der Gießeinrichtung in den Stahl. **Endogene Einschlüsse** hingegen entstehen durch metallurgische Reaktionen innerhalb der Schmelze, vorwiegend aus Reaktionen der Gase sowie des Schwefels mit im Stahl vorhandenen bzw. absichtlich zugesetzten Elementen. In den vorhergehenden Abschnitten wurde bereits auf solche Vorgänge hingewiesen. Exogene Einschlüsse sind meist viel größer als die endogenen. Sie sind auch mit bloßem Auge sichtbar und werden bei der Verformung zu Platten oder Zeilen ausgestreckt. Wenn ihr Anteil groß ist, können sie zu einem schicht- oder faserförmigen Aufbau führen. Der Bruch verläuft dann entlang der

Inhomogenitäten und wird seinem Aussehen entsprechend **Faul-** oder **Schieferbruch** bzw. **Holzfaserbruch** genannt. Wenn die Einschlüsse beim Zerspanen freigelegt werden und ihr Inhalt sandartig herausrieselt, nennt man sie **Sandstellen**.

Oxidische Einschlüsse

Die endogenen Einschlüsse können amorph (glasig) oder kristallin sein. Sie sind unterschiedlich zusammengesetzt. Bei der Desoxidation mit Silicium entsteht Siliciumoxid (**SiO_2**), das aber nur selten als selbständiger Einschluß im Stahl vorkommt. In den meisten Fällen verbindet es sich mit anderen Oxiden, z. B. mit **FeO**, **MnO**, **CaO** und **MgO** zu kompliziert zusammengesetzten oxidischen Verbindungen, den Silicaten. Ihr Gefüge kann homogen oder heterogen sein. Sie sind hart und spröde und werden beim Umformen zertrümmert. Daraus erwächst eine **zeilenförmige Anordnung** der Bruchstücke.

Bei der Desoxidation mit Aluminium bildet sich Tonerde **Al_2O_3**. Diese ist feinkristallin und sehr hart. Sie tritt nach dem Gießen häufig nesterförmig angeordnet auf und wird beim Verformen nicht zerkleinert, aber ebenfalls zu Zeilen ausgestreckt. Größere Al_2O_3-Anreicherungen können ähnlich wie exogene Einschlüsse zu terrassen- oder blätterartigen Brucherscheinungen führen. Sie können auch Dopplungen verursachen oder, da sie als Wasserstoffauffangstellen wirken, zum Ausgang von Beizblasen werden (s. Abschn. 6.2.3). Auch Al_2O_3 reagiert mit anderen Oxiden, vor allem mit Kieselsäure oder Metalloxiden, zu Mischkristallen. Die Verbindungen zwischen Tonerde und Metalloxiden nennt man Spinelle. Die hochschmelzenden Al_2O_3-reichen Einschlüsse entstehen vor der Kristallisation des Eisens. Sie können als Keime für die Eisenkristallisation wirken, wodurch ein **feines Primärkorn** entsteht. Die Sekundärkorngröße wird davon nicht oder nur wenig betroffen. Die **Feinkörnigkeit** der **besonders beruhigten** und der **mikrolegierten Stähle** wird im wesentlichen durch feinverteilte **Aluminium-** oder andere **Nitride** und **Carbonitride** hervorgerufen, die sich erst im festen Eisen ausscheiden. Aluminiumnitride lösen sich aber bei Erwärmung über 1000 bis 1050 °C wieder im Stahl auf, wodurch ihre kornfeinende Wirkung verloren geht.

Sulfidische Einschlüsse

Neben den oxidischen (auf der Basis von Kieselsäure oder Tonerde) kommt den sulfidischen Schlacken große Bedeutung für die Stahleigenschaften zu. Das zur Entschwefelung zugesetzte **Mangan** bildet neben **MnO** (das vorwiegend zum Bestandteil der silicatischen Schlacken wird) vor allem **MnS**. Dieses kommt ebenfalls nicht in reiner Form vor, sondern enthält noch größere Anteile an Eisen, da MnS eine beträchtliche Löslichkeit für FeS hat.

Im Unterschied zu den meisten oxidischen Schlacken sind sulfidische Einschlüsse und solche auf der Basis von MnO (die aber selten sind) weich und in der Wärme gut verformbar. Die Folge davon ist, daß Sulfid-Schlacken in verformtem Material als zusammenhängende, lang ausgestreckte, meist linsenförmige Einschlüsse vorliegen. Die Abbildung 6.9 zeigt solche Schlackenzeilen in einem ungeätzten Schliff. Vereinzelt sind auch punktförmige Silicateinschlüsse erkennbar.

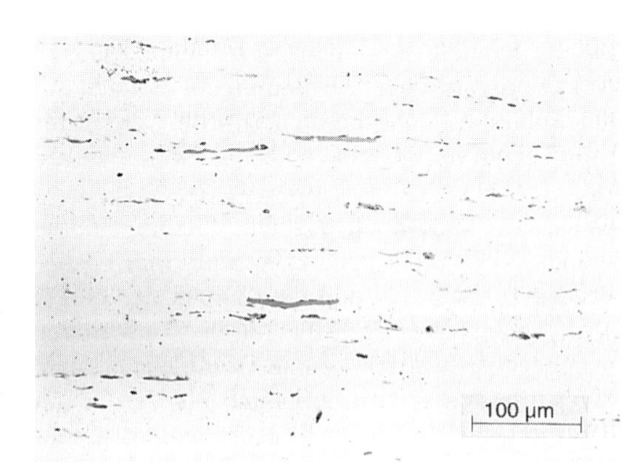

Abb. 6.9 Schlackenzeilen in einem beruhigten Automatenstahl mit etwa 0,20 % Schwefel, ungeätzter Schliff

Einfluß nichtmetallischer Verunreinigungen auf mechanische Werkstoffeigenschaften

Bei der Beurteilung des Einflusses von nichtmetallischen Verunreinigungen auf die Werkstoffeigenschaften ist davon auszugehen, daß die **Einschlüsse** nur geringe Bindungen zur metallischen Matrix haben. Sie können nur geringe Kräfte übertragen und stellen gewissermaßen Löcher im Werkstoff dar, von denen eine **innere Kerbwirkung** ausgeht. Außerdem schwächen sie den Querschnitt und sind Ausgangspunkte für die Bildung der **Mikrovoids** (siehe Abschnitt 5.1.2.3). Aufgrund dessen bedarf es keiner weiteren Erklärung, daß Schlackeneinschlüsse prinzipiell die Festigkeit, vor allem aber die Zähigkeit herabsetzen. Dabei treten je nach Art, Anzahl und Größe sowie Anordnung der Einschlüsse partiell Unterschiede auf. In Zeilen ausgestreckte Einschlüsse ergeben beispielsweise immer eine Richtungsabhängigkeit (**Anisotropie**) der **mechanischen Eigenschaften** des verformten Materials. Am stärksten wirken die langgestreckten, plastisch verformten **Sulfideinschlüsse**. Stahlguß weist diese Richtungsabhängigkeit nicht auf.

Die Auswirkungen der in Verformungsrichtung zeilig angeordneten Schlacken auf die Plastizität lassen sich z. B. anhand der Kerbschlagarbeit **längs** und **quer** zur **Walzrichtung** oder der Brucheinschnürung in Walzrichtung und senkrecht dazu deutlich erkennen. Tabelle 6.1 gibt eine Übersicht über die Mindestschlagarbeitswerte, die von warmgewalzten Baustählen an Proben mit Spitzkerb längs und quer zur Verformungsrichtung erreicht werden müssen. Man erkennt deutlich, daß die Zähigkeit mit abnehmendem Schwefelgehalt in beiden Richtungen größer wird. Die Festigkeit der Stähle und auch ihr Gehalt an Legierungselementen spielt dabei praktisch keine Rolle, wie z. B. der Vergleich der Stähle S235J2G3 (St37-3) mit S275J2G3 (St 44-3) mit Zugfestigkeiten von etwa 500 bzw. 580 N/mm^2 zeigt. Lediglich erhöhte Gehalte an Phosphor, auf dessen versprödende Wirkung bereits hingewiesen wurde, setzen die Schlagarbeit gegenüber phosphorarmen Stählen gleichen Schwefelgehaltes etwas herab (wetterfeste Stähle). Zu beachten ist auch, daß das **Verhältnis** der **Querzähigkeit** zur **Längszähigkeit** von zunächst 0,56 bis 0,59 auf 0,62 bei den kaltzähen Güten und bis 0,8 bei den kaltzähen Sondergüten ansteigt. Man kann also feststellen, daß bei 0,015 % S die Richtungsabhängigkeit der mechanischen Eigenschaften stark vermindert ist.

Auf die Bruchdehnung quer zur Verformungsrichtung haben die Verunreinigungen nur geringen Einfluß. Von wenigen Ausnahmen (z. B. großen Schmiedestücken) abgesehen, weicht sie nicht mehr als 2 bis 3 % von den Längswerten ab. Die Schlackenzeilen rufen aber einen großen Abfall der Verformungsfähigkeit in Dickenrichtung (senkrecht zur Verformungsebene) hervor, wodurch die Funktionssicherheit von komplizierten Schweißkonstruktionen erheblich beeinträchtigt sein kann. Hohe Beanspruchungen senkrecht zur Verformungsebene können zum Aufreißen längs der gestreckten Einschlüsse führen, wodurch eine terrassenförmige Bruchfläche entsteht (**Terrassenbruch**). Für die in Tabelle 6.1 aufgeführten Stahlmarken (mit Ausnahme des Stahls S235JRG1) beträgt die Brucheinschnürung von Grobblechen in Dikkenrichtung im Mittel nur etwa 8 % bei Elektro-Stählen und etwa 12 % bei Konverterstählen. Wenn erhöhte Anforderungen an die Verformungsfähigkeit senkrecht zur Oberfläche gestellt werden, muß man deshalb Grobbleche aus den Stählen S235J2G3 (St 37-3), S275J2G3 (St 44-3), P315NL (TSt E315), S315NL1 (EStE 315), P355NL2 (EStE 355), S420NL1 (EStE 420) oder P460NL2 (EStE 460) in Z-Qualität verwenden. Diese sind **tiefentschwefelt** und **vakuumbehandelt**. Die Brucheinschnürung der aus den genannten Stählen hergestellten, warmgewalzten und normalgeglühten Grobbleche beträgt dann in Dickenrichtung in der Qualität Z15 (z. B. S235J2G3 + Z15) mindestens 15 %, in der Qualität Z25 (z. B. S315NL1 + Z25) mindestens 25 % und in der Qualität Z35 (z. B. P355NL2 + Z35) mindestens 35 %. Zum Vergleich: die Brucheinschnürung des mit dem S235J2G3 vergleichbaren C15 beträgt in Längsrichtung im warmgewalzten Zustand mindestens 55 %.

Tabelle 6.1 Kerbschlagarbeit von Allgemeinen Baustählen, wetterfesten Stählen und höherfesten schweißgeeigneten Feinkornbaustählen längs und quer zur Verformungsrichtung

Stahlmarke	Merkmal	Maximale Gehalte in %		Mindestschlagarbeit in J bei 20 °C, DVM-Probe	
		P	S	längs	quer
S235JRG1, S235JRG2, S275JR		0,055	0,055	27	16
S355J2WP	mikrolegierter Feinkornstahl	0,15	0,035	27 (bei -20°C)	
S235J2G3, S275J2G3	Feinkornstähle	0,045	0,045	55	31
S275N, S355N, S420N, S460N	mikrolegierte Feinkornstähle	0,035	0,030	55	31
S460NL, S275NL, S355NL	mikrolegierte Feinkornstähle	0,030	0,025	63	40
S355NL1, P355 NL2, P420NL1	mikrolegierte Feinkornstähle	0,025	0,015	100	80

Außer durch die weitgehende Entfernung des Schwefels (Tiefentschwefelung bis auf wenige Tausendstel Prozent) kann die Anisotropie der Zähigkeitseigenschaften auch durch eine pfannenmetallurgische Behandlung zur **Sulfidformbeeinflussung** (Abbinden des Schwefels zu kugeligen Sulfiden mit großer Formänderungsfestigkeit, z. B. durch Cer, Titan oder Zirkon) stark vermindert werden.

Die **zyklische Festigkeit** der Stähle wird durch nichtmetallische Einschlüsse erniedrigt, unabhängig davon, ob diese regellos oder zeilig angeordnet sind. Je höher die Festigkeit des Werkstoffs ist und je größer die Schlackenteilchen sind, um so mehr fällt die Dauerfestigkeit ab. Auf die Ursachen (Kerbempfindlichkeit und Kerbwirkung) wurde bereits in Abschnitt 5.3.5.1 eingegangen (s. Abb. 5.92 und 5.93). Scharfkantige oxidische und silicatische Einschlüsse wirken sich stärker aus als langgestreckte Mangansulfide. Besonders gefährlich sind die Einschlüsse in Oberflächennähe.

Hohe Gehalte an Manganoxiden und -sulfiden ergeben nach dem Verformen eine ausgeprägte **Längsfaserung**. Diese bewirkt, daß der Bruch bei Teilen, die nur in der Längsrichtung auf Zug oder senkrecht dazu durch Biegung beansprucht werden, nicht glatt durch den Querschnitt hindurchläuft, sondern nach oberflächlichem Anriß von einer gewissen Tiefe ab über makroskopisch größere Bereiche hinweg den Schlackenzeilen folgt. Es entsteht ein **längsfaseriger Bruch**, von dem man lange Zeit annahm, daß er die Gefahr des plötzlichen Gewaltbruches vermindert. Man verwendete deshalb für Blattfedern bevorzugt mit Mangan oder mit Mangan und Silicium legierte Stähle, die diese Schlackenzeiligkeit aufwiesen. Heute ist man aber der Meinung, daß die Längsfaserung bei hohen Beanspruchungen keine Vorteile, im Falle von Torsionsbeanspruchungen sogar Nachteile bringt. Außerdem ist zu beachten, daß Federn vor allem zyklisch beansprucht werden und demzufolge immer ein von den Schlackenteilchen ausgehender negativer Einfluß zu erwarten ist. Die Herstellung von Federn aus Mangan- und Mangan-Silicium-Stählen, die zudem bei der Wärmebehandlung empfindlicher sind als z. B. die Chrom-Stähle, ist deshalb zurückgegangen.

Einfluß nichtmetallischer Verunreinigungen auf physikalische Werkstoffeigenschaften

Die nichtmetallischen Verunreinigungen wirken sich nicht nur auf mechanische, sondern auch auf physikalische Eigenschaften aus. Im Abschnitt 6.1 ist bereits auf den Zusammenhang zwischen der elektrischen Leitfähigkeit und gelösten Begleitelementen (auch metallischen) hingewiesen worden. Die **magnetischen Eigenschaften** werden hingegen vor allem durch nichtmetallische Einschlüsse und durch Ausscheidungen von Eisennitriden und -carbiden beeinflußt. So wird durch kleine Einschlüsse die **Sättigungspolarisation** von weichmagnetischen Werkstoffen, z. B. Weicheisen, herabgesetzt und die **Koerzitivfeldstärke** erhöht. Am wirksamsten sind solche Teilchen, deren Durchmesser etwa der Dicke der Blochwände im Eisen entspricht. Das sind etwa 0,1 µm. Die Einschlüsse behindern außerdem ein gegebenenfalls erwünschtes Kornwachstum (die Ummagnetisierungsverluste von nichtkornorientierten Elektroblechen sind bei mittleren Korndurchmessern von etwa 100 bis 150 µm am kleinsten). Das bedeutet, daß Schlacken und ausgeschiedene Phasen vor allem für Relaiswerkstoffe (Reineisen, Fe-Si- und Fe-Ni-Legierungen) sowie für Dynamo- und Transformatorenbleche oder -bänder (hauptsächlich Fe-Si-Legierungen) eine erhebliche Qualitätsminderung mit sich bringen. Man strebt deshalb an, mit Hilfe moderner Stahlerzeugungsverfahren (Sauerstoff-Blasverfahren und Vakuumbehandlung) die Elemente Kohlenstoff, Sauerstoff, Stickstoff und Schwefel weitgehend aus der Schmelze zu entfernen, so daß auch die Menge der festen Reaktionsprodukte gering bleibt. Die im Stahl verbliebenen Reste von Sauerstoff, Stickstoff und Schwefel werden durch Aluminium und Mangan gebunden.

Einfluß nichtmetallischer Verunreinigungen auf die Oberflächenqualität

Nichtmetallische Einschlüsse, die an die Oberfläche treten, werden beim **Polieren** aufgrund von Härteunterschieden zur Matrix stärker oder weniger abgetragen bzw. sie bröckeln aus. Das ist besonders für Werkzeuge, wie Kunststoffformen, Glasformen und bestimmte Prägewerkzeuge nachteilig, mit denen Produkte hergestellt werden, die keine Nachbearbeitung erfahren. Alle Fehler der polierten Oberfläche des Werkzeugs werden auf die Erzeugnisse übertragen. Für höchste Beanspruchungen an die Oberflächenqualität der Produkte, z. B. aus durchsichtigen Hochpolymeren oder Glas (optische Bauteile, Kolben für Fernsehbildröhren) ist es deshalb erforderlich, ultrareine Stähle zu verwenden.

Nichtmetallische Einschlüsse in Wälzlagerstählen

Nichtmetallische Einschlüsse bestimmen in weiten Grenzen die **Lebensdauer** von **Wälzlagern**. Es ist deshalb sicherlich kein Zufall, daß die Wälzlagerindustrie Mitte der dreißiger Jahre an der Erarbeitung der Grundlagen für die auch heute noch gebräuchlichen Gefüge- und Schlakkenrichtreihen maßgeblich beteiligt war. Liegt z. B. ein Schlackeneinschluß nach dem Schleifen eines Wälzlagerringes in der Lauflinie der Kugel, so wird er bei entsprechendem Druck zerbrechen. Es entsteht eine Fehlstelle, die eine Keimzelle für weitere Ausbrüche ist. Durch die Bruchstücke und Abblätterungen an der Bruchstelle wird die weitere Zerstörung beschleunigt. Die Lagergeräusche nehmen zu. Die vorzeitige Zerstörung des Lagers kann auch durch Einschlüsse eingeleitet werden, die dicht unter der Oberfläche liegen. Dort ändern sich bei jeder Überrollung die Spannungsverhältnisse. Es wechseln Zug- Druck- und Schubspannungen, was zum Ablauf von Ermüdungsvorgängen bis hin zur Entstehung von Ermüdungsrissen und zu schuppenartigen Abplatzungen führt. Die Schlackenteilchen können, da sie mehrachsige Spannungszustände begünstigen, diesen Prozeß wesentlich fördern.

Wegen dieser nachhaltigen Auswirkungen der nichtmetallischen Verunreinigungen werden die gebräuchlichen Wälzlagerstähle 100Cr6 und 100CrMn6 mit einem gegenüber üblichen Edelstählen herabgesetzten S-Gehalt von maximal 0,025 % erschmolzen. Für besonders hoch beanspruchte Lager mit großer Zuverlässigkeit, z. B. im Fahrzeug-, Werkzeugmaschinen- oder Flugzeugbau, kann die Verwendung von ultrareinen Stählen oder von pfannenmetallurgisch behandelten Stählen vereinbart werden. Die Lebensdauer kann dadurch um den Faktor 4 oder größer verlängert werden.

Nichtmetallische Einschlüsse in Automatenstählen

Während die Bestrebungen der Metallurgen im allgemeinen dahin gehen, die Zahl der nichtmetallischen Verunreinigungen unter Beachtung ökonomischer Aspekte so weit wie möglich abzusenken, strebt man im Falle der Automatenstähle absichtlich einen hohen Gehalt an sulfidischen Einschlüssen an (s. Abb. 6.9).

Automatenstähle sind Werkstoffe mit meist 0,10 bis 0,20, seltener bis 0,60 % C, die zur spanenden Verarbeitung auf automatischen Werkzeugmaschinen vorgesehen sind. Sie enthalten bis zu 1,5 % Mn, das den Schwefel bis etwa 0,35 % zu **Mangansulfiden** abbindet. Diese unterbrechen den Zusammenhang der metallischen Stahlmatrix, so daß beim Zerspanen kurzbrüchige Späne, eine Voraussetzung für die Bearbeitung auf Automaten, entstehen. Gleichzeitig wirken sie als Feststoffschmiermittel, setzen somit die Reibung zwischen Werkstück und Werkzeug herab, vermindern den Verschleiß des Werkzeugs, behindern die Bildung von Aufbauschneiden und senken die Schnittkräfte.

Automatenstähle werden hauptsächlich für Kleinteile in der Normteileindustrie, z. B. für Schrauben, verwendet. Die durch den hohen Gehalt an nichtmetallischen Verunreinigungen bedingte Verschlechterung der mechanischen Eigenschaften, insbesondere quer zur Verformungsrichtung, muß in Kauf genommen werden. Auch einige Nichteisenmetalle und einige hochlegierte Stähle werden zur Verbesserung der Zerspanbarkeit mit erhöhtem Schwefelgehalt hergestellt.

Bestimmung und Bewertung nichtmetallischer Einschlüsse

In den vorangegangenen Ausführungen über nichtmetallische Einschlüsse wurde gezeigt, in welch vielfältiger Weise sie die Werkstoffeigenschaften beeinflussen und daß ihre Bewertung von äußerst „schädlich“ bis „sehr nützlich“ geht. Dort, wo das Prädikat „ohne Bedeutung“ vergeben werden kann, ist es auch nicht erforderlich, den Schlackengehalt in die Prüfung des Werkstoffs einzubeziehen. Das betrifft z. B. die Allgemeinen Baustähle. Wenn die Erfahrung gezeigt hat, daß deren Einschlußgehalt für einen bestimmten Verwendungszweck zu groß ist, stehen andere Stahlsorten höherer Reinheit, aber etwa gleicher Zusammensetzung und etwa gleicher mechanischer Eigenschaften zur Verfügung. So kann z. B. der Stahl S235JRG2 (RSt 37-2) durch den Stahl S235J2G3 (St 37-3), dieser wiederum durch den Stahl C15 in normaler oder ultrareiner Qualität substituiert werden.

Anders sind die Verhältnisse bei solchen Werkzeug- und Baustählen, wie z. B. Schnellarbeitsstählen, Turbinenschaufelstählen, Automatenstählen und Wälzlagerstählen. Für diese sind **metallographische Untersuchungen** des Reinheitsgrades (Art, Größe und Verteilung der Schlacken) sowie weiterer Qualitätsmerkmale (z. B. Carbidverteilung oder Randentkohlung) oftmals unerläßlich. Die Bestimmung der Mengenanteile einzelner Gefügebestandteile, also auch der Einschlüsse und Carbide, sowie deren Größenverteilung, Streckung usw. sind mit Hilfe von Methoden der **quantitativen Metallographie** möglich, aber auch bei Anwendung computergestützter Meß- und Auswerteverfahren sehr aufwendig. Für verläßliche Aussagen muß jedoch in Anbetracht der auftretenden Streuungen eine größere Anzahl von Proben einer Charge geprüft werden, meist in einer möglichst kurzen Zeit. Dabei haben sich die bereits erwähnten **Richtreihen** bewährt.

Zur Untersuchung auf nichtmetallische Einschlüsse verwendet man ungeätzte, erforderlichenfalls gehärtete, Längsschliffe. Die Präparation muß so erfolgen, daß die Einschlüsse nicht herausgerissen oder in ihrer Gestalt verändert werden. Kleine Teilchen des Schleif- oder Poliermittels dürfen nicht in die Schlifffläche eingedrückt werden. Die Schliffproben werden in einem bestimmten Abbildungsmaßstab, meist 100 : 1, an der Mattscheibe des Metallmikroskopes oder mittels eines speziellen Richtreihenansatzes im Okular mit der Richtreihe (**Bildreihentafel**) verglichen. In dieser werden sulfidische (plastische) und oxidische (körnige) Einschlüsse unterschieden. Die Einschlußtypen sind:

SS **S**ulfidische Einschlüsse in **S**trichform

OA **O**xidische Einschlüsse in **a**ufgelöster Form (Aluminium-Oxide)

OS **O**xidische Einschlüsse in **S**trichform (Silicate)

OG **O**xidische Einschlüsse in **g**lobularer Form.

Anhand der jeweiligen Vergleichsbilder werden entweder die größten (**m**aximalen) Einschlüsse bestimmt und mit einer Größenkennziffer belegt (Verfahren **M**), oder es wird die Anzahl von einer festgelegten Einschlußgröße an erfaßt (Verfahren **K**). Bei der Auswertung nach dem K-Verfahren wird der Reinheitsgrad einer Schmelze durch einen zusammenfassenden, den Flächeninhalt der Einschlüsse kennzeichnenden **K**ennwert angegeben. Durch Vergleich des ermittelten Kennwertes mit dem in der jeweiligen Werkstoffnorm festgelegten höchstzulässigen Kennwert kann entschieden werden, ob die untersuchte Charge den Qualitätsanforderungen entspricht.

Andere Richtreihen zur Beurteilung von Gefügekriterien gibt es z. B. für die Korngröße [6.15] die Graphitgröße und -verteilung in graphithaltigem (grauem) Gußeisen [6.16] oder die Carbidverteilung in Werkzeugstählen [6.17].

Literatur und Quellen

[6.1] *Nitzsche, K.* und *H.-J. Ullrich* (Hrsg.): Funktionswerkstoffe. 3. Aufl. Leipzig, Stuttgart: Dt. Verl. für Grundstoffindustrie 1993

[6.3] Werkstoffkunde Stahl. Berlin Heidelberg New York Tokyo: Springer-Verl. und Düsseldorf: Verl. Stahleisen m.b.H. Band 1 (Grundlagen) 1984, Band 2 (Anwendung) 1985

[6.4] *Schatt, W., E. Simmchen* und *G. Zouhar* (Hrsg.): Konstruktionswerkstoffe des Maschinen- und Anlagenbaues. 5. Aufl.; Stuttgart: Dt. Verl. für Grundstoffindustrie 1998

[6.5] *Schumann, H.*: Metallographie. 13. Aufl.; Leipzig: Dt. Verl. für Grundstoffindustrie 1991

[6.6] *Bargel, H.J.* und *G. Schulze*: Werkstoffkunde. 7. Aufl.; Berlin u. a.: Springer-Verl. 2000

[6.7] *Hornbogen, E.*: Werkstoffe. 6. Aufl.; Berlin Heidelberg New York: Springer Verl. 1994

[6.8] *Bergmann, W.*: Werkstofftechnik. München u. a.: Carl Hanser Verl. Teil 1 (Grundlagen) 3. Aufl.; 2000, Teil 2 (Anwendung) 2. Aufl. 1991

[6.9] *Eckstein, H.-J.*(Hrsg.): Technologie der Wärmebehandlung von Stahl. 2. Aufl. Leipzig: Dt. Verl. für Grundstoffindustrie 1987

[6.10] *Houdremont, E.*: Handbuch der Sonderstahlkunde Bd. 1 u. 2. 3. Aufl.; Berlin, Göttingen, Heidelberg: Springer-Verl. 1956

[6.11] Werkstoffbeeinflussung durch Weiterverarbeitung VDI-Bericht 256. Düsseldorf VDI-Verl. GmbH 1976

[6.12] *Engel, L.* und *H. Klingele*: Rasterelektronenmikroskopische Untersuchungen von Metallschäden. 2. Aufl.; Köln: Carl Hanser Verl. 1978

[6.13] *Diergarten, H.*: Gefügerichtreihen im Dienste der Werkstoffprüfung in der stahlverarbeitenden Industrie. 4. Aufl.; Düsseldorf: Deutscher Ingenieur-Verl. GmbH 1960

[6.14] DIN 50 602 Mikroskopische Prüfung von Edelstählen auf nichtmetallische Einschlüsse mit Richtreihen 1985

[6.15] DIN 50 601 Ermittlung der Ferrit- oder Austenitkorngröße von Stahl und Eisenwerkstoffen 1985

[6.16] DIN EN ISO 945 Gußeisen - Bestimmung der Mikrostruktur von Graphit 1994

[6.17] Stahl-Eisen-Prüfblatt 1520 Mikroskopische Prüfung der Carbidausbildung in Stählen mit Bildreihen. Düsseldorf: Verl. Stahleisen mbH 1998

7 Wärmebehandlung metallischer Werkstoffe

7.1 Aufgaben der Wärmebehandlung

Ziel und Aufgaben

Ziel einer jeden Wärmebehandlung ist die Einstellung bestimmter Werkstoffeigenschaften, die für die **Verarbeitung** oder beim **Gebrauch** maßgebend sind.

Die Verarbeitungseigenschaften lassen sich z. B. durch **Weichglühen** oder auch **Grobkornglühen** verbessern. Für den Gebrauch von Bauteilen und Werkzeugen sind Wärmebehandlungsverfahren, wie **Normalglühen, Härten, Vergüten** und **Ausscheidungshärten** zur Erzielung von bestimmten, geforderten Werkstoffeigenschaften - **Härte, Festigkeit** und/oder **Zähigkeit** - von Bedeutung. Eine Erhöhung der Lebensdauer von Bauteilen und Werkzeugen kann z. B. neben anderen Verfahren durch **Oberflächenhärten** erreicht werden. Indem die erforderliche Festigkeit durch Wärmebehandlung eingestellt wird, ist eine Verringerung der Masse von Bauteilen möglich. Eine weitere Aufgabe der Wärmebehandlung kann die Senkung von Kosten durch mögliche Einsparung von Legierungselementen im Sinne eines ökonomischen Werkstoffeinsatzes sein. Dabei ist allerdings zu berücksichtigen, daß durch die Wärmebehandlung zum Teil nicht unerhebliche Kosten entstehen können.

Wärmebehandlung von Eisenwerkstoffen

Die **Eisen-Kohlenstoff-Legierungen** bieten gegenüber anderen Werkstoffen aufgrund der auftretenden **Gefügeänderungen** vielfältige Möglichkeiten, die geforderten Eigenschaften durch eine Wärmebehandlung einzustellen. Die Grundlage dafür ist einerseits die **Polymorphie des Eisens**, d. h. die Gitterumwandlungen beim Erwärmen (krz in kfz) und Abkühlen (kfz in krz), und andererseits die unterschiedliche **Löslichkeit von Kohlenstoff** in den beiden Eisengittern.

Wärmebehandlungsverfahren

Wärmebehandlungsverfahren, die auf der Polymorphie beruhen, sind das Normalglühen, Härten und Vergüten, wobei beim Härten und Vergüten zusätzlich die unterschiedliche Löslichkeit von Kohlenstoff in den Eisengittern genutzt wird.

Für Eisenwerkstoffe kommen natürlich auch die Wärmebehandlungsverfahren zur Anwendung, die bei den Nichteisenwerkstoffen üblich sind. Das sind z. B. das **Diffusionsglühen**, zum Ausgleich von Konzentrationsunterschieden, das **Rekristallisationsglühen** zur Aufhebung der Kaltverfestigung, das **Spannungsarmglühen**, das **Grobkornglühen** und das **Aushärten**. Das **Glühen auf kugelige Carbide**, in der Praxis meist als **Weichglühen** bezeichnet, ist demgegenüber ein Verfahren, was nur bei Stahl angewendet werden kann.

Einige Nichteisenmetalle weisen ebenso wie die Eisenwerkstoffe polymorphe Umwandlungen bei Änderung der Temperatur auf, was teilweise bei der Wärmebehandlung derartiger Werkstoffe genutzt wird. Ein Beispiel dafür ist das Titan.

Häufig wird zur Erhöhung der Festigkeit von bestimmten **NE-Metallegierungen** das **Ausscheidungshärten**, kurz Aushärten, angewendet. Voraussetzung dafür ist, daß die Legierungen aushärtbar sind, d. h., daß die Löslichkeit für ein Legierungselement mit abnehmender Temperatur geringer wird.

Einzelne Verfahren, insbesondere das **Härten**, können auf oberflächennahe Bereiche begrenzt werden, während man sonst von durchgreifender Wärmebehandlung spricht.

Es gibt weiterhin Wärmebehandlungsverfahren, bei denen die Wärmebehandlung in einem geeignetem Mittel oder einer geeigneten Atmosphäre erfolgt und dadurch die chemische Zusammensetzung des Werkstoffs in einem bestimmten Oberflächenbereich verändert wird (**Thermochemische Behandlung**). Sie werden im Abschnitt 8 behandelt.

In **technischen Prozessen** werden in der Regel die Bedingungen, die für das Einstellen des Gleichgewichtsgefüges erforderlich sind (extrem langsame Erwärmung und Abkühlung), nicht eingehalten, oder es wird bewußt ein **Ungleichgewicht** (**metastabiler Zustand**) angestrebt.

Die volle Ausnutzung der Möglichkeiten der Wärmebehandlungsverfahren zur Einstellung der gewünschten Eigenschaften setzt die genaue Kenntnis des Umwandlungsverhaltens, der zugrunde liegenden Umwandlungsmechanismen und des Einflusses der Legierungselemente voraus. Diese Vorgänge sind nicht nur von Bedeutung für die Wärmebehandlung. Sie können auch beim Be- und Verarbeiten (z. B. Schweißen, bei der Lagerung von abgeschreckten aushärtbaren Legierungen eintretende Aushärtung) und auch im Betrieb (z. B. Beanspruchung von Werkzeugen) auftreten.

Im folgenden sollen zunächst die Vorgänge bei der Ausscheidungshärtung am Beispiel einer Aluminiumlegierung und anschließend die Umwandlungsvorgänge im Stahl beim Erwärmen und Abkühlen näher betrachtet werden.

7.2 Aushärten

Das **Aushärten** ist eine Wärmebehandlung zur Erhöhung der Härte und Festigkeit von Legierungen. Dabei werden aus einer festen Lösung (Mischkristall) **metastabile Phasen** (Zonen, Teilchen) in fein verteilter Form ausgeschieden, so daß diese für die Versetzungsbewegung wirksame Hindernisse darstellen (Teilchenhärtung, s. Kap. 5.1.3.4). Das Ausscheidungshärten ist vor allem für Legierungen, die **keine polymorphe Umwandlung** aufweisen und somit durch Martensitbildung nicht härtbar sind, die wichtigste Möglichkeit zur Festigkeitssteigerung. Ausgehärtet werden insbesondere Al- und Ni-Legierungen, aber auch Stähle (z. B. höherfeste Feinkornbaustähle, martensitaushärtende Stähle). Es sind jedoch nicht alle Legierungen aushärtbar. Die Aushärtbarkeit einer Legierung ist an bestimmte Voraussetzungen gebunden.

Voraussetzungen für das Aushärten

- Die Legierung muß bei erhöhter Temperatur Mischkristalle bilden.
- Die Legierung muß ein Legierungselement enthalten, das eine mit sinkender Temperatur abnehmende Löslichkeit im Mischkristall des Grundmetalls hat.

Diese Voraussetzungen erfüllen z. B. bei Aluminiumwerkstoffen auch die binären Al-Mg- und Al-Si-Legierungen. Die erzielbaren Festigkeitssteigerungen sind allerdings für die praktische Anwendung zu gering.

Für das Ausscheidungshärten sind drei Behandlungsschritte erforderlich:

1. Lösungsglühen (Homogenisieren)
2. Abschrecken
3. Auslagern

Am Beispiel einer Legierung des Systems **Al-Cu** (Abb. 7.1) sollen die dabei ablaufenden Vorgänge näher betrachtet werden.

Lösungsglühen

Bei Raumtemperatur liegt der Al-Mischkristall und die Gleichgewichtsphase Al_2Cu vor. Beim Erwärmen der eingezeichneten Legierung nimmt die Löslichkeit des Al-Mischkristalls für Cu zu und erreicht bei der eutektischen Temperatur ein Maximum. Das Lösungsglühen (**Homogenisieren**) wird deshalb dicht unterhalb der eutektischen Temperatur über mehrere Stunden durchgeführt. Das zur Aushärtung führende Legierungselement Cu soll dabei möglichst **vollständig in Lösung - homogener Mischkristall - gebracht werden**, um damit die Voraussetzung für eine große Festigkeits-

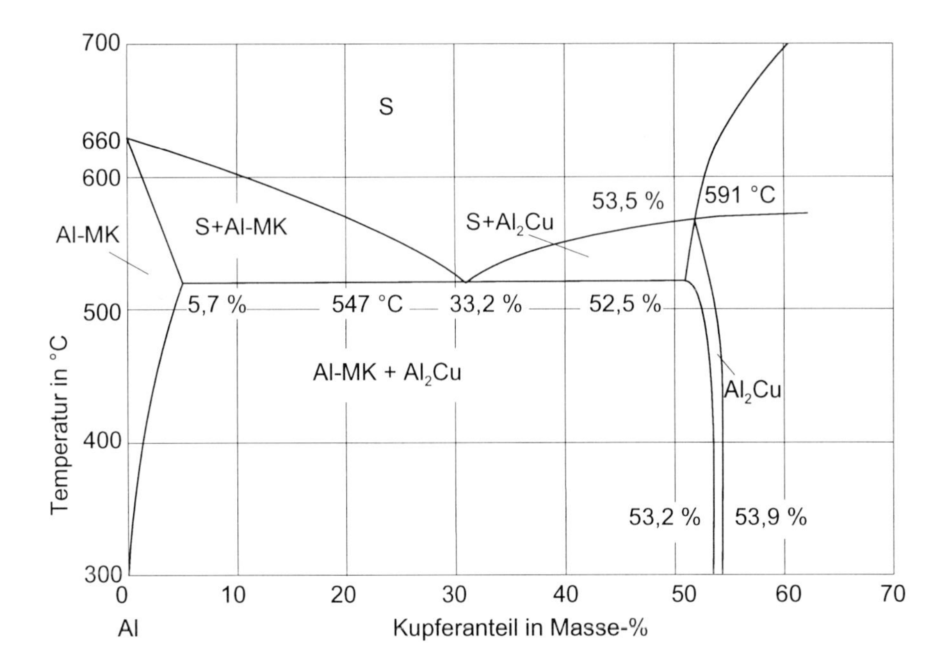

Abb. 7.1 Zustandsdiagramm Aluminium-Kupfer (Ausschnitt) nach *Mondolfo*

steigerung zu schaffen. Die **Lösungsglühtemperatur** muß in engen Grenzen eingehalten werden. Bei zu niedriger Temperatur gehen zu wenig Cu-Atome in Lösung, die maximale Festigkeit wird beim späteren Auslagern nicht erreicht. Wird die Temperatur zu hoch, besteht die Gefahr des Aufschmelzens einzelner Gefügebestandteile (Abb. 7.2). Die Legierung kann dann nicht weiterverarbeitet und muß eingeschmolzen werden. Zu beachten ist, daß in technischen Legierungen neben Cu noch andere Legierungselemente absichtlich oder als Beimengungen vorhanden sind und damit die eutektische Temperatur beeinflußt wird. In den Vorschriften wird deshalb für das Lösungsglühen ein z. T. sehr enger Temperaturbereich festgelegt.

Abschrecken

Das Abkühlen aus dem homogenen Mischkristallgebiet muß mit solcher Geschwindigkeit erfolgen, daß die Cu-Atome in **übersättigter Lösung** im Mischkristall verbleiben. Die diffusionsgesteuerte Ausscheidung der Gleichgewichtsphase Al_2Cu wird unterdrückt. Das Abschrecken erfolgt meist in Wasser oder durch Wassernebel.

Im abgeschreckten Zustand sind die übersättigten, homogenen Mischkristalle noch relativ weich (nur geringe Festigkeitserhöhung durch Mischkristallhärtung) und daher der Werkstoff gut verformbar.

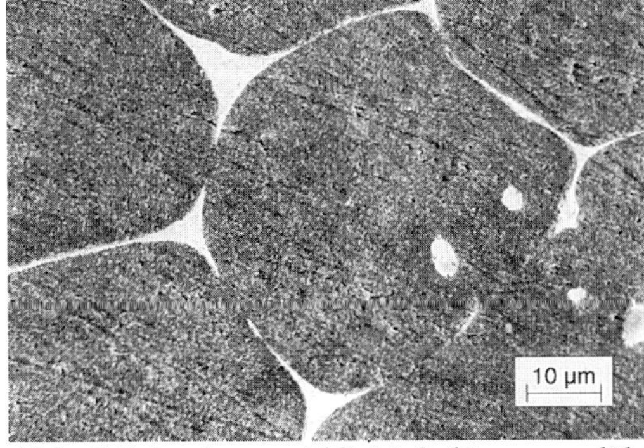

Abb. 7.2 Legierung AlCuMg2, lösungsgeglüht bei 510 °C, Anschmelzungen entlang der Korngrenzen

Auslagern

Das Auslagern kann entweder bei Raumtemperatur - **Kaltauslagern** - oder bei erhöhten Temperaturen - **Warmauslagern** - durchgeführt werden. Beim Auslagern kommt es durch Diffusionsvorgänge zu **Entmischungen** im bis dahin homogenen, aber übersättigten Mischkristall. In Abhängigkeit von der Zeit bilden sich beim Kaltauslagern zunächst **metastabile Phasen**, d. h. Ansammlungen von Legierungsatomen (Cu) in der Mischkristallmatrix (Zonen), die nur wenige Atomlagen dick sind. Diese sind mit der Matrix kohärent. Bei den Al-Cu-Mg-Legierungen werden sie auch als **Guinier-Preston-Zonen I** (GP I) bezeichnet. Bei mäßig erhöhten Temperaturen - bei Al-Legierungen etwa bis 200 °C (Warmauslagern) - entstehen zunächst in einem Zwischenstadium wiederum Zonen, die als **Guinier-Preston-Zonen II** bezeichnet werden, und anschließend die **metastabile ϑ'-Phase** mit teilkohärenter Grenzfläche zum Al-Mischkristall (Abb. 7.3).

Festigkeitssteigerung durch Aushärten

Die beim Kaltauslagern entstehenden Guinier-Preston-Zonen I verspannen das Aluminiumgitter und bilden wegen ihrer großen Anzahl ein wirksames **Hindernis für die Versetzungsbewegung**. Beim Warmauslagern wird das Härtemaximum erreicht, wenn ein Gemisch aus Guinier-Preston-Zonen II und der ϑ'-Phase vorliegt. Die teilkohärenten Teilchen führen zu einer größeren Versetzungsbehinderung als die bei Raumtemperatur gebildeten GP I. Ob eine Auslagerung bei Raumtemperatur zur gewünschten Festigkeitssteigerung führt, hängt von der Zusammensetzung der Legierungen ab. Die Mg-haltigen Al-Cu-Legierungen erreichen beim Kaltauslagern bereits eine beträchtliche Festigkeitssteigerung, die Al-Zn-Mg-Legierungen müssen hingegen warm ausgelagert werden. Bei zu hohen Temperaturen und beim Warmauslagern auch bei zu langen Haltezeiten wachsen die gebildeten Teilchen, womit ein Rückgang der Härte und Festigkeit verbunden ist. Man spricht dann von **Überhärten**.

Bei Al-Cu-Mg-Legierungen z. B. wird die höchste Festigkeit durch Warmaushärten erzielt, allerdings nimmt die Dehnung dann auf ein Drittel des Wertes nach dem Kaltauslagern ab. Beim Werkstoffeinsatz im wärmebehandelten Zustand sind daher die erreichbaren unterschiedlichen mechanischen Eigenschaften nach Kalt- bzw. Warmauslagern zu berücksichtigen.

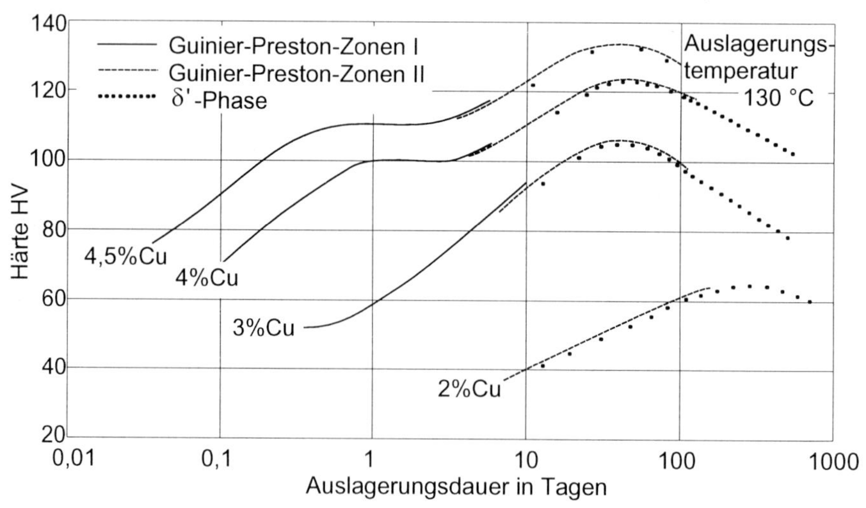

Abb. 7.3 Struktur- und Härteänderungen beim Auslagern von Al-Cu-Legierungen mit verschiedenen Cu-Gehalten nach *J M. Silcock, T.J. Heal* und *H.K. Hardy*

7.3 Umwandlungsvorgänge beim Erwärmen und Abkühlen von Eisenwerkstoffen

Ausgangspunkt für die Betrachtungen zu den Umwandlungsvorgängen sind die im Gleichgewicht vorliegenden Phasen und Gefüge entsprechend dem Zustandsdiagramm des Systems Eisen-Kohlenstoff. Zur Charakterisierung des im Ungleichgewicht entstehenden Gefüges werden anschließend die Umwandlungsvorgänge in Abhängigkeit von der Zeit betrachtet (ZTA- und ZTU-Diagramme).

7.3.1 Eisen-Kohlenstoff-Diagramm

Kohlenstoff ist das wichtigste Legierungselement des Eisens. Bereits geringe Kohlenstoffkonzentrationen führen zu bedeutenden Eigenschaftsänderungen gegenüber reinem Eisen, wie z. B. Zunahme von Härte und Festigkeit, Abnahme der Dehnung.

Kohlenstoff ist in geringen Mengen im Eisen löslich und bildet Einlagerungsmischkristalle. Bei Überschreitung der temperaturabhängigen Löslichkeitsgrenze liegt er in elementarer Form als **Graphit** vor oder bildet mit dem Eisen die intermetallische Phase **Fe_3C** (**Eisencarbid**, **Zementit**). In den technischen Eisen-Kohlenstoff-Legierungen kommt der Kohlenstoff normalerweise als Fe_3C vor. Nur bei höheren C-Gehalten und sehr langsamer Abkühlung kann es zur Bildung von Graphit kommen. Wenn Legierungen Graphit enthalten sollen (**Graues Gußeisen**), wird das durch Zusatz weiterer Legierungselemente (Si, Al, Ni) erreicht.

Da der Kohlenstoff in zwei verschiedenen Formen auftreten kann, gibt es zwei Zustandsschaubilder. Die stabilste Form ist der Graphit. Auch Fe_3C läßt sich durch langes Glühen bei hohen Temperaturen in Fe und Graphit zerlegen. Man bezeichnet Fe_3C daher als metastabil und das zugehörige Zustandsdiagramm als **metastabiles**, das Graphit enthaltende als **stabiles System**. Da sich die Zustandsdiagramme nur wenig voneinander unterscheiden, trägt man sie oft gemeinsam auf und spricht vom **Doppelschaubild Fe - C** (Abb. 7.4). Die stark ausgezogenen Linien gelten für das metastabile System **Fe -Fe_3C**, die gestrichelten für das stabile System Fe - Graphit. Dieses Diagramm ist nur ein Teilschaubild, es bricht bei 6,67% C (C-Gehalt von Fe_3C) ab. Der größte Teil des Gesamtschaubildes ist noch nicht bekannt.

Da die technischen Eisen-Kohlenstoff-Legierungen Kohlenstoffgehalte von maximal 5 % haben (höhere Gehalte treten nur in einigen Vorlegierungen auf), ist die Kenntnis der eisenreichen Seite des Eisen-Kohlenstoff-Diagrammes ausreichend.

Auf der Abszisse werden meist zwei Konzentrationsachsen angegeben: % C und % Fe_3C. Eine Legierung mit 6,67 % C besteht im metastabilen System aus reinem Fe_3C. In der Praxis wird meist nur der C-Maßstab angewendet, da die Legierungen durch den Kohlenstoffgehalt gekennzeichnet sind.

Das Eisen-Kohlenstoff-Diagramm setzt sich aus 3 Teildiagrammen zusammen:

- peritektisches
- eutektisches
- eutektoidisches.

Peritektisches und eutektoidisches Diagramm beruhen auf den verschiedenen allotropen Modifikationen des Eisens und deren unterschiedlicher Löslichkeit für Kohlenstoff.

Reines Eisen hat einen Schmelzpunkt von 1536°C (Punkt A in Abb. 7.4). Es erstarrt als kubisch raumzentriertes δ-Eisen und kann bei 1493 °C maximal 0,1 % C lösen (H). Bei weiterer langsamer Abkühlung kommt es bei 1392 °C (N) zu einer Gitterumwandlung. Es entsteht das kubisch flächenzentrierte γ-Eisen, das bei 1147 °C bis zu 2,06 % C (E) aufnehmen kann. Das γ-Eisen ist bis zu einer Temperatur von 911 °C (G) thermodynamisch stabil. Bei dieser Temperatur erfolgt eine Umwandlung in das kubisch raumzentrierte α-Eisen. Gegenüber

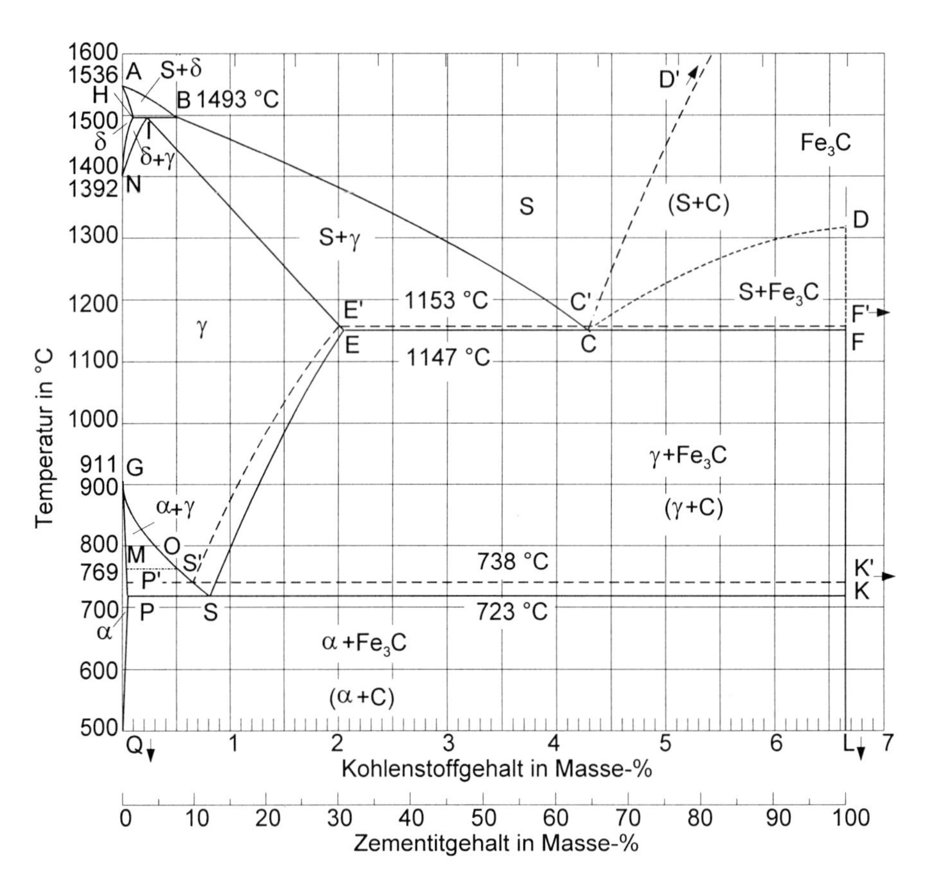

Abb. 7.4 Zustandsdiagramm Eisen-Kohlenstoff
——— metastabiles System, -------- stabiles System

dem γ-Eisen besitzt α-Eisen eine sehr geringe Löslichkeit für Kohlenstoff. Bei 723 °C (A_1-Temperatur) können maximal 0,02 % (P) und bei Raumtemperatur nur noch 10^{-4} % C (Q) gelöst werden.

Bei 769 °C, der **Curietemperatur**, wird das α-Eisen ferromagnetisch (Linie M-O), oberhalb dieser Temperatur war es paramagnetisch.

Im Eisen-Kohlenstoff-Diagramm wird die Liquiduslinie durch den Kurvenzug ABCD und die Soliduslinie durch AHIECF gebildet.

Für das Verständnis des Eisen-Kohlenstoff-Diagrammes betrachten wir im folgenden die Verhältnisse beim Abkühlen aus dem Gebiet der Schmelze jeweils für charakteristische Intervalle des Kohlenstoffgehaltes im System Fe - Fe_3C.

Bei Kohlenstoffgehalten bis 0,51 % beginnt die Erstarrung der Schmelze mit der Ausscheidung von δ-Mischkristallen (Linie AB). Legierungen mit C-Gehalten zwischen 0,1 und 0,51 % haben bei 1493 °C eine **peritektische Umwandlung**:

$$\underset{0{,}10\,\%\,\mathrm{C}}{\boldsymbol{\delta}\textbf{-MK}} + \underset{0{,}51\,\%\,\mathrm{C}}{\textbf{Restschmelze}} \xrightarrow{1493\,^\circ\mathrm{C}} \underset{0{,}16\,\%\,\mathrm{C}}{\boldsymbol{\gamma}\textbf{-MK}}$$

Die Vorgänge bei der peritektischen Reaktion wurden bereits im Abschnitt 4.2.4 ausführlich behandelt.

Die Erstarrung von Legierungen mit C-Gehalten von 0,51 bis 4,3 % setzt beim Überschreiten der Linie BC mit der Ausscheidung von γ-Mischkristallen ein. Im Zweiphasengebiet γ + Schmelze nimmt mit sinkender Temperatur durch die fortlaufende Ausscheidung von γ-Mischkristallen die Menge an Schmelze ab. Bei Legierungen mit bis zu 2,06 % C ist die Schmelze beim Erreichen der Linie IE völlig zu homogenen γ-Mischkristallen erstarrt. In Legierungen mit Kohlenstoffgehalten zwischen 2,06 und 4,3 % bleibt die Restschmelze bis zur Linie EC erhalten. Durch die Ausscheidung von eisenreichen γ-Mischkristallen hat sie ihren Kohlenstoffgehalt auf 4,3 % erhöht, so daß bei der eutektischen Temperatur die **eutektische Erstarrung** entsprechend der Reaktion

$$\underset{4{,}3\,\%\,\mathrm{C}}{\textbf{Restschmelze}} \xrightarrow{1147\,^{\circ}\mathrm{C}} \underset{2{,}06\,\%\,\mathrm{C}}{\boldsymbol{\gamma}\textbf{-MK}} + \underset{6{,}67\,\%\,\mathrm{C}}{\mathbf{Fe_3C}}$$

einsetzt (auch als eutektischer Zerfall bezeichnet).

Aus Schmelzen mit mehr als 4,3 % C scheiden sich beim Überschreiten der Linie CD primär Fe_3C-Kristalle aus. Bei weiterer Abkühlung nimmt deren Menge zu, wodurch die noch verbleibende Schmelze kohlenstoffärmer wird. Bei Erreichen der eutektischen Temperatur (Linie CF) weist die Restschmelze mit 4,3 % C die eutektische Zusammensetzung auf, womit die Bedingungen für deren eutektische Erstarrung erfüllt sind.

Phasenumwandlung im festen Zustand

In den Eisen-Kohlenstoff-Legierungen kommt es im festen Zustand zu weiteren Phasenumwandlungen. Mit abnehmender Temperatur scheiden sich in Legierungen bis 0,8 % C beginnend an der GOS-Linie kohlenstoffarme α-Mischkristalle aus. Dadurch nimmt der Kohlenstoffgehalt der verbleibenden γ-Mischkristalle bis auf 0,8 % bei 723 °C, der **eutektoidischen Temperatur**, zu. In Legierungen mit mehr als 0,8 % C nimmt entsprechend der Linie ES die Löslichkeit der γ-Mischkristalle für Kohlenstoff ab. Der überschüssige Kohlenstoff wird in Form von Fe_3C ausgeschieden. Die γ-MK erreichen auch in diesem Fall bei 723 °C einen C-Gehalt von 0,8 % C. Damit sind die Bedingungen für den **eutektoidischen Zerfall** der γ-Mischkristalle gemäß der Gleichung

$$\underset{0{,}8\,\%\,\mathrm{C}}{\boldsymbol{\gamma}\textbf{-MK}} \xrightarrow{723\,^{\circ}\mathrm{C}} \underset{0{,}02\,\%\,\mathrm{C}}{\boldsymbol{\alpha}\textbf{-MK}} + \underset{6{,}67\,\%}{\mathbf{Fe_3C}}$$

gegeben.

Da die Löslichkeit der α-Mischkristalle für Kohlenstoff mit abnehmender Temperatur entsprechend der Linie PQ geringer wird, kommt es bei weiterer Abkühlung zur Ausscheidung geringer Mengen Fe_3C (**Tertiärzementit**) aus den α-Mischkristallen. Bei Raumtemperatur liegen dann nur die beiden Phasen α-Mischkristalle und Fe_3C vor.

Betrachtet man die Gefüge von Fe-C-Legierungen, so können sie sich in Abhängigkeit vom Kohlenstoffgehalt u. U. erheblich in ihrem Aussehen unterscheiden. Die Abbildung 7.5 zeigt Gefüge von unlegierten Stählen mit unterschiedlichen C-Gehalten. Für die einzelnen Gefügebestandteile wurden Gefügenamen eingeführt. Die Tabelle 7.1 enthält die Gefügenamen und die Zuordnung zu den Phasen.

Gefügeentstehung in Eisenwerkstoffen

Die Entstehung des Gefüges von unlegiertem Stahl und Weißem Gußeisen soll am Beispiel von drei Fe-C-Legierungen erläutert werden (Abb. 7.6).

Legierung 1: C-Gehalt 0,45 %
(= C45, untereutektoidischer Stahl), Abb. 7.5c

Wird die Legierung aus dem Gebiet der Schmelze abgekühlt, so ist die Erstarrung bei etwa 1460 °C (1) abgeschlossen. Es haben sich γ-Mischkristalle - also das Gefüge **Austenit** - gebildet. Das austenitische Gefüge kühlt nun weiter ab und erreicht bei etwa 780 °C (2) die

GOS-Linie (= A_3-Linie). Das hat zur Folge, daß sich aus den γ-Mischkristallen kohlenstoffarme α-Mischkristalle - **Ferrit** - ausscheiden (Hebelarm α im Zweiphasengebiet α + γ (3) in der Abbildung 7.6). Da die Bildung dieser Ferritkristallite vor der eutektoidischen Umwandlung erfolgt, spricht man von **voreutektoidischer Ferritausscheidung** (helle Kristallite in Abb. 7.5c). Mit dem Erreichen der eutektoidischen Temperatur (4) kommt es zur eutektoidischen Reaktion, d. h., daß die noch verbliebenen Austenitkörner (Hebelarm γ im Zweiphasen-

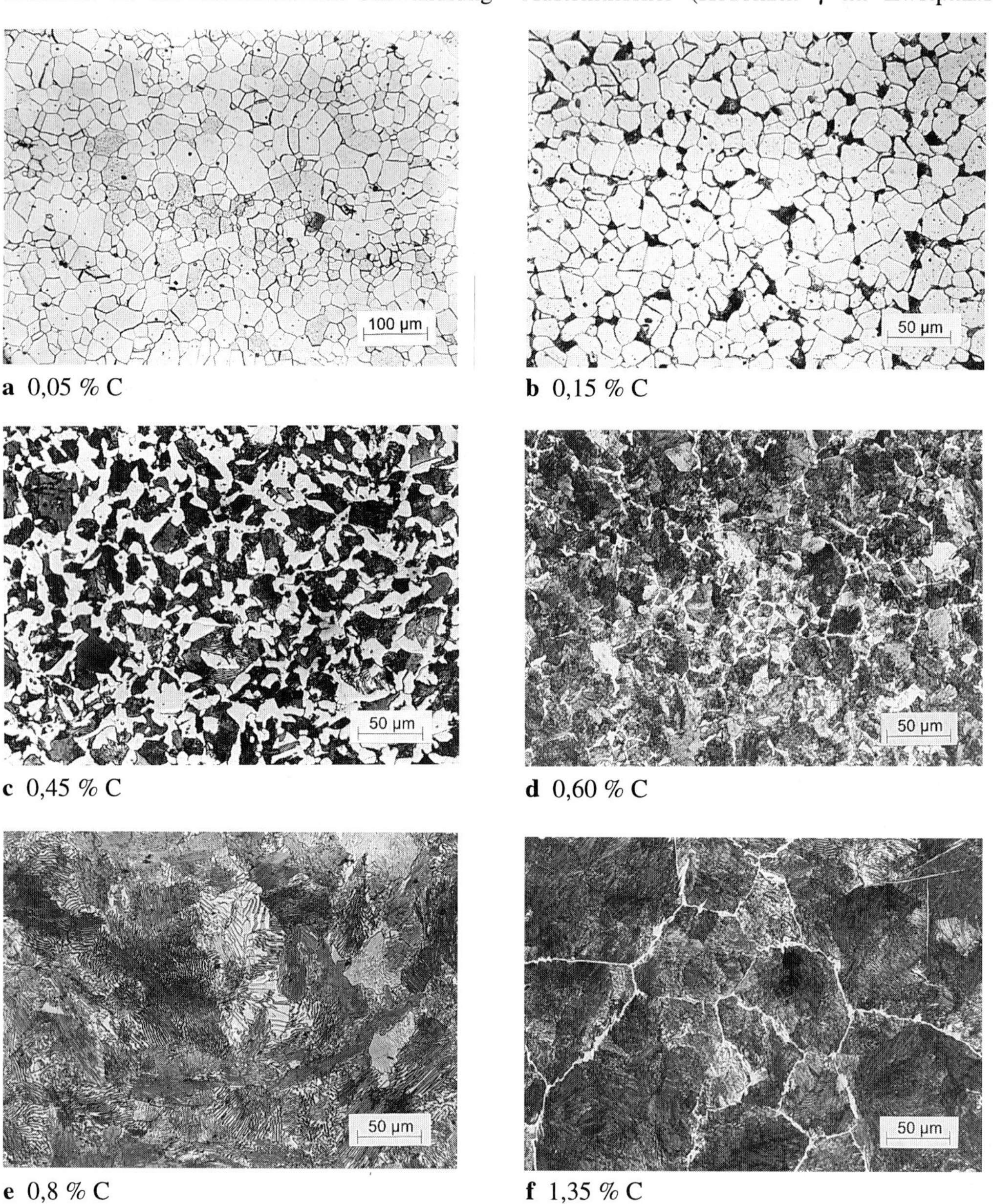

a 0,05 % C
b 0,15 % C
c 0,45 % C
d 0,60 % C
e 0,8 % C
f 1,35 % C

Abb. 7.5 Gefüge von unlegiertem Stahl mit unterschiedlichem C-Gehalt

gebiet $\alpha + \gamma$ bei 723 °C) in die beiden Gefügebestandteile Ferrit und Zementit - den **Perlit** - umwandeln. Der Perlit hat ein charakteristisches Aussehen: Lamellen aus Ferrit (hell) und Zementit (dunkel), die im Schliffbild unterschiedliche Dicken haben, je nachdem wie sie durch die Schliffebene angeschnitten wurden (Abb. 7.5e). Unterhalb der eutektoidischen Temperatur nimmt die Löslichkeit für Kohlenstoff im α-Mischkristall bis auf Raumtemperatur weiter ab (5). Der nicht mehr lösbare Kohlenstoff wird in Form von Fe_3C ausgeschieden (Vergrößerung der Menge an Fe_3C, Hebelarm Fe_3C im Gebiet α + Fe_3C) und lagert sich an den vorhandenen Zementit an.

Stähle bis zu einem C-Gehalt von 0,8 % bestehen also aus Ferrit und Perlit, wobei die Menge des Perlits mit zunehmendem C-Gehalt größer wird. Während C-arme Stähle fast rein ferritisch sind, besteht die eutektoidische Legierung nur aus Perlit. Somit läßt sich aus dem Gefügebild der C-Gehalt eines Stahls abschätzen (Abb. 7.5). Voraussetzung dafür ist, daß es sich um einen **unlegierten Stahl** handelt, der **langsam** abgekühlt wurde.

Legierung 2: **C-Gehalt 1,35 %**
(= C 135W, übereutektoidischer Stahl),
Abb. 7.5f

Auch bei der übereutektoidischen Legierung beginnt die Erstarrung der Schmelze mit der Kristallisation von γ-Mischkristallen. Der gebildete Austenit ist bis zu einer Temperatur von etwa 900 °C beständig (6). Danach wird der im γ-Mischkristall nicht mehr lösliche überschüssige Kohlenstoff in Form von Fe_3C als **Sekundärzementit** entlang der Austenitkorngrenzen ausgeschieden (7) (Hebelarm Fe_3C im Zweiphasengebiet $\gamma + Fe_3C$ in Abb. 7.6). Er wird deshalb auch als **Korngrenzenzementit** bezeichnet. Die Austenitkörner erfahren bei 723 °C dann die Umwandlung zu Perlit (8). Somit besteht das Gefüge übereutektoidischer Legierungen aus Perlit und Korngrenzenzementit (Abb. 7.5f).

Tabelle 7.1

Gefügename	Phase	C-Gehalt in %	Gitter
Ferrit	α-MK	max. 0,02	krz
Austenit	γ-MK	max. 2,06	kfz
δ-Ferrit	δ-MK	max. 0,1	krz
Zementit Primärzementit: Ausscheidung Linie CD Sekundärzementit: Ausscheidung Linie ES Tertiärzementit: Ausscheidung Linie PQ	Fe_3C	6,67	rhomboedrisch
Eutektoid **Perlit** = Ferrit + Zementit	α-MK +Fe_3C	0,8	
Eutektikum **Ledeburit I** = Austenit + Zementit	γ-MK +Fe_3C	4,3	
Ledeburit II = Perlit + Zementit	(α-MK +Fe_3C) + Fe_3C	4,3	

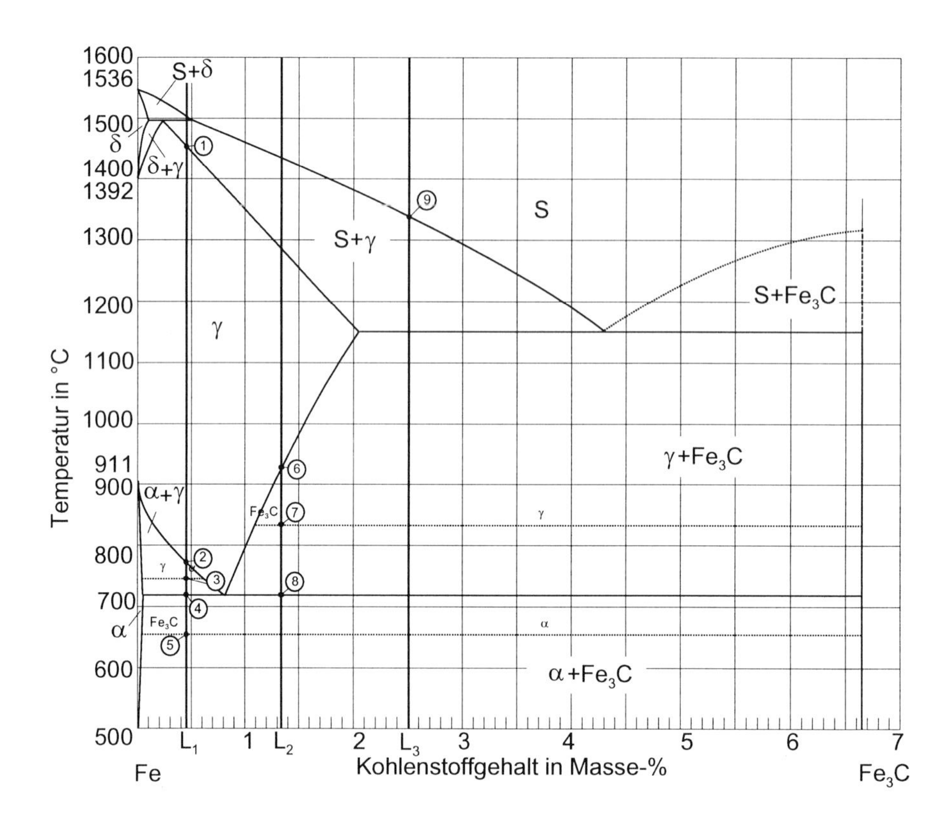

Abb. 7.6 Zustandsdiagramm Eisen-Kohlenstoff (metastabil) mit den Legierungen 1 bis 3

Legierung 3: C-Gehalt 2,5 %

Die Erstarrung der Schmelze setzt bei etwa 1350 °C mit der Kristallisation von γ-Mischkristallen (9) ein. Beim Erreichen der eutektischen Temperatur erstarrt die Restschmelze zum eutektischen Gefüge **Ledeburit I**. Im Verlauf der weiteren Abkühlung bis zur eutektoidischen Temperatur scheidet sich aus den primären Austenitkristallen und denen des Ledeburits Sekundärzementit aus. Diese Zementitsegregate lagern sich zum größten Teil an den Zementit des Ledeburits an und sind somit im Gefügebild nicht als gesonderter Gefügebestandteil zu erkennen. Bei der eutektoidischen Temperatur wandelt der Austenit in Perlit um. Demnach sind im Gefügebild bei Raumtemperatur neben dem Ledeburit (II)-Eutektikum perlitische Bereiche vorhanden.

Die rein eutektische Legierung mit 4,3 % C erstarrt bei 1147 °C zu Ledeburit, bestehend aus γ-Mischkristallen und Fe_3C. Bei weiterer Abkühlung scheiden sich aus dem Austenit Zementitsegregate aus, die sich an den eutektischen Zementit anlagern. Schließlich erfolgt bei 723 °C die eutektoidische Umwandlung. Das Gefüge dieser eutektischen Legierung besteht somit bei Raumtemperatur aus **Ledeburit II** (Abb. 7.7).

Im **stabilen System Eisen-Graphit** verläuft die Gefügeausbildung ähnlich wie im metastabilen, nur daß anstelle der Fe_3C-Phase Graphit auftritt. Außerdem sind die Gleichgewichtstemperaturen und -konzentrationen geringfügig verändert (gestrichelte Linien in Abb. 7.4). Die Graphitausscheidung erfolgt aus den γ-Mischkristallen entlang der Linie E'S' und für übereutektische

Legierungen zusätzlich bei der Erstarrung aus der Schmelze. Das **Eutektikum** besteht aus den beiden Phasen γ-Mischkristalle und Graphit, das **Eutektoid** aus α-Mischkristallen und Graphit.

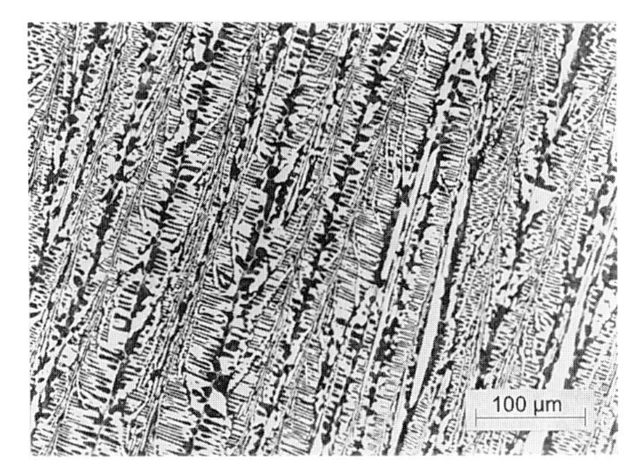

Abb. 7.7 Eutektisches Gußeisen

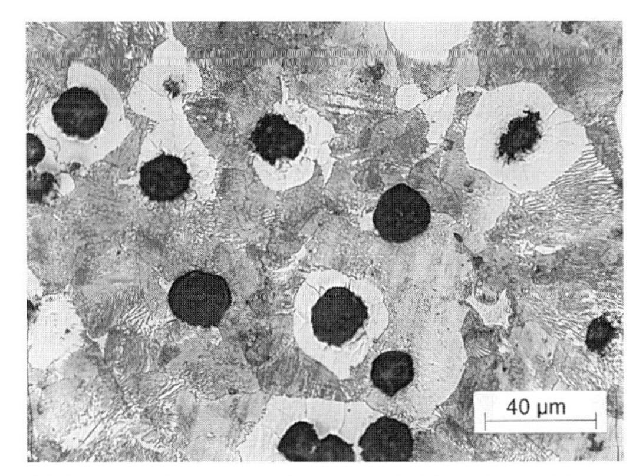

Abb. 7.8 Graues Gußeisen mit Kugelgraphit

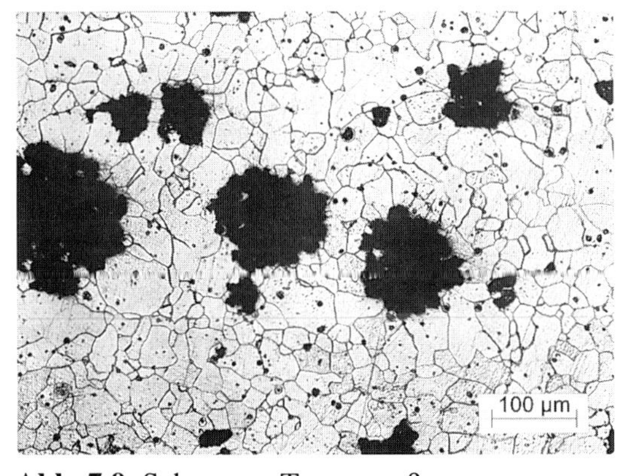

Abb. 7.9 Schwarzer Temperguß

Wie bereits erwähnt, kann unter praktischen Bedingungen die Erstarrung nach dem stabilen System nur erreicht werden, wenn Legierungselemente (z. B. Si) den Eisen-Kohlenstoff-Legierungen zugesetzt werden. Graphit kann aber auch durch langes Glühen (**Tempern**), indem Fe_3C in Eisen und Graphit zerlegt wird, entstehen. Graphitausscheidungen treten im **Grauen Gußeisen** (Abb. 5.30, 7.8) und im **Schwarzen Temperguß** (Temperkohle) auf (Abb. 7.9).

Einfluß von Legierungselementen

Durch Legierungselemente im Stahl wird aus dem Zweistoffsystem Eisen-Kohlenstoff ein Mehrstoffsystem. Es treten aber im Prinzip die gleichen Gefügebestandteile wie bei den reinen Eisen-Kohlenstoff-Legierungen auf. Die α- bzw. γ-Mischkristalle und Fe_3C können in gewissen Mengen Legierungselemente lösen. Eine Reihe von Legierungselementen bildet mit dem Kohlenstoff eigene Phasen, die als **Sondercarbide** bezeichnet werden.

Durch die Legierungselemente verändert sich die Löslichkeit von Kohlenstoff im Eisen. Dadurch kommt es zu einer Verschiebung der Gleichgewichtslinien und -punkte im Fe-Fe_3C-Diagramm. Man unterscheidet zwei Gruppen von Legierungselementen:

- Elemente, die das γ-Gebiet einschnüren: **Si, Al, Cr, W, Mo, Ti, V**
  Die α-γ-Umwandlung wird zu höheren Temperaturen verschoben, die γ-δ-Umwandlung zu tieferen (Abb. 7.10). Ab einer bestimmten, für jedes Legierungselement spezifischen Konzentration sind diese Stähle dann **ferritisch**, d. h., es tritt keine Gitterumwandlung im festen Zustand auf. Derartige Stähle können somit wegen der fehlenden γ α Umwandlung nicht gehärtet und normalgeglüht werden.

- Elemente, die das γ-Gebiet erweitern: **Mn, Ni, C, N**
  Die α-γ-Umwandlung wird zu tieferen, die γ-δ-Umwandlung zu höheren Temperaturen

verschoben (Abb. 7.8). Dabei kann das γ-Gebiet von einer für das jeweilige Legierungselement bestimmten Konzentration an bis auf Raumtemperatur ausgedehnt sein. Solche Stähle werden als **austenitisch** bezeichnet. Sie sind nicht härtbar und können nicht normalgeglüht werden.

Sind in einem Stahl Legierungselemente beider Gruppen enthalten, so beeinflussen sie sich in ihrer Wirkung gegenseitig, so daß keine allgemeingültigen Aussagen hinsichtlich des zu erwartenden Gefüges möglich sind.

Legierungselemente, die mit dem Kohlenstoff des Stahls **Carbide** bilden, werden in starke und schwache Carbidbildner unterschieden. Die Neigung zur Carbidbildung nimmt in der Reihenfolge von Mn, Cr, W, Mo, V bis Ti zu. Die schwachen Carbidbildner bilden mit dem Eisen Mischcarbide vom Typ $(Fe,X)_3C$, wie z. B. $(Fe,Mn)_3C$, $(Fe,Cr)_3C$, können aber bei höheren Konzentrationen wie auch die starken Carbidbildner Sondercarbide (z. B. Cr_7C_3, W_2C, V_4C_3) bilden. Sondercarbide sind auch in der Lage, Eisen in fester Lösung aufzunehmen (z. B. $(Cr,Fe)_7C_3$).

Die Legierungselemente Si, Ni, Co, Cu, Al und auch Mn gehen vorzugsweise in die Eisen-Grundmasse.

Die Verteilung der Legierungselemente auf die Grundmasse und Carbide ist abhängig vom Kohlenstoffgehalt, den vorhandenen Legierungselementen und der Wärmebehandlung des Stahls.

7.3.2 Vorgänge beim Erwärmen - Zeit-Temperatur-Austenitisierungs-Schaubilder

Die Eigenschaften der Werkstoffe werden durch ihre Struktur und ihr Gefüge bestimmt. Bei der Wärmebehandlung von Stahl und Gußeisen werden die möglichen Gefügeumwandlungen im festen Zustand genutzt. Dazu ist es erforderlich, daß zunächst eine Gefügeänderung durch Erwärmen bis in das Gebiet des Austenits (γ-Mischkristalle), das **Austenitisieren**, durchgeführt wird. Daran schließt sich ein mehr oder weniger rasches Abkühlen an. Im folgenden sollen die verschiedenen Vorgänge beim Austenitisieren betrachtet werden, weil deren

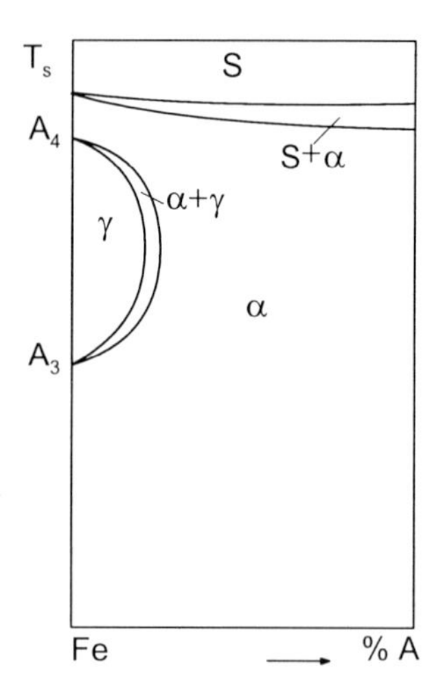

Abb. 7.10 Zustandsdiagramm mit eingeschnürtem γ-Gebiet (schematisch)

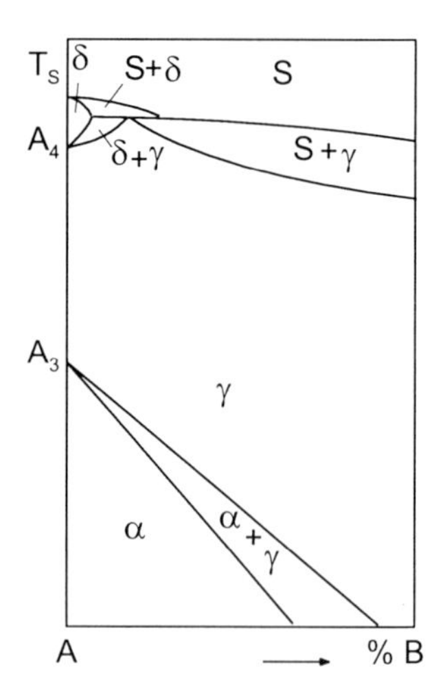

Abb. 7.11 Zustandsdiagramm mit erweitertem γ-Gebiet (schematisch)

Folge und zeitlicher Verlauf bedeutenden Einfluß auf das Ergebnis der Wärmebehandlung ausüben.

Das Ausgangsgefüge eines unlegierten Stahls für das Austenitisieren besteht allgemein aus den Gefügebestandteilen Ferrit und Zementit, die je nach Vorbehandlung als Perlit, Bainit und/oder angelassener Martensit vorliegen können. Demzufolge läuft beim Austenitisieren die Reaktion

$$\alpha + Fe_3C \rightarrow \gamma$$

ab.

Nach dem Überschreiten der Gleichgewichtstemperatur sind die Phasen α und Fe_3C instabil. Die treibende Kraft für die Umwandlung in Austenit ergibt sich aus der Differenz der Gibbsschen Energien der Phasen. Austenit entsteht über Keimbildung und Keimwachstum. Die im einzelnen ablaufenden Vorgänge sind vor allem vom Gehalt an Kohlenstoff und Legierungselementen und der gewählten Austenitisierungstemperatur abhängig. Beeinflußt werden sie außerdem durch den Ausgangszustand des Gefüges (z. B. normalgeglüht oder weichgeglüht), die Aufheizgeschwindigkeit und die Haltedauer bei der Austenitisierungstemperatur.

Die sich beim Austenitisieren einstellenden Gefüge können aus Zeit-Temperatur-Austenitisierungs-Schaubildern in Abhängigkeit von der Aufheizgeschwindigkeit bzw. der Haltedauer entnommen werden. Es wird demnach in **isothermische** und **kontinuierliche Schaubilder** unterschieden. Diese Diagramme werden jeweils für einen Stahl mit bestimmter chemischer Zusammensetzung unter Beachtung des vorliegenden Ausgangszustandes des Gefüges aufgestellt.

ZTA-Diagramme

Der zeitliche Verlauf der Austenitisierung bei einer bestimmten Temperatur wird in **isothermischen Zeit-Temperatur-Austenitisierungs-Schaubildern**, die jeweils für einen bestimmten Stahl aufgestellt wurden, dargestellt. Das Lesen der Diagramme muß in gleicher Weise erfolgen wie die Aufstellung: für ein isothermisches Schaubild wurden die Proben sehr schnell bis auf eine bestimmte Temperatur erwärmt, die Temperatur konstant gehalten und die Umwandlung verfolgt. Isothermische Diagramme sind demzufolge entlang einer **horizontalen Linie**, d. h. bei **konstanter Temperatur** zu lesen.

Die Abbildung 7.12 zeigt ein derartiges ZTA-Diagramm für den Stahl 46Cr2 nach [7.7]. Bei der für diesen Stahl üblichen Härtetemperatur im Bereich von 820 bis 860 °C beginnt die Umwandlung des ferritisch-perlitischen Gefüges bereits während des Aufheizens und ist nach einer Haltezeit von weniger als 1 s beendet (Linie Ac_3). Die Austenitkeimbildung erfolgt an den Phasengrenzen Zementit/Ferrit. Für die Bildung des Austenits ist eine C-Konzentration erforderlich, die dem Gleichgewicht bei der Haltetemperatur im Fe-Fe_3C-Diagramm entspricht, d. h. etwa 0,2 %. Der Zementit gibt Kohlenstoff an den Ferrit ab, bis die Gleichgewichtskonzentration erreicht ist. Je dichter Ferrit und Zementit nebeneinander liegen, um so rascher erfolgt die Umwandlung und ist deshalb zuerst im Perlit abgeschlossen. Die gröberen Ferritkörner (**voreutektoidischer Ferrit**) können erst nach längerer Zeit in Austenit umwandeln, weil der Kohlenstoff vom weiter entfernten Zementit über längere Diffusionswege zum Ferrit gelangen muß. Wenn dieser Vorgang abgeschlossen ist, besteht das Gefüge aus Austenit und gröberen Restcarbiden, deren Kohlenstoff für die Ferritumwandlung bei dieser Temperatur nicht benötigt wurde. Die noch verbliebenen Zementitteilchen lösen sich durch Kohlenstoffabgabe im Austenit auf, wobei der geschwindigkeitsbestimmende Schritt die Diffusion von Kohlenstoff im Austenit ist. Das Ende der Zementitauflösung wird durch die Linie Ac_c gekennzeichnet und wird bei 850 °C nach etwa 200 s erreicht.

Nach abgeschlossener Austenitisierung ist die Kohlenstoffverteilung im Austenit noch nicht homogen. In den ehemals ferritischen Bereichen entspricht der Kohlenstoffgehalt gerade der zur

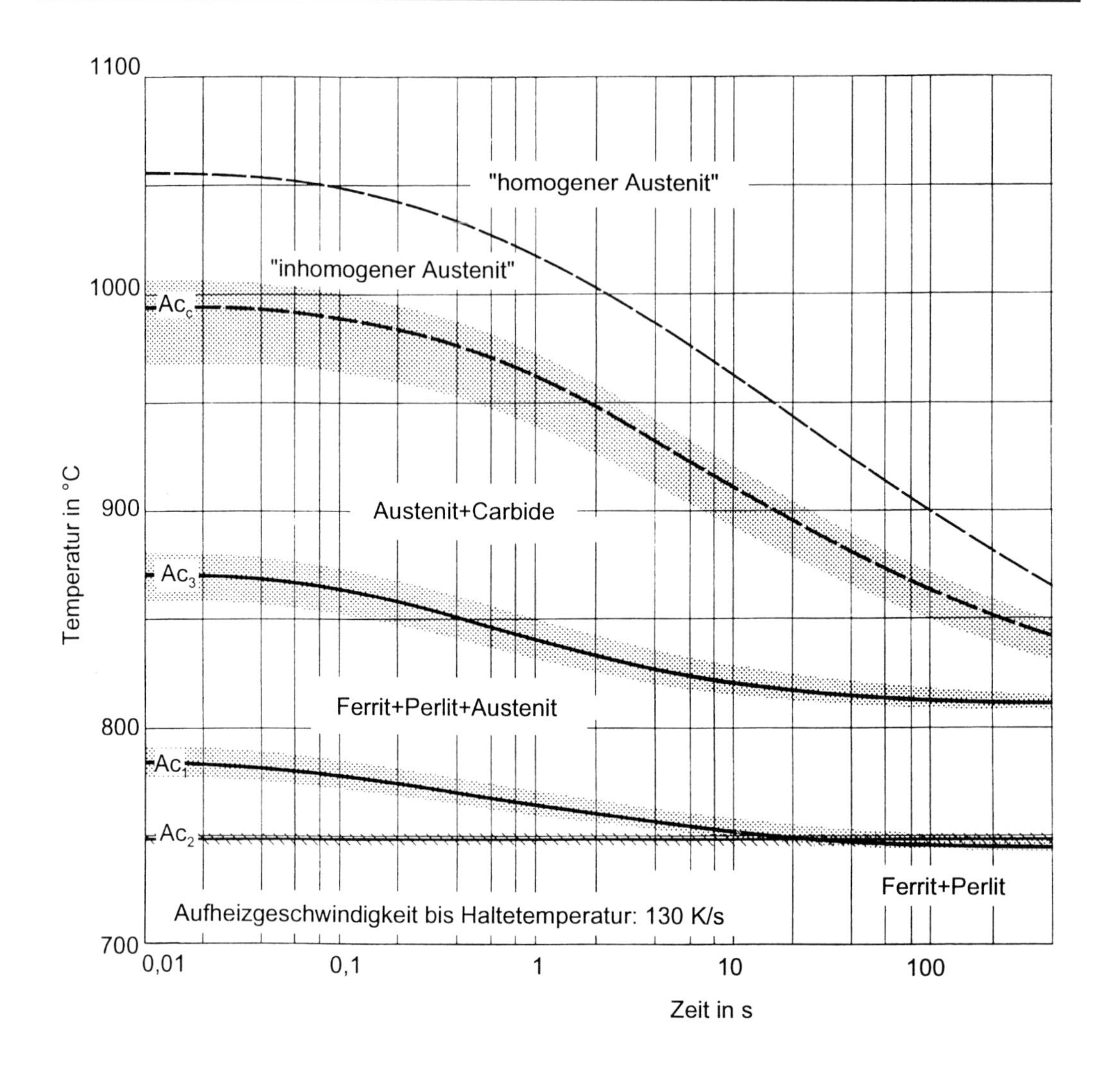

Abb. 7.12 Isothermisches Zeit-Temperatur-Austenitisierungs-Diagramm für den Stahl 46Cr2 nach [7.7]

Austenitbildung benötigten Menge, während er an den Stellen der ehemaligen Carbide noch wesentlich höher ist. Man spricht von „**inhomogenem Austenit**". Wird der „inhomogene Austenit" abgekühlt, so bildet sich in den kohlenstoffreichen Gebieten wieder bevorzugt Zementit. Beim Abschrecken des „inhomogenen Austenits" erhält man Martensitbereiche mit unterschiedlichem C-Gehalt und damit verbunden unterschiedlicher Härte (Abschn. 7.3.3).

Eine homogene Kohlenstoffverteilung im Austenit - „**homogener Austenit**" - wird erst nach längerer Haltedauer im Austenitgebiet erreicht.

Eine längere Austenitisierungsdauer und in stärkerem Maße eine höhere Austenitisierungstemperatur führen zu einem Wachstum der Austenitkörner. Bei der nachfolgenden Abkühlung entsteht dann ein grobes Umwandlungsgefüge, was in der Regel nicht erwünscht ist.

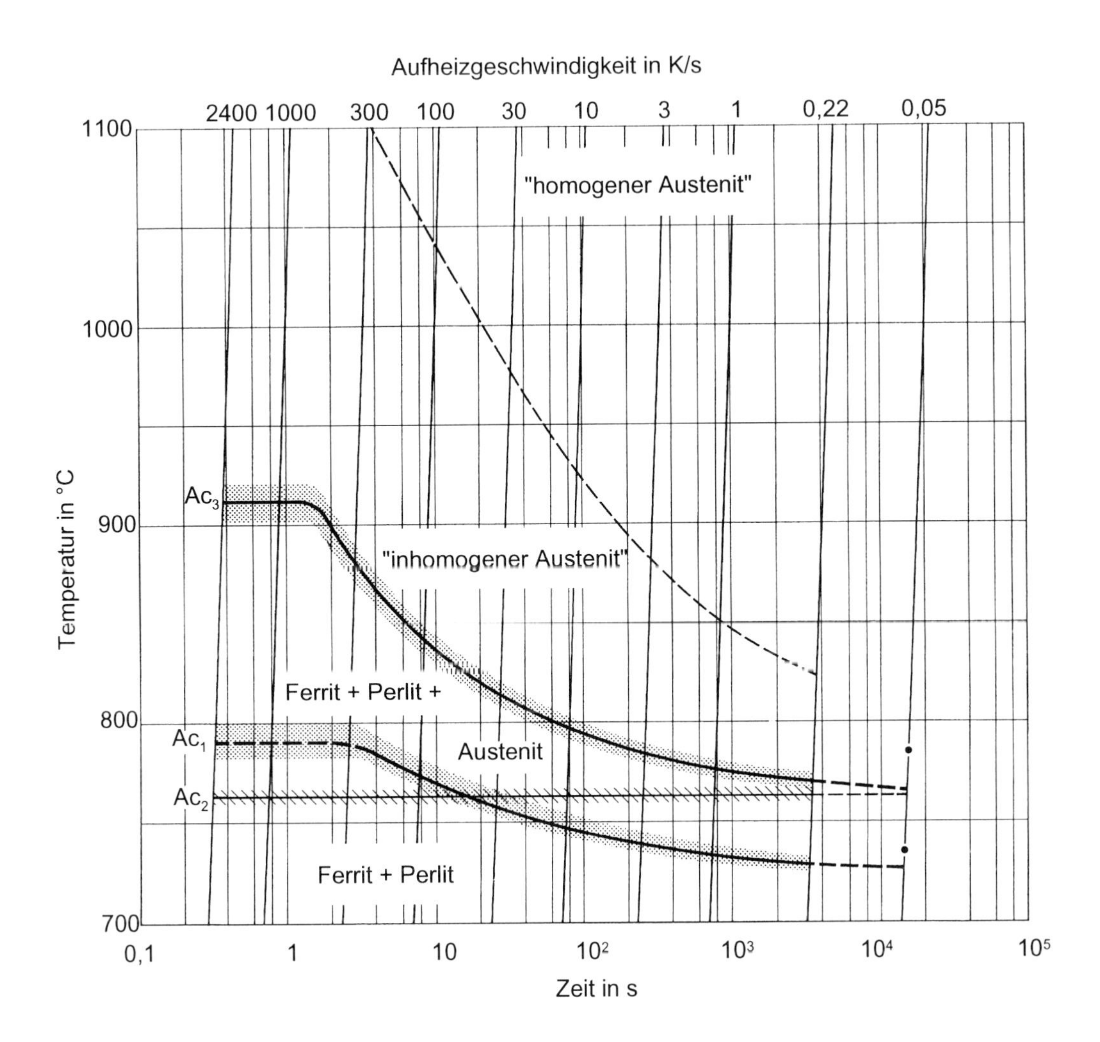

Abb. 7.13 Kontinuierliches Zeit-Temperatur-Austenitisierungs-Diagramm für den Stahl Ck45 nach [7.7]

Für die Wärmebehandlung mit sehr schneller Erwärmung (Induktions-, Widerstands-, Elektronenstrahl- und Laserhärten) können die isothermischen ZTA-Diagramme nicht angewendet werden. Es wurden hierfür **ZTA-Diagramme für kontinuierliche Erwärmung** aufgestellt, indem für bestimmte Aufheizgeschwindigkeiten die jeweiligen Umwandlungspunkte während der Erwärmung ermittelt wurden. Diese Diagramme sind entlang der eingetragenen Linien für die Aufheizgeschwindigkeit bzw. parallel den dazu eingetragenen Linien zu lesen.

Die Abbildung 7.13 zeigt ein kontinuierliches ZTA-Diagramm für den Stahl Ck45 nach [7.7]. Bei einer Aufheizgeschwindigkeit von 3 K/s beginnt die Umwandlung des Perlits bei etwa 740 °C, das Gebiet des „inhomogenen Austenits“ wird bei etwa 780 °C erreicht, ab 850 °C erhält man „homogenen Austenit“.

Demgegenüber liegen die Umwandlungstemperaturen bei schneller Erwärmung bedeutend höher, z. B. gelangt man bei 300 K/s erst bei etwa 880 °C in das Gebiet des „inhomogenen Austenits" und bei etwa 1100 °C in das des „homogenen Austenits". Eine schnelle Erwärmung und kurze Haltedauer erfordern deshalb eine weit oberhalb des Gleichgewichtes liegende Austenitisierungstemperatur.

In die ZTA-Diagramme können zusätzlich zu den Phasengebieten Linien für bestimmte **Austenitkorngrößen**, die **Temperaturen** des Beginns der **Martensitbildung** (**M_s** = Martensitbeginn, s. Abschn. 7.3.3) und der **Carbidauflösung** sowie die erreichbare **Abschreckhärte** eingetragen werden. Wegen der besseren Übersichtlichkeit werden die genannten Linien auch getrennt in einzelnen Diagrammen dargestellt.

Temperatur des Martensitbeginns und Abschreckhärte

Die Martensittemperatur und die Abschreckhärte werden vom Gehalt des im Austenit gelösten Kohlenstoffs und vom Gehalt an Legierungselementen bestimmt. Mit fortschreitender Auflösung der Restcarbide und zunehmender Austenithomogenisierung fällt die Martensittemperatur ab, während die Härte zunimmt bis beide, wenn aus dem Gebiet des homogenen Austenits abgeschreckt wird, konstante Werte erreichen.

ZTA-Carbidauflösungs-Schaubilder

Die ZTA-Carbidauflösungs-Schaubilder werden für Stähle mit höheren C-Gehalten aufgestellt und geben an, welcher Anteil an Carbiden nach dem Abschrecken des jeweiligen Austenitisierungszustandes vorliegt.

Bei der praktischen Wärmebehandlung können die für das Härten optimalen Austenitisierungsbedingungen für den jeweiligen Stahl aus den ZTA-Diagrammen entnommen werden. Es ist aber zu beachten, daß das jeweils vorliegende Ausgangsgefüge und die tatsächlich vorhandene chemische Zusammensetzung, die in den Toleranzen der Stahlmarke liegt, den Verlauf der Austenitisierung beeinflussen.

7.3.3 Vorgänge beim Abkühlen - Zeit-Temperatur-Umwandlungs-Schaubilder

Die bei der Abkühlung des Austenits ablaufenden Umwandlungsvorgänge sind wesentlich komplizierter und in ihren Auswirkungen weitreichender als die bei dessen Bildung. Bei langsamer Abkühlung erfolgt die Umwandlung entsprechend dem Fe-Fe_3C-Diagramm:

Langsame Abkühlung

In untereutektoidischen Stählen bildet sich nach Unterschreiten der Ar_3-Temperatur voreutektoidischer Ferrit und unterhalb Ar_1 Perlit. In übereutektoidischen Stählen entstehen bei der Ac_m-Temperatur Zementitkeime an den Austenitkorngrenzen, die bei weiterer Abkühlung entlang dieser Grenzen zu einem Zementitnetzwerk (Sekundärzementit) zusammenwachsen. Anschließend kommt es bei der Ar_1-Temperatur zur Perlitbildung (siehe Abschnitt 7.3.1).

Beschleunigte Abkühlung und Unterkühlung

Durch Erhöhung der Abkühlgeschwindigkeit kann die Umwandlung so stark unterkühlt werden, daß die Bildung von voreutektoidischem Ferrit bzw. Korngrenzenzementit und Perlit nicht mehr möglich ist. Die Umwandlung des thermodynamisch instabilen Austenits erfolgt dann bei tieferen Temperaturen nach anderen Mechanismen als für die Perlitbildung. Das entstehende Umwandlungsgefüge ist abhängig von der Abkühlgeschwindigkeit bzw. der Temperatur bei isothermischer Umwandlung, dem Gehalt an Legierungselementen und dem Austenitisierungszustand.

Dabei werden mit zunehmender Unterkühlung drei Umwandlungsbereiche (auch als Stufen be-

Tabelle 7.2 Umwandlungsbereiche und Gefüge von Eisen-Kohlenstoff-Legierungen

Umwandlungsbereiche	Gefüge
Perlitstufe	Perlit, Sorbit und Troostit
Zwischenstufe	Bainit
Martensitstufe	Martensit

zeichnet) unterschieden (Tabelle 7.2). Die Temperaturgebiete der einzelnen Stufen sind abhängig vom Gehalt an Kohlenstoff und Legierungselementen im Stahl. Für das Verständnis der Umwandlungsvorgänge in den einzelnen Stufen ist es zweckmäßig, den Verlauf der Umwandlung bei gleichbleibender Temperatur zu verfolgen, d. h. Abkühlung auf eine bestimmte Temperatur und Halten bis die Umwandlung abgeschlossen ist (**isothermische Umwandlung**).

Ausgangspunkt für diese Betrachtungen ist die Stahlecke im Fe-Fe_3C-Diagramm, in das zusätzlich die Umwandlungslinien für bestimmte Abkühlgeschwindigkeiten eingetragen sind (Abb. 7.14). Durch beschleunigte Abkühlung werden die Gleichgewichtslinien A_3 (GOS-Linie), Ac_m (SE) und A_1 (PSK) zu tieferen Temperaturen verschoben. Die A_3-Temperatur wird dabei stärker unterkühlt als die A_1-Temperatur, am stärksten jedoch die Ac_m-Linie. Deshalb schneiden sich die GOS- und die SE-Linie nicht mehr im Punkt S, sondern es entsteht ein perlitischer Bereich S' - S''. Bei einer relativ geringen Ab-

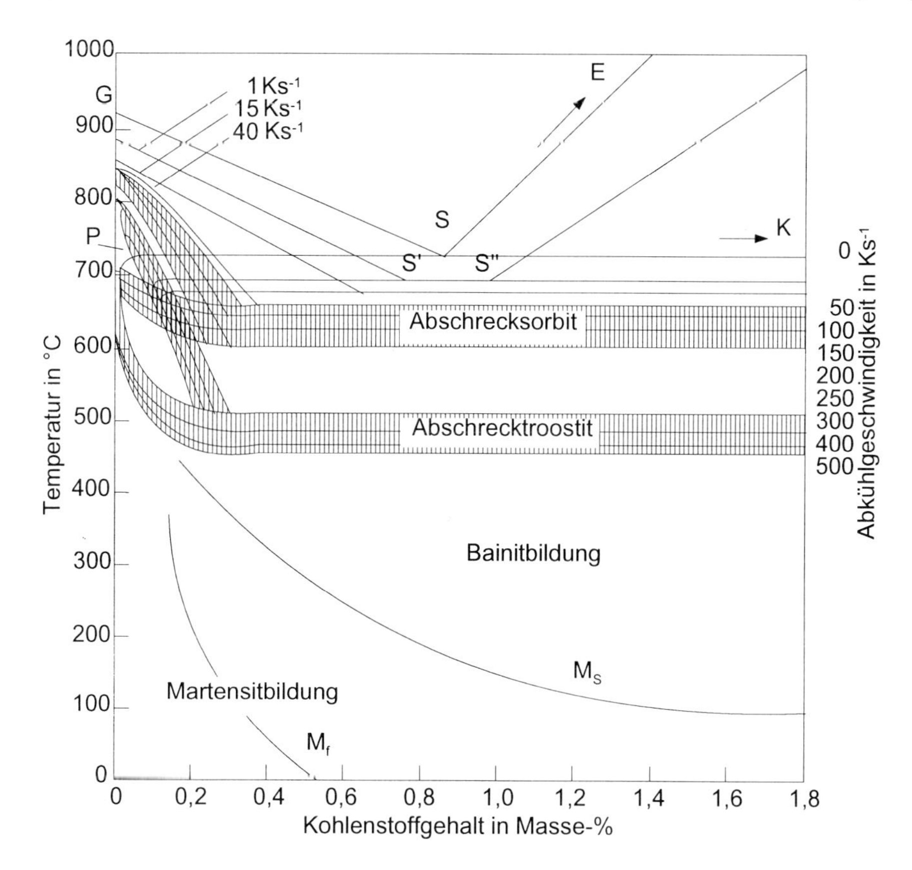

Abb. 7.14 Einfluß der Abkühlgeschwindigkeit auf die Temperatur der Umwandlungspunkte A_1, A_3 und Ac_m reiner Fe-C-Legierungen und Abhängigkeit der Temperatur des Beginns (M_s) und des Endes (M_f) der Martensitbildung vom Kohlenstoffgehalt nach *F. Wever* und *A. Rose*

kühlgeschwindigkeit von 1 K/s sind alle Stähle mit C-Gehalten zwischen 0,7 und 0,9 % im Gefügebild rein perlitisch. Mit zunehmender Abkühlgeschwindigkeit (etwa ab 15 K/s) tritt die SE-Linie nicht mehr auf.

Perlitstufe

Bei einer Unterkühlung des Umwandlungsbeginns bis zu etwa 600 °C verläuft die Umwandlung in der Regel vollständig zu Perlit, da infolge der nach dem Umwandlungsbeginn frei werdenden Umwandlungswärme sogar ein Wiederanstieg der Temperatur (**Rekaleszenz**) zu verzeichnen ist. Bei größerer Unterkühlung tritt eine Temperaturerhöhung nach Umwandlungsbeginn nicht mehr auf, da die durch die Kühlmittel abgeführte Wärmemenge größer ist als die frei werdende Umwandlungswärme. Die Abkühlung geht deshalb weiter, und der begonnene Umwandlungsvorgang zu Perlit kommt zum Stillstand, er friert ein. Die niedrigste Temperatur, bis zu der die Perlitumwandlung bei unlegierten Stählen möglich ist, beträgt etwa 450 °C.

Bei unter- oder übereutektoidischen Stählen ist im Vergleich zu Perlit mit 0,8 % C das Verhältnis Fe_3C zu α-Fe verändert. Da die Umwandlungsprodukte aber dem Wesen nach gleich sind, spricht man von der Umwandlung in der **Perlitstufe**.

Martensitstufe

Kommt bei zu hoher Abkühlgeschwindigkeit die Umwandlung in der Perlitstufe nicht in Gang oder bleibt sie unvollständig, so wird der Austenit bis zur Linie M_s weiter unterkühlt. Es entsteht dann ein nadliges Gefüge sehr hoher Härte - der **Martensit** (Abb. 7.15). Um eine vollständige Umwandlung des Austenits in Martensit zu erzielen, muß man weiter abkühlen. Das Ende der Martensitbildung - Linie M_f - liegt etwa 200 K tiefer. Im Bereich zwischen den Linien M_s und M_f erfolgt die Umwandlung in der Martensitstufe.

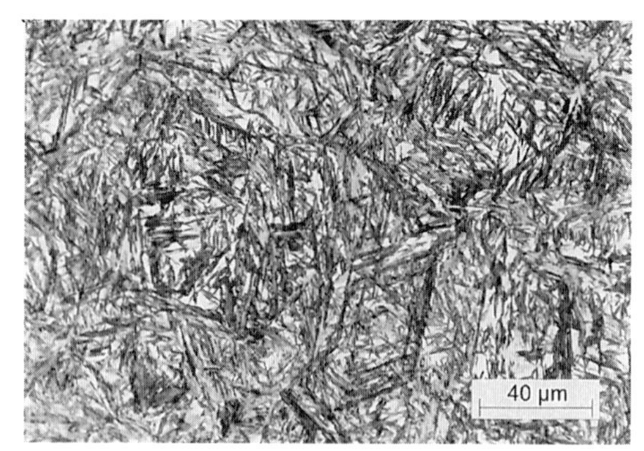

Abb. 7.15 Martensit eines Stahls mit 1,0 % C

Zwischen Perlit- und Martensitstufe entsteht mitunter auch bei unlegierten Stählen ein weiteres nadliges Gefüge, allerdings nur in geringen Mengen, das Gefüge der Zwischenstufe - der **Bainit**. Bei legierten Stählen kann die Umwandlung in der Zwischenstufe große Bedeutung erlangen.

Kritische Abkühlgeschwindigkeit

Im folgenden soll die Umwandlung eines Stahls mit 0,5 % C in Abhängigkeit von der Abkühlgeschwindigkeit betrachtet werden (Abb. 7.16). Mit zunehmender Abkühlgeschwindigkeit wird die Ar_3-Temperatur stärker herabgesetzt als die Ar_1-Temperatur. Wenn sie zusammengefallen sind, spricht man von der Ar'-Temperatur. Für die Umwandlung in der Perlitstufe bedeutet das, daß keine voreutektoidische Ferritausscheidung mehr erfolgt. Bis zur unteren kritischen Abkühlgeschwindigkeit bilden sich nur perlitische Gefüge. Die **untere kritische Abkühlgeschwindigkeit v_u** ist erreicht, wenn erstmals **Martensit** gebildet wird. Er liegt im Gefüge neben dem feinstreifigen Perlit vor. Ab der **oberen kritischen Abkühlgeschwindigkeit v_o** kommt es bei der Umwandlung des Austenits nur noch zur **Martensitbildung**. Zwischen der unteren und oberen kritischen Abkühlgeschwindigkeit können Perlit, Bainit und Martensit (auch Restaustenit möglich) nebeneinander vorliegen. Derartige Mischgefüge sind in der Regel nicht erwünscht, da sie meist keine günstigen Eigenschaften besitzen.

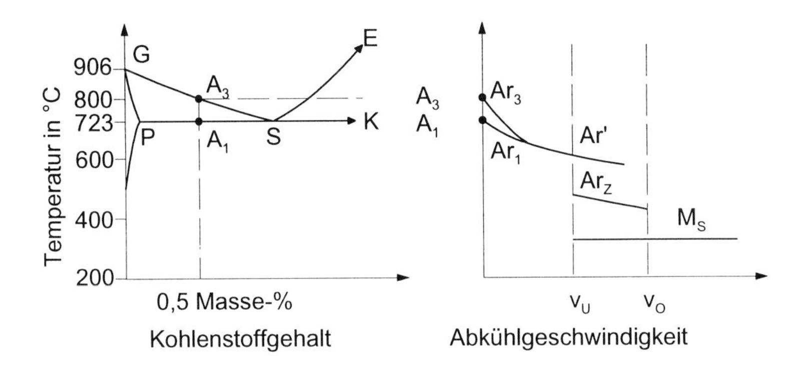

Abb. 7.16 Einfluß der Abkühlgeschwindigkeit auf die Temperatur der Umwandlungspunkte A_1 und A_3 für einen Stahl mit 0,5 % C (schematisch)

Umwandlung in der Perlitstufe

Die Umwandlung in der **Perlitstufe** verlauft nach den Gesetzen der Keimbildung und des Keimwachstums. Die Keimbildung des Perlits findet bevorzugt an den Austenitkorngrenzen statt. Unterkühlt man den Austenit, für den eine homogene Kohlenstoffverteilung angenommen werden soll, in das Gebiet der Perlitstufe, so muß zunächst eine Umverteilung des Kohlenstoffs durch Diffusion erfolgen. Es entstehen C-arme und C-reiche Gebiete, die in α-Fe und Fe_3C umwandeln können. Durch **Keimwachstum** entstehen nebeneinander Ferrit- und Zementitkristalle in Form von Lamellen, die sich gegenseitig begünstigen. Der Kohlenstoff diffundiert dabei nur über geringe Distanzen im Austenit und wird so umverteilt, daß sich in einer Koppelreaktion die C-reiche und C-arme Phase bilden können. In der Abbildung 7.17 ist das schematisch dargestellt. Neben dem Kohlenstoff müssen außerdem noch das Eisen und die Legierungselemente diffundieren.

Vereinfacht kann die Umwandlung in der Perlitstufe in folgende Schritte unterteilt werden:

1. Diffusion von C im Austenit (Inkubationsperiode)
2. Keimbildung von α-Fe und Fe_3C
3. Keimwachstum durch Diffusion von C, Fe und Legierungselementen

Die Lamellenbreite in den gebildeten **Perlitkolonien** nimmt mit zunehmender Unterkühlung, d. h. großerer Abkuhlgeschwindigkeit bzw. tieferer Umwandlungstemperatur, ab, da die Keimbildungsgeschwindigkeit zunimmt. Die Perlitbildung ist aber nur solange möglich, wie alle Partner diffusionsfähig sind. Mit sinkender Temperatur nimmt die Diffusionsgeschwindigkeit ab (s. Abschn. 4.3). Die Diffusionsfähigkeit des Eisens wird außerdem durch Legierungselemente beeinflußt, so daß der Temperaturbereich der Perlitstufe abhängig von der Zusammensetzung des jeweiligen Stahls ist.

Umwandlung in der Zwischenstufe

Der **Bainitbildung** liegen verschiedenartige Vorgänge zugrunde, die in ihrer Art und Aufeinanderfolge abhängig von der Temperatur, bei der die Umwandlung erfolgt, sind. Man unterscheidet deshalb in **obere** und **untere Zwischenstufe**. Außerdem werden die Umwandlungsvorgänge vom Gehalt des Stahls an Kohlenstoff und Legierungselementen beeinflußt.

Bei der Unterkühlung des Stahls in das Gebiet der **Zwischenstufe** findet zunächst eine Entmischung des Austenits statt, allerdings ist nur noch der Kohlenstoff diffusionsfähig. Es bilden sich Bereiche, die stark an Kohlenstoff verarmt sind und somit in Ferrit umwandeln können. Diese Umwandlung erfolgt durch eine Um-

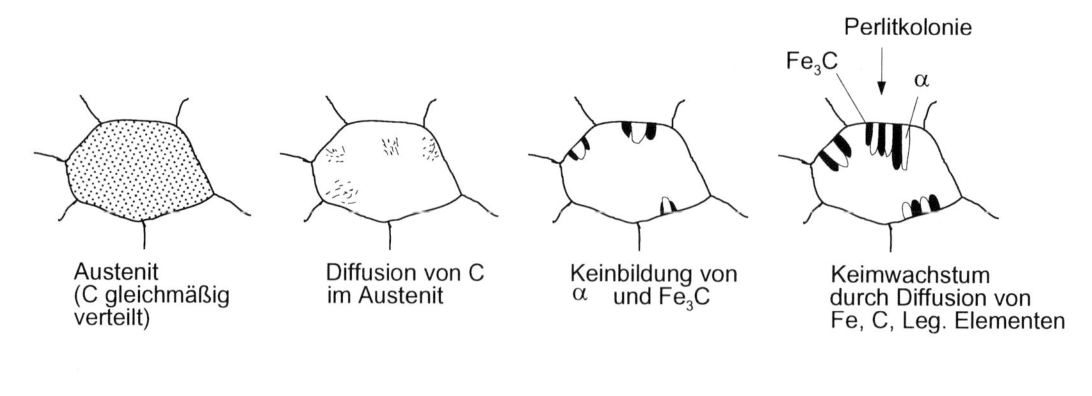

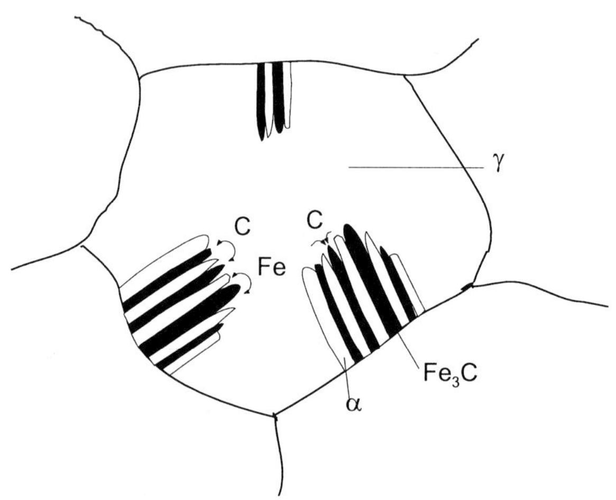

Abb. 7.17 Perlitbildung (schematisch)

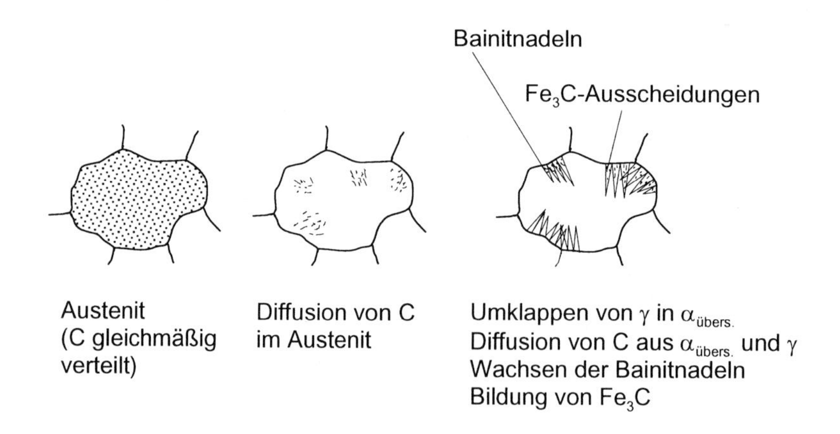

Abb. 7.18 Bainitbildung (schematisch)

klappung des kfz-Austenitgitters in das krz-Gitter, wobei ein an Kohlenstoff übersättigter Ferrit entsteht. Die Gitterumklappung ist möglich, weil durch die stellenweise Kohlenstoffverarmung des Austenits die M_s-Temperatur (vgl. Abb. 7.14) erreicht wird und somit örtlich Martensit, also an Kohlenstoff übersättigter Ferrit, gebildet werden kann. Es entstehen kleine Martensitnadeln.

Da der Kohlenstoff bei diesen Temperaturen noch diffusionsfähig ist, tritt er aus dem Ferritgitter aus und bildet Fe_3C. Zementit entsteht auch in den mit Kohlenstoff angereicherten Austenitgebieten.

Bei höheren Umwandlungstemperaturen (**obere Zwischenstufe** > 350 °C) ist die Diffusionsgeschwindigkeit des Kohlenstoffs noch so groß, daß sich relativ große Fe_3C-Teilchen, die mikroskopisch sichtbar sind, bilden können. In der **unteren Zwischenstufe** (< 350 °C) sind die Diffusionswege so kurz, daß sich submikroskopisch feine Fe_3C-Teilchen in großer Zahl bilden.

Auch der im Austenit vorhandene und angereicherte Kohlenstoff beteiligt sich an der Fe_3C-Bildung, so daß der Austenit in der Folge an Kohlenstoff verarmt, die Umwandlung zu Zwischenstufennadeln fortschreiten kann und ein Wachstum dieser Nadeln einsetzt (Abb. 7.18).

Im Gegensatz zur Umwandlung in der Perlitstufe bleiben die Legierungselemente gleichmäßig verteilt.

Vereinfacht läßt sich die Zwischenstufenumwandlung wie folgt beschreiben:

1. Diffusion von C im Austenit
2. Umklappung von γ (kfz) in $\alpha_{\text{übersättigt}}$ (krz) oder Bildung von Fe_3C aus γ
3. Diffusion von C aus $\alpha_{\text{übersättigt}}$ und γ, Wachsen der Bainitnadeln, Bildung von Fe_3C

Im Gefügebild weist der Bainit eine Vielzahl von Morphologien auf. Bei höheren und niedrigeren Umwandlungstemperaturen treten besonders charakteristische Gefüge, der „**obere**" bzw. „**untere**" **Bainit** (Abb. 7.19) auf.

Umwandlung in der Martensitstufe

Die Umwandlung des Austenits in Martensit setzt bei einer bestimmten Temperatur beim Abkühlen schlagartig ein und verläuft mit sehr hoher Geschwindigkeit. Die Bildungszeit für eine Martensitnadel beträgt etwa 10^{-7} s, was einer Wachstumsgeschwindigkeit von 1000 m/s entspricht. Bei einer bestimmten Temperatur unter M_s entsteht nur eine begrenzte Zahl von

a

b

Abb. 7.19 Bainitgefüge (**a**) „oberer" Bainit, (**b**) „unterer" Bainit

Martensitplatten, die sofort in ihrer vollen Größe gebildet werden. Diese wird durch Hindernisse, wie Korngrenzen, Fremdphasen und selbst verursachte Gitterstörungen bestimmt. Erst bei weiterer Abkühlung entstehen neue Martensitplatten, so daß jeder Temperatur ein bestimmter Anteil umgewandelten Austenits zugeordnet werden kann.

Bei der Unterkühlung des Austenits unter die Martensittemperatur ist die **Instabilität des Austenits** so groß, daß das kfz-γ-Gitter ohne vorherige Diffusion in das krz-Gitter des α-Eisens umklappt. Die Umwandlung erfolgt durch koordinierte Atombewegung. Zwischen dem Austenit und dem Martensit bestehen Orientierungszusammenhänge.

Beim Umklappen des austenitischen Gitters in das raumzentrierte Gitter wird der Kohlenstoff zwangsgelöst. Er kann bei der hohen Geschwindigkeit der Gitterumwandlung nicht aus dem Gitter diffundieren. Somit entsteht ein **tetragonal verzerrtes raumzentriertes Gitter** (Abb. 7.20), dessen c-Achse mit zunehmenden Kohlenstoffgehalt größer wird.

Mit der Umwandlung ist eine **Volumenzunahme** durch die Aufweitung des α-Gitters verbunden, die bis zu 1 % betragen kann. Da die gebildeten Martensitbereiche vom noch nicht umgewandelten Austenit umgeben sind, bewirken die Volumenzunahme und Gestaltsänderung starke elastische Gitterverspannungen (Druckspannungen), die der weiteren Umwandlung entgegenwirken. Der verbliebene Austenit kann erst bei tieferen Temperaturen zu Martensit umwandeln. Bei C-Gehalten über 0,6 % liegt die Martensitendtemperatur M_f unterhalb der Raumtemperatur (Abb. 7.21). Deshalb enthalten Stähle mit höherem C-Gehalt nach dem Abschrecken mehr oder weniger große Mengen Restaustenit. Bei höheren C-Gehalten und der niedrigen Umwandlungstemperatur können die Gitterspannungen nur wenig durch plastische Gleitvorgänge abgebaut werden. Daher erfolgt die Umwandlung nur in begrenztem Umfang in plattenförmigen Bereichen. Es entsteht ein nadeliges Gefüge (s. Abb. 7.15). Ist der Kohlenstoffgehalt des Stahls geringer und damit die Martensittemperatur höher, so können die elastischen Gitterverspannungen leichter abgebaut werden. Der Martensit besteht dann aus läng-

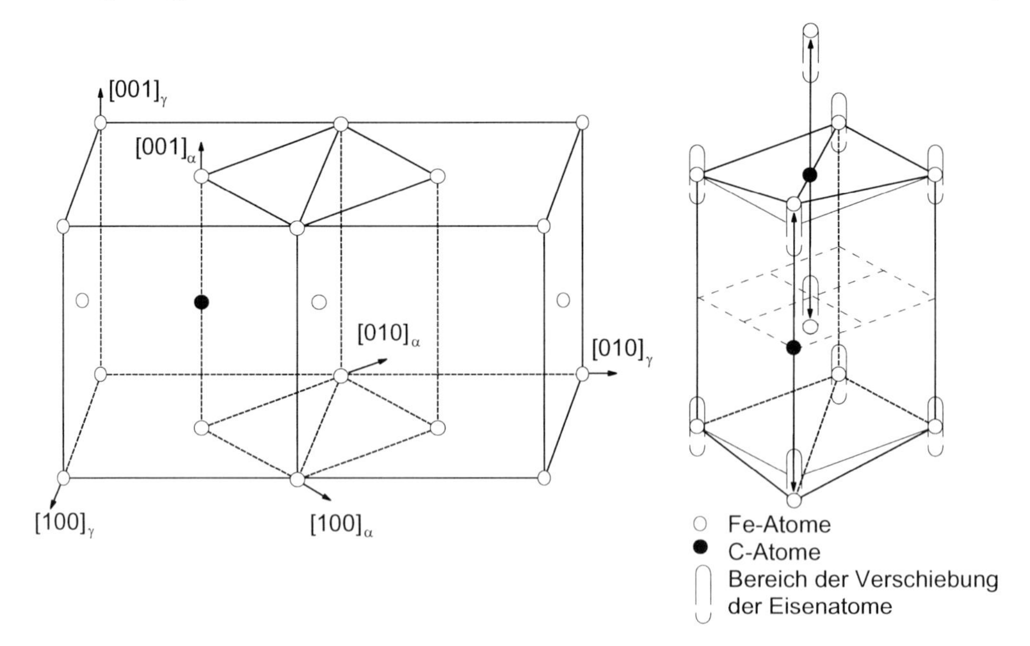

Abb. 7.20 Martensitgitter, tetragonal durch eingelagerten Kohlenstoff verzerrt

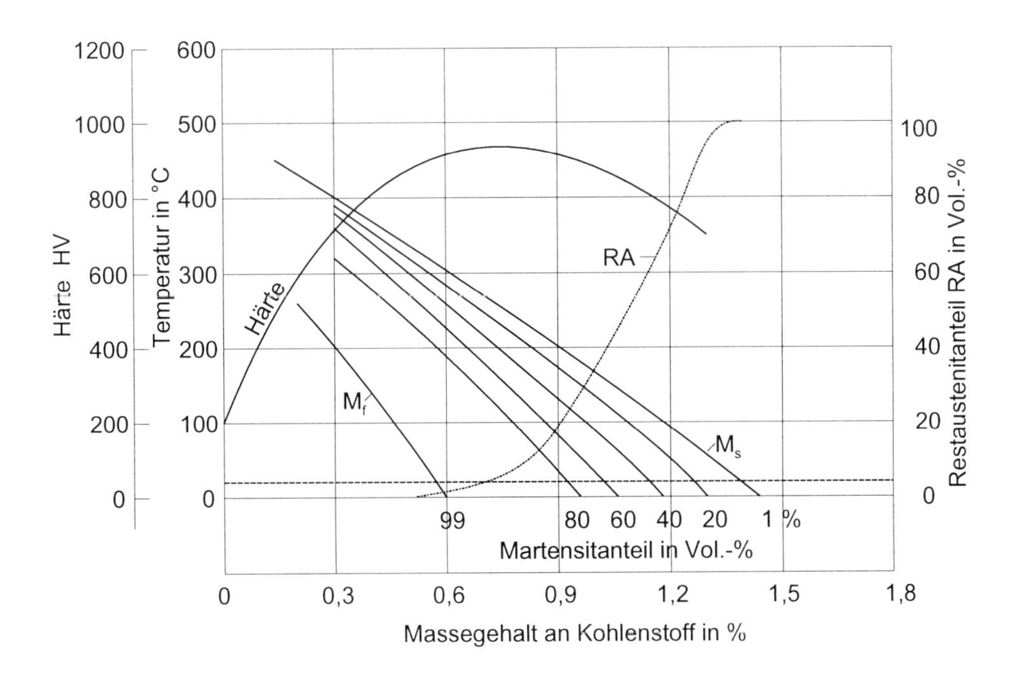

Abb. 7.21 Einfluß des Kohlenstoffgehaltes reiner Fe-C-Legierungen auf die durch Härten erreichbare Härte, auf die Martensittemperaturen (M_s und M_f) und auf den Restaustenitanteil (RA)

lichen lanzettenförmigen Kristallen, die blockweise dicht gebündelt und in verschiedenen Richtungen angeordnet sind und oft als **Massivmartensit** bezeichnet werden (Abb. 7.22).

Abb. 7.22 Massivmartensit eines Stahls mit 0,3 %C

Bei der Martensitbildung entstehen Versetzungsstrukturen mit hoher Dichte (10^{13} cm^{-2}), was zu einer Härte- und Festigkeitssteigerung führt (**Versetzungshärtung**, Abschn. 5.1.3.2). Durch den im tetragonalen Martensitgitter zwangsgelösten Kohlenstoff kommt es mit zunehmendem C-Gehalt darüber hinaus zu einer bedeutenden Härtesteigerung durch **Mischkristallhärtung** (Abschn. 5.1.3.1).

Zeit-Temperatur-Umwandlungs-Schaubilder

Für die praktische Wärmebehandlung ist es wichtig, den Umwandlungsablauf und die Möglichkeiten seiner Beeinflussung durch Legierungselemente zu kennen. Die Darstellung dieser Zusammenhänge erfolgt in Zeit-Temperatur-Umwandlungs-Schaubildern. Diese sind ähnlich aufgebaut wie die ZTA-Diagramme und immer so zu lesen, wie sie aufgestellt wurden. Man unterscheidet daher in **ZTU-Diagramme für isothermisches Umwandeln** (die Umwandlung läuft bei konstanter Temperatur ab) und in **ZTU-Diagramme für kontinuierliches Abkühlen** (Abb. 7.23 und 7.24).

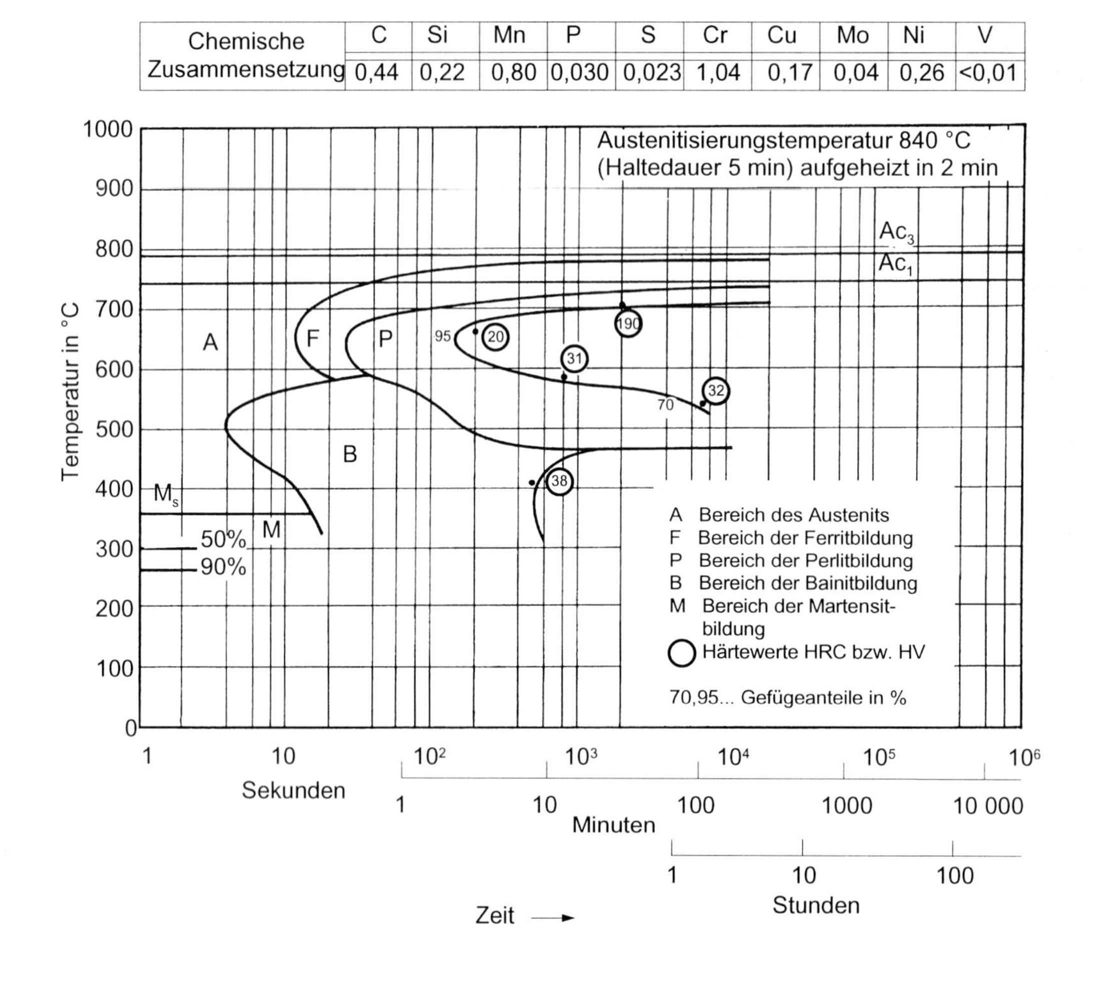

Chemische Zusammensetzung	C	Si	Mn	P	S	Cr	Cu	Mo	Ni	V
	0,44	0,22	0,80	0,030	0,023	1,04	0,17	0,04	0,26	<0,01

Abb. 7.23 ZTU-Diagramm für isothermisches Umwandeln des Stahls 41Cr4 nach [7.7]

Die Diagramme enthalten jeweils die Kurven für den **Beginn** und das **Ende der Umwandlung** in die verschiedenen Gefüge sowie die mit einer Wärmgeschwindigkeit von 3 K/min ermittelten Ac_1- und Ac_3-Temperaturen. Die Austenitisierungstemperatur, die Erwärm- und die Haltedauer wird immer angegeben. Außerdem sind oft **Gefügeanteile** und **Härtewerte** eingetragen sowie in einem weiteren Diagramm **Gefüge-Mengen-Kurven**. Die kontinuierlichen ZTU-Diagramme enthalten zusätzlich **Abkühlkurven** für **unterschiedliche Abkühlgeschwindigkeiten**.

Da die Umwandlungsvorgänge durch Legierungselemente stark beeinflußt werden, gelten die Diagramme immer nur für eine bestimmte Stahlzusammensetzung.

Der Verlauf der Grenzlinien für die einzelnen Gefügegebiete im ZTU-Diagramm ergibt sich aus der Überlagerung der gegenläufigen Vorgänge bei der diffusionsgesteuerten Umwandlung. Mit zunehmender Unterkühlung der Umwandlung nimmt einerseits das Umwandlungsbestreben, gekennzeichnet durch die Differenz der freien Enthalpien der Phasen ΔG, und die

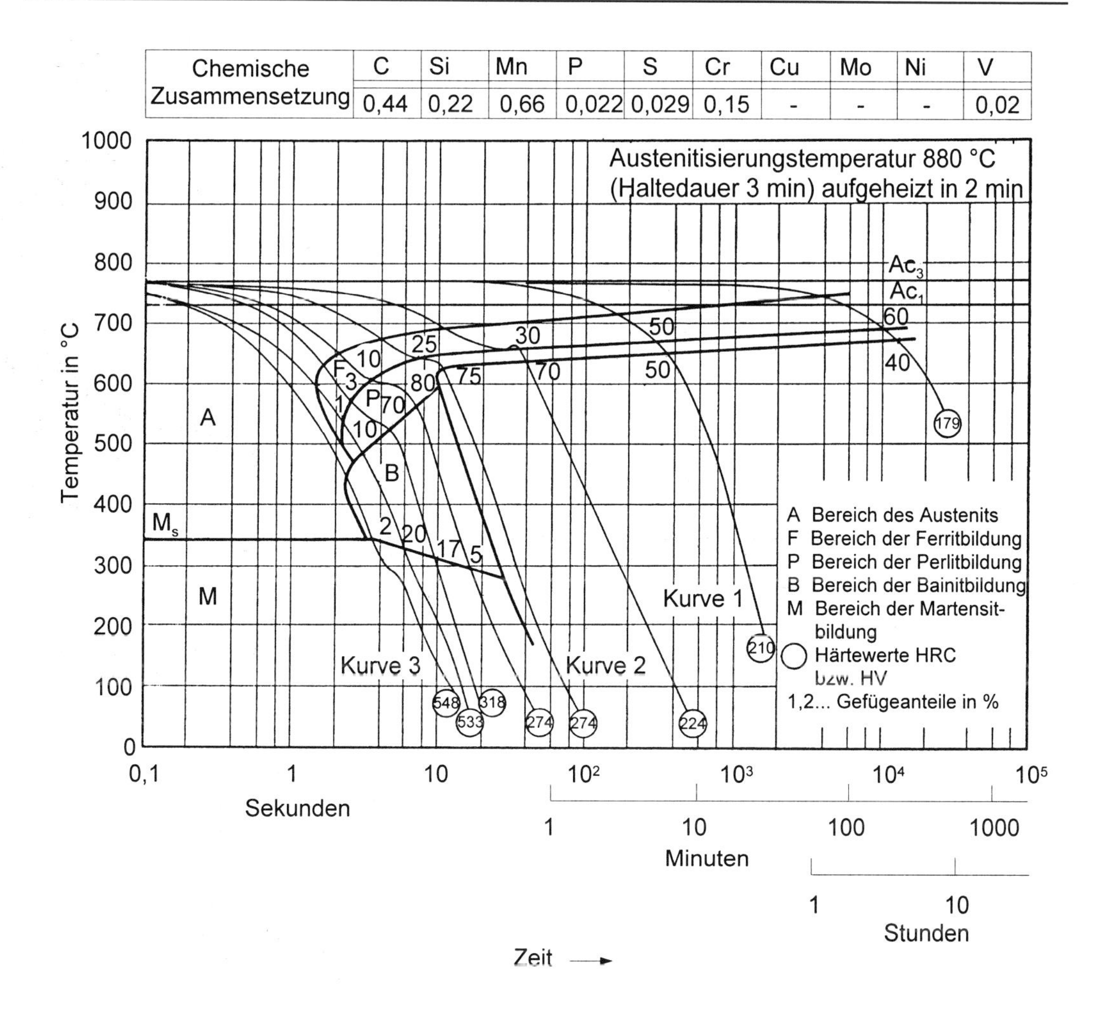

Chemische Zusammensetzung	C	Si	Mn	P	S	Cr	Cu	Mo	Ni	V
	0,44	0,22	0,66	0,022	0,029	0,15	-	-	-	0,02

Abb. 7.24 ZTU-Diagramm für kontinuierliches Abkühlen des Stahls C45E (Ck45) nach [7.7]

Keimbildungsgeschwindigkeit zu, andererseits die Diffusionsgeschwindigkeit ab. Bei der Abkühlung wird somit zunächst die Umwandlungsgeschwindigkeit größer bis sie bei weiter sinkender Temperatur wieder abnimmt. Im ZTU-Diagramm wird das insbesondere an der sogenannten „Perlitnase" deutlich, wo die Umwandlung des Austenits in Perlit nach sehr kurzer Zeit einsetzt (in Abb. 7.23 bei etwa 650 °C). Bei höherer und niedrigerer Temperatur werden dagegen wesentlich längere Zeiten benötigt.

Auch die Umwandlung in der Zwischenstufe wird von den gegenläufigen Auswirkungen des Umwandlungsbestrebens und der Diffusionsgeschwindigkeit des Kohlenstoffs bestimmt. Das wird z. B. in Abbildung 7.23 an der sehr kurzen Anlaufzeit für die Bainitbildung bei 500 °C besonders deutlich. Bei unlegierten Stählen liegt das Maximum der Umwandlungsgeschwindigkeit allerdings bei so hohen Temperaturen, daß es infolge der vorher ablaufenden Perlitbildung nicht beobachtet werden kann.

Der Umgang mit den ZTU-Diagrammen soll am Beispiel der Stähle 41Cr4 für die isothermische Umwandlung und Ck45 für die kontinuierliche

Abkühlung erläutert werden (s. Abb. 7.23 und 7.24).

Das **isothermische ZTU-Diagramm** wird entlang einer **horizontalen Linie** gelesen, d. h., es erfolgt eine rasche Abkühlung bis auf eine bestimmte Temperatur, die dann so lange konstant gehalten wird, bis die Umwandlung abgeschlossen ist. Betrachten wir die Umwandlung des unterkühlten Austenits für den Stahl 41Cr4 bei 660 °C, so beginnt die voreutektoidische Ferritausscheidung nach 11 s und wird nach 23 s durch die Perlitbildung abgelöst (Abb. 7.23). Die Umwandlung in der Perlitstufe ist nach ca. 140 s beendet. Das Gefüge besteht aus 5 % Ferrit und 95 % Perlit. Die Härte dieses Gefüges wird im ZTU-Diagramm mit 20 HRC angegeben. Wird der Stahl auf 400 °C abgekühlt, so erfolgt die Umwandlung nur in der Zwischenstufe. Sie beginnt nach etwa 11 s und ist nach 500 s abgeschlossen. Demzufolge besteht das Gefüge aus Bainit mit einer Härte von 38 HRC. Martensit bildet sich erst bei Temperaturen unterhalb von 360 °C. Bei 300 °C wandelt der Austenit zu 50 % in Martensit um, und nach längerem Halten bildet sich aus dem noch verbliebenen Austenit Bainit.

In der Praxis wird bei der Wärmebehandlung meist kontinuierlich abgekühlt. Das sich dabei einstellende Gefüge wird aus den **kontinuierlichen ZTU-Diagrammen** entnommen. Diese Diagramme sind **entlang der eingezeichneten Abkühlkurven** zu lesen (Abb. 7.24). Bei langsamer Abkühlung (Kurve 1) des Stahls Ck45 entsteht aus dem Austenit bei 720 °C beginnend zunächst Ferrit. Es schließt sich bei weiterer Abkühlung die Umwandlung des Austenits zu Perlit an, die bei 640 °C bereits abgeschlossen ist. Das Gefüge besteht für diese Abkühlkurve aus gleichen Anteilen Ferrit und Perlit mit einer Härte von 210 HV. Wird entsprechend der Kurve 2 abgekühlt, beginnt die Austenitumwandlung mit der voreutektoidischen Ferritausscheidung bei 650 °C, die Perlitbildung setzt bei etwa 600 °C ein und ist bei etwa 570 °C beendet. Der restliche Austenit wandelt bei der weiteren Abkühlung in das Gefüge der Zwischenstufe und schließlich bei 300 °C in Martensit um. Die Härte dieses Mischgefüges aus 10 % Ferrit, 80 % Perlit, 5 % Bainit und 5 % Martensit beträgt 274 HV.

Bei schrofferer Abkühlung (Kurve 3) wird die obere kritische Abkühlgeschwindigkeit nahezu erreicht. Das Gebiet der Zwischenstufe wird bei 450 °C erreicht und die M_s-Temperatur bei 350 °C. Es bilden sich Martensit und nur 2 % Bainit mit einer Härte von 548 HV.

Aus dem Diagramm ist außerdem noch zu erkennen, daß die Martensittemperatur mit geringer werdender Abkühlgeschwindigkeit abnimmt. Die Ursache dafür ist die Anreicherung von Kohlenstoff im noch nicht umgewandelten Austenit, bedingt durch die voreutektoidische Ferritausscheidung und die Umwandlung in der oberen Zwischenstufe.

Einfluß von Legierungselementen auf die Umwandlung

Die Legierungselemente des Stahls beeinflussen die Umwandlungsmechanismen nur wenig. Sie haben aber einen großen Einfluß auf die Umwandlungstemperaturen und die Umwandlungszeiten. Da die Wirkung eines Legierungselementes nicht proportional zu seinem Gehalt im Stahl zunimmt und außerdem durch den Kohlenstoffgehalt, weitere Legierungselemente, Austenitisierungstemperatur und -dauer sowie andere Einflüsse verändert wird, ergeben sich sehr komplizierte Zusammenhänge.

Wie die Abbildung 7.25 zeigt, ist der Einfluß der Legierungselemente auf das Umwandlungsverhalten meist einheitlich, obwohl die Ursachen für dieses Verhalten und die Höhe der Zusätze mit gleicher Wirkung sehr verschieden sein können. Allgemein ist festzustellen, daß die Legierungselemente die Umwandlung zu längeren Zeiten verschieben, d. h., sie erhöhen die Stabilität des Austenits, die Umwandlungsneigung wird verringert.

In der Perlitstufe verzögern die Legierungselemente die Umwandlung durch Behinderung der

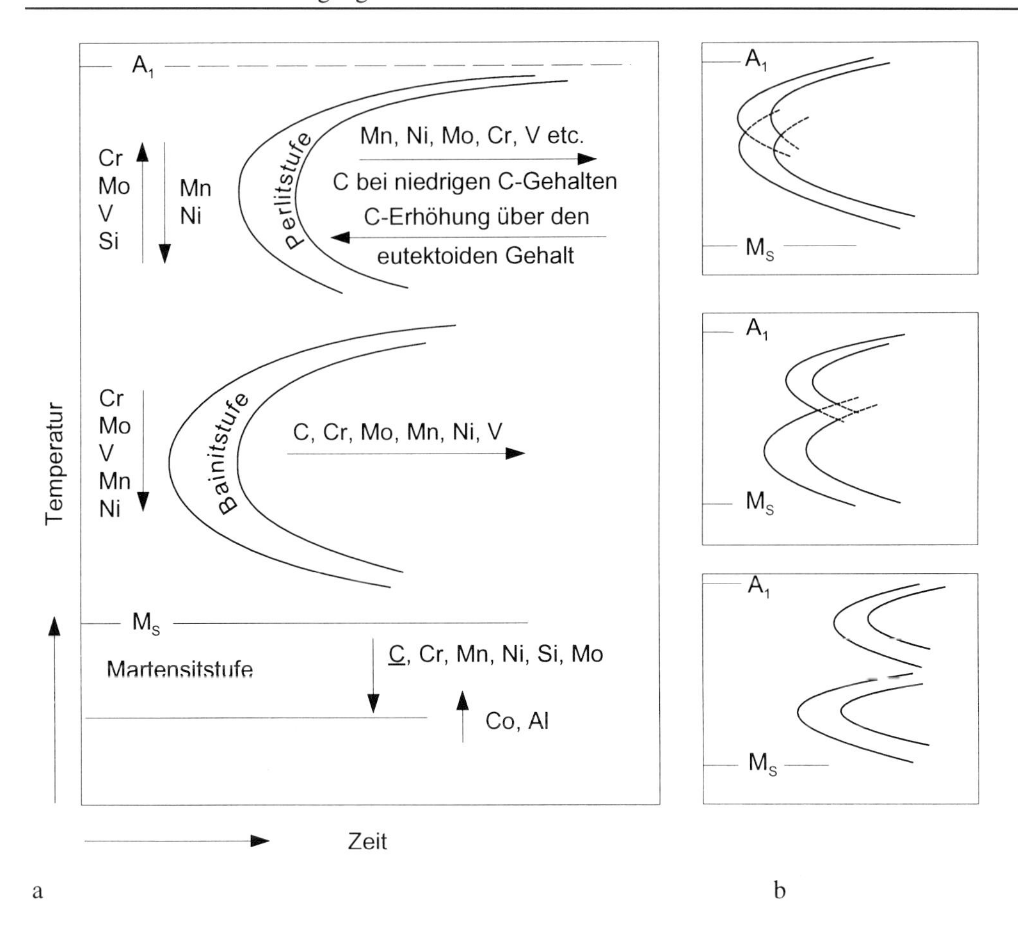

Abb. 7.25 Einfluß der Legierungselemente auf die Umwandlungsbereiche im ZTU-Diagramm (**a**) und verschiedene Formen von ZTU-Diagrammen (**b**) (schematisch)

Diffusion. Durch Legierungselemente, die das γ-Gebiet erweitern (Mn, Ni), wird die Umwandlung zusätzlich zu tieferen und durch Legierungselemente, die das γ-Gebiet einschnüren zu höheren Temperaturen verschoben. Ursache für die trotzdem bei der Unterkühlung eintretende Verzögerung ist bei den höheren Temperaturen das geringere Umwandlungsvermögen und bei tieferen Temperaturen die wieder auftretende Diffusionsbehinderung. Zahlreiche Legierungselemente senken den C-Gehalt des Perlits, wodurch ihr Zusatz wie eine Erhöhung des C-Gehaltes des Stahles wirkt. Am wirksamsten sind die Legierungselemente Ti, Mo und W, während Ni den geringsten Einfluß hat. Si, Mn und Cr liegen dazwischen.

In der **Perlitstufe** tritt häufig eine unterschiedliche Verteilung der Legierungselemente auf die Carbide und den Ferrit ein. Sie erfolgt durch Diffusion im annähernd homogenen Austenit oder in den bereits gebildeten Umwandlungsprodukten und beeinflußt deshalb die Umwandlungsdauer erheblich.

In der **Zwischenstufe** wird die Umwandlung durch fast alle Legierungselemente verzögert und zu niedrigeren Temperaturen verschoben. Ursache dafür ist vor allem die Behinderung der Kohlenstoffdiffusion. In einigen Fällen, z. B. bei Mangan kommt eine Stabilisierung des Austenits hinzu, die dazu führen kann, daß die Zwischenstufenumwandlung in bestimmten

Temperaturbereichen auch nach sehr langen Haltezeiten unvollständig bleibt.

Da die Legierungselemente im Temperaturbereich der Zwischenstufe nicht mehr diffusionsfähig sind, sind sie auf den Ferrit und die Carbide annähernd gleichmäßig verteilt, und auch bei höheren Legierungsgehalten entstehen keine Sondercarbide.

Bei den üblichen Austenitisierungstemperaturen übereutektoidischer Stähle (30 bis 50 K über A_1) werden die Carbide nicht vollständig gelöst. Diese Restcarbide, die auch in anderen Stählen nach dem Austenitisieren bei niedrigen Temperaturen auftreten, wirken bei der Abkühlung als Keime und beschleunigen so die Umwandlung zu Perlit und Bainit.

Die Legierungselemente erschweren wie der Kohlenstoff die martensitische Umwandlung und erniedrigen die M_s- und M_f-Temperatur, allerdings weit weniger als der Kohlenstoff selbst. Ausnahmen bilden Co und Al, die auch sonst ein von den meisten Legierungselementen abweichendes Verhalten zeigen.

7.3.4 Vorgänge beim Anlassen

Unter dem **Anlassen** versteht man ein **Wiedererwärmen nach dem Abschrecken**. Das nach dem Abschrecken entstandene Gefüge befindet sich nicht im Gleichgewicht. Dieser Ungleichgewichtszustand soll durch ein Wiedererwärmen auf eine **Temperatur unter A_1** mehr oder weniger beseitigt werden.

Die Gefügeveränderungen beim Anlassen werden durch Diffusion hervorgerufen und sind um so tiefgreifender, je weiter das Ausgangsgefüge vom Gleichgewichtszustand entfernt ist. Der Grad der Annäherung an die Gleichgewichtsstruktur hängt von der Anlaßtemperatur und der Anlaßdauer ab. Je nach Höhe der Temperatur laufen beim Anlassen verschiedene Vorgänge ab, die im folgenden näher betrachtet werden sollen.

Beim **Anlassen martensitischer Gefüge** treten bei unlegierten Stählen drei, bei legierten vier **Anlaßstufen** auf. Sie unterscheiden sich vor allem bezüglich der ablaufenden Vorgänge, während sich die Temperaturbereiche zum Teil überschneiden.

Erste Anlaßstufe

In der ersten Anlaßstufe tritt der Kohlenstoff zum überwiegenden Teil aus dem Martensit aus. Zunächst sammelt sich der Kohlenstoff an den in hoher Dichte vorhandenen Gitterdefekten, wie Grenzflächen zwischen den Martensitnadeln und Versetzungsknäuel, an und bildet in der Folge sehr feine, lichtmikroskopisch nicht erkennbare Ausscheidungen des metastabilen hexagonalen **ε-Carbids**, dessen Zusammensetzung etwa der Formel $\mathbf{Fe_2C}$ entspricht. Durch die Ausscheidung des Kohlenstoffs geht die tetragonale Verzerrung des Martensits zurück. Es entsteht **kubischer Martensit**, der im geätzten Schliff im Gegensatz zum hellen tetragonalen Martensit dunkel erscheint (Abb. 7.26). Obwohl es zu einer Entspannung des Martensits kommt, nimmt die Härte nicht wesentlich ab. Der Mechanismus der Mischkristallhärtung bei der Zwangslösung von Kohlenstoff im tetragonalen Martensitgitter wird durch die Teilchenhärtung infolge der Fe_2C-Ausscheidungen ersetzt.

Die Vorgänge der ersten Anlaßstufe können bei längerem Lagern schon bei Raumtemperatur, und wenn die M_s-Temperatur genügend hoch ist, bereits während des Abschreckens beginnen (**Selbstanlassen**). Ein vollständiger Ablauf tritt in kürzeren Zeiten in der Regel zwischen 100 und 250 °C ein.

Zweite Anlaßstufe

In der zweiten Anlaßstufe findet der **Zerfall des Restaustenits** statt. Im allgemeinen sind dazu Temperaturen von 200 bis 280 °C notwendig. Höhere Temperaturen sind für hochlegierte Stähle erforderlich. Der Zerfall des Restauste-

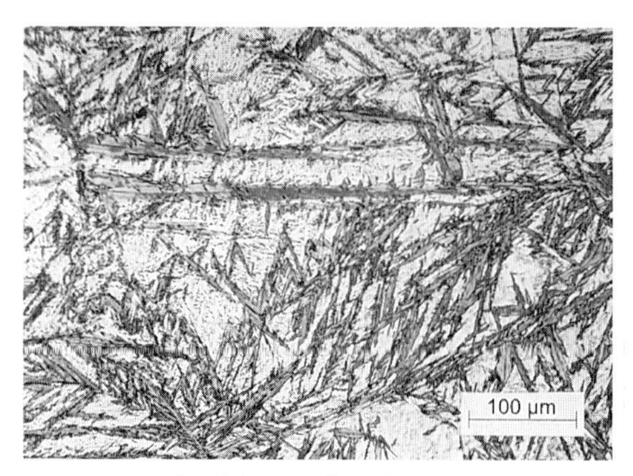

a tetragonaler Martensit (nicht angelassen)

b kubischer Martensit (angelassen bei 150 °C)

Abb. 7.26 Martensitgefüge eines Stahls mit 1,5 % C, abgeschreckt von 1050 °C

nits erfolgt nach dem Mechanismus der Zwischenstufe. Bei höher legierten Stählen kann der Restaustenit so stabil sein, daß eine Carbidausscheidung erst beim Erwärmen auf höhere Temperaturen erfolgt. Dadurch verarmt der Austenit an Kohlenstoff und kann beim Abkühlen von der Anlaßtemperatur in Martensit umwandeln. Der Austenitzerfall ist abhängig von der Anlaßtemperatur und -dauer. Es lassen sich für die Anlaßtemperatur wegen der Abhängigkeit vom Gehalt an Kohlenstoff und Legierungselementen keine Grenzen nach oben angeben.

Dritte Anlaßstufe

Die dritte Anlaßstufe beginnt etwa ab 300/350 °C. Es erfolgt hier die **Umwandlung** von **Fe_2C in Fe_3C**. Der restliche Kohlenstoff diffundiert aus dem kubischen Martensit, so daß ein störungsfreies α-Gitter entsteht. Die Zementitteilchen wachsen, und es kommt zur Annäherung an den Gleichgewichtszustand. Mit dem **Wachstum der Teilchen** ist eine deutliche **Härteabnahme** des Gefüges verbunden.

Vierte Anlaßstufe

Die vierte Anlaßstufe tritt nur bei hochlegierten Stählen auf. Bei Temperaturen ab 500 bis 550 °C werden die Legierungselemente diffusionsfähig. Aus den unlegierten Fe_3C-Teilchen bilden sich legierte Carbide. Bei ausreichend hohen Anlaßtemperaturen entstehen über Eigenkeimbildung **Sondercarbide** der Legierungselemente **Vanadium**, **Niob** und **Titan** (Sondercarbidbildner).

7.3.5 Einfluß der Gefügeausbildung auf die mechanischen Eigenschaften von Stahl

Die mechanischen Eigenschaften eines Werkstoffs werden durch seine chemische Zusammensetzung, das sich einstellende Gefüge, welches durch die Menge, Form und Anordnung der Phasen gekennzeichnet ist, und die jeweils vorliegende Versetzungsstruktur bestimmt. Es besteht demzufolge ein Zusammenhang zwischen dem Gefüge und den Eigenschaften, insbesondere der Festigkeit, Härte und Zähigkeit.

Die erreichbare Festigkeit hängt grundsätzlich davon ab, in welchem Maße die Versetzungsbewegung behindert oder blockiert wird. Die in Abschnitt 5.1.3 beschriebenen Mechanismen der Festigkeitssteigerung - Mischkristallverfestigung, Versetzungsverfestigung, Kornfeinung und Teilchenhärtung - werden auch bei den Eisenwerkstoffen genutzt, um gezielt erwünschte Eigenschaften, z. B. durch geeignete Wärmebehandlung, einzustellen. Im folgenden sollen wesentliche Zusammenhänge zwischen Gefüge und mechanischen Eigenschaften für die im

Stahl typischen Gefüge der Perlit-, Zwischen- und Martensitstufe sowie des angelassenen Martensits näher betrachtet werden.

Ferrit/Perlit

Bei der Umwandlung in der Perlitstufe entsteht entweder ferritisch/perlitisches oder perlitisches Gefüge. Die Festigkeit des Ferrits unlegierter Stähle kann durch Vergrößerung der Versetzungsdichte (durch Verformung) oder Kornfeinung (z. B. durch Normalglühen, s. Abschn. 7.4.3.1.2) erhöht werden. Bei legierten Stählen kommen außerdem die Möglichkeiten der Mischkristallverfestigung sowie der Teilchenhärtung (Carbid-, Nitrid- oder Carbonitridausscheidungen) hinzu. Im Perlit wird die Härte und Festigkeit maßgeblich durch den Abstand der Ferritlamellen, der dem mittleren Laufweg der Versetzungen entspricht, bestimmt. Es besteht zwischen dem Lamellenabstand λ und der Härte in einem weiten Bereich ein linearer Zusammenhang (Abb. 7.27), während sich für die Streckgrenze eine Abhängigkeit von $\lambda^{-1/2}$ ergibt (Abb. 7.28). Mit geringer werdendem Lamellenabstand, d. h. der Perlit wird dichtstreifiger, nehmen die Härte und Festigkeit zu. Mit dieser Festigkeitssteigerung geht auch eine Verbesserung der Verformbarkeit und Zähigkeit einher. Sie beruht auf der Fähigkeit der bei tiefen Temperaturen gebildeten sehr dünnen Zementitlamellen sich elastisch zu verformen, während sich die dicken, bei hohen Temperaturen entstandenen Lamellen nicht verformen können und spröde zerbrechen.

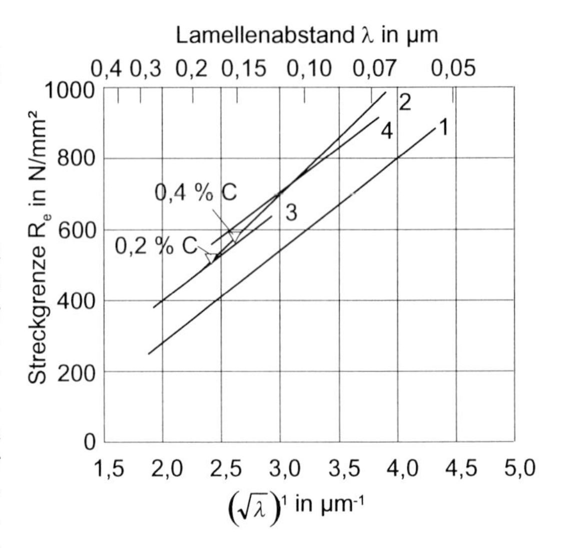

Abb. 7.28 Abhängigkeit der Streckgrenze vom Lamellenabstand λ des Perlits für unterschiedliche Stähle aus [7.8]

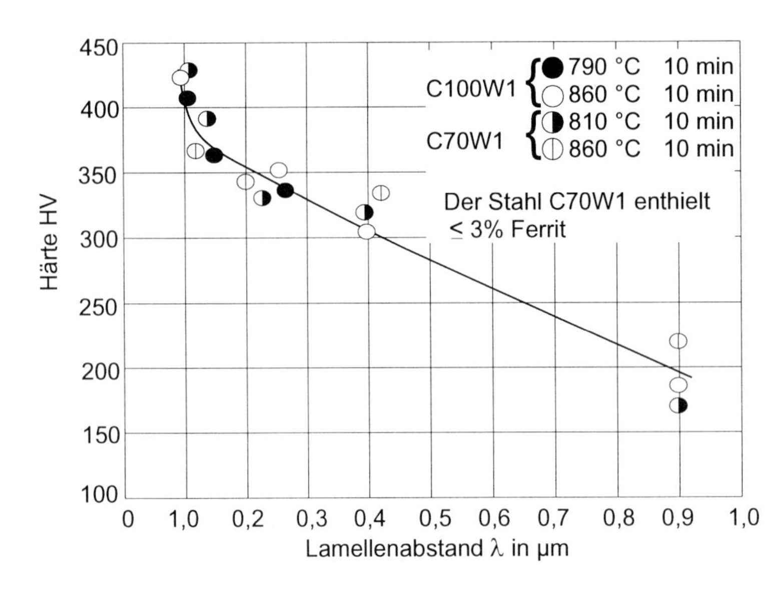

Abb. 7.27 Abhängigkeit der Härte vom Lamellenabstand λ des Perlits nach *A. Rose*

Die Größe der perlitischen Bereiche (Perlitkolonien), die mit geringer werdender Austenitisierungstemperatur und zunehmender Unterkühlung abnimmt, übt ebenfalls einen Einfluß auf die Zähigkeit aus. Bei gleichem Lamellenabstand ist diese um so größer, je kleiner die Perlitkolonien sind.

Die dargelegten Zusammenhänge machen deutlich, daß bei gleicher Streckgrenze die Zähigkeit (Brucheinschnürung, Übergangstemperatur der Kerbschlagarbeit) perlitischer Gefüge unterschiedlich sein kann. Je geringer der Lamellenabstand, desto höher ist die Festigkeit bei gleichzeitig erhöhter Zähigkeit, so daß durch die Wahl der Wärmebehandlungsbedingungen (Austenitisierungstemperatur und Unterkühlung) in bestimmten Grenzen eine optimale Kombination von Festigkeit und Zähigkeit eingestellt werden kann.

Bainit

Die Gefüge der Zwischenstufe unterscheiden sich, wie in Abschnitt 7.3.3 beschrieben, in ihrer Ausbildung in Abhängigkeit von den Bedingungen ihrer Entstehung (Unterkühlung bzw. Umwandlungstemperatur). Für die Festigkeitssteigerung des bainitischen Gefüges werden die erhöhte Versetzungsdichte, die Mischkristallverfestigung durch den zwangsgelösten Kohlenstoff und die Teilchenhärtung durch die Carbidausscheidungen wirksam. Die Form und Größe dieser Ausscheidungen üben dabei einen großen Einfluß auf die Festigkeit und Zähigkeit aus. Die feineren Carbide im Gefüge der unteren Zwischenstufe führen zu bedeutend günstigeren Festigkeits- und Zähigkeitseigenschaften als die groben Carbidausscheidungen im Gefüge der oberen Zwischenstufe. Bei Stählen mit sehr geringen Kohlenstoffgehalten wird die Streckgrenze im wesentlichen durch die Korngröße bestimmt.

Allgemein kann festgestellt werden, daß mit sinkender Umwandlungstemperatur die Härte und Festigkeit und auch die Zähigkeit des Bainits zunehmen.

Martensit

Die Härte des Martensits nimmt mit größer werdendem Kohlenstoffgehalt im Stahl zunächst zu (Abb. 7.29). Während bei C-Gehalten unter 0,2 % die Erhöhung der Härte und Festigkeit im wesentlichen durch die erhöhte Versetzungsdichte erklärt werden kann, wird bei höheren C-Gehalten der zunehmende Anteil der Mischkristallverfestigung durch den zwangsgelösten Kohlenstoff wirksam. Die bei etwa 0,7 % C einsetzende Härteabnahme ist auf den im Umwandlungsgefüge verbliebenen Restaustenit zurückzuführen. (Die M_f-Temperatur erreicht bei etwa 0,6 % C die Raumtemperatur.)

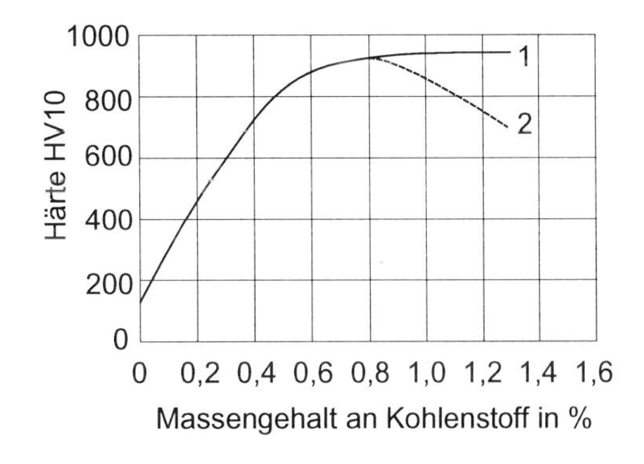

Abb. 7.29 Abhängigkeit der Martensithärte vom Kohlenstoffgehalt
1 Härtetemperatur dicht über A_1
2 Härtetemperatur über Ac_m (größerer Anteil Restaustenit)

Angelassener Martensit

Die Festigkeit und Zähigkeit angelassener martensitischer Gefüge sind abhängig von der Anlaßtemperatur. Vergleicht man die Härte eines Stahls nach isothermischer Umwandlung bei unterschiedlichen Temperaturen (Abb. 7.30a, ausgezogene Kurven) mit der nach dem Anlassen des Martensits (Kurve 3), so ist die Härte des angelassenen Martensits immer höher als die Härte des bei jeweils gleicher Temperatur

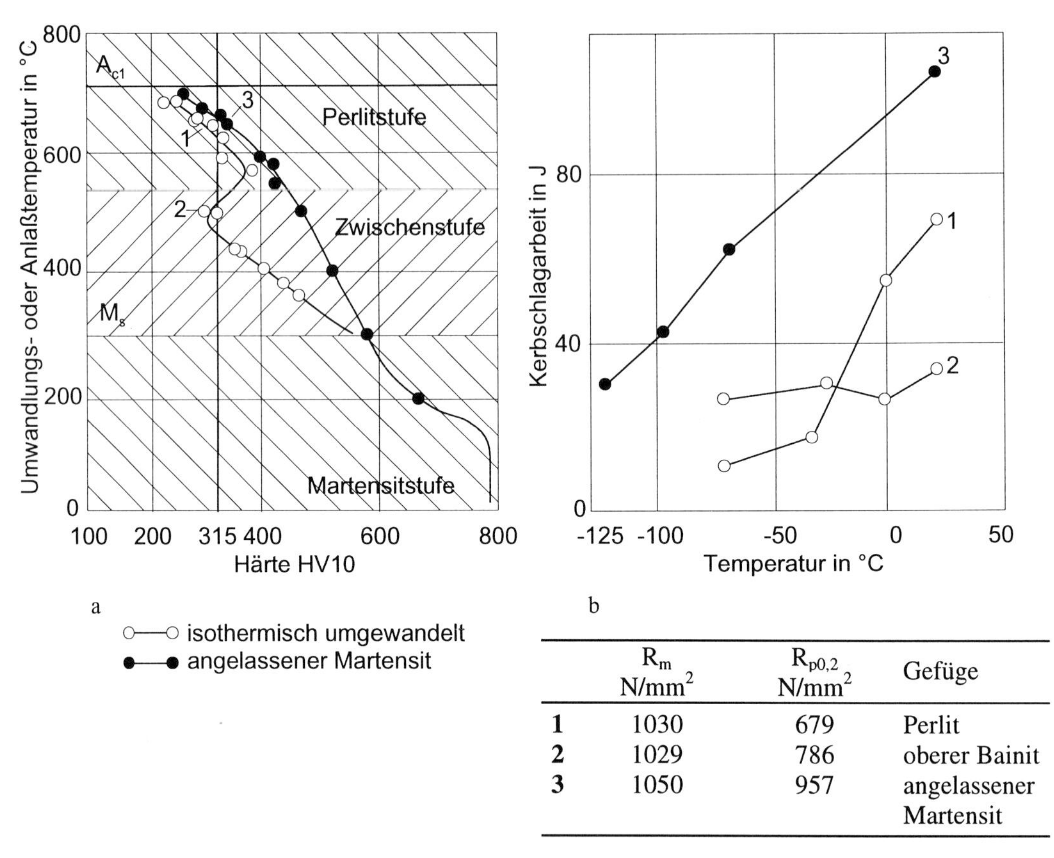

	R_m N/mm²	$R_{p0,2}$ N/mm²	Gefüge
1	1030	679	Perlit
2	1029	786	oberer Bainit
3	1050	957	angelassener Martensit

Abb. 7.30 Zusammenhang zwischen Gefügeausbildung und Eigenschaften - Härte (**a**) und Kerbschlagarbeit (**b**) - des Stahls 50CrMo4 nach *A. Rose*

isothermisch entstandenen Gefüges (Abb. 7.30). Durch unterschiedliche Wärmebehandlung kann andererseits die gleiche Härte eingestellt werden (z. B. 315 HV in Abb. 7.30a). Das Zähigkeitsverhalten der Anlaßgefüge (Kurve 3 in Abb. 7.30b) ist aber, wie die Kerbschlagarbeit-Temperatur-Kurven zeigen, bedeutend besser als das der isothermisch umgewandelten perlitischen bzw. bainitischen Gefüge (Kurven 1 und 2). Bei annähernd gleicher Härte und Zugfestigkeit haben Anlaßgefüge außerdem eine viel höhere Streckgrenze als isothermisch umgewandelte Gefüge. In der Praxis nutzt man diese Vorzüge bei hochbeanspruchten Bauelementen. Die Wärmebehandlung, die aus einem Härten mit nachfolgendem Anlassen bei höheren Temperaturen besteht, wird **Vergüten** genannt (siehe Abschnitt 7.4.3.3).

Bei einem Vergleich der Eigenschaften von Gefügen, die durch isothermisches Umwandeln bei unterschiedlichen Umwandlungstemperaturen erhalten wurden (Abb. 7.31), wird deutlich, daß man zwar die gleiche Härte durch verschiedene Wärmebehandlungen erreichen kann (siehe auch Abbildung 7.30a Punkte 1, 2 und 3), sich aber die übrigen Festigkeits- und Zähigkeitseigenschaften nicht immer gleichlaufend verändern. Mit abnehmender Umwandlungstemperatur werden die Carbide feiner, und die Härte und Festigkeit steigen an. Die höchsten Härtewerte treten nach der Umwandlung in der Martensitstufe auf. Das im Bereich der oberen Zwischenstufe gebildete Gefüge mit verhältnismäßig grobem Zementit besitzt eine geringere Festigkeit als der sehr feinstreifige Perlit, der bei höherer Temperatur entsteht.

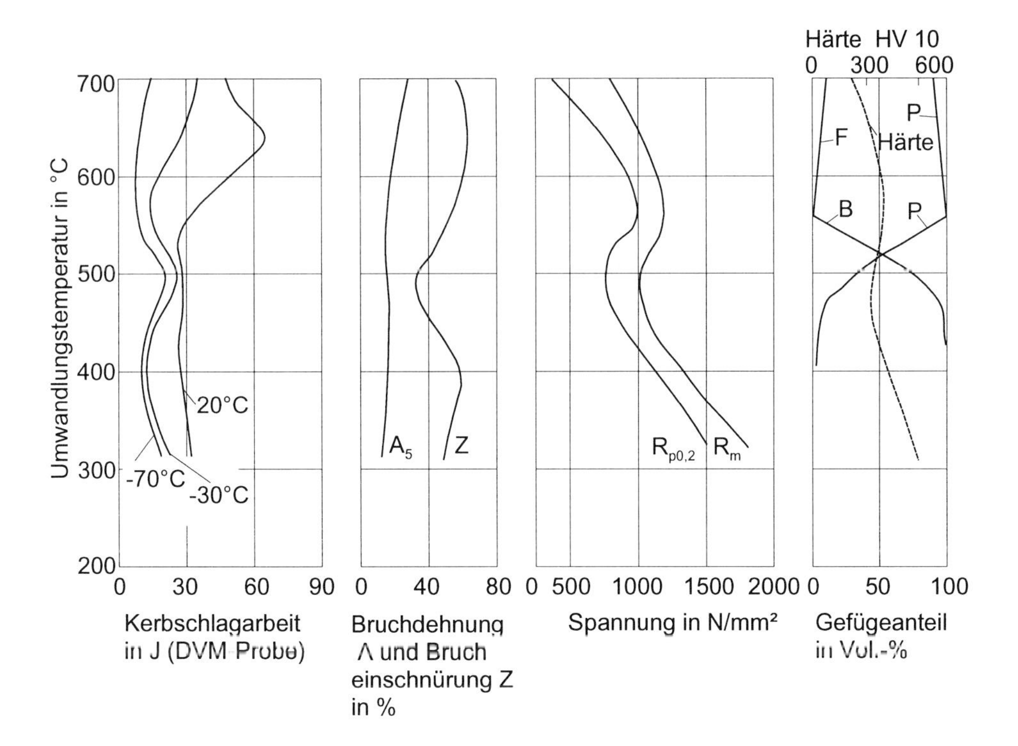

Abb. 7.31 Mechanische Eigenschaften und Gefügeanteile des Stahls 50CrMo4 nach isothermischer Umwandlung nach *A. Rose*

Die unterschiedliche Gefügeausbildung des Bainits bewirkt, daß auch die übrigen mechanischen Eigenschaften wie die Verformbarkeit (gekennzeichnet durch die Brucheinschnürung Z), die Zugfestigkeit R_m und die Streckgrenze $R_{p0,2}$ sowie die Kerbschlagarbeit ihre Höchstwerte bei tieferen Umwandlungstemperaturen erreichen.

Aufgrund dieser Zusammenhänge ergeben sich folgende Forderungen an die Wärmebehandlung:

Durch Wärmebehandlung sollen möglichst **feine** und **gleichmäßige Verteilungen von Legierungselementen** für die Mischkristallverfestigung, von **feinen Ausscheidungen** für die Teilchenhärtung sowie eine günstige **Versetzungsanordnung** angestrebt werden. Durch ein **feinkörniges Gefüge** wird die plastische Verformung auf viele Körner verteilt, wodurch neben der Festigkeit auch die Zähigkeit zunimmt. Bei gleicher Streckgrenze haben grobkörnige Gefüge und Gefüge mit ungleichmäßiger Verteilung von Ausscheidungen immer schlechtere Zähigkeitseigenschaften.

Bei der praktischen Durchführung der Wärmebehandlung soll das Gefüge entsprechend den geforderten Kennwerten eingestellt werden. Dabei ist, wie schon mehrfach betont, nicht das Gefüge mit den besten Eigenschaften anzustreben, sondern das mit für den jeweiligen Anwendungsfall ausreichenden Eigenschaften. Zum Beispiel lassen sich relativ grobe perlitische Gefüge sehr kostengünstig herstellen, so daß ein Vergüten, bei dem bei gleicher Festigkeit eine bessere Zähigkeit erreicht wird, nur dann in Frage kommt, wenn diese Eigenschaftskombination gefordert wird.

7.4 Wärmebehandlungsverfahren

7.4.1 Allgemeiner Verfahrensablauf

Jede Wärmebehandlung besteht aus den Teilschritten **Erwärmen**, **Halten** und **Abkühlen** (Abb. 7.32). Das Erwärmen umfaßt das Anwärmen, bei dem die Werkstückoberfläche die Solltemperatur annimmt, und das Durchwärmen zum Erreichen der Solltemperatur im Kern des Werkstücks.

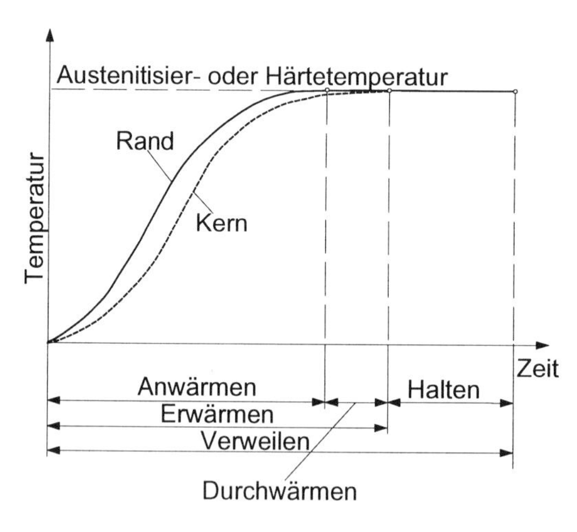

Abb. 7.32 Zeit-Temperatur-Folge am Beispiel des Austenitisierens (schematisch)

Allgemein soll im Sinne einer Zeit- und Energieeinsparung so schnell wie möglich erwärmt werden. Dieser Forderung steht entgegen, daß sich bei zu schneller Erwärmung, insbesondere bei Bauteilen größerer Abmessungen, beträchtliche Temperaturunterschiede zwischen Rand und Kern einstellen. Durch Temperaturerhöhung kommt es zu einer Volumenzunahme, die am Rand bei rascher Erwärmung größer ist als im Kern. In deren Folge entstehen außen Druck- und innen Zugeigenspannungen sowie Radial- und Tangentialspannungen. Bei Überschreiten einer kritischen Größe (Formänderungswiderstand) kommt es zu plastischen Verformungen (Verzug) oder bei spröden Werkstoffen zur Rißbildung. Man spricht in diesem Fall von **Glührissen**, die am Werkstück an den oxidierten Rißufern zu erkennen sind (im Unterschied zu Härterissen). Um derartige Wärmebehandlungsfehler zu vermeiden, müssen die Stähle, wie im folgenden erläutert wird, entsprechend ihrer Werkstoffzusammensetzung und der Bauteilabmessungen ausreichend langsam erwärmt werden.

Wärmeübergang

Der Wärmeübergang aus der Umgebung (Ofen, Salzbad) auf das Werkstück erfolgt durch **Wärmeleitung**, **Konvektion** (Bewegung des Wärmeträgers) und **Temperaturstrahlung**. Im Werkstück ist für die Wärmeleitung die Wärmeleitfähigkeit des jeweiligen Werkstoffs maßgebend. Diese ist abhängig von der Temperatur, der Art, Menge und Verteilung von gelösten Fremdatomen (Legierungselemente) und dem Gefügezustand, charakterisiert durch die Werkstoffzusammensetzung und den Behandlungszustand.

Durch Legierungselemente wird die Wärmeleitfähigkeit des Eisens herabgesetzt. Hochlegierte Stähle haben eine geringe Wärmeleitfähigkeit, wobei geringfügige Änderungen im Legierungsgehalt die Wärmeleitfähigkeit nur wenig beeinflussen. Die Wärmeleitfähigkeit unlegierter und legierter Stähle nimmt mit steigender Temperatur ab, bei hochlegierten austenitischen Stählen dagegen etwas zu. Bei etwa 900 °C ist die Wärmeleitfähigkeit für alle Stähle ungefähr gleich groß.

Kohlenstoffäquivalent

Zur Charakterisierung des Einflusses der Legierungselemente auf die Wärmeleitfähigkeit wurde das Kohlenstoffäquivalent $C_Ä$ eingeführt, das nach *Ruhfus* und *Pflaume* entsprechend der Gleichung

$$C_Ä = C + 0{,}2\,Mn + 0{,}25\,Cr + 0{,}33\,Mo + 0{,}1\,Ni + 0{,}2\,V + 0{,}2\,(Si - 0{,}5) + 0{,}2\,Ti + 0{,}1\,W + 0{,}1\,Al$$

(C, Mn, Cr.... = Gehalte in Masse - %)

berechnet wird. Es gilt für Legierungsgehalte in folgenden Grenzen:

0 bis 0,9 % C	0 bis 1,1 % Mn
0 bis 0,5 % Mo	0 bis 1,8 % Si
0 bis 0,5 % Ti	0 bis 5,0 % Ni
0 bis 0,25 % V	0 bis 1,8 % Cr
0 bis 2,0 % W	0 bis 2,0 % Al.

Die von *Ruhfus* für das Normalglühen und Härten empfohlene **Erwärmdauer** (s. Abschn. 7.4.3.1.2 u. 7.4.3.2) in Abhängigkeit vom Kohlenstoffäquivalent und den Abmessungen zeigt die Abbildung 7.33. Demzufolge müssen höherlegierte Stähle (größeres C-Äquivalent) nicht nur bedeutend langsamer als unlegierte erwärmt werden, sondern es müssen zusätzlich zum

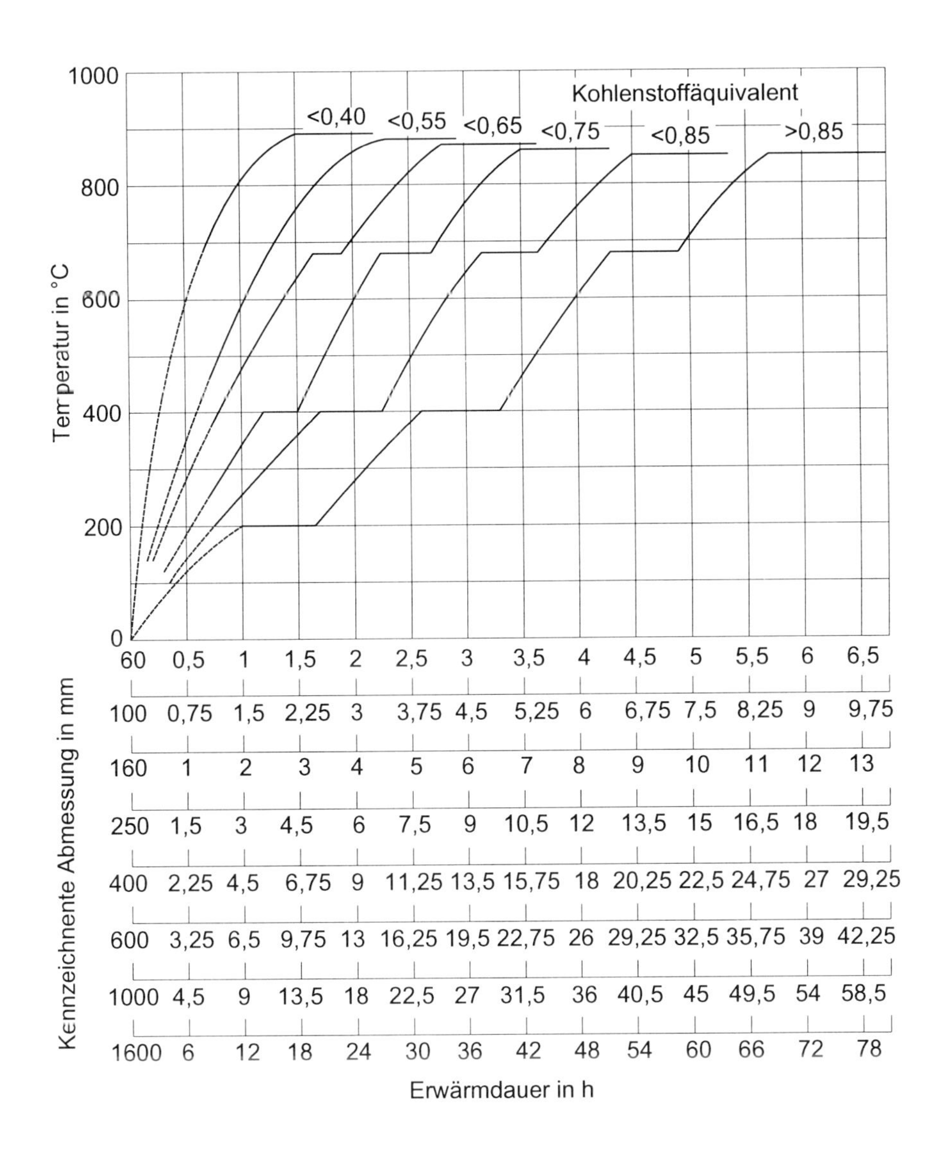

Abb. 7.33 Empfohlene Erwärmdauer und Haltedauer in Abhängigkeit vom Kohlenstoffäquivalent und den Abmessungen nach *H. Ruhfus*

Temperaturausgleich von Rand und Kern eine oder mehrere Haltezeiten (**Vorwärmstufen**) bei z. B. 200, 400 und unter 700 °C eingelegt werden. Nach dem Temperaturausgleich unterhalb der A_1-Temperatur soll zur Vermeidung von grobkörnigem Gefüge das Umwandlungsgebiet möglichst rasch durchlaufen werden.

Bei den NE-Metallen ist die Wärmeleitfähigkeit sehr unterschiedlich. Während die Wärmeleitfähigkeit von Kupfer und Aluminium sehr hoch ist, ist sie z. B. für Titan nur gering. Für Werkstoffe mit geringer Wärmeleitfähigkeit ergibt sich daraus die Notwendigkeit einer entsprechend langsamen Erwärmung. Es ist außerdem zu berücksichtigen, daß aufgrund der geringen Wärmeleitfähigkeit die Durchhärtbarkeit bzw. die maximal erreichbare Aushärtungsdicke im Vergleich mit anderen Werkstoffen begrenzt ist.

Die **Haltedauer** ist abhängig vom Wärmebehandlungsziel. Für das **Normalglühen** und **Härten** von Stahl richtet sie sich nach der Materialdicke. Man rechnet mit empirisch ermittelten Formeln, nach denen sich die Haltedauer in Minuten ergibt:

$$t_H = 20 + D/2$$

D = Durchmesser des Werkstücks in mm

$$t_H = 20 + d$$

d = Materialdicke in mm

Das **Abkühlen** wird je nach dem zu erzielenden Gefüge mehr oder weniger schnell durchgeführt (Ofen-, Luft-, Öl- oder Wasserabkühlung). Die Abkühlgeschwindigkeit wird durch **Wärmetransportvorgänge** an der Bauteiloberfläche, die bei flüssigen Abschreckmedien extrem temperaturabhängig sind (s. Abschn. 7.4.3.2.3), und die **Wärmeleitung** im Bauteil bestimmt. Somit wird die Abkühlung außer vom Abkühlmedium auch durch die Wärmeleitfähigkeit des Werkstoffs und die Bauteilabmessungen (Wanddicke, Durchmesser) beeinflußt. Beim raschen Abkühlen dürfen die Temperaturunterschiede zwischen Rand und Kern des Bauteils nicht so groß werden, daß die entstehenden Abkühlspannungen zu größerem Verzug oder Rissen führen. Wenn bei der Abkühlung im Gefüge Umwandlungen (z. B. bei der Martensitbildung) auftreten, sind außerdem die möglichen Umwandlungsspannungen zu berücksichtigen (siehe Abschnitt 7.4.3.2.4).

7.4.2 Einfluß der Ofenatmosphäre bei der Wärmebehandlung

Während der Wärmebehandlung kommt es bei den üblichen Temperaturen zur Reaktion der Werkstückoberfläche mit Sauerstoff, was zu einer Oxidation der Oberfläche, dem **Verzundern**, und einer **Entkohlung** führt. Dadurch werden die Verarbeitungs- und Gebrauchseigenschaften beeinträchtigt. Es ergeben sich höhere Kosten durch erforderliche Nacharbeit, um die gewünschten Oberflächeneigenschaften wieder einzustellen, der Verschleiß an Werkzeugen nimmt durch die härtere Zunderschicht zu. Außerdem entstehen durch das Abarbeiten der beeinträchtigten Oberflächenschicht Werkstoffverluste. Aus diesen Gründen wird die Wärmebehandlung oftmals in einer bestimmten, sogenannten **Schutzgasatmosphäre**, im **Salzbad** oder auch im **Vakuum** durchgeführt.

Vakuum

Die ideale Ofenatmosphäre bezüglich unerwünschter chemischer Reaktionen mit der Metalloberfläche ist das Vakuum. Vakuumöfen sind jedoch umständlich in der Handhabung. Außerdem können während der Wärmebehandlung unerwünschte physikalische Nebenreaktionen, z. B. das Verdampfen von Legierungselementen, auftreten. Die Wärmeübertragung ist nur durch Wärmeleitung und -strahlung möglich, was sich besonders bei niedrigen Temperaturen in einer langsamen und ungleichmäßigen Erwärmung auswirkt.

Schutzgase

Die Schutzgase werden hinsichtlich ihres Verhaltens gegenüber den Metallen in **inerte**, **re-**

duzierende und **neutrale** Schutzgase sowie nach der Erzeugung in Exo-, Endo-, Spalt-, Mono- und Reformiergase unterteilt.

Als **reine Gase** kommen z. B. Wasserstoff und Stickstoff sowie Edelgase, die absolut inert aber teuer sind und deshalb nur für Sonderzwecke eingesetzt werden, zur Anwendung. **Wasserstoff** wirkt **reduzierend** und besonders bei geringen Feuchtigkeitsgehalten entkohlend. **Stickstoff** muß absolut trocken und O_2-frei sein, da es sonst ebenfalls zur Entkohlung kommt. Bei hohen Temperaturen kann eine leichte Nitrierung eintreten.

Alle Gase, mit Ausnahme einiger reinen Gase, können unter bestimmten Bedingungen als **Reaktions**- oder **Trägergase** eingesetzt werden. Die Hauptbestandteile technischer Schutz- und Reaktionsgase sind Stickstoff und Wasserstoff. Bei den durch Spaltung oder Verbrennung von brennbaren Gasen entstandenen Schutz- und Reaktionsgasen ist außerdem immer in größeren Anteilen **CO** vorhanden, das auf Eisen reduzierend und gegebenenfalls aufkohlend wirkt. Aufgrund der sich einstellenden chemischen Gleichgewichte treten außerdem $\mathbf{H_2O}$, $\mathbf{CO_2}$ und $\mathbf{O_2}$ auf. Sie wirken in reiner Form auf die meisten Metalle oxidierend.

Um einem Gemisch mit den genannten Bestandteilen die Wirkung eines neutralen Schutzgases zu geben, müssen die Bestandteile so aufeinander abgestimmt sein, daß sie nicht mit der Metalloberfläche reagieren. Da diese Bestandteile mit Ausnahme von Stickstoff temperaturabhängige Gleichgewichtsreaktionen eingehen und auch die Reaktionsfähigkeit mit der Metalloberfläche temperaturabhängig ist, ist die neutrale Wirkung eines Schutzgases bestimmter Zusammensetzung theoretisch nur bei einer bestimmten Temperatur gegeben.

Auch die Salzbäder sind in ihrer Zusammensetzung so abgestimmt, daß eine unerwünschte Beeinflussung der Bauteiloberflächen vermieden wird. Darüber hinaus werden Salzbäder z. B. zum Aufkohlen oder Nitrocarburieren (s. Abschn. 8.3.1 und 8.4.1) verwendet.

7.4.3 Wärmebehandlungsverfahren für Stahl und Gußeisen

7.4.3.1 Glühverfahren

Bedingt durch die bei der Bauteilherstellung auf den Werkstoff einwirkenden Einflüsse, z. B. große Erstarrungs- und Abkühlgeschwindigkeit beim Gießen oder Schweißen, Umformvorgänge, Einbringen von Spannungen beim Zerspanen u. a., kommt es zu Werkstoffzuständen, die instabil sind. Durch das **Glühen** soll der Werkstoffzustand dem **Gleichgewichtszustand** bei Raumtemperatur angenähert werden. Die Bezeichnung des jeweiligen Glühverfahrens gibt bereits den Zweck der Wärmebehandlung an. Die Temperaturgebiete für die verschiedenen Glühverfahren enthält die Abbildung 7.34.

7.4.3.1.1 Glühen auf kugelige Carbide und Weichglühen

Ziel

Das Glühen auf kugelige Carbide (GKZ) wird zur Erzielung eines weichen Gefügezustandes und damit zur Verbesserung der spanlosen und spanenden Bearbeitung von Stählen mit mittleren und höheren C-Gehalten durchgeführt. Es dient außerdem, insbesondere bei übereutektoidischen Stählen, der gleichmäßigen Verteilung der Carbide und damit des Kohlenstoffs als Ausgangsbehandlung für ein nachfolgendes Härten.

Entgegen der Definition nach DIN EN 10 052 ist es bisher noch üblich, das Glühen auf kugelige Carbide auch als Weichglühen zu bezeichnen. Das Weichglühen dient definitionsgemäß der Verminderung der Härte eines Werkstoffs. Im folgenden wird der Begriff Weichglühen verwendet, wenn er bisher gebräuchlich war.

Gefügeänderung

Beim Glühen auf kugelige Carbide wird ein Gleichgewichtsgefüge aus einer ferritischen

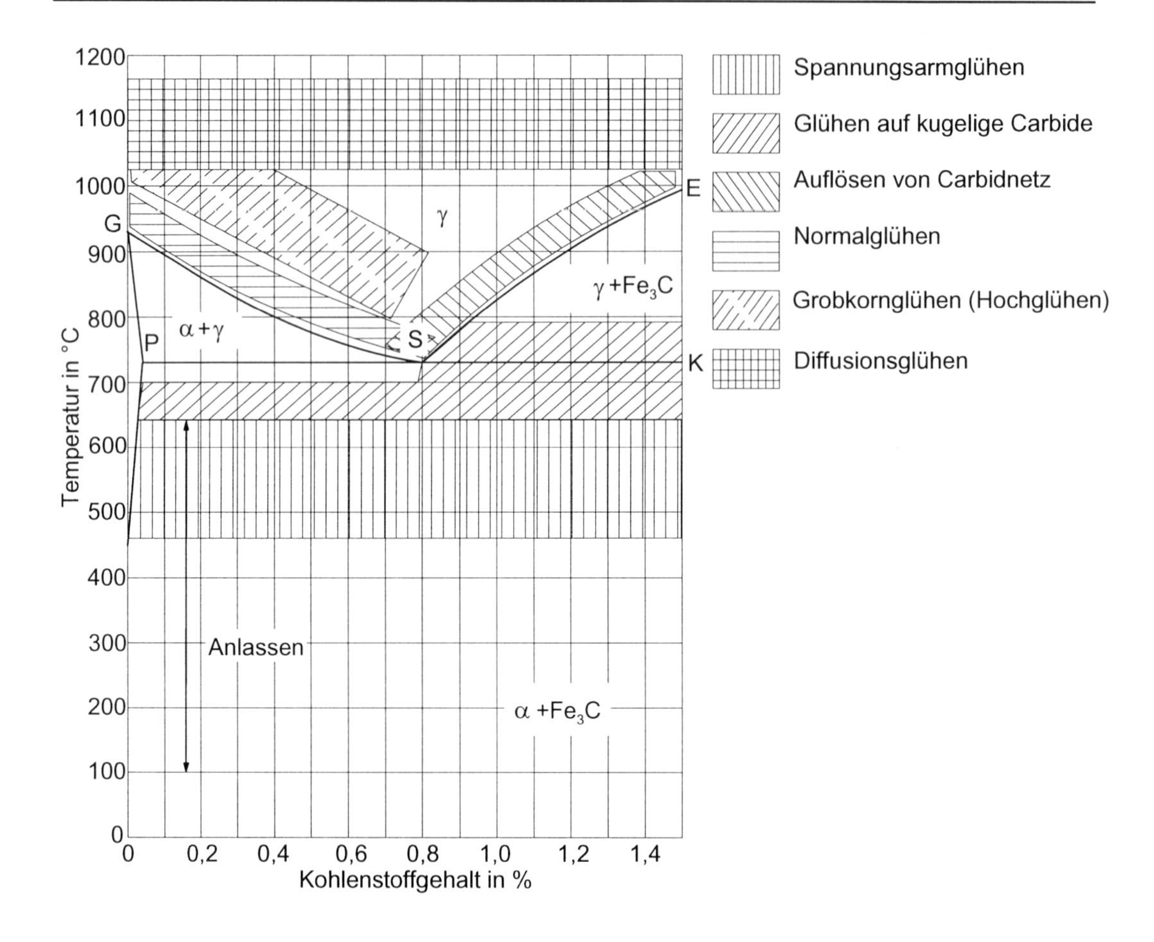

Abb. 7.34 Temperaturgebiete für verschiedene Glühverfahren

Matrix mit eingelagerten kleinen Zementitkörnchen angestrebt (Abb. 7.35). Dieses Gefüge stellt sich bei ausreichend langem Glühen unter der A_1-Temperatur unabhängig vom Ausgangsgefüge (Martensit, Bainit, Perlit) ein. Je gröber das Ausgangsgefüge (in der Regel streifiger Perlit) ist, um so länger ist die erforderliche Glühdauer.

Durchführung

Für die praktische Durchführung des Glühens auf kugelige Carbide gibt es mehrere Möglichkeiten:

1. Glühen dicht unter der A_1-Temperatur über lange Zeiten (bis über 40 Stunden)
2. Pendelglühen dicht um die A_1-Temperatur
3. Glühen oberhalb A_1 bis dicht unterhalb Ac_m, langsam bis 600 °C Abkühlen und längeres Halten bei 720 °C
4. Härten und nachfolgendes Anlassen dicht unter A_1 (Rißgefahr, Beschränkung auf Einzelteile, nur selten anwendbar)

Das langzeitige Glühen unter A_1 (1.) reicht bei den übereutektoidischen Stählen in der Regel nicht aus, um das Zementitnetzwerk aufzulösen. Deshalb führt man für diese Stähle das Weichglühen als Pendelglühung um A_1 (2.) durch. Technisch einfacher durchführbar als das Pendelglühen ist das Glühen mit teilweisem Austenitisieren (3.).

Das Abkühlen ist, wenn die Glühtemperatur über A_1 liegt (übereutektoidische Stähle), bis unter A_1 sehr langsam vorzunehmen, da sich sonst streifiger Perlit bilden kann.

Vorgänge im Gefüge

Beim Glühen dicht unter A_1 ist das Lösungsvermögen von α-Fe für Kohlenstoff bedeutend höher (0,02 %) als bei Raumtemperatur und die Beweglichkeit der Eisen- und Kohlenstoffatome bereits so hoch, daß über Auflösungs- und Wiederausscheidungsvorgänge die Zementitlamellen zunächst zu unregelmäßig ausgebildeten Carbiden eingeformt werden (Abb. 7.36). Diese nähern sich im Verlauf der weiteren Glühbehandlung der Kugelform an (s. Abb. 7.35), wobei die größeren Carbide auf Kosten kleinerer wachsen. Wenn die Glühtemperatur über A_1 liegt, kommt es zur teilweisen Austenitbildung durch weitgehende Auflösung des perlitischen Zementits. Beim sich anschließenden sehr langsamen Abkühlen scheidet sich der gelöste Kohlenstoff an den verbleibenden Carbidresten als kugelförmiger Zementit aus. Der Sekundärzementit formt sich im γ-Gebiet wegen der größeren Löslichkeit für Kohlenstoff schneller in die Kugelform um. Diese Vorgänge sind diffusionsgesteuert. Die Größe der eingeformten Carbide ist abhängig von der Glühdauer sowie von der Austenitisierungs- und Rückumwandlungstemperatur.

Durch das Glühen auf kugelige Carbide fällt die Härte erheblich ab (daher auch der gebräuchliche Name Weichglühen), die Zähigkeit nimmt zu. Die Bearbeitung eines weichgeglühten Werkstücks wird dadurch erleichtert, daß die kleinen **Zementitkörnchen** gegenüber den wesentlich größeren **Zementitplatten** des Perlits beim Zerspanen nicht geschnitten werden müssen, sondern in die weiche Ferritmatrix eingedrückt werden. Bei der Umformung stellen die Zementitkörnchen keine wesentliche Behinderung dar.

Die Größe der Zementitkörnchen beeinflußt die Härte des Gefüges. Da durch das Weichglühen ein weiches Gefüge erzeugt werden soll, dürfen die eingeformten Carbide nicht zu klein sein.

Das Weichglühgefüge wird bei übereutektoidischen Stählen als Ausgangsgefüge für das nachfolgende Härten verwendet. Das für diese Stähle typische Zementitnetzwerk wird durch das Weichglühen beseitigt. Da Stähle mit höherem C-Gehalt beim Härten aus dem Zweiphasengebiet $\gamma + Fe_3C$ abgeschreckt werden (Abschnitt 7.4.3.2) und somit nicht der gesamte Kohlenstoff beim Austenitisieren in Lösung

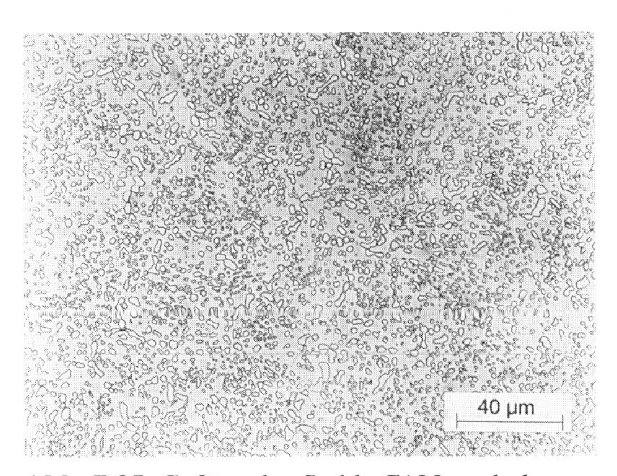

Abb. 7.35 Gefüge des Stahls C130 nach dem Glühen auf kugelige Carbide (Weichglühgefüge)

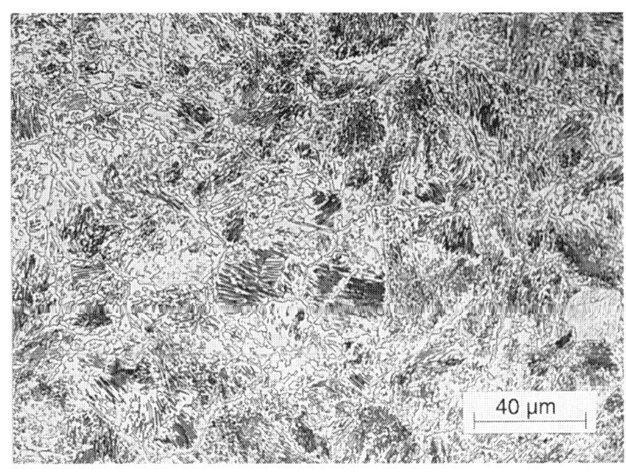

Abb. 7.36 Unvollständige Einformung der Carbide

geht, bleibt ein Teil der Zementitkörnchen ebenfalls unaufgelöst. Würde der Zementit als Korngrenzennetzwerk vorliegen, bliebe dieses auch nach dem Abschrecken im martensitischen Gefüge als spröder Schalenzementit erhalten. Je feiner die Zementitkörnchen sind, um so höher ist die zu erreichende Härte. Grobe Zementitkörner lösen sich beim Austenitisieren schlechter auf.

Das Weichglühen wird bei unlegierten Stählen ab etwa 0,5 % C und bei legierten Stählen ab 0,3 % C durchgeführt. Stähle mit geringeren C-Gehalten lassen sich auch mit ferritisch-perlitischem Gefüge gut umformen und zerspanen. Ein Weichglühen würde beim Zerspanen zum Schmieren führen. Da die Härtetemperatur für Stähle mit geringeren C-Gehalten so hoch ist, daß die Carbide aufgelöst werden, besteht auch vor dem Härten für diese Werkstoffe keine Notwendigkeit des Glühens auf kugelige Carbide.

Weichglühen von Gußeisen

Das Weichglühen des Gußeisens hat die absichtliche **Zerlegung des perlitischen Zementits** oder **massiver Carbide** (Primär- oder ledeburitischer Zementit), die sich in Gußteilen an rasch erstarrten Stellen gebildet haben können, in Ferrit und Graphit zum Ziel (**Graphitisieren**). Dadurch wird bei gleichzeitiger Abnahme von Härte und Festigkeit die Zerspanbarkeit verbessert.

Die **Glühtemperaturen** hängen von der Zusammensetzung des Gußeisens und vom Ausgangszustand des Gefüges ab. Für unlegiertes Gußeisen ohne massiven Zementit reichen bereits Glühtemperaturen um 700 °C (unter A_1) zur vollständigen Ferritisierung aus. Die meisten Gußeisensorten werden jedoch oberhalb A_1 (bei 800 bis 900 °C) geglüht, besonders wenn carbidstabilisierende Elemente oder massive Carbide vorhanden sind. Im letztgenannten Fall glüht man sogar oberhalb 900 °C, um die Haltedauer zu verkürzen. Sie beträgt dann immer noch 1 bis 3 Stunden, zusätzlich 1 Stunde für je 25 mm Wanddicke. Temperaturen über 955 °C müssen unbedingt vermieden werden, da sonst mit **Anschmelzungen des Fe-Fe_3C-Fe_3P-Eutektikums** (Steadit) zu rechnen ist.

Beim **Weichglühen oberhalb A_1** wird ein Teil des Kohlenstoffs im Austenit gelöst. Soll nach der Wärmebehandlung das Grundgefüge rein ferritisch sein, muß sehr langsam abgekühlt werden, damit der gelöste Kohlenstoff im Bereich der γ-α-Umwandlung an den schon vorhandenen Graphit ankristallisieren kann. Wenn dagegen nur die massiven Carbide entfernt werden sollen, so ist bis auf 550 °C an Luft abzukühlen. Es bildet sich dann eine perlitische Matrix. Unterhalb 550 °C hat die Abkühlung, um die Entstehung von Eigenspannungen zu vermeiden, in jedem Fall sehr langsam zu erfolgen.

Die Zerlegung des Zementits in Eisen und Graphit ist wegen der geringen Dichte des Graphits mit einer **Volumenzunahme** verbunden, die als **Wachsen des Gußeisens** bezeichnet wird.

7.4.3.1.2 Normalglühen

Ziel

Das Normalglühen dient der **Beseitigung von Gefügeungleichmäßigkeiten** und der Einstellung eines **feinkörnigen ferritisch-perlitischen Gefüges**. Ungleichmäßigkeiten im Gefüge sind z. B. in Stählen mit niedrigem C-Gehalt die durch die Kristallseigerungen verursachten Gefügezeilen (**Zeiligkeit**, Abb. 7.37a). Bei Stahlguß und allgemein nach beschleunigtem Abkühlen von hoher Temperatur (z. B. nach dem Warmwalzen oder Schmieden sowie beim Schweißen) kann ein **Gefüge in Widmannstättenscher Anordnung** auftreten. Bei untereutektoidischen Stählen erscheinen im Schliffbild grobe Ferritnadeln in einer perlitischen Matrix (Abb. 7.37b). Diese Gefügeanordnung führt zu einer Verminderung der Zähigkeit und muß deshalb durch Normalglühen beseitigt werden. Die Abbildung 7.37c zeigt die Gefügeveränderung nach dem Normalglühen derartiger ungleichmäßiger Ausgangsgefüge.

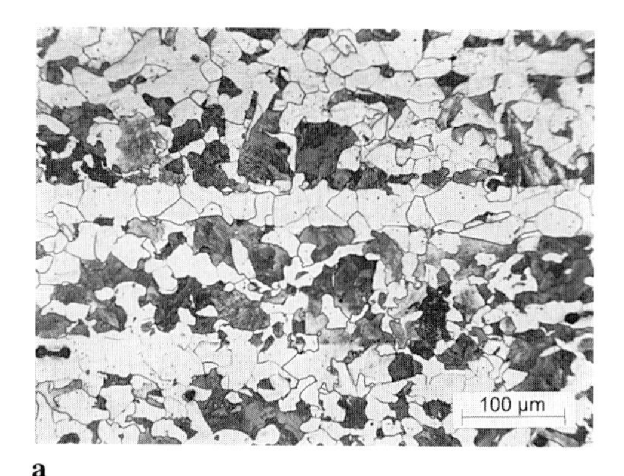

a

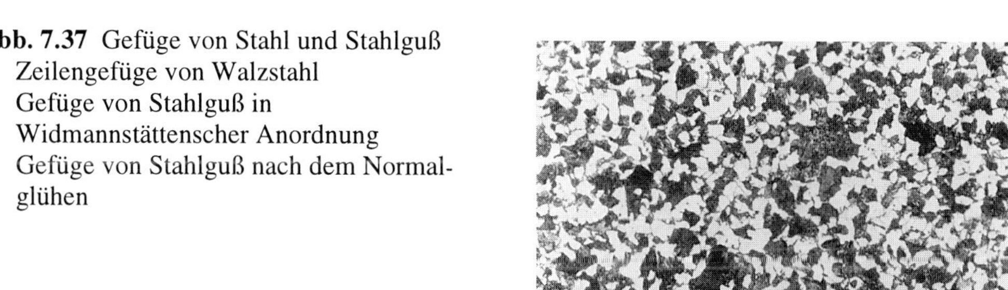

b

c

Abb. 7.37 Gefüge von Stahl und Stahlguß
a Zeilengefüge von Walzstahl
b Gefüge von Stahlguß in Widmannstättenscher Anordnung
c Gefüge von Stahlguß nach dem Normalglühen

Durchführung

Beim Normalglühen werden die untereutektoidischen Stähle 30 bis 50 K über die Ac_3-Temperatur erwärmt und an ruhender Luft abgekühlt. Da es bei legierten Stählen bei Luftabkühlung bereits zur Bainit- oder Martensitbildung kommen kann, muß in diesen Fällen die Abkühlung langsamer erfolgen. Durch die zweimalige Gefügeumwandlung verbunden mit einer so raschen Abkühlung, daß die γ-α-Umwandlung verzögert, d. h. erst nach stärkerer Unterkühlung unter die Gleichgewichtstemperatur abläuft, entsteht ein feinkörniges und gleichmäßiges Gefüge, das als **„normales" Gefüge** bezeichnet wird und für den jeweiligen Stahl charakteristisch ist.

Die **Korngröße** des beim Normalglühen entstehenden Gefüges ist um so kleiner, je schneller die Aufheizung im Bereich der α-γ-Umwandlung erfolgt, je weniger die Umwandlungstemperatur überschritten wird (keine **Überhitzung**), je kürzer die Haltedauer bei der Glühtemperatur ist (keine **Überzeitung**) und je schneller abgekühlt wird (aber keine Umwandlung zu Bainit oder Martensit!). Die erreichbare Feinkörnigkeit ist außerdem abhängig von der Werkstückgröße, so daß kleinere Teile immer feinkörniger als größere sind. Die Korngröße wirkt sich auf die Festigkeit und Zähigkeit aus (siehe Abschnitt 5.1.3.3). Das feinkörnige und gleichmäßige Normalglühgefüge weist eine günstige Kombination dieser Eigenschaften auf.

Patentieren, Perlitisieren

Bei dünnen Querschnitten, z. B. bei Drähten, ist es möglich, daß nach dem Austenitisieren durch Abschrecken in Salz- oder Metallbädern auf etwa 550 bis 600 °C ein besonders **dicht-**

streifiger Perlit (Sorbit, Troostit) mit **hoher Festigkeit** und **Verformbarkeit** entsteht. Dieses bei der Drahtherstellung unter der Bezeichnung **„Patentieren"** häufig genutzte Verfahren hat sich auch in anderen Fällen bewährt, z. B. zur Verbesserung der Zerspanbarkeit kohlenstoffarmer Stähle. Es wird hier als **Perlitisieren** (isothermisches Umwandeln in der Perlitstufe) bezeichnet.

Stahlguß, große Schmiedestücke und allgemein langsam abgekühlte und somit grobkörnige Walzerzeugnisse werden grundsätzlich normalgeglüht. Für bestimmte Anwendungsfälle und Erzeugnisse wird das Normalglühen vorgeschrieben.

Für übereutektoidische Stähle wird das Normalglühen kaum herangezogen. Die erforderlichen hohen Austenitisierungstemperaturen über Ac_m haben ein stärkeres Kornwachstum und bei der Abkühlung ein entsprechend grobes Sekundärzementitnetzwerk zur Folge. Andererseits ist mit einer Austenitisierung oberhalb A_1 lediglich eine Umkörnung des Perlitanteils möglich. Auch bei höherlegierten Stählen mit legierten Carbiden oder Sondercarbiden, die sich erst bei sehr hohen Temperaturen im Austenit lösen, ist das Normalglühen nicht üblich.

7.4.3.1.3 Spannungsarmglühen

Ziel

Das Spannungsarmglühen wird mit dem Ziel durchgeführt, im Werkstück vorhandene **Eigenspannungen** ohne wesentliche Änderung des Gefüges und der mechanischen Eigenschaften zu vermindern. Eigenspannungen können auf vielerlei Weise entstehen. Bei rascher Abkühlung infolge der Temperaturunterschiede zwischen Rand und Kern (**Abkühlspannungen**), beim Härten durch die mit der Martensitbildung verbundene Volumenzunahme (**Umwandlungsspannungen**), bei der plastischen Verformung, wie Biegen und Richten, beim Schweißen oder in einer dünnen Oberflächenschicht auch beim Zerspanen (s. Tabelle 5.6).

Wird beim Bearbeiten eines Werkstücks in den bestehenden Spannungszustand eingegriffen, so können Spannungen abgebaut werden. Es kommt dabei zu bleibenden Verformungen. Um derartige Verformungen zu vermeiden, sollen die Werkstücke vor der Endbearbeitung einem Spannungsarmglühen unterzogen werden.

Durchführung

Bei dieser Glühbehandlung wird ausgenutzt, daß bei höheren Temperaturen die Fließspannungen geringer werden und durch mikroplastische Fließ- bzw. Kriechvorgänge ein Spannungsabbau bis auf den Wert der bei der Glühtemperatur bestehenden Fließgrenze eintritt. Spannungen, die kleiner als die Fließspannung sind, verbleiben im Werkstück. Dabei tritt, wenn die Eigenspannungen im Werkstück ungleichmäßig verteilt sind, Verzug auf.

Die Temperatur des Spannungsarmglühens soll so gewählt werden, daß sie über der höchsten Gebrauchstemperatur, aber unter der Temperatur, bei der Eigenschaftsänderungen eintreten, liegt. Bei gehärteten Teilen führt z. B. schon ein Erwärmen auf 100 °C zu einer deutlichen Verringerung der Spannungen, ohne daß die Härte merklich abfällt. Die in der ersten Anlaßstufe ablaufenden strukturellen Veränderungen (s. Abschn. 7.3.4) sind dabei allerdings nicht zu verhindern.

Wird ein Spannungsarmglühen nach dem Vergüten (s. Abschn. 7.4.3.3) vorgenommen, so muß die Glühtemperatur unterhalb der jeweiligen Anlaßtemperatur liegen. Für nicht wärmebehandelte Teile wählt man zum Spannungsarmglühen eine Temperatur dicht unter A_1. Die im Werkstück verbleibenden Restspannungen sind so gering, daß sie vernachlässigt werden können. Die den Spannungsabbau herbeiführenden Kriechvorgänge kommen im allgemeinen nach spätestens 2 Stunden zum Stillstand, so daß längere Glühzeiten nicht üblich sind. Um die Entstehung neuer Spannungen zu verhindern, sollen die Teile langsam im Ofen abgekühlt werden. Das Spannungsarmglühen sollte unmittelbar nach dem Entstehen der Spannungen ausgeführt werden, um Spannungsrisse, die sich sofort, nach Stunden oder Tagen bilden können, zu vermeiden. Dabei kann das Entspannen unter Ausnutzung der Restwärme, z. B. nach dem Härten im Ölbad, durchgeführt werden. Die Erwärmung auf Glühtemperatur aus dem kalten Zustand muß, insbesondere bei großen und dickwandigen Teilen, sehr langsam erfolgen.

Spannungsarmglühen von Gußeisen

Da in Gußstücken durch schnelle bzw. ungleichmäßige Abkühlung immer Eigenspannungen vorhanden sind, sollen Teile aus Gußeisen spannungsarmgeglüht werden. Die günstigste Temperatur für das Spannungsarmglühen liegt bei unlegiertem Gußeisen zwischen 500 und 550 °C. Höhere Glühtemperaturen führen zum Zementitzerfall mit dem damit verbundenen Wachsen. Wird bei niedriglegiertem Gußeisen der Zerfall durch carbidstabilisierende Legierungselemente (z. B. Cr, Mo, V) verzögert, sind Glühtemperaturen bis 600 °C möglich. Die Glühdauer richtet sich nach der Wanddicke der Gußteile. Um Spannungsrisse und erneute Abkühlspannungen zu vermeiden, ist sehr langsam zu erwärmen und abzukühlen.

7.4.3.1.4 Grobkornglühen

Das Grobkorn- oder Hochglühen wird vor allem zur Verbesserung der Zerspanbarkeit von Stählen mit niedrigen C-Gehalten genutzt. Durch das spröde und grobkörnige Gefüge wird die Bildung von Fließspänen unterdrückt. Zur Erzielung eines groben Korns erfolgt das Glühen bei Temperaturen zwischen 1050 und 1300 °C mit einem ausreichend langem Halten sowie einem langsamen Abkühlen im Bereich der γ-α-Umwandlung. Die eintretende Kornvergröberung ist abhängig von der Erschmelzungsart und den vorhandenen Desoxidationsprodukten. Wegen der notwendigen hohen Glühtemperaturen wird dieses Verfahren relativ selten angewendet. Die für die Zerspanung erwünschte Kornvergröberung wird im allgemeinen nach dem Zerspanen durch ein Normalglühen wieder beseitigt.

7.4.3.1.5 Diffusionsglühen

Mit dem Diffusionsglühen wird ein Ausgleich örtlicher Unterschiede in der chemischen Zusammensetzung (**Primär-** und **Kristallseigerungen**) durch Diffusion angestrebt. Es werden im allgemeinen nur die Kristallseigerungen, nicht aber die Blockseigerungen verringert. Dafür ist ein langzeitiges Halten (10 Stunden, aber auch über 50 Stunden) dicht unter der Soliduslinie erforderlich, was jedoch gleichzeitig zu einer starken Kornvergröberung führt. Diese wird bei der sich anschließenden Warmumformung der Gußblöcke wieder beseitigt. Der durch das Diffusionsglühen erzielten größeren Gleichmäßigkeit des Gefüges, die in Gußstükken von einer verbesserten Zähigkeit begleitet ist und im gewalzten oder geschmiedeten Material eine verminderte Zeiligkeit bedeutet, stehen als Nachteile hohe Kosten, großer Anlagenverschleiß und erheblicher Abbrand gegenüber. Die Anwendung des Diffusionsglühens bleibt deshalb auf besonders hochwertige Werkstoffe beschränkt.

7.4.3.2 Härten

7.4.3.2.1 Härtbarkeit

Nach DIN EN 10 052 versteht man unter dem Härten eine Wärmebehandlung, die aus dem Austenitisieren und Abkühlen unter solchen Bedingungen besteht, daß eine Härtezunahme durch mehr oder weniger vollständige Umwandlung des Austenits in Martensit und gegebenenfalls in Bainit erfolgt. Der dadurch erreichte Werkstoffzustand erhöhter Härte wird **Härtung** genannt. Die Härtung bis zu einem bestimmten Abstand von der Werkstückoberfläche ist die **Einhärtung**, die meist durch die **Einhärtungstiefe** gekennzeichnet wird. Als **Aufhärtung** bezeichnet man die maximal erreichbare Härte die durch den Kohlenstoffgehalt des Stahls bestimmt wird (s. Abb. 7.29). Erfolgt die Härtung bis zum Kern eines Werkstücks, so spricht man von einer **Durchhärtung**, d. h. ein Werkstück hat nach dem Härten im Kern die gleiche Härte wie am Rand. Dazu ist es erforderlich, daß die obere kritische Abkühlgeschwindigkeit auch im Kern erreicht wird. Ob ein Werkstück durchgehärtet werden soll, hängt vom Einsatzzweck ab. So wird z. B. bei Werkzeugen die höchste Härte in der Regel nur am Rand gefordert, während die Kernzone vielfach weicher und damit zäher sein soll.

Stähle mit guter Eignung zum Härten weisen eine verhältnismäßig geringe obere Abkühlgeschwindigkeit auf. Das bedeutet, daß die Perlit- und Bainitstufe zu längeren Umwandlungszeiten verschoben ist (s. Abschn. 7.3.3). Die Eignung eines Stahls zum Härten durch Martensitbildung bis zum Kern wird durch die **kritische Abkühlzeit K_m** gekennzeichnet. Das heißt, damit ein Werkstück mit einem bestimmten Durchmesser durchhärtet, muß im Kern diese Abkühlgeschwindigkeit erreicht werden. Es wird damit deutlich, daß neben dem Umwandlungsverhalten eines Stahls die **Größe des Bauteils** und die erreichbare **Abkühlgeschwindigkeit**, die vom verwendeten Abkühlmittel abhängig ist, für das Härtungsergebnis entscheidend sind. Der erreichte **Härtungsgrad R** ist das Verhältnis von der nach dem Härten gemessenen Härte und der maximal erreichbaren Härte, wenn die Umwandlung zu 100 % Martensit erfolgt wäre:

$$R = HRC_{geh} / HRC_{max} .$$

Der Härtungsgrad kann in Wärmebehandlungsangaben einbezogen werden.

Eignung zum Härten

Die Eignung eines Stahls zum Härten wird in der Praxis durch die Ermittlung der **Härtbarkeit** festgestellt. Kennzeichnend dafür sind die Aufhärtung und die Einhärtung. Die Härtbarkeit eines Werkstoffs hängt in erster Linie von seiner chemischen Zusammensetzung ab. Von Einfluß sind weiterhin die Austenitkorngröße bei Beginn des Abschreckens und die Homogenität des Austenits, die durch vorherige Wärmebehandlung oder durch Warmumformung beeinflußt wird.

Härtebruchreihe

Zur Ermittlung der **Härtbarkeit** gibt es verschiedene Verfahren. Ein einfach durchzuführendes ist die Herstellung einer Härtebruchreihe. Dazu werden Proben eines Stahls bei unterschiedlichen Temperaturen austenitisiert, abgeschreckt und anschließend gebrochen. Die Tiefe der Einhärtung kann anhand des Bruchaussehens bestimmt werden. Wenn die Probe nicht durchgehärtet ist, tritt ein feinkörniger Rand (Martensit) und ein gröberer Kern (Perlit) auf. Mit zunehmender Austenitisierungstemperatur nimmt der feinkörnige Rand an Tiefe zu. Bei zu hoher Austenitisierungstemperatur wird das gesamte Bruchgefüge grobkörnig, der Stahl wurde überhitzt. Überhitzungsempfindliche Stähle zeigen bei geringer Änderung der Härtetemperatur deutliche Änderungen des Bruchgefüges. Wird zusätzlich die jeweilige Härte gemessen, so kann auch ein **Härte-Härtetemperatur-Diagramm** für den untersuchten Stahl aufgestellt werden. Für untereutektoidische Stähle wird ab einer bestimmten Härtetemperatur eine Höchsthärte gemessen. Bei übereutektoidischen Stähle tritt in der Härtekurve ein Maximum auf. Die geringere Härte bei höheren Austenitisierungstemperaturen ist darauf zurückzuführen, daß bei höheren Temperaturen mehr Kohlenstoff im Austenit gelöst wird und somit beim Abschrecken Restaustenit verbleibt (s. Abschn. 7.3.3). Um eine bestimmte Härte einzustellen, wären daher prinzipiell verschiedene Härtetemperaturen möglich. Damit feinkörniger Martensit entsteht, ist von der niedrigeren Härtetemperatur abzuschrecken.

Mit der Härtebruchreihe läßt sich einerseits der **Durchmesser**, bei dem ein Bauteil gerade noch durchhärtet und andererseits die richtige Härtetemperatur, bei der der Stahl feinkörnigen Martensit aufweist, ermitteln. Wegen der einfachen

Durchführbarkeit kann dieses Verfahren in der Härtereipraxis unmittelbar genutzt werden.

Stirnabschreckversuch

Zur Prüfung der Härtbarkeit von Stahl wird mit vergleichsweise größerem apparativen Aufwand der Stirnabschreckversuch nach DIN EN ISO 642 verwendet. Hierbei wird der **Härte-Tiefe-Verlauf** nach dem Abschrecken von Härtetemperatur ermittelt. Dazu wird eine Probe mit einem Durchmesser von 25 mm und einer Länge von 100 mm aus dem zu prüfenden Stahl auf Härtetemperatur erwärmt und anschließend in einer Abschreckvorrichtung (Abb. 7.38) an einer Stirnseite durch einen aufsteigenden Wasserstrahl abgeschreckt. Auf zwei gegenüberliegenden parallel zur Probenachse angeschliffenen Prüfflächen wird die Härte, in der Regel nach dem Rockwell C-Verfahren, in festgelegten Abständen von der abgeschreckten Stirnfläche gemessen. Die gemessenen Härtewerte können über dem zugehörigen Abstand von der abgeschreckten Stirnfläche als **Stirnabschreck-Härtekurve** aufgezeichnet werden. Die Abbildung 7.39 zeigt den schematischen Verlauf für einen unlegierten und einen legierten Stahl mit jeweils gleichem C-Gehalt. Für beide Stähle ist die Aufhärtbarkeit wegen des gleich großen C-Gehaltes gleich groß (gleiche Maximalhärte). Demgegenüber besitzt der legierte Stahl eine bedeutend größere Einhärtbarkeit, die Härte ist auch in größerem Abstand von der Stirnfläche höher als bei dem unlegiertem Stahl (s. Abschn. 7.3.3).

Da das Umwandlungsverhalten eines Stahls in starkem Maße durch den Gehalt an Legierungselementen beeinflußt wird, wirken sich bereits geringe Abweichungen auf die Stirnabschreck-Härtekurven aus. Deshalb werden in den Normen für die jeweiligen Stähle den Analysengrenzwerten entsprechende Streubänder angegeben.

Genaueste Aussagen über die Härtbarkeit eines Stahls können aus dem kontinuierlichen ZTU-Diagramm entnommen werden (z. B. aus dem Atlas zur Wärmebehandlung der Stähle). Durch

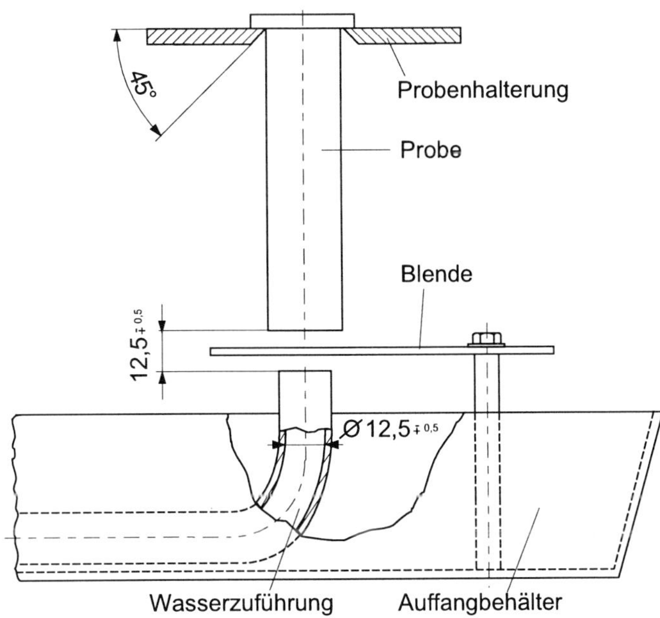

Abb. 7.38 Abschreckvorrichtung für den Stirnabschreckversuch nach DIN EN ISO 642 (schematisch)

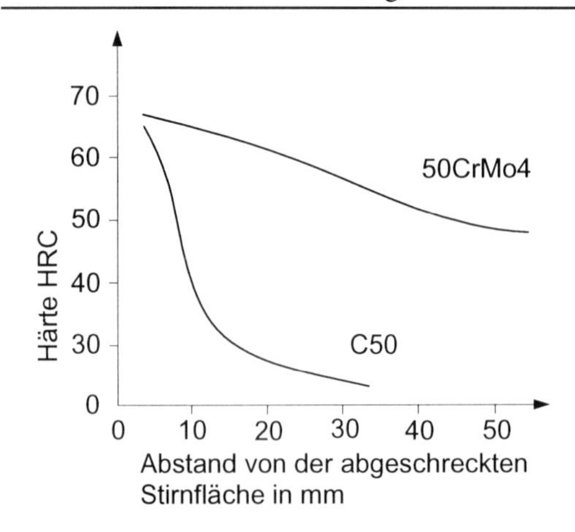

Abb. 7.39 Stirnabschreck-Härtekurven von Stählen mit gleichem Kohlenstoffgehalt

Auflegen von Deckblättern können der Härteverlauf und das sich einstellende Gefüge, d. h. also die Abkühlungsverhältnisse im Rand und Kern ermittelt werden. Da die ZTU-Diagramme der einzelnen Schmelzen eines Stahls Abweichungen aufweisen, sind die Stirnabschreckkurven der untersuchten Schmelzen mit aufgeführt. Durch einen Vergleich mit der Stirnabschreckkurve der zu härtenden Charge kann festgestellt werden, ob diese tiefer oder flacher einhärtet.

7.4.3.2.2 Austenitisieren

In der Praxis ist es für das richtige Härten entscheidend, daß für den jeweiligen zu härtenden Werkstoff die günstigste Härtetemperatur gewählt wird. Außerdem muß im einzelnen festgelegt werden, wie das Erwärmen, das Halten bei Härtetemperatur und das nachfolgende Abschrecken durchzuführen sind.

Für das Erwärmen ergibt sich die geeignete Erwärmungsgeschwindigkeit in Abhängigkeit vom Gehalt an Legierungselementen (vgl. Abschnitt 7.4.1). Dabei ist zu beachten, daß die Korngröße des entstehenden Austenits durch die Aufheizgeschwindigkeit beeinflußt werden kann. Die Haltedauer richtet sich nach der Materialdicke und ergibt sich nach der in Abschnitt 7.4.1 genannten empirischen Formel. Abweichend davon arbeitet man beim Härten von **Schnellarbeitsstahl** mit Verweildauern. Die **Verweildauer** setzt sich aus der von den Abmessungen abhängigen **Erwärmdauer** auf Härtetemperatur und der für alle Abmessungen gleichbleibenden **Austenitisierdauer** von etwa 80 Sekunden zusammen.

Härtetemperatur

Die Härtetemperatur wird in erster Linie durch die chemische Zusammensetzung bestimmt. Von Einfluß sind weiterhin die Schmelzenführung und die Art der nachfolgenden Abkühlung. So kann ein **Feinkornstahl** von höherer Temperatur gehärtet werden, da keine Kornvergröberung eintritt. Er ist **überhitzungsunempfindlich** und hat einen wesentlich größeren Härtetemperaturbereich. Für die Abschreckmittel gilt allgemein, daß ein milderes eine höhere Austenitisierungstemperatur erfordert. In den Normen und Werkstoffblättern sind für die einzelnen Werkstoffe Temperaturbereiche für die Austenitisierung als Anhaltswerte angegeben. Die Härtetemperatur kann für den zu härtenden Stahl sehr genau aus den ZTA-Diagrammen (z. B. aus dem Atlas zur Wärmebehandlung der Stähle [7.7]) abgelesen werden (vgl. Abschnitt 7.3.2). Diese Diagramme stehen aber bisher noch nicht für alle Stähle zur Verfügung.

Für die unlegierten Stähle ist die Härtetemperatur vom Kohlenstoffgehalt abhängig. **Untereutektoidische Stähle** werden bei Temperaturen von **30 - 50K oberhalb** $\mathbf{Ac_3}$ und **übereutektoidische** wenig **über** $\mathbf{Ac_1}$ austenitisiert.

Bei letzteren wird nur der Perlit in Austenit überführt. Der Sekundärzementit wird nicht wesentlich aufgelöst. Eine **höhere Härtetemperatur** hätte zur Folge, daß der Austenit so viel Kohlenstoff aufnimmt, daß beim nachfolgenden Abschrecken Restaustenit verbleibt und somit nicht die gewünschte Härte eingestellt wird. Außerdem wäre der gebildete Martensit wegen des groben austenitischen Gefüges grobnadelig und sprode. Der Stahl wurde **überhitzt gehärtet**. Bei zu **niedriger Härtetemperatur** enthält der Austenit zu wenig Kohlenstoff, wodurch beim Abschrecken ein kohlenstoffarmer und damit weicher Martensit entsteht. Man spricht hier von **Unterhärtung**.

Bei den legierten Stählen sind allgemein höhere Härtetemperaturen erforderlich, damit sich die Carbide vollständig oder teilweise auflösen, um eine ausreichende Härtbarkeit zu erzielen. Das trifft insbesondere für die Schnellarbeitsstähle zu, deren Härtetemperaturen in der Nähe der Aufschmelzpunkte liegen.

Grundsätzlich gilt, daß bei höherer Austenitisierungstemperatur die Durchhärtung verbessert wird, gleichzeitig aber auch eine Kornvergröberung auftritt. Die Rißgefahr nimmt bei hoher Härtetemperatur zu, was beim Abschrecken zu beachten ist.

Zusammenhang Härtetemperatur und M_s-Temperatur

Es soll hier noch darauf verwiesen werden, daß die Temperatur des Beginns der Martensitbildung M_s in direktem Zusammenhang mit der Härtetemperatur steht. Bei einer niedrigen Härtetemperatur werden die Carbide noch nicht aufgelöst, so daß der Kohlenstoffgehalt des Austenits gering und demzufolge die M_s-Temperatur relativ hoch ist. Durch eine höhere Austenitisierungstemperatur werden die Carbide leichter aufgelöst, und der Austenit wird kohlenstoffreicher. Dadurch fällt die M_s-Temperatur ab. Die Martensitendtemperatur M_f kann dann unter der Raumtemperatur liegen, wodurch Restaustenit zurückbleibt.

7.4.3.2.3 Abschrecken

Für die Abschreckwirkung nach dem Austenitisieren sind folgende Einflußgrößen zu beachten:

- Abschreckvermögen des Abschreckmittels
- Temperatur des Abschreckmittels
- Relativbewegung zwischen Abschreckmittel und Werkstück
- Wärmeleitfähigkeit des Werkstücks
- Abmessungen und Form des Werkstücks
- Beschaffenheit der Oberfläche.

Für das Abschrecken stehen verschiedene Abschreckmittel, z. B. Wasser, Öl, Luft, zur Verfügung, die sich in ihrem **Abschreckvermögen** unterscheiden (Abb. 7.40). Welches Abschreckmittel verwendet wird, richtet sich in erster Linie nach der kritischen Abkühlgeschwindigkeit des jeweiligen zu härtenden Stahls. Wenn man ein kontinuierliches ZTU-Diagramm (s. Abb. 7.24) betrachtet, so wird ersichtlich, daß beim Härten (Umwandlung von Austenit in Martensit) der Temperaturbereich der Perlitbildung in möglichst kurzer Zeit durchlaufen werden muß. Das bedeutet, daß ein Abschreckmittel in diesem Temperaturbereich dem Werkstück möglichst viel Wärme entziehen soll. Nach Erreichen der M_s-Temperatur wird dagegen zur Verringerung der Rißgefahr eine geringe Wärmeabfuhr angestrebt.

Abschreckmittel

Die oben genannten Forderungen werden am besten durch Preßluft erfüllt (s. Abb. 7.40), deren Abkühlwirkung allerdings sehr gering ist. Bei Flüssigkeiten dagegen liegt im Bereich hoher Temperaturen nur eine geringe Abkühlwirkung vor. Es bildet sich an der Werkstückoberfläche eine isolierend wirkende **Dampfhaut** (**Leydenfrostsches Phänomen**) aus, so daß nur ein geringer Wärmestrom ins Abschreckmedium auftritt und nur relativ kleine Abkühlgeschwindigkeiten erreicht werden (**Film-**

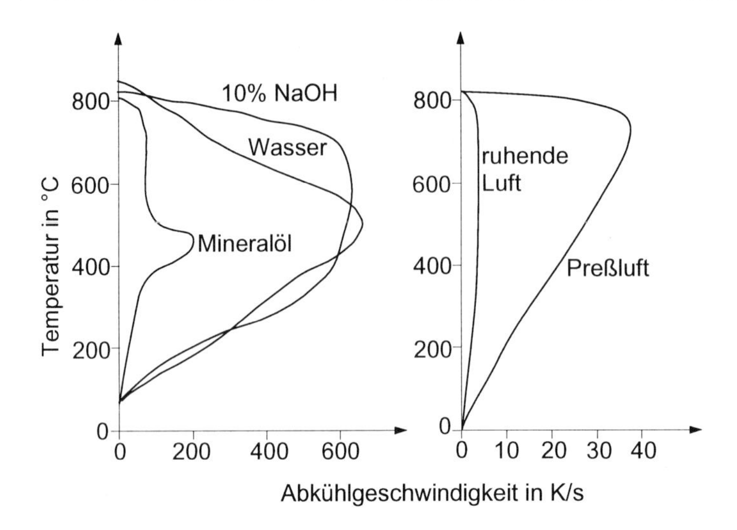

Abb. 7.40 Abschreckkurven von Wasser, Öl und Luft

phase Abb. 7.41,). Bei weiterer Abkühlung bricht bei einer bestimmten Temperatur (**Leydenfrosttemperatur**) der Dampffilm zusammen, was mit einer starken Blasenbildung verbunden ist (**Kochphase**). Es besteht nun ein direkter Kontakt zwischen dem flüssigen Abschreckmedium und der Werkstückoberfläche. Dadurch kommt es zu einem sprunghaften Anstieg des Wärmestromes aus dem Werkstück, was mit einer hohen Abkühlgeschwindigkeit verbunden ist. Wird die Siedetemperatur des Abschreckmittels unterschritten, erfolgt die Wärmeabfuhr nur noch durch Konvektion, die Abkühlgeschwindigkeit wird wieder kleiner (**Konvektionsphase**).

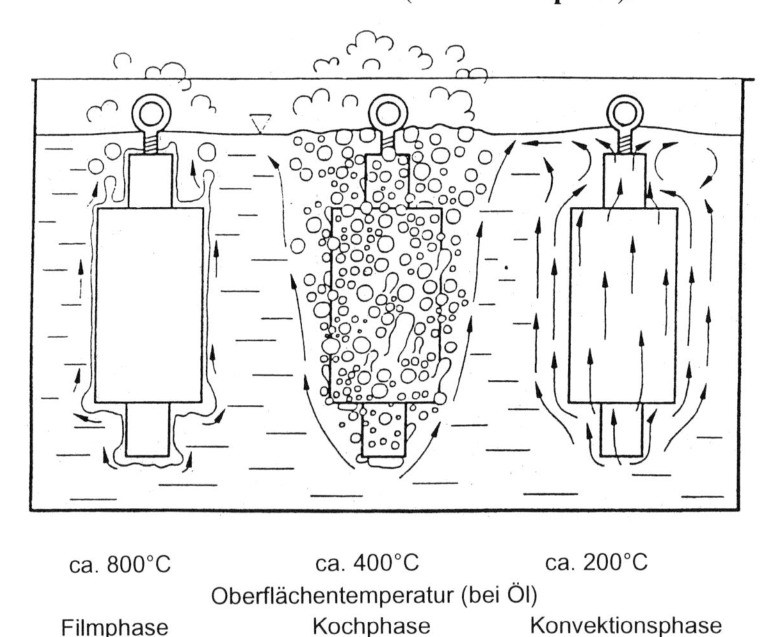

Abb. 7.41 Abkühlphasen beim Abschrecken in Flüssigkeiten

Wie bereits festgestellt, muß die Dampfphase möglichst klein gehalten werden. Das wird erreicht, wenn die Temperatur des Wassers niedrig ist (Eiswasser) oder durch Zusätze von Laugen, Salzen oder Polymerlösungen. Bei Öl wird demgegenüber eine bessere Abschreckwirkung erreicht, wenn das Öl dünnflüssig ist, weshalb es auf mindestens 50 °C angewärmt wird.

Die Abkuhlwirkung des Abschreckmittels wird weiterhin durch eine Relativbewegung von Bad und Werkstück verstärkt. Deshalb sollten das Bad oder das Werkstück bzw. beide beim Abschrecken bewegt werden. Das gilt insbesondere für Werkstücke mit Nuten, Bohrungen usw. an denen sich Dampfblasen festsetzen können. Da durch die Dampfblasen an diesen Stellen die Abkühlwirkung eingeschränkt wird, kann es zur sogenannten Weichfleckigkeit kommen, d. h. daß die kritische Abkühlgeschwindigkeit nicht erreicht wurde und somit keine Härtung eintritt.

Einfluß von Form und Größe

Das Verhältnis von Oberfläche zum Volumen eines Werkstücks beeinflußt die Abkühlgeschwindigkeit im Kern. Das bedeutet, daß die **Form** und die **Größe** des **Werkstücks** sich auf Abkühlung des Kerns auswirken. Ob ein Werkstück aus einem bestimmten Stahl durchhärtet, hängt demzufolge nicht nur von der Zusammensetzung des Stahls, sondern auch von den Abmessungen ab. Die unlegierten Stähle haben nur eine geringe Einhärtung von etwa 5 mm, weshalb man sie auch als **Schalenhärter** bezeichnet. Sollen größere Einhärtungstiefen erreicht bzw. soll ein Werkstück mit größeren Abmessungen durchgehärtet werden, müssen legierte Stähle verwendet werden.

Einfluß der Oberfläche

Die Abschreckwirkung wird durch die Stahloberfläche beeinflußt. So können bereits geringe Zunderschichten die Abschreckwirkung beeinträchtigen, besonders, wenn sie ungleichmäßig sind oder teilweise abblättern. Härtedifferenzen sind dadurch möglich. Dagegen können sehr dünne Zunderschichten günstig wirken, indem sie die Kochphase erleichtern. Farb- und Ölrückstände auf der Oberfläche führen zu Härtefehlern. Die Rückstände sind deshalb vor dem Härten zu entfernen. Wenn durch eine Vorbehandlung, z. B. bei der Warmumformung, eine Entkohlung der Oberfläche eingetreten ist, muß diese Zone vor dem Härten entfernt werden.

7.4.3.2.4 Spannungen und Rißempfindlichkeit beim Härten

Beim Abschrecken von der Härtetemperatur entstehen insbesondere in Werkstücken mit großen Abmessungen oder unsymmetrischer Form Spannungen, die einerseits durch die beim Abkühlen auftretenden Temperaturunterschiede zwischen Rand und Kern und andererseits durch die Volumenzunahme bei der Umwandlung von Austenit in Martensit hervorgerufen werden. Die **thermischen** und **Umwandlungsspannungen** können dabei so groß werden, daß es zur **Rißbildung** beim oder nach dem Abschrecken kommt.

Die Temperaturunterschiede bewirken eine unterschiedliche Volumenkontraktion von Rand und Kern und somit Spannungen. Zunächst entstehen beim Abkühlen im Rand Zugeigenspannungen, da hier die Abkühlung und damit die Schrumpfung schneller erfolgt als im Kern. Die Randzone kann diese Spannungen nur teilweise elastisch aufnehmen. Sind sie größer als die Warmfließgrenze bei der entsprechenden Temperatur, kommt es zur **plastischen Verformung**. Während des weiteren Abkühlens schrumpft auch der Kern, wodurch die Spannungen zwischen Rand und Kern abgebaut werden. Ist beim Spannungsausgleich die Abkühlung noch nicht abgeschlossen, entstehen durch die weitere Schrumpfung des Kerns in diesem Zugspannungen und am Rand Druckspannungen. Können diese durch Verformung nicht mehr abgebaut werden (abhängig von der Warmfließgrenze), bleiben bei Raumtemperatur **Eigenspannungen** im Werkstück zurück.

Überlagerung von thermischen und Umwandlungsspannungen

Den thermischen Spannungen überlagern sich bei der Martensitbildung die Umwandlungsspannungen. Wird bei der Abkühlung am Rand die Martensittemperatur erreicht, kommt es zu einer **Volumenzunahme** (Druckeigenspannungen) und einer Erhöhung der Streckgrenze im Randbereich. Der sich bei der weiteren Umwandlung des Austenits einstellende Spannungsverlauf wird durch das Verhältnis von Einhärtungstiefe und Gesamtquerschnitt beeinflußt. Allgemein kann man davon ausgehen, daß bei Raumtemperatur durch die Umwandlungsspannungen am Rand Zugeigenspannungen und im Kern Druckeigenspannungen verbleiben.

Bei C-armen Stählen überwiegen die Wärmespannungen. Mit steigendem C-Gehalt kommen die Umwandlungsspannungen hinzu, wobei der sich einstellende Eigenspannungsverlauf von mehreren Einflußgrößen, insbesondere dem Temperaturunterschied zwischen Rand und Kern, der Martensittemperatur, der Warmfließgrenze des Austenits und des Umwandlungsgefüges abhängig und daher nur schwierig voraus zu bestimmen ist.

Zur Verminderung von Eigenspannungen und Verzug beim Härten und zur Vermeidung von Härterissen ist für die praktische Durchführung folgendes zu beachten:

- Abkühlgeschwindigkeit nur so groß wählen, wie unbedingt für das angestrebte Umwandlungsgefüge erforderlich ist.
- Bei Stählen mit höherem Kohlenstoffgehalt nach dem Härten unverzüglich anlassen, um zusätzliche Umwandlungsspannungen durch die Umwandlung von Restaustenit in Martensit zu unterdrücken. Damit wird außerdem der unter Zugspannungen stehende Martensit entspannt.
- Für kompliziert geformte Bauteile und bei großen Abmessungen legierte Stähle mit einer geringeren kritischen Abkühlgeschwindigkeit verwenden.

7.4.3.2.5 Härteverfahren

Beim Härten werden die Bauteile auf relativ hohe Temperaturen erwärmt und anschließend oftmals schroff abgekühlt. Um ein optimales Wärmebehandlungsergebnis zu erreichen, ist deshalb neben der zweckmäßigen Durchführung der eigentlichen Wärmebehandlung die Vorbereitung und Vorbehandlung der Bauteile eine wesentliche Voraussetzung. Dadurch sollen unerwünschte Einflüsse des

- Oberflächenzustandes
- Ausgangsgefügezustandes
- Eigenspannungszustandes

vermieden werden.

Vorbereiten und Vorbehandeln

Beim Vorbereiten werden die Bauteile je nach dem Grad der Oberflächenverunreinigungen und den Qualitätsanforderungen vor dem Wärmebehandeln gereinigt (Waschen, Trocknen, Beizen, Strahlen), entgratet oder spanabhebend bearbeitet. Die Teile sollen danach möglichst frei von

- Graten, anhaftenden Spänen, Rost, Zunder, Walz-, Schmiede- oder Gußhaut, Öl-, Fett- und Farbresten
- Feuchtigkeit
- entkohlten Randschichten (Gefahr der Weichhaut, Weichfleckigkeit)
- Beschichtungen und Rückständen (z. B. Phosphatschichten)

sein.

Das Vorbehandeln wird durchgeführt, um vorhandene Eigenspannungen, die das Verzugsverhalten bei der Wärmebehandlung unzulässig beeinflussen können, abzubauen. Dazu werden die Bauteile spannungsarmgeglüht (s. Abschn. 7.4.3.1.3) oder, wenn beim Spannungsarmglühen in kritisch verformten Bereichen durch

Rekristallisation Grobkornbildung eintreten kann, normalgeglüht. Ein Normalglühen wird auch dann durchgeführt, wenn Inhomogenitäten des Ausgangsgefüges verringert werden sollen.

Härten mit kontinuierlichem Abschrecken

Das Härten mit kontinuierlichem Abschrecken von der Härtetemperatur (Austenitisierungstemperatur) ist das in der Praxis am häufigsten angewendete Verfahren. Die zu härtenden Werkstücke werden nach dem Austenitisieren dem Ofen entnommen und unverzüglich in ein Abschreckbad überführt. Die Art des zu verwendenden Abschreckmittels richtet sich nach der chemischen Zusammensetzung und damit der Härtbarkeit des Stahls sowie der Bauteilgröße und -geometrie. Das Abkühlen muß unter solchen Bedingungen erfolgen, daß der Austenit möglichst vollständig in Martensit umwandelt (Kurve 1 in Abb. 7.42). Dazu ist es erforderlich, daß die kritische Abkühlgeschwindigkeit K_m in allen Bauteilquerschnitten erreicht wird. Man spricht dann von **Durchhärtung**. Bleibt die Martensitbildung trotz völliger Austenitisierung des Bauteils auf die Randzone beschränkt, spricht man von **Schalenhärtung**. Die Härtungstiefe entspricht der Dicke einer Randschicht, in der ein bestimmter Martensitanteil, in der Regel mindestens 50 %, vorliegt.

Bei Bauteilen mit größeren Querschnitten oder mit größeren Querschnittsübergängen aus unlegierten und niedriglegierten Stählen können wegen der notwendigen großen Abkühlgeschwindigkeiten erhebliche Eigenspannungen entstehen, die zum Verzug oder zur Rißbildung führen können. In solchen Fällen sind höherlegierte Stähle zu verwenden, die bei langsamerer Abkühlung, z. B. an Luft (**Lufthärter**), noch martensitisch umwandeln. Die Abbildung 7.43 zeigt den Einfluß der kritischen Abkühlgeschwindigkeit auf den härtbaren Durchmesser von unlegierten und legierten Stählen.

Stähle, deren M_f-Temperaturen unter der Raumtemperatur liegen, können tiefgekühlt werden, um den Restaustenit in Martensit umzuwandeln.

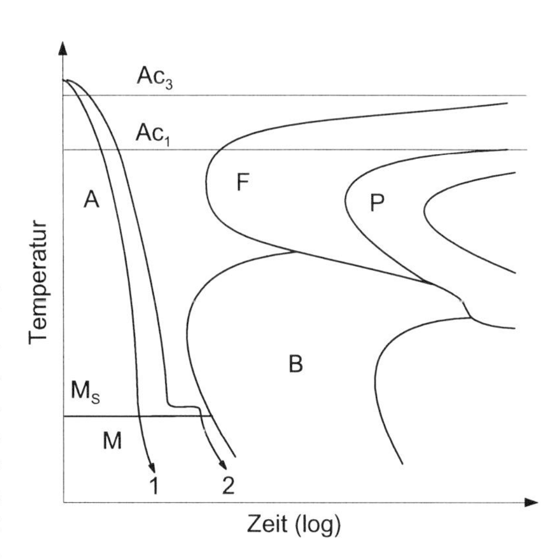

Abb. 7.42 Temperaturführung beim Härten mit kontinuierlichem Abschrecken (**1**) und Warmbadhärten (**2**) im schematischen ZTU-Diagramm (kontinuierlich bzw. isothermisch)

Durch längeres Lagern bei Raumtemperatur oder durch Anlassen bei niedrigen Temperaturen (z. B. 200 °C) kann eine Stabilisierung des Restaustenits eintreten. Das Tiefkühlen soll deshalb spätestens 30 bis 60 Minuten nach dem Abschrecken vorgenommen werden. Tiefkühlmittel sind gekühlte Luft (Tiefkühltruhe), Trokkeneis, Alkoholmischungen oder verflüssigter Stickstoff.

Härten mit gestuftem Abkühlen

Das Härten mit gestuftem Abkühlen (**Warmbadhärten**) wird insbesondere dann angewendet, wenn riß- oder verzugsgefährdete Bauteile zu härten sind. Die Bauteile werden nach dem Austenitisieren auf eine Temperatur abgeschreckt, die dicht oberhalb der M_s-Temperatur liegt. Die Umwandlung des Martensits setzt in diesem Bereich erst nach längerer Inkubationszeit ein. Die Bauteile, insbesondere bei kleineren Abmessungen, können deshalb so lange bei dieser Temperatur gehalten werden bis ein möglichst vollständiger Temperaturausgleich

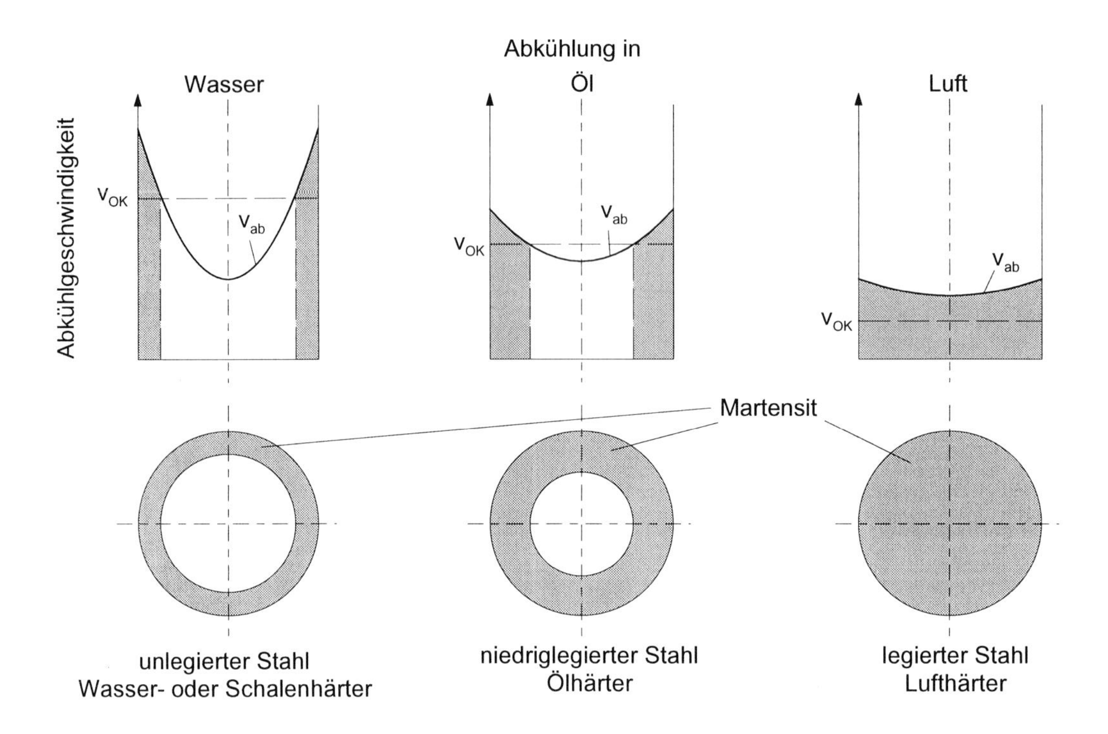

Abb. 7.43 Einfluß der kritischen Abkühlgeschwindigkeit von unlegierten, niedriglegierten und legierten Stählen auf die härtbaren Querschnittsbereiche

von Rand und Kern und damit ein Abbau der Abkühlspannungen eingetreten ist. Danach werden sie auf Raumtemperatur abgekühlt, wobei der Austenit in Martensit umwandelt (Kurve 2 in Abb. 7.42).

Das Abschrecken der Bauteile erfolgt meist in Warmbädern aus geschmolzenen Salzen, seltener Metallschmelzen, die weitere Abkühlung nach dem Halten meist an Luft, in Öl oder Salzwasser. Damit die geforderte hohe Härte erreicht wird, muß der Stahl eine ausreichende Härtbarkeit besitzen.

Härten von Gußeisen

Die mechanischen Eigenschaften von Gußeisen können durch Härten und Vergüten bedeutend verbessert werden. Dafür ist insbesondere das perlitische Gußeisen geeignet. Beim ferritischen Gußeisen sind, um genügend Kohlenstoff im Austenit zu lösen, sehr lange Glühzeiten erforderlich. Die Härtetemperatur des Gußeisens mit Lamellengraphit liegt etwa 30 bis 60 K über der Umwandlungstemperatur, die sich nach der empirisch ermittelten Formel:

$$T_U = 730 + 28\ (\%\ \mathrm{Si}) - 25\ (\%\ \mathrm{Mn}) \quad \text{in °C}$$

annähernd berechnen läßt. Für Gußeisen mit Kugelgraphit sind Härtetemperaturen zwischen 820 und 950 °C üblich. Da mit steigender Austenitisierungstemperatur die Löslichkeit von Kohlenstoff im Austenit zunimmt, wird auch die Härte nach dem Abschrecken, das normalerweise in Öl oder im Warmbad erfolgt, größer. Sie erreicht etwa 450 bis 600 HB. Nach dem Härten fällt die Zugfestigkeit und Zähigkeit stark ab. Deshalb muß nachfolgend auf Temperaturen oberhalb 200 °C angelassen werden. Die Härte wird dabei geringer.

Randschichthärten

Für bestimmte Anwendungsfälle ist eine Härtesteigerung im gesamten Volumen nicht erwünscht. Häufig ist es günstiger, wenn nur die Oberfläche gehärtet ist und das Bauteil ansonsten zäh bleibt. Die Oberflächenhärtung kann sowohl über das örtliche Erwärmen und Abschrecken als auch durch lokales Abschrecken vollständig erwärmter Bauteile erreicht werden. Im Maschinenbau wird hauptsächlich die erste Verfahrensvariante angewendet. Damit die Härtung auf den Randbereich begrenzt bleibt, muß die Erwärmung sehr schnell bei intensiver Wärmezuführung erfolgen. Die Bauteile können dafür kurzzeitig in hocherhitzte Salzbäder getaucht werden (**Tauchhärten**), mit Gas-Sauerstoff-Brennern (**Flammhärten**) oder durch in der Oberfläche induzierte mittel- oder hochfrequente Wirbelströme (**Induktionshärten**) erwärmt werden. Die Erwärmungsgeschwindigkeit nimmt in dieser Reihenfolge zu. Nach dem Austenitisieren werden die Teile durch Eintauchen oder mittels einer Brause abgeschreckt. Verfahren mit bedeutend höherer Erwärmungsgeschwindigkeit sind das **Elektronenstrahl- und Laserhärten**. Durch die extrem rasche Erwärmung bleibt diese auf einen schmalen Randbereich begrenzt, so daß die Wärmeabführung in das kalt gebliebene Werkstoffvolumen für eine Selbstabschreckung sorgt.

Die Tiefe der gehärteten Randschicht hängt vor allem vom Werkstoff, von der Intensität der Wärmezuführung und beim Induktionshärten von der Frequenz ab. Durch sehr hohe Frequenzen werden Härtungstiefen von wenigen Zehntel Millimetern erreicht. Im Mittelfrequenzbereich (500 bis 10 000 Hz) und beim Flammhärten sind etwa 1,5 bis 12 Millimeter möglich. Bei zu dicker Härtungsschicht besteht wegen der Volumenzunahme bei der Martensitbildung die Gefahr des Abplatzens.

Beim Elektronenstrahl- und Laserhärten wird die Tiefe der erwärmten Randzone in erster Linie durch die Leistungsdichte (auf die Größe des Arbeitsflecks bezogene Leistung der Strahlquelle) sowie durch die Wechselwirkungszeit (Vorschubgeschwindigkeit) bestimmt. Beide Verfahren bieten die Möglichkeit, zur Einstellung geforderter Bauteileigenschaften eine örtliche begrenzte Härtung der Oberflächen vorzunehmen. Die zur Verfügung stehenden Strahlquellen sind (in Verbindung mit entsprechenden Optiken beim Laserhärten) so leistungsfähig, daß Härtebahnen von mehreren Zentimetern Breite möglich sind. Sind größere Flächen zu härten, werden einzelne Härtespuren aneinander gelegt. Die Parameter für die Bestrahlung müssen für die zu härtenden Werkstoffe genau ermittelt werden, damit es durch Überhitzung nicht zum Anschmelzen der Oberflächen kommt.

Anlassen

Das Anlassen nach dem Härten wird durchgeführt, um

- die Zähigkeit zu erhöhen
- die Eigenspannungen zu verringern
- der Rißgefahr entgegenzuwirken
- die Restaustenitmenge zu verringern
- die Härte zu verändern.

Auf die in den einzelnen Anlaßstufen ablaufenden Vorgänge wurde in Abschnitt 7.3.4 eingegangen. Um die gewünschten Eigenschaftsänderungen nach dem Härten herbeizuführen, soll das Anlassen unmittelbar nach dem vorangegangenen Wärmebehandlungsschritt erfolgen, im allgemeinen dann, wenn das Bauteil vollständig auf Raumtemperatur abgekühlt ist.

Die Anlaßtemperatur und Haltedauer werden für den jeweiligen Werkstoff durch die einzustellenden Eigenschaften (Härte, Festigkeit und Zähigkeit) bestimmt.

Im Temperaturbereich um 300 °C tritt bei bestimmten Stählen eine **Anlaßversprödung** (**300 °C-Versprödung**) auf, deren Ursache in der Umwandlung des Restaustenits gesehen wird. Diese Anlaßsprödigkeit ist irreversibel.

7.4.3.3 Vergüten

Das **Vergüten** ist ein Härten und nachfolgendes Anlassen auf eine Temperatur zwischen 450 und 680 °C, bei dem die Vorgänge der 3. Anlaßstufe (Bildung und Wachstum von Fe_3C, s. Abschn. 7.3.4) einen stärkeren Abfall der Härte, aber eine bedeutende Verbesserung der Zähigkeit bewirken. Die Streckgrenze beim vergüteten Stahl ist bedeutend höher als beim normalgeglühten Stahl gleicher Festigkeit. Für die Qualität einer Vergütung ist deshalb das Streckgrenzenverhältnis (Quotient aus Streckgrenze und Zugfestigkeit) kennzeichnend. Das Wärmebehandlungsergebnis wird beim Vergüten weniger durch Härtemessung als vielmehr durch Zug- bzw. Kerbschlagbiegeversuch bewertet.
Für das Erreichen einer bestimmten **Vergütungsfestigkeit** ist die Anlaßtemperatur aus **Vergütungsschaubildern** zu entnehmen (Abb. 7.44). Die Festigkeit und Härte fallen mit zunehmender Anlaßtemperatur ab, während die Dehnung größer wird. Vergütungsschaubilder gelten nur für einen bestimmten Querschnitt. Größere Abmessungen erfordern zum Erreichen der gleichen Festigkeit niedrigere Anlaßtemperaturen. In der Abbildung 7.44 ist außerdem der Verlauf der Kerbschlagarbeit mit größer werdender Anlaßtemperatur wiedergegeben. Im Temperaturbereich um 300 °C nimmt die Kerbschlagarbeit ab (300 °C-Versprödung).

Vergütete Bauteile sollen über den gesamten Querschnitt möglichst gleichmäßige Eigenschaften aufweisen. Man spricht von **Durchvergütung**. Diese erfordert aber nicht unbedingt, daß nach dem Härten bereits eine völlige Durchhärtung erreicht wurde. Die bei tieferen Temperaturen gebildeten Umwandlungsgefüge (Martensit, Bainit) werden bei höheren Anlaßtemperaturen stärker verändert als z. B. der dichtstreifige Perlit. Die Gefügeveränderungen

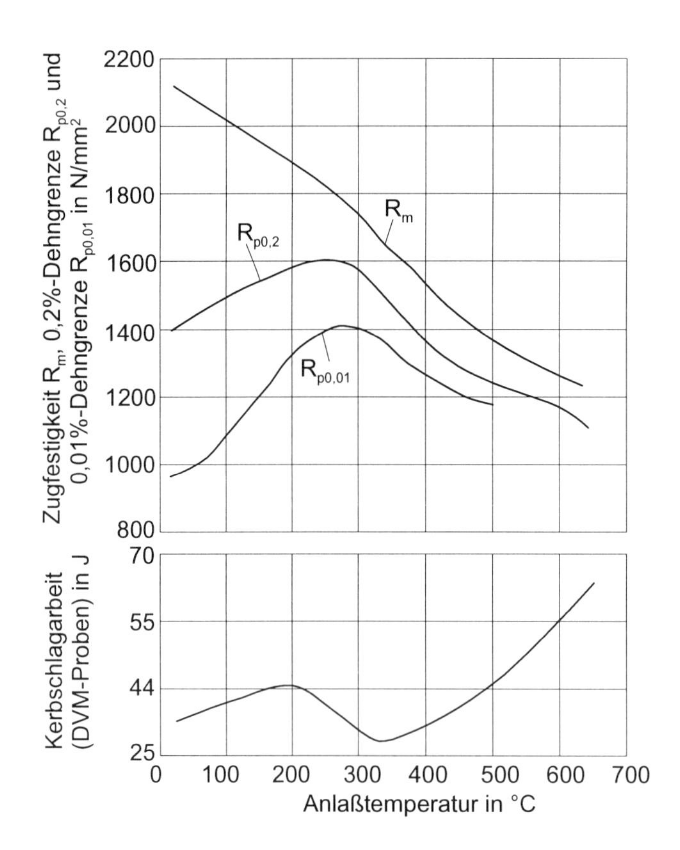

Abb. 7.44 Änderung der mechanischen Eigenschaften des Stahls 38NiCrMoV7-3 mit der Anlaßtemperatur (Vergütungsschaubild)

beim Anlassen sind um so größer je niedriger die Umwandlungstemperatur war. Dadurch gleichen sich die Eigenschaften beim Anlassen auf höhere Temperaturen weitgehend aus (Abb. 7.45).

Für eine hohe Vergütungsfestigkeit, die eine niedrigere Anlaßtemperatur erfordert, sind tiefer einhärtende Stähle (Stahl 1 in Abb. 7.46) zu wählen. Bereits bei niedriger Anlaßtemperatur wird bei ihnen im Rand und im Kern nahezu die gleiche Festigkeit eingestellt. Darüber hinaus entsteht kein voreutektoidischer Ferrit, der das Streckgrenzenverhältnis, die Zähigkeit und besonders die Dauerfestigkeit ungünstig beeinflußt. Um bei einem randhärtenden Stahl (Stahl 2 in Abb. 7.46) über den gesamten Querschnitt einen Ausgleich der Härte und Festigkeit zu erreichen, ist eine hohe Anlaßtemperatur erforderlich. Die erzielbare Festigkeit ist dann wesentlich niedriger als beim Stahl 1.

Die Durchhärtung und damit die erreichbare Vergütungsfestigkeit eines Bauteils hängt auch von dessen Größe ab. Deshalb können bei unlegierten Stählen mittlere Festigkeiten nur für geringe Abmessungen erreicht werden. Für größere Bauteile und höhere Festigkeiten müssen legierte Stähle eingesetzt werden.

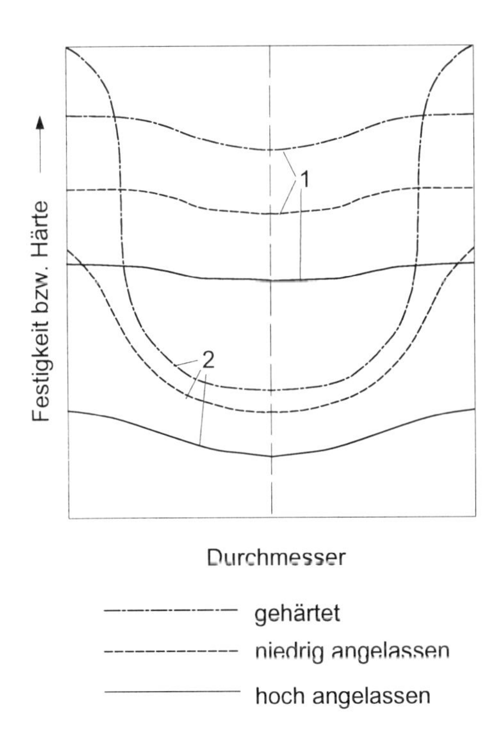

Abb. 7.46 Härteverlauf durchhärtender (**1**) und randhärtender (**2**) Stähle nach dem Härten und Anlassen

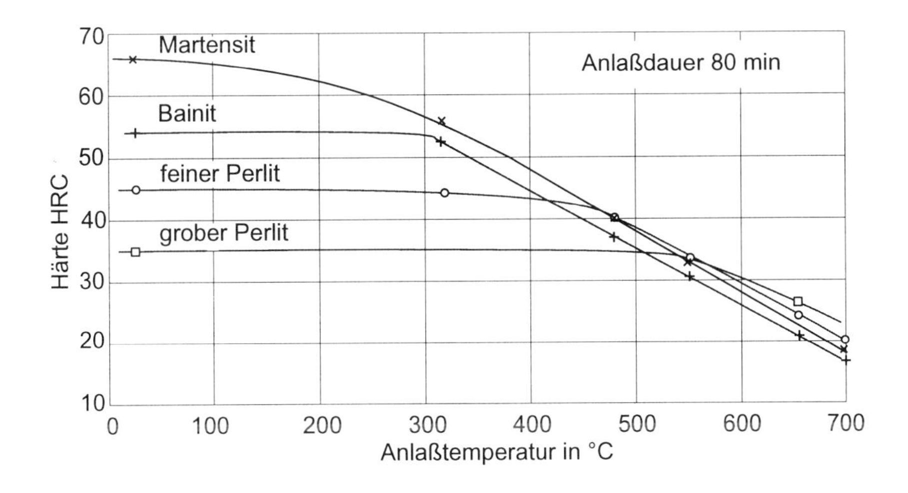

Abb. 7.45 Härteänderungen beim Anlassen unlegierter Stähle mit unterschiedlicher Gefügeausbildung nach *E.H. Engel*

Anlaßversprödung - 475 °C-Versprödung

Die Anlaßdauer wird durch die Größe des Bauteilquerschnitts bestimmt. Sie sollte mindestens 1 bis 2 Stunden betragen. Um Abkühlspannungen zu vermeiden, ist nach dem Anlassen möglichst langsam abzukühlen. Diese Regel gilt nicht für bestimmte legierten Stähle (Cr-Ni-, Mn-Stähle), die beim Verweilen im Temperaturbereich 450 bis 550 °C eine Verschlechterung der Zähigkeit, die als **Anlaßversprödung** bezeichnet wird, zeigen. Die im Zugversuch ermittelten Kennwerte (Streckgrenze, Zugfestigkeit, Dehnung, Einschnürung) sind dadurch nicht betroffen, wohl aber die Übergangstemperatur der Kerbschlagarbeit, die zu höheren Werten verschoben wird (Abb. 7.47). Als Ursache für diese Anlaßversprödung werden Seigerungen der im Stahl enthaltenen Spurenelemente (P, Sn, As, Sb) angesehen, die im Temperaturbereich von 450 bis 550 °C an den Korngrenzen Segregationen bilden, was eine Versprödung der Korngrenzen zur Folge hat (s. Abschn. 5.1.3.6). Legierungselemente wie Ni, Mn, Si und Cr wirken indirekt versprödend, indem sie die Diffusion der genannten Verunreinigungen fördern. Mo und W hemmen die Entmischungsvorgänge und wirken somit der Anlaßversprödung entgegen.

Die **475 °C-Versprödung** (auch als 500 °C-Versprödung bezeichnet) kann durch ein erneutes Anlassen oberhalb 550 °C und rasches Abkühlen auf Raumtemperatur weitgehend rückgängig gemacht werden („reversible Anlaßversprödung"). Zur Vermeidung der Anlaßversprödung sind die dazu neigenden Stähle beim Vergüten bei Temperaturen oberhalb 600 °C anzulassen und in Wasser oder Öl abzuschrecken. Wenn dadurch die geforderte Vergütungsfestigkeit nicht erreichbar ist, müssen mit Molybdän legierte Stähle verwendet werden. Das gilt auch für Bauteile mit großen Querschnitten (große Schmiedestücke), in denen durch das Abschrecken gefährliche Eigenspannungen entstehen können und im Kern die Abkühlgeschwindigkeit nicht ausreicht, um die Anlaßversprödung zu unterdrücken.

Vergüten von Gußeisen

Das Vergüten wird beim Gußeisen ebenso wie beim Stahl durchgeführt um hohe Festigkeit und

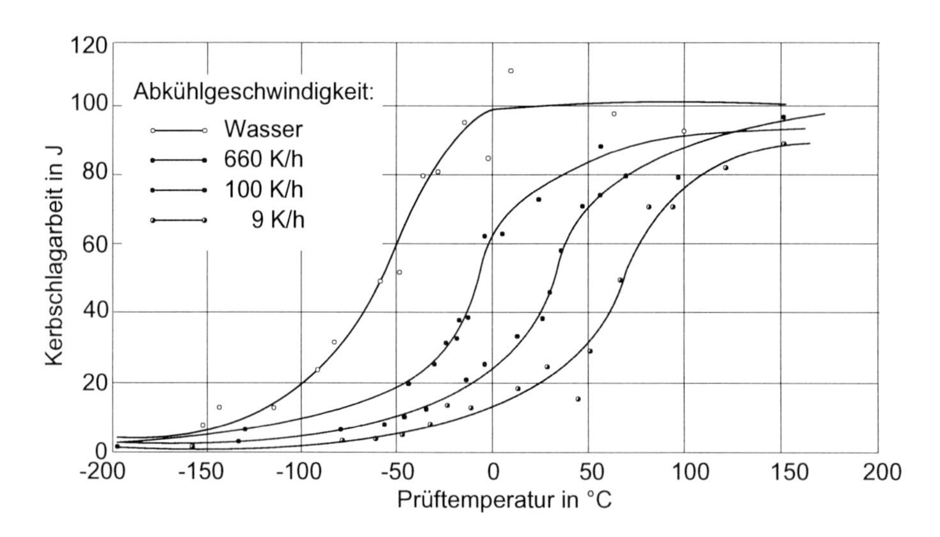

Abb. 7.47 Kerbschlagarbeit-Temperatur-Kurven eines gegen Anlaßsprödigkeit empfindlichen Stahls nach *M. Baeyertz, W.C. Craig* und *J.P. Sheehan*
Wärmebehandlung: 850 °C/Öl + 1 h 625 °C

Zähigkeit zu erzielen. Die Anlaßtemperaturen liegen bei unlegiertem Gußeisen bei etwa 300 bis 400 °C und bei legiertem zwischen 350 und 450 °C. Das Glühen von Gußeisen mit Kugelgraphit im Bereich von 350 bis 450 °C kann Anlaßsprödigkeit hervorrufen, die sich aber durch Molybdänzusatz unterdrücken läßt.

7.4.3.4 Bainitisieren

Das **Bainitisieren** besteht aus dem Austenitisieren, Abschrecken auf eine zweckentsprechende Umwandlungstemperatur im Bereich der Zwischenstufe (Bainitstufe), Halten auf dieser bis zur möglichst vollständigen Umwandlung in Bainit und anschließendem Abkühlen auf Raumtemperatur (früher als Zwischenstufenvergüten bezeichnet, Abb. 7.48). Durch das Bainitisieren sollen die Bauteile eine hohe Zähigkeit bei hoher Härte erhalten, wobei außerdem Maß- und Formänderungen gegenüber einem martensitischen Härten verringert sind.

Während des Abschreckens auf die Umwandlungstemperatur soll noch keine Umwandlung in Perlit bzw. keine voreutektoidische Carbidausscheidung im gesamten Querschnitt des Bauteils eintreten. Ebenso darf beim abschließenden Abkühlen kein Martensit gebildet werden. Aus diesem Grund ist das Bainitisieren nur für Stähle mit ausreichender Härtbarkeit bzw. bei kleineren Abmessungen der Teile anwendbar. Die Abkühlgeschwindigkeit und die Haltedauer bei der Umwandlungstemperatur, die mehrere Stunden betragen kann, sind den isothermischen ZTU-Schaubildern (siehe Abschnitt 7.3.3) für den betreffenden Stahl zu entnehmen.

Für eine möglichst hohe Zähigkeit bei hoher Härte und Festigkeit ist eine Umwandlung in der unteren Bainitstufe, in der ein sehr feines bainitisches Gefüge entsteht, günstig (siehe Abschnitt 7.3.3 Abb. 7.19). Gegenüber vergüteten Baustählen liegen bei gleicher Festigkeit die Elastizitäts- und Streckgrenzen der bainitisierten Stähle im allgemeinen bedeutend niedriger. Teilweise werden aber größere Dehnungs- und Einschnürungswerte beobachtet.

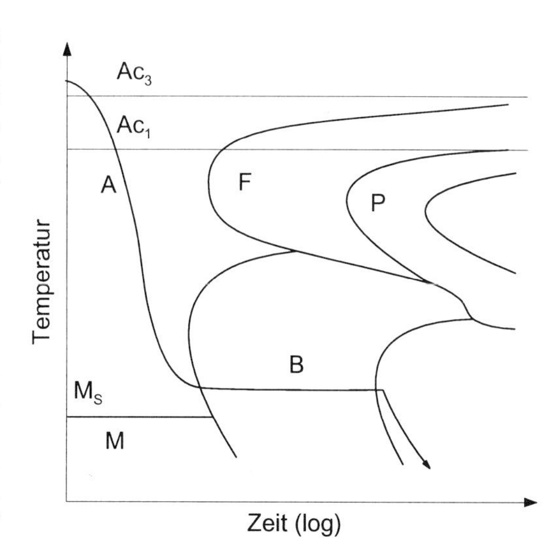

Abb. 7.48 Temperaturführung beim Bainitisieren im schematischen ZTU-Diagramm für isothermes Umwandeln

7.4.4 Wärmebehandlungsverfahren für NE-Werkstoffe

Die Wärmebehandlung von NE-Werkstoffen beim Verarbeiter dient nicht nur zur Einstellung von mechanischen Eigenschaften. Es können auch andere Werkstoffeigenschaften, die durch die Gefügeausbildung beeinflußt werden, wie z. B. die elektrische Leitfähigkeit, die Beständigkeit gegen bestimmte Korrosionsarten, die Eignung für dekoratives Anodisieren gezielt beeinflußt werden.

Für einige NE-Werkstoffe (z. B. Titan) bestehen wegen der großen Reaktionsfreudigkeit bei höheren Temperaturen für die Wärmebehandlungsanlagen und die zu verwendenden Schutzgase besondere Vorschriften, um unerwünschte Wechselwirkungen mit dem zu behandelnden Werkstoff zu verhindern.

Im folgenden soll auf die bei NE-Werkstoffen, insbesondere Al- und Ti-Werkstoffen, zu beachtenden Besonderheiten hingewiesen werden..

7.4.4.1 Weichglühen

Durch das **Weichglühen** soll bei Al-Legierungen die durch Aushärten und/oder Kaltverfestigung erzielte Festigkeitssteigerung wieder rückgängig gemacht werden. Der Werkstoff wird dadurch wieder kaltumformbar. Die **Entfestigung kaltverfestigter Legierungen** wird durch die beim Weichglühen ablaufende **Rekristallisation** des Werkstoffs hervorgerufen. Für ein feinkörniges Rekristallisationsgefüge ist ein genügend hoher Kaltumformgrad vor dem Weichglühen Voraussetzung. Die Glühtemperatur liegt bei 330 bis 420 °C. **Ausgehärtete Legierungen** werden beim Weichglühen in einen **stabilen heterogenen Zustand** überführt. Dazu ist es erforderlich, daß nach dem Halten auf Glühtemperatur (370 - 450 °C, mindestens 1 Stunde) langsam abgekühlt wird. Bei vollständiger Ausscheidung der intermetallischen Phasen in grober Form (Abb. 7.49) tritt ein nachträglicher Wiederanstieg der Festigkeit nicht ein. Gußstücke werden nur gelegentlich weichgeglüht, z. B. wenn nachfolgend geringfügig verformt werden soll (z. B. Vernieten).

Erholungsglühen

Wenn das Weichglühen zur Grobkornbildung führen kann oder wenn nur ein teilentfestigter Werkstoff erforderlich ist, wird das **Erholungsglühen** durchgeführt. Die Glühtemperatur liegt dabei unterhalb der Rekristallisationstemperatur, das Ausgangsgefüge bleibt erhalten.

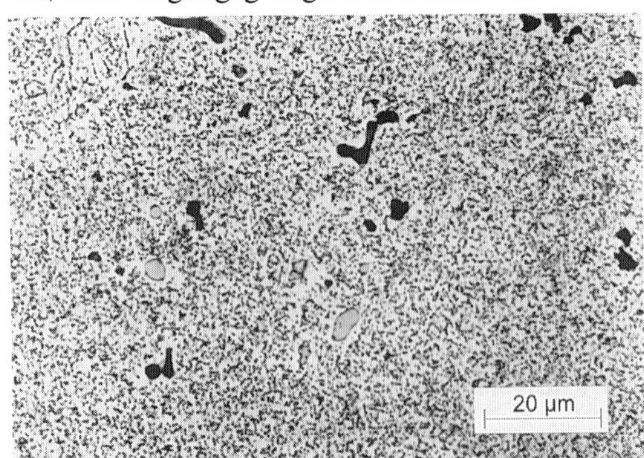

Abb. 7.49 Gefüge von AlCuMg2 nach dem Weichglühen

7.4.4.2 Spannungsarmglühen

Beim Spannungsarmglühen werden Eigenspannungen abgebaut, ohne daß eine wesentliche Änderung des Gefüges eintritt. Die Glühtemperatur liegt in der Regel unterhalb der Rekristallisationstemperatur.

Bei Titan und Titanlegierungen kann das Spannungsarmglühen z. B. nach

- Schweißen
- Umformen bei Temperaturen unter 650 °C
- spanender Bearbeitung, insbesondere nach dem Schleifen
- Richten

erforderlich sein.

Die Glühtemperatur liegt je nach Legierung zwischen 500 und 675 °C, die Haltedauer beträgt 30 Minuten bis 2 Stunden. Danach wird an Luft oder im Ofen auf etwa 500 °C und nachfolgend an Luft abgekühlt. Erfolgt das Spannungsarmglühen im ausgehärteten Zustand, muß die Glühtemperatur 50 K unter der Auslagerungstemperatur liegen, wobei nur ein teilweiser Spannungsabbau erreichbar ist.

Bauteile aus Titanwerkstoffen sind nach der gesamten Bearbeitung spannungsarm zu glühen. Ein wiederholtes Spannungsarmglühen ist zulässig.

7.4.4.3 Homogenisierungsglühen

Das Homogenisierungsglühen von Gußformaten, auch als **Hochglühen** bezeichnet, wird zur

- Beseitigung von Kristallseigerungen
- Auflösung eutektischer Gefügebestandteile an den Korngrenzen
- gleichmäßigen Ausscheidung übersättigt gelöster Elemente, die das Rekristallisationsverhalten und die Warmumformbarkeit beeinflussen

- gleichmäßigen Verteilung von Legierungselementen bei aushärtbaren Legierungen

durchgeführt.

Außerdem werden beim Hochglühen die Eigenspannungen im Gußstück abgebaut. Makroseigerungen können jedoch wegen der dazu erforderlichen zu langen Diffusionswege nicht ausgeglichen werden. Das nach dem Homogenisierungsglühen vorliegende gleichmäßigere Gefüge ist besser kalt- und warmumformbar und weist ein gleichmäßiges Entfestigungs- und Weichglühverhalten auf. Die mechanischen Eigenschaften der Halbzeuge werden verbessert.

Die erforderlichen Glühtemperaturen liegen meist dicht unterhalb der Solidustemperatur der Legierungen. Bei einigen Legierungen wird das Hochglühen in Stufen durchgeführt, zunächst bei niedrigerer Temperatur, um vorhandene **niedrigschmelzende Eutektika** aufzulösen. Titanlegierungen werden bei Temperaturen unterhalb der $\alpha + \beta/\beta$-Umwandlung homogenisiert. Da die Ausgleichsvorgänge im Gefüge über Diffusion ablaufen, sind beim Homogenisierungsglühen relativ lange Haltedauern, meist 10 bis 12 Stunden oder länger, notwendig. Das Abkühlen erfolgt je nach Legierung langsam oder, um einen günstigen Gefügezustand einzustellen, in Wasser, durch Wassernebel oder in Stufen.

7.4.4.4 Sonderwärmebehandlung von Gußstücken

Entspannen

Das Entspannen dient bei Gußstücken dem Abbau von Eigenspannungen. Al-Legierungen werden beispielsweise bei etwa 340 °C, Gußstücke aus Ti oder Ti-Legierungen bei etwa 750°C, über mehrere Stunden geglüht. Die Abkühlung erfolgt im Ofen. Bei warmaushärtenden Legierungen werden die Spannungen bereits beim Warmauslagern verringert.

Stabilisierungsglühen

Werden Gußstücke aus Al-Legierungen im Betrieb erwärmt (z. B. Fahrzeugkolben), können durch Aushärtungs- und Ausscheidungsvorgänge geringfügige Volumenänderungen auftreten. Präzisionsteile werden deshalb vor der Bearbeitung über mehrere Stunden einer Stabilisierungsglühung bei Temperaturen zwischen 200 und 300 °C mit anschließender Luftabkühlung unterzogen. Dadurch wird auch ein nachträglicher Härteanstieg durch Kalt- oder Warmaushärtung vermieden.

Heißisostatisches Nachverdichten

Durch Glühen bei höheren Temperaturen und Drücken - **heißisostatisches Nachverdichten (HIP** = hot isostatic pressing) - können innere Gefügefehler wie Mikrolunker und Poren ausgeheilt werden. Die Temperatur muß dabei unter der Solidustemperatur liegen. Die Dauer beträgt mindestens 2 Stunden. Das Glühen ist in einer Schutzgasatmosphäre vorzunehmen. Das Verfahren wird z. B. bei Gußstücken aus Titanlegierungen angewendet.

7.4.4.5 Aushärten

Für die Aushärtungsbehandlung sind die technologischen Schritte - Lösungsglühen - Abschrecken - Auslagern durchzuführen (siehe Abschnitt 7.2).

Lösungsglühen

Die Temperaturen für das Lösungsglühen richten sich nach der chemischen Zusammensetzung der Legierungen und liegen dicht unterhalb der Schmelztemperatur der niedrigst schmelzenden Phasen der Legierung. Bei Gußstücken kann, um niedrig schmelzende Bestandteile aufzulösen, ein vorheriges Homogenisieren bei etwas niedrigerer Temperatur durchgeführt werden (Stufenglühung, s. Abschn. 7.4.4.3). Bei einigen Knetlegierungen (z. B. AlMgSi0,5,

AlZn4,5Mg1) entstehen bereits bei der Warmumformung homogene Mischkristalle, so daß auf ein Lösungsglühen verzichtet werden kann.

Bei bestimmten Al-Gußlegierungen reicht beim Gießen in metallische Dauerformen die Abkühlgeschwindigkeit aus, um einen Aushärtungseffekt herbeizuführen, der durch Warmauslagern noch gesteigert werden kann. Die Festigkeit erreicht dabei jedoch nicht die Werte wie bei einer Aushärtungsbehandlung. Außerdem streuen die Eigenschaften wegen unterschiedlicher Übersättigung einzelner Gußstückbereiche.

Die Haltedauer beim Lösungsglühen ist abhängig

- vom Ausgangszustand des Halbzeugs
- von der Halbzeugart
- von der Wanddicke.

Beim Ausgangszustand ist zu unterscheiden, ob bereits eine Aushärtungsbehandlung vorangegangen ist oder das Halbzeug im Walz- oder Preßzustand vorliegt. Letztere erfordern eine längere Lösungsglühdauer.

Abschrecken

Die erforderliche Abkühlgeschwindigkeit hängt von der Zusammensetzung der Legierung ab.

Al-Legierungen werden in Wasser, kleinere Querschnitte bestimmter Legierungen auch durch Wassernebel oder bewegte Luft abgeschreckt. Für Ti-Legierungen kommen je nach Legierung Wasser, Öl oder auch Luftabkühlung zur Anwendung. Bei einigen Ti-Legierungen (z. B. TiAl6V4) können wegen ihrer geringen Wärmeleitfähigkeit auch beim Abschrecken in Wasser nur kleinere Querschnitte ausreichend schnell abgekühlt und damit ausgehärtet werden.

Die Zeit zwischen Lösungsglühen und dem vollständigen Eintauchen des Wärmebehandlungsgutes in das Abkühlmedium wird als **Abschreckverzögerung** (Vorkühlzeit) bezeichnet. Bei dünnwandigen Teilen ist unverzüglich abzuschrecken.

Beim Abschrecken von der Lösungsglühtemperatur entstehen im Bauteil Eigenspannungen, die bei nachfolgender spanender Bearbeitung zum Verzug des Teiles führen können. Da die Eigenspannungen auch beim Warmauslagern nicht genügend abgebaut werden, wird nach dem Abschrecken oft eine Reckbehandlung oder ein Kaltstauchen mit kleinen Umformgraden durchgeführt. Der Aushärtungsverlauf beim anschließenden Kalt- oder Warmauslagern wird dadurch beschleunigt.

Auslagern

Die Auslagerungstemperaturen und -zeiten sind abhängig von der jeweiligen Legierung, der geforderten Festigkeit und gegebenenfalls der geforderten Korrosionsbeständigkeit. So wird z. B. beim Auslagern von AlZnCuMg-Legierungen nicht die höchste Festigkeit angestrebt, wenn eine bessere Beständigkeit gegen Spannungsrißkorrosion erreicht werden soll, d. h., es wird in diesem Fall überhärtet. Dafür kann das Warmauslagern auch in Stufen vorgenommen werden. Für das Kaltauslagern (bei Raumtemperatur) sind nur einige Legierungen geeignet.

Mögliche Fehler bei der Aushärtungsbehandlung

Die für aushärtbare Legierungen festgelegten Temperatur-Zeit-Verläufe zum Aushärten müssen für ein optimales Wärmebehandlungsergebnis genau eingehalten werden.

Lösungsglühtemperatur

Es ist zu beachten, daß für die Lösungsglühtemperaturen z. T. nur sehr geringe Abweichungen zulässig sind. Das hat folgende Gründe: Bei zu hohen Glühtemperaturen können wegen

Überschreiten der Solidustemperatur Anschmelzungen an den Korngrenzen oder an vorhandenen Ausscheidungen (niedrig schmelzende Eutektika) auftreten, die die Legierung unbrauchbar machen („verbrannte Legierung", s. Abb. 7.2). Durch zu niedrige Glühtemperaturen werden andererseits die zur Aushärtung erforderlichen Legierungsatome nicht vollständig im Mischkristall in Lösung gebracht, die maximal mögliche Festigkeitssteigerung nach dem Auslagern kann somit nicht erreicht werden.

Abschreckverzögerung

Das Abschrecken von der Lösungsglühtemperatur muß bei einigen Legierungen (z. B. Al-Cu-Mg-Legierungen) unverzüglich vorgenommen werden. Bereits kurzes Halten im 2-Phasengebiet führt dazu, daß sich grobe Ausscheidungen (z. B. der Gleichgewichtsphase Al_2Cu) bilden. Neben der geringeren Festigkeit nach dem Auslagern kann sich dadurch auch die Korrosionsbeständigkeit verschlechtern.

7.5 Thermomechanische Behandlung

Bei der **thermomechanischen Behandlung** erfolgt die Umformung des Werkstoffs in einem bestimmten festgelegten Temperaturbereich, um bestimmte Werkstoffeigenschaften bzw. Eigenschaftskombinationen einzustellen, die allein durch Wärmebehandlung oder Umformung nicht erreicht werden können. Das bedeutet, daß diese Eigenschaften nach erneuter Wärmebehandlung nicht wiederholbar sind. Die bei der Umformung eingebrachte Verformungsenergie und die entstehenden Gitterdefekte beeinflussen die bei der Wärmebehandlung ablaufenden Umwandlungs- und/oder Ausscheidungsvorgänge, so daß sich z. B. sehr feinkörnige Gefüge oder solche mit feinst verteilten Ausscheidungen herstellen lassen. Letztere können die Rekristallisation behindern und somit neben der Ausscheidungshärtung zur Festigkeitssteigerung durch Kornfeinung beitragen. Beispiel dafür sind thermomechanisch (kontrolliert) gewalzte mikrolegierte Feinkornstähle. Die thermomechanische Behandlung kommt hauptsächlich für Stähle, aber auch für NE-Werkstoffe zur Anwendung.

Für die Durchführung der thermomechanischen Behandlung ergeben sich vielfältige Kombinationsmöglichkeiten von Umformung und Wärmebehandlung. Bei den Stählen wird eine Einteilung in

- Umformung des Austenits vor der Umwandlung zu Ferrit, Perlit, Bainit oder Martensit
- Umformung während der Umwandlung des Austenits in der Perlit-, Bainit- oder Martensitstufe
- Umformung nach der Austenitumwandlung (mit nachfolgender Wärmebehandlung)

vorgenommen. Die einzelnen Verfahrensvarianten zeigt die Abbildung 7.50.

Der Umformung im Gebiet des stabilen Austenits, als **Hochtemperatur-Thermomechanische Behandlung** (**HTMB**) bezeichnet, muß eine möglichst rasche Abkühlung folgen, damit das durch Rekristallisation entstandene feinkörnige Gefüge durch Kornwachstum nicht vergröbert und somit ein feinkörniges und gleichmäßiges Umwandlungsgefüge entstehen kann. Durch die Kornfeinung werden hohe Festigkeiten bei gleichzeitig hohen Zähigkeiten erreicht.

Wird der Austenit im metastabilen Zustand umgeformt, so spricht man von **Niedertemperatur-Thermomechanischer Behandlung** (**NTMB**) und bei nachfolgender Umwandlung in der Martensitstufe vom **Austenitformhärten** (**Ausforming**). Es sind sehr hohe Festigkeiten erreichbar. Allerdings erfordert die Umformung des metastabilen Austenits höhere Umformkräfte und meist auch höherlegierte Stähle mit ausreichender Austenitstabilität.

Erfolgt die Umformung während der Umwandlung in der Perlitstufe (**Isoforming**), Bainit- oder Martensitstufe, so wird sie durch die Ver-

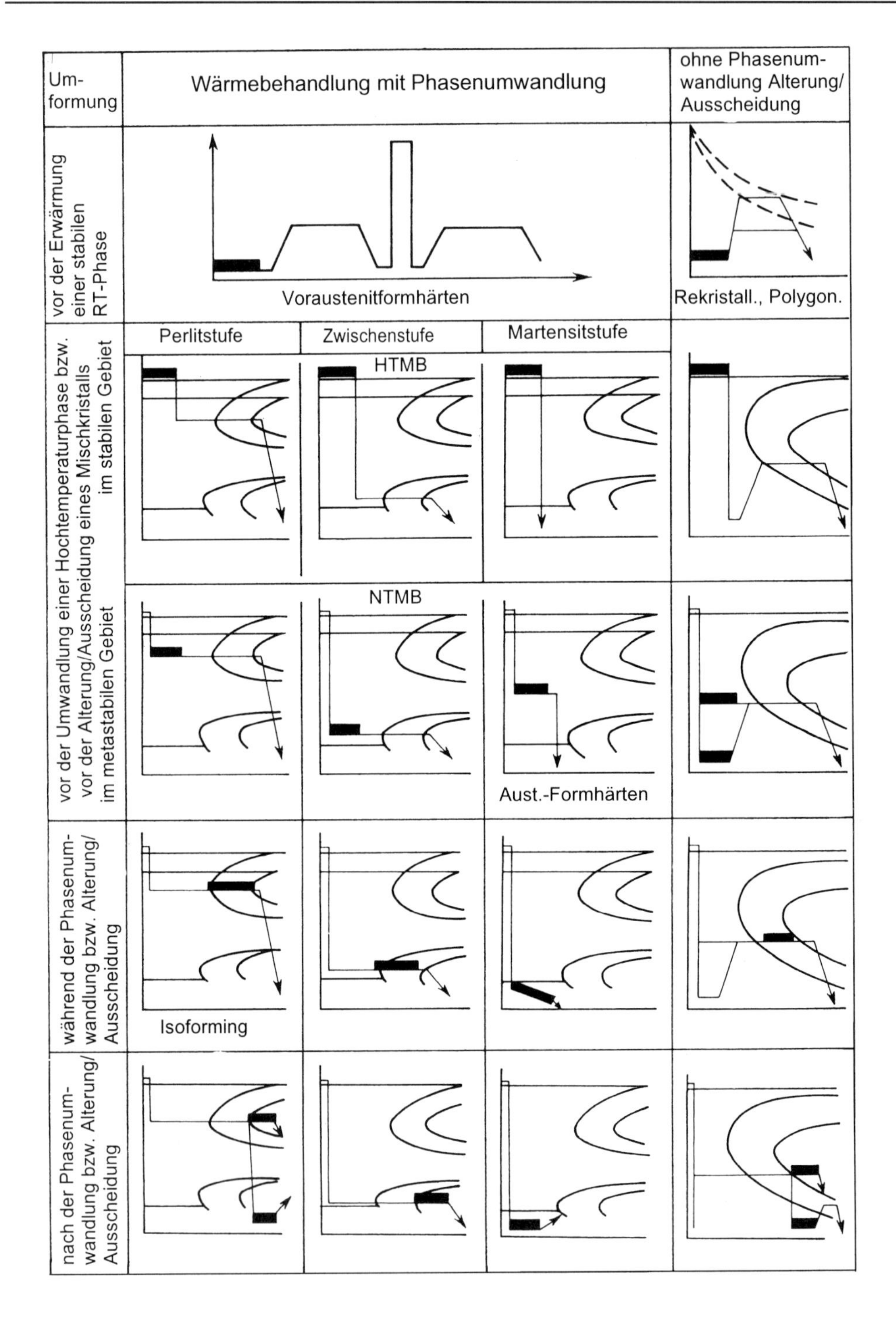

Abb. 7.50 Klassifizierung der thermomechanischen Behandlung nach *E. Jänsch*, *P. Lenk* und *G. Nocke*

formung beeinflußt. Die entstehenden Umwandlungsgefüge weisen in der Perlitstufe sehr feine Carbide und in der Bainitstufe in Umformrichtung ausgerichtete feine Bainitnadeln auf. Die Umformung in der Martensitstufe wird insbesondere bei austenitischen und halbaustenitischen aushärtbaren Stählen mit niedrigem Kohlenstoffgehalt angewendet, deren Martensit relativ weich und gut verformbar ist.

Um durch thermomechanische Behandlung die gewünschten Werkstoffeigenschaften einstellen zu können, müssen optimale Verfahrensparameter ermittelt werden. Dazu sind umfangreiche Untersuchungen zur Abstimmung der Umformparameter wie Umformgrad, Umformgeschwindigkeit, Anzahl der Umformschritte, Haltedauer und der Temperaturen beim Umformen und Wärmebehandeln sowie der Abkühlgeschwindigkeit notwendig. Von den vielfältigen Verfahrensvarianten konnten sich bisher in der Technik das **kontrollierte Walzen** (HTMB) von Feinkornstählen und das **Austenitformhärten** (NTMB) legierter Stähle durchsetzen.

Literatur- und Quellenhinweise

[7.1] *Schumann, H.*: Metallographie. 13. Aufl.; Leipzig: Dt. Verl. für Grundstoffindustrie 1991

[7.2] *Horstmann, D.*: Das Zustandsschaubild Eisen-Kohlenstoff und die Grundlagen der Wärmebehandlung der Eisen-Kohlenstoff-Legierungen. 5. Aufl.; Düsseldorf: Verl. Stahleisen mbH 1992

[7.3] *Hourgardy, H.P.*: Umwandlung und Gefüge unlegierter Stähle. 2. Aufl.; Düsseldorf: Verl. Stahleisen mbH 1990

[7.4] *Ruhfus, H.*: Wärmebehandlung der Eisenwerkstoffe. Düsseldorf: Verl. Stahleisen mbH 1958

[7.5] *Eckstein, H.-J.*: Wärmebehandlung von Stahl. 2. Aufl.; Leipzig: Dt. Verl. für Grundstoffindustrie 1973

[7.6] *Eckstein, H.-J.*(Hrsg.): Technologie der Wärmebehandlung von Stahl. 2. Aufl.; Leipzig: Dt. Verl. für Grundstoffindustrie 1987

[7.7] Atlas zur Wärmebehandlung der Stähle, Band 1 bis 4. Düsseldorf: Verl. Stahleisen mbH 1954 bis 1976

[7.8] Werkstoffkunde Stahl. Berlin Heidelberg New York Tokyo: Springer-Verl. und Düsseldorf: Verl. Stahleisen mbH Band 1 (Grundlagen) 1984, Band 2 (Anwendung) 1985

[7.9] *Kopietz, K.-H.*: Der derzeitige Stand der Abschrecktechnik. Z. wirtsch. Fertig. 55 (1960) S. 334-339

[7.10] *Rose, A., A. Krisch* und *F. Pentzlin*: Der grundsätzliche Zusammenhang zwischen Umwandlungsablauf, Gefügeaufbau und mechanischen Eigenschaften am Beispiel des Vergütungsstahles 50CrMo4. Stahl u. Eisen 91 (1971) 18 S. 1001-1020

[7.11] Aluminium-Taschenbuch 14. Aufl. Düsseldorf: Aluminium-Verl. 1988

[7.12] Aluminium-Taschenbuch / Hrsg.: Aluminium-Zentrale: Band 1 (Grundlagen und Werkstoffe), Band 2 (Umformen, Gießen, Oberflächenbehandlung, Recycling und Ökologie), Band 3 (Weiterverabeitung und Anwendung). 15. Aufl.; Düsseldorf: Aluminum-Verl. 1995, 1996, 1997

[7.13] *Altenpohl, D.*: Aluminium von innen. 5. Aufl.; Düsseldorf: Aluminium-Verl. 1994

[7.14] DIN EN 10 052 Begriffe der Wärmebehandlung von Eisenwerkstoffen 1994

[7.15] DIN 17 022 Verfahren der Wärmebehandlung, Teil 1 Härten, Bainitisieren, Anlassen und Vergüten von Bauteilen 1994.

[7.16] DIN EN ISO 642 Stahl: Stirnabschreckversuch (Jominy) 2000

[7.17] DIN 29 850 Wärmebehandlung von Aluminium-Knetlegierungen 1989

[7.18] DIN 65 582 Wärmebehandlung von Gußstücken aus Aluminium und Magnesiumlegierungen 1990

[7.19] DIN 65 083 Wärmebehandlung von Gußstücken aus Titan und Titanlegierungen 1986

[7.20] DIN 65 084 Wärmebehandlung von Titan und Titanlegierungen 1990

8 Thermochemische Oberflächenbehandlung

8.1 Bedeutung und Aufgaben der Oberflächenbehandlung

Bedeutung der Oberflächentechnologien

An Bauteile und Werkzeuge werden in allen Bereichen der modernen Technik Anforderungen gestellt, die oftmals ein sehr komplexes Beanspruchungsprofil beinhalten, so daß die geforderten Eigenschaftskombinationen auch von neu entwickelten homogenen Werkstoffen nicht erfüllt werden können. Eine Lösung stellt in diesen Fällen eine **Funktionsteilung** von **Werkstoffvolumen** und **Werkstoffoberfläche** dar, da durch die geeignete **Kombination** von **Volumen**- und **Oberflächeneigenschaften** eine getrennte Anpassung an die auftretenden Beanspruchungen erfolgen kann.

In den letzten Jahren ist die Bedeutung der Oberflächentechnologien in allen Industriebereichen erheblich gestiegen. Ursache dafür ist der zunehmende Bedarf an **Hochleistungsbauteilen** bei gleichzeitig **rationeller Ausnutzung** der **Werkstoffe**. Das schließt einerseits die Möglichkeit ein, hochwertige teure Werkstoffe durch beschichtete billigere zu ersetzen, andererseits stellt jedes beschichtete Bauteil eine auf den jeweiligen Anwendungsfall bezogene optimale Lösung dar.

In der Regel ist jede Oberflächenbehandlung mit zusätzlichen Kosten verbunden, d. h. das oberflächenbehandelte Bauteil wird teurer. Das bedeutet, daß die Vorteile, die durch die Oberflächenbehandlung entstehen, z. B. längere Standzeiten von Werkzeugen durch Beschichtung mit Hartstoffen, Korrosionsschutz durch galvanisch abgeschiedene Schichten oder thermische Spritzschichten, die mit der Oberflächenbehandlung verbundenen Aufwendungen überwiegen. In den Fällen, in denen eine bestimmte Funktion des Bauteils nur durch Oberflächenbehandlung erreichbar ist, muß durch geeignete Verfahrensauswahl die kostengünstigste Variante gesucht werden.

Aufgaben der Oberflächenbehandlung

Mit der Oberflächenbehandlung von Bauteilen und Werkzeugen wird, wie bereits festgestellt, das Ziel verfolgt, der Werkstückoberfläche bestimmte Gebrauchseigenschaften zu verleihen, damit die geforderten **Funktionen** erfüllt werden können. Man spricht deshalb bei der Oberflächenbehandlung auch von der Erzeugung **funktioneller Schichten**.

Die wesentlichsten Funktionen der Oberflächenschichten sind

- Verschleißschutz
- Korrosionsschutz
- Verbesserung des Ermüdungsverhaltens
- Einstellung bestimmter physikalischer Eigenschaften.

Durch die Oberflächenbehandlung treten Veränderungen in den oberflächennahen Bereichen auf, wodurch z. B. die folgenden Eigenschaften des Werkstoffs bzw. des Bauteils verändert werden können:

- chemische Zusammensetzung
- Phasenzusammensetzung
- Duktilität
- Härte
- E-Modul
- Eigenspannungen
- elektrische Leitfähigkeit
- Wärmeleitfähigkeit
- Rauheit der Oberfläche
- optischer Glanz.

Bereits diese Aufzählung der Eigenschaften zeigt die vielfältigen Möglichkeiten der Oberflächenbehandlung, die Werkstoffeigenschaften im Oberflächenbereich zielgerichtet zu verändern und somit den Forderungen anzupassen.

Auswahl von Oberflächenbehandlungsverfahren

Für die Oberflächenbehandlung metallischer Werkstoffe steht heute eine für den Anwender kaum zu überschauende Vielfalt von Verfahren zur Verfügung. Hinzu kommt, daß einzelne Verfahren so weiterentwickelt wurden, daß sich daraus ganze Verfahrensgruppen gebildet haben. Bei der Auswahl eines Oberflächenbehandlungsverfahrens ist zu beachten, daß die Abstimmung von Beschichtungsverfahren, Grundwerkstoff, Bauteilgeometrie sowie erforderlicher Vor- und Nachbehandlung notwendige Voraussetzung für die Erfüllung der Forderungen nach Funktionssicherheit und ausreichender Lebensdauer des Bauteils ist. Außerdem müssen verfahrenstechnische, physikalische und chemische Verträglichkeitsbeziehungen beachtet werden. Darüber hinaus ist zu berücksichtigen, in welcher Weise die Oberflächenbehandlung in den Produktionsablauf eingegliedert werden kann. Neben diesen technischen Gesichtspunkten sind wirtschaftliche Betrachtungen bei der Entscheidung für eine Oberflächenbehandlung unabdingbar.

Thermochemische Verfahren

Von der Vielzahl der Oberflächenbehandlungsverfahren soll im folgenden näher auf thermochemische Verfahren eingegangen werden. Die **thermochemische Oberflächenbehandlung** umfaßt Verfahren, bei denen die Wärmebehandlung in einem geeigneten Mittel, das fest, flüssig oder gasförmig sein kann, vorgenommen wird und mit einer gewollten Veränderung der chemischen Zusammensetzung im Oberflächenbereich von Werkstücken verbunden ist. Die angestrebte Anreicherung der Oberfläche mit bestimmten metallischen oder nichtmetallischen Elementen erfolgt durch Stoffaustausch (Diffusion) mit dem Mittel, weshalb man die thermochemischen Verfahren auch als **Diffusionsverfahren** und die entstandenen Schichten als **Diffusionsschichten** bezeichnet. Diese werden insbesondere mit dem Ziel, die **Härte** und die **Verschleißfestigkeit** oberflächennaher Bereiche sowie auch die **Dauerfestigkeit** von Bauteilen und Werkzeugen zu erhöhen, eingesetzt. Möglich ist auch eine Verbesserung der **Korrosionsbeständigkeit**.

Verfahren, die vor allem im Maschinen- und Fahrzeugbau einen großen Anwendungsumfang haben, sind insbesondere die Nichtmetall-Diffusionsverfahren - **Aufkohlen** und **Carbonitrieren** zum Zwecke des Einsatzhärtens, **Nitrieren** und **Nitrocarburieren** sowie **Borieren**. Die genannten Verfahren führen zu einer Steigerung der Dauerfestigkeit und Verschleißbeständigkeit. Außerdem wird die Oberflächenhärte z. T. beträchtlich erhöht. Die Metall-Diffusionsverfahren **Aluminieren** und **Chromieren** werden zur Verbesserung der Hitze- und Zunderbeständigkeit bzw. der Korrosions- und Verschleißbeständigkeit eingesetzt.

Bei einigen Verfahren diffundiert nicht nur ein Element in die Oberfläche des Werkstücks ein, sondern zwei oder mehrere gleichzeitig, z. B. beim Nitrocarburieren Stickstoff und Kohlenstoff. Bei legierten Grundwerkstoffen können Legierungselemente an der Schichtbildung beteiligt sein. So bilden sich z. B. beim Chromieren C-haltiger Stähle Chromcarbidschichten aus.

8.2 Vorgänge bei der Bildung von Diffusionsschichten

Aufbau von Diffusionsschichten

Bei der Bildung von Diffusionsschichten laufen im oberflächennahen Bereich des Grundwerkstoffs, der häufig auch als Substratwerkstoff oder kurz Substrat bezeichnet wird, komplexe Vorgänge ab. Voraussetzung für das Eindiffundieren des schichtbildenden Elements ist zunächst, daß ein **Konzentrationsgradient** zwischen dem Diffusionsmittel und dem Substratwerkstoff besteht. Es kommt dann, dem Zustandsdiagramm des Systems Grundmetall - eindiffundierendes Element entsprechend, zur **Mischkristallbildung** und gegebenenfalls zur **Bildung intermetallischer Phasen**.

In der Mischkristallschicht, die auch als **Diffusionsschicht** bezeichnet wird, nimmt der Anteil des eindiffundierten Elements kontinuierlich bis auf den entsprechenden Gehalt des Grundwerkstoffs ab. Die Mischkristallschicht kann zusätzlich Ausscheidungen enthalten, die bei langsamer Abkühlung wegen der mit der Temperatur abnehmenden Löslichkeit für das eindiffundierte Element entsprechend dem jeweiligen Zustandsdiagramm entstehen. Man bezeichnet diese Schicht auch als **Ausscheidungsschicht**. Treten im Zustandsdiagramm **intermetallische Phasen** zwischen dem eindiffundierenden Element und dem Grundmetall bzw. dessen Legierungselementen auf, so können außerdem Schichten aus diesen intermetallischen Phasen, die sogenannten **Verbindungsschichten,** an der Oberfläche entstehen. An diese schließt sich in Richtung Werkstoffinneres (Kern) die Mischkristallschicht an (Abb. 8.1).

Die Verbindungsschichten weisen eine hohe Härte auf und bewirken damit in vielen Fällen eine Erhöhung der Verschleißfestigkeit unter abrasiven Bedingungen. Außerdem haben die intermetallischen Phasen ein von den Metallen abweichendes Kristallgitter (s. Abschn. 4.1.4), wodurch die Adhäsionsneigung bei Kontakt der Schichten mit metallischen Partnern herabgesetzt wird. In der Mischkristallschicht ist die Festigkeit gegenüber dem Grundwerkstoff erhöht. Es können in dieser Schicht, wie auch in der Verbindungsschicht, Eigenspannungen auftreten, die, wenn es sich um Druckspannungen handelt, die Dauerfestigkeit des Grundwerkstoffs steigern (z. B. Nitrierschichten).

Vorgänge bei der Schichtbildung

Damit eine Schichtbildung einsetzen kann, müssen an der Metalloberfläche diffusionsfähige Atome des schichtbildenden Elements, die bei erhöhten Temperaturen durch entsprechende chemische Reaktionen im Diffusionsmittel bzw. im Zusammenwirken mit der Metalloberfläche entstehen, vorhanden sein. Wenn keine Diffusionshemmung z. B. durch undurchlässige

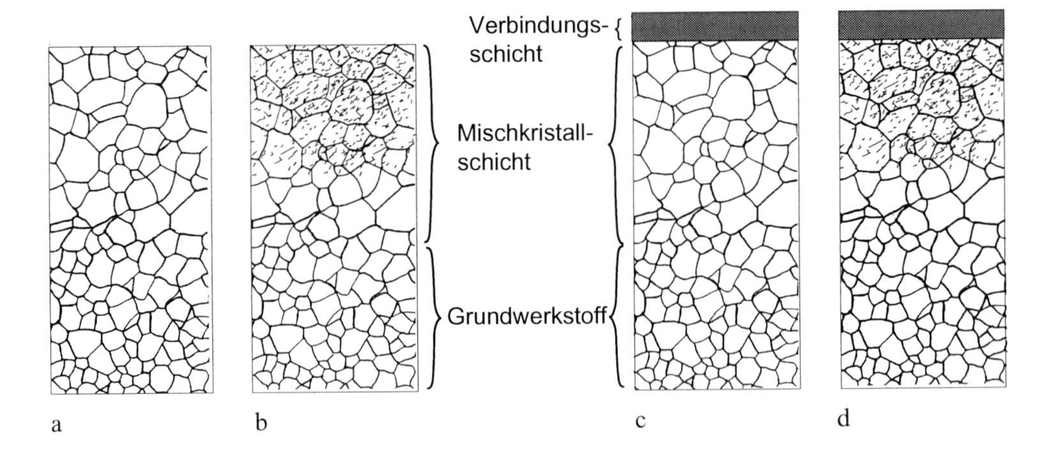

Abb. 8.1 Aufbau von Diffusionsschichten
a und **b** Mischkristallschicht
c und **d** Verbindungsschicht und Mischkristallschicht
b und **d** mit Ausscheidungen in der Mischkristallschicht

Schichten auf der Metalloberfläche, eintritt, diffundiert in der Folge das schichtbildende Element in die Oberfläche des Substrats ein.

Die Vorgänge bei der Schichtbildung können demzufolge in einzelne Schritte unterteilt werden:

- Freisetzen von Atomen des diffusionsfähigen Elements
- Adsorption der Atome an der Metalloberfläche
- Absorption der Atome in die Metalloberfläche
- Diffusion der Atome von der Oberfläche in Richtung Kern
- Aufbau der Schichten aus Verbindungsschicht (wenn intermetallische Phasen möglich sind) und Diffusionsschicht.

Während der thermochemischen Behandlung sind außerdem Wechselwirkungen zwischen dem Metall sowie Legierungselementen und dem Reaktionsgas und weiterhin Reaktionen zwischen eindiffundierendem Element und Legierungselementen möglich. Daher kommt es zur Diffusion der genannten Elemente. Es diffundieren

in Richtung Kern

- schichtbildendes Element
- Legierungselemente, die in der Verbindungsschicht nicht oder nur begrenzt löslich sind

in Richtung Oberfläche

- Legierungselemente mit großer Affinität zum schichtbildenden Element
- mit dem Reaktionsgas reagierende Elemente.

Durch diese Diffusionsvorgänge und Reaktionen, die von der Temperatur und der Diffusionszeit abhängen, wird der Schichtaufbau und die Schichtdicke bestimmt. Wenn für das Schichtwachstum die Diffusion der langsamste, d. h. der geschwindigkeitsbestimmende, Schritt ist, gilt das **parabolische Zeitgesetz**

$$x^2 = \text{konst.} \cdot t$$

x = Schichtdicke
konst. = Konstante
t = Diffusionsdauer

(s. Abschn. 4.3) sowohl für die Dickenzunahme der Verbindungs- als auch der Mischkristallschicht.

8.3 Einsatzhärten

Verschleißteile aus durchhärtenden Stählen mit höheren Kohlenstoffgehalten sind im Kern so spröde, daß sie bei stoß- oder schlagartigen Beanspruchungen leicht brechen. Bei schalenhärtenden Stählen ist die Kernzähigkeit zwar besser, die Einhärtungstiefe unterliegt aber größeren Schwankungen und ergibt, wenn der Querschnitt des Bauteils unterschiedlich ist, kein konturengetreues Härtebild. Diese Mängel werden durch das Einsatzhärten vermieden.

Für das Einsatzhärten kommen kohlenstoffarme Stähle, die unlegiert oder legiert sein können und als **Einsatzstähle** bezeichnet werden, zur Anwendung. Diese werden nach der spanenden Bearbeitung im Randbereich mit Kohlenstoff auflegiert und anschließend gehärtet. Somit besteht das Einsatzhärten aus den beiden Teilschritten

- Aufkohlen (Einsetzen, Zementieren)
- Härten.

Nach dem Härten wird in der Regel noch bei 150 bis 250 °C angelassen.

8.3.1 Aufkohlen

Das Aufkohlen der Stähle erfolgt im Temperaturbereich von 880 bis 1050 °C, meist bei Temperaturen zwischen **900** und **950 °C**. Der Stahl liegt dann im austenitischen Zustand mit hoher Löslichkeit für Kohlenstoff vor.

Die Diffusionsgeschwindigkeit des Kohlenstoffs ist im kfz-Gitter des γ-Mischkristalls bedeutend geringer als im α-Mischkristall, weshalb trotz der hohen Temperaturen die Aufkohlungsdauer relativ lang ist. Nach dem Aufkohlen soll der **C-Gehalt der Randzone etwa 0,7 bis 0,8 %** betragen. Bei übereutektoidischen C-Gehalten entsteht ein versprödend wirkendes Fe_3C-Netzwerk, während bei niedrigeren Gehalten die maximale Härte nicht erreicht wird (s. Abschn. 7.3.3).

Während des Aufkohlens sind die Werkstücke vom Aufkohlungsmittel umgeben. Da der Kohlenstoffgehalt im Aufkohlungsmittel größer als im Werkstück ist, diffundiert Kohlenstoff in die Werkstückoberfläche ein. Somit erhöht sich der Kohlenstoffgehalt in der Randschicht.

Die **Kohlungswirkung** eines Kohlungsmittels wird in der Praxis durch den Kohlenstoffpegel C_P, kurz **C-Pegel**, gekennzeichnet. Dieser entspricht dem Masseanteil an Kohlenstoff in %, den eine dünne Folie aus Reineisen im Gleichgewicht mit dem Aufkohlungsmittel über ihren gesamten Querschnitt annimmt.

Beim Aufkohlen wird, wie bereits festgestellt, eine Anreicherung mit Kohlenstoff nur bis zu einer bestimmten Tiefe im Werkstück (**Aufkohlungstiefe**) angestrebt.

Die **Kohlenstoffverlaufskurve** (Abb. 8.2) gibt den Konzentrationsverlauf des Kohlenstoffs in dieser Randschicht wieder. Der Verlauf der Aufkohlungskurven ist vor allem von folgenden Parametern abhängig:

- C-Pegel
- Kohlenstoffübergangszahl β
- Diffusionsgeschwindigkeit des Kohlenstoffs im Stahl
- Aufkohlungstemperatur
- Aufkohlungsdauer.

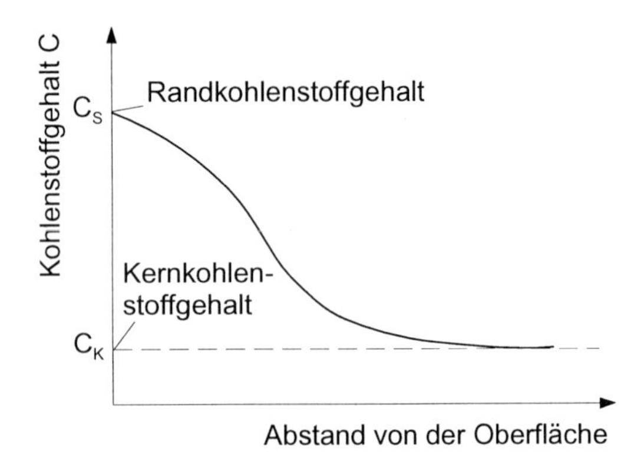

Abb. 8.2 Kohlenstoffverlaufskurve (schematisch)

Randkohlenstoffgehalt

Der sich während des Aufkohlens einstellende Randkohlenstoffgehalt wird hauptsächlich durch den C-Pegel-Wert des Aufkohlungsmittels bestimmt. Der Randkohlenstoffgehalt erreicht einen **Sättigungswert C_S**, wenn der C-Pegel-Wert größer als C_S ist. Der Sättigungswert C_S ist nach DIN 17 022 der Masseanteil Kohlenstoff in %, der dem Schnittpunkt der jeweiligen Aufkohlungstemperatur mit der SE-Linie im Eisen-Kohlenstoff-Diagramm unter Berücksichtigung des Einflusses der Legierungselemente entspricht. Ist der Sättigungswert größer als der C-Pegel, so nimmt der Randkohlenstoffgehalt den Wert des C-Pegels an.

Die Geschwindigkeit, in der sich der Randkohlenstoffgehalt entsprechend dem C-Pegel bzw. dem Sättigungswert einstellt, ist abhängig von der Kohlenstoffübergangszahl β und der Diffusionsgeschwindigkeit des Kohlenstoffs im Stahl. Erfolgt der Kohlenstoffübergang in die Stahloberfläche bedeutend schneller als die Diffusion im Stahl, dann wird der Randkohlenstoffgehalt bereits nach kurzer Aufkohlungsdauer erreicht.

Aufkohlungstiefe

Die Aufkohlungstiefe ist neben dem Randkohlenstoffgehalt eine Kenngröße für die Kohlenstoffanreicherung in der Randschicht. Unter der Aufkohlungstiefe versteht man den senkrechten Abstand von der Oberfläche bis zu einer die Dicke der mit Kohlenstoff angereicherten Schicht kennzeichnenden Grenze. Meist wird für diese ein Massegehalt von 0,35 % C zugrunde gelegt. Die Grenze für die gesamte Aufkohlungstiefe entspricht dem Kohlenstoffgehalt des Grundwerkstoffs.

Die Aufkohlungstiefe nimmt entsprechend dem $\sqrt{t}$-Gesetz (s. Abschn. 4.3) mit der Aufkohlungsdauer zu. Mit steigender Temperatur wird auch die Diffusionsgeschwindigkeit des Kohlenstoffs im Stahl größer. Somit nimmt bei gleicher Aufkohlungsdauer die Aufkohlungstiefe mit der Aufkohlungstemperatur zu. Für die Dicke der aufgekohlten Randschicht gilt als Richtwert, daß bei 930 °C in 4 Stunden etwa eine Aufkohlungstiefe von 1 mm erreicht wird. Wenn der Diffusionskoeffizient bekannt ist, kann die zum Erreichen einer festgelegten Aufkohlungstiefe erforderliche Dauer nach der im Abschnitt 4.3 angegebenen Gleichung (4.12) berechnet werden.

Das Aufkohlen der Stähle kann in **festen**, **flüssigen** oder **gasförmigen Aufkohlungsmitteln** vorgenommen werden.

Feste Aufkohlungsmittel

Die Aufkohlungspulver oder -granulate bestehen aus Holzkohle und ähnlichen Kohlenstoffträgern, denen als Aktivator zum Beschleunigen der Kohlungsreaktionen z. B. Bariumcarbonat zugegeben werden kann. Das Aufkohlen in festen Mitteln erfordert aufwendige manuelle Arbeit und hat auch technische Nachteile. Es wird deshalb nur noch in Ausnahmefällen, z. B. für Einzelteile, angewendet.

Flüssige Aufkohlungsmittel - Salzbäder

Als flüssige Aufkohlungsmittel werden geschmolzene Salze eingesetzt, die als kohlenstoffabgebende Bestandteile vorwiegend Natrium- und Kaliumcyanid enthalten. Die Kohlungswirkung dieser Salzschmelzen läßt sich über deren Zusammensetzung und den Zusatz von Aktivatoren (Alkalichloride und -carbonate) in weiten Grenzen verändern. Da die Salzschmelzen Cyanide und durch Reaktionen entstehende Cyanate enthalten, diffundiert neben dem Kohlenstoff auch Stickstoff in die Stahloberfläche ein, weshalb dieses Verfahren als **Carbonitrieren** bezeichnet wird. Bei den üblichen Temperaturen überwiegt jedoch die Kohlenstoffdiffusion.

Das Aufkohlen in Salzschmelzen ist besonders bei kleinen Teilen und häufig wechselnden Aufkohlungstiefen von Vorteil. Nachteilig ist unter anderem die große Giftigkeit der Bäder. Neu entwickelte Salzschmelzen werden durch Zugabe von Mitteln regeneriert (Umwandlung von Cyanat in Cyanid), so daß das Ausschöpfen der Bäder und die Entsorgung entfallen können.

Gasförmige Aufkohlungsmittel

Die Gasaufkohlung ist am besten regelbar und sehr wirtschaftlich. Als Kohlungsgase werden Gasmischungen verwendet, die Kohlenmonoxid (CO) und gasförmige Kohlenwasserstoffe (z. B. Propan, Methan, Erdgas) enthalten. Außerdem können zusätzlich organische Flüssigkeiten in die Retorte eingetropft werden. Bei den Aufkohlungstemperaturen kommt es zur thermischen Dissoziation dieser Gase bzw. Flüssigkeiten. Neben Kohlenstoff entsteht Wasserstoff und CO, wobei letzteres wieder zu C und CO_2 zerfällt. Aufgrund der sich einstellenden Gasgleichgewichte und der verwendeten Trägergase enthalten die Kohlungsatmosphären CO, CO_2, CH_4, H_2, H_2O und N_2. Um eine aufkohlende Wirkung dieser Gasgemische zu erzielen, müssen die Volumenanteile aller Bestandteile genau aufeinander abgestimmt werden. Zur Regelung der Gasatmosphären werden eine oder mehrere Komponenten gemessen und über die chemischen Gasgleichgewichte der C-Pegel berechnet. Meist wird der CO_2- und der H_2O-Gehalt (Taupunkt), gegebenenfalls auch der CO-Gehalt bestimmt.

Um eine gleichmäßige Aufkohlung aller Werkstücke zu gewährleisten, muß ein intensives Durchmischen der in den Ofen eingeleiteten Gase sowie ein intensiver Gasaustausch an der Metalloberfläche erfolgen.

Carbonitrieren

Beim Carbonitrieren diffundieren sowohl Kohlenstoff als auch Stickstoff in die Werkstückoberfläche ein. Die üblichen Temperaturen liegen zwischen 700 und 930 °C, wobei man zwei Bereiche unterscheidet:

- oberhalb Ac_3 des Grundwerkstoffs
- zwischen Ac_1 und Ac_3 des Grundwerkstoffs.

Im oberen Temperaturbereich ist die Stickstoffaufnahme geringer als im unteren. Wenn vorwiegend eine hohe Härtbarkeit gefordert wird, sind beim Carbonitrieren die höheren Temperaturen anzuwenden. Im unteren Temperaturbereich wird carbonitriert, wenn eine bestimmte Stickstoffanreicherung für den Anwendungsfall entscheidend ist.

Einfluß von Stickstoff auf die Härtbarkeit

Durch die Stickstoffanreicherung werden die Umwandlungspunkte A_1 und A_3 zu niedrigeren Temperaturen verschoben, weshalb die Temperaturen beim Carbonitrieren niedriger als beim Aufkohlen sein können. Der Austenit wird umwandlungsträger und damit die Härtbarkeit erhöht. Beim nachfolgenden Abkühlen können demzufolge milder wirkende Abschreckmittel verwendet werden. Allerdings ist wegen des erhöhten Stickstoffgehaltes die Möglichkeit der Restaustenitbildung beim Härten carbonitrierter Stähle größer als bei aufgekohlten Stählen.

Das Carbonitrieren erfolgt entweder in Salzschmelzen mit höheren Gehalten an Alkalicyanid und niedrigeren Gehalten an Erdalkalichloriden oder in der Gasatmosphäre. Den Aufkohlungsatmosphären wird gasförmiges Ammoniak zugesetzt.

8.3.2 Härten

Durch das Härten sollen die aufgekohlten oder carbonitrierten Werkstücke die geforderten Gebrauchseigenschaften erhalten. Die Einsatzstähle lassen sich nach verschiedenen Technologien wärmebehandeln (Abb. 8.3):

- Direkthärten
- Einfachhärten
- Doppelhärten
- Härten nach isothermischem Umwandeln

Die Schwierigkeit liegt dabei immer in der Festlegung der Härtetemperatur, da sich die Kohlenstoffgehalte von Kern (0,1 bis 0,2 %) und Rand (≈ 0,8 %) beträchtlich unterscheiden. Bei einer dem Kern entsprechenden Härtetemperatur (etwa 900 °C bei unlegierten Stählen) entsteht in der Randzone grobkörniger Martensit, da wegen des höheren Kohlenstoffgehaltes hier die Härtetemperatur niedriger ist (etwa 780 bis 820 °C). Andererseits wird beim Abschrecken von der Randhärtetemperatur der Kern nur unvollständig austenitisiert und somit seine höchste Festigkeit und Zähigkeit nicht erreicht. Die in der Praxis üblichen Zeit-Temperatur-Folgen stellen deshalb Kompromisse dar. Maßgebend für die Art der Wärmebehandlung sind die Stahlmarke (legierter oder unlegierter Stahl), die Anforderungen an das Bauteil und das Aufkohlungsmittel (Pulver, Salz, Gas) sowie eventuell nach dem Aufkohlen notwendiges Zerspanen (partielles Entfernen der aufgekohlten Randschicht für Bereiche, die nicht gehärtet werden sollen) und die Kosten.

Direkthärten

Am billigsten und am wenigsten aufwendig ist das **Direkthärten** (Abb. 8.3a). Unmittelbar nach Ablauf des Aufkohlens oder Carbonitrierens wird von der Aufkohlungs- oder Carbonitriertemperatur oder nach vorherigem Absenken auf eine geeignete niedrigere Härtetemperatur abgeschreckt. Das Direkthärten ist nur in Verbindung mit einem Salzbad- oder Gasaufkohlen durchführbar. Außer durch Schleifen können die Teile danach nicht mehr spanend bearbeitet werden.

Das Direkthärten ist für Feinkornstähle geeignet, in denen bei den üblichen Aufkohlungstemperaturen noch keine Kornvergröberung eintritt. Auch unlegierte Einsatzstähle (C10, C15) können, falls sie nur auf Verschleiß beansprucht werden, direkt gehärtet werden.

Nachfolgend wird, gegebenenfalls nach spanender Bearbeitung, auf Härtetemperatur erhitzt und abgeschreckt. Die Austenitisierungstemperatur entspricht bei den legierten Stählen meist den Kernhärtetemperaturen, die bei diesen Werkstoffen nur etwa 10 bis 20 K über den Randhärtetemperaturen liegen. Bei nur wenig überhitzter Randzone können somit optimale Kerneigenschaften erzielt werden. Unlegierte und niedriglegierte Stähle werden dagegen bevorzugt von Randhärtetemperatur abgeschreckt.

Einfachhärten

Beim Einfachhärten (Abb. 8.3b) wird nach dem Aufkohlen zunächst langsam auf Raumtemperatur abgekühlt, wobei sich, ähnlich wie beim Normalglühen, ein feineres Korn einstellt.

Doppelhärten

Um eine optimale Gefügeausbildung in der Randschicht und im Kern zu erreichen, wendet man das Doppelhärten an (Abb. 8.3c). Zunächst wird von hoher Austenitisierungstemperatur

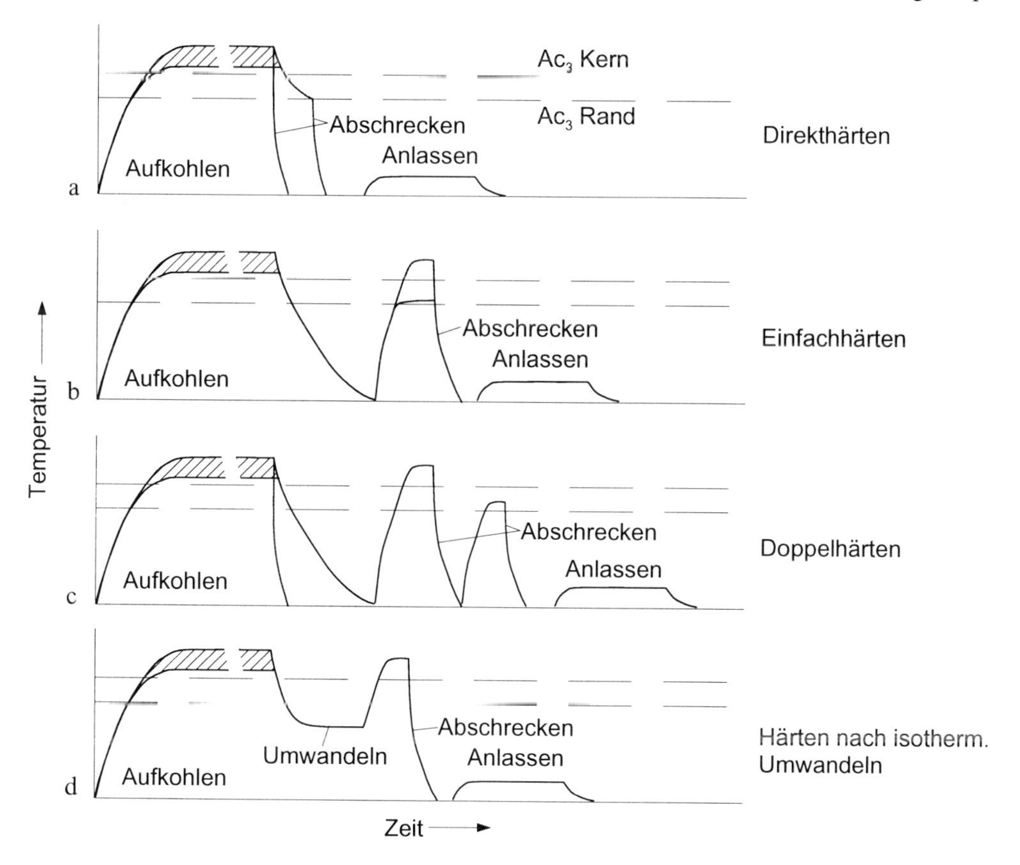

Abb. 8.3 Mögliche Zeit-Temperatur-Folgen beim Einsatzhärten (schematisch) nach DIN 17 022-3

(Aufkohlungstemperatur bzw. Kernhärtetemperatur) abgeschreckt. Es folgt ein zweites Härten meist von Randhärtetemperatur.

Durch das zweimalige Erwärmen und Abschrecken können jedoch größere Maß- und Formänderungen auftreten. Außerdem ist der Energieaufwand hoch, so daß dieses Verfahren nur noch selten angewandt wird.

Härten nach isothermischer Umwandlung in der Perlitstufe

Eine Kornfeinung kann nach dem Aufkohlen auch über eine isothermische Umwandlung im Bereich der Perlitstufe erreicht werden (Abb. 8.3d). Dazu wird von der Aufkohlungstemperatur auf 550 bis 650 °C abgekühlt und so lange gehalten bis die Umwandlung abgeschlossen ist. Nachfolgend wird wieder auf Härtetemperatur erwärmt und abgeschreckt.

Abschreckmittel

Die unlegierten Stähle werden üblicherweise in Wasser, die legierten in Öl abgeschreckt. Besonders verzugsarm ist das Härten im Warmbad (180 bis 250 °C). Dabei wird das Abschrecken dicht oberhalb der M_s-Temperatur der Randschicht unterbrochen und diese Temperatur bis zum Temperaturausgleich zwischen Rand und Kern gehalten. Anschließend wird auf Raumtemperatur abgekühlt, wobei der Rand umwandelt (gestuftes Abkühlen). Die Umwandlung des Kernwerkstoffs mit der höheren M_s-Temperatur ist bereits während der Abkühlung erfolgt (Abb 8.4).

Anlassen

Nach dem Abschrecken ist bei etwa 150 bis 250 °C mit einer üblichen Haltedauer von 30 bis 120 Minuten anzulassen. Höhere Temperaturen sind nur für Mo-legierte Stähle zulässig. Anlaßtemperaturen um 300 °C ergeben Härtewerte von 56 HRC, die für das Verschleißverhalten von Einsatzstählen besonders günstig sind. Bei den anderen Stählen tritt in diesem Temperaturbereich eine Versprödung (Blaubruchsprödigkeit) ein, wodurch die Kerbschlagarbeit und die Dauerfestigkeit abfallen.

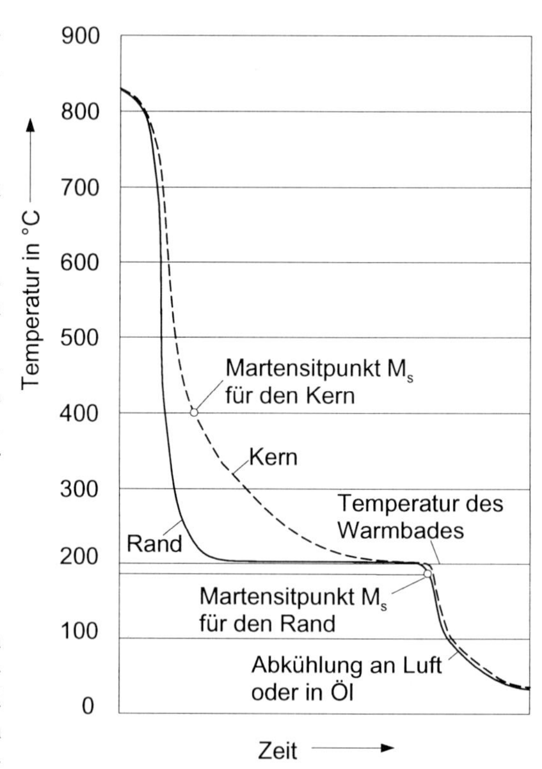

Abb. 8.4 Zeit-Temperatur-Folge für das Abschrecken beim gestuften Abkühlen (Warmbadhärten)

8.3.3 Eigenschaften einsatzgehärteter Werkstoffe

Härte und Härteverlauf

Durch das Einsatzhärten erhalten die Werkstükke eine **harte Randschicht** unter Beibehaltung eines **relativ weichen** und **zähen Kerns**. Am Rand wird im allgemeinen eine Härte von 700 bis 800 HV und im Kern eine Härte von 250 bis 450 HV eingestellt. Die erreichbare Kernhärte und Kernfestigkeit nimmt bei gleichen Abmes-

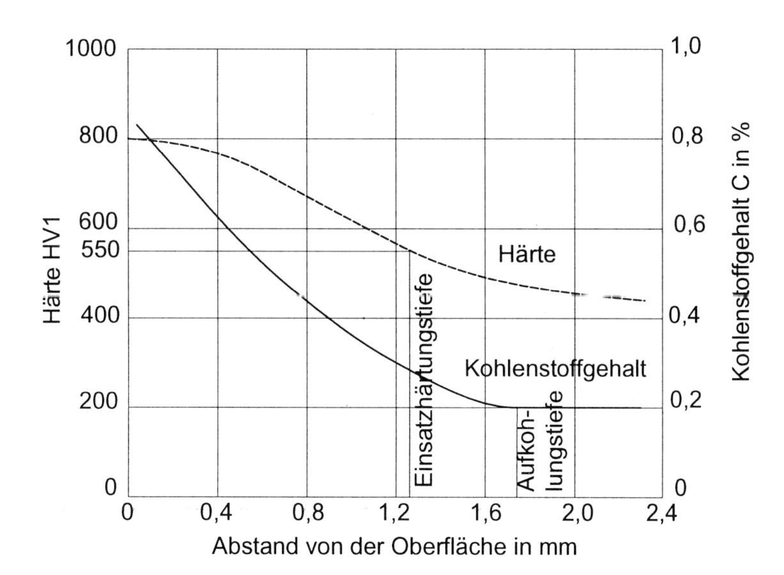

Abb. 8.5 Verlauf des Kohlenstoffgehaltes und der Härte in der Randschicht eines einsatzgehärteten Stahls

sungen mit steigenden Gehalten an Kohlenstoff und Legierungselementen im Stahl zu. Die höhere Härte der Randschicht steht in Zusammenhang mit dem durch das Aufkohlen erhöhten Kohlenstoffgehalt (Abb. 8.5). Die Tiefe der gehärteten Randschicht bis zu der eine Härte von 550 HV vorliegt, wird als **Einsatzhärtungstiefe** bezeichnet. Sie ist kleiner als die Aufkohlungstiefe. Der Übergang von der hohen Randhärte zur Kernhärte soll möglichst flach verlaufen, um die nach dem Härten entstehenden Eigenspannungen zwischen Rand und Kern gering zu halten bzw. einen allmählichen Übergang einzustellen.

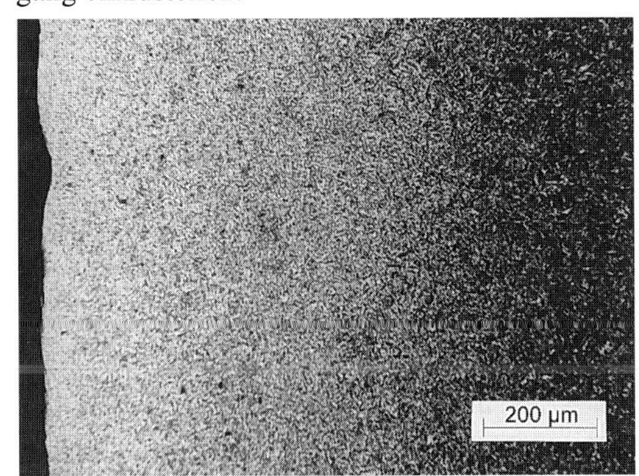

Abb. 8.6 Einsatzhärtungsschicht auf dem Stahl C15

Eigenspannungen, Dauerfestigkeit und Verschleißverhalten

Die beim Härten durch die Martensitbildung bedingte **Volumenzunahme** ist in der kohlenstoffreicheren Randschicht größer als im kohlenstoffarmen Kern. Infolgedessen entstehen an der Oberfläche **Druckeigenspannungen**, die die Dauerfestigkeit des Stahls erheblich verbessern. Bei Beanspruchung eines Bauteils durch Torsions- und/oder Biegespannungen werden somit die Zugspannungen im Oberflächenbereich herabgesetzt, die Rißbildung erfolgt erst bei höheren Lastspannungen (Abb. 8.7).

Durch die hohe Randhärte wird das Verschleißverhalten unter abrasiven Bedingungen verbessert. Gleiches trifft für den Roll- und Wälzverschleiß sowie Prall- und Stoßverschleiß zu. Da beim Einsatzhärten die gehärtete Randschicht eine relativ große Tiefe aufweist, bietet sie einen wirksamen Schutz bei Verschleißbeanspruchungen mit großen Flächenpressungen.

Als Anwendungsgebiete für einsatzgehärtete Stähle sind vor allem Zahnräder, Wellen, Bolzen und andere Elemente des Maschinen- und Fahrzeugbaus sowie verschleißbeanspruchte Kleinteile und Meßwerkzeuge zu nennen.

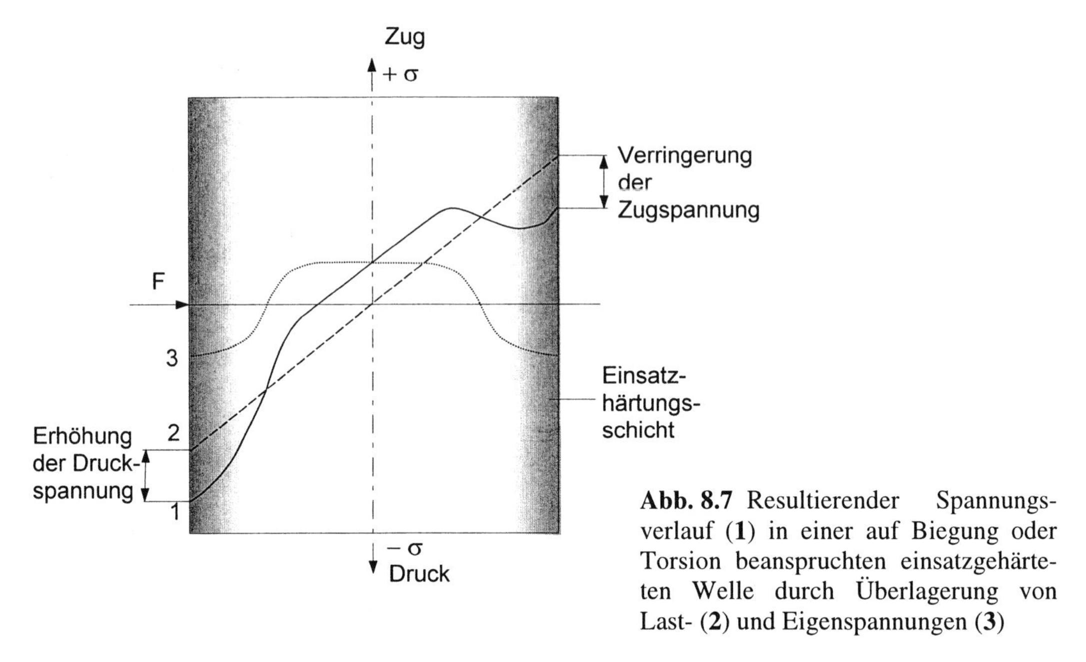

Abb. 8.7 Resultierender Spannungsverlauf (**1**) in einer auf Biegung oder Torsion beanspruchten einsatzgehärteten Welle durch Überlagerung von Last- (**2**) und Eigenspannungen (**3**)

8.4 Nitrieren und Nitrocarburieren

8.4.1 Nitrier- und Nitrocarburierverfahren

Unter **Nitrieren** versteht man das Anreichern von Stickstoff in der Metalloberfläche durch Diffusion. Diffundiert außer Stickstoff noch Kohlenstoff ein und bildet sich an der Oberfläche eine Verbindungsschicht, spricht man vom **Nitrocarburieren**. Das Nitrieren wird fast ausschließlich in der Gasphase vorgenommen (**Gasnitrieren**), wobei die Nitrierwirkung durch ein Plasma unterstützt werden kann (**Plasmanitrieren**). Beim Nitrocarburieren ist darüber hinaus die Behandlung in Salzschmelzen oder auch im Pulver üblich.

Die Behandlungszeiten sind beim Gasnitrieren mit z. B. 50 Stunden für 0,5 mm Schichtdicke sehr lang. Es wurden deshalb Verfahren entwickelt, bei denen durch Zugabe von z. B. Sauerstoff zur Nitrieratmosphäre die Behandlungsdauer wesentlich verkürzt werden konnte (**Kurzzeitgasnitrieren**).

Nitriermittel

Zum Gasnitrieren verwendet man Ammoniak, das nach Adsorption und thermischer Dissoziation an der Stahloberfläche den für den Nitriervorgang notwendigen atomaren Stickstoff liefert. Als Kenngröße für die Nitrierwirkung wird der Dissoziationsgrad bzw. das Verhältnis der Partialdrücke von Ammoniak und Wasserstoff herangezogen und bezeichnet dieses als die Nitrierkennzahl K_N

$$K_N = \frac{p_{NH_3}}{(p_{H_2})^{3/2}} .$$

Eine Verfahrensvariante des Gasnitrierens ist das **Oxinitrieren**, wobei dem Ammoniak Sauerstoff, Luft oder Wasserdampf zugegeben wird. Neben der oxidierenden Wirkung (Verbesserung des Korrosionsverhaltens von Nitrierschichten) lassen sich die Nitrierzeiten verkürzen. Bei anderen Verfahrensvarianten wird der Nitrieratmosphäre Schwefel oder Schwefel und Sauerstoff zugesetzt . Man spricht dann vom **Sulfonitrieren** bzw. **Oxisulfonitrieren**.

Als Nitriermittel kann beim **Plasmanitrieren** außer Ammoniak auch Stickstoff verwendet werden. In einer stromstarken konstanten oder pulsierenden Glimmentladung wird der Stickstoff ionisiert und dadurch diffusionsfähig.

Nitrocarburiermittel

Als Nitrocarburiermittel kommen Salzschmelzen, Gas oder Pulver zur Anwendung, die N- und C-abgebende Stoffe enthalten.

Die Salzschmelzen enthalten Cyanid oder Cyanat, wobei wegen der Giftigkeit von Cyanid zunehmend cyanidfreie Salzbäder verwendet werden. Durch Abschrecken der nitrocarburierten Teile in oxidierenden Bädern können anhaftende cyanidhaltige Salzreste in unschädliche Reaktionsprodukte umwandeln.

Die Gasatmosphäre besteht beim Nitrocarburieren aus Ammoniak, dem kohlenstoffabgebende Verbindungen, z. B. Propan oder Stadtgas, zugesetzt sind. Über die Regelung der Gaszusammensetzung können vor allem unterschiedliche Kohlenstoffgehalte in der Randschicht eingestellt werden. Für das **Plasmanitrocarburieren** werden Gasatmosphären aus Stickstoff und gasförmigen Kohlenwasserstoffen verwendet. Diese Verfahren haben gegenüber dem Salzbadnitrocarburieren eine Reihe von Vorzügen, wie bessere Regelbarkeit, kein Umgang mit giftigen Salzen und Wegfall der Reinigung der behandelten Werkstücke.

Pulvermischungen enthalten Calciumcyanamid und Aktivatoren. Bei den Behandlungstemperaturen entsteht eine Gasatmosphäre, die Ammoniak und Kohlendioxid enthält.

8.4.2 Vorgänge bei der Bildung von Nitrierschichten

System Eisen-Stickstoff

Für das Verständnis der im Stahl ablaufenden Vorgänge beim Nitrieren dient das Zustandsdiagramm Fe-N (s. Abb. 6.4), das auf der eisenreichen Seite ähnlich wie das Zustandsdiagramm Fe-Fe_3C aufgebaut ist. Die eutektoidische Temperatur liegt allerdings mit 590 °C erheblich tiefer, während die maximale Löslichkeit bei dieser Temperatur mit 0,1 % Stickstoff bedeutend größer ist als die für Kohlenstoff. Bei größeren Stickstoffgehalten treten im Zustandsdiagramm als intermetallische Phasen das kubisch flächenzentrierte **Fe_4N** (**γ'-Nitrid**) mit 5,88 M-% Stickstoff und das hexagonale **$Fe_{2\text{-}3}N$** (**ε-Nitrid**) mit 7,7 bis 11,1 % Stickstoff auf. Außerdem existieren das metastabile tetragonal-raumzentrierte **α"-Nitrid** **$Fe_{16}N_2$** bzw. **Fe_8N** mit 3 M-% Stickstoff und das orthorhombische **ζ-Nitrid** **Fe_2N** (11,1 M-% Stickstoff).

Vorgänge beim Nitrieren und Aufbau der Nitrierschichten

Das Gasnitrieren wird in der Regel bei Temperaturen unter 590 °C durchgeführt, so daß beim Nitrieren keine polymorphen Umwandlungen auftreten. Stickstoff diffundiert entsprechend dem aufgebauten Konzentrationsgefälle in die Metalloberfläche ein und bildet mit dem Eisen zunächst Mischkristalle (Diffusionsschicht) mit einem vom Rand zum Kern abnehmenden Stickstoffgehalt. Da die Löslichkeit für Stickstoff mit abnehmender Temperatur geringer wird, kommt es beim langsamen Abkühlen in der Mischkristallschicht zur Ausscheidung von relativ groben γ'-Nitriden.

Wird nach dem Nitrieren abgeschreckt, bleibt der Stickstoff zunächst in übersättigter Lösung im Eisen und scheidet sich mit zunehmender Zeit in Form von submikroskopisch feinen α"-Nitriden aus, die zu einer Festigkeitssteigerung in der Diffusionsschicht führen. Bei Auslagerungstemperaturen über 50 °C entstehen γ'-Ausscheidungen (s. Vorgänge bei der Alterung, Abschn. 6.2.2).

Wird während des Nitrierens an der Oberfläche die Löslichkeitsgrenze des α-Eisens für Stickstoff überschritten, entsteht eine geschlossene Schicht von Eisennitriden, die Verbindungsschicht. Die Verbindungsschicht besteht meist aus einer äußeren ε-Nitrid-Schicht, der sich in Richtung Kern eine γ'-Nitridschicht anschließt. Die Verbindungsschicht ist hart, sehr spröde und platzt leicht ab.

Der gewünschte hohe Verschleißwiderstand wird erst dann erreicht, wenn zum Nitrieren legierte Stähle (**Nitrierstähle**) verwendet werden. Sie enthalten als Legierungselemente **Chrom**, **Aluminium**, **Molybdän** und **Vanadium** mit einer großen Affinität zu Stickstoff. Bereits während des Nitrierens bilden sich in der Diffusionsschicht **sehr harte Sondernitride**. Im Falle Al-haltiger Stähle steigt beispielsweise die Härte auf mindestens 900 HV an und liegt damit über der des Martensits. Darüber hinaus entstehen bei der Bildung der Sondernitride Druckspannungen in der Diffusionsschicht. Die Eigenschaften der Verbindungsschicht ändern sich durch die Einlagerung von Sondernitriden nicht. Die Bildung dieser Schicht wird deshalb möglichst unterdrückt, vielfach wird sie nachträglich abgeschliffen.

Beim **Nitrieren in der Glimmentladung** sind die auf das Werkstück auftreffenden Ionen so energiereich, daß sie dieses ohne zusätzliche Heizung auf Nitriertemperatur erwärmen. Bei der Wechselwirkung der Ionen mit der katodisch geschalteten Eisenoberfläche werden Elektronen und Atome aus der Oberfläche herausgeschlagen. Während die Elektronen in Richtung Anode beschleunigt werden und das Behandlungsgas ionisieren, reagieren die abgestäubten Eisenatome im Glimmlichtplasma mit dem in verschiedenen Anregungszuständen vorliegenden Stickstoff. Die Fe-N-Verbindungen kondensieren auf der Eisenoberfläche und bilden sehr schnell eine geschlossene Nitridschicht. Das Schichtwachstum ist danach von der Diffusionsgeschwindigkeit des Stickstoffs im Eisen abhängig.

Die Tabelle 8.1 gibt einen Überblick über den Aufbau der Nitrier- und Nitrocarburierschichten für unlegierte und legierte Stähle und Anhaltswerte für die erreichbaren Oberflächenhärten bzw. Härten in der Mischkristallschicht dicht unter der Oberfläche, wobei letztere vom Ausscheidungszustand abhängen.

Tabelle 8.1 Aufbau der Nitrier- und Nitrocarburierschichten

Verfahren	Schicht	unlegierter Stahl		legierter Stahl	
		Schichtaufbau	Härte HV	Schichtaufbau	Härte HV
Nitrieren	Verbindungsschicht	$Fe_{2-3}N$ Fe_4N	700 - 900	Nitride mit Cr, Al, Mo, V	800 - 1200
Nitrocarburieren		Fe_xC_yN Fe_4N		Carbonitride mit Cr, Mo, V	
Nitrieren	Diffusionsschicht (Mischkristallschicht)	Fe-N-Mischkristalle, α''-Nitrid (Fe_8N) bzw. γ'-Nitrid (Fe_4N)	300 - 400	Fe-N-Mischkristalle, Nitride mit Cr, Al, Mo, V	bis über 900
Nitrocarburieren		Fe-(C)-N-Mischkristalle, α''-Nitrid (Fe_8N) bzw. γ'-Nitrid (Fe_4N)		Fe-(C)-N-Mischkristalle, Carbonitride mit Cr, Mo, V	

8.4.3 Vorgänge bei der Bildung von Nitrocarburierschichten

Diffundiert zusätzlich zu Stickstoff noch Kohlenstoff in die Stahloberfläche ein, kommt es zur Bildung von Eisenmischkristallen, die interstitiell sowohl Stickstoff als auch Kohlenstoff aufnehmen (Mischkristallschicht). Beim Überschreiten der Löslichkeitsgrenze bei der Behandlungstemperatur entsteht wie beim Nitrieren eine Verbindungsschicht, die aber beim Nitrocarburieren aus Carbonitriden besteht.

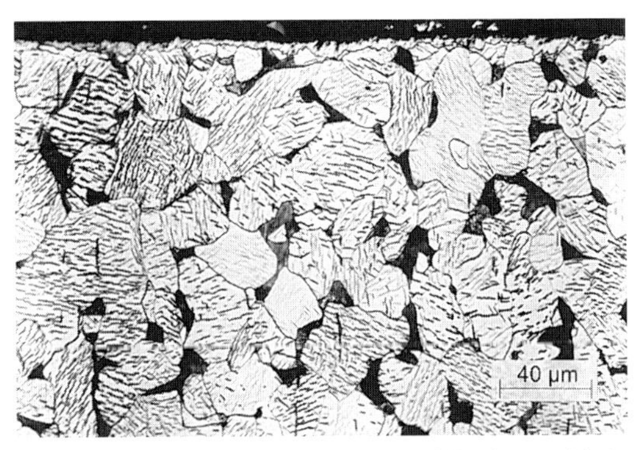

Abb. 8.8 Verbindungs- und Diffusionsschicht (mit nadelförmigen Nitridausscheidungen) auf dem Stahl C15 nach Salzbadnitrocarburieren und Anlassen bei 280 °C

Salzbadnitrocarburieren

Das Nitrocarburieren im Salzbad wird bei Temperaturen um 570 °C durchgeführt. Der bei der Zersetzung des Cyanats frei werdende Kohlenstoff wird zum Teil in die Verbindungsschicht eingebaut. Es bilden sich **Carbonitride**. Durch diese wird die Haftfestigkeit und Härte der Verbindungsschichten erhöht. Die Badnitrocarburierschichten sind porenarm, weisen aber nur relativ geringe Dicken von etwa 10 bis 20 µm auf (Abb. 8.8). Die Diffusionsschicht unter der Verbindungsschicht ist hauptsächlich mit Stickstoff angereichert. Da die Löslichkeit für Stickstoff mit abnehmender Temperatur kleiner wird, schreckt man unlegierte Stähle nach dem Nitrocarburieren in Wasser ab. Die dadurch an Stickstoff übersättigte Diffusionsschicht härtet dann, wie beim Nitrieren bereits beschrieben, bei Raumtemperatur aus. Über die Erhöhung der Streckgrenze wird damit auch eine Steigerung der Dauerfestigkeit erreicht.

Abb. 8.9 Verbindungs- und Diffusionsschicht auf dem Stahl 51CrV4 nach Gasnitrocarburieren

Gasnitrocarburieren

Einen den Badnitrocarburierschichten ähnlichen Aufbau erhält man beim Nitrocarburieren in der Gasphase, wenn bei gleichen Temperaturen behandelt wird. Die Verbindungsschichten sind jedoch dicker und weisen einen äußeren Porensaum auf (Abb. 8.9). Die Poren entstehen in der Folge eines Stickstoffstaus. Durch Rekombinieren bilden sich Stickstoffmoleküle und durch den dabei entstehenden Druck Hohlräume (Mikroporen). Bei unlegierten Stählen wächst die poröse Randschicht schneller als die übrige Verbindungsschicht.

Geschieht das Nitrocarburieren zwischen den eutektoidischen Temperaturen der Systeme Fe-N und Fe-C, d. h. zwischen 590 und 723 °C, so entstehen wie bei tieferen Temperaturen an der Eisenoberfläche Verbindungsschichten. Die Diffusionsschicht wird aber in dem Maße, wie der Stickstoff über die Löslichkeitsgrenze hinaus in den Ferrit eindiffundiert, in Austenit umgewandelt und damit härtbar. Der stickstoffärmere Kern wandelt nicht um. Beim Abschrekken von Nitrocarburiertemperatur entsteht in der Diffusionsschicht Martensit, allerdings bleibt im Bereich mit hohem Stickstoffgehalt unterhalb der Verbindungsschicht Restaustenit zurück.

Diffundieren Kohlenstoff und Stickstoff bei höheren Temperaturen (zwischen 780 und 860 °C) in die Stahloberfläche ein, bildet sich keine Verbindungsschicht mehr. Da bei diesen Temperaturen die Oberfläche hauptsächlich mit Kohlenstoff angereichert wird, spricht man nicht mehr vom Nitrocarburieren sondern vom Carbonitrieren (s. Abschn. 8. 3.1).

Zusammenfassend ist in der Abbildung 8.10 der Schichtaufbau bei der Diffusionsbehandlung mit Stickstoff und Kohlenstoff (Nitrocarburieren und Carbonitrieren) in Verbindung mit den jeweiligen verfahrenstypischen Behandlungstemperaturen dargestellt.

8.4.4 Eigenschaften nitrierter und nitrocarburierter Werkstoffe

Für den Einsatz nitrierter Werkstoffe sind die Eigenschaften der Diffusionsschicht bzw. der Verbindungs- und Diffusionsschicht im Falle nitrocarburierter Werkstoffe maßgebend.

Härte und Härteverlauf

Die Härtesteigerung in der Randschicht wird beim Nitrieren durch die Ausscheidung von Nitriden, insbesondere den Sondernitriden der Legierungselemente Cr, Al, Mo und V, in der Diffusionsschicht und beim Nitrocarburieren durch die Ausscheidung von Carbonitriden erreicht. Beim Nitrocarburieren bei mittleren

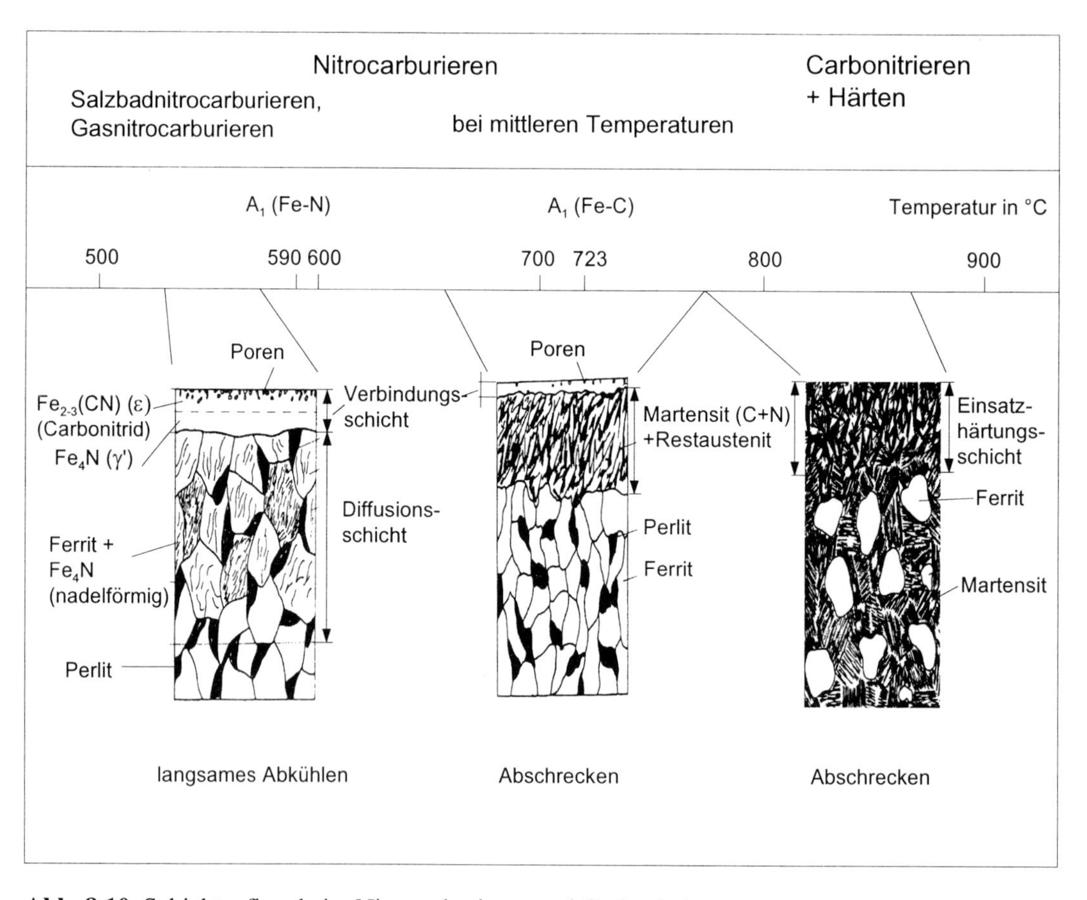

Abb. 8.10 Schichtaufbau beim Nitrocarburieren und Carbonitrieren

Temperaturen führt die Martensitbildung in der Diffusionsschicht zu einer beträchtlichen Erhöhung der Härte. Unter der Verbindungsschicht tritt ein Härteabfall infolge des nicht umgewandelten Restaustenits auf.

Aus dem Härteverlauf bestimmt man die **Nitrierhärtetiefe** (Abb. 8.11) als senkrechten Abstand von der Oberfläche eines nitrierten Werkstücks bis zu dem Punkt, an dem die Härte 50 HV höher als die Kernhärte ist [8.15].

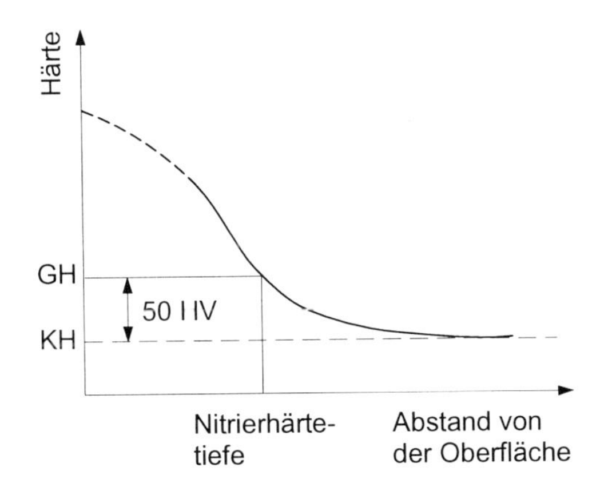

Abb. 8.11 Bestimmung der Nitrierhärtetiefe aus dem Härteverlauf

Die beim Nitrocarburieren gebildeten Verbindungsschichten führen auch bei unlegierten Stählen zu einer erheblichen Erhöhung der Oberflächenhärte (etwa 800 HV). Bei hochlegierten Stählen werden Härten bis über 1200 HV erreicht. Diese harten Randschichten werden durch die Diffusionsschichten mit erhöhter Härte wirksam abgestützt. Damit ist es möglich, diese Schichten auch bei hohen Flächenpressungen einzusetzen. Das trifft insbesondere für die bei mittleren Temperaturen gebildeten Nitrocarburierschichten zu.

Eigenspannungen, Dauerfestigkeit und Verschleißverhalten

Die Bildung von Nitriden, insbesondere von Sondernitriden, in der Diffusionsschicht ist mit der Entstehung von **Druckeigenspannungen** verbunden, die wiederum zur **Erhöhung der Dauerfestigkeit** nitrierter oder nitrocarburierter Bauteile führen. Zur Dauerfestigkeitssteigerung trägt auch die erhöhte Festigkeit der Diffusionsschicht bei. Die erreichbare Dauerfestigkeitserhöhung hängt von der Menge, Größe und Art der Nitridausscheidungen, der Nitriertiefe und der Kernfestigkeit der Bauteile ab. Deshalb sollten unlegierte Stähle für eine optimale Aushärtung nach dem Nitrieren oder Nitrocarburieren abgeschreckt werden. Es sind Dauerfestigkeitserhöhungen von mehr als 300 % möglich.

Im Hinblick auf das **Verschleißverhalten** bewirken Nitrier- und Nitrocarburierschichten eine

- Erniedrigung des Reibungskoeffizienten
- Verringerung der Adhäsionsneigung zu metallischen Verschleißpartnern
- Erhöhung des Widerstandes gegen abrasiven Verschleiß
- Erhöhung des Widerstandes gegen Oberflächenzerrüttung
- Verminderung der Neigung zur Bildung von tribochemischen Schichten.

Für die Erniedrigung des Reibungskoeffizienten und der Adhäsionsneigung sowie der Triboo xidation sind die Eigenschaften der Verbindungsschichten von Bedeutung. Die hohe Härte der Diffusionsschicht und der beim Nitrocarburieren entstehenden Verbindungsschicht bewirkt, insbesondere bei legierten Stählen, eine bedeutende Erhöhung des Abrasivwiderstandes. Bauteile aus legierten Stählen sind darüber hinaus aufgrund der hohen Temperaturbeständigkeit der Sondernitride sogar bis 500 °C einsetzbar.

Für die Auswahl des geeigneten Nitrierverfahrens bei Verschleißbeanspruchung sind die auftretenden Flächenpressungen zu berücksichtigen. Der beim Gasnitrocarburieren nicht zu vermeidende äußere Porensaum kann einerseits zur Aufnahme von Schmierstoffen und damit zur Minderung der Reibung genutzt werden, aber andererseits auch das Verschleißverhalten ungünstig beeinflussen. Aufgrund der erhöhten Festigkeit und Härte der Diffusionsschicht wird der Roll- und Wälzverschleiß herabgesetzt, was z. B. der Pittingbildung bei Zahnrädern entgegen wirkt.

Korrosionsverhalten

Durch die Verbindungsschicht wird allgemein das Korrosionsverhalten unlegierter und niedriglegierter Stähle verbessert. Eine Oxidationsbehandlung nach dem Nitrocarburieren kann die Beständigkeit noch erhöhen. Dagegen wird bei rostfreien Stählen Chrom zu Nitriden abgebunden, wodurch die hohe Korrosionsbeständigkeit dieser Stähle nicht mehr gegeben ist.

Nitrierbare Werkstoffe und ihre Anwendung

Für das Nitrieren und Nitrocarburieren sind neben den unlegierten Stählen und Nitrierstählen insbesondere Vergütungsstähle, Werkzeugstähle, einschließlich der Schnellarbeits- und Warmarbeitsstähle, hitzebeständige und nichtrostende Stähle, Wälzlagerstähle sowie Gußeisen und Sintereisen geeignet.

Die Einsatzgebiete für das Nitrieren und Nitrocarburieren sind sehr umfangreich und denen des Einsatzhärtens ähnlich. Für Teile mit hoher Maß- und Formgenauigkeit sind die niedrigen Behandlungstemperaturen beim Nitrieren/Nitrocarburieren von Vorteil. Dazu zählen z. B. kleine Stanzteile sowie Zerspanungs- und Umformwerkzeuge.

8.5 Borieren

Beim Borieren wird die Metalloberfläche mit Bor angereichert, wobei sich sehr harte und verschleißfeste Boridschichten bilden. Boriert werden können unlegierte und legierte Stähle sowie auch Gußeisen, Sintereisen, Hartmetalle und einige Nichteisenmetalle, wie Titan und Nickel.

8.5.1 Borierverfahren

Boriermittel

Für das Borieren haben sich in der Praxis bisher nur feste und z. T. flüssige Boriermittel durchsetzen können. Im Labormaßstab verwendete Gase (Diboran, Bortrichlorid) erlangten wegen der Giftigkeit und Explosionsgefahr bzw. wegen der unbefriedigenden Schichtqualität keine industrielle Bedeutung.

Die flüssigen Boriermittel bestehen hauptsächlich aus geschmolzenem Borax ($Na_2B_4O_7$) oder anderen Salzen mit Zusatz von Borcarbid (B_4C). Durch Anlegen einer Gleichspannung kann die Borierwirkung erhöht werden (elektrolytisches Borieren).

Die festen Boriermittel sind entweder Pulvermischungen oder Granulate aus Borcarbid und Borax als borabgebende Substanzen sowie weiteren Zusätzen zur Regulierung der Borierwirkung. Das Pulverborieren erfolgt in der Regel in einer Schutzgasatmosphäre, die im Fall von Wasserstoff gleichzeitig die Reaktion beschleunigt.

Unabhängig vom Boriermittel beträgt die Boriertemperatur für Eisenwerkstoffe meist 900 bis 1000 °C, für Titanwerkstoffe über 1100 °C bei einer Borierdauer von 1 bis 6 Stunden.

8.5.2 Aufbau der Borierschichten auf Eisenwerkstoffen

Beim Borieren von Eisenwerkstoffen bilden sich an der Oberfläche Verbindungsschichten, die, ausreichende Borzufuhr vorausgesetzt, aus den intermetallischen Phasen **FeB** mit 16,23 % B und **Fe_2B** mit 8,83 % B bestehen. Diese Boridschichten wachsen auf unlegierten Stählen mit niedrigen bis mittleren Kohlenstoffgehalten nadlig oder zahnförmig in den Grundwerkstoff. Zwischen der äußeren FeB-Schicht und der Fe_2B-Schicht liegt ebenfalls eine zahnförmige Begrenzung vor (s. Abb. 4.23). Die Bildung der FeB-Schicht kann durch

Verringerung des Borangebotes in der Borieratmosphäre unterdrückt werden, so daß nur eine einphasige Boridschicht aus Fe_2B entsteht (Abb. 8.12).

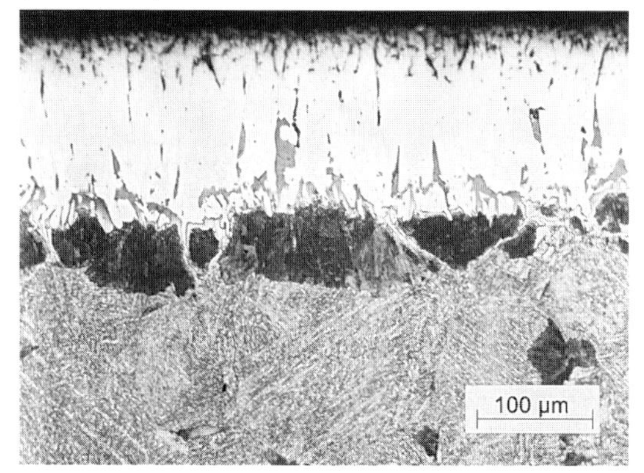

Abb. 8.12 Einphasige Boridschicht (Fe_2B) auf dem Stahl 30CrMoV8

Unter der Verbindungsschicht befindet sich eine Diffusionsschicht aus borhaltigen Eisen-Mischkristallen, die bei 1000 °C nur etwa 0,005 % B lösen können. Das gelöste Bor bewirkt eine Kornvergröberung bei gleichzeitiger Verbesserung der Härtbarkeit der Diffusionsschicht, so daß auch unlegierte Stähle in Öl abgeschreckt werden können.

Einfluß von Kohlenstoff und Legierungselementen auf die Schichtbildung

Kohlenstoff ist in den Boriden nahezu unlöslich. Er wird deshalb beim Borieren, nachdem sich eine geschlossene Boridschicht gebildet hat, in Richtung Kern verdrängt. Unmittelbar unter der Verbindungsschicht entsteht Fe_3C, in dem bis zu 80 % des Kohlenstoffs durch Bor ersetzt sein können, weshalb man auch von Borzementit spricht. Das Wachstum der Boridschicht wird dadurch gehemmt, so daß unter gleichen Borierbedingungen die Schichtdicken auf höher kohlenstoffhaltigen Stählen geringer sind als auf Stählen mit niedrigem C-Gehalt.

Zu den in den Boriden unlöslichen Elementen gehören Stickstoff und Silicium. Stickstoff ist wegen seines geringen Gehaltes in technischen Stählen ohne Bedeutung. Silicium reichert sich vor den Boriden an und bildet eine weiche Mischkristallzone mit eingelagerten Carbiden („weicher Graben“).

Die meisten Legierungselemente sind in begrenztem Umfang in den Boriden löslich. Übersteigt ihr Gehalt im Stahl diese Grenze, so bilden sie Carbide, eigene Boride oder Mischkristalle. Besonders kompliziert ist der Schichtaufbau bei hochlegierten Chrom-Nickel-Stählen mit bis zu vier unterschiedlich zusammengesetzten Schichten, die durch Diffusion der Legierungselemente in der Verbindungsschicht entstehen (Abb. 8.13).

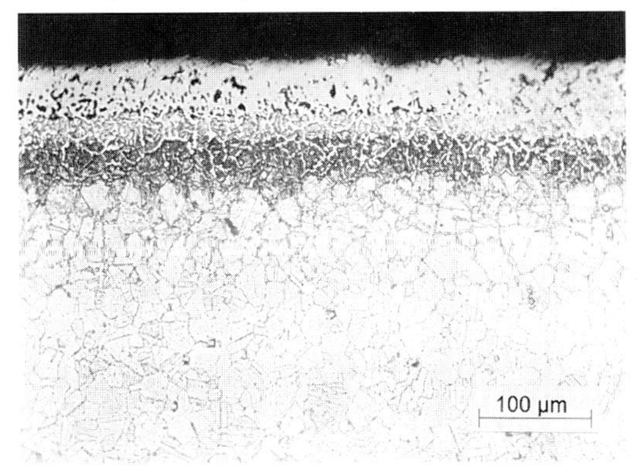

Abb. 8.13 Mehrphasige Boridschicht auf dem Stahl X8CrNi18-10

8.5.3 Eigenschaften borierter Werkstoffe

Härte und Schichtdicke

Die Boride auf unlegierten Stählen haben eine Mikrohärte um 1800 HV, die bei legierten Stählen auf bis zu 2500 HV ansteigen kann. Mehrphasige Boridschichten größerer Dicke sind spröde und neigen zur Rißbildung an der Grenze zwischen FeB und Fe_2B und einem damit verbundenen partiellen Abplatzen des FeB. Ursache dafür sind Eigenspannungen, die aufgrund unterschiedlicher Ausdehnungskoeffizienten beider Phasen entstehen. Für die technische Anwendung borierter Bauteile sind deshalb einphasige Boridschichten aus Fe_2B zu bevorzugen. Wegen der Gefahr der Rißbildung und des Abplatzens, besonders an Kanten und bei schlagartiger Beanspruchung, sollten auch einphasige Schichten nicht dicker als 150 µm sein. Bei ausschließlicher abrasiver oder adhäsiver Beanspruchung sind im Einzelfall auch dickere Schichten (bis über 300 µm) einsetzbar.

Wird nach dem Borieren langsam abgekühlt, so tritt aufgrund der Unterdrückung der voreutektoidischen Ferritausscheidung durch gelöstes Bor in der Diffusionsschicht ein erhöhter Perlitanteil auf. Die Härte der Diffusionsschicht unterscheidet sich aber nicht von der des Grundwerkstoffs. Es kommt deshalb zu einem steilen Härteabfall von der sehr harten Boridschicht zum relativ weichen Grundwerkstoff. Durch ein nach dem Borieren durchgeführtes Härten oder Vergüten wird die Boridschicht abgestützt. Das ist besonders bei hohen Flächenpressungen erforderlich, um ein Eindrükken der harten Boridschicht in den Grundwerkstoff zu verhindern.

Verschleißverhalten und Dauerfestigkeit

Die Boridschichten zeichnen sich aufgrund ihrer hohen Härte und der gegenüber Metallen anderen Gitterstruktur durch einen sehr hohen Widerstand sowohl gegen abrasiven als auch adhäsiven Verschleiß aus. Damit können borierte Bauteile und Werkzeuge selbst unter extremen Verschleißbeanspruchungen eingesetzt werden. Da die Rauhigkeit der Oberflächen durch Borieren etwas erhöht wird, zeigen die Boridschichten ein typisches Einlaufverhalten bis eine Glättung der Oberfläche eingetreten ist.

Die durch Diffusion entstandenen Boridschichten weisen eine gute Haftfestigkeit auf. Gegenüber Hartstoffschichten, die durch Abscheideverfahren in der Gasphase (CVD-, PVD-Verfahren) erzeugt werden, sind die bei vergleichbaren Verschleißbeanspruchungen nutzbaren Boridschichtdicken etwa zehnmal größer.

Die **Druckeigenspannungen** in der Fe_2B-Schicht führen zu einer Erhöhung der Dauerfestigkeit, die von der Schichtdicke und dem Verhältnis Schichtdicke zu Gesamtquerschnitt abhängig ist. Die erreichbare Dauerfestigkeitssteigerung ist jedoch bedeutend geringer als beim Nitrieren oder Nitrocarburieren.

Korrosionsverhalten

Das Korrosionsverhalten der Eisenboridschichten ist abhängig vom jeweiligen Korrosionsmedium. Sie sind beständig in nicht- oder schwach oxidierenden Säuren, wie Salz- oder Schwefelsäure. Dagegen setzt ein starker Angriff in oxidierenden Säuren (z. B. Salpetersäure) ein. An Luft ist das Korrosionsverhalten mit dem unlegierter Stähle vergleichbar. Die Korrosionsbeständigkeit des Eisenborids wird durch Legierungselemente wie Chrom und Titan noch verbessert. Bei hochlegierten korrosionsbeständigen Stählen ist nach dem Borieren mit einer Verschlechterung der korrosionsbeständigkeit zu rechnen.

Nachbehandlung borierter Teile

Borierte Bauteile sollten, um Beschädigungen der Schicht zu vermeiden, nach Möglichkeit nicht mehr bearbeitet werden. Dennoch erforderliches Schleifen oder Läppen muß sehr vorsichtig durchgeführt werden.

Für das Härten kann das Austenitisieren im neutralen Salzbad, unter Schutzgas, Inertgas oder im Vakuum vorgenommen werden. Das Abschrecken erfolgt entsprechend der Härtbarkeit des Stahls im Gas, im Öl, an Luft oder im Warmbad. Härtetemperaturen über 1050 °C sind nicht zulässig, da es sonst zu einem Aufschmelzen der Boridschichten kommt. Aus diesem Grund sind Schnellarbeitsstähle für das Borieren nicht geeignet.

Das Borieren wird für solche Teile angewandt, die hohen adhäsiven oder abrasiven Verschleißbeanspruchungen unterliegen. Das sind z. B. Umformwerkzeuge, Lochstempel, Düsen, Gleitführungen, Schnecken in Kunststoffverarbeitungsmaschinen, Formen für Schamottesteine, Ölpumpenteile und Schraubentriebe (Abb. 8.14).

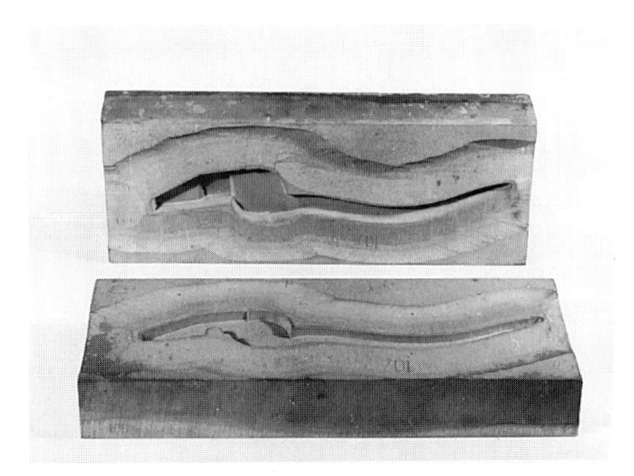

a Umformwerkzeug

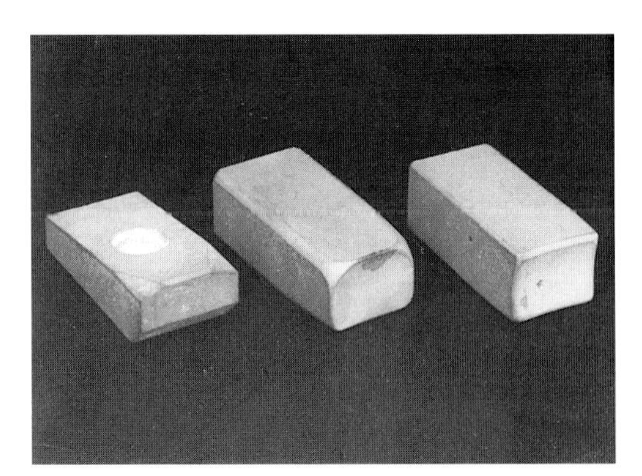

b Kartenmesser (Papiergleitbahn, links) und Kalteinsenkstempel

Abb. 8.14 Borierte Werkzeuge

Literatur- und Quellenhinweise

[8.1] *Eckstein, H.-J.* (Hrsg.): Technologie der Wärmebehandlung von Stahl. 2. Aufl.; Leipzig: Dt. Verl. für Grundstoffindustrie 1987

[8.2] Werkstoffkunde Stahl. Berlin Heidelberg New York Tokyo: Springer-Verl. und Düsseldorf: Verl. Stahleisen mbH Band 1 (Grundlagen) 1984

[8.3] *Simon, H.* und *M. Thoma*: Angewandte Oberflächentechnik für metallische Werkstoffe: Eigung, Verfahren, Prüfung. München, Wien: Carl Hanser Verl. 1985

[8.4] *Knauschner, A.* (Hrsg.): Oberflächenveredeln und Plattieren von Metallen. 2. Aufl.; Leipzig: 1983

[8.5] *Liedtke, D.* und *R. Jönnsson*: Wärmebehandlung: Grundlagen und Anwendungen für Eisenwerkstoffe. Ehningen: expert-Verl. 1991

[8.6] *Kunst, H.* u.a.: Verschleiß metallischer Werkstoffe und seine Verminderung durch Oberflächenschichten. Grafenau/Württ.: expert-Verl. 1982

[8.7] *Chatterjee-Fischer, R.* u.a.: Wärmebehandlung von Eisenwerkstoffen: Nitrieren und Nitrocarburieren. Malmsheim: expert-Verl. 1995

[8.8] *Liedtke, D.*: Einsatzhärten, Merkblatt 452, Beratungsstelle für Stahlverwendung. Düsseldorf: 1981

[8.9] *Liedtke, D.*: Nitrieren und Nitrocarburieren, Merkblatt 447. Düsseldorf: Beratungsstelle für Stahlverwendung 1983

[8.10] *Matuschka, A.*: Borieren. München, Wien: Carl Hanser Verl. 1977

[8.11] *Riehle, M.*: Verschleißmindernde Oberflächenschichten aus intermetallischen Phasen Technik 32 (1977) S. 682-687 u. 33 (1978) S. 22-24

[8.12] *Riehle, M.*, *E. Simmchen* und *B. Schwabe*: Erfahrungen bei der Anwendung des Borierens auf Verschleißteile Freiberger Forschungshefte B 222, S. 39-49 Leipzig: Dt. Verl. für Grundstoffindustrie 1981

[8.13] DIN 17 022 Verfahren der Wärmebehandlung, Teil 3 Einsatzhärten 1989

[8.14] DIN 17 022 Verfahren der Wärmebehandlung, Teil 4 Nitrieren und Nitrocarburieren 1998

[8.15] DIN 50 190 Härtetiefe wärmebehandelter Teile, Teil 1 Ermittlung der Einsatzhärtungstiefe 1978; Teil 3 Ermittlung der Nitrierhärtetiefe 1979

Sachwortverzeichnis

C

D

L

O

P

Q

R

S

T